国家杰出青年科学基金资助出版

深部流体作用下油气成藏机理

刘全有 等 著

科 学 出 版 社

北 京

内 容 简 介

本书从地球各圈层相互作用视角出发，以深部流体为联系各圈层的纽带，着重探讨深部地质作用以及深部流体活动所携带的物质和能量对沉积盆地中油气成藏的影响。以深大断裂和岩浆火山活动影响盆地中的典型油气和深部热液活跃区域为解剖对象，依据自主研发实验模拟和大量有机和无机地球化学数据，阐述深部地质作用和深部流体对烃源发育、生烃潜力、储盖层和运移富集等油气成藏全过程的影响。以四川盆地震旦系陡山沱组和灯影组三段、志留系龙马溪组、鄂尔多斯盆地三叠系延长组7段、松辽盆地白垩系青山口组和嫩江组黑色泥页岩为例，揭示出岩浆火山活动和深部流体活动携带生命营养元素促使了成烃生物繁育和富有机质烃源岩的形成；通过自主研发干酪根催化加氢生烃定量实验，明确富氢深部流体通过加氢作用提高烃源再活化生烃潜力，建立不同成因类型天然气的判识指标；以苏北盆地黄桥油气藏为例，探讨深部富 CO_2 流体影响下储层溶蚀发育和盖层胶结封闭的协同成岩演化机理；以塔里木盆地顺托地区油气藏、兰坪热液铅锌矿伴生热液石油和腾冲温泉热液石油为例，阐述深部地质过程和深部流体对油气运移聚集的影响和耦合成藏机理。

本书可供从事油气地质和成藏研究、油气资源评价、深层油气勘探开发，以及地球圈层物质循环前沿交叉学科的地质科技人员、勘探工程师和相关专业的研究生参考。

图书在版编目(CIP)数据

深部流体作用下油气成藏机理/刘全有等著. —北京：科学出版社，2022.9
ISBN 978-7-03-072848-7

Ⅰ. ①深… Ⅱ. ①刘… Ⅲ. ①油气藏形成-研究 Ⅳ. ①P618.130.2

中国版本图书馆 CIP 数据核字（2022）第 146161 号

责任编辑：焦 健 韩 鹏 李 静 / 责任校对：何艳萍
责任印制：吴兆东 / 封面设计：北京图阅盛世

科学出版社 出版
北京东黄城根北街16号
邮政编码：100717
http://www.sciencep.com

北京中科印刷有限公司 印刷

科学出版社发行 各地新华书店经销

*

2022年9月第 一 版 开本：787×1092 1/16
2022年9月第一次印刷 印张：22 1/4
字数：527 000

定价：298.00 元

（如有印装质量问题，我社负责调换）

序　一

上天、入地、下海是人类探索自然、认识自然的三大壮举，在人类发展与地球管理方面起着关键的作用。过去20年，地球科学一个重要的进展，是认识到深部地球动力学过程与地表-近地表地质过程之间是紧密关联的。克拉通板块破坏、深部碳氢循环等重大地质过程的核心内容是地球板块固体块体的迁移与流体相互作用。而地球各个圈层（岩石圈、水圈、大气圈、生物圈等）往往都受到地球系统演化的影响，彼此相互联系、相互影响、耦合作用。

含油气盆地作为地球系统中表层相对稳定的块体，从烃源岩发育、油气形成、储盖层溶蚀改造到油气聚集或者破坏都受到地球系统演化的影响。深部流体是地球系统演化的重要组成部分，作为联系盆地内、外圈层和内、外因素的纽带，贯穿了烃源岩发育、油气形成和聚集的全过程。深部流体不仅携带大量物质（CO_2、H_2、CH_4 等挥发分，以及生命营养元素和催化元素），而且携带大量能量。当深部流体进入含油气沉积盆地后，会与盆内物质发生广泛的有机-无机相互作用，从而对油气形成和聚集成藏，特别是对深层油气形成与成藏具有重要影响。

关于油气是有机还是无机成因，一直是石油地质学界争论的热点。有机成因理论因其可以较为准确地指导勘探生产，得到了越来越多的科学家和生产部门的认可。但随着现代观测及实验技术的不断创新以及近年来众多新型油气藏的发现，非生物无机成因学说和无机油气再次得到关注。无机油气主要是指地幔捕获的地球早期原始气体或者水岩反应（费-托合成）形成的无机油气，以 CH_4、H_2、CO_2 以及稀有气体为主。深部地质过程导致的深部流体活动把无机油气携带至浅表圈闭中与有机油气伴生或单独富集成藏。目前在美国加利福尼亚湾的瓜伊马斯（Guaymas）盆地、加拿大地盾、巴西桑托斯（Santos）盆地、中国东部裂谷盆地等都发现了丰富的无机油气，也在一定程度上得到了开发应用。

刘全有教授带领研究团队，聚焦这一科学前沿领域，长期开展探索攻关，在相关理论和技术上取得了长足的进展。他发展完善了有机-无机相互作用的成藏机理，丰富了石油地质理论；研发实验与检测技术，评价无机油气资源潜力，使无机油气资源展示出广阔的勘探利用前景。

总之，无机气和热液石油将是未来几十年油气勘探的重要领域之一，尤其是无机烷烃气、氦气和氢气将成为重要的新型可持续资源增长点。虽然对这些无机油气资源的成因机制有了一定的认识，但对其资源潜力和富集规律的认识仍十分薄弱，寻找具有商业开发价值的无机油气面临诸多挑战。因此，仍需加大无机油气资源的基础地质理论和技术攻关，实现油气资源的多元化勘探。

中国科学院院士 [signature]

2022 年 7 月 16 日

序　二

石油与天然气的发现和利用点燃了人类文明进程的火花，也是世界工业化进程中的关键一环。寻找油气资源成为人类工业化进程中的重要任务。油气成因在石油与天然气勘探发现过程中占有首要地位。油气的有机、无机成因理论持续发展，但一直存在争论，自从1763年罗蒙诺索夫提出有机成因论，1876年门捷列夫提出无机成因说以来，其争论一直没有终止过。在有机成因理论框架指导下，全球范围内的油气勘探取得巨大成功；我国也相继在陆相湖盆和中西部海相盆地中发现了丰富的油气资源，有力保证了我国现代化建设的油气需求。

我个人一直在有机成因理论的框架下研究油气成因与油气藏的形成机理与分布规律。然而，在全球范围内，部分沉积盆地也存在着无机成因气的事实，例如无机成因CO_2气田，无机成因甲烷气、核气、氢气等。所以，早在1999年，我和我的团队在争取第二批国家重点基础研究发展计划（973计划）项目时，将深部流体与盆地内部流体相互作用，有机无机相互作用与油气成藏效应作为项目的核心科学问题与研究内容之一，相关成果整体反应在专著《深部流体活动及油气成藏效应》中。从那时起，我们在这一领域持续耕耘，到现在已经20余年了。2007年刘全有加入团队，并成为学术骨干；2016年，他在申请杰出国家自然科学基金青年基金时选定了这个方向，并获得了成功。本书的问世是在国家杰出青年科学基金的支持下，对五年探索的总结，值得祝贺！

在探索油气成因理论和勘探方法上，我国具有得天独厚的地质条件。无论在我国的中西部古老克拉通盆地，还是在东部新构造体制下的东部裂谷盆地中，受深大断裂发育、火山岩浆活动等深部地质作用过程的影响，都已经发现了广泛的深部流体活动及有机-无机作用影响下的多种资源类型。如在松辽盆地庆深和松南气田发现了深部来源CH_4、CO_2的富集成藏；在塔里木和四川盆地古生界地层中都发现了深部氦气富集以及岩浆影响下的油气转化和成藏。但这些不同类型资源的形成如何受到深部动力学等地质过程的影响，在哪里富集，有多大潜力等基本科学问题尚不明确，有待深入探索和评价。

本书以我国中西部古老克拉通盆地和东部中-新生代裂谷盆地为解剖对象，围绕深部地质过程与资源效应这一核心科学问题，探索深部地质作用对沉积盆地多类型资源形成与分布影响机制，阐明深部流体携带物质与能量的资源成藏效应和资源潜力，进而明确不同区域差异性控制因素。这些方面的研究不但丰富完善盆地油气资源形成理论体系，而且为新型资源发现与高效开发利用提供科学依据和指导思路。在我国现今油气对外依存度高达70%以上，已影响国计民生和国家能源安全的大背景下，更加凸显本书的价值。

近年来，国际上无机非生物成因油气实验技术和理论快速发展，展示出无机油气具有广阔的资源前景。欧洲研究理事会（ERC）于2019年12月开始大力资助研究深部碳氢资源研究。我国部分学者也从地球层圈相互作用的视角从有机-无机相互作用出发，进一步拓展了油气资源成因类型。受深部地质作用过程的影响，深部流体携带大量深部物质和能量，通过有机–无机相互作用影响盆地资源潜力。所形成的新型资源，将能在一定程度上弥补我国油气资源类型的不足，是未来油气勘探研究的重要探索领域之一。希望有更多的学者参与到无机成因甲烷气、氢气、氦气的研究与勘探探索中来。

北京大学能源研究院院长、中国科学院院士 金之钧

2022 年 7 月 23 日

前　言

国内外许多含油气盆地中都有深大断裂发育、岩浆火山活动等深部地质作用，使得地壳深部或地幔的物质和能量以多种方式向沉积盆地输入。这些深部物质和能量输入不但影响沉积盆地中油气资源规模与聚集效率，而且还对盆地中非生物烷烃气、氢气、氦气等多种战略性的共伴生资源形成、富集产生显著的影响。深部流体作为地球系统演化过程中的重要组成部分，是深部物质和能量的载体，是联系地球深部圈层和盆地内外因素之间的纽带，贯穿了油气成藏的全过程。

这些源自壳幔的深部流体从盆地外部迁移到盆地内部并与沉积盆内围岩或流体发生的物理化学作用，表现出多种多样的有机-无机相互作用形式，包括促使烃源发育、改善储层物性、提高油气运移聚集效率等。有机-无机作用的产物包括有机成因油气、无机/非生物成因油气和混合成因油气。由于无机/非生物成因油气尚未获得商业性勘探突破，因而也一直未得到产业部门的重视。但随着现代观测及实验技术的不断创新以及近20年来众多非生物气显示和发现，无机/非生物成因学说和非生物油气资源得到越来越多科学家们的关注。*Nature*、*Science* 等国际著名期刊相继发表相关研究成果，阐明在过渡金属催化条件下非生物甲烷形成、地盾结晶岩中少量烷烃气聚集、前寒武系氢气的资源量规模与富集等重要理论前沿认识。2009年国际深碳观测联合会（Deep Carbon Observatory，DCO）开设深部能源专题（四大专题之一），2019年12月欧洲研究理事会（European Research Council，ERC）开始资助深部碳氢资源研究。这些高级别论文的发表和国际项目的资助，彰显出深部油气资源的探索一直是国际前沿热点，也是研究地球深部地质过程的主要目的之一。

我国中西部的塔里木盆地、四川盆地，东部的松辽盆地、渤海湾盆地、苏北盆地，南海海域的莺歌海、珠江口等盆地中都发现深部流体活动及其有机-无机作用对油气成藏的影响。金之钧院士基于松辽盆地和渤海湾盆地典型地区油气形成，提出有机-无机复合成烃的概念。近年来，松辽盆地庆深气田、苏北盆地黄桥地区等典型地区与流体有关的工业性油气藏的陆续发现，更是激发了探索深部流体作用下油气形成与成藏等重大前沿科学问题。

2014年4月，中国石化石油勘探开发研究院设置了“有机与无机相互作用成藏机理与应用”学科团队；为了进一步加强基础前瞻研究力度，2016年8月中国石化石油勘探开发研究院成立基础地质实验项目部，挂靠实验中心独立运行，其主要由“有机与无机相互作用成藏机理与应用”、“盆地构造演化定量描述与复杂构造解析”和“超深层碳酸盐岩储层形成机理”三个学科团队组成。本人担任“有机与无机相互作用成藏机理与应用”学科团队专家负责人和项目部首席。最初，“有机与无机相互作用成藏机理与应用”学科团队固定人员还有朱东亚博士和孟庆强博士，以及丁茜博士后和周冰博士后，研究经费主要来自国家自然科学基金、国家重点基础研究发展计划、中国科学院战略性先导科技专项等项目。2016 年，本人非常荣幸获得国家杰出青年基金项目资助，使得研究能够更加系统性、深入性和持续性地展开。重点围绕深部物质和能量对盆地油气成烃成藏全过程的影响开展探索性研究，包括深部流体对富有机质形成、烃源岩热演化、储层物性、盖层封闭性和动态成藏过程恢复，着重回答深部流体如何影响富有机质形成和保存、深部流体如何改变烃源岩生烃潜力和产物地化特征、深部流体如何影响溶蚀型储层发育，以及深部流体影响油气运移与聚集的机理是什么。研究区涵盖了苏北盆地、松辽盆地、渤海湾盆地、塔里木盆地、四川盆地，以及腾冲等深部流体活跃区域。

五年来，通过紧锣密鼓的野外考察、室内模拟、油气地球化学、岩石地球化学等大量分析工作，探索深部流体作用下富有机质烃源岩形成、烃源岩催化加氢、储盖协同演化和油气动态成藏过程，明确深部流体对富有机质烃源岩形成过程的作用，揭示深部流体输入对水体沉积环境、成烃生物、古生产力和保存条件的影响机制；通过催化加氢物理模拟实验再现高过成熟烃源岩、低成熟烃源岩和储层沥青生烃潜力，探讨不同类型非生物气形成条件和地球化学特征；通过自主搭建实验平台，分析深部流体对储层和盖层协同成岩的影响，建立深部流体对不同类型储层溶蚀改造的地质地球化学识别指标；通过兰坪铅锌矿、黄桥富 CO_2 油气藏和顺托果勒地区油气藏解剖，建立深部流体作用下油气次生改造识别指标体系，动态恢复油气成藏过程，为深部流体作用下油气聚集和选区评价提供基础资料。

本书第 1 章由刘全有、刘佳宜完成；第 2 章由刘全有、李鹏、孙跃武、胡广、梁新平、石巨业、张瑞、庞谦完成；第 3 章由刘全有、孟庆强、吴小奇、黄晓伟完成；第 4 章由朱东亚、刘全有、周冰、丁茜完成；第 5 章由刘全有、朱东亚、许汇源、彭威龙完成；第 6 章由刘全有完成。全书由刘全有负责篇章结构和内容编排、朱东亚通稿修改，并由刘全有负责最终修改定稿。本书编写过程中得到了戴金星院士、金之钧院士、刘文汇教授悉心指导；部分原始资料和样品得到中国石化、中国石油下属各油气分公司及延长石油的大力支持；实验测试主要在中国科学院广州地球化学研究所、中国科学院兰州油气中心、中国石化石油勘探开发研究院与无锡石油地质研究所、中国石油勘探开发研究院、中国地质大学（武汉）等单位开展。部分章节内容和图件已在国内外期刊公开发表，书中均作了引述。

由于学术水平有限，书中难免存在不妥之处，敬请读者批评指正。

刘全有

2022 年 7 月 1 日

目　录

第1章　概　　论

自地球形成开始，地球各圈层之间便发生广泛的相互作用，尤其是板块俯冲、深大断裂、岩浆火山活动等深部地质作用过程会触发广泛的深部流体活动。深部流体是指沉积盆地基底以下地壳至地幔来源挥发性的流体，以及板块俯冲过程中岩石脱水所产生的流体、深变质过程中脱水作用形成的流体或者受幔源热源驱动的深循环流体。深部流体的温度一般高于其所穿越的沉积盆地围岩地层温度；富含C、H、O、N、S、P、Si等生命元素，Al、Fe、Mn、Mg、Cu、Mo、V、Cr等金属元素，也包含He、Ne、Ar、Kr、Xe、Rn稀有气体。因此，深部流体是深部能量和物质的重要载体，是联系盆地内、外因素的纽带。全球范围内，深部流体源源不断地向浅表盆地传输物质和能量，与盆地围岩介质发生广泛有机-无机相互作用，从而对盆内油气形成和聚集成藏全过程施加显著的影响。

深部流体携带的C、H组分可以在盆地圈闭中直接富集成藏。世界范围内前寒武层系中H_2生成量高达2.27×10^{11}mol/a（Sherwood Lollar et al.，2014）。自从20世纪80年代起，美国地质调查局（United States Geological Survey，USGS）在堪萨斯（Kansas）盆地发现氢气藏，日产H_2约370m^3，持续时间超过30年（Newell et al.，2007）。我国东部郯庐断裂带附近亦富含H_2，仅济阳拗陷夏38井区一个侵入岩体可带来$8600\times10^8m^3$ H_2（孟庆强等，2011），金之钧等（2007）计算东营-惠民凹陷H_2量约$441\times10^8m^3$。目前已证实松辽盆地甲烷具有深部幔源和费-托合成非生物成因气的贡献，其中庆深气田非生物甲烷的探明储量超过$500\times10^8m^3$，对气藏贡献率大于25%（Liu et al.，2016a）。金之钧院士从圈层相互作用的视角，首次提出壳幔有机-无机复合生烃理论，并得到了实验证实（Jin et al.，2004）。干酪根生烃是一个逐渐富碳贫氢的过程，深部流体能通过提供额外C、H组分补偿盆地深层高演化烃源岩生烃潜力的不足，大幅提高盆地深部油气资源潜力（Jin et al.，2001）。

深部流体携带的物质和能量也影响盆地中石油的形成演化和聚集成藏。在加拿大前寒武系结晶地盾中除发现非生物烷烃气（Sherwood Lollar et al.，2002）之外，还发现无机元素参与下石油的形成（Seewald，2003）。深部流体携带的能量还能够引起烃源岩热催熟生烃（Schimmelmann et al.，2009）、富含芳烃的热液石油的形成（Kvenvolden and Simoneit，1990）、液态烃热裂解气、含膏层系热化学硫酸盐还原作用（thermochemical sulfate reduction，TSR）、烃源岩二次生烃，以及储层沥青（含分散有机质）二次裂解。同时，深部富CO_2热液流体对深层碳酸盐岩、碎屑岩和火山岩储集体也具有建设性改造作用，尤其是对深层碳酸盐岩储层溶蚀改造作用尤为显著（Jin et al.，2006），对泥岩盖层也具有溶蚀或充填等作用（Kaszuba et al.，2005；Köhler et al.，2009）。在对石油运移成藏方面，富CO_2等不同类型深部流体自深部向上运移过程可以有效地将深层烃源岩中残留烃类和致密储层中烃类携带，从而提高烃类聚集效率。2012年中石油把深部油气“补给”作为当年石油勘探十大科技进展之一，凸显出深部流体活动对油气补给已经引起石油工业界的高度关注，但深部流体对油气补给机制尚存争议。

我国许多含油气盆地，包括东部中-新生代新构造体制影响盆地和中西部古老克拉通盆地，都经历了多期次深大断裂、岩浆火山活动等深部地质作用，所触发的强烈的深部流体活动也在不同盆地中对油气成藏产生了不同的影响。在松辽盆地庆深气田发现非生物烷烃富集，而松南气田则主要发现非生物 CO_2 富集；渤海湾盆地济阳拗陷发现丰富 H_2、CO_2 等。苏北盆地黄桥地区多口钻井发现 CO_2 天然气与原油共生，其中华泰 3 井产油 1.3t/d，产气 $2.5\times10^4m^3/d$；溪 3 井产油 1.4t/d，产气 $3.76\times10^4m^3/d$；溪平 1 井产油 5.51t/d，产气 $5.56\times10^4m^3/d$；溪平 5 井产油 3.0t/d，产气 $1.1\times10^4m^3/d$，产水 $18m^3/d$。黄桥地区原油密度为 0.7933～0.8255g/cm^3，为轻质油或凝析油；而临近的句容油藏无深部 CO_2，只有少量稠油产出。同时，随着塔中北坡勘探不断取得进展，顺托 1、顺南 5 等井油气无阻流量大于 $100\times10^4m^3/d$。塔北北坡为稠油（艾丁、英买 2 等）、塔北南坡与塔中北坡（跃进、顺北、顺托等）为正常-凝析油，而紧邻环满加尔凹陷西斜坡（吉拉克、顺南、古城等）为天然气，甚至干气。由此可知，不同地区油气成藏有着显著的差异。广泛活跃的深部流体是否对这些不同区域油气形成和成藏过程产生影响，发生何种物理化学作用，如何鉴别，如何开展油源评价和成藏过程示踪等，有待深入探索。

针对上述科学问题，以深部流体携带物质与能量为主线，开展深部流体作用下富有机质烃源岩发育、油气形成以及聚集成藏的研究，探讨深部流体携带物质与能量对沉积盆地油气形成与后期改造机理，阐明深部流体作用下油气成藏过程，建立深部流体作用下深层油气形成、运移、聚集的地球化学示踪指标体系。

将深部流体对沉积盆地的作用概括为“优源”、“增烃”、“成储”和“促聚”，分别指示深部流体在有机质富集、烃源岩催化加氢生烃演化、形成有利于油气保存的储盖层条件、驱替深层油气成藏及次生蚀变中的作用。具体来说，深部流体携带的营养物质促进了成烃生物的勃发和碳氢源的额外补充，有利于优质烃源岩的发育和烃源岩生烃潜力的提高，其携带的能量促进了烃源岩早熟和高成熟烃源活化加氢生烃。深部富 CO_2 流体对碳酸盐岩、碎屑岩储层的溶蚀改造，改善了深层储集空间，使得优质储层能向更深方向延伸。深部超临界 CO_2 对深层滞留原油的萃取和泥页岩中 CH_4 的驱替，提高了深层和致密储层中烃类流动性。同时，深部流体携带的物质（C、H、催化物质）和能量不仅能够促使费-托合成无机 CH_4、有机质热演化生烃形成“热液石油”，而且使得有机来源的原油发生热蚀变。从地球层圈相互作用的视角看，深部流体不仅对沉积盆地输入了大量的外源 C 和 H，改善了油气赋存空间，同时也提高了油气富集聚集效率。

1.1 深部流体在富有机质烃源岩形成中的“优源”作用

“优源”是指在深部流体作用下，将 NO_3^-、PO_4^{3-}、NH_4^+ 等营养盐类，Fe、Mn、Zn 等生源要素和古细菌、嗜热细菌等携带至盆地，促进盆地中生物的繁盛和沉积有机质的富集。深部流体的“优源”通过提高水体初级生产力和形成有利的有机质保存环境两个方面实现。生产力方面，深部流体携带了大量 NO_3^-、PO_4^{3-}、NH_4^+ 等营养盐类，CH_4、CO_2、H_2、NH_3 等热液气体和 Fe、Mn、Zn、Co、Cu 等微量金属元素，以及来自地球内部的古细菌、嗜热细菌等微生物；它们的注入促进了水体生物的繁盛和初级生产力的提高，为有机质的形成和富集创造了首要条件。保存环境方面，深部流体的喷发，向大气和海洋中输送了大量的 CO_2，与水体中的 Ca^{2+}、Mg^{2+}等离子结合，形成碳酸盐类，增加了水体的盐度，促进了水体的分层和水体循环的静止，为水体环境中有机质的富集创造了有利的水体动力学条件和氧化还原状态。而岩浆热液活动向大气和水体输送的 H_2S、CO 等还原性气体溶解于水中，同样可以促进水体还原环境的形成。

深部流体对沉积物中有机质的富集具有重要作用，其作用的机理主要体现在对沉积环境的影响和对沉积盆地的物质供应两个方面。

在沉积环境方面，大规模的岩浆及热液喷发，向大气和水体输送了大量的 CO_2，引发了温室效应和水体循环的静止，造成如白垩纪中期的大洋缺氧等事件的发生。Demaison 和 Moore（1979）指出与富氧水体不同，缺氧的底层水避免了有机质在下降沉积过程中氧化分解的损耗，是有机质富集的极佳环境。此外，Van Cappellen 和 Ingall（1994）提出缺氧海底环境可以促进活性磷的再生与循环。磷是细胞膜和遗传物质的重要组成，参与水生植物的生命代谢活动，为植物细胞提供能量，对浮游植物的生长和群落结构的发展具有重要的影响，是生态系统初级生产力的重要限制因子。因此，磷元素的活化与再循环对沉积盆地藻类、浮游植物等生物的繁盛和沉积物中有机质的富集具有积极的作用。

在物质供应方面，深部流体的上涌喷发过程中还可以释放大量的 C、N、Si、P 等营养物质和 Zn、Fe、Mn、Ni、V 等重要的微量金属元素。其中，氮是植物体内蛋白质、磷脂和叶绿素的重要组成，对促进植物细胞的分裂增长具有重要的作用，在深部流体中氮主要以 NO_3^-、NH_4^+、NO_2^- 等形式存在。硅是藻类细胞壁的重要成分，主要以 SiO_4^{2-} 的形式存在。铁是除 N、P、Si 等常量元素外，大洋水体中浮游植物生长的又一重要限制因素，在植物光合作用、呼吸作用，氧的新陈代谢，碳的固定，氮的吸收利用，以及蛋白质、叶绿素的合成等生命过程中均起到不可替代的作用。Martin 和 Fitzwater（1988）提出“铁假说”，认为 Fe 是控制海洋浮游植物生长和大洋初级生产力的重要因素。“铁假说”理论得到大洋施铁巡航观测和加富铁培养模拟实验研究的支持（Price and Wenger，1992；Frogner et al.，2001；Olgun et al.，2013）。Fe 或富 Fe 火山灰等物质的加入，将促进赤道太平洋等高营养盐低叶绿素（high nutrient low chlorophy，HNLC）水域中 NO_3^-、NO_2^- 的吸收利用和浮游植物的生长繁盛。当火山灰与大洋表层水接触，吸附于火山灰颗粒表面的酸性气溶胶开始溶解，并向大洋水体释放大量的 Fe。伴随 Fe 元素的释放，水体中 N、P 等营养盐类利用率提高，生物产率和生物总量大幅升高。Fe 在控制海洋浮游植物生长和提高大洋初级生产力方面起重要作用，而海水-玄武岩反应和火山灰沉降作为海洋生态系统中铁元素的两个重要来源，均与岩浆热液流体活动密切相关。Browning 等（2014）在火山灰加入对浮游植物响应的研究中发现，当可溶性铁单独施加到南大洋水体中时，作为典型的 HNLC 水域，南大洋水体未检测到应有的浮游植物响应。在对南大洋水体成分进行检测时发现，其部分水域中 Mn 含量极低。Mn 是浮游植物新陈代谢中不可或缺的微量元素，对硝酸盐还原酶、羧化酶等酶的活化、光合作用中水的光解、叶绿素的合成等过程具有重要的影响。在南大洋等低 Mn 水体中，其浮游植物的生长受到 Fe、Mn 的共同限制（Morel et al.，2003；Middag et al.，2011；Moore et al.，2013）。除了作为限制因子，Mn 在被植物细胞吸收过程中还起到了毒害元素缓冲剂的作用。Hoffmann 等（2012）研究发现，Mn 在被植物细胞吸收过程中与 Cu、Cd、Zn 等元素处于拮抗关系，由于竞争运输载体，水体 Mn 含量的提高将抑制植物细胞对 Cu、Cd 等有毒元素的吸收。火山喷发（黑烟囱）过程中携带各类营养物质和生命必需元素，使得水体中生物产生多样性和异常勃发（Dick and Tebo，2010；Dick et al.，2013；Li et al.，2017a），黑烟囱伴随的羽状物可以将深部化学物质和海洋微生物搬运距离喷发口大于 4000km 的位置（Fitzsimmons et al.，2017）。深部流体的注入，为水体生物的生长提供了必需的生命元素和营养物质，为大洋水体初级生产力的提高提供了重要的物质基础（Lee et al.，2018）。放射性元素（如铀）也能促进生物大量繁殖和变异，从而提高有机生物生成通量（Algeo and Rowe，2012；蔡郁文等，2017a）。

1.2 深部流体在有机质生烃中的“增烃”作用

高温是有机质成熟生烃的一个重要因素。深部流体携带了大量的物质和能量，是除深埋热作用外，有机质成熟的又一个重要热源。“热液石油”是在深部流体作用下烃源岩热催熟生烃一个很好的例子（Simoneit，1990；Pedro et al.，2006；Ventura et al.，2012）。与正常沉积埋藏热演化过程中形成的原油不同，“热液石油”的生成是在几万年甚至几千年的时间内完成的，这与正常演化的石油几千万年至几十亿年的形成、迁移、聚集时间相比几乎是“瞬时”完成的。热液流体和侵入岩浆等深部流体携带的巨大热量可以促使沉积有机质（干酪根）快速裂解生烃。

传统生烃理论认为，原始的沉积有机质生烃过程中发生氢的再分配，一些较小的碎片被氢饱和转变为烃类，另外部分有机质经缩合脱氢成为比原始有机质更为贫氢的部分。然而在实际地质过程中，沉积盆地常受到相邻水体和深部流体的氢源供应，促进了有机质的生烃过程。其中，深部流体作为有机质生烃的重要氢源贡献者，其所携带的氢物质主要来源于基性-超基性岩石的蛇纹石化、深部流体中 H_2O 的热分解和辐射分解，以及深部壳幔脱氢等过程。

H_2 和 H_2O 是最主要的富氢流体，H_2 中 H—H 键的键能为 436kJ/mol，小于 H_2O 中 H—OH 键能（497kJ/mol）（罗渝然，2004）。因此，理论上而言，地质条件下存在 H_2 时，H_2 比 H_2O 更易对有机质进行加氢。Hawkes 早在 1972 年就提出了 H_2（游离氢）在油气形成过程中的促进作用（Hawkes，1972），氢元素参与了有机质的热裂解（Lewan et al.，1979）。Jin 等（2004）通过封闭体系泥岩（Ⅱ型干酪根）和煤（Ⅲ型干酪根）加气态 H_2 和 H_2O 在 200～450℃（温度间隔 50℃）条件下开展生烃模拟实验。实验结果表明，与加 H_2O 相比，加 H_2 后无论泥岩还是煤的生烃率均发生显著增加，其中泥岩的生烃率提高 140% 以上。同时，加氢后的液态烃组分中重烃丰度明显增加。Reeves 等（2012）的实验研究表明，在热液条件下，重烃与水比甲烷与水具有更快的氢同位素交换速率，这主要源自在加氢作用之前更高的平衡烯烃浓度和晚期正构烯烃的内部异构化作用等因素。岩浆等热液活动向沉积盆地中输入大量的热能，这些热流体不仅能够催熟烃源岩生烃（Schimmelmann et al.，2009），而且这些热能量也能促进富氢流体与烃源岩加氢生烃，提高烃源岩生烃潜力，并使烃源岩中惰性碳加氢活化。

储层沥青是古油藏经历高热演化或者暴露地表遭受生物降解破坏的产物，在中国及世界上许多盆地的古老地层中广泛存在。沥青中富含多环芳烃化合物和高分子基团，类似重油，也可通过加氢作用再活化生烃。由于深部流体不仅携带能量和富氢流体，而且也携带大量催化剂等元素。这些深部流体能使储层沥青发生加氢，从而活化了储层沥青的再生烃能力，将储层沥青原有的惰性碳活化并生成烃类。催化加氢热解能最大限度地提高释放共价键键合链烃生物标志物的产率，使得加氢裂解产物量比传统索氏抽提物量增加25.7~456倍，同时不影响其立体异构化特征（Love et al.，1995；Liao et al.，2012）。加氢裂解产物量取决于储层沥青的热演化程度和有机质类型（Bishop et al.，1998）。因此，加氢不仅能够使沥青惰性碳活化生烃，而且加氢生成产物的生物标志物可用于高演化油气源对比和古沉积环境分析（Liao et al.，2012）。煤加氢反应是在高温高压条件下高挥发性含沥青煤通过加氢反应合成重质油、中质油、汽油和天然气等。

无机催化剂是除H_2O、H_2等物质外，烃源岩生烃演化中又一类重要的无机物质，主要包括：黏土矿物、无机盐类、放射性元素、过渡金属元素/矿物等。深部流体中溶解的U、Th等放射性元素，由于自身独特的原子结构和良好的配位性能，可与多种配位体形成配位化合物，具有良好的络合催化能力。研究表明，有机质生烃过程中，铀等放射性元素在提高气态烃、液态烃产率方面具有催化作用。而非烃气体CO_2的产率受到铀的赋存形式的影响，对于以硝酸铀酰［$UO_2(NO_3)_2 \cdot 6H_2O$］为催化剂的模拟实验中，由于NO_3^-强氧化性，导致CH_4被氧化为CO_2，使得气态产物中CO_2的含量显著增加，CH_4的产率降低。在以碳酸铀酰（UO_2CO_3）为催化剂的生烃模拟实验中，加铀组CO_2的产率在低温段（$<400℃$）高于不加铀实验组，在高温段逐渐低于不加铀组，而CH_4的产率在整个实验温度范围内加铀组均高于不加铀组（毛光周等，2012a，2012b，2014）。在液态组分上，铀的加入使液态产物中饱和烷烃族组分的轻重比值增加，正构烷烃奇偶优势指数（odd-even predominace，OEP）趋向于1，从而反映出铀在促进高碳数正构烷烃裂解和有机质成熟中的作用。

可见，催化剂的选择对实验结果具有关键影响。通常，以铀为催化剂的模拟实验中，加入的铀主要有金属铀单质、铀矿石、纯铀溶液（如硝酸铀酰、碳酸铀酰等）几种形式。毛光周等（2012a，2012b）认为地质环境中的铀是以化合物的形式存在，以铀单质作为生烃反应的催化剂模拟实际地质过程缺少一定的科学性。铀矿石采自实际地质环境，但由于其成分过于复杂，含铀矿物的作用常被稀释或掩盖。纯铀溶液作为现今大多数含铀模拟实验的首选，不仅易于获得，而且符合地质环境中含H_2O的事实。硝酸铀酰［$UO_2(NO_3)_2 \cdot 6H_2O$］和碳酸铀酰（UO_2CO_3）是两种常用的纯铀溶液，NO_3^-在H^+存在的条件下具有极强的氧化性，会使反应产物中CO_2含量显著升高，且地质环境中铀主要以碳酸铀酰的形式存在。因此，碳酸铀酰是探究地质环境中铀作用效果的较好选择。

过渡金属的电子层结构中，最外层电子有一个或多个未配对的d电子，可与被吸附的气体分子形成配位键，实现较强的化学吸附。量子化学计算表明，化学吸附相当于把分子提升到第一激发态，使其具有较强的反应能力（吴艳艳和秦勇，2009）。Fe是地质体中最常见的过渡金属元素。对于Fe和含铁化合物的催化性能前人进行了大量的实验研究。模拟实验表明（吴艳艳等，2012；Ma et al.，2016，2018）黄铁矿对烃类气体的产出具有催化作用，且主要对 CH_4 的产生具有明显的催化效果，黄铁矿的加入可以显著提高产物气中 H_2S 的含量。Lamber 等（1982）认为黄铁矿的催化作用实际上是由其分解产物 H_2S 产生的。此外，黄铁矿的加入可以降低气态产物中烯烃/烷烃值和异构化系数，反映出黄铁矿对自由基反应和不饱和烃向饱和烃转化的促进作用。Ma 等（2018）通过对反应残余物进行穆斯堡尔谱分析发现，在 300℃时黄铁矿开始向磁黄铁矿转化，认为在有机质生烃过程中黄铁矿并不起直接催化作用，而是通过自身分解产生磁黄铁矿（FeS）和 S^0，促进自由基的产生和烃类产物产量的增加。

磁铁矿是自然界中又一种常见的含铁矿物。前人模拟实验的结果肯定了磁铁矿和磁黄铁矿在有机质生烃过程中的促进作用（祖小京等，2007；蔡郁文等，2017b），其中磁铁矿对生烃反应的促进作用主要体现在低温阶段（250～350℃）（祖小京等，2007），磁黄铁矿在低温阶段对气态烃的产率存在抑制作用，在高温阶段呈现明显的催化作用，对液态烃的产率在整个实验阶段均显示促进作用（蔡郁文等，2017b）。马向贤等（2014）选用菱铁矿和赤铁矿为催化剂，探究含铁矿物在褐煤生烃演化中的影响。实验结果肯定了菱铁矿和赤铁矿在有机质生烃过程中的催化作用，穆斯堡尔谱显示，赤铁矿和菱铁矿分别在模拟实验温度超过 375℃和 450℃后向菱铁矿转化，说明赤铁矿和菱铁矿在中-低温阶段对褐煤生烃具有催化作用，在中-高温阶段则与有机质发生更为复杂的反应。

Ni、Mo、Co、Cr 等是除铁以外有机质生烃演化中重要的过渡金属催化剂。Mango 等（1994，1996，1997）利用 NiO 为催化剂，探究过渡金属矿物在有机质裂解生气中的作用，实验结果不仅肯定了 NiO 的催化作用，而且发现 NiO 对 CH_4 的生成具有非常显著的促进作用。Mango 等（1994）实验得到的气体产物中 CH_4 含量占 60%～95%，这与自然界天然气的组成十分相似。Medina 等（2000）认为单纯有机质热解实验无法生成与自然界中天然气类似的高 CH_4 含量是由于缺少过渡金属催化剂的作用。过渡金属由于其独特的原子结构和电价特征，在化学反应中可以降低反应物活化能，促进反应的进行。除上述有机质裂解反应外，过渡金属在有机质的合成过程中同样具有良好的催化作用。

上述实验受反应物、反应条件和催化剂自身性质等因素影响，其结果存在一定差异，但总体上肯定了 Fe 和其他过渡金属元素/矿物对有机质生烃的催化作用。前人的研究多将重点放在催化剂对气态烃、液态烃的产物产率和产物组成上，对催化剂作用的机理和催化反应的途径关注较少，特别是烃源（高演化烃源岩、储层沥青）催化加氢机理研究相对薄弱。工业上，过渡金属是目前石油炼制催化加氢过程中常用的催化剂，为了提高加氢精制的效率，对过渡金属催化剂活性相结构、催化反应流程和催化作用机理进行了广泛而深入的研究。工业中常用的过渡金属催化剂主要以硫化物、氧化物、配合物等形式存在。受地质条件的限制，并不是所有的工业催化剂均可用于实际地质科学问题的研究。因此，在模拟实验催化剂的选择和其他实验条件的设置过程中，要紧密围绕实验的目的，充分考虑实际地质背景对模拟实验的控制。

1.3　深部流体在储层发育中的“成储”作用

深部热液流体在沿着断裂裂缝体系从深部向浅部运移的过程中（Hooper，1991），其温度、压力及成分组成与所经过的浅部围岩地层有着显著的差异，比所经地层中的地层水具有更高的温度压力，富含 CO_2、CO_3^{2-}、Ca^{2+}、Mg^{2+}、Si 等活跃组分，从而打破原有地层流体与围岩之间的物理化学平衡，使得浅部地层发生显著的水岩相互作用。对碳酸盐岩储层来说，深部热液流体主要是使碳酸盐岩发生溶蚀、白云岩化、硅化作用等，在碳酸盐岩中形成丰富的次生溶蚀孔隙、晶间孔隙等，对深层–超深层优质碳酸盐岩储层发育起着重要的作用（Qing and Mountjoy，1994；金之钧等，2006；朱东亚等，2008；何治亮等，2017），热液改造形成的碳酸盐岩储集体多呈准层状、透镜状等分布（赵文智等，2014）。

深部流体可从岩浆侵入体中通过水岩反应获得一定数量的 Mg^{2+}离子，并沿断裂裂缝体系运移（Jacquemyn et al.，2014），使得碳酸盐岩发生热液白云岩化（Hurley and Budros，1990；Davies and Smith，2006）。热液白云岩已成为北美洲、中东等地区古生界油气勘探的主要目标（Al-Aasm，2003；Davies and Smith，2006）；美国和加拿大的世界级大油气藏就赋存在奥陶系（Hurley and Budros，1990）和泥盆系（Davies and Smith，2006）的热液白云岩储层中。已发表的大量数据和事实表明中东地区世界级的油气藏也有构造控制的热液白云岩化和溶蚀改造作用（Davies and Smith，2006）。中国四川盆地在震旦系灯影组、寒武系龙王庙组、奥陶系等层位中都发育有深部流体溶蚀改造型白云岩储层（Liu et al.，2014b；蒋裕强等，2016）。四川盆地栖霞组和茅口组总体以灰岩为主，但沿着主要断裂体系，广泛发育透镜状的热液白云岩化储集体（舒晓辉等，2012）。基于 Duan 和 Li（2008）热力学理论模型计算结果，深部流体在深部对碳酸盐岩具有持续溶蚀的能力，会使深层–超深层碳酸盐岩储层具有持续发育和保持的能力。塔里木盆地在深层–超深层寒武系和奥陶系中揭示深部流体溶蚀改造形成的优质碳酸盐岩储层（朱东亚等，2010），特别是塔深1井在7000～8400m深处发现了多层段的优质热液改造型白云岩储层，并在中途测试中获得了少量的凝析油（Zhu et al.，2015a）。塔深1井从7000～8400m孔隙度逐渐增加至9.1%，证实了深部持续发育和保持的能力（Zhu et al.，2015b）。因此，在深部热液溶蚀改造作用下，深层碳酸盐岩储层具有持续向深部拓展的能力，使深部仍发育优质白云岩储层。

深部来源 CO_2 从深部向盆地浅部运移过程中，部分 CO_2 溶解到水中可形成富 HCO_3^- 的酸性流体，酸性流体往往会引起储集砂岩中长石等可溶性矿物的溶蚀，并伴有石英、黏土等矿物的沉淀，进而使储集砂岩的孔隙度和渗透率发生改变。Shiraki 和 Dunn（2000）的模拟实验结果表明，CO_2 注入砂岩储层后，长石发生蚀变并向高岭石转变，白云石等碳酸盐岩矿物将发生溶解从而使储层孔隙度增加。Bertier 等（2006）以比利时东北部威斯特伐利亚（Westphalian）和邦桑斯坦（Buntsandstein）砂岩为例，开展了超临界 CO_2–水–岩反应实验，认为 CO_2 的注入会导致砂岩储集层中的白云石、铁白云石及铝硅酸盐的溶蚀，从而改善储层储集物性。片钠铝石一般认为是高含 CO_2 地层中 CO_2 与碎屑岩相互作用的典型矿物（Worden，2006）。在中国东部 CO_2 气藏的碎屑岩储集岩或火山作用所波及的岩石中，相继发现了与高含量 CO_2 和碳酸盐岩热解碳来源有关的片钠铝石（高玉巧等，2007）、铁白云石（刘立等，2006）等碳酸盐矿物，这表明深部来源的 CO_2 一部分以气田或气藏等资源形式存在，另一部分与含水的储集岩发生物理化学作用，以片钠铝石、铁白云石等碳酸盐矿物形式被固化在岩石中。以苏北盆地黄桥油气藏为例，深部来源 CO_2 在志留系至二叠系龙潭组长石石英砂岩储层中富集成藏（Liu et al.，2017）。储集层中的 CO_2 大量溶解在地层水中，形成较高含量的 HCO_3^-，会对长石形成较强的溶蚀能力，如苏 174 井志留系砂岩地层水中的 HCO_3^- 含量达到 12932mg/L；溪平 1 井二叠系龙潭组砂岩地层水中的 HCO_3^- 含量达到 18011.79mg/L（Zhu et al.，2018a）。在富 CO_2 及 HCO_3^- 流体作用下，黄桥油气藏储集砂岩中的长石发生了显著的次生溶蚀作用，溶蚀作用在长石颗粒中形成大量的微小的次生溶蚀孔隙，如溪平 5 井龙潭组砂岩中的长石颗粒在单偏光下可见次生溶蚀作用，在正交偏光下仍能发现长石聚片双晶的现象。长石溶蚀之后形成丰富的粒内溶蚀孔隙和粒间孔隙。扫描电镜下也可发现溪 3 井、溪 1 井龙潭组砂岩具有大量微小溶蚀孔隙的溶蚀残余长石颗粒。溶蚀长石颗粒内部和边缘见片钠铝石、自生石英和高岭石的沉淀，是长石次生蚀变后的产物。受溶蚀形成的次生孔隙影响，二叠系龙潭组致密砂岩的孔隙度可达 12.3%，而无 CO_2 溶蚀改造的句容地区砂岩的孔渗性则较差。长石蚀变形成的片钠铝石在龙潭组砂岩中非常常见，并与蚀变形成的自生石英、高岭石等相伴生。胡文瑄（2016）提出了深部富 CO_2 流体作用下致密碎屑岩储层发育的地质模式，认为有利于溶蚀改造的储层主要沿着深部流体活动的断裂附近发育，对寻找深部 CO_2 活动区域油气藏具有重要的指示意义。

深部富 CO_2 流体沿深大断裂运移至油气藏圈闭后，不仅对储层产生溶蚀作用，也对泥岩盖层产生改造作用。深部富 CO_2 流体对储层砂岩溶蚀改造，溶蚀长石、碳酸盐岩胶结物等，然后携带这些组分至上覆泥岩盖层中。由于上覆泥岩盖层因受构造作用而发育大量的微小裂缝，对盖层封闭性产生很不利的作用（Nygård et al.，2006；Jin et al.，2014）。深部流体从储集砂岩中溶蚀携带的物质在盖层微裂缝中沉淀形成方解石、石英等矿物，使微裂缝得以愈合，从而提高了泥岩的封盖性能（Oelkers and Cole，2008）。对渤海湾盆地济阳拗陷、苏北盆地黄桥 CO_2 油气藏等钻井岩心观察发现，富 CO_2 流体作用下不仅储层砂岩长石发现了显著的溶蚀作用，而且上覆泥岩盖层微孔和微裂缝中见石英、方解石等矿物充填作用，增强了盖层封闭能力。Lu 等（2009）对北海米勒（Miller）油田相邻 30km 的两口钻井中取上覆储层的泥岩盖层样品进行碳酸盐矿物稳定同位素分析，表明 $\delta^{13}C$ 具有良好的向上线性递减的趋势，其受到 CO_2 渗透影响。美国科罗拉多高原的斯普林维尔-圣约翰（Springerville-St. Johns）CO_2 气藏中，大量碳酸盐沉积记录了 CO_2 的充注和泄漏过程，碳酸盐胶结物含量为 13%~26%，片钠铝石含量为 2%~7%（Moore et al.，2005）。尽管盖层的渗透率通常小于 1mD（$1D=0.986923\times10^{-12}m^2$），但孔隙度范围较大，有时可达 30%（Armitage et al.，2011），CO_2 酸性地层水进入这些孔隙中从而引发与矿物的相互作用。由于碳酸盐矿物具有较快的反应动力学性质，无论是储层还是盖层中，碳酸盐矿物将最先发生溶蚀溶解（Alemu et al.，2011）。中国东部松辽、渤海湾、苏北、莺歌海等含油气盆地中发现众多 CO_2 气藏（Huang et al.，2004，2015；Dai et al.，2005a；Liu et al.，2017），也见 CO_2 与油气共同聚集成藏的现象，同样的美国科罗拉多斯普林维尔-圣约翰（Moore et al.，2005）、英国北海（Wilkinson et al.，2009）、巴西桑托斯（Santos）（马安来等，2015）等地区也在油气勘探时发现了 CO_2 气藏。这些气藏中大量存在的 CO_2 将促使储集层的溶解，并使上覆泥岩盖层胶结封闭。

微生物岩（microbialite）作为一种重要的储层类型越来越受到重视（罗平等，2013；

钱一雄等，2017）。微生物岩在1987年首次被提出（Burne and Moore，1987），认为是底栖微生物群落的生物沉积物，底栖微生物群落包括光能原核生物、真核微生物和化能（自养和异养）微生物。底栖微生物主要通过黏结、凝块化、包覆、造架等方式形成碳酸盐岩建造。Vasconcelos和McKenzie（1997）最早提出了微生物白云石的形成模式。微生物岩建造主要发育在安静的高盐度潟湖环境中，如西澳大利亚哈梅林浦（Hamelin Pool）现代叠层石发育区海水水体盐度大约是正常海水的两倍，为55‰~70‰（Bauld，1984），形成叠层石的主要生物类型为蓝细菌（Cyanobacteria）。海水的高盐度和沉积物之下的厌氧硫化环境非常有利于微生物活动形成的有机质的保存。西澳大利亚哈梅林浦叠层石和微生物中的有机碳含量一般都大于20%（Pagès et al.，2014）。而深部流体沿深大断裂注入，会提供丰富的生命营养元素，如Fe、Mn、Si、S、P等，能促使微生物的发育和微生物岩的形成。较为典型的区域为大洋中的海底“黑烟囱”，“黑烟囱”是指海底富含硫化物的高温热液活动区（Rona et al.，1986；Von Damm，1990），因热液喷出时形似“黑烟”而得名。黑烟囱附近存在着庞大的生物群落，包括细菌微生物和大型的蠕虫类的软体动物，其中细菌以消耗硫化物为食，其他生物则以细菌微生物为食，构成了完整的生物链条（Pedersen et al.，2010）。海底热液、火山活动、火山岩石风化等都能为海洋中输送大量的生物繁育所需要的营养元素，促进微生物的发育和微生物岩的沉淀形成。微生物岩建造内部由于富含粒内孔、粒间孔、窗格孔、格架孔等原生孔隙，受后期成岩改造作用影响，还会进一步发育次生溶蚀孔隙，构成优质油气储层。深部流体在促成微生物岩发育和成烃生物勃发机制上具有类似之处，即深部流体提供了两种环境中微生物繁育所必需的生命营养元素。但由于所处的水体环境和生物类型的差异，导致形成微生物岩或者烃源岩。例如，在浅水环境中，蓝细菌活动形成叠层石；在深水环境中，浮游藻类等成烃生物发育形成烃源岩。高盐度潟湖环境中微生物作用能形成紧密配合的微生物岩生储建造体系，而深部流体活动贡献的营养物质元素无疑将促进微生物岩的生储建造体系的形成发育。

1.4 深部流体在油气成藏中的次生“促聚”改造作用

CO_2达到超临界状态需要的温度和压力分别为30.98℃和7.38MPa。在超临界状态下，CO_2对有机质溶解能力大幅提高（Hyatt，1984），可以把油页岩中的有机质抽提（Bondar and Koel，1998），甚至其对沉积物中有机质的抽提能力超过索氏抽提法（Akinlua et al.，2008）。基于超临界CO_2的抽提能力，通过人工注入超临界CO_2来驱采地下致密油，提高原油的采收率。深部流体携带的大量CO_2在深层均达到超临界CO_2的温压条件。由于具有气体的特征，与通常流体相比，超临界流体具有较高的扩散能力、低的黏度和较低的表面张力。所以，超临界CO_2在地层等介质中具有很强的扩散迁移能力（Monin et al.，1988），能以扩散的方式通过沉积地层。当大规模超临界CO_2沿着断裂裂缝等通道体系从深部向盆地浅部运移过程中，超临界CO_2将对围岩（烃源岩或致密储层）中滞留液态烃进行萃取和驱取，促使沉积地层中有机组分活化迁移（Zhong et al.，2014）。超临界萃取实验表明，超临界CO_2会优先萃取沉积物中的小分子量烃类组分，并携带这些轻质组分运移至浅部聚集成藏，如黄桥（Zhu et al.，2017）、莺歌海（Huang et al.，2015）。在黄桥地区的二叠系龙潭组等层位具有超临界 CO_2 与油共存的特征，龙潭组砂岩裂缝中的石英脉中发现了 CO_2 与油共生的包裹体，表明超临界 CO_2 对深层滞留烃类萃取作用的存在（Liu et al., 2017）。基岩中发现一些“无机成因”油藏常沿深部断裂分布，其附近缺少生油岩，这些聚集可能与富 CO_2 流体的溶解运移作用有关（刘国勇等，2005）。

由于超临界 CO_2 分子中静电矩的存在，使其相比于 CH_4 等非极性分子更易吸附于泥页岩等烃源岩的孔隙中，从而导致 CH_4 从有机质中解吸，促进烃源岩中 CH_4 的排出（Middleton et al., 2015），提高了页岩气的产量（Jung et al., 2010; Heller and Zoback, 2014）。同时，超临界 CO_2 作为一种无水流体，易与烃类混溶，减少水力压裂中工作液对缝洞的封堵，因为传统压裂液中水常导致蒙脱石等黏土矿物膨胀、堵塞孔缝，而超临界 CO_2 作为压裂液可避免矿物膨胀引起的孔隙堵塞（Dehghanpour et al., 2012; Makhanov et al., 2014）。由于超临界 CO_2 具有清洁、可与烃类混溶、减少工作液对缝洞的封堵等优点，被视为一种可能替代水力压裂的重要增产增效手段（Middleton et al., 2015）。

深部流体不仅携带富含 C、H 等挥发分流体，而且也携带大量热能量。这些热液流体对沉积盆地油气产生热蚀变，使得原油的地球化学特征发生改变。由于热液对原油热蚀变促进了原油发生芳构化或者热裂解，原油构成以芳烃或者非烃+沥青质为主（Simoneit, 1990），芳烃和非烃+沥青质含量为 30%～98%（Didyk and Simoneit, 1990; Simoneit, 1990; Yamanaka et al., 2000），在美国黄石国家公园热液石油的芳烃和非烃+沥青质含量甚至可达 99% 以上（Clifton et al., 1990）。尽管中国苏北盆地黄桥地区原油芳烃含量小于 10%，饱和烃含量大于 90%（Liu et al., 2017），但从饱和烃、芳烃、非烃+沥青质三者关系来看，黄桥地区原油族组分与巴西桑托斯油气田具有相似的原油族组分分布特征。黄桥地区原油饱和烃色谱碳数分布在 $C_{13\sim34}$，主峰碳以 C_{16} 和 C_{17} 为主，表现为明显鼓包未溶解复杂混合物（undissolved complex mixture, UCM）的单峰型特征，C_{25} 以后正构烷烃丰度相对较低；同时，碳优势指数（carbon preference index, CPI）为 0.91～0.98，Pr/Ph 值为 1.1～1.47，Pr/nC_{17} 值为 0.55～0.77，Ph/nC_{18} 值为 0.53～0.64（Liu et al., 2017）。这些原油饱和烃正构烷烃分布特征与热液石油具有相似性（Simoneit, 1990; Yamanaka et al., 2000; Simoneit et al., 2004）。由于黄桥和桑托斯盆地原油产量达到工业价值的标准，因此，遭受热液改造的石油不仅广泛分布，而且也能形成工业性油流。

H_2 活泼的化学性质和强还原能力，极易被氧化。在地质条件下，很难发现 H_2 单独聚集成藏或者高含 H_2 的气藏。Woolnough（1934）最早报道了新几内亚（New Guinea）地区 H_2 含量高于 10%。苏联学者 Bohdanowic（1934）报道了斯特罗波尔（Strvropol）地区 H_2 含量最高达到 27.3%。北美洲堪萨斯地区森林城（Forest City）盆地发现含量为 17% 的 H_2 与烃类气体共生（Newell et al., 2007）。加拿大和芬诺斯堪迪亚（Fennoscandian）前寒武系地盾、显生宙蛇绿岩气苗，以及堪萨斯地区金伯利岩中钻探的气井中，H_2 含量大于 30%（Sherwood Lollar et al., 2014）。中国柴达木盆地三湖地区岩屑罐顶气中最高检查到 H_2 含量高达 99%（帅燕华等，2009）。在深部流体活跃区域，H_2 的含量范围较大。菲律宾群岛三描礼士（Zambales）地区（Thayer, 1966; Abrajano et al., 1988）、阿曼北部火山岩省（Neal and Stanger, 1983）、瑞典格拉洛伯格 1 号井（Gravberg-1 井）（Jeffrey and Kaplan, 1988）等 H_2 含量超过 10%；而中国东部沿郯庐断裂带附近，H_2 含量为 0.01%～

5.5%（上官志冠和霍卫国，2001；孟庆强等，2011）。Goebel 等（1983）根据堪萨斯地区海因斯井天然气中的 H_2 和 N_2 同位素特征，认为该井中的高浓度 H_2 是地球脱气作用形成的。Marty 等（1991）认为冰岛西南裂谷带温泉气中 H_2 是地球脱气作用过程的产物。Hawkes（1972）计算了每 1kg 岩石从地球深部 15km 运移至地表，可以释放出 $75cm^3$ 的 H_2，而每 $100cm^3$ 的水从地下 15km 运移至地表，可以释放出 $1200cm^3$ 的 H_2。金之钧等（2007）根据玄武岩中橄榄石和辉石斑晶的热释气体组分和含量，估算出东营-惠民凹陷幔源-岩浆活动能向该凹陷输入约 $44.1\times10^9m^3$ 的 H_2。由于对高含 H_2 气藏形成的地质认识薄弱，对不同来源 H_2 如何鉴别、H_2 能否聚集形成具有工业价值气藏一直存在较大争议。但 H_2 作为一种清洁能源，如果从地质环境中能够获取廉价的 H_2，将对未来清洁能源供给具有重要的意义。

He 由于具有特殊的物理化学性质，被广泛应用于国防、军工以及化学分析等科研生产的各个方面。但迄今为止 He 唯一的来源仍然是含氦天然气，其具有工业经济价值的含量下限为 0.05%（张子枢，1987）。由于 He 在大气中的含量很低，具有工业经济意义的 He 主要来源于地壳与地幔（徐永昌等，1989）。壳源 He 气藏以威远气藏为代表，He 含量超过 0.15%，如威 100 井 He 含量为 0.3%，达到工业 He 气藏的品位（王顺玉和李兴甫，1999）。中国东部断裂带附近的含油气盆地是深部幔源 He 气藏的主要分布区域，如松辽盆地芳深 9 井 He 含量最高可达 2.743%，汪 9-12 井中 He 含量为 2.104%（冯子辉等，2001）。渤海湾盆地济阳坳陷的东营凹陷和惠民凹陷交界的花沟地区天然气中 He 含量为 5.11%（花 501 井 459.1～461.7m）（车燕等，2001），中国东南部三水盆地中 He 含量最高可达 0.427%（杨长清和姚俊祥，2004）。由于油气勘探与生产实践中对 He 资源关注不足，对于 He 富集规律认识研究薄弱，但其作为战略性资源具有重要的工业和经济价值，也是提高天然气经济效益的着力点。

通过上述研究成果调研，梳理了深部流体基本属性和地质特征，查明了深部流体携带物质和能量与沉积盆地围岩相互作用的物理化学行为，初步阐明深部流体作用下油气形成、储层改造、萃取成藏以及次生改造的研究进展。这些研究成果为我们深入研究深部流体作用成源、成烃、成储、成藏等方面奠定了良好基础。因此，本次研究的整体思路就是以深部流体为纽带，通过深部流体侵入沉积盆地后对水体沉积环境、古生产力、富有机质保存的影响，探讨深部流体富有机质烃源岩形成的控制作用；通过富氢深部流体（含地质体中氢气）对不同烃源的催化加氢作用，探讨不同富氢流体在催化作用下的加氢生烃潜力和产物地化特征；通过不同地质背景下酸性流体对岩石的物理化学作用过程，探讨酸性流体对不同岩石的溶蚀改造与沉淀机制；通过深部流体在油气成藏过程中的有机-无机相互作用，探讨富 CO_2 流体对深层油气高效聚集和次生蚀变机制。

第2章 深部流体对富有机质烃源岩形成的影响

关于有机质富集的机制，一直存在“保存论”（Demaison and Moore，1979；Mort et al.，2007）与“生产力论”（Kuypers et al.，2002）两大模式之争。“保存论”观点认为富有机质沉积是大洋缺氧的结果，强调缺氧的沉积环境对有机质富集的重要影响（Demaison and Moore，1979；Mort et al.，2007）。陆地与海洋火山和深部热液流体喷发为缺氧沉积环境的形成创造了条件。在陆地环境中，火山和深部流体喷发出的 H_2S、CO_2、CO、NO_2、CH_4 等气体隔绝了空气中的氧气，形成酸雨，导致地表动植物缺氧死亡；而喷出的火山灰、火山角砾等将动植物的遗体埋藏，在缺氧的环境下保存并转化为有机质，富集于盆地沉积物中。在海洋环境中，海底热液的喷发，扰乱了正常的海水循环，使海水静止分层，底部水体缺氧，沉积有机质得以富集。

但对黑海（Kuypers et al.，2002）等一些典型的现代缺氧海盆研究，并没有出现广泛的有机碳沉积。由此，一些学者提出较高的有机质生产力是富有机质沉积的重要条件。深部流体为沉积盆地生产力水平的提高和有机质的富集提供了丰富的物质基础。海底喷发的热液流体携带的大量 NO_3^-、PO_4^{3-}、NH_4^+ 等营养盐类物质和 CH_4、CO_2、H_2、NH_3 等热液气体，是水体浮游植物生长及自养型微生物合成有机物的重要营养来源。同时，热液中所含有的微量金属元素（如 Fe、Mn、Zn、Co、Cu 等）在浮游植物光合作用、呼吸作用、蛋白质合成等新陈代谢过程中也具有不可替代的作用。而来自地球内部，随热液喷发至地表的古细菌、嗜热细菌等微生物，在提高大洋初级生产力、富集有机质及促进海底水岩反应发生和营养元素释放等过程中均具有积极的意义（Delmelle et al.，2007；Hoffmann et al.，2012）。

在有机质形成富集的过程中，“保存论”与“生产力论”并非非此即彼的矛盾论，而是可以相辅相成、共同作用的两种重要机制。深部流体通过创造有利的水体沉积环境，提供丰富的营养盐类、微量金属元素和微生物等物质，实现了沉积盆地的“优源”效应（刘佳宜等，2018；刘全有等，2019）。

高原始古生产力和缺氧沉积条件的维持受多因素控制。在海洋沉积物的早期成岩过程中，作为碳循环的重要组成部分的有机质在最终被埋藏前，会遭受 O_2、NO_3^-、Mn^{4+}、Fe^{3+}、SO_4^{2-} 等氧化剂的氧化。在厌氧还原环境下，硫酸盐还原菌（sulfate reducing bacteria，SRB）可将各类有机物作为碳源，以硫酸根离子（SO_4^{2-}）为电子受体，对其进行代谢分解，在代谢反应过程中形成大量的 H_2S，部分 H_2S 会与水体中的自由氧反应，再度被还原为 SO_4^{2-}，加快水体中氧的消耗，增强水体的还原性。还有部分 H_2S 进一步与活性铁反应，形成一系列铁的单硫化物，并最终形成黄铁矿而保存于沉积中。微生物硫酸盐还原作用是有机碳矿化的主要途径之一，所消耗的有机碳占有机碳氧化总量的 50% 以上（Jørgensen，1982；Canfield et al.，1993）。因此，有机质的富集取决于原始古生产力和有机质保存过程中消耗程度。

2.1　深部流体对古老烃源岩发育的影响——以南方震旦系为例

前寒武纪处在地球形成演化的早期阶段，壳幔构造运动强烈，火山岩浆活动和深部热液流体活动极其广泛（Zhou et al.，2002；Li et al.，2003）。许多地区在前寒武纪地层中发现了火山灰和硅质岩层（Yin et al.，2005；Fan et al.，2013；Wang et al.，2012），表明了火山活动和海底热液活动的广泛存在。受火山和热液活动的影响，前寒武纪泥页岩层系中存在丰富的有机生命活动（Tang et al.，2006；McFadden et al.，2009）。

针对扬子地区震旦系泥岩和页岩，已有研究着重关注其沉积相、层序展布（杨爱华等，2015）、生命有机体类型（Tang et al.，2006；McFadden et al.，2009）、沉积发育环境等（闫斌等，2014）。但针对震旦系泥页岩烃源岩的发育特征和烃源潜力一直没有引起足够的重视。泥页岩沉积时期广泛发育的火山活动和热液流体活动如何影响烃源岩发育和保存的，有待深入的研究。

2.1.1　基本地质特征

四川盆地位于中国西南部（图2.1），已经在灯影组中发现威远和安岳两个大型气田，

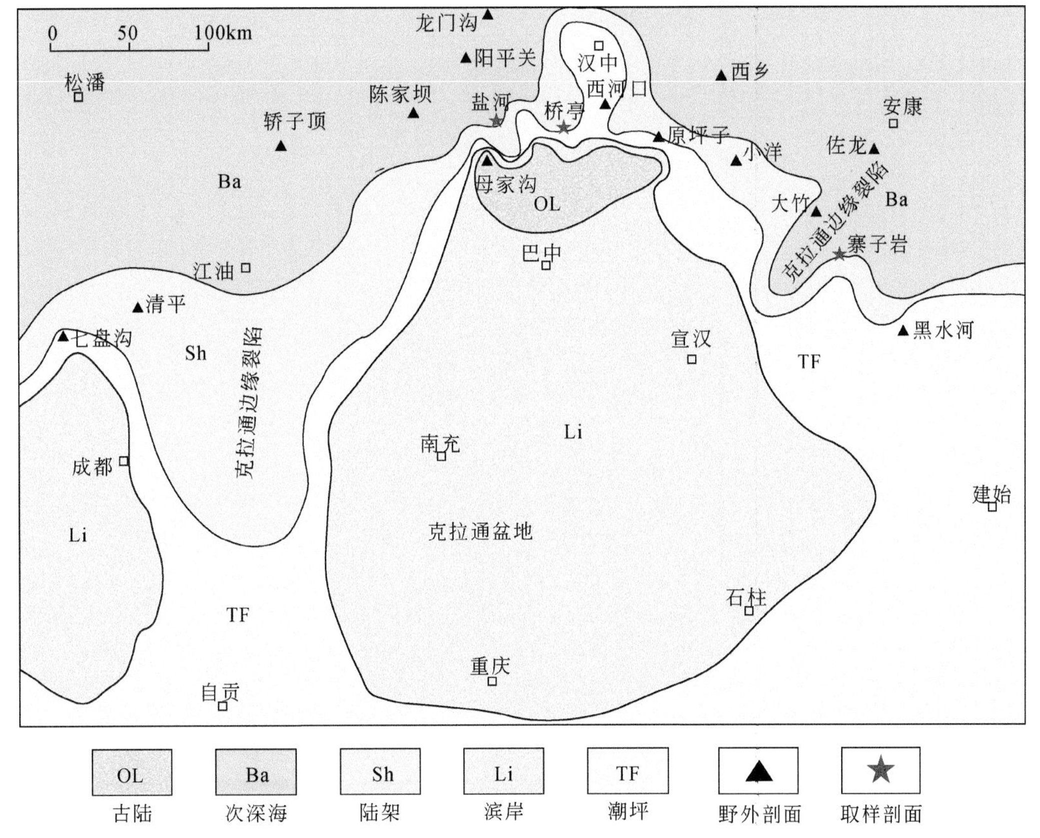

图2.1　上扬子地区早震旦世裂陷和沉积相分布图

震旦系灯影组白云岩是重要的储层和产层之一（Zou et al., 2014）。前期研究认为广泛分布的下寒武统黑色泥岩和页岩具有很大的生烃潜力，是主要的烃源岩层位（魏国齐等，2015）。随着勘探与研究的逐渐深入，在一些钻井和野外剖面的前寒武纪古老层系中也发现了黑色泥岩和页岩的广泛分布，如震旦系陡山沱组和灯影组三段（图 2.2）。

系/统		组	代号	岩性剖面	厚度/m	气层	气藏类型
第四系			Q		0~380		
新近系			N		0~1100		
古近系			E				
白垩系			K		0~2000		
侏罗系	上统	蓬莱镇组	J_3p		650~1400		
	中统	遂宁组	J_2sn		340~500		
		沙溪庙组	J_2s		600~2800	⌖	致密砂岩
	下统	自流井组	J_1z		200~900		
三叠系	上统	须家河组	T_3x		250~3000	⌖	致密砂岩
	中统	雷口坡组	T_2l		300~500	⌖	碳酸盐岩
	下统	嘉陵江组	T_1j		400~700		
		飞仙关组	T_1f		150~500	⌖	碳酸盐岩
二叠系	上统	长兴组	P_2c		200~500		
		龙潭组	P_2l				
	下统	茅口组	P_1m		200~500		
		梁山组	P_1l				
石炭系	上统	黄龙组	C_2h		0~500		
志留系	上统	韩家店组	S_2h		80~150		
	下统	石牛栏组	S_1s		100~150		
		龙马溪组	S_1l		150~300	⌖	页岩
奥陶系	上统	五峰组	O_3w		10~20		
	中统	宝塔组	O_2b		20~50		
	下统	湄潭组	O_1m		100~300		
		红花园组	O_1h		30~80		
		桐梓组	O_1t		0~120		
寒武系	上统	洗象池组	$€_3x$		634~805		
	中统	陡坡寺组	$€_2d$		113~305		
	下统	龙王庙组	$€_1l$		0~360	⌖	碳酸盐岩
		沧浪浦组	$€_1c$		150~300		
		牛蹄塘组	$€_1n$		150~578	⌖	页岩
		麦地坪组	$€_1m$		0~210		
震旦系	上统	灯影组	Z_2dn^4		200~1500	⌖	碳酸盐岩
			Z_2dn^3				
			Z_2dn^2			⌖	碳酸盐岩
			Z_2dn^1				
	下统	陡山沱组	Z_1ds		9~460		
南华系		南沱组					

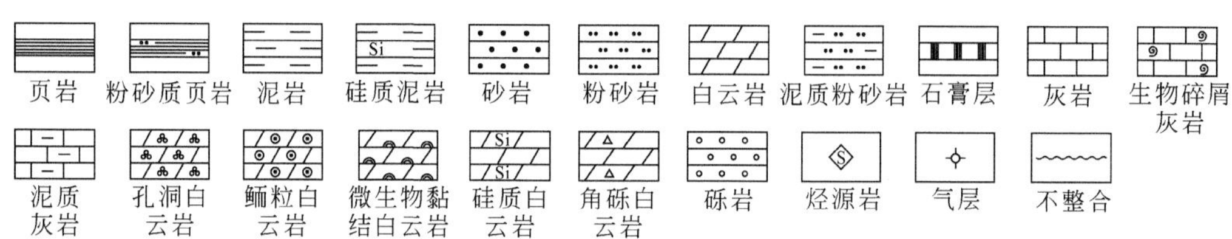

图 2.2　四川盆地岩性、烃源岩和储层综合柱状图

华南扬子区域南华纪冰期后的震旦系（埃迪卡拉系）陡山沱组和灯影组海相碳酸盐岩和页岩层系主要沉积于东南向的裂谷到被动大陆边缘（Jiang et al.，2003；Zhu et al.，2007）。陡山沱组底部盖帽白云岩直接覆盖于南沱组冰期冰渍砾岩之上，该冰期花岗岩的年龄约为635Ma（Zhang et al.，2008a）。陡山沱组主要包括白云岩、灰岩、黑色碳质页岩、泥岩、泥质粉砂岩，以及少量含磷/硅质泥岩和磷块岩（图2.2）。灯影组（Z_2dn）自下而上可划分为4个段。灯影组一段（简称灯一段，Z_2dn^1）为白云岩夹少量砂泥碎屑岩；灯二段（Z_2dn^2）以白云岩为主，微生物叠层石、葡萄状白云岩、泡沫棉、凝块岩广泛发育；灯三段（Z_2dn^3）以碎屑岩为主，灰褐色、褐黄色砂岩和黑色泥页岩夹硅质岩；灯四段（Z_2dn^4）主要是白云岩，也见薄的硅质岩夹层，常见微生物叠层白云岩、硅质白云岩或硅质条带白云岩、角砾状白云岩等（图2.2）。

震旦系陡山沱组烃源岩厚度为10～90m，厚度高值区主要分布在盆地外围地区，盆地内的高值区仅位于广安—南充—遂宁地区，厚度为10～30m，总有机碳（total organic carbon，TOC）值为0.56%～4.64%（平均2.06%）；震旦系灯三段的页岩厚度为10～30m，盆内沿广元—南充—泸州一带呈狭长带状展布，厚度高值区在高石梯—南充及其以北的地区，盆地外围川北地区在南江和旺苍地区有数十米厚的黑色页岩出露，TOC值为0.50%～4.73%（平均为0.87%）（Zou et al.，2014）。除震旦系页岩外，下寒武统黑色泥页岩烃源岩在四川盆地分布非常广泛，厚度较大，一般超过100m厚，具有巨大的供烃能力（魏国齐等，2015）。

针对四川盆地震旦系陡山沱组和灯影组三段泥页岩，开展详细的野外剖面观测取样，并开展TOC、微量和稀土元素（rare earth element，REE）分析，以揭示前寒武系古老烃源岩发育特征，证实火山活动及海底热液活动对烃源岩形成发育的影响，明确火山和深部热液流体活动有机-无机相互作用下优质烃源岩发育及保存过程和机理。

2.1.2　地球化学特征

1. 剖面岩石学特征

城口（CK）高燕乡寨子岩剖面位于四川盆地东北部，自下而上依次出露南华系南沱组，下震旦统陡山沱组（Z_1ds）、灯影组（Z_2dn）和下寒武统牛蹄塘组（$Є_1n$）等层位。南沱组主要为浅变质石英砂岩。陡山沱组底部是薄层状黑色碳质页岩厚度12.5m，碳质页岩中夹多层5～10mm厚的褐黄色火山灰风化形成的黏土纹层；黑色碳质页岩之上为薄层状深灰色泥岩和硅质泥岩，厚度为18.0m。深灰色泥岩和硅质泥岩层之上为浅灰色薄层状白云岩。灯影组主要为灰色薄层状玛瑙纹状白云岩和薄层状泥质灰岩。牛蹄塘组为黑色页岩和泥岩，厚度约120m（图2.3、图2.4）。

旺苍盐河（YH）乡剖面位于四川盆地北部，自下而上依次出露震旦系灯影组和下寒武统牛蹄塘组。震旦系灯影组出露灯影组二段、三段和四段。灯影组二段主要是浅灰色中薄层状微生物叠层白云岩，顶部与灯影组三段呈不整合接触。不整合面之下白云岩受岩溶作用影响发育丰富的岩溶孔洞，孔洞中充填黑色沥青。灯影组三段自下而上依次为薄层状褐灰色至紫红色泥岩、粉砂质泥岩和粉砂岩（厚14m）（YH-01～16）、薄层状黑色泥岩夹

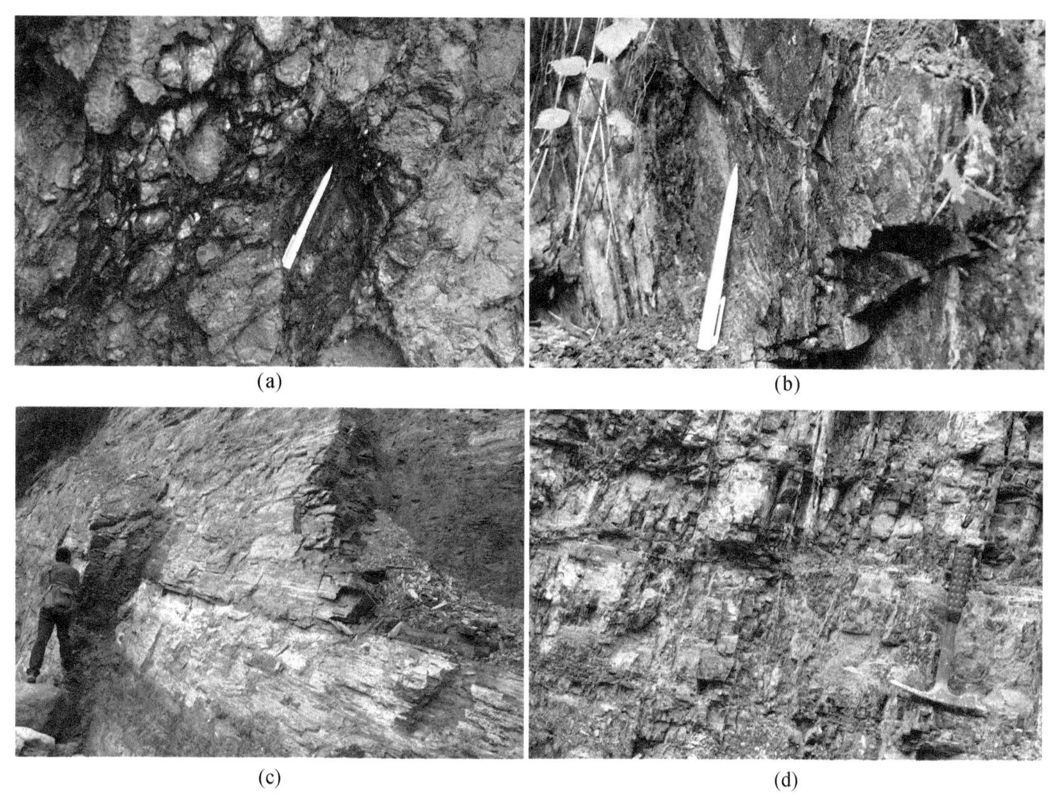

(a)　(b)　(c)　(d)

图 2.3　震旦系黑色泥页岩

(a) 黑色碳质页岩，震旦系陡山沱组（Z_1ds），城口高燕乡寨子岩剖面；(b) 黑色碳质页岩，富含火山灰夹层，风化后呈黄褐色，震旦系陡山沱组（Z_1ds），城口高燕乡寨子岩剖面；(c) 黑色页岩夹硅质纹层，震旦系灯影组三段（Z_2dn^3），旺苍盐河乡剖面；(d) 黑色硅质泥岩夹火山灰夹层，风化后呈棕褐色，震旦系灯影组三段（Z_2dn^3），旺苍盐河乡剖面

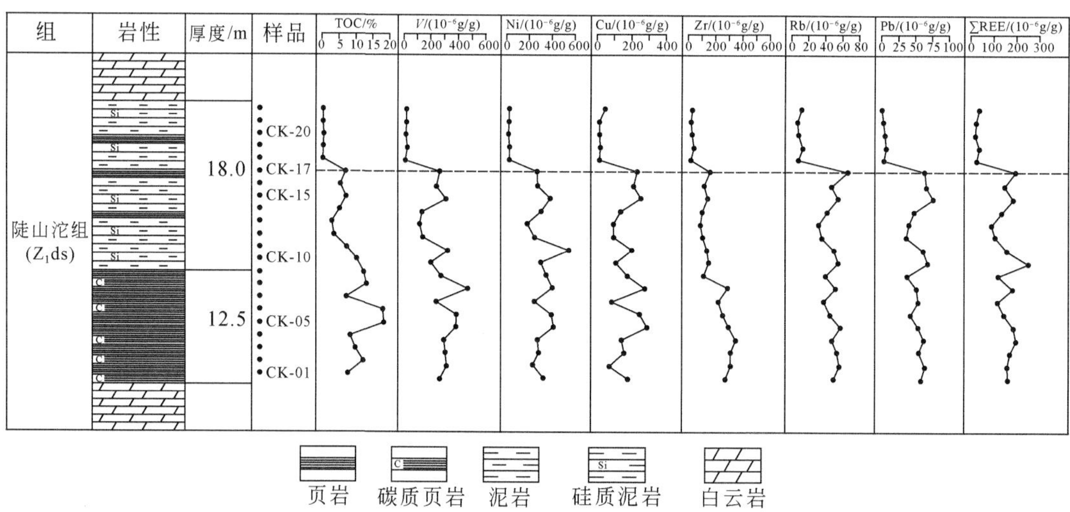

图 2.4　城口高燕乡寨子岩震旦系陡山沱组剖面有机碳、微量元素和稀土元素含量

硅质泥岩（厚 13m）（YH-18 ~ 32）、黑色页岩夹硅质薄层（厚 8m）（YH-33 ~ 41）和薄层状白云岩（厚 25m）［图 2.3（c）、（d），图 2.5］。灯影组四段主要是薄层状泥晶白云岩、中厚层状微生物叠层白云岩和粗粒砂糖状白云岩，其中微生物叠层白云岩和砂糖状白云岩中富含溶蚀孔隙和沥青。下寒武统牛蹄塘组为黑色泥岩和粉砂质泥岩，出露厚度约 85m。

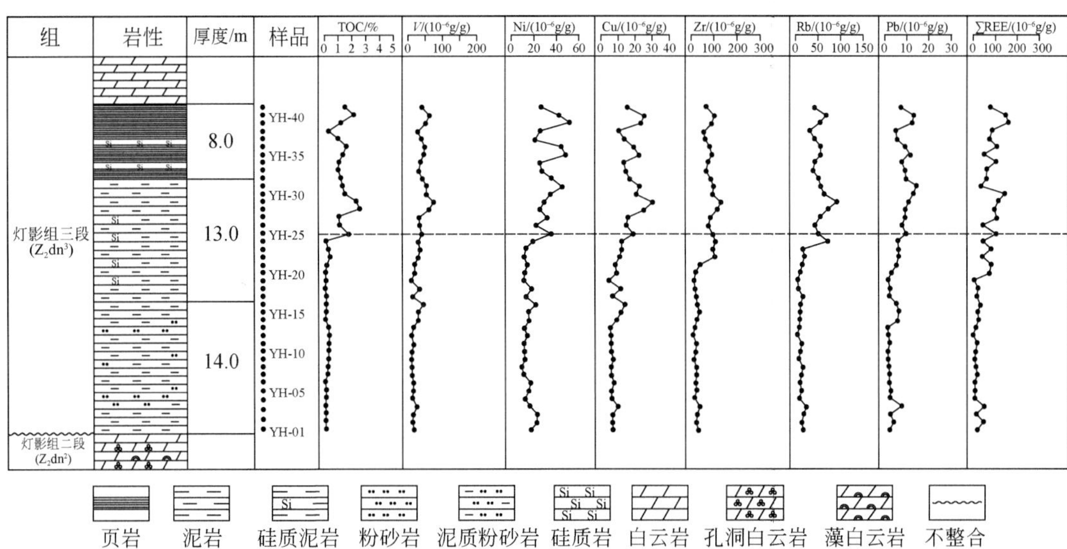

图 2.5　旺苍盐河乡震旦系灯影组三段剖面有机碳、微量元素和稀土元素含量

2. 有机地球化学特征

寨子岩剖面震旦系陡山沱组下部的黑色页岩 TOC 较高，为 2.83%~12.92%，多数高于 5.0%；上部深灰色粉砂质泥岩 TOC 较低，为 0.11%~0.28%（图 2.4）。镜质组反射率 R_o 为 3.52%~3.69%。干酪根碳同位素 $\delta^{13}C$ 为 −31.1‰ ~ −28.5‰。该剖面下寒武统黑色泥岩的 TOC 含量为 0.80% ~ 2.42%，R_o 为 3.25% ~ 3.52%，干酪根碳同位素 $\delta^{13}C$ 为 −32.9‰ ~ −30.1‰。

盐河乡灯影组三段剖面的 TOC 含量为 0.07%~2.49%，其中上部黑色硅质页岩的 TOC 含量相对较高，为 0.31%~2.49%，多数高于 1.0%（图 2.5）。R_o 为 2.56%~3.85%，多数高于 3.0%。干酪根碳同位素 $\delta^{13}C$ 为 −35.2‰ ~ −33.5‰。该剖面下寒武统黑色泥岩的 TOC 为 0.22% ~ 0.70%，R_o 为 3.20% ~ 3.55%，干酪根碳同位素 $\delta^{13}C$ 为 −31.9‰ ~ −29.3‰。临近的桥亭灯影组三段剖面黑色泥岩的 TOC 为 0.03% ~ 2.71%，多数高于 1.0%。桥亭剖面下寒武统黑色泥岩 TOC 为 0.86%~4.31%，R_o 为 3.11%~3.64%。

3. 元素地球化学特征

寨子岩陡山沱组和盐河乡灯影组三段泥岩和页岩中含量最高的微量元素为 Ba，多数含量超过 1000μg/g。微量元素中的 V、Cr、Ni、Zn、Zr 等含量较高，多位于几十至几百 μg/g。此外还含有一定量的 Co、Rb、Pb、Cu、Sr、Y、Mo 等微量元素，含量一般为几十

μg/g（图2.4）。

寨子岩陡山沱剖面泥岩和页岩中的 V、Ni、Cu、Zr、Rb、Pb 等微量元素含量与 TOC 含量之间有着较好的正相关关系（图2.4）。在剖面下部 TOC 含量较高的碳质页岩段，这些微量元素含量也较高；剖面上端 TOC 含量较低的泥岩段，这些微量元素含量也较低。以 V 和 Ni 元素为例，从 CK-17 样品开始，TOC 含量从 6.7% 降低至 0.24%，这两个元素含量分别从 264μg/g 降低至 15.5μg/g 和从 272μg/g 降低至 25.7μg/g。盐河乡灯影组三段剖面页岩和泥岩中的部分微量元素也与 TOC 含量有着正相关关系，如 V、Ni、Cu、Zr、Rb、Pb 等元素（图2.5）。

寨子岩陡山沱组剖面页岩中的总稀土元素含量∑REE 与 TOC 之间具有明显的正相关关系（图2.4），从 CK-17 开始，随 TOC 含量降低，总稀土元素含量∑REE 从 324.81μg/g 降低至 41.32μg/g。该剖面上 TOC 高的页岩具有 Ce 正异常（δCe>1，CK-01～17），但 TOC 低的泥页岩具有显著的 Ce 负异常（δCe<1）（CK-18～22，图2.6）。这些泥页岩多数具有轻微的 Eu 正异常（δEu>1）（图2.6）。

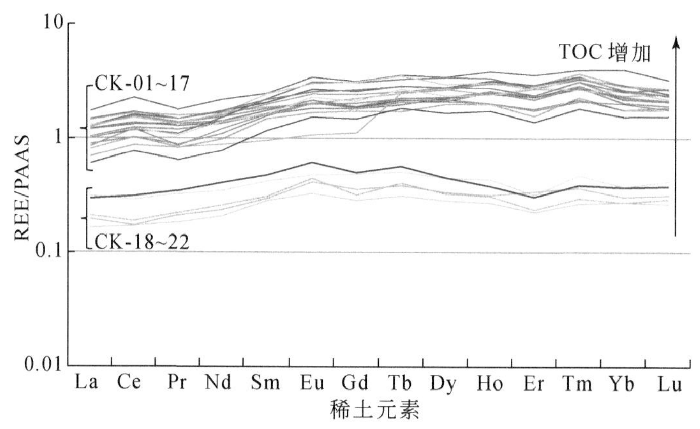

图2.6　城口高燕乡寨子岩陡山沱组剖面泥岩和页岩稀土元素配分模式图

与寨子岩陡山沱剖面类似，旺苍盐河乡灯影组三段泥岩稀土元素含量与 TOC 之间也具有一定的正相关关系（图2.5），剖面下部的 YH-24 之前的样品具有较低的 TOC 含量，也具有较低的总稀土元素含量∑REE 值。从 YH-25 开始，TOC 含量逐渐增大，也具有了较高的总稀土元素含量∑REE 值。该剖面中的泥页岩样品都具有 Ce 的负异常，部分样品具有显著的 Eu 正异常，如 YH-10 泥岩的 δEu 值为 1.80（图2.7）。

2.1.3　火山与深部热液流体活动对有机质富集的影响

1. 对古生产力的影响

通常火山喷发或岩浆侵入活动会使海水水体中富集多种类型的微量元素。火成岩或火山灰中含有丰富的 V、Cr、Ni、Cu、Zr、Mn、REE 等元素（Humphris and Thompson,

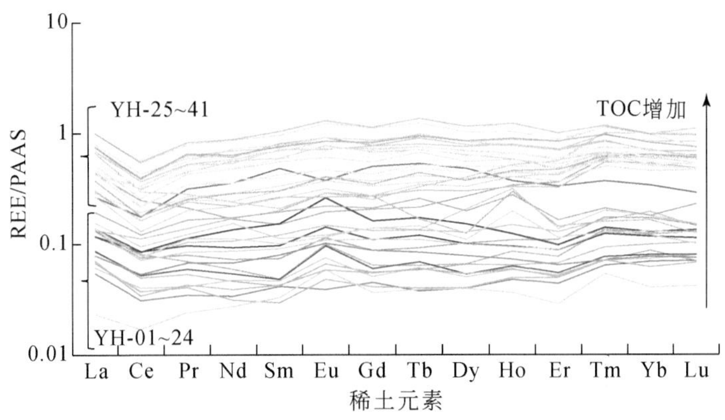

图 2.7　旺苍盐河乡灯影组三段剖面泥岩和页岩稀土元素配分模式图

1978；Dai et al.，2012），经过陆地上或者海水中的风化淋滤，这些元素会富集在海水水体中。盐河乡剖面位于四川盆地北部德阳附近近南北向裂陷槽（Zou et al.，2014）的东侧（图 2.1），黑色页岩发育于克拉通裂陷边缘的陆棚沉积环境中（邢凤存等，2015）。寨子岩陡山沱组剖面位于四川盆地东北部的城口裂陷槽区域（图 2.1），黑色碳质页岩发育于次深海至陆棚相带中（杨爱华等，2015）。两个剖面黑色泥页岩中都存在有多个火山灰夹层（图 2.2）。寨子岩陡山沱组黑色页岩中火山灰纹层风化后呈褐黄色的泥质夹层［图 2.3（b）］。盐河乡灯影组三段硅质页岩中多层火山灰夹层风化后呈棕褐色［图 2.3（d）］。寨子岩陡山沱组页岩和盐河乡灯影组三段页岩都富含 Ba、V、Cr、Ni、Zn、Zr、Co、Rb、Pb、Cu 等多种微量元素，表明了火山活动的影响。火山活动形成的火山灰由于风化淋滤作用使微量元素在海水及页岩沉积物中富集。

两个剖面的泥岩中都可以见到多层薄层状的硅质层［图 2.3（c）］，表明海底热液活动的影响。在拉张裂陷环境中，岩浆侵位及喷发过程中会伴随热液活动。海底热液是硅质岩沉积的重要来源（DeMaster，1981；Packard et al.，2001），在海底热液喷流孔处会形成海底硅质烟囱和硅质岩建造，局部伴随着 Cu、Zn、Ba、Sr 等微量元素富集（Herzig et al.，1988）。在扬子地台（Yangtze platform）震旦系以及震旦系与寒武系转换处发育的硅质层证实与海底热液喷发有关（马文辛等，2014；陈宝赟等，2018），含有较高的 Ba 等微量元素，并具有 Eu 的正异常（Wang et al.，2012）。热液活动使得 B、Pb、As、Sb、Cu、Zn、Ti 和稀土元素等从地壳和岩浆中活化并随热液流体迁移（Douville et al.，2002）。因此，海底热液中通常会含有大量 As、B、Cs、Pb、Rb、Hf、Nb、Ta、Ti、Zr、V、Cr、Zn 等元素（You et al.，1996；German et al.，1991）。例如，中大西洋洋脊的彩虹喷口流体富含 Mn、Fe、Co、Ni、Cu、Zn、Ag、Cd、Cs、Pb、Y、Ba 和稀土元素，并且稀土元素中的 Eu 含量具有正异常的特征（Douville et al.，2002）。海底热液活动向海水水体中输入多种微量元素随页岩沉积在页岩中富集。两个剖面泥页岩多种微量元素的富集和部分泥页岩样品具有 Eu 的正异常（图 2.6、图 2.7），表明了海底热液输入的影响。

寨子岩陡山沱组泥页岩和旺苍盐河乡灯影组三段泥岩中微量元素和稀土元素含量与 TOC 含量之间的正相关关系表明了火山活动或海底热液输入的微量元素影响了水体中有机生物的繁育。海底热液活动、火山岩或火山灰的风化淋滤都会向海水水体中输入丰富的生命营养元素，如 P、Ba、V、Ni、Cu、Zn、Ni、Cd 等。这些元素对地球上的所有生命都是必不可少的，因为它们在新陈代谢过程中起着重要作用，也是骨骼物质的主要组成部分（Tribovillard et al.，2006）。因此，在火山岩浆侵入及火山灰喷发沉积的海水水体中会导致有机生物的大量繁盛（Wu et al.，2018）。在海底热液喷流区域往往形成独特的生物群落（Fisher et al.，2007），依靠海底深部流体带来的营养元素，以及 CH_4、H_2S 等气体物质生存（Schrenk et al.，2013）。在地质历史时期，也发现有深部流体喷涌及其相关的生物群落（Haymon et al.，1984），从太古宙至更新世矿体和沉积地层中都有发现（Campbell，2006）。Chen 等（2009）发现南方下寒武统烃源岩中见有洋底深部流体喷发的证据。黑色页岩中含有丰富的宏观多细胞藻类，蓝藻（Zhang et al.，1998）以及疑源类化石，通常被称为“庙河生物群”（Zhang et al.，1998；Xiao et al.，2002；Yin et al.，2007）。火山或海底热液活动促使了这些藻类和蓝细菌的大量繁育，因此，在富含 V、Cr、Cu、Zn、Rb、Ba、Pb、Zr 和稀土元素的泥页岩中也富含大量的有机质，具有较高的 TOC 含量。

2. 氧化还原环境与保存

寨子岩陡山沱剖面下段碳质页岩的 Th/U 都小于 1（CK-01～17，图 2.8），表明处于缺氧环境，有利于有机质的富集保存，因此具有较高的 TOC 值。上段泥岩从 CK-18 样品开始升高，Th/U>2，最高达到 4.52（图 2.8），表明逐渐向弱氧化环境转变，有机质保存条件逐渐变差，因此具有较低的 TOC 值。V/Cr 和 V/(V+Ni) 也表现出了从底部厌氧保存条件较好的环境逐渐转变成保存条件较差的氧化环境。V/Cr 与 Th/U 交会图(图 2.8) 上可以看出，从下部黑色碳质页岩向上部硅质泥岩逐渐由缺氧环境向弱氧化环境变化。旺苍盐河乡灯影组三段也具有类似的规律（图 2.9），从下部的弱氧化环境逐渐向上部的缺氧环境转变，有利于有机质的保存。

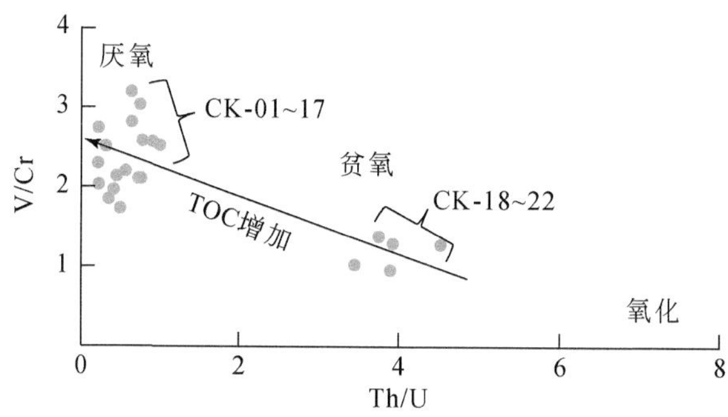

图 2.8　城口高燕乡寨子岩陡山沱组剖面泥岩 V/Cr 与 Th/U 分布图

稀土元素中 Ce 含量的变化也表明了氧化还原环境的变化。通常在海水的浅海水体中处于氧化环境，从中沉淀形成的沉积物具有 Ce 的负异常（胡文瑄等，2010），而还原环境中形成的沉积物不具有 Ce 的负异常或者具有 Ce 的正异常。寨子岩陡山沱剖面下部页岩样品多具有弱的 Ce 正异常，其 δCe 最高为 1.41（图 2.6），表明处于有利于有机质保存的还原环境。上部泥岩样品具有 Ce 的负异常，表明处于不利于有机质保存的氧化环境。Ce 反映出的氧化还原条件与 Th/U、V/Ni 值基本一致。

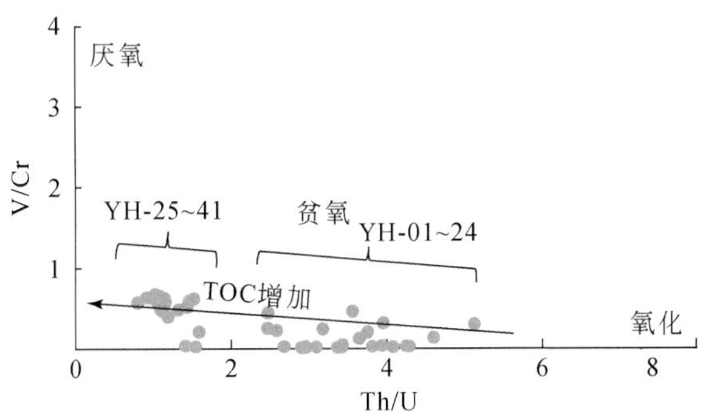

图2.9　旺苍盐河乡灯影组剖面三段泥岩和页岩V/Cr与Th/U分布图

3. 深部流体影响下富有机质烃源岩发育模式

火山活动导致的深部物质和浅部有机质形成过程的有机-无机相互作用不但提高了有机质产生效率，而且还有利于有机质的保存，大幅提高泥页岩的烃源潜力（图2.10）。寨子岩剖面和盐河乡剖面黑色页岩在沉积发育过程中处于拉张裂陷槽区域，受火山作用影响强烈。强烈的火山岩浆作用和深部热液活动把深部圈层物质输出到地球表层海水水体中，为表层水体有机生命大量繁育提供了必需的营养元素（Si、Fe、Mn、NO_3^-、NH_4^+、PO_4^{3-}等），促使微生物繁育并使得有机质生产率的大幅提高（Langmann et al.，2010；Dick et al.，2013；Browning et al.，2014；Liu et al.，2018）。强烈的火山活动向海水水体中输入大量的H_2S和SO_2，使海水逐渐进入静海环境（Kump et al.，2005；Scott et al.，2011）；此时，海水底层水体进入缺氧的硫化环境，表层水体处于氧化环境。表层氧化水体中有充裕的光照和丰富的营养物质供应，多细胞藻类、蓝细菌等有机物质大量繁育生产；微生物死后沉淀进入底层厌氧硫化水体中，不会遭受氧化破坏，因而能在页岩沉积物中大量保存下来（刘光鼎等，2011；Zhu et al.，2018c）。陡山沱组页岩中含有丰富的框状黄铁矿，表明其沉积于缺氧或硫化环境（Craig et al.，2013）。因此，震旦纪火山和热液活动相关的有机与无机作用过程导致了陡山沱组和灯影组三段页岩成为富有机质烃源岩。

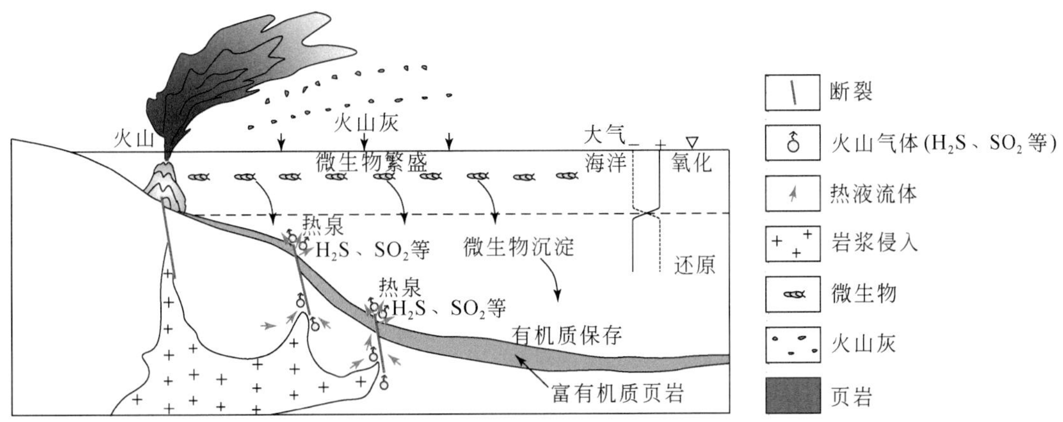

图2.10　深部热液流体影响下微生物繁盛与有机质保存模式图（据Liu et al.，2019修改）

2.2　火山活动对海相富有机质烃源岩发育的影响——以四川盆地五峰组—龙马溪组为例

四川盆地奥陶纪-志留纪之交的海相地层主要由上奥陶统五峰组和下志留统龙马溪组组成。五峰组由下部的笔石页岩段和上部的暗色泥灰质壳相-混合相沉积组成，其中下部笔石页岩段主要为黑色硅质页岩，也有薄层硅质岩，厚度较薄，一般为几米到十几米，并呈现从西北向东南变厚的特征（谢尚克等，2011）。龙马溪组页岩上覆于五峰组，其下部（或者底部）主要为黑色和灰黑色硅质页岩，有机质丰度较高，含有大量的黄铁矿颗粒，笔石含量丰富，富有机质层段的厚度一般大于20m，中上部则为灰色、灰黑色泥页岩夹少量粉砂质泥页岩薄层，笔石含量减少。在黑色硅质页岩和碳质页岩中发育多层深灰色或浅灰色斑脱岩薄层，指示着页岩沉积期伴随强烈的火山活动（舒逸等，2017；吴蓝宇等，2018）。

2.2.1　基本地质特征

1. TOC、TS垂向剖面变化

从四川盆地长宁剖面柱状图（图2.11）可知，五峰组—龙马溪组页岩可分为三个截然不同的层段。五峰组页岩TOC含量较高，为2.2%~7.8%，平均为3.82%。龙马溪组页岩底部TOC含量最高且相对稳定，普遍大于3%，平均为4.42%。而龙马溪组页岩中上部TOC含量偏低，为0.8%~1.8%，普遍小于2%，并基本保持稳定（Li et al.，2017b）。因此五峰组和龙马溪组底部是富有机质页岩发育层段，厚度为20~40m，而龙马溪组中上部有机质相对较低。五峰组—龙马溪组页岩中TOC含量的这种变化趋势在横向上分布稳定，具有非常好的可对比性（Dai et al.，2014；Zou et al.，2019）。五峰组—龙马溪组页岩中硫含量为0.4%~2.5%，平均为0.99%。在五峰组到龙马溪底部，总固体（total solids，TS）含量较高且稳定，而在龙马溪组中上部逐渐呈降低趋势。五峰组—龙马溪组页岩TOC/TS值为0.88~15，平均为3.03，但TOC/TS值在五峰组相对较低，而龙马溪组底部变高，龙马溪组中上部逐渐降低并趋于稳定，其变化趋势与TOC基本一致（图2.11）。邱振等（2019）在四川盆地及周缘五峰组—龙马溪组野外考察过程中，观察到该套页岩层系中发育大量火山灰层。五峰组火山灰层数可超过20层，龙马溪组底部也见到数层火山灰。这些火山灰层厚度一般为1~4cm，但整体变化较大。总体上，与龙马溪组中上部相比，五峰组和龙马溪组底部火山灰层发育相对密集。

2. 陆源输入

页岩中Al、Zr等元素含量常用来指示陆源输入。在长宁剖面中这些指示陆源输入元素在晚奥陶世至早志留世呈现出规律性的变化（图2.12）。在五峰组页岩沉积过程中，页岩中Al、Zr等元素含量变化大，指示了陆源输入在该时期变化较大且输入程度

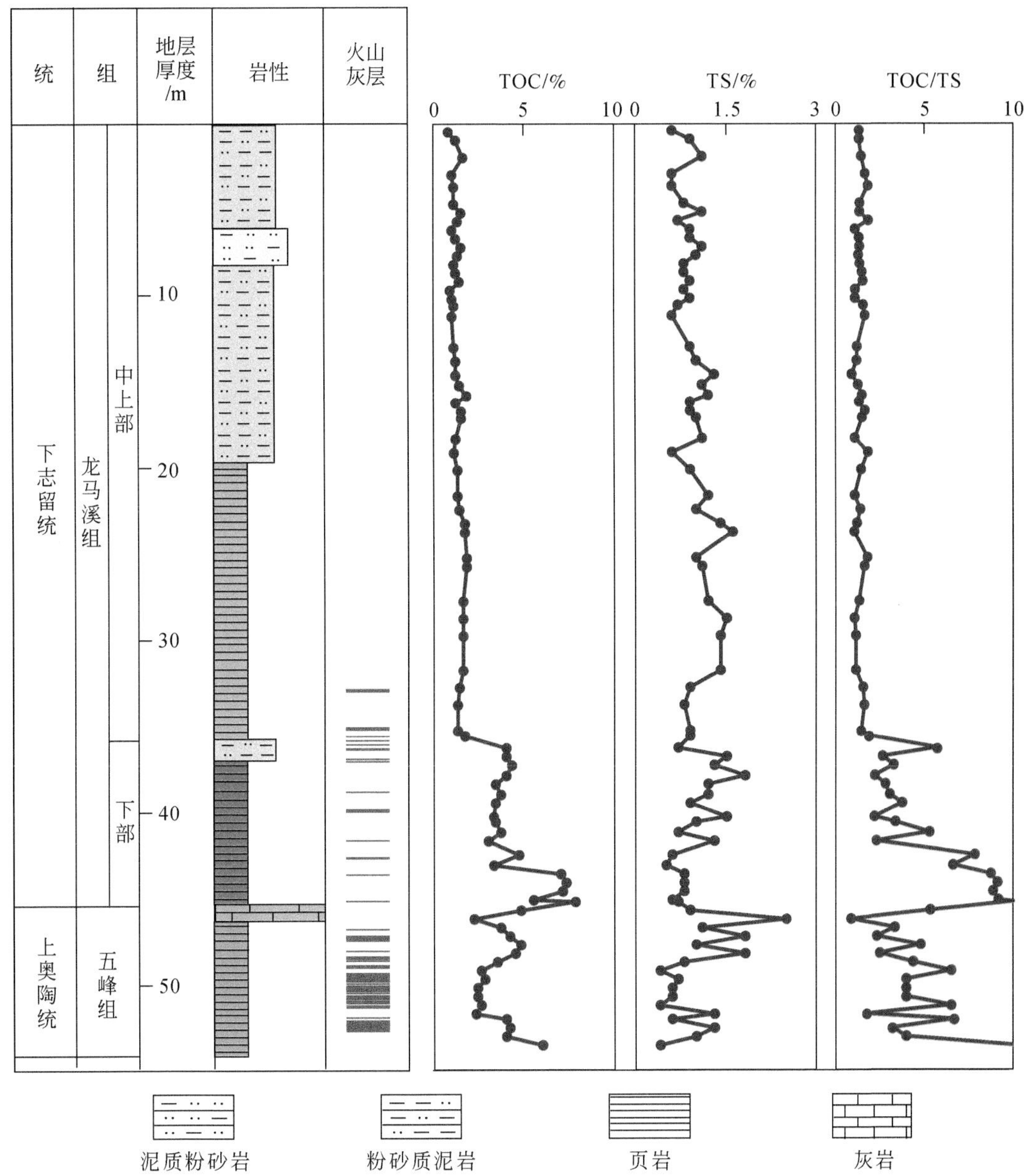

图 2.11　长宁剖面五峰组—龙马溪组页岩 TOC、TS 与 TOC/TS 垂向变化

相对较高，这可能与五峰组沉积时期海平面快速升降有关（Chen，1984）。进入龙马溪期，Al、Zr 含量迅速降低，指示陆源物质输入大量减少，可能是由于早志留世海平面的上升，剥蚀区陆源物质输入难以有效搬运到深水区域（Su et al.，2009）。在龙马溪组的中上部，Al、Zr 含量增大，表明陆源输入明显增加，可能是海平面的下降导致陆源碎屑物质输入增加。

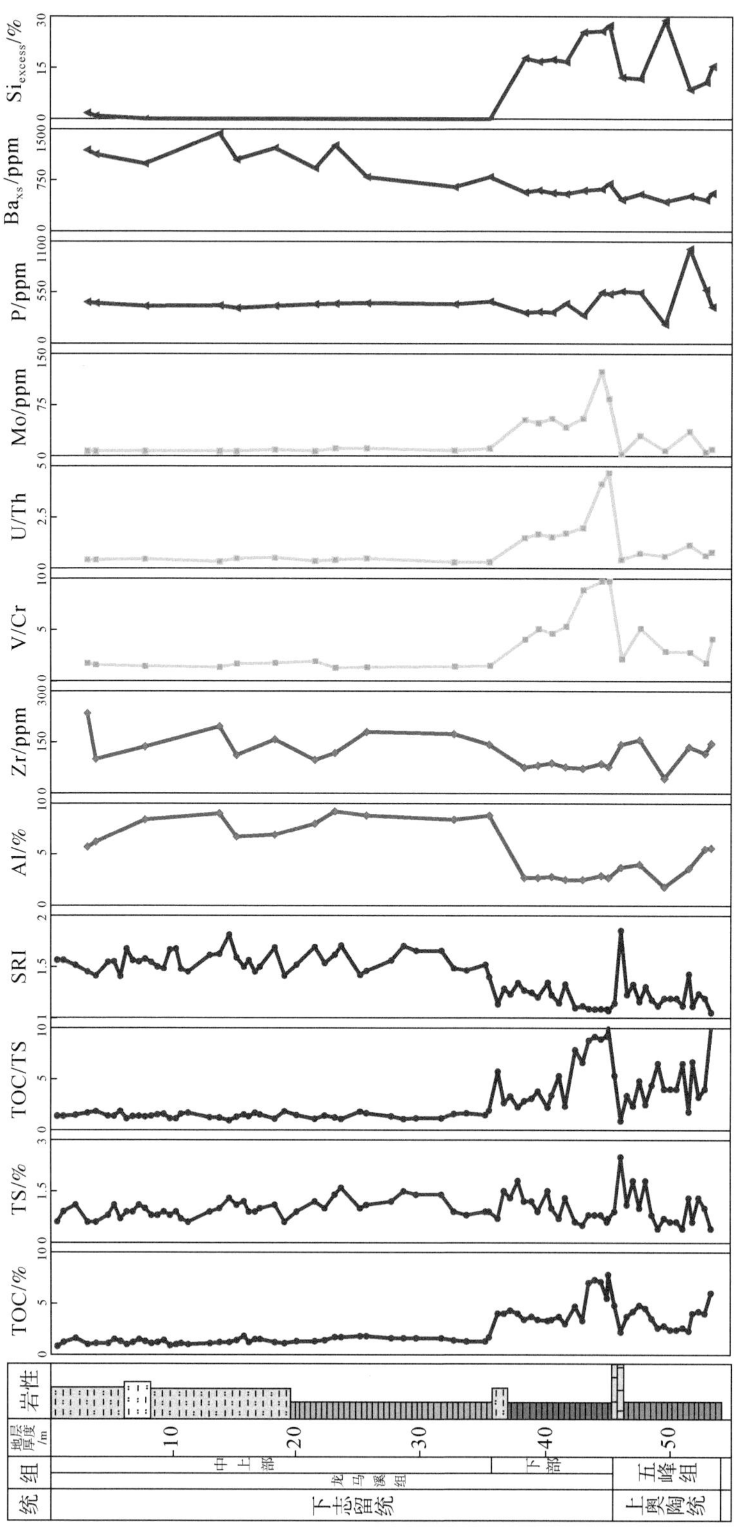

图2.12　长宁剖面五峰组-龙马溪组页岩元素含量和比值变化特征

ppm表示百万分之一

3. 氧化还原条件

V/Cr 和 U/Th 值可以反映古氧化还原条件，比值越高，还原条件越好。在龙马溪组下部存在明显的 V/Cr 和 U/Th 高值，指示当时水体为缺氧环境；五峰组相对较低，龙马溪组中上部 V/Cr 和 U/Th 最低，U/Th 值均小于 0.75，也反映了其形成于氧化环境（Jones and Manning，1994）。Mo 含量一般与缺氧程度呈正相关关系，而被广泛用于古氧化还原条件的判识（Tribovillard et al.，2006；Algeo and Tribovillard，2009；Algeo and Rowe，2012）。在五峰组—龙马溪组底部，Mo 元素明显富集，特别是龙马溪组底部富有机质页岩的 Mo 含量最高可达 131μg/g，指示其形成于缺氧环境（Algeo and Tribovillard，2009），甚至达到硫化环境（Scott and Lyons，2012）。相比之下，在龙马溪组中上部，Mo 含量很低（<10μg/g），表明龙马溪组中上部页岩形成于含氧或者富氧的环境（Algeo and Tribovillard，2009）。

4. 古生产力

尽管长宁剖面五峰组和龙马溪组底部的钡元素（过剩钡，Ba_{XS}）含量相对较低，但考虑到该层段高的 TOC 和相对较高的 P 元素含量，五峰组和龙马溪组底部页岩沉积过程中也应具有高生产力。在龙马溪组中上部，Ba_{XS}明显富集，其含量高达 1033μg/g（Li et al.，2017b），表明在龙马溪组中上部原始有机质页岩形成过程中具有高的海洋表层生产力。同时，在五峰组和龙马溪底部页岩中均存在过剩硅，五峰组页岩过剩硅含量为 0～36.3%，平均 16.5%，龙马溪组底部页岩硅含量为 4.6%～34.2%。而在龙马溪组中上部过剩硅含量极低，为 0～14.3%。五峰组和龙马溪组底部富有机质层段的过剩硅含量明显高于龙马溪组中上部有机质层段的含量，这表明五峰组—龙马溪组底部富有机质层段中生物硅含量高，拥有高古生产力，尤其在龙马溪底部的富有机质层段更加明显。Zhao 等（2015）通过薄片中硅质生物化石的研究，发现在五峰组和龙马溪组底部的页岩中生物硅含量高，向上逐渐减少。因此，五峰组和龙马溪组底部富有机质页岩在沉积时古海洋生产力高。

2.2.2　火山活动对海相富有机质页岩形成影响

在早期成岩过程中，黄铁矿的形成是沉积物中含铁的碎屑矿物与沉积环境中 H_2S 反应的结果（Goldhaber and Kaplan，1974）。地球表面碳和硫的地球化学循环共同构成了地质时期大气中 O_2水平的主要控制因素（Garrels and Perry，1974）。为了保持大气中相对稳定 O_2水平，硫或碳减少总库容变化必须与两个元素氧化容量变化平衡，这种平衡可简单表述为以下方程（Garrels and Perry，1974；Garrels and Lerman，1981）：

$$15CH_2O+8CaSO_4+2Fe_2O_3+7MgSiO_3 \longrightarrow 4FeS_2+8CaCO_3+7MgCO_3+7SiO_2+15H_2O \quad (2.1)$$

式中，CH_2O 为沉积物质（还原性碳）；$CaSO_4$ 为沉积石膏加硬石膏（氧化性硫）；FeS_2 为沉积黄铁矿（还原性硫）；$CaCO_3$ 为沉积碳酸盐矿物（氧化性碳）。

根据上述反应式，无论黄铁矿是如何形成的，黄铁矿储集层增加必须通过减少有机碳储集层来实现。如果沉积物中黄铁矿的埋藏增加，那么有机碳的埋藏也相应减少。由于黄铁矿形成的数量受可被细菌分解的有机质的含量和活性、水体中硫酸盐的浓度和活性铁含量的控制（Berner, 1984; Boesen, 1988; Middelburg, 1991）。因此，在相同的有机碳含量情况下，富有机质的淡水沉积物比海洋沉积物具有更高的 C/S 值。

为了探讨细菌硫酸盐还原作用（bacterial sulfate reduction, BSR）对这种 C-S 循环的影响，我们引入了硫酸盐还原指数（sulfate reduction index, SRI）表示 BSR 强度（Lallier-Verges, 1993）。SRI 指对应于初始有机碳含量与残余有机碳的比值，初始有机碳指硫酸盐还原降解损失的有机碳+残余有机碳之和。残余有机碳是现今页岩测试的总有机碳，而降解损失的有机碳则是根据 Berner 和 Raiswell（1984）提出的硫酸盐还原方程的化学计量学计算得到的总硫的百分比/1.33。

Berner 和 Raiswell（1983）、Leventhal（1995）提出的 TOC/TS 值在 2.0～3.6 表示正常海水条件下形成的沉积物，TOC/TS 大于 10 表示淡水条件下形成的沉积物（Berner and Raiswell, 1984）。故以现代沉积物中 TOC 和 TS 关系，通过三条线（TOC/TS=2，TOC/TS=3.6，TOC/TS=10）划分为四个区域，分别为淡水沉积区、淡水-海水过渡区、正常海水沉积区、硫化静海沉积区（图 2.13）。

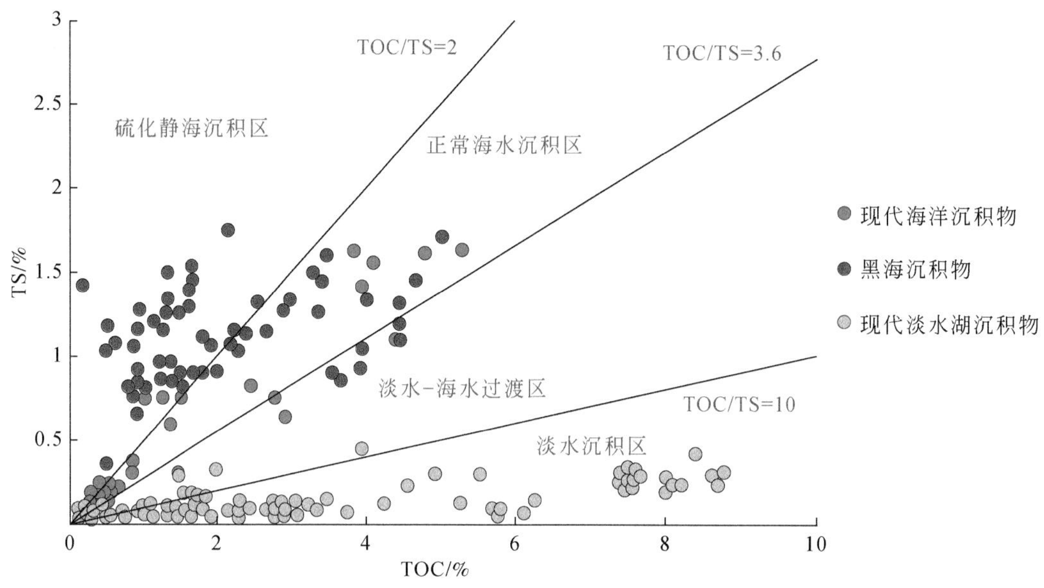

图 2.13　现代沉积物 TOC、TS 交会图（据 Berner and Raiswell, 1983 修编）

$$SRI=(TOC+C_{loss})/TOC \tag{2.2}$$

式中，C_{loss}为在硫酸盐还原作用中被降解损失的有机碳量：

$$C_{loss}=TS(\%)/1.33 \tag{2.3}$$

将式（2.3）代入式（2.2）中，可得

$$SRI=(TOC+TS/1.33)/TOC=1+0.75\times TS/TOC \tag{2.4}$$

SRI 反映了 BSR 作用的强度，BSR 强度越高，SRI 值越高；反之，则 SRI 值越低。由于 SRI 指数是基于假设所有产生的硫化氢（H_2S）被固定沉积物中硫化物沉淀或合成在有机化合物中。因此，相对于 BSR 对有机质的消耗，SRI 应被视为有机碳的最低降解消耗指数。

从SRI和TOC交会图上可以看出，淡水沉积物和硫化静海（黑海）的沉积物SRI与TOC均表现为一种较好的幂指数关系，相关系数（R^2）分别为0.5035和0.7328（图2.14），即随着SRI指数增大，TOC逐渐降低，指示了BSR强度越大，其对有机质的消耗可能越大。硫化静海中SRI值整体上大于淡水沉积，可能说明硫化静海比淡水沉积更易发生BSR。Westrich和Berner（1984）证实硫酸盐还原速率从根本上取决于有机碳的数量和质量，因此在正常的海洋沉积物中对于硫化物的形成，有机碳是一个主要的控制因素。硫化静海（黑海）硫酸盐还原强度最强，正常海水沉积次之，淡水环境硫酸盐还原强度最弱。这种情况的原因主要是因为海水中硫酸盐浓度比淡水高，有足够的S源提供给SRB，而硫化静海环境的SRI指数高可能是因为在这种沉积环境下氧化还原界面已经从水岩界面之下上升到水岩界面之上，水体底部变为缺氧环境并富含H_2S（Shen et al.，2011），提高了硫酸盐还原的强度，加剧了有机质的消耗。从现代沉积物TOC与TS相关图上可以看出（图2.13），硫化静海与正常海相沉积之间的界线为TOC/TS=2.0，即TS/TOC=0.5，将其代入式（2.4），计算可得SRI=1+0.75×0.5=1.375。从页岩SRI与TOC相关性可知，当SRI<1.375时，随SRI增大，TOC值快速降低，说明BSR消耗有机质较快；当SRI>1.375时，BSR强度增加，TOC多数低于2%，说明强BSR过程可能会持续消耗有机质，使得TOC含量降低（图2.14）。

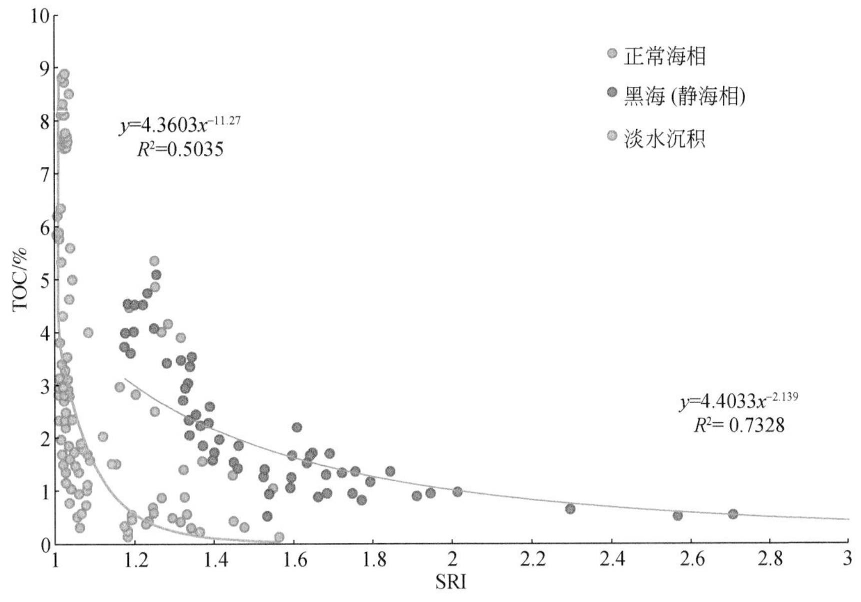

图2.14　现代沉积物SRI指数与TOC交会图（据Berner and Raiswell，1983修编）

从TOC、TS交会图和TOC、SRI交会图上可以看出，四川盆地龙马溪组中上部样品TOC含量低，TS含量高，主要表现为硫化静海沉积环境中，对应的SRI指数较高，均在1.375以上；五峰组顶部-龙马溪组底部有机碳含量高，TS含量适中，主要表现为正常海洋沉积和过渡区沉积，对应的SRI指数主要在1.375以下，对应的硫酸盐还原强度相对弱于龙马溪组中上部（图2.15）。

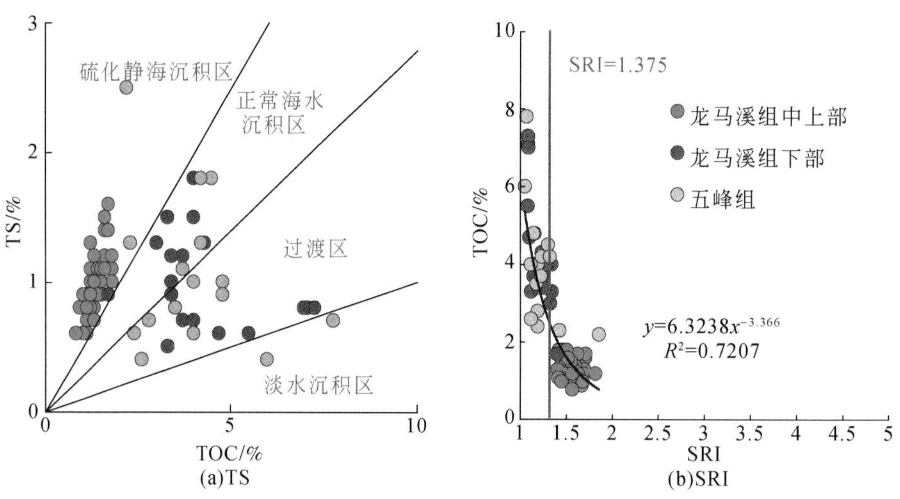

图 2.15　长宁剖面不同层段页岩 TOC 与 TS、SRI 交会图

受构造运动影响，在上奥陶统五峰组—下志留统龙马溪组中发育有多层斑脱岩。五峰组上部和龙马溪组底部其斑脱岩单层厚度多小于 0.5m，层间厚度较大（大于 20cm）。向上过渡至龙马溪组中上部，偶见斑脱岩层发育，单层厚度为 0.2 ~ 0.4cm。自五峰组至龙马溪组，斑脱岩单层厚度呈持续减薄趋势。斑脱岩层间厚度是反映火山喷发间隔的重要指标，自五峰组至龙马溪组层间厚度呈显著增厚趋势，整体反映出火山喷发的频率显著变小。

五峰组—龙马溪组底部火山活动发育，有利于富营养海盆的形成并显著提高了古海洋生产力。五峰组时期，冈瓦纳大陆冰川的形成导致全球海平面大幅度下降（Brenchley et al., 1994；Saltzman and Young, 2005）。同时因构造挤压，形成众多的古隆起，使四川盆地海成为一个障壁性的海盆，而较浅的水体在障壁性的海盆会阻碍与大洋水体的交换，导致五峰组时期水体的滞留程度较强。而较强的滞留环境使水体交换速率缓慢，水体的盐度分层加强，较强的水体分层会降低水体中的溶解氧含量，进一步促进了缺氧环境的形成。进入志留系，由于古气候迅速转暖造成冰盖快速消融，消融的冰水造成海水体积大幅度增加，发生大规模的海侵（Loydell, 1998；Chen et al., 2004；Johnson, 2006；Munnecke et al., 2010）。海平面的快速上升会使海水漫过障壁，与大洋的连通性变好，造成扬子海盆的滞留程度减弱，成为半滞留海盆。另外，海平面的上升会造成海盆在区域上扩大，水体变深并缺氧，表现为氧化还原敏感元素强烈富集，使得早志留世水体的还原性比晚奥陶世更强（Li et al., 2017b）。在这个沉积过程中，SRI 指数在波动中变化，整体上小于 1.375，与 TOC 呈相反的变化趋势。我们分析认为这主要是五峰组—龙马溪组底部沉积期火山活动产生的影响，在 TOC 高的页岩沉积期，火山活动导致了古生产力的提升。虽然火山提供的 SO_4^{2-} 也补充了海水中硫酸根浓度，促进了 BSR 发生，造成一定的有机质消耗，但是较高的古生产力一定程度上降低了 BSR 消耗所占比例，使得有机质的保存大于消耗，形成的强还原环境保存了较高的有机质。而在 TOC 相对较低的页岩沉积期，BSR 强度基本保持不变，但古生产力明显变小，使得 BSR 消耗的有机质所占比例明显变高。虽然环境也比较还原，但此时不有利于有机质的保存，造成较低的 TOC。

龙马溪组中上部陆源输入明显增加，氧化还原环境处于一个稳定状态，即含氧-富氧的环境，同时具有高的海洋表层生产力。在这个沉积过程中，SRI 指数在 1.375 左右波动变化，TOC/TS 整体小于 2，TOC 和 TS 是一种正相关关系，说明该时期 BSR 一直维持在一个比较稳定的强度，但是相对五峰组—龙马溪底部而言较强，陆源碎屑为水体输入了大量的活性铁，促进了 BSR，导致 BSR 消耗的有机质所占比例要高于五峰组—龙马溪组底部。同时，由于此时沉积环境处于含氧-富氧环境，除了 BSR 消耗的有机质外，O_2等氧化剂也消耗大量的有机质，最终导致较低的 TOC 含量。同时，海水的变浅使扬子地台离物源区更近，陆缘碎屑物质供给逐步增加，甚至有砂质碎屑输入，进一步稀释了页岩中的有机质含量，造成龙马溪组中上段页岩的有机质含量较低。

综合三个层段特征可以发现 BSR 在不同沉积期表现出大相径庭的特征，其对有机质保存的影响作用也不同。火山活动影响下的古生产力变化对 BSR 影响明显（图 2.16），在五峰组—龙马溪组底部古生产力高的层段 SRI 指数较低，高的古生产力一定程度上降低了 BSR 对有机质的消耗，形成的还原环境，使得有机质有效的保存下来；而在龙马溪组中上部火山活动薄弱，陆源输入高的层段 TS 含量和 SRI 指数均较高，陆源碎屑为水体输入了大量的活性铁，促进 BSR，加强了有机质的消耗，使得有机质的消耗速率大于沉积积累速率，对有机质的保存相对不利。同时陆源碎屑的输入增强了整体的沉积速率，降低了有机质被消耗的时间，达成了另一个层次的动态平衡，产生了龙马溪组中上段的低 TOC、高 TS、平稳的 SRI 指数的特征。

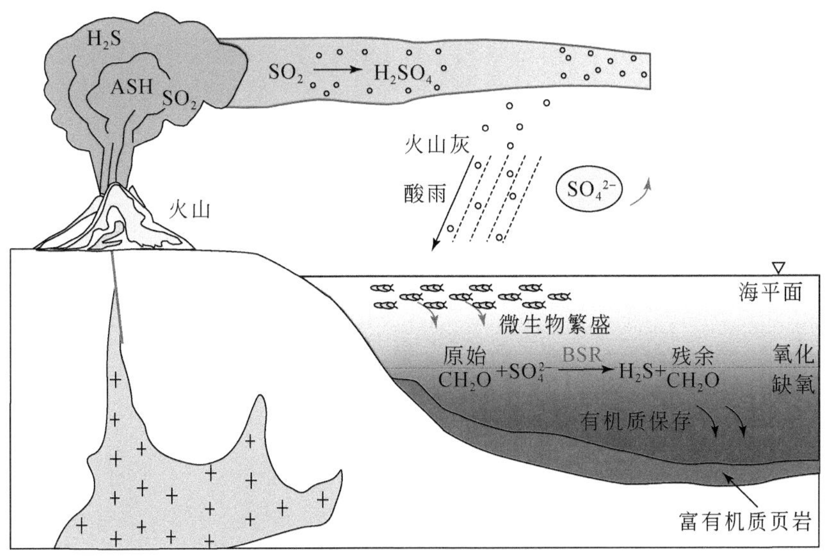

图 2.16　火山活动影响下海洋环境生物繁殖和有机物保存的模式示意图（据 Liu et al., 2021a 修改）

2.3 火山活动对陆相泥页岩发育的影响——以鄂尔多斯盆地三叠系延长组为例

火山活动是影响生物种群演化和环境变迁的一种潜在地质营力。自显生宙以来五次生物大灭绝与五次大火成岩省在时间上有良好的一致性。国内外学者也从古气候、古生物演化等方面探讨火山活动与富有机质泥页岩间的内在联系。中国地质大学王成善院士团队（Zhang et al., 2018）和南京大学胡文瑄教授团队（Yang et al., 2019）均认为火山活动导致 CO_2 浓度升高，大陆气温随之升高，导致生物死亡，促进原始有机质富集。Lee 等（2018）通过研究美国鹰滩烃源岩，推测火山活动携带营养物质促进生物繁盛，同时生物勃发消耗大量氧气，造成生物死亡。这些认识从生产力论上探讨了火山活动对富有机质烃源岩的影响。沈延安教授团队（Zhang et al., 2017）通过对二叠纪末生物大灭绝与泛海氧化还原变化研究认为，火山活动造成浅滩水体周期性缺氧，导致生物死亡并有效保存。基于前人的研究认识，选取了鄂尔多斯盆地长 7 段典型的含凝灰岩泥页岩层系为研究目标，从有机地化、无机元素、藻类模拟、环境演化等方面综合分析了火山活动对富有机质泥页岩造成的影响。

2.3.1 泥页岩与凝灰岩分布特征

鄂尔多斯盆地在中-新生代时期是华北古生代克拉通之上发育的淡水陆相盆地（张文正等，2008；Qiu et al., 2014）。晚三叠世，鄂尔多斯盆地经历了由浅海沉积向陆湖沉积的根本性转变。长 7 段沉积期，鄂尔多斯盆地基底整体剧烈下沉，湖盆发育达到鼎盛期，湖盆水体也明显加深，最大水深 60m，为低能安静沉积环境，水循环停滞，沉积速率较低（Zhao et al., 1996；Andrew et al., 2007；张文正等，2008，2009）。长 7 段泥页岩有机质主要来源于水生浮游植物（Zhang et al., 2016），缺乏陆源有机成分（张文正等，2015）。

为了对延长组凝灰岩夹层有宏观上的掌握，先后对盆地东部的延长延河剖面、西北部的灵武古窑子剖面、东南部的铜川何家坊剖面和云梦山剖面、西南部边缘的陇县峡口剖面进行了调查。在铜川何家坊剖面、云梦山剖面和延长延河剖面发现了保存较好的凝灰岩夹层，而且这些凝灰岩夹层较多的保存于深湖沉积中。野外露头因暴露地表，加之凝灰岩层薄，易被风化蚀变成黏土岩、凝灰质黏土岩和斑脱岩。同时，通过观察盆地内 5 口取心井的岩心（图 2.17），对凝灰岩夹层的产出层位、颜色、沉积构造特征及其与上下岩石的空间关系进行了详细的研究，发现凝灰岩在延长期的各个层位均有不同程度的出现，但是保存比较多而且产状较为丰富的大多出现在长 7 期，即深湖期。

在铜川何家坊剖面和延长延河剖面的长 7 段泥页岩中均发现有多层凝灰岩，铜川何家坊剖面主要为黄色、黄褐色粉砂质凝灰岩，单层厚度较小，常以薄层出现（图 2.18）。在云梦山剖面长 7 段油层组发现多层灰黄色、浅黄色疏松状砂质凝灰岩与粉砂岩互层，也发育薄层的蚀变严重的凝灰岩（图 2.18），厚度相差较大，从几厘米到几十厘米不等。岩心观察显示凝灰岩夹层颜色多样，有褐灰色、灰黄色和灰白色等，夹层单层厚度从 2mm 至

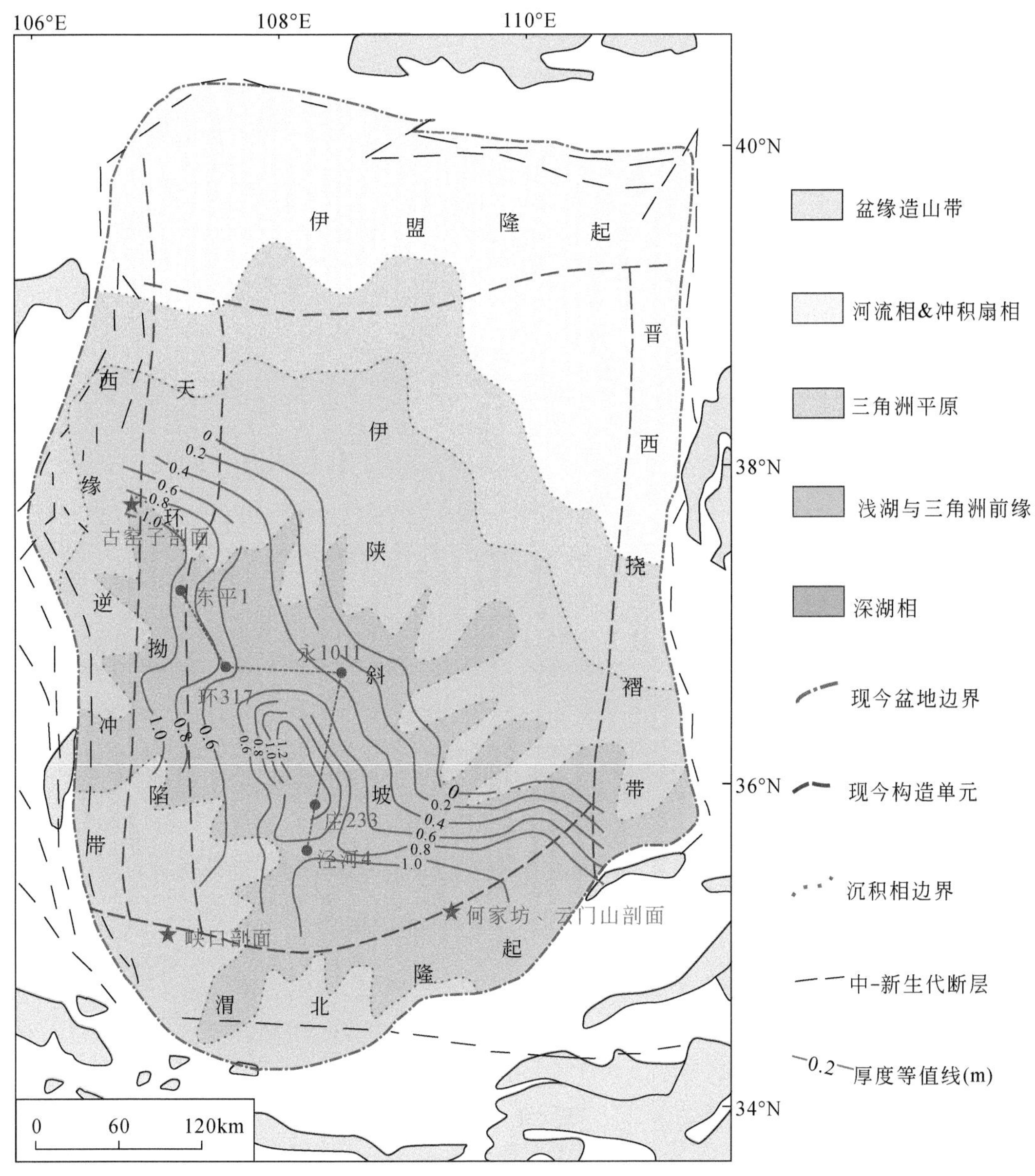

图 2.17　鄂尔多斯长 7 段野外剖面及取心井位置与凝灰岩等厚图

30cm（图 2.19）。凝灰岩夹层多数从上往下粒度逐渐变粗，表现为正粒序特征。郭彦如等（2006）在盆地西部甘肃境内白银-丁家窑剖面和宝积山-瓷窑剖面中发现有相似的长 7 段 3 亚段底部凝灰岩，并且在白银-丁家窑剖面中也发现了长 7 段 3 亚段顶部凝灰岩，研究认为这些凝灰岩均属于陆相盆地内火山碎屑大气沉降型堆积。张文正等（2007）发现部分凝灰岩层在镜下具有正粒序层序。这些现象说明，火山灰云在风力作用下（较近）或近距离搬运，在风力逐渐减小的过程中，火山灰不断降落在湖盆中，经过湖水的分选作用形成，可以称为空降型凝灰岩。因此，凝灰岩的厚度分布在平面上应该随风向逐渐变化。

(a)　　(b)

图 2.18　铜川何家坊剖面（a）和云梦山剖面（b）长 7 段黄色薄层状凝灰岩

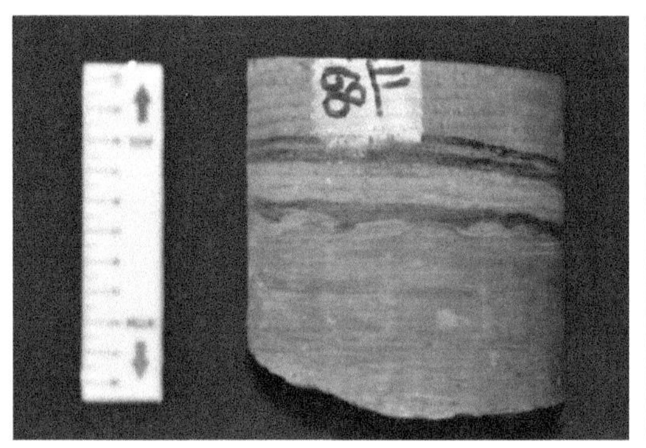

图 2.19　鄂尔多斯盆地长 7 段空降型凝灰岩

在研究区，凝灰岩夹层的产出主要是较单一的“泥岩—凝灰岩—泥岩—凝灰岩”或“砂岩—凝灰岩—砂岩—凝灰岩”组合，这说明火山喷发具有多期多旋回性，而且火山灰可沉积于不同的沉积环境中。

结合前人研究的凝灰岩平面分布，发现长 7 期凝灰岩以盆地西南部最发育，夹层累计厚度等值线图总体表现为凝灰岩相对发育区位于盆地中心南东向的华池—庆城—合水地区，整体形态呈北西向展布，由西南向北东凝灰岩厚度逐渐变薄（图 2.17）。凝灰岩总体分布与烃源岩厚度展布也基本一致，都为北西—南东向，凝灰岩最厚区与烃源岩最厚区也匹配较好。

有机质丰度能够表征烃源岩残余有机质富集程度，决定源岩生烃潜力，其中 TOC 往往是烃源岩有机质丰度主要的应用评价指标。通过对长 749 块不同岩性样品 TOC 统计发现，泥页岩的 TOC 含量为 0.12%～25.27%（733 块样品），平均为 5.80%，其中 TOC 在 4%～6% 区间内分布最多，其次分布在 6%～8%，泥页岩整体 TOC 较高(图 2.20)；凝灰岩的 TOC 含量为 0.07%～2.44%（16 块样品），平均为 0.64%，其中凝灰岩的 TOC 主要小于 2%，有机质丰度较低（图 2.21）。泥页岩 TOC 含量明显高于凝灰岩。

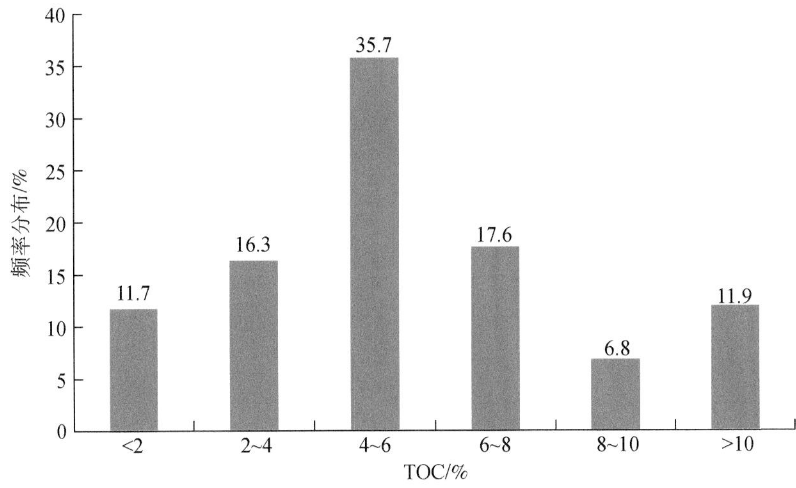

图 2.20　泥页岩 TOC 含量统计直方图（N=733）

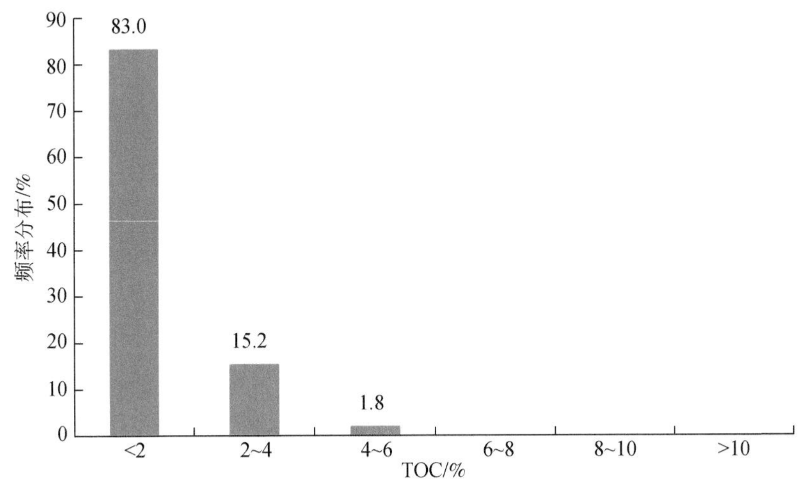

图 2.21　凝灰岩 TOC 含量统计直方图（N=16）

选取环 317 井泥页岩和凝灰岩样品进行地化指标对比分析。从图 2.22 中可以看出，黑色泥页岩有机碳含量和生烃潜力均较高，TOC 含量为 0.21%～18.33%，平均为 6.19%，生烃潜力（S_1+S_2）为 20.17～34.58mg/g，平均为 10.37mg/g，整体上为优质烃源岩；粉砂质泥岩 TOC 含量为 0.52%～3.6%，平均为 1.21%，生烃潜力（S_1+S_2）为 0.38～5.3mg/g，平均为 1.48mg/g，整体上为中等烃源岩；凝灰岩地化参数整体较低，TOC 含量为 0.07%～1.31%，平均为 0.49%，生烃潜力（S_1+S_2）为 0.06～6.68mg/g，平均为 1.14mg/g，尽管个别样品 TOC 含量相对较高，但生烃潜力均很差，尚未达到有效烃源岩标准。

从永 1011 井含凝灰岩泥页岩层段地化剖面图上（图 2.23）可以看出，凝灰岩层之上和之下紧邻凝灰岩的有机质含量、S_1 和 S_2 均较高，但凝灰岩段 TOC、S_1、S_2 均骤然降低，也证实了凝灰岩尚不具备生烃潜力。

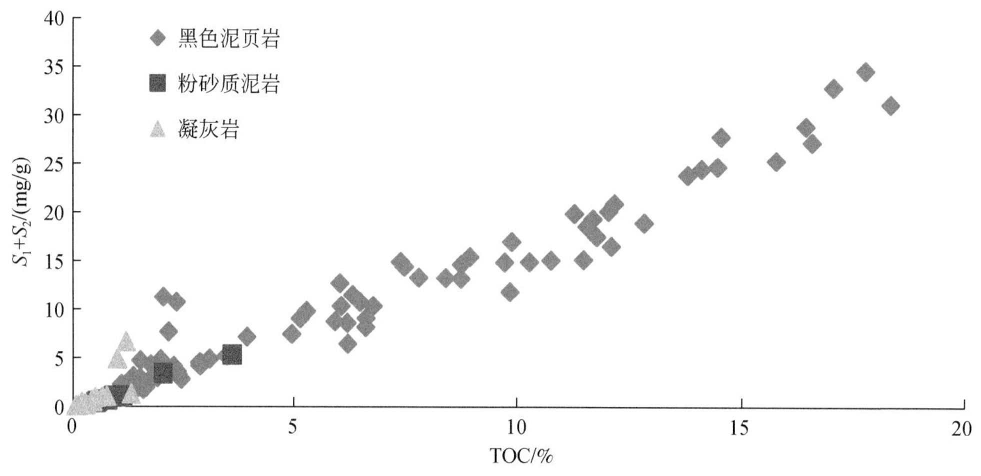

图 2.22　长 7 段 TOC 与生烃潜力（S_1+S_2）交会图

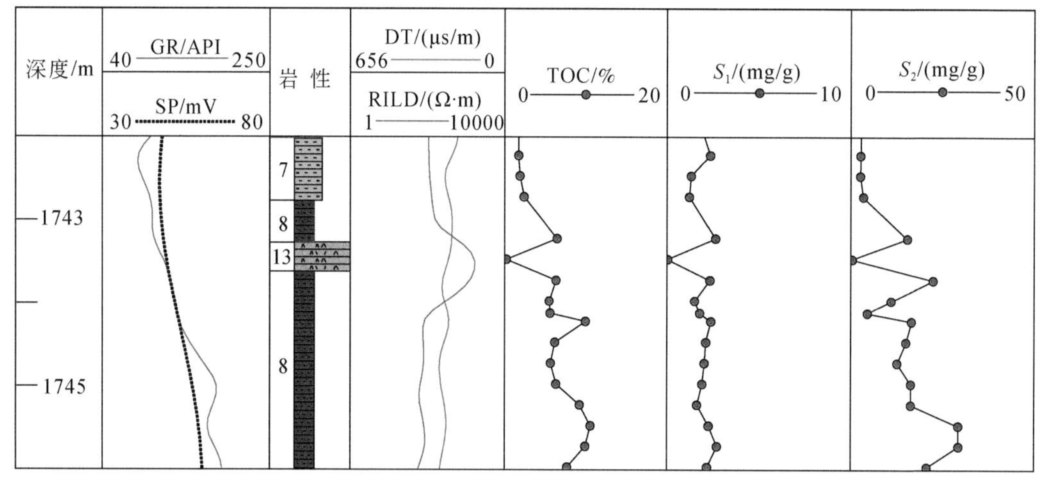

图 2.23　典型含凝灰岩泥页岩段地化剖面图

综合分析可以得知，鄂尔多斯盆地长 7 段中虽然凝灰岩与泥页岩交互发育，频繁互层，但其有机地化特征差异明显，泥页岩段有机质含量高，生烃潜力大，而凝灰岩有机碳含量低，生烃潜力小，不是有效烃源岩。

2.3.2　火山活动元素异常及对成烃生物影响

1. 元素异常特征

为了能够有效地分析火山活动对沉积环境的影响，开展了厘米级−微米级不同尺度元素分析。对含凝灰岩泥页岩层段，采用便携式 X 射线荧光（X-ray fluorescence，XRF）光谱分析仪，以 4 ~ 5cm 为间隔进行高密度无损测试，建立厘米级元素地球化学剖面；挑选具有代表性的样品，开展电子探针原位微区元素定量分析，分析微米级元素变化特征。

X 荧光光谱分析技术已被广泛应用于获取岩石元素地球化学参数，进而开展古沉积环境、沉积相与地层对比分析等。其中手持式能量色散型 X 荧光光谱仪由于体型小、携带方便和测试快速无损等优点，能更好地满足以上研究需求。S1-Titan 手持式荧光光谱仪有三种检测模式，分别为 General、Concentrate 和 Trace 模式。本次野外考察 XRF 测试选取 General 模式，以质量分数（wt%）计数，检测周期为 1min。基于这种方法，对五口井进行了高密度的 XRF 测试，通过对数据进行筛选，选取有效测点在 50% 以上的元素进行分析，共筛选出来 21 个元素，包括 9 个主量元素、S 元素和 11 个微量元素。

从图 2.24 和图 2.25 中可以看出，受火山活动影响，凝灰岩段 Fe、S、Cu、Ba、Rb、V、Ni、Mo 等元素相比其上下紧邻泥页岩段明显变低，而 Si、Al、K、Mg、Zr、Y 等元素明显变高。特别是在凝灰岩之上紧邻泥页岩层段中有 P、Mn 等营养元素异常富集的特征，可能是火山活动携带的营养元素随着生物的吸收转移到泥页岩层段。

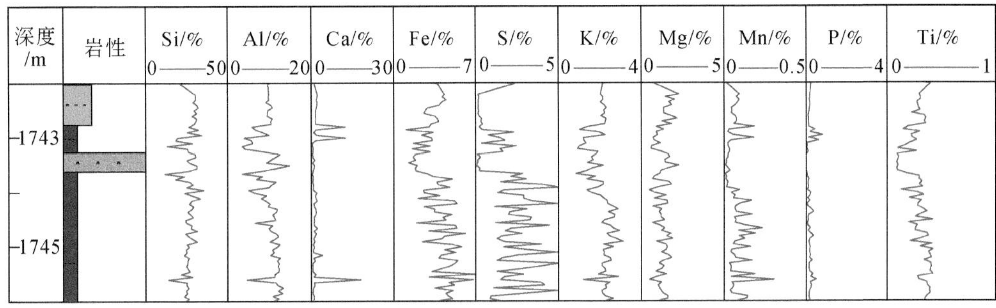

图 2.24 永 1011 井凝灰岩段主量元素剖面

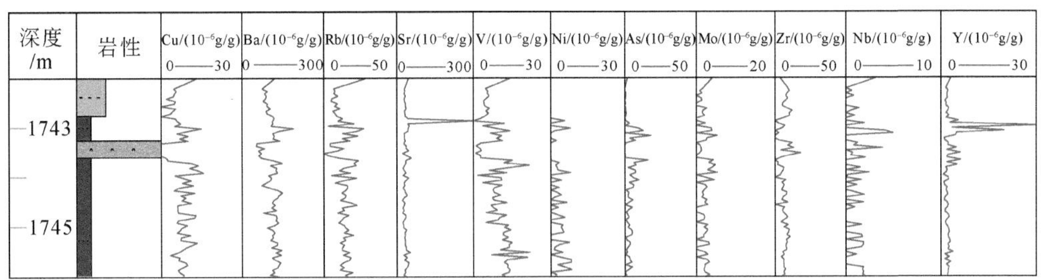

图 2.25 永 1011 井凝灰岩段微量元素剖面

为了明确原生的火山灰物质，本次研究采取电子探针原位微区元素扫描技术对元素特征开展精细评价（图 2.26）。过凝灰岩线扫描结果显示（图 2.27），凝灰岩段 Na、Fe、Ca、Mg、Si、Al、Mn、Ti、U 等元素显示为高异常，S、P、K 低异常。但不同元素变化特征也不同，Na、Fe、Ca、Mn、Ti 元素均是在凝灰岩段存在异常高峰，这可能是因为某些矿物富含某种金属元素导致的，每个异常峰对应一个颗粒；Si 元素局部异常高，可能是小的石英颗粒；Al 元素整体含量比泥页岩段高，但存在很多异常低的峰值，与金属元素对应，说明凝灰岩段主要也为硅铝酸盐矿物，内部充填了一些其他如磁铁矿、钛铁矿等含 Fe、Ti 矿物。XRF 测试凝灰岩中 Fe、S、Cu、Ba、Rb、V、Ni、Mo 等元素含量低，而电子探针分析相对异常高，二者存在不协调性，可能主要是测试过程中矿物差异性导致的，具体原因有待深入分析。

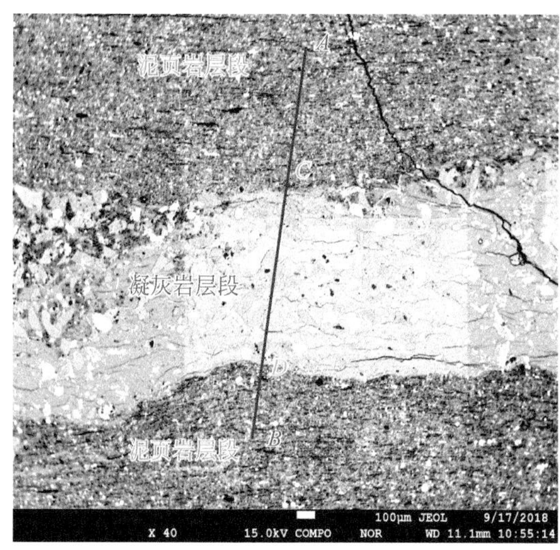

图 2.26　永 1011-197 号样线扫描测线位置图

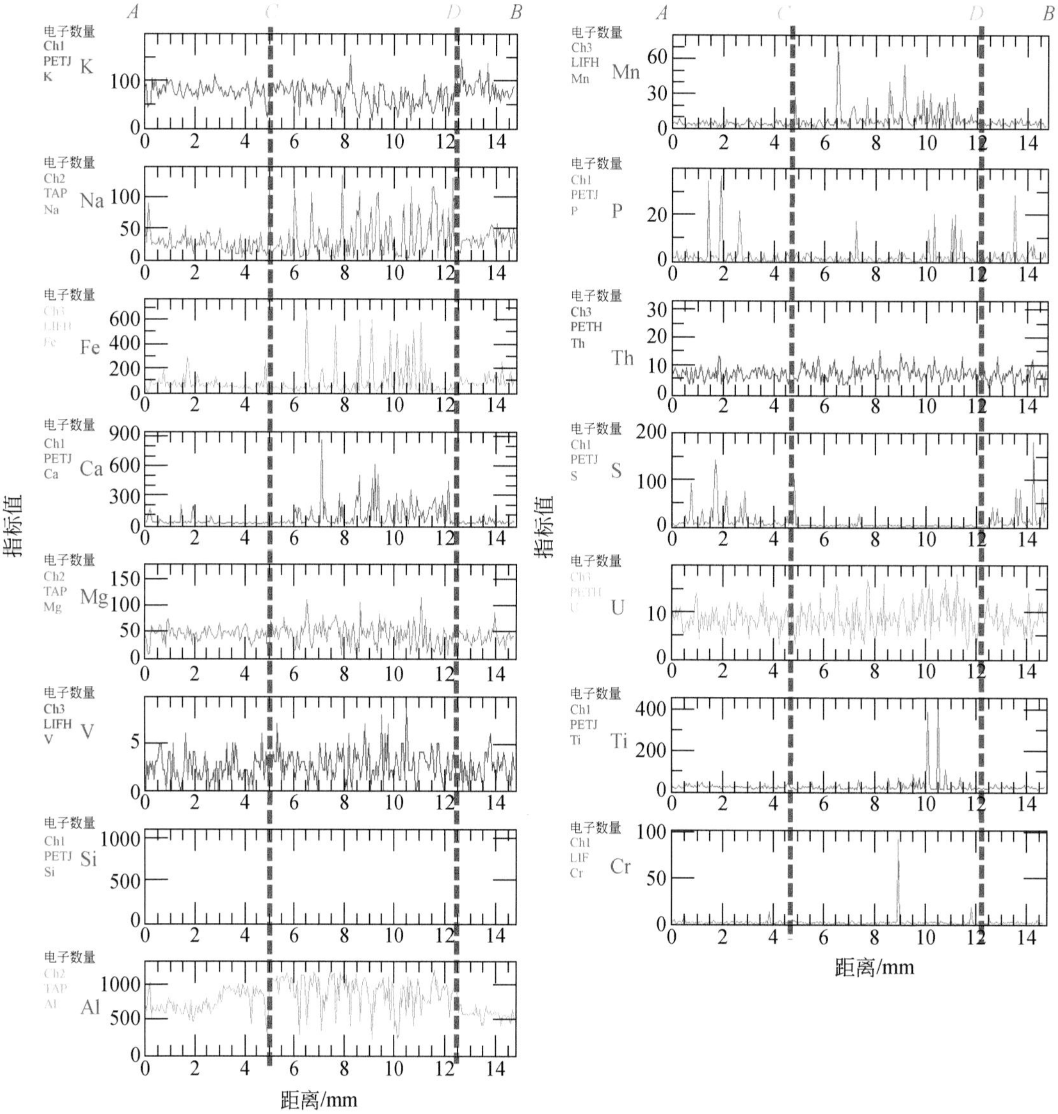

图 2.27　永 1011-197 号样过凝灰岩线扫描结果

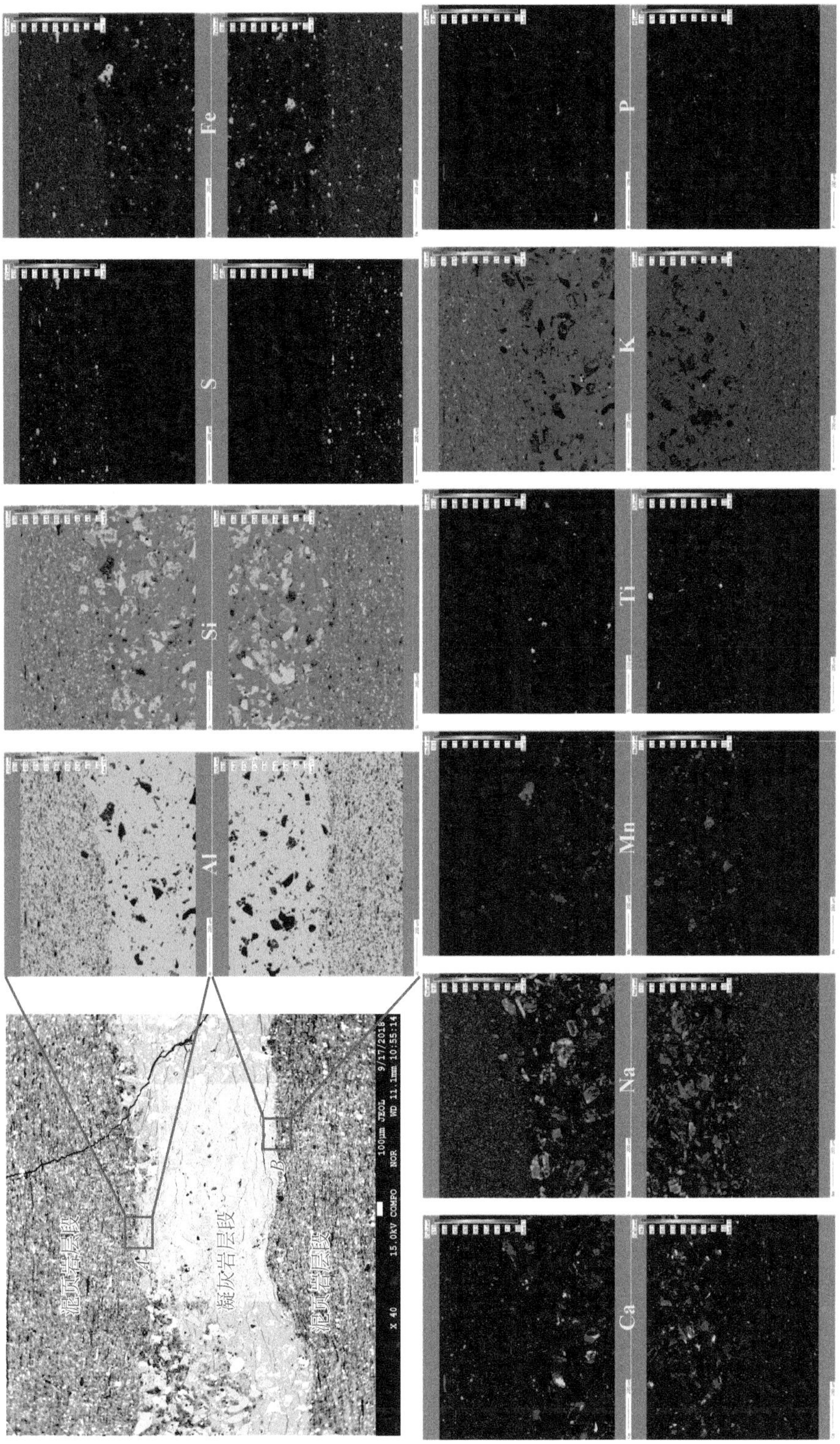

图2.28　凝灰岩层段界面不同元素面扫描结果

同时选取了凝灰岩上下与泥页岩交界的区域进行面扫描分析，面扫描显示与线扫描相似的结果，凝灰岩段 Al、Si、Fe、Ca、Na、Mg、Mn、Ti 等元素高异常，S、K 元素低异常，界面清晰（图 2.28）。指示凝灰岩段铝硅酸盐矿物、锰铁矿、钛铁矿、磷酸盐矿物富集铝硅酸盐矿物主要以长石、黏土矿物为主，可能是成岩作用产物，而锰铁矿、钛铁矿、磷酸盐矿物等矿物是原生的火山灰物质。从面扫描结果可以清晰地看出这种差异可能是受火山活动影响，以及凝灰岩段成矿类型不同造成的。

对部分样品凝灰岩进行能谱分析（图 2.29），总体表现为以黏土、石英为主，还有少量锰铁矿、钛铁矿、磁铁矿、磷酸盐等矿物。其中的锰铁矿、钛铁矿、磷酸盐等矿物是原生的火山灰物质。

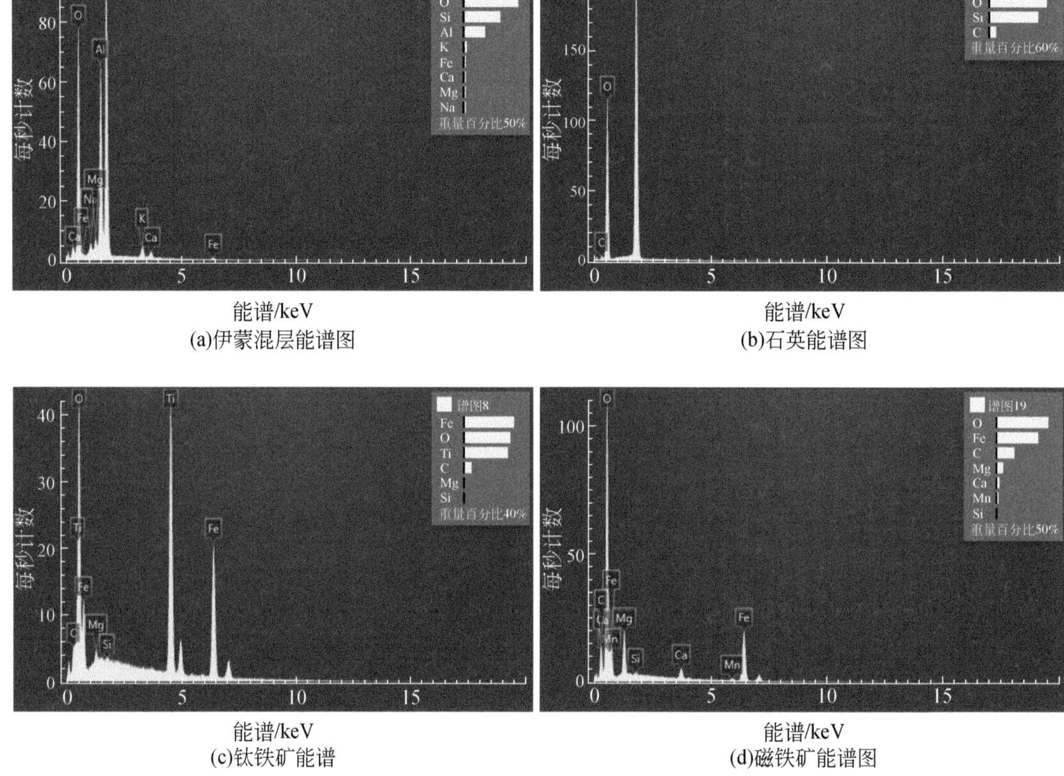

(a)伊蒙混层能谱图　(b)石英能谱图
(c)钛铁矿能谱　(d)磁铁矿能谱图

图 2.29　长 7 段凝灰岩不同矿物能谱图

通过对泥页岩和凝灰岩电子探针线扫描和面扫描可以清晰地发现，在凝灰岩中一些指示深部流体来源的金属元素 Al、Si、Fe、Ca、Na、Mg、Mn、Ti 等高异常，P、S、K 等营养元素低异常，二者界面清晰，初步推测可能是火山活动携带的营养元素随着成烃生物的吸收而转移至富有机质泥页岩层段。

2. 营养元素对藻类繁殖的模拟实验

油气形成的母质是地质历史上沉积的有机质，这些有机质是生物体埋藏演化的结果，其中形成具有生烃能力的沉积有机质的那部分生物被称为成烃生物（张水昌等，2004），不同沉积环境下形成的烃源岩，成烃生物组合不同。对鄂尔多斯盆地长7段而言，藻类基本构成了烃源岩成烃生物的主体。前人对延长组烃源岩显微组分研究中，发现泥岩段中藻类较为发育。吉利明等（2012）对陇东地区延长组长7段进行了系统的有机壁微化石分析，发现丰富浮游藻类化石，包括蓝藻类、绿藻类和疑源类。我们在云门山剖面长7段泥页岩中发现丰富的单细胞蓝藻和集合状蓝藻（图2.30、图2.31），其中微小的蓝藻化石极为丰富，常常密集出现，可能是烃源岩有机质的重要来源之一。Zhang等（2016）也在长7段泥页岩中发现大量的金藻。所以对长7段而言，藻类基本构成了烃源岩成烃生物的主体。

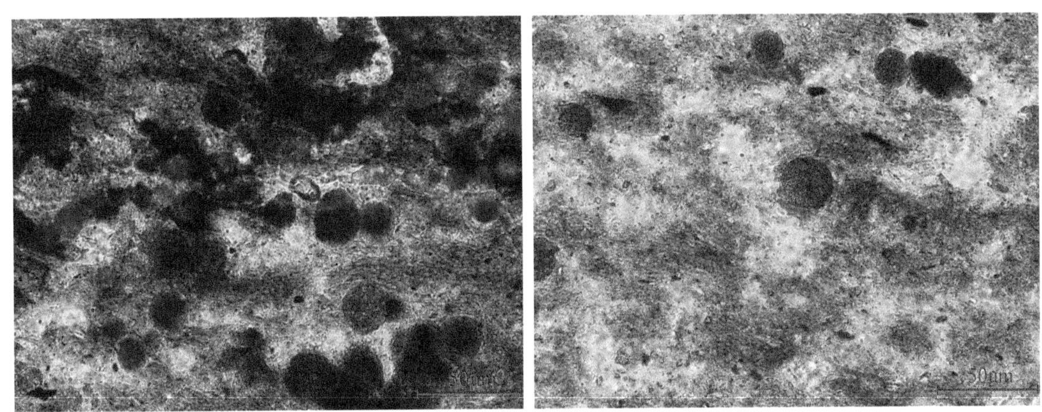

图2.30　长7段泥页岩浮游的单细胞蓝藻

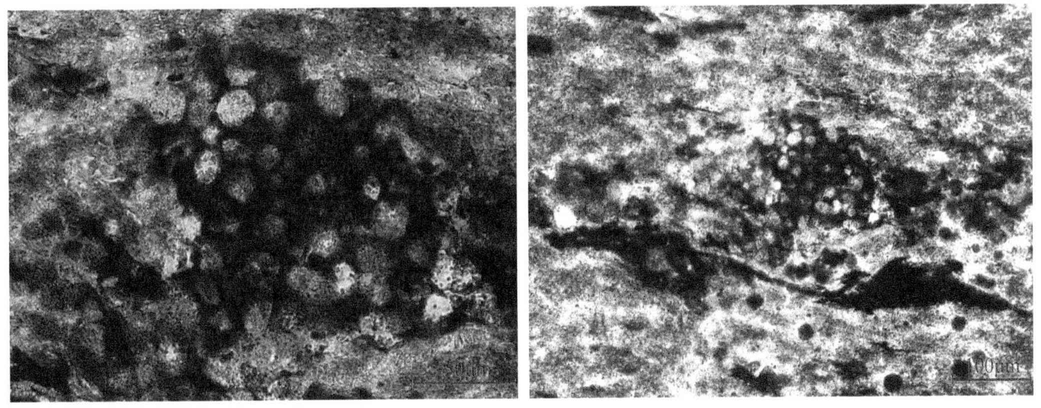

图2.31　长7段泥页岩浮游的集合状蓝藻

蓝藻属于超微浮游藻类，由于个体较小，往往沉降速度慢，死亡后可能会被水柱中的氧气氧化而少有保存，但在氧化分解数量小于生产总量时，这类超微浮游藻类还是能成功保存下来的。因此，地层中出现超微型浮游藻类时，可能暗示这类浮游藻类在水体较深的水域出现过爆发性生长。

藻类勃发控制优质烃源岩的形成，富有机质纹层泥页岩的形成离不开藻类的作用。火山灰为沉积盆地生产力水平的提高和有机质的富集提供了丰富的物质基础。火山喷发的流体携带的大量 NO_3^-、PO_4^{3-}、NH_4^+ 等营养盐类物质、微量金属元素（如 Fe、Mn、Zn、Co、Cu 等）和 CH_4、CO_2、H_2、NH_3 等热液气体，是水体浮游植物生长及自养型微生物合成有机物的重要营养来源，在浮游植物光合作用、呼吸作用、蛋白质合成等新陈代谢过程中也具有不可替代的作用。但这些火山物质什么时候起建设作用，什么时候起破坏作用可能与其含量有关。火山灰单层厚度反映了携带营养物质的多少，厚度越大，其携带的营养物质就相对较多；厚度越小，携带的营养物质就相对较少。本书从火山灰携带的营养元素和微量元素对成烃生物藻类的影响这一角度出发，探讨火山物质中的营养元素和微量元素对古生产力的建设或破坏作用。

不同的藻类在不同的元素浓度下生长繁育特征不同。为了探究不同元素、不同浓度对不同成烃生物的影响，厘清不同流体环境下的主力成烃生物，设计开展了营养元素对成烃生物生长繁育培养皿实验。设计了海水螺旋藻（蓝藻）、海洋小球藻（绿藻）、圆筛藻（硅藻）、斯氏锥状藻（甲藻）共四个培养组，开展不同离子和营养盐实验，实验天数为 14 天，营养液一次性加入。①N：硝酸钠，浓度分别为 1μmol/L、5μmol/L、20μmol/L；②P：磷酸二氢钠，浓度分别为 0.1μmol/L、1μmol/L、2μmol/L；③Mo：钼酸钠，浓度分别为 0.1μmol/L、5μmol/L、10μmol/L；④Mn：氯化锰，浓度分别为 0.1μmol/L、5μmol/L、10μmol/L。

在实验时间天数相同的条件下，浓度越高，藻类增长数量越多。20μmol/L 条件下加入 N 元素小球藻敏感程度最高，其次为斯氏锥状藻，圆筛藻和海水螺旋藻促进作用不明显；2μmol/L 条件下 P 元素对海水螺旋藻、海洋小球藻、圆筛藻、斯氏锥状藻的影响依次降低；10μmol/L 条件下 Mn 元素则依次为海洋小球藻、海水螺旋藻、斯氏锥状藻、圆筛藻；10μmol/L 条件下 Mo 元素依次为海水螺旋藻、斯氏锥状藻、圆筛藻、海洋小球藻（图 2.32）。对于同一种藻类，相同浓度条件下 Mn、Mo 微量元素促进增长速度超过了同等条件下营养元素 N、P 元素的加入；除了海水螺旋藻之外，增长速率 Mn>Mo>P>N。

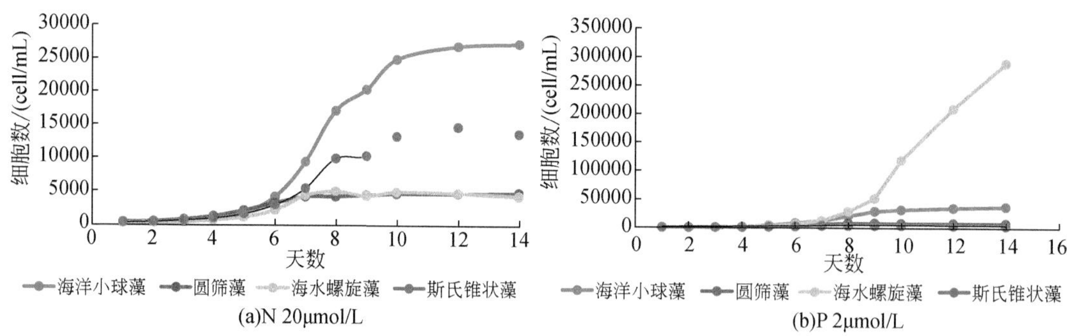

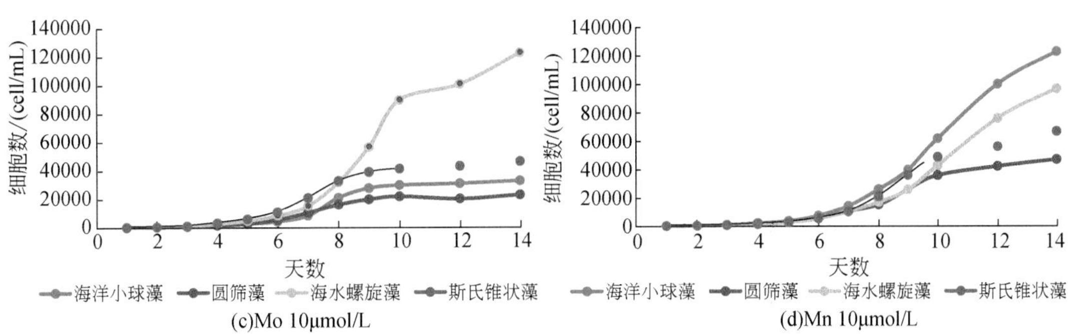

图 2.32　相同元素不同藻类不同浓度下细胞数变化

对同一种藻类来说，加入营养元素和微量金属元素均可使数量迅速增加，时间越长，浓度越高，繁殖数量越多。金属元素对藻类数量增长速度的促进作用大于营养元素。对于海洋小球藻、圆筛藻和斯氏锥状藻来说，Mn>Mo>P>N；但海水螺旋藻对元素的敏感度较高，磷酸盐和锰元素加入的浓度越高，增长速度越快，且在实验天数内增长趋势并无放缓的趋势，整体 P>Mo>Mn>N。一般从第 8 天开始，增长速度具有放缓的趋势，甚至出现负增长，说明藻类的生长在达到一定条件时元素加入并不都是起到促进作用，还有抑制作用(图 2.33)。

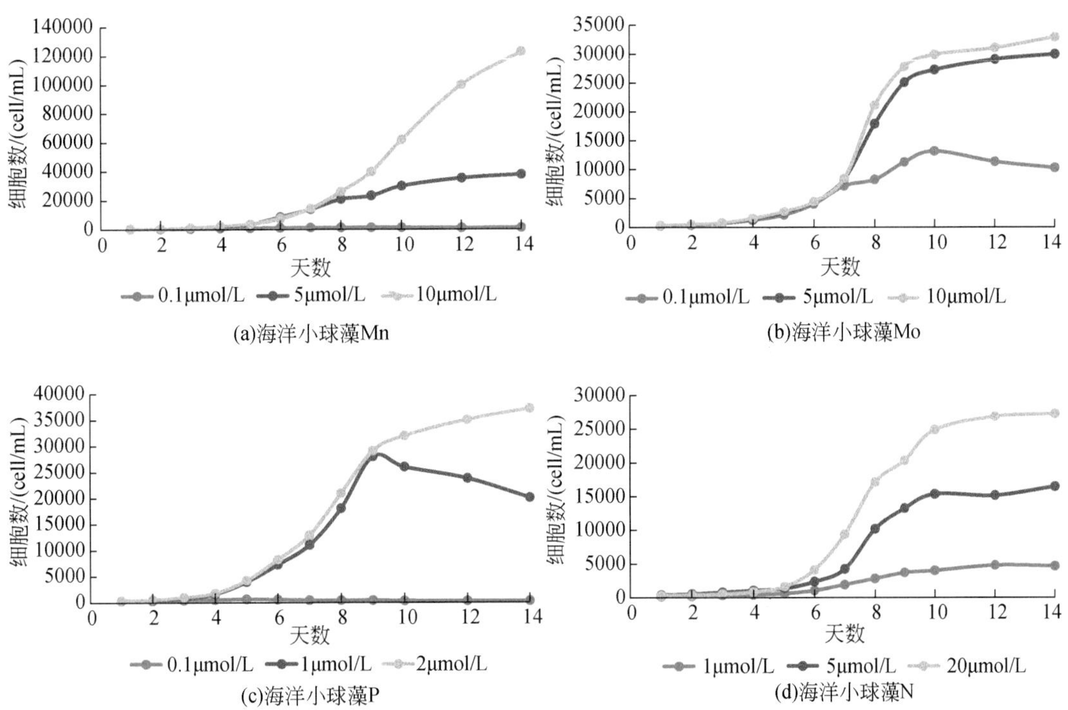

图 2.33　同一藻类随时间增长不同元素不同浓度下细胞数变化

对同一种元素来说，在浓度较低时四种藻类均生长较慢，随着浓度的增加，海洋小球藻、海水螺旋藻、圆筛藻和斯氏锥状藻生长速率和细胞数均表现快速增加。随着硝酸盐浓度的增加，海洋小球藻的总数增长最多，细胞数最高可达 27220 个/mL，其次为斯氏锥状藻，细胞数最高可达 13620 个/mL；随着 P 元素浓度的增加，海水螺旋藻的总数最多，细胞数最高可达 290060 个/mL，其次为海洋小球藻，细胞数最高可达 37210 个/mL。对于 Mo 元素，海水螺旋藻的总数最多，细胞数最高可达 122891 个/mL，其次为斯氏锥状藻，细胞数最高可达 46310 个/mL。而对于 Mn 元素，海洋小球藻的总数最多，细胞数最高可达 122891 个/mL，其次为海水螺旋藻，细胞数最高可达 96890 个/mL（图 2.33）。

在元素浓度相同的情况下，藻类的敏感性也不同。N 元素的加入对于海洋小球藻敏感程度最高，其次为圆筛藻、斯氏锥状藻和海水螺旋藻；Mn 元素则依次为海水螺旋藻、海洋小球藻、圆筛藻、斯氏锥状藻；Mo 元素依次为海水螺旋藻、海洋小球藻、斯氏锥状藻、圆筛藻。在 5μmol/L 实验中，海洋小球藻在 Mn、Mo 微量元素的反应器中增长速度超过了同等条件下营养元素 N 元素的加入，增长速率 Mn>Mo>P>N，该趋势也反映在其他的藻类实验中。由此可见，藻类对微量金属元素的敏感性超过了营养元素，推测微量元素在藻类勃发的过程中主要起催化作用，在元素浓度相同的情况下，藻类的敏感性也不同（图 2.34）。

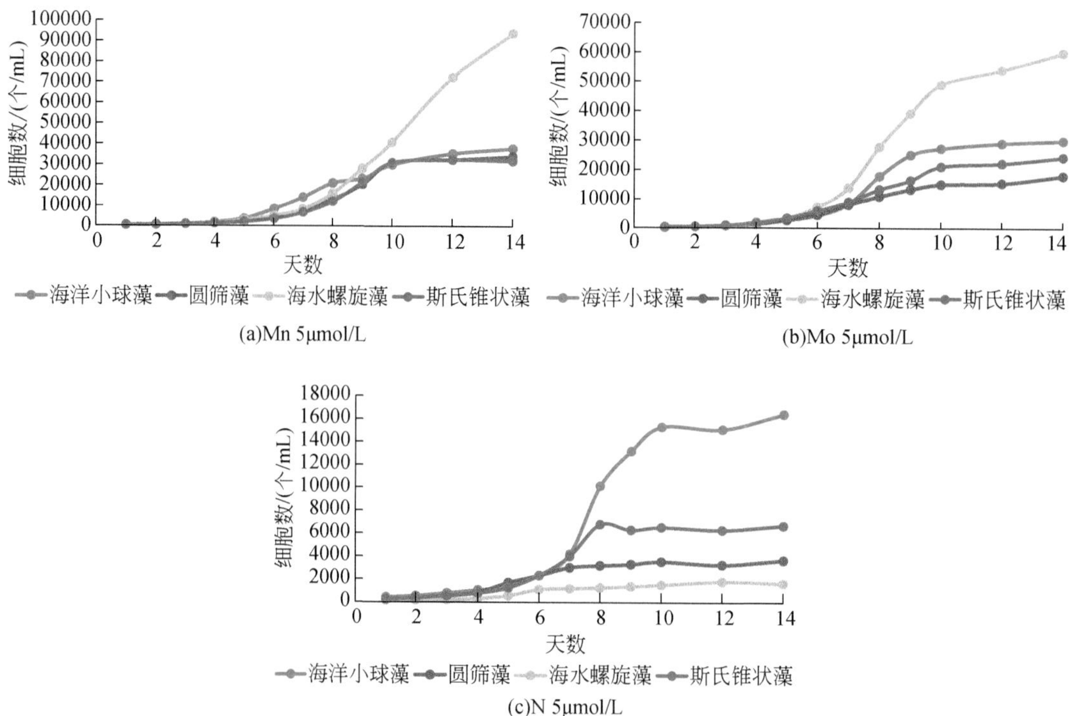

图 2.34　相同浓度不同元素下细胞数变化

综上所述，藻类的生长和繁殖需要营养元素和微量金属元素的催化作用，任何一种藻类在加入任何一种营养或催化元素之后，随着时间和浓度的增长，生长速率和细胞数均表现快速增加，推测适量火山灰携带的营养和催化元素促进生物繁盛，提高初级生产力；但藻类数量在任何浓度任何营养或催化元素加入条件下增长到一定的程度数量之后呈现增加放缓，某些藻类数量甚至有降低和骤减的趋势，推测过量火山灰携带元素对生物生长同时也具有抑制作用。火山灰携带的催化微量金属元素对藻类的敏感性更强，繁殖速度和数量更多，推测微量元素在藻类勃发的过程中除了被吸收之外，还起了更大的催化促进作用。

由此，适量火山灰携带营养和催化元素，促进生物繁盛，提高初级生产力；过量火山灰携带过多元素，对生物生长起到限制作用。通过对长7段泥页岩层段和凝灰岩段成烃生物蓝藻相对丰度镜下分析，在凝灰岩层段蓝藻密集发育明显低于泥页岩层段，且从凝灰岩向泥页岩方向蓝藻相对密集程度呈现增加趋势，说明在火山活动期蓝藻受到一定的抑制，不利于蓝藻发育，而在泥页岩发育层段蓝藻得到大量发育（图2.35）。这一地质现象与上述不同营养元素和催化元素对不同藻类发育具有很好的一致性。

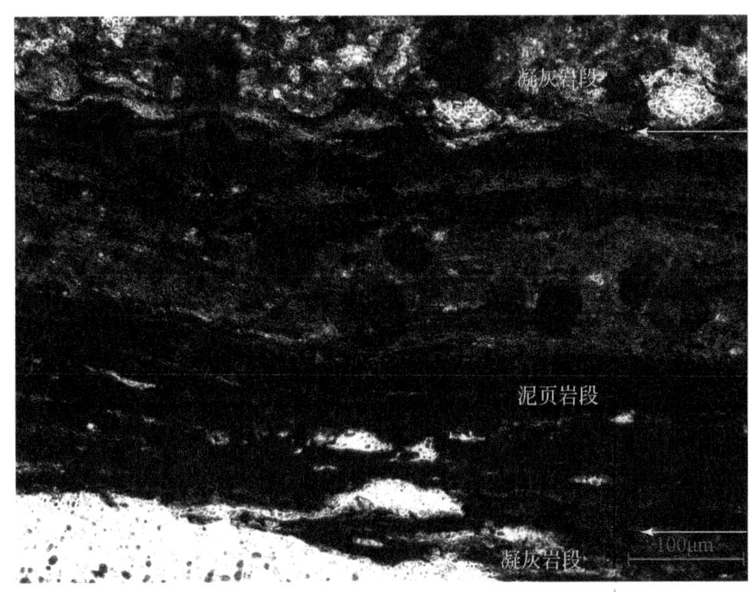

图2.35　长7段泥页岩、凝灰岩层段蓝藻发育分布图（据 Liu et al.，2021b 修改）

3. 火山活动对古生产力影响

古生产力，是指生物在能量循环过程中固定能量的速率，通常用单位面积、单位时间内所产生有机物的量来表示，古生产力的高低直接影响着含油气盆地有效烃源岩的形成和分布（李守军等，2002）。为明确长7段泥页岩层系原始有机质富集特征及分布规律，开展了元素指标和古生产力恢复等分析，评价长7段泥页岩的古生产力。

氮和磷是最重要的浮游生物营养元素，海洋环境下古生产力主要受到可利用氮和磷的控制。但是，海洋中某些生物能够固定大气中的氮（Tyrrell，1999），只有磷被认为是海洋环境下控制生产力的最终限制性元素（Redfield et al.，1958；Broecker and Peng，1982；Tyrrell，1999）。此外，磷还是海洋生物骨骼的重要组成部分，在新陈代谢过程中扮演着重要角色（Tribovillard et al.，2006）。磷被广泛用于地质时期全球沉积物中古生产力状况的研究（Latimer and Filippelli，2002；Algeo et al.，2011）。沉积有机质或自生矿物可能会对陆源碎屑中的磷含量产生稀释。随着有机质或自生矿物的增加，导致单位质量岩石中本来很高的磷绝对含量变低。为了排除这种稀释作用的影响，一般不直接采用 P 的绝对含量评价古生产力状况，而是应用 P/Ti 或 P/Al 等参数（Latimer and Filippelli，2002；Algeo et al.，2011）。原因在于，Ti 或 Al 被认为是陆源碎屑输入的代表性元素（Calvert and Pedersen，2007；Algeo and Maynard，2004）。换言之，P/Ti 或 P/Al 可以表征古海洋的营养状况。长 7 段泥页岩中的 P/Ti 值分布范围为 0.15～3.15，平均为 0.47，凝灰岩中 P/Ti 值分布范围为 0.03～0.64，平均为 0.27，仅有泥页岩的一半左右。从永 1011 井含凝灰岩剖面的古生产力指标可以看出（图 2.36），从凝灰岩下部泥页岩到凝灰岩段 P/Ti 值骤然降低，到其上紧邻的泥页岩段 P/Ti 值迅速增加，说明在凝灰岩沉积期古生产力低，但在火山活动之后湖盆生产力迅速恢复。这一现象与泥页岩和凝灰岩中蓝藻相对密集分布特征相一致。

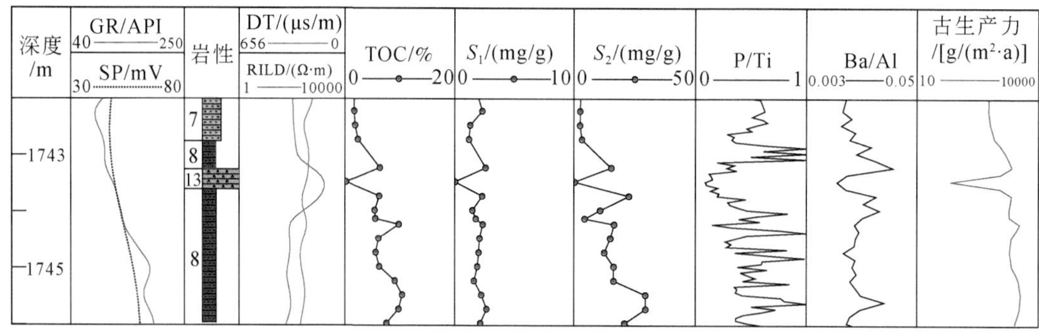

图 2.36　永 1011 井含凝灰岩剖面的古生产力指标

Ba/Al 和海洋沉积物中重晶石（$BaSO_4$）的积累速率及初级生产力之间呈正相关关系（Dymond et al.，1992；Paytan and Griffith，2007）。尽管目前对于非热液来源的重晶石是否与生物成因有关尚未取得一致认识，但是海洋沉积物中重晶石的相关指标已经被广泛作为古生产力指标使用（Dymond et al.，1992；Paytan and Griffith，2007）。沉积物中 Ba 主要以最稳定的 $BaSO_4$形式存在。应用 Ba/Ti 或 Ba/Al 来定性评价古生产力，以 Ti 或 Al 为分母也是为了排除其他成分稀释作用的影响（Algeo and Maynard，2004）。这些比值参数的地质意义可能表征了地质时期海洋中浮游生物的数量。长 7 段泥页岩 Ba/Al 分布范围为 55.33～238.74，平均为 87.82，凝灰岩为 19.35～100.19，平均为 43.96，仅有泥页岩的一半左右，与 P/Ti 相似，说明受火山活动影响，凝灰岩段湖盆有机质的累积量明显要低于泥页岩段。从永 1011 井含凝灰岩剖面上可以看出（图 2.36），从凝灰岩下部泥页岩到凝灰岩段 Ba/Al 值骤然降低，到其上紧邻的泥页岩段 Ba/Al 值迅速增加，与 P/Ti 的判识结果一致。

除了元素指标，还可以通过地化指标对古生产力进行恢复。长 7 段烃源岩沉积时期鄂尔多斯盆地为大型敞流湖盆，陆源有机质碎屑注入补充强度大，对生产力具有相当贡献。对古生产力的评价，本书中采用了常用方法中的有机碳法。目前为止，存在两种运用有机碳法定量计算湖盆古生产力的公式：一种是 Müller 和 Suess（1979）提出的公式；另一种是李守军（2002）对云南的三大陆相断陷湖泊（滇池、再海及抚仙湖）研究时推导出来的公式：

$$R_w = C_w \times \rho \times (1-\phi) / (0.03 \times S^{0.3}) \tag{2.5}$$

$$R_l = 237.5297 \times C_l \times \rho \times (1-\phi) \times S^{0.3778} \tag{2.6}$$

$$R = R_w + R_l \tag{2.7}$$

式中，R_w、R_l 分别为湖盆内低等水生生物与陆源碎屑注入代表的古生产力；C_w 和 C_l 分别为湖盆水体生物与陆源碎屑注入代表的总有机碳含量,% wt；S 为沉积速率（cm/1000a）；ρ 为干沉积物密度（g/cm³）；ϕ 为孔隙度（%）；R 为湖盆的总生产力。

从永 1011 井含凝灰岩古生产力变化剖面上可以看出（图 2.36），从凝灰岩下部泥页岩到凝灰岩段古生产力值骤然降低，到其上紧邻的泥页岩段古生产力值迅速增加，说明在凝灰岩沉积期古生产力低，但在火山活动之后湖盆生产力迅速恢复。

2.3.3　火山活动对水体氧化还原环境影响

前人研究发现沉积物中硫元素与有机碳的变化具有一致性，可以通过有机碳与黄铁矿中硫的比值（C/S）来判定沉积环境（Berner and Raiswell，1984）。特别是草莓状黄铁矿的形成与环境有着密切的关系，其形成主要受水体硫酸盐浓度和陆源碎屑中铁含量的影响，发育的形态大小受环境的制约，可用于恢复古海洋的氧化还原状态（Zhou and Jiang，2009）。火山活动短期内会喷出大量的 SO_2 和 H_2S 等含硫气体，SO_2 与大气中或火山喷出的水蒸气发生光化学反应，形成 H_2SO_4 气溶胶，可形成酸雨进入水体中，提高水体中 SO_4^{2-} 浓度，H_2S 也易溶于水，有利于水体呈现强还原环境（Wignall，2001；Shan et al.，2013）。

凝灰岩发育层段 S 元素异常低，其上下泥页岩恢复为高含 S 特征，从图 2.37 中发现富有机质泥页岩层段对应强还原条件特征，凝灰岩发育层段古沉积环境突变，但火山事件后快速恢复为强还原环境。

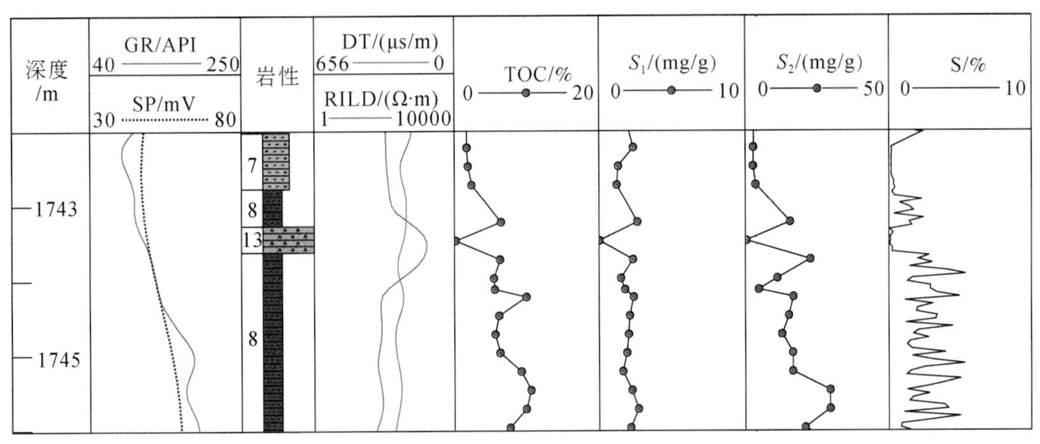

图 2.37　永 1011 井凝灰岩段 S 元素变化

通过电镜下观察，发现鄂尔多斯盆地长 7 段富有机质泥页岩中沉积黄铁矿的主要形态为自形状和草莓状。自形状的黄铁矿有八面体，五角十二面体和球状，它们的大小分布范围从纳米级到微米级，但最大不超过 15μm。草莓状黄铁矿是亚微米大小的黄铁矿晶体的密集堆积形成的球形集合体。草莓状黄铁矿微晶具有不同的形状，与自形状黄铁矿类似。

本书选取紧邻凝灰岩上下三个泥页岩区带和稍微远离凝灰岩的三个泥页岩区带进行黄铁矿粒径统计，六个条带一共统计了697个草莓状黄铁矿的直径大小（表2.1）。长7段富有机泥页岩样品中草莓状黄铁矿粒径范围变化大，最小粒径分布在4.58～7.61μm，平均为6.02μm。草莓状黄铁矿的最大粒径普遍较大，其中最大的草莓体粒径接近35μm，平均为31.65μm。粒径平均值为12.21～15.15μm（图2.38）。

表2.1　不同区域黄铁矿粒径统计表

区域	位置	个数	平均/μm	最小/μm	1/4/μm	3/4/μm	最大/μm	标准差
1	远离凝灰岩泥页岩	40	14.65	7.32	11.01	17.13	34.53	5.71
2	近凝灰岩泥页岩	125	12.34	4.58	9.17	14.67	28.11	4.62
3	近凝灰岩泥页岩	160	12.21	5.05	9.02	14.40	28.42	4.71
4	远离凝灰岩泥页岩	135	14.26	5.86	10.08	17.58	33.98	5.58
5	近凝灰岩泥页岩	97	12.30	5.70	8.69	14.93	32.04	5.14
6	远离凝灰岩泥页岩	140	15.15	7.61	11.16	18.10	32.81	5.40

注：1/4为所统计黄铁矿样品粒径的下四分位值，即所有的样品粒径值由小到大排列后的第1/4位置处的样品的粒径值；3/4为所统计黄铁矿样品粒径的上四分位值，即所有的样品粒径值由小到大排列后的第3/4位置处的样品的粒径值。

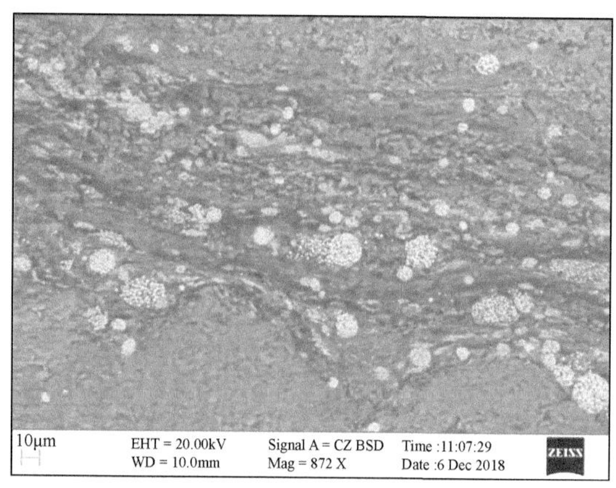

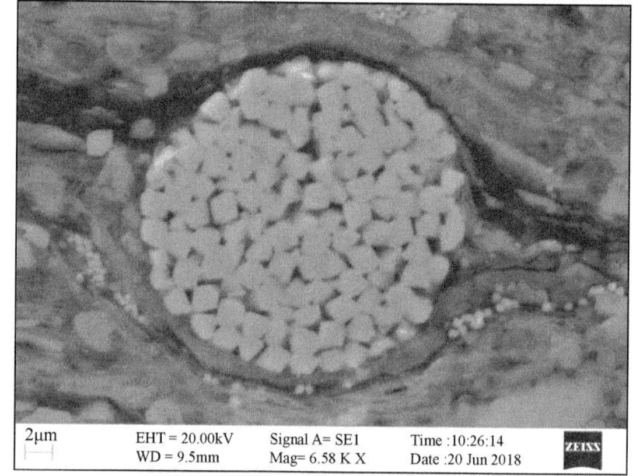

图2.38　长7段泥页岩黄铁矿发育图

草莓状黄铁矿的形成与环境有着密切的关系（图2.39），其形态特征和草莓体的大小受环境的制约，利用草莓状黄铁矿的形态特征和分布可以恢复古海洋的氧化还原状态（Wilkin et al.，1996；Zhou and Jiang，2009）。在缺氧且富含H_2S的硫化环境中，氧化还原界面下形成的草莓体由于结晶生长迅速，其粒径普遍较小，分布范围窄。在缺氧的沉积物之下的硫化微环境中形成的草莓状黄铁矿生长慢，粒径大（杨雪英和龚一鸣，2011）。因此草莓体粒径的大小可以帮助指示环境的氧化还原程度。

Wilkin等（1996）提出的草莓状黄铁矿的平均粒径与标准偏差的二元图解可以用来判别沉积时期的氧化还原条件。这个方法是对样品进行粒径数据的统计，计算出样品粒径的标准偏差，绘制水体环境划分图（图2.40）。图中的实线将水体沉积环境划分为硫化环境

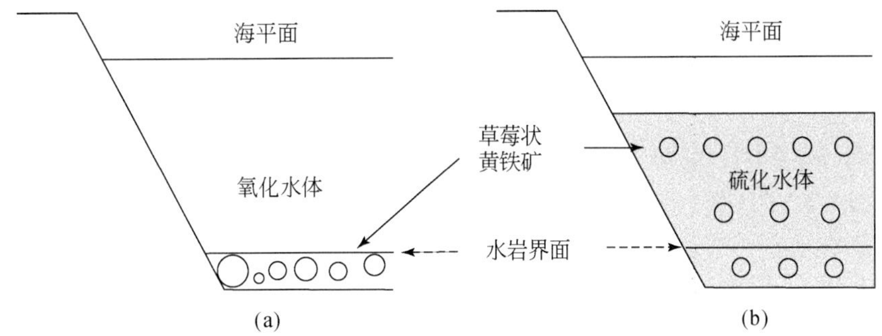

图 2.39　氧化水体和硫化水体中草莓状黄铁矿形成机理示意图

和氧化环境。常华进等（2009）又将氧化环境进一步划分为氧化还原环境和氧化（有氧）环境（表 2.2）。图中包含的数据来自 Wilkin 等（1996）、Zhou 和 Jiang（2009）给出的草莓状黄铁矿统计数据。这些参考数据统计的草莓状黄铁矿分别沉积在硫化、贫氧和氧化的水体沉积环境中，且由于标准偏差值对平均值的依赖性，这些参考数据点的分布明显具有正线性关系。研究区黄铁矿粒径特征指示长 7 段整体上在氧化水体的环境中，凝灰岩上下紧邻泥页岩段草莓状黄铁矿粒径有明显变小的趋势，指示还原的环境。

表 2.2　沉积环境与草莓状黄铁矿特征

氧化还原环境	黄铁矿特征
硫化环境	含量丰富，一般小于 5μm，颗粒大小变化范围窄（SD<2）
下部贫氧（下部厌氧环境）	含量丰富，一般小于 5μm，罕见大颗粒草莓体
上部贫氧环境	常见–稀有，颗粒大小变化范围大，直径小于 5μm 的草莓体仅见少量
氧化（有氧）环境	黄铁矿晶体很少，无黄铁矿草莓体

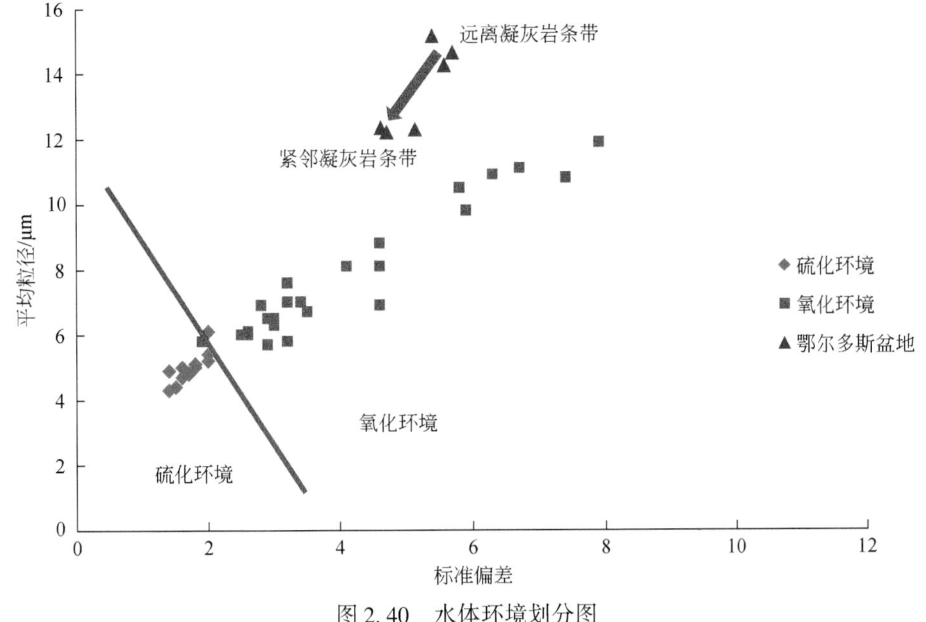

图 2.40　水体环境划分图

从 TOC、TS 交会图［图 2.41（a)］上可以看出，鄂尔多斯盆地长 7 段主要表现为淡水、过渡、正常海洋三个沉积区域，说明当时长 7 段水体的硫酸盐浓度是发生变化的，从淡水、过渡至咸水环境均有分布。但是从鄂尔多斯盆地晚三叠世区域地质背景和延长沉积环境上看，延长组沉积时期水体主要为淡水，在长 7 段泥页岩层段中部分 TOC 和 TS 数据点处于现代海洋沉积环境，说明在沉积过程中有外部硫酸盐的介入使得水体盐度增加。这可能与同时期秦岭造山带频繁的火山喷发造成有关。长 7 段富有机质泥页岩的露头和岩心表明，该泥页岩中存在厘米-微米级的火山灰夹层，较厚的优质泥页岩具有更丰富的火山灰夹层。长 7 段泥页岩 SRI 与 TOC 没有明显的相关关系［图 2.41（b)］，SRI 指数小于 1.375，说明其硫酸盐还原强度相对较弱，TOC 多数小于 10%，可能代表了两种不同的水体环境。当 SRI 小于 1.1 时，水体表现为淡水沉积；当 SRI 为 1.1～1.375 时，指示微咸水-咸水沉积。而这种盐度的变化可能与火山活动注入硫酸盐有关。邱欣卫等（2009）研究指出，在远离凝灰岩沉积中心的深湖中，长 7 段基底凝灰岩厚度与泥页岩有机质含量呈正相关。同时，在长 7 段泥页岩中藻类丰富，在含有凝灰岩的地层中也含有丰富的蓝藻、绿藻和超微化石（张文正等，2009）。这些富含有机物的薄层被解释为具有短期的“繁盛-灭绝”特征，通常发生在凝灰质薄层附近。由此可见，长 7 段凝灰岩发育段对应地质历史中火山喷发期，火山活动带来的大量营养物质在相对较短时间内注入，诱发形成水生生物的勃发性繁茂，在一定时间内形成超富营养的有机质沉降区，形成较高的古生产力条件。同时火山喷发出的大量的 SO_2 和 H_2S 等含硫气体最终以酸雨的形式进入湖盆中，使得淡水湖水 SO_4^{2-} 浓度大幅增加。由于淡水环境中硫酸盐含量平均浓度不到海水中浓度的百分之一（Berner，1984），低含量硫酸盐浓度制约了 BSR。当火山活动使得湖水硫酸盐增加，为 BSR 作用提供了充足的硫源，BSR 以各类有机物作为碳源，以硫酸根离子（SO_4^{2-}）为供体，将对其进行代谢分解并产生 H_2S，增强水体的还原性。SRI 指数小于 1.375，说明 BSR 强度较弱，对有机质消耗有限。

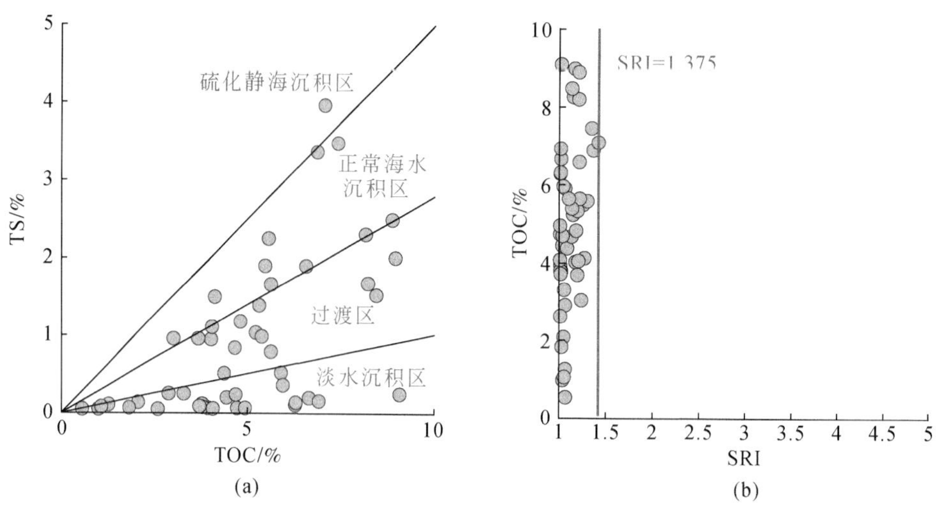

图 2.41　长 7 段泥页岩 TOC 与 TS（a)、SRI（b）交会图

由此可见，鄂尔多斯盆地长7段凝灰岩发育段对应地质历史中的火山喷发期，火山活动带来的大量营养物质在相对较短时间内注入，诱发形成水生生物的勃发性繁茂，在一定时间内形成富-超营养的有机质沉降区，形成较高的古生产力条件。

2.3.4　火山活动影响下陆相富有机质泥页发育模式

鄂尔多斯盆地长7段富有机质泥页岩的露头和岩心表明，该泥页岩中存在厘米-微米级的火山灰夹层。较厚的优质油泥页岩具有更丰富的火山灰夹层。在远离火山中心的深湖中，长7段基底部分的凝灰岩厚度与泥页岩有机质含量呈正相关（邱欣卫等，2009）。

由此可见，鄂尔多斯盆地长7段凝灰岩发育段对应地质历史中火山喷发期，火山活动带来的大量营养物质在相对较短时间内注入，诱发形成水生生物的勃发性繁茂，在一定时间内形成富-超营养的有机质沉降区，形成较高的古生产力条件。同时火山喷发出的大量的 SO_2 和 H_2S 等含硫气体，SO_2 与大气中或火山喷出的水蒸气发生光化学反应，形成 H_2SO_4 气溶胶，最终以酸雨的形式进入湖盆中，补充了水体 SO_4^{2-} 浓度。而在淡水环境中硫酸盐含量平均浓度不到海水中浓度的百分之一（Berner，1984），硫酸盐含量低制约着BSR反应强度，火山活动补充的硫酸盐为BSR作用提供了充足的硫源，硫酸盐还原菌可将各类有机物作为碳源，以硫酸根离子（SO_4^{2-}）为供体，将对其进行代谢分解，增强水体的还原性。综合分析认为火山活动导致的生物繁盛和硫酸根富集使得BSR作用对有机质的消耗和有机质的积累达到一种动态平衡，这主要体现在高TOC的层段与高TS的层段基本匹配，SRI指数整体小于1.375，指示有机碳的保存要强于消耗，有利于形成富有机质的泥页岩（图2.16）。同时相对高TOC而低TS的层段则指示的是淡水沉积，在这种环境下，硫酸根浓度较低，因此BSR作用弱，SRI指数整体小于1.1，此时达到的是一种较低的有机质消耗速率与相对较高的有机质保存速率的平衡，整体上有利于有机质富集。

2.4　海侵对陆相页岩沉积的影响——以松辽盆地青山口和嫩江组为例

海水中含有较高的可溶性硫酸盐，其平均浓度为28mol/L，而在淡水水体中硫酸盐平均浓度不到海水的百分之一（Berner，1984）。在海洋环境中，微生物硫酸盐还原作用消耗有机质（Lallier-Verges et al.，1993），在此过程中约有一半的沉积有机质参与微生物硫酸盐的还原过程（Jørgensen，1982）。而在淡水环境中，由于硫酸盐浓度低，硫酸盐还原作用受到限制，微生物硫酸盐还原反应不易发生。然而地质历史中多种地质事件可以改变淡水沉积中的硫酸盐浓度，如海水侵入。本次工作通过对比松辽盆地青山口组和嫩江组海侵期页岩TOC和TS特征，探讨海侵对陆相页岩沉积的影响。

2.4.1　基本地质特征

松辽盆地位于中国东北部，地跨东北三省及内蒙古地区。长轴呈北东—南西向展布，长750km，宽330～370km，面积约$2.6\times10^5km^2$，是中国大型的中-新生代陆相沉积盆地，它的形成受深大断裂和大陆板块初始张裂的控制。大量数据资料（热沉降史、沉积相带、构造运动等）表明松辽盆地在白垩纪是一个克拉通内部裂谷盆地（Enkin et al.，1992；Song，1997），长时期为深水湖盆，导致盆地内形成大量的富有机质页岩。

上白垩统青山口组包含灰色、黑灰色、黑色泥岩夹页岩，夹有灰色砂岩和粉砂岩。在青山口组沉积早期，湖盆在深度和广度上达到最大，面积可达$8.7\times10^4km^2$。60～100m厚的深湖相黑色泥岩沉积在整个盆地的凹陷区，同时也是松辽盆地最重要的烃源层。青山口组二段和三段陆源供给发育了大量的来自盆地北部和西部的三角洲沉积，向上粒度逐渐变粗。在中央拗陷区青山口组与下部泉头组为整合接触，其他区域均为不整合接触。

嫩江组厚度为100～470m，共分5段，下部发育有深湖相的灰色到黑色泥岩、泥灰岩、生物灰岩和页岩，夹有灰色粉砂岩和细砂岩，整体以深水湖相为主。上部为灰绿色泥岩和砂砾岩沉积。嫩一段和嫩二段在全盆地均有良好的厚层发育，上部嫩三段到嫩五段在盆地东南部遭到剥蚀。湖盆扩大伴随着沉降速率加快，是继青山口组后，松辽盆地又一次重要的湖泛期，嫩江组也是盆地内主力烃源岩层之一。

松辽盆地在青山口组和嫩江组沉积期为典型的陆相湖盆，但其测点均指示了期间经历了咸化的过程。以前的古生物学和有机地球化学证据表明，虽然松辽古湖盆在其大部分生命周期内主要是淡水，但青山口组一段是在半咸水环境下沉积的（Gao et al.，1994）。在泉头组的某一段发现了咸水-鞭毛藻囊，表明古湖可能发生盐碱化（Sha et al.，2008）。在对同一岩心进行的古生物学平行调查中，发现了棘毛细粒铁饼组合，表明存在淡水-半咸水环境（Wan et al.，2013）。与现代湖泊沉积物相比，泉四段—青一段下部样品的硫含量并不低，表明古湖泊水中的硫酸盐含量可能高于现代淡水湖泊（Holmer and Storkholm，2001）。

松辽盆地松科1井青山口组页岩TOC含量较高，为0.5%～8.63%，平均为3.19%。从底部到顶部有先变大再变小的趋势（图2.42）。TS含量为0.03%～1.74%，平均为0.59%。底部TS含量比中上部要高，与TOC关系比较复杂，既有正相关层段，也有负相关层段。TOC/TS为0.81～69.07，平均为9.5，从底部到顶部有先变大再变小的趋势，与TOC有一定的协同变化关系（图2.42）。泉头组四段中，1800～1790m，TOC/TS值从70到小于2呈线性下降；1790～1782m，该比值在0～2.0波动。青山口组TOC/TS值在不同深度区间表现出不同的特征，1782～1770m，TOC/TS值为2.0～3.6；1770～1750m，该比值变化范围较大，为3.6～70；从1750m到青山口组1段顶部，TOC/TS值在3.6～16.8范围内变化（图2.42）。

对嫩江组页岩而言，以腰南6井为例，其TOC含量较高，为0.51%～6.46%，平均为2.08%。从底部到顶部有两个高值区。TS含量在0.29%～5.57%变化，平均为1.1%。底部TS含量比中上部高，与TOC关系比较复杂，既有正相关层段，又有负相关层段。TOC/TS为0.22～8.28，平均为2.78，从底部到顶部有两个低值段和两个高值段（图2.43）。

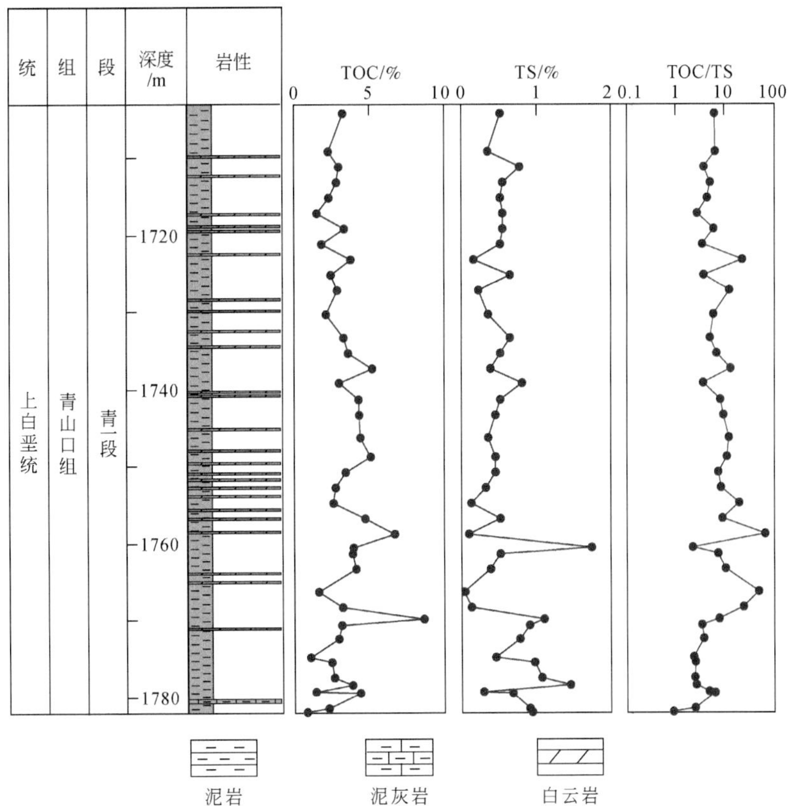

图 2.42 松辽盆地松科 1 井青山口组 TOC、TS 含量和 TOC/TS 值垂向变化

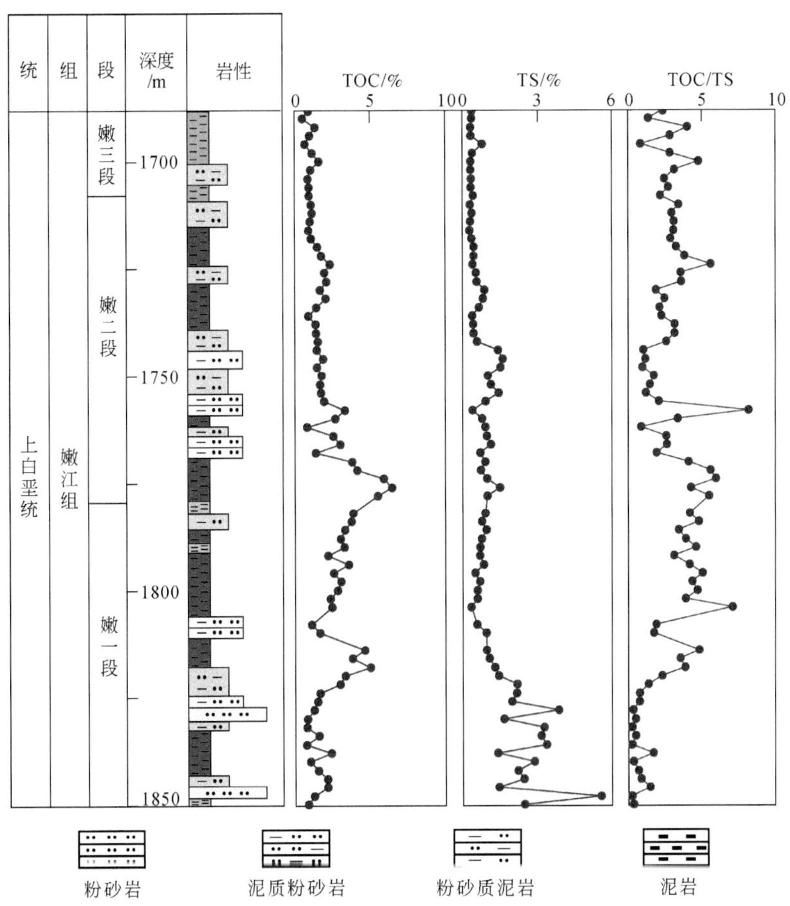

图 2.43 松辽盆地腰南 6 井嫩江组 TOC、TS 含量和 TOC/TS 值垂向变化

2.4.2　海侵对陆相页岩有机质富集影响机理与模式

从TOC、TS交会图和TOC、SRI（Lallier-Verges et al., 1993）交会图上可以看出，松辽盆地松科1井不同层段测点具有明显分区性，青一段下部具有低TOC和高TS特征，主要表现为正常海洋沉积和硫化静海沉积，SRI变化范围广，说明当时水体的硫酸盐浓度较高；青一段上部主要表现为淡水沉积和过渡区沉积，SRI变化范围非常小，主体在1.3以下（图2.44）。

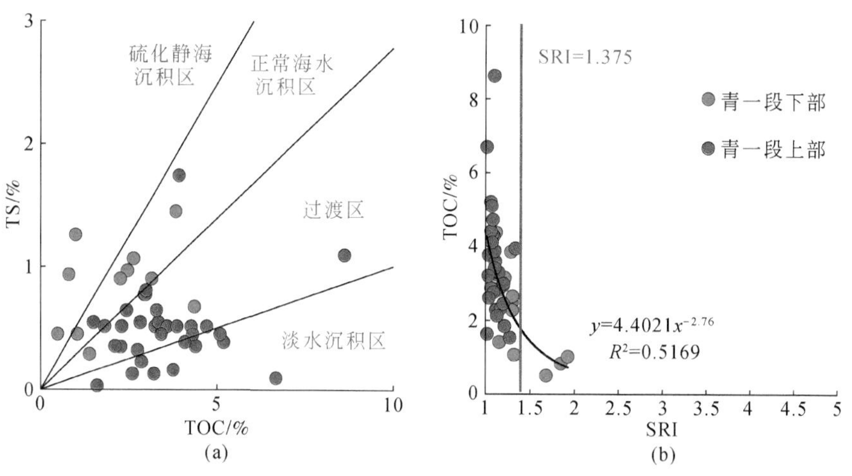

图2.44　松辽盆地松科1井不同层段页岩TOC与TS（a）、SRI（b）交会图

松辽盆地腰南6井不同层段测点也有与青山口组相似的特征，嫩一段下部具有高TS，主要表现为硫化静海沉积，SRI变化范围非常大，说明当时水体的硫酸盐浓度很高；嫩一段上部—嫩二段下部主要表现为过渡区沉积，SRI变化范围非常小，主体在1.375以下；嫩二段上部—嫩三段跨越过渡区、正常海水沉积区和硫化静海沉积区三个区域，SRI指数变化范围介于其他两个层段之间，说明沉积波动较强（图2.45）。

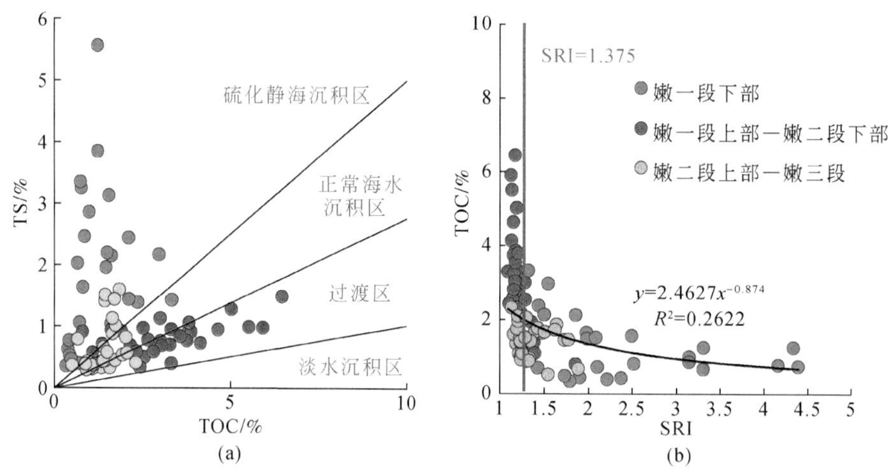

图2.45　松辽盆地腰南6井不同层段页岩TOC与TS（a）、SRI（b）交会图

青一段中部和上部的大部分区域都位于非海相带，这表明整体上处于过渡区沉积。中部有机碳含量较下部高，硫含量较下部低，TOC/TS 值升高，说明沉积过程中，古湖盐度降低。在嫩一段下部记录了很低的 TOC/TS 值，且大部分比值小于 1，这与现代典型硫化环境黑海是一致的，暗示了该阶段孔隙水或者深部水体可能为与海侵有关的硫化环境。进入透光带广泛的硫化环境可以为厌氧光合自氧生物提供所需营养（Bechtel et al.，2012；Jia et al.，2013）。

综合对比分析发现，松辽盆地青山口组和嫩江组黑色页岩不同指标的变化特征，均有明显的海侵层段，泉四段—青一段下部和嫩一段下部的 SRI 指标变化特征显示该时期有比较强烈的海侵事件，大量的海水使得水体中硫酸根浓度明显增加，进而加强了 BSR 作用，硫酸盐还原强度成倍增加，造成了高 TS 低 TOC 的特征，有机质的消耗速度大于沉积速度，整体上不利于有机质的保存。对比分析可以发现嫩一段下部 TS 和 SRI 指数更高，显示的比泉四段-青一段下部更强的海侵作用，说明海侵强度越大，水体硫酸盐浓度则随之越高，BSR 则越强，对原始沉积物中有机质的消耗越多，越不利于有机质保存。我们再对比青一段中上部和嫩一段上部-嫩二段下部这两个过渡区沉积的层段，可以发现其 SRI 指数均较低且波动范围较小，指示相对低硫酸根浓度下硫酸盐还原作用受到限制，BSR 只能消耗有限的原始沉积物，其损耗速率小于沉积速率，有利于有机质的保存（图 2.46）。

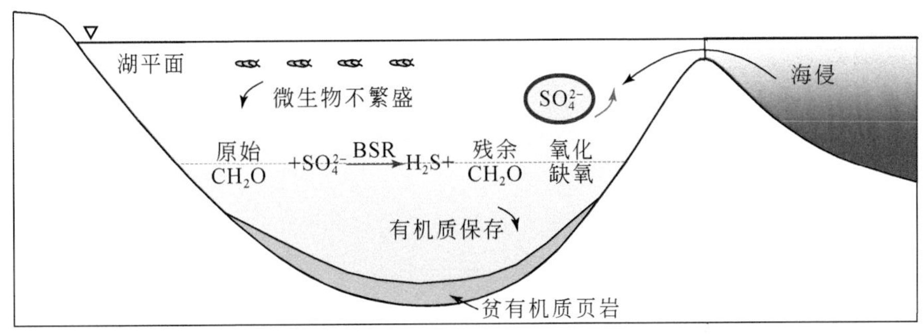

图 2.46　海侵影响下湖泊环境有机质保存模式示意图

通过对比分析火山活动及相关深部热液流体对海相和淡水湖相泥页岩影响表明，额外的硫酸盐和营养元素的输入改变了原来水体的平衡，影响了古生产力和有机质的保存条件。对于陆源输入相对较少的水体，火山活动提供营养物质使得生物勃发，提高古生产力，BSR 对有机质的消耗小于有机质供给，有利于形成富有机质。由于火山活动提供的硫酸盐和陆源输入的活性铁增加了 BSR 强度，在高陆源输入的水体中有机质消耗大于保存，不利于富有机质的形成。因此，在 BSR 与 TOC 之间存在一定的内在联系。当 SRI>1.375 时，TOC/TS<0.5，为硫化静海环境，BSR 强度较高，有机质消耗大于保存，泥页岩 TOC 整体较低。当 SRI<1.375，TOC/TS>0.5，为正常海相、过渡相和淡水环境，BSR 强度较弱，有机质消耗小于保存，泥页岩 TOC 含量较高。

火山活动和海侵作用均对陆相湖盆水体环境提供了大量额外硫酸盐，但对陆相湖盆页岩中有机质的保存存在明显不同的影响。火山活动还提供了大量营养物质从而提高了古生产力，降低了 BSR 对有机质消耗，页岩 TOC 高（以长 7 段为例）。而海侵作用则未提高古生产力，使得 BSR 过度反应而消耗大量有机质，降低了 TOC 含量，使得页岩 TOC 偏低。

2.5　火山活动对近海湖盆优质烃源岩发育的影响——以济阳拗陷沙河街组为例

2.5.1　天文周期与火山活动

火山活动主要是受地球内部能量间歇性释放所控制，而从整个地球演化角度考虑，天文周期可以改变太阳辐射量和太阳系速度，进而影响到核幔的角动量交换和壳幔能量交换，造成地幔柱喷发和岩浆活动，最终控制了核幔边界到地表的能量交换过程，导致火山爆发。由此，天文周期可以与火山旋回建立起对应关系。

渤海湾盆地经历了中-新生代两个裂陷旋回，其中也伴随强烈的火山活动，形成大量火山岩及其相关的油气藏。前人通过系统总结盆地内中、新生界火山岩的分布及其油气藏类型，火山岩油气藏发育特征及规律，发现渤海湾盆地中生界火山岩主要分布在盆地东部，以早白垩世为主，新生代岩浆活动可以分为 4 期，即孔店-沙四期、沙三期、沙二-东营期和馆陶期，沙河街组沙三段—沙四段时期为渤海湾盆地重要烃源岩发育时期，可能与该时期强烈的火山活动及古气候条件有关。

关键地质时期如频繁的火山活动更容易形成富有机质页岩，这也是形成大油气田的物质基础。研究发现 250Ma 天文周期性变化与重大气候变化、海陆格局调整、生物集群绝灭方面存在很好的对应关系；250Ma 周期及更高频与全球性烃源岩发育普遍可以对应，天文周期的波峰、波谷阶段恰恰对应地质重大界线或关键转折期，更容易形成富有机质页岩。

2.5.2　火山灰对沙河街组富有机质页岩形成的影响

凝灰质层段的岩石多半比较疏松，有韵律性层理，不同粒级的火山碎屑物有互层产出，整体表现为下粗上细的正韵律；凝灰岩中镜下可见生物碎屑，富含亲铁和亲硫元素。凝灰质内一般可见玻屑，形状尖锐、不规则，多见弧面棱角状。脆性矿物含量为 30%~50%，黏土矿物含量一般为 20%~30%，其他成分中含菱铁矿、菱镁矿、黄铁矿、方沸石、重晶石和普通辉石。

沙河街组沙四上段—沙三下段是富有机质形成时期，火山灰携带营养和催化元素促使生物勃发，提高了沙河街组沉积时期湖盆水体的古生产力，同时，火山灰携带的硫、铁等元素使得古湖相水体易于发生硫化和铁化作用，利于富有机质埋藏和保存。

1. 济阳拗陷沙河街组火山灰发育特征

济阳拗陷火山灰沉积于不同的沉积环境中，且火山喷发具有多期多旋回性。凝灰岩夹层的产出从下到上既有“凝灰质砂岩—凝灰质粉砂—凝灰质泥岩”组合，也有较单一的“泥岩—凝灰岩—泥岩”组合。尽管通常凝灰岩夹层产状多为平缓，但也多处发现同砂岩、泥岩一起发育揉皱或滑塌现象，甚至形成包卷层理和交错层理，说明与水动力关系密切，也被称为水携型凝灰岩。这可能有两种解释：一种是凝灰岩沉积时构造活动较强烈，发育同沉积构造；另一种是凝灰岩沉积后在某触发条件和环境下与砂、泥岩一起发生重力滑动，出现滑塌、泥石流、浊积等再沉积作用。沙河街组富有机质页岩发育在半深湖-深湖区域内，岩石类型主要包括泥岩、页岩、灰质泥岩、泥质灰岩、泥质粉砂岩、粉砂质泥岩、粉砂岩，以及灰岩和白云岩等，矿物中碳酸盐矿物含量高，以方解石为主，其次为石英+长石、黏土矿物，黏土矿物以伊利石、伊蒙混层为主，含少量黄铁矿（图 2.47）。沙

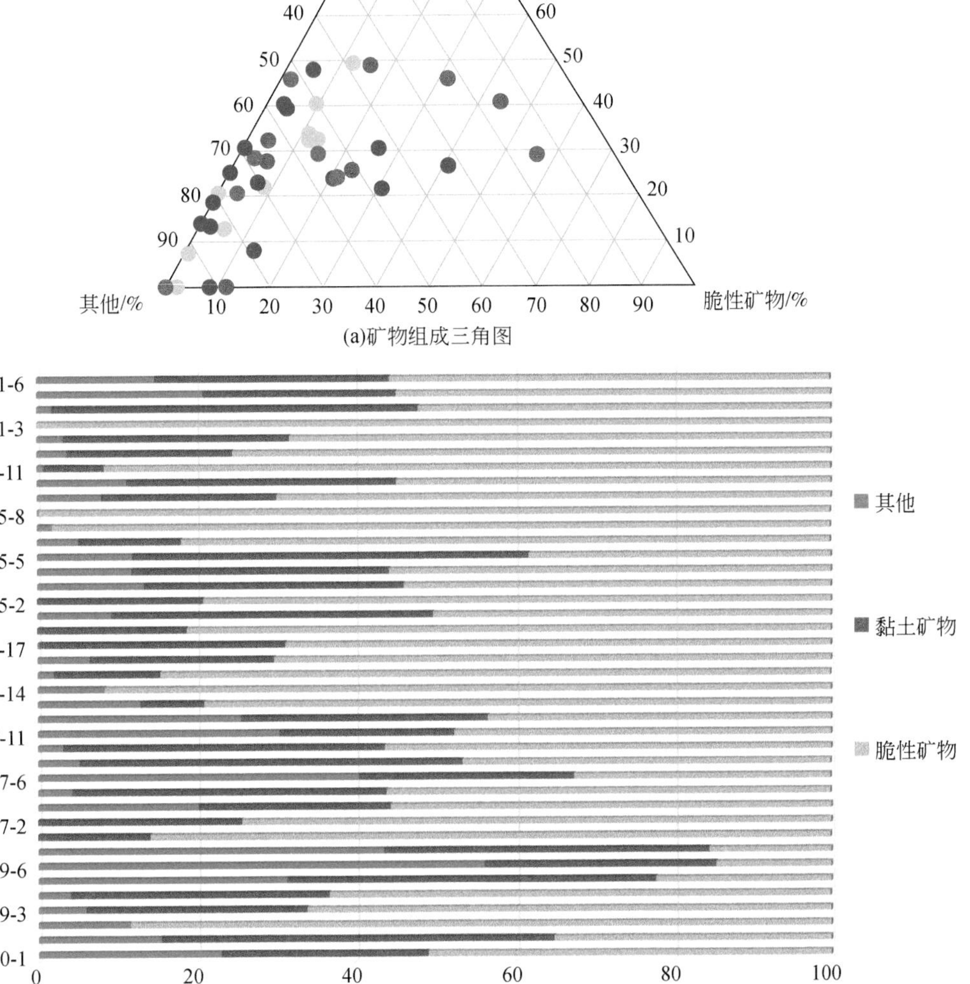

图 2.47　济阳坳陷沙河街组富有机质含火山灰层系全岩矿物分析结果

四上段—沙三下段富有机质页岩层系发育多套凝灰岩夹层。岩石矿物特征、地球化学资料表明，其成因复杂，具有高碳酸盐、矿物多样的特点；凝灰岩夹层在平面上盆地中心和断裂附近均有分布，说明具有火山灰降落而成的凝灰岩和深部热液活动有关的热水沉积岩。同期火山喷发活动引起大气环境的剧烈变化，火山喷发气体中含有大量二氧化碳、氨、氮的氧化物、硫化氢和硫的氧化物等，可以加速碳、氮循环，满足生物勃发的需要。新鲜的火山物质（灰）水解作用提供 Fe、P_2O_5 等生物营养物质，有利于富营养湖盆的形成；凝灰质纹层沉积可起到隔氧作用，有利于沙河街组优质烃源岩的埋藏和保存。

深湖区火山灰夹层以空降型为主，多为火山灰在风力作用下的远距离搬运，离火山口位置距离较远，故成分较为单一，与上下页岩呈整合接触，较少发育其他沉积构造。东营凹陷博兴洼陷樊页 1 井 272 个 TOC 样品测试在 0.07%～13.51%，平均为 4.03%，其中沙四上段 140 个样品平均为 3.84%，沙三下段 132 个样品 TOC 平均为 4.26%，整体表现出从高值先降低后升高再降低的趋势（图 2.48）。火山灰上下层段富有机质页岩样品测试 TOC 均高于火山灰层段，但一般不超过 6%，纯火山灰层段一般较薄，夹火山灰页岩段（33403.34m）或凝灰质泥页岩段 TOC 含量一般较低，不超过 0.5%（图 2.49）。樊页 1 井见多段成分较纯的火山灰，火山灰层段黄铁矿 $\delta^{34}S$ 降低，黄铁矿矿化度升高，环境由弱氧化转变为还原环境或由还原环境转变为强还原环境。

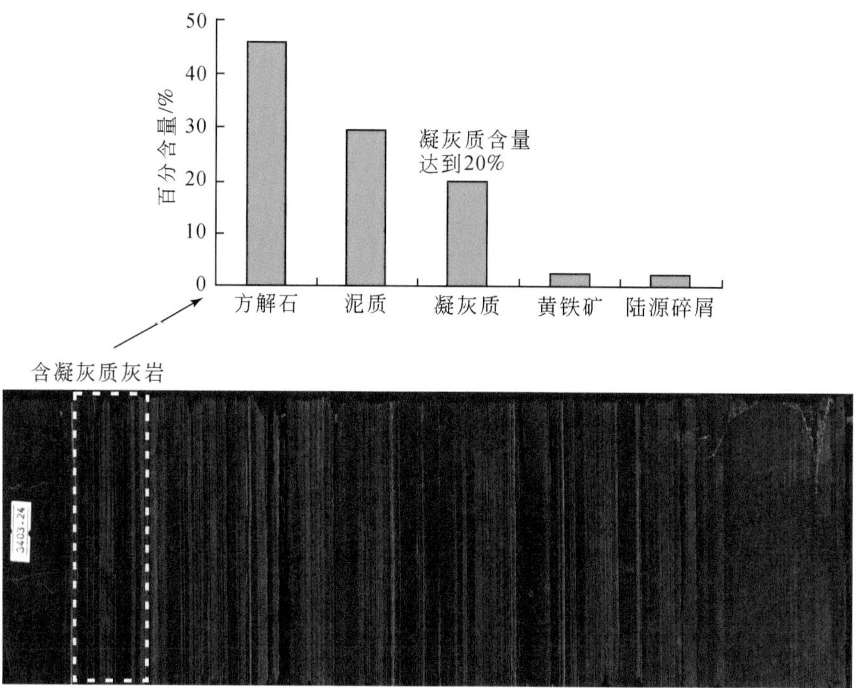

图 2.48　樊页 1 井沙四上段含火山灰页岩层段发育特征

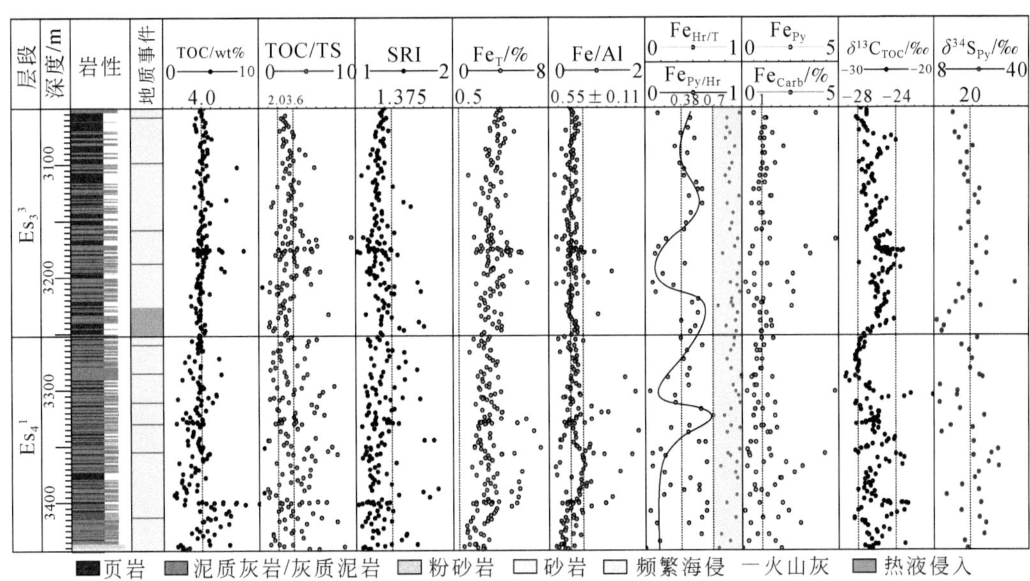

图 2.49　樊页 1 井沙四上段—沙三下段含火山灰页岩层段地球化学特征

半深湖、近岸水下扇、三角洲水下区则以水携火山灰为主，通常具有正常碎屑岩的沉积构造，碎屑岩成分含量较高，发育水解蚀变作用矿物，区域可对比性弱。对青东凹陷、沾化凹陷富林洼陷凝灰岩、凝灰岩与页岩互层，以及沉凝灰岩取样的全岩射线衍射分析发现，脆性矿物含量为 30%~50%，黏土矿物含量一般为 20%~30%，其他成分中含菱铁矿、菱镁矿、黄铁矿、方沸石、重晶石、普通辉石；镜下玻屑、晶屑常见，玻屑形状尖锐、不规则多见弧面棱角状，熔岩成分多为流纹质、安山质；在物质组成上主要为石英、长石及玻璃质等；含油凝灰质页岩段具有自然电位负异常、井径扩径、自然伽马突变段数多、电阻率值低（RLLD<60），以及声波时差、中子孔隙度、密度曲线和电阻率曲线多呈箱形，曲线变化明显、磁化率突变段数多的特征（图 2.50）。

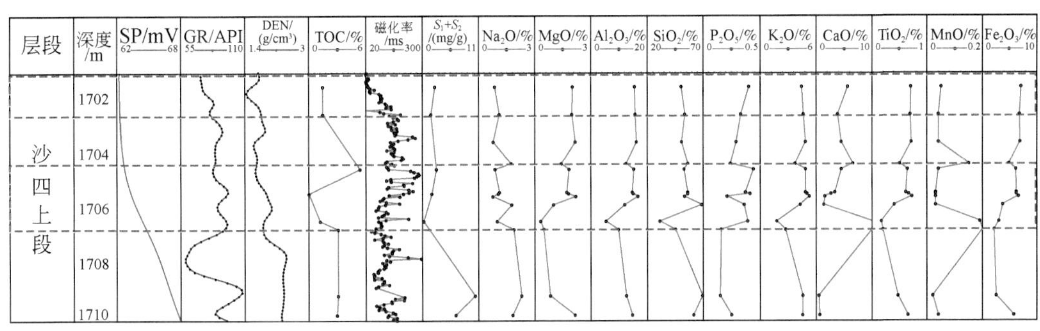

图 2.50　青东凹陷青东 25 井凝灰质沉积岩地质-地球化学综合特征

通过对济阳拗陷青东凹陷青东 25 井、富林洼陷富 117 井、东营凹陷樊 120 井等 8 口井凝灰岩发育层段进行取样，采用手持 XRF 的方法确定火山灰中的主要元素成分，对典型地区样品进行全岩和黏土矿物成分分析，确定火山灰的母岩环境。青东 25 井和樊 120 井火山灰中黏土矿物分析表明，矿物成分以伊利石和伊蒙混层为主，高岭石含量较低，约 15%，说明沙河街组火山灰降落时期的沉积环境以碱性为主（图 2.51）。

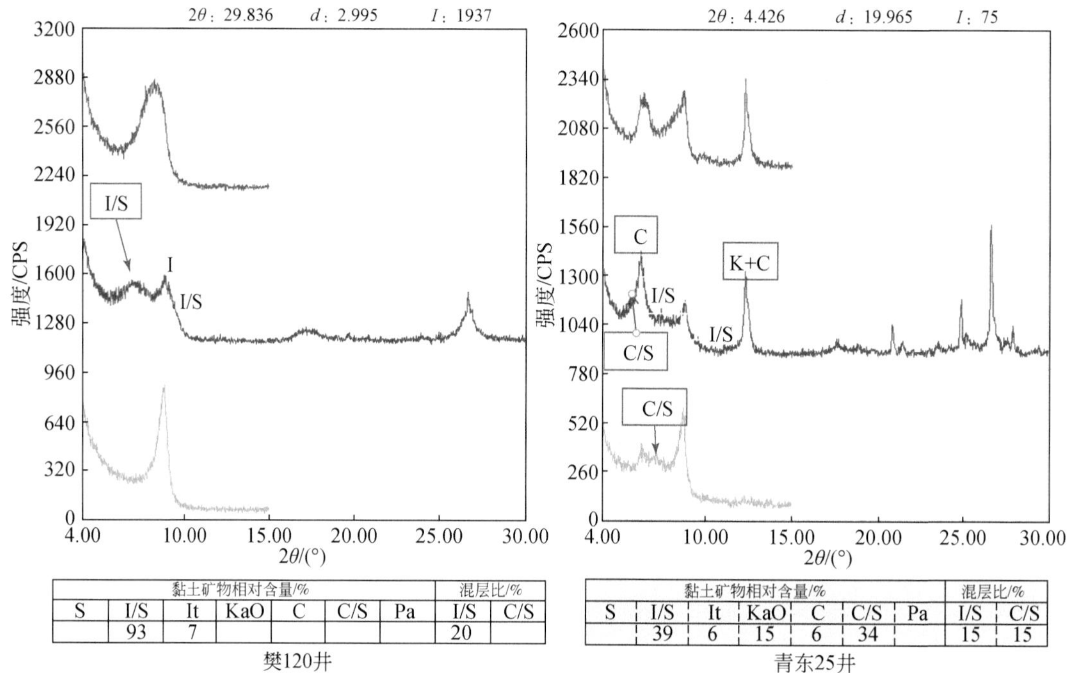

樊120井

黏土矿物相对含量/%							混层比/%	
S	I/S	It	KaO	C	C/S	Pa	I/S	C/S
	93	7					20	

青东25井

黏土矿物相对含量/%							混层比/%	
S	I/S	It	KaO	C	C/S	Pa	I/S	C/S
	39	6	15	6	34		15	15

图 2.51 沙河街组黏土矿物分析结果

XRF 主量元素分析显示，济阳拗陷沙河街组沙四上段-沙三下段凝灰质页岩层段主要的元素成分为 SiO_2、CaO、Al_2O_3，含量分别为 28.22%～69.43%、0.49%～41.85%、2.54%～16.71%，其次为 Fe_2O_3、MgO、K_2O 等（图 2.52）。手持 XRF 元素分析显示，青东 25 井凝灰质层段 1701～1710m 元素含量以 SiO_2 和 Al_2O_3 为主，含量分别为 10%～60%

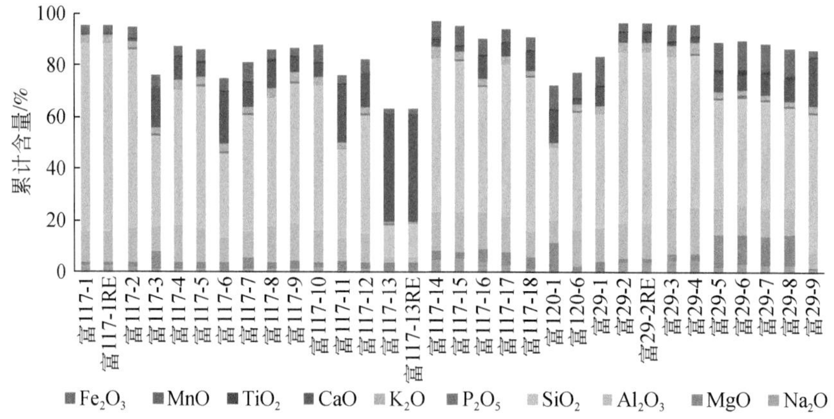

图 2.52 沙河街组凝灰质页岩中主量元素分布图

和10%~22%，其次为 Fe_2O_3 和S元素，最高分别可达19.8%和20.6%，分别平均为4.16%和5.25%；其余为 P_2O_5、K_2O、MgO、CaO、TiO_2、MnO等。微量元素中含量较高的元素主要为V、Cu、Zn、Ba、Rb、Sr、Y、Mo等，主要为亲铁和亲硫元素。富117井元素含量测试与青东25井类似，以 SiO_2 和 Al_2O_3 为主，含量分别为10%~63.3%和15.4%，其次为 Fe_2O_3 和S元素，含量与青东25井有很大不同，Fe_2O_3 最高可达53.3%，而S元素仅有2.4%；其余为 P_2O_5、K_2O、MgO、CaO、TiO_2、MnO等。微量元素中含量相似，主要为Ni、V、Cu、Zn、Ba、Rb、Sr、Y等，主要为亲铁和亲硫元素。

2. 火山活动对成源的影响

济阳坳陷沙四上段时期受海侵影响水体盐度较高，到沙三下段时期在区域拉张背景下，构造活动导致的大规模湖泛，大范围的深湖-半深湖，水体盐度降低；与区域构造活动相伴随的地震、火山喷发、海侵与深部热水活动促进了富营养湖盆的形成，诱发了高初级古生产力；高初级古生产力、深部热水活动和火山喷发活动造成了十分有利于有机质埋藏和保存的缺氧环境；湖盆中心深湖区欠补偿环境促进了有机质的富集，这些都为优质烃源岩的发育创造了良好的条件。

岩心观察表明，沙四上段外观呈黑色，质纯，偶见介形虫及鱼鳞化石、星点状黄铁矿，并可见到泥包砂等深水沉积构造，深湖-半深湖相沉积特征明显（图2.53）。同时，页岩油段普遍夹有薄层凝灰岩和砂质泥岩，反映了湖盆的轻微震荡和古气候环境的变

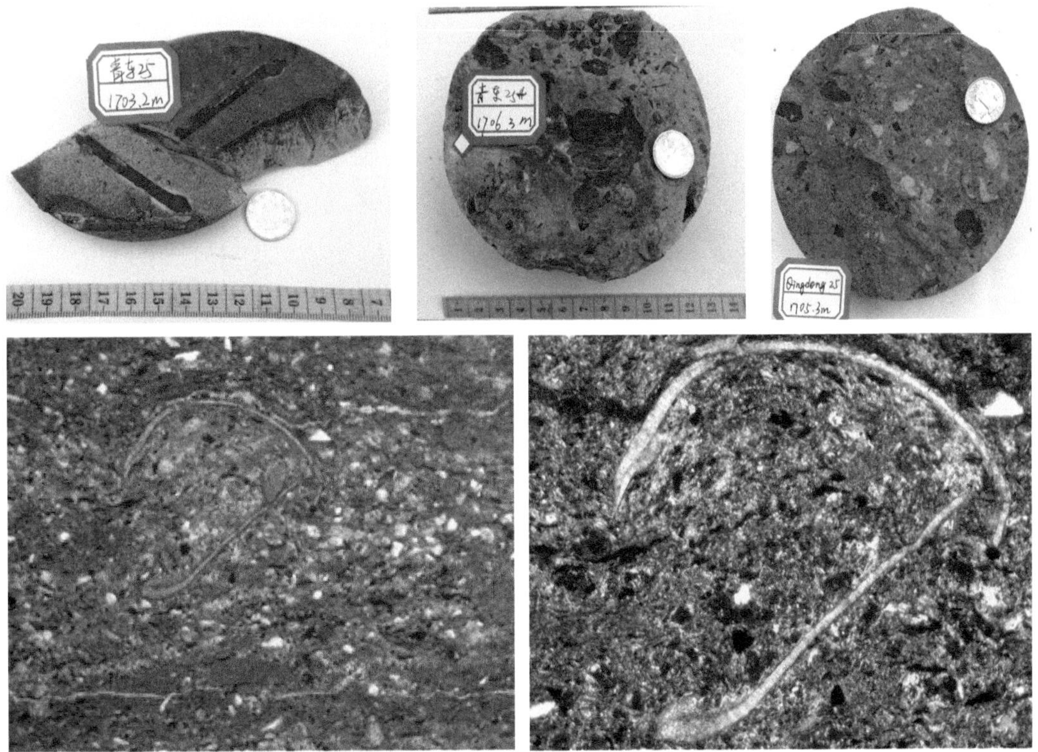

图2.53　沙河街组生物遗迹，青东25-3，1703.5m，沙四上段

化。众所周知，烃源岩发育通常需要一个相对还原的环境，有机质才能得以保存。沙四上段—沙三下段时期构造活动强烈，湖盆稳定下陷，湖盆变宽，湖水加深，同时火山灰从空而降，造成了湖盆整体间歇性缺氧，形成了有利于烃源岩发育的还原环境，并且火山物质为微生物的繁衍提供营养，促使生物大量繁殖，从而有利于优质烃源岩的形成。

氧化还原条件（富氧—贫氧—缺氧—硫化变化趋势）与有机质形成和富集关系密切，也是富有机质保存的主控因素。近年来，用铁元素丰度来表征古海洋氧化还原环境受到普遍关注，但对于近海和内陆湖泊应用不多。由于铁在海水中的形态多样以及不同形态铁的生物利用性比较复杂，不能将铁的总含量看成是影响初级生产力的因子。铁是生物生长所必需的微量元素，但只有高活性铁（highly reactive iron）即 Fe_{Hr}才能为浮游生物所利用。高活性铁主要是由铁的氧化物和氢氧化物组成，另外还包括少量硅酸盐中的铁。在沉积物中，高活性铁包括已生成黄铁矿的铁和可能在成岩过程中进一步反应形成黄铁矿的铁。已形成黄铁矿的铁，即黄铁矿铁用 Fe_{Py} 表示；可能进一步反应形成黄铁矿的铁包括 Fe_{Carb}、Fe_{Mag}和 Fe_{Ox}。易反应铁（Fe_{Hr}）+不易反应的硅酸盐矿物中的铁，为总铁（$Fe_T = Fe_{Hr} + Fe_{Ur}$，$Fe_{Hr} = Fe_{Py} + Fe_{Carb} + Fe_{Ox} + Fe_{Mag}$）。黄铁矿矿化度（$DOP = Fe_{Py}/Fe_{Hr}$）是较早被用来指示水体的氧化还原状态的铁组分指标。$Fe_{Hr}/Fe_T>0.38$，$DOP>0.45$ 指示水体硫化，$Fe_{Hr}/Fe_T>0.38$，$DOP<0.45$，意味水体缺氧且有多余的高活性铁（游离的 Fe^{2+}），称为含铁的水体环境。

本书在现代海洋研究的基础上，通过分析樊页 1 井沙四上段—沙三下段中总铁丰度、高活性铁丰度与有机碳含量的特征和相关关系，指出高古生产力与活性铁含量相关，火山灰进入水体之后水体中活性铁的含量增加，促进了生物的生长并加速黄铁矿的形成，利于水底形成缺氧铁化的环境，促进有机质的埋藏和保存。

樊页 1 井沙四上段—沙三下段 272 个 TOC 样品测试为 0.07%～13.51%，平均为 4.03%，其中沙四上段 140 个样品平均为 3.84%，沙三下段 132 个样品 TOC 平均为 4.26%，整体表现出从高值先降低后升高再降低的趋势；有机碳同位素 $\delta^{13}C_{org}$变化趋势整体与 TOC 一致，变化范围在 -29.3‰～-20.1‰，平均为 -26.2‰，其中沙四上段平均为 -26.4‰，沙三上段平均为 -26.0‰，表现出先降低后升高再降低的趋势；总铁百分含量为 0.5%～24%，平均为 2.96%，其中沙四上段平均为 2.89%，沙三下段平均为 2.94%；活性铁含量在 1.24%～6.56%，平均为 2.73%，其中沙四上段平均为 0.355%，沙三下段平均为 0.389%，整体表现为先降低再升高的趋势，部分层段突变明显；黄铁矿铁为 0.13%～3.59%，平均为 0.96%，其中沙四上段平均为 0.85%，沙三下段平均为 0.99%，其含量突变明显但规律不突出，体现水体氧化还原条件的改变；碳酸盐结合态 Fe（Fe_{Carb}）整体含量偏高，为 0.42%～4.84%，平均为 1.583%，其中沙四上段平均为 1.567%，沙三下段平均为 1.613%，表现出先降低后升高再降低的趋势。

火山活动常喷出大量的挥发性气体，将大量 SO_2 和 H_2S 注入水体，SO_2 迅速溶解，而 H_2S 则富集在水体中。除大量的挥发性气体外，火山还喷出或分解出相当数量的 Fe、Al、K、Na 和许多微量元素。火山气体总硫的 $\delta^{34}S$ 平均值为 2.2‰±0.3‰（魏菊英和王玉关，1988）。同时，正常海水中硫酸根（SO_4^{2-}）的含量很低，其浓度只有 2.709‰，而湖泊中硫酸盐的含量会更低。研究层段黄铁矿含量某一特定层段剧增，超过 1%，最高可达

3.59%，即使有大量细菌快速发生 BSR，将水中的硫酸盐全部还原，也很难使水中 H_2S 的浓度显著剧增，形成那么多的黄铁矿，那么如此大量的黄铁矿从何而来？很显然，沙四上段—沙三下段中某些层段黄铁矿的 $\delta^{34}S$ 值大大超过海水硫酸盐的 $\delta^{34}S$ 值（部分层段至 35.6‰）是异常的，湖水中如此大量的富重硫同位素（$\delta^{34}S$）的 H_2S 并非湖水自身所有。

济阳拗陷樊页 1 井沙四上段—沙三下段层状-纹层状富有机质泥页岩中含凝灰岩夹层，且在这些层段微量元素总量显著增高，主要包括铁族元素、亲硫元素和稀土元素等，反映介质成分发生了突变。凝灰岩发育层段之上黄铁矿晶形异常，含量剧增，黄铁矿的硫同位素组成（$\delta^{34}S$ 值）陡然上升，与火山气体总硫同位素组成平均值相似（图 2.54）。这些证据表明，湖盆中形成大量黄铁矿的硫化氢，其来源与火山作用密切相关。火山灰进入水体之后，携带充足的营养元素和微量元素在盆地内适宜的温度条件下促进生物勃发，在氧气大量消耗之后形成缺氧环境导致生物死亡的同时，细菌参与的硫酸盐还原速度加快，硫酸盐浓度迅速降低，使生成的硫化物与湖水硫酸盐之间同位素分馏大大减少。盆地内滞留的湖水分层，形成富集 ^{34}S 的硫酸盐小带，从而使硫酸盐最小带内生成的黄铁矿具有高的 $\delta^{34}S$ 值。

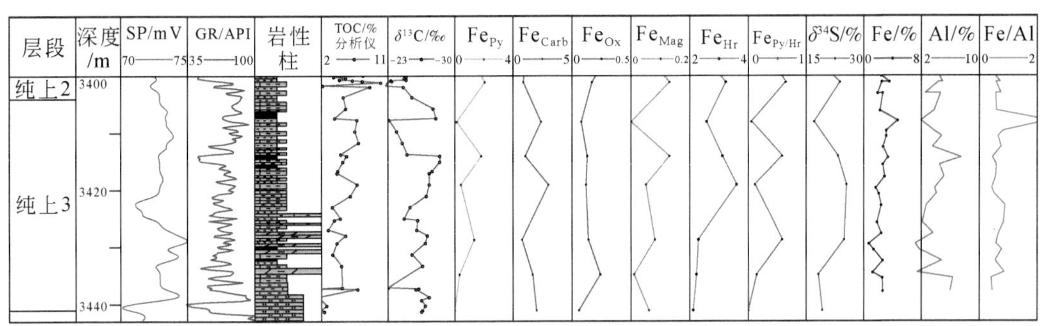

图 2.54　樊页 1 井沙四上段—沙三下段火山灰层段黄铁矿硫同位素变化特征

樊页 1 井沙四上段—沙三下段 TOC 与 $\delta^{13}C$/‰总体呈正相关，为-28‰～-24‰，说明富有机质主要形成于还原环境（图 2.55）；高 TOC 含量与活性铁含量相关，火山灰进入水体之后水体中活性铁的含量增加，造成生物大量繁殖、死亡，降解消耗氧气，说明水体还原程度增强，$\delta^{13}C$ 值增大，同时古生产力增加（图 2.56）；大量保存下来的有机质发生氧化作用，使本来就含量较低的自由氧和化合氧（溶解氧）大量消耗，最终水介质难以提供大量的氧，形成含有大量有机质、H_2S、FeS_2、S 的典型缺氧还原环境下的黑色沉积物，促进了有机质的埋藏和保存。

综上所述，火山灰进入水体可引起藻类勃发提高古生产力；火山灰的形成伴随着盆地边缘或内部的剧烈火山活动，火山活动一段时间之后盆地内易于发育还原的沉积环境，利于富有机质的埋藏和保存。

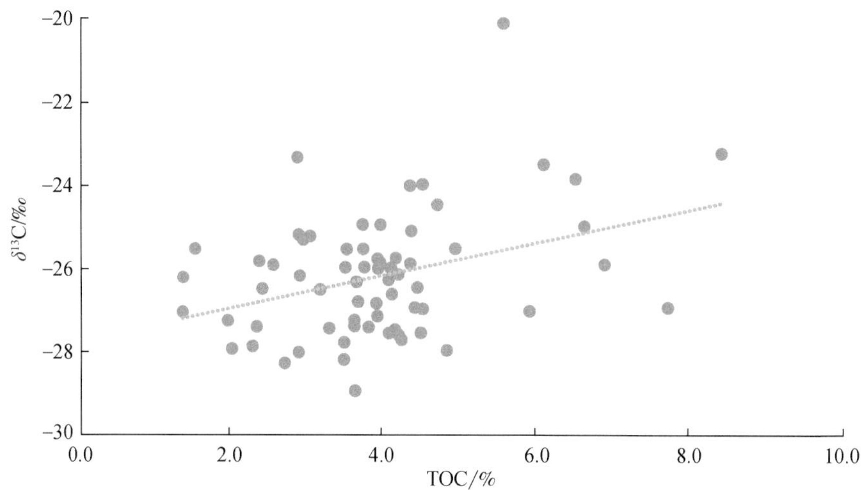

图 2.55　樊页 1 井沙四上段—沙三下段有机碳同位素与 TOC 变化趋势

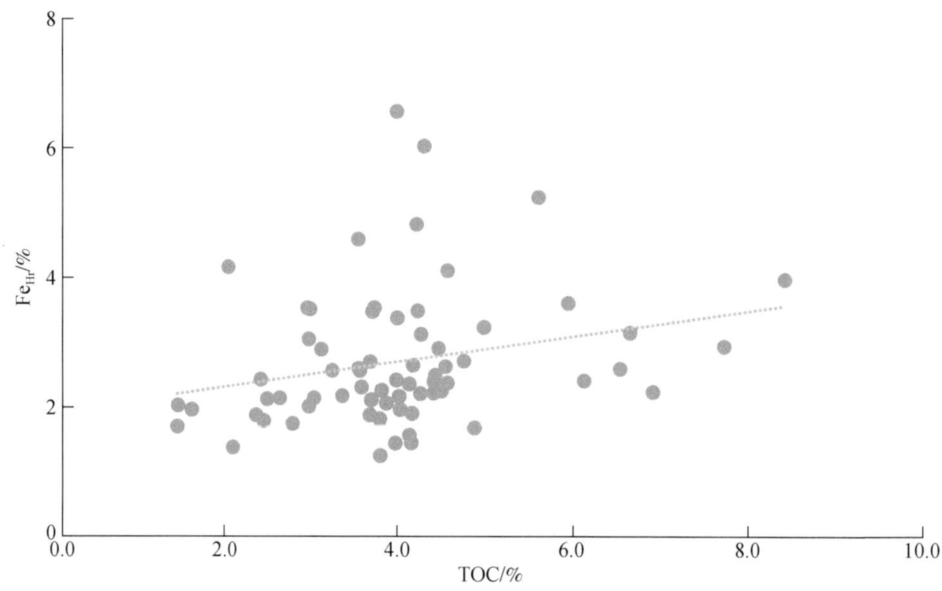

图 2.56　樊页 1 井沙四上段—沙三下段 TOC 与活性铁含量变化趋势

2.6　深部流体对富有机质烃源岩形成影响的差异性

对四川盆地上奥陶统—下志留统五峰组—龙马溪组、鄂尔多斯盆地三叠系长 7 段、松辽盆地下白垩统青山口组、嫩江组、渤海湾盆地沙三段—沙四段和现代硫化静海（黑海）、正常海洋和淡水沉积物的 TOC、TS 等开展了对比研究（图 2.57）。首先，对比现代硫化静海、正常海洋和淡水沉积物可以发现，淡水沉积物 TOC 含量分布范围最广，TOC 值变化范围为0.12%~8.88%，平均值为3.65%，硫化静海沉积和正常海洋沉积TOC分布范围基本一致，分别为0.18%~5.08%和0.28%~5.34%，平均值分别为2.1%和1.79%。从TOC分布范围看，五峰组—龙马溪组、嫩江组与硫化静海沉积的基本一致，而青山口组、沙三段—沙四段与淡水沉积一致。长7段TOC分布范围较大，平均值在9%左右，均超过现代沉积物TOC值。其次，淡水沉积物TS含量很低，范围为0.03%~0.45%，平均值为0.15%，正常海洋沉积物和硫化静海沉积物TS范围分别为0.36%~1.77%和0.11%~1.79%，明显高于淡水沉积。五峰组—龙马溪组、嫩江组和青山口组与硫化静海沉积和正常海洋沉积物相似，长7段和沙三段—沙四段TS含量明显高于现代硫化静海和正常海水沉积。

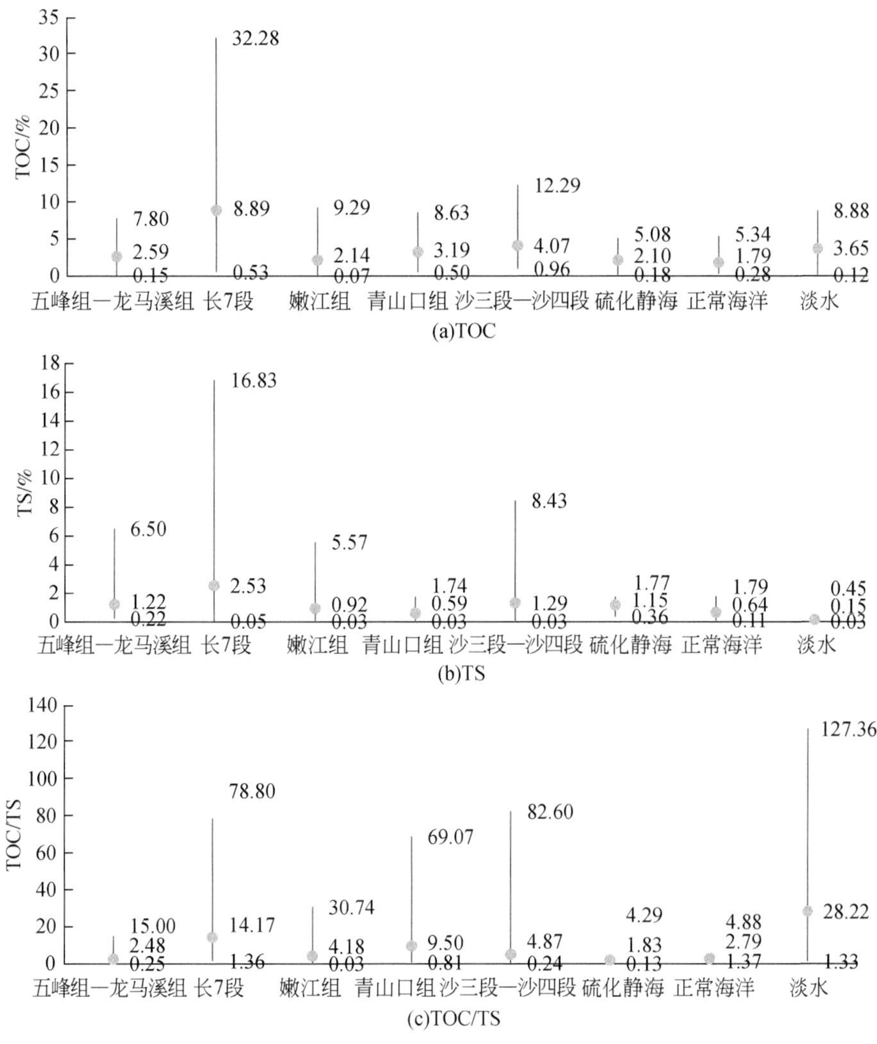

图 2.57　典型页岩与不同水体中 TOC、TS 与 TOC/TS 分布图

通过TOC/TS值可以有效区分淡水沉积和咸水沉积。淡水沉积物TOC/TS分布范围非常广，平均值接近30；正常海洋沉积和硫化静海沉积物中TOC/TS普遍小于5，正常海相

TOC/TS 平均为 2.8，硫化静海沉积物为 1.83。从 TOC/TS 统计分布图（图 2.57）上可知，五峰组—龙马溪组与正常海洋沉积相似，长 7 段、青山口组、嫩江组和沙三段—沙四段偏向淡水沉积，但长 7 段和青山口组的 TOC/TS 值明显高于嫩江组。

四川盆地五峰组—龙马溪组组页岩 TOC 含量在 0.15%~7.8%，平均为 2.59%，总硫含量为 0.22%~6.5%，平均为 1.22% [图 2.58（a）]。样品点主要分布在过渡区、正常海水沉积区和硫化静海沉积区。当 TOC<2% 时，五峰组—龙马溪组页岩中有机碳含量与硫含量之间存在比较明显的正相关关系。这种正相关关系可能是硫酸盐供给充足的情况下，早期成岩过程中硫酸盐与有机质发生氧化还原反应的结果，指示着硫化静海沉积环境；而 TOC>2% 时，有机碳含量与硫含量之间没有明显的相关关系。

鄂尔多斯盆地长 7 段黑色页岩的 TOC 和 TS 含量变化较大，分别为 0.53%~32.28%（平均 8.89%）和 0.05%~16.83%（平均 2.53%）[图 2.58（b）]。长 7 段黑色页岩 TOC 与 TS 的相关性较好，可以识别出大量的指示淡水沉积的样点。初步分析认为鄂尔多斯盆地长 7 段整体上为淡水-微咸水沉积，但受火山活动影响（Zhang et al.，2019），导致其水体硫酸盐浓度接近正常海相浓度。

受海侵影响的松辽盆地青山口组和嫩江组 TOC 和 TS 表现为相似的分布特征，TOC 和 TS 部分表现为过渡区沉积，相当一部分在硫化静海沉积 [图 2.58（c）、（d）]。松辽盆地青山口组页岩 TOC 为 0.5%~8.63%，平均为 3.19%，总硫含量为 0.03%~1.74%，平均为 0.59%，且页岩硫含量与 TOC 含量之间没有明显的相关关系 [图 2.58（c）]。青山口组页岩主要表现为过渡区沉积、正常海水沉积和硫化静海沉积；正常海水沉积和硫化静海沉积部分可能受或海侵的影响（Huang et al.，2013；Schoene et al.，2019）。嫩江组页岩 TOC 含量为 0.07%~9.29%，平均为 2.14%，总硫含量为 0.03%~5.57%，平均为 0.92% [图 2.58（d）]。页岩硫含量与 TOC 含量之间存在一种“L”形的微弱的负相关关系。主要表现为过渡区沉积和硫化静海沉积，受间歇性海侵影响（Cao et al.，2016）。

渤海湾盆地沙三段—沙四段页岩 TOC 和 TS 的分布特征与五峰组—龙马溪组、青山口组和嫩江组相似，TOC 含量为 0.96%~12.29%，平均为 4.07%，总硫含量为 0.03%~8.43%，平均为 1.29% [图 2.58（e）]。样品点主要分布在过渡区、正常海水沉积区和硫化静海沉积区，指示着沉积期较高的硫酸盐浓度，说明其受火山活动和海侵影响比较明显。

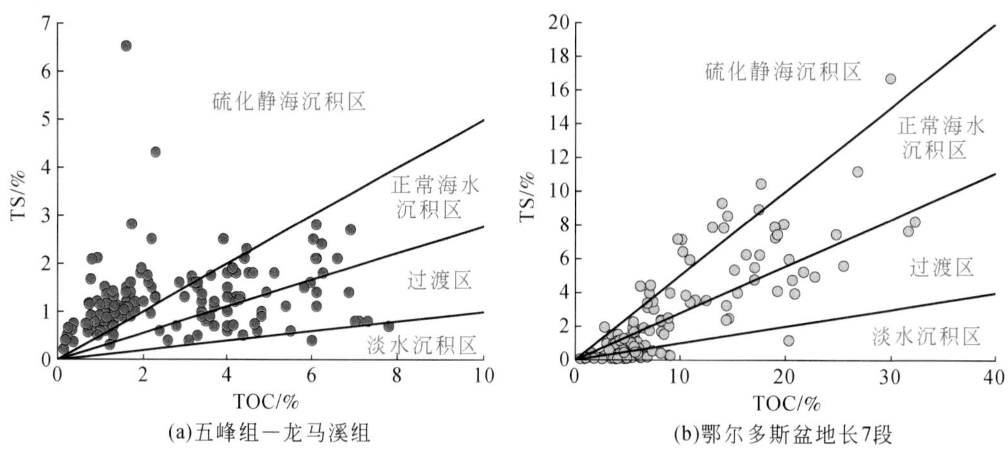

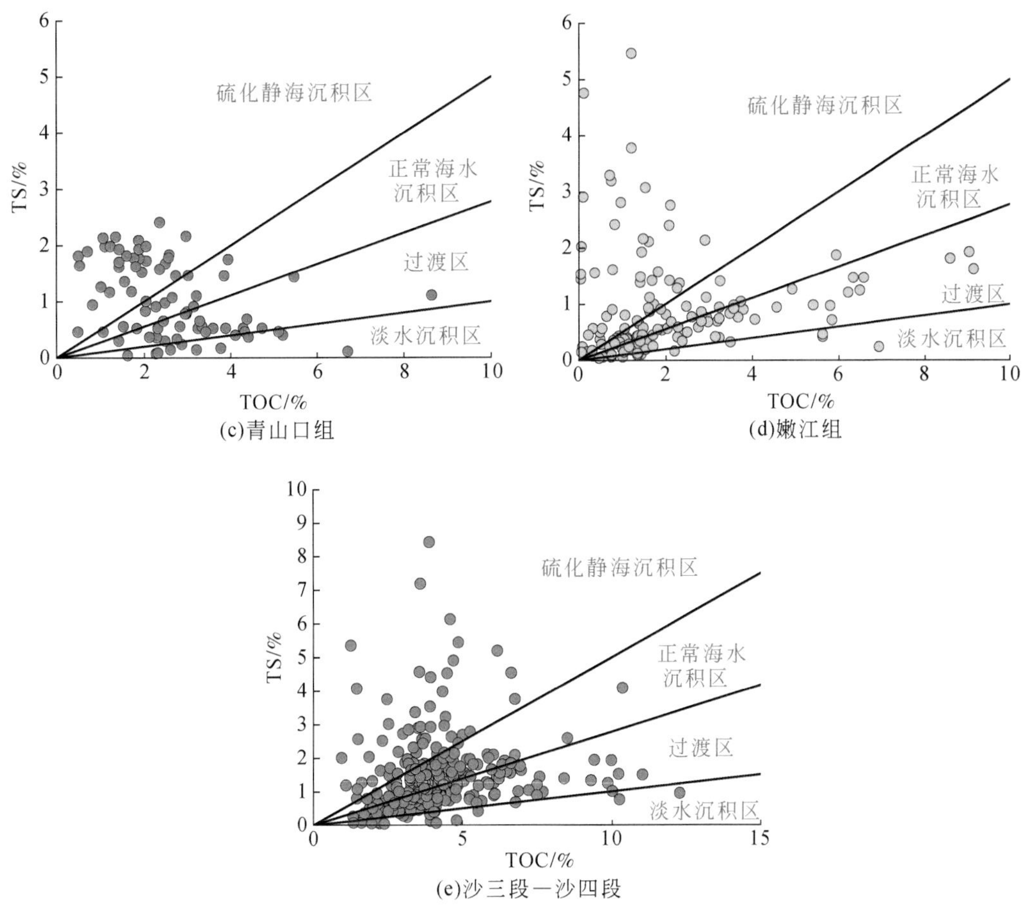

图 2.58　典型页岩 TOC 与 TS 关系图

四川盆地五峰组—龙马溪组页岩 SRI 与有机碳含量呈明显的负相关关系，二者呈现出一种幂函数关系，R^2 为 0.595 [图 2.59 (a)]。可以将其划分为两个区域，一个是 TOC 骤降区，另外一个是 TOC 相对稳定区。在 SRI 大于 1.375、TOC 小于 2.0% 时，SRI 与 TOC 呈现明显的负相关关系。但是当 SRI 小于 1.375、TOC 大于 2.0%，SRI 与 TOC 为一种微弱的负相关。对于海相沉积的五峰组—龙马溪组页岩，在 SRI 小于 1.375 时，TOC 含量整体比较高，说明相对较弱的 BSR 强度减少了有机质的消耗，一定程度上有利于有机质的保存。在 SRI 大于 1.375 时，随着 SRI 增加，TOC 值整体较低且缓慢变小，说明五峰组—龙马溪组沉积时期曾经发生了强烈的 BSR 作用，存在有机质大量消耗阶段。

鄂尔多斯盆地陆相湖盆长 7 段页岩 SRI 与有机碳含量不存在明显的相关关系 [图 2.59 (b)]。SRI 整体小于 1.375，说明其硫酸盐还原强度相对较弱，TOC 多数小于 10%，可能代表了两种不同的水体环境。SRI 小于 1.1 指示的是淡水沉积，SRI 为 1.1 ~ 1.375 时，SRI 与 TOC 具有一种微弱的负相关关系，可能指示的微咸水-咸水沉积，而这种盐度的变化可能是火山活动导致的。因为长 7 段页岩样品中部分 TOC 和 TS 结果显示的是现代海相沉积环境，其他部分样品数据则指示的淡水沉积环境，说明在沉积过程中有外部硫酸盐的介入使得水体盐度增加，这与同时期秦岭造山带频繁的火山喷发造成有关。

松辽盆地青山口组和嫩江组页岩 SRI 与 TOC 呈明显的负相关关系，二者均呈现出幂函数关系，R^2 分别为 0. 6129 和 0. 4144 ［图 2. 59 （c）、（d）］。当 SRI 小于 1. 375 时，随着 SRI 降低，TOC 值快速增加，且 TOC 大于 2. 0%；在 SRI 大于 1. 375 时，随着 SRI 增加，TOC 值减小，且 TOC 小于 2. 0%。松辽盆地白垩纪青山口组和嫩江组沉积时期为近海陆盆，遭受不同程度的海侵。因此，青山口组和嫩江组 TOC、TS 和 SRI 均表现为相似的分布特征，TOC 和 TS 表现为淡水沉积和硫化静海沉积，而 SRI 指数有降低趋势，高值大部分对应于硫化静海样品，说明在海侵期，大量的硫酸盐注入水体，为硫酸盐还原反应提供了 S 源，使得硫酸盐还原强度加大，打破了原有的 C–S 循环，造成有机物的消耗加剧，从而导致在 SRI 大于 1. 375 时有机质的过度消耗。

渤海湾盆地沙三段—沙四段页岩 SRI 与 TOC 相关性不强，但 TOC 存在随 SRI 变大而变小的趋势［图 2. 59 （e）］。在 SRI 小于 1. 375 时，TOC 有一个骤减的趋势，但 SRI 大于 1. 375 时，TOC 变化的幅度变小。渤海湾盆地沙河街组沉积期也是近海陆盆，遭受不同程度的海侵，同时也受间歇性的火山活动影响。可能是这种多重的硫源影响，导致沙三段—沙四段 TOC 和 SRI 相关性不强。

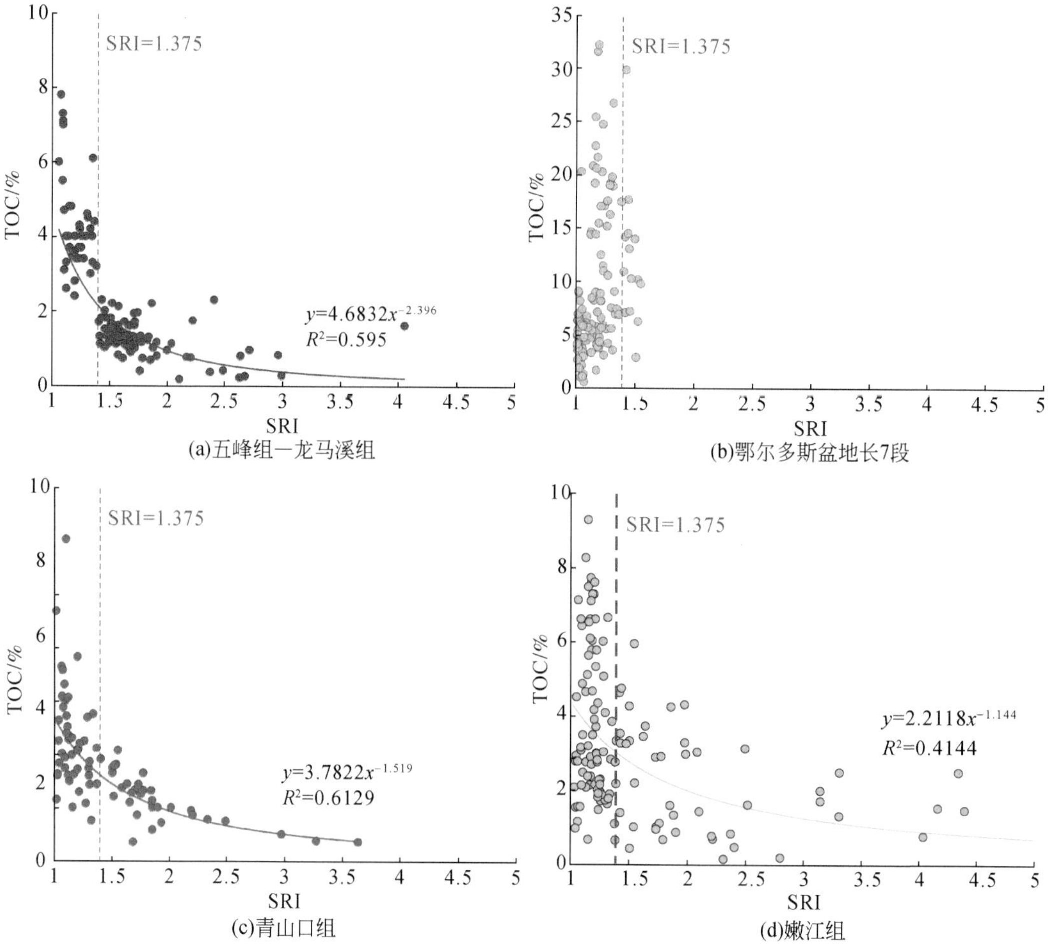

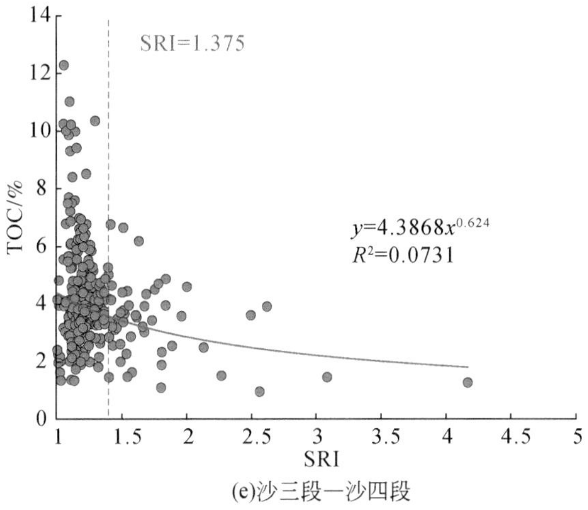

(e)沙三段—沙四段

图 2.59　典型页岩 SRI 指数与 TOC 关系图

因此，SRI 与 TOC 变化关系指示了硫酸盐还原强度与有机碳含量之间存在内在联系，而拐点的存在（SRI≈1.375）则可能指示硫酸盐还原强度和有机碳保存的一个平衡值，在这个拐点之前（SRI<1.375）是硫酸盐还原作用消耗的有机物小于保存的有机物，TOC 变化范围虽然比较广，但整体处于高值；而在拐点之后（SRI>1.375），SRI 变化较大，而 TOC 缓慢降低，整体维持低值，说明相对较强的 BSR 消耗有机质，不有利于有机质的富集。

2.7　小　　结

在地质历史时期，无论是海洋还是陆地都有广泛的岩浆火山活动，岩浆火山活动触发广泛的深部热液流体活动。火山喷发和热液流体喷涌把地球深部圈层大量生命营养物质（NO_3^-、PO_4^{3-}、NH_4^+ 等营养盐类，Si、Fe、Mn、Zn、Co、Cu 等微量元素）带到地球浅表水圈和生物圈，促使了有机生物的勃发；特别是在全球性生物大灭绝（O-S、D-C、P-T、T-J、K-T 等）之后短时期内，这些生命营养元素促使了微生物的迅速繁育，大幅提高了初始有机生产力。陡山沱组剖面黑色页岩中的 TOC 与 V、Ni、Cu、Zr、Rb、Pb 等微量元素有着较好的正相关关系，指示了火山/深部流体对有机生命繁育的影响。

水体中丰富的有机质能否有效保存下来，对现今油气勘探评价至关重要。火山喷发和深部流体喷涌无论对海水水体还是陆相湖盆水体都能输送额外的硫（硫酸盐、SO_2、H_2S 等），影响了细菌硫酸盐还原作用过程，改变了水体氧化还原条件，逐步使水体进入硫化分层的静水环境，使水体中有机质处于良好的保存条件，最终影响了富有机质烃源的形成和发育。在我国古老的震旦系陡山沱组和灯影组，海相的奥陶系五峰组至志留系龙马溪组、陆相的三叠系延长组，以及近海湖盆古近系沙河街组的黑色泥/页岩烃源岩中都发现了火山和深部流体活动的影响。

不同氧化/还原环境及细菌硫酸盐还原作用下，黑色泥/页岩中有机质形成与保存的特征明显不同。V/Cr 值和 U/Th 值可以反映古氧化还原条件，V/Cr 值和 U/Th 值越高，还原条件越好。在 V/Cr 和 U/Th 指示的还原-硫化静水环境中，震旦系陡山沱组和灯影组三段泥页岩具有较高的 TOC 含量。在龙马溪组下部存在明显的 V/Cr 和 U/Th 高值，指示当时水体为缺氧环境；五峰组相对较低，龙马溪组中上部 V/Cr 值和 U/Th 值最低，U/Th 值均小于 0.75，也反映了其形成于缺氧环境。Mo 含量一般与缺氧程度呈正相关关系，在五峰组—龙马溪组底部，Mo 元素明显富集，特别是龙马溪组底部富有机质页岩的 Mo 含量最高可达 131μg/g，指示其形成于缺氧环境，甚至达到硫化环境。

利用 SRI 能够很好地表示硫酸盐还原作用强度。随着 SRI 指数增加，TOC 存在明显的二阶段变化趋势，这主要源自沉积环境的差异。当 SRI<1.375 时，TOC/TS>0.5，为正常海相、过渡相和淡水环境，BSR 强度较弱，TOC 含量较高；当 SRI>1.375 时，TOC/TS<0.5，为硫化静海环境，BSR 强度较高，TOC 整体较低。SRI 与 TOC 变化关系指示了硫酸盐还原强度与有机碳含量之间存在内在联系，而拐点的存在（SRI≈1.375）则可能指示硫酸盐还原强度和有机碳保存的一个平衡值。在这个拐点之前（SRI<1.375）是硫酸盐还原作用消耗的有机物小于保存的有机物，TOC 含量高；而在拐点之后（SRI>1.375），TOC 缓慢降低且含量相对较低，说明相对较强的 BSR 消耗过量的有机质，不利于有机质的富集。

第 3 章　深部富氢流体加氢生烃机制与潜力评价

有机质生烃过程是一个不断消耗氢的过程，当有机质中的氢消耗殆尽也就意味着生烃过程终止了。如果有外来氢介入有机质生烃体系就意味着有机质还可以继续生烃。深部流体携带各种气态物质和催化元素，其中氢气是重要的组成部分之一。那么，地质体中氢气能否在一定催化作用下参与烃源生烃，以及地质体氢气主要有哪些来源，如何识别等关键问题尚未理清。由于前人针对不同烃源加水模拟实验已经开展大量研究，明确了烃源加水能提高生烃产量，其液态产物地化特征与地质体中烃类具有可比性，因此，本书主要是针对不同烃源在催化作用下加入氢气后的产物变化，初步分析地质体中不同来源氢气和它们的地球化学特征，为明确含油气盆地天然气中氢气来源提供基础资料，也为未来氢气的勘探开发与应用奠定基础。同时，通过模拟实验研究明确不同类型烃源的催化加氢生烃潜力和特征，为深部流体活跃区域资源潜力评价提供依据。

3.1　地质体中氢气来源与成因类型鉴别

3.1.1　不同地质环境中氢气分布

1. 沉积盆地

20 世纪 30 年代，就有关于沉积盆地或沉积物内存在氢气的报道，如 Woolnough (1934) 报道了新几内亚岛天然气中有含量大于 10% 的氢气；苏联学者 Bohdanowic (1934) 也报道了斯特罗波尔地区氢气含量为 27. 3%。随后，在美国 (Newcombe，1935)、波兰 (Depowski，1966)、德国 (Meincke，1967) 的一些沉积盆地中发现了高含量氢气。2005 ~ 2006 年，美国 WTW 石油公司在北美洲堪萨斯地区森林城盆地发现了含量达 17% 的氢气，并检测到了重烃组分 (Newell et al.，2007)。

在我国东部含油气盆地中的一些天然气或伴生气中发现了一定含量的氢气。由于氢气含量较低，氢同位素等相关测试较为困难。同时，在研究天然气中非烃气体过程中，对氢气的重视程度不够。金之钧等 (2002a) 对济阳拗陷构造活动区和稳定区天然气开展研究，探索分析天然气中氢气含量及氢同位素组成，建立了针对微量–衡量氢气含量和同位素分析技术方法。

2. 深部流体活动区

深部流体具有很强的运输 H_2 的能力，每 1kg 岩石从地下 15km 的地方运移至地表，可以释放出 75cm^3 的 H_2。具体而言，碱性岩中氢气平均含量为 3cm^3/kg，而在花岗岩及基性超基性岩中则为 26.8cm^3/kg（郭占谦，2001）。每 100cm^3 的水从地下 15km 运移至地表，可以释放出 1200cm^3 的 H_2（Hawkes，1980）。因此，深部流体活动区，特别是火山岩发育地区是氢气附存的主要区域之一。但氢气含量的分布范围较宽，菲律宾群岛三描礼士地区（Abrajano et al.，1988）、阿曼北部火山岩地区（Sano et al.，1993）、新西兰温泉（Lyon and Hulston，1984）、瑞典格拉洛伯格 1 号井（Jeffrey and Kaplan，1988）等地区的氢气含量一般均超过 10%，而我国东部深部流体活动地区，如云南腾冲（戴金星，1988；戴金星等，1994；王先彬等，1993；上官志冠等，2000，2006）、长白山五大连池（高清武，2004；高清武和李霓，1999）等区域的温泉气中都以 CO_2 为主，氢气的含量仅为 1% 左右，均低于国外同类地区氢气的含量。我国东部幔源岩石分步加热释放出的气体中，氢气含量最高可达 35%（杨晓勇等，1999；张铭杰等，2002；Zhang et al.，2005；陶明信等，2005），玄武岩中橄榄石熔融包裹体和超高压变质岩-榴辉岩包裹体的气液相组分中也含有高含量的氢气，并被认为是幔源流体的原始组分之一（杨晓勇等，1999；张铭杰等，2002；陶明信等，2005）。沉积盆地内发育的火山岩也为沉积盆地输入了数量巨大的氢气。以东营拗馅惠民凹陷夏38 井区为例，该地区发育的辉绿岩侵入体分布面积约 20km^2，平均厚度约 50m（曹学伟等，2005），仅此一个岩体就可以携带 89×10^6m^3 氢气（金之钧等，2002a）。因此，火成岩广泛分布的沉积盆地，不但具备氢气发育的地质条件，而且火山岩储层也是勘探氢气资源的有利目标区。

3. 大陆裂谷地区

大陆裂谷地区作为高含量的氢气主要分布区，在美国裂谷系中施工的 Scott 1 井于 1982 年 8 月产出的天然气中氢气含量约为 50%（Goebel et al.，1983），随着时间的延续，氢气的含量有所降低，但仍为 24%～43%（Goebel et al.，1984；Angino et al.，1984）。直到 1987 年，该地区钻井中的氢气含量仍能达到 30% 以上（Coveney et al.，1987）。美国地质调查局堪萨斯分局 2009 年在该地区进行了以氢气为目标的钻探勘探，施工的两个钻孔在前寒武系基底中发现了含量最高可达 90% 的氢气，产量达到每天 2000～3000 桶（含水在内），显示了良好的开发前景。冰岛西南部大陆裂谷系亨吉德（Hengill）地区大陆裂谷轴附近的钻孔中氢气含量高达 37%（Marty et al.，1991）。因此，未来可以商业化开发的 H_2 资源，很有可能将首先从大陆裂谷系地质构造环境中获得突破。该类型氢气被广泛认可的成因为深源基性、超基性岩石中的橄榄石发生蛇纹石化作用形成的［式（3.1）］（Coveney et al.，1987）。

$$6[(Mg_{1.5}Fe_{0.5})SiO_4]+7H_2O=3[Mg_3Si_2O_5(OH)_4]+Fe_3O_4+H_2 \tag{3.1}$$

我国的渤海湾盆地和渭河断陷分别位于华夏裂谷系和汾渭裂谷系（吴振明等，1985），与北美洲堪萨斯大陆裂谷系具有相似的地质背景，具有强烈的基性、超基性火山喷发活动，并且上覆了比较厚的沉积地层。这些沉积地层在适当的地质条件下可以作为 H_2 的储层。因此，这些区域极具钻遇高含量氢气的机会，是未来以氢气为勘探目标的勘探工作的重点区域。

活动断层上方的土壤气中，氢气的浓度变化成为判断断层活动性的指标之一（Sugisaki et al.，1983），可以通过卫星遥感数据资料分析氢气异常的异常。

3.1.2　地质体中氢气来源与地球化学鉴别

H_2 性质活泼，很难单独成藏，目前发现的 H_2 主要以天然气中组分形式产出。氢元素易于发生同位素交换，H_2 的同位素分布范围较宽；同时 H_2 含量低且同位素分馏范围大，从而使得地质体中 H_2 来源研究较为困难，尚无针对不同来源氢气成因的判识标准。结合天然气地球化学特征和地质背景，本次研究中探索性通过分析 H_2 含量和同位素组成，初步分析不同来源氢气的地球化学特征，形成不同来源 H_2 鉴别指标。

1. 有机质来源氢气

有机质在生烃过程中会产生一定量氢气，包括微生物成因氢气和有机质裂解过程中形成的氢气。烃类物质与水在适当的温度和压力条件下可以产生氢气，这是目前工业上制备氢气的主要方法（Shah et al.，2001；Lin et al.，2001）。在有机质热模拟实验中，一般都会生成一定量的氢气。有的学者认为与反应釜材质和实验条件有关（马素萍等，2003）；而有的学者则认为与烃类物质快速裂解有关（秦建中，2005），但封闭模拟实验中氢气生成量与温度变化之间并没有明显规律可循（图3.1）。通过对低演化煤（R_o=0.64%）及其显微组分在开放体系下的模拟实验显示（图3.2），随着模拟温度的升高，氢气丰度先增加后减少，氢气生成高峰基本与有机质热裂解生成烷烃气具有一定对应关系。因此，在有机质生烃过程中确实可以产生一定量的氢气，且氢气生成量与有机质生烃过程具有一定的对应关系。

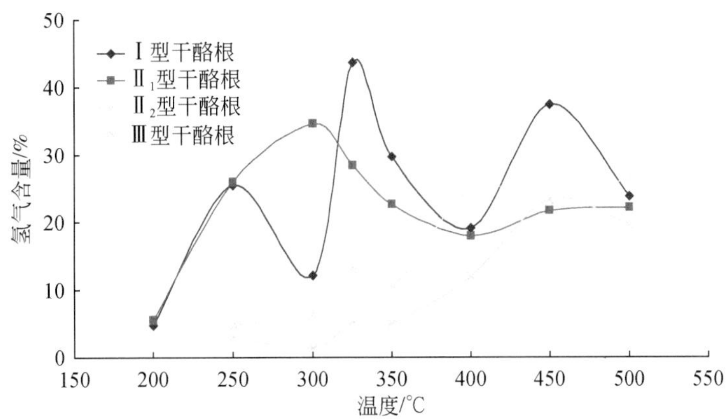

图3.1　不同类型湖相干酪根模拟实验氢气产率变化图（据秦建中，2005）

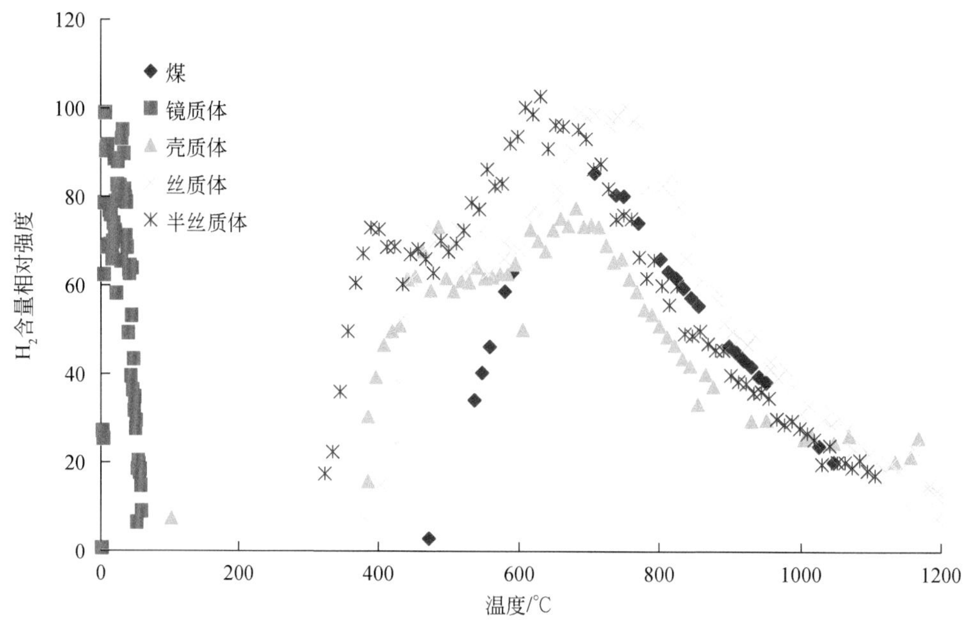

图 3.2 开放体系下煤及显微组分生成 H_2 变化图

一般而言，生物成因的甲烷中伴随有含量较高的氢气，帅燕华等（2009）在柴达木盆地三湖地区天然气中发现了少量的氢气，根据天然气产出的地质背景分析认为，该地区天然气藏中氢气是有机质在微生物作用中产生的（Shuai et al., 2010）。

2. 无机成因的氢气

无机成因的氢气主要包括幔源来源和水岩反应形成的氢气，氢本身就是幔源流体的重要组分部分（杜乐天等，1996；陈丰等，1994）。理论计算表明，在地球幔源流体中含有4%（摩尔含量）的氢气（Zhang et al., 2009）。尽管深部来源的氢气在岩石圈-软流圈界面之上会被氧化为 H_2O（Zhang et al., 2009），但研究表明，适当条件下，幔源挥发分中的氢气也可以被保存下来，并将深部流体划分为富 CO_2 流体与富氢流体（金之钧等，2002b，2007）。因此，深部流体中氢气含量变化较大。

通过对济阳坳陷不同构造带上天然气组分和同位素分析，发现该地区天然气中普遍含有少量氢气，且 R/R_a 显示该地区属于构造活动区域，既有深部幔源流体组分的输入，也有典型沉积盆地壳源成因气体。从 H_2 与 He 含量关系上，二者表现为一定的负相关性，说明深部来源的 H_2 贡献有限［图 3.3（a）］；H_2 与 R/R_a 未呈现相关性，表明未见到明显的幔源来源 H_2 输入的影响［图 3.3（b）］；花沟和平南 CO_2 气藏区域中，H_2 与 CH_4 表现为一定的负相关性，但 H_2 与 CO_2 表现为一定的正相关性［图 3.3（c）、（d）］，表明可能存在深部来源 H_2 的影响。其他区域 H_2 与 CH_4 表现为一定的正相关性［图 3.3（c）］，H_2 和 CO_2 含量呈现出一定的负相关性［图 3.3（d）］，推测 H_2 应该受沉积盆地内有机生烃的影响。从 H_2 含量与 $\delta^2H_{CH_4}$ 值关系图可知，随着 $\delta^2H_{CH_4}$ 值的增加，H_2 含量呈现出降低趋势

[图3.4（a）]，暗示了在 H_2 转为 CH_4 过程中形成了氢同位素相对较重的无机甲烷。而 $\delta^{13}C_{CO_2}$ 与 $\delta^{13}C_1$ 表现为一定的正相关性［图3.4（b）]，也反映了水岩反应过程中形成的无机 CH_4 相对有机质形成的 CH_4 具有较重的碳同位素。由于本次研究中未分析 H_2 的氢同位素，无法对水岩反应中氢同位素分馏进行深入讨论。

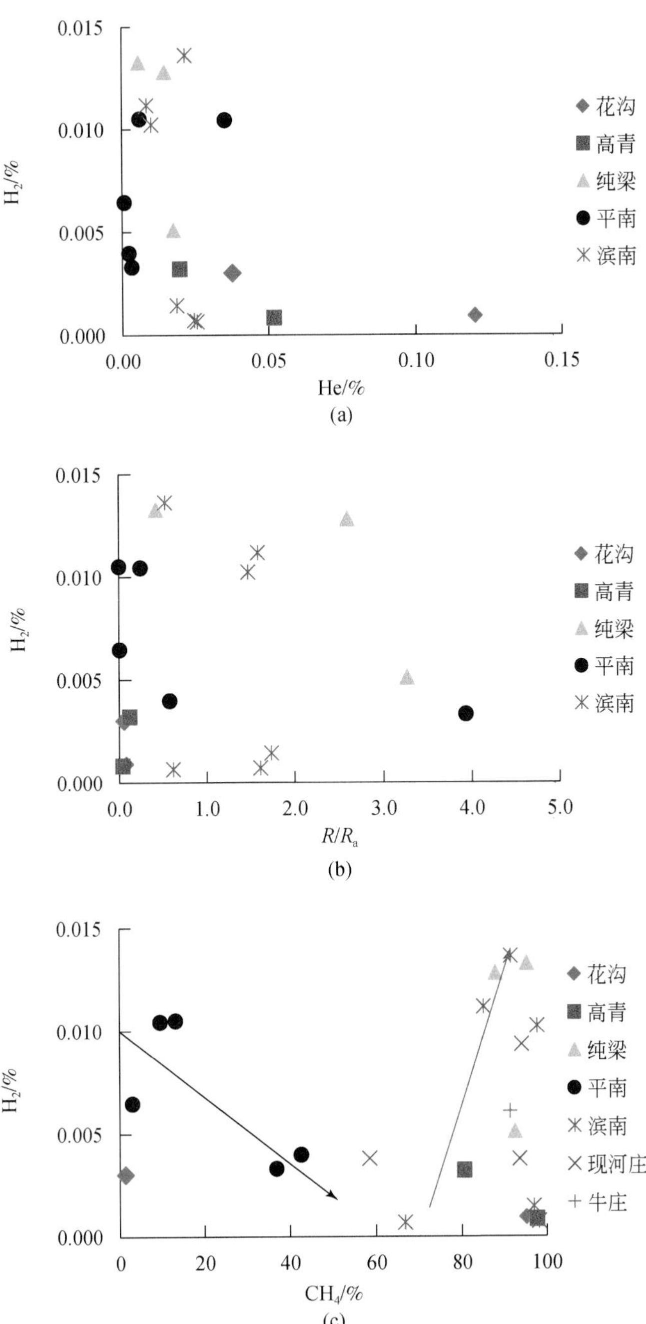

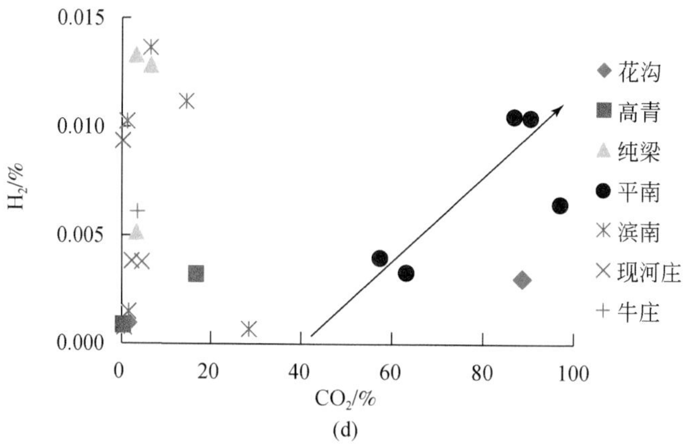

(d)

图 3.3　济阳拗陷天然气组分变化图

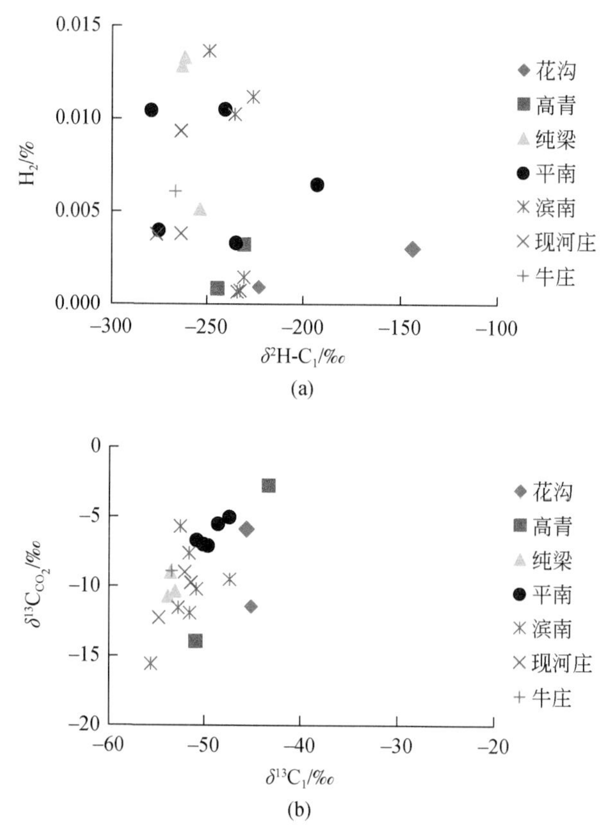

图 3.4　济阳拗陷天然气组分与碳氢同位素变化图

通过统计国内外不同地质背景下含氢气的气体数据，H_2 和 CH_4 含量关系并不明显，在花岗岩岩体中普遍 H_2 含量相对较高，而在油气田中 H_2 含量很低［图 3.5（a）］。这可能是由于 H_2 不稳定且易于与有机质发生反应形成烷烃气有关。从 H_2 和 R/R_a 值看，在 R/R_a 大于1.0的区域，H_2含量并未出现异常偏高［图3.5（b）］，指示了在幔源物质输入的构造活动区域中H_2含量不高，可能与构造活动区保存条件较差、H_2易于扩散有关，也有可能是该地区本身H_2含量就不高。但在R/R_a为0.01～1.0的岩体中普遍含有较高的H_2含量，包括阿曼的花岗岩岩体、美国堪萨斯岩体。在堪萨斯地区的花岗岩岩体中H_2含量明显高于砂岩储集体中，可能与花岗岩岩体中H_2向上运移到砂岩储层中有关。北欧西尔杨林构造带上的格拉洛伯格1号井在5000m之下钻遇花岗岩体，停钻之后采集天然气样品，Jeeffrey和Kaplan（1988）基于气体同位素地球化学分析表明花岗岩体中的氢气由水岩反应作用形成的可能性非常小，H_2多来自花岗岩岩体之内。根据R/R_a值分布范围，这部分H_2属于壳源成因。腾冲温泉气体R/R_a值大于1.0，为典型幔源He输入，但H_2含量很

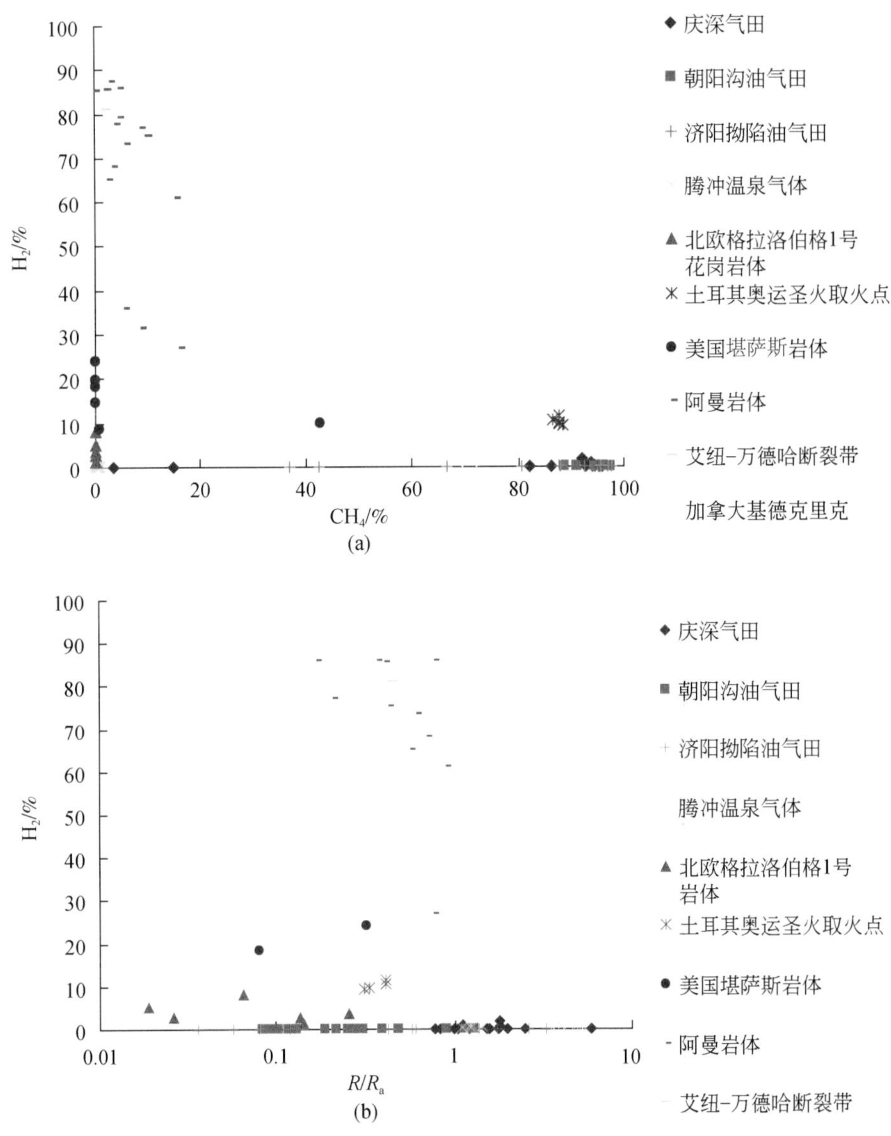

图3.5　不同背景下H_2与CH_4、R/R_a关系图

低。温泉气体样品采集过程中，分别遇到了强烈的水热爆炸，而水热爆炸与断层活化紧密相关，断层活动也同时引起岩石挫断，形成新鲜的岩石断面，在新鲜的岩石界面上，由放射性物质衰变产生的能量和 Fe^{2+} 的作用下形成 H_2。

不同地质背景下甲烷碳氢同位素鉴别图版（Whiticar，1999）显示（图 3.6），济阳拗陷油气田主要表现为不同热演化阶段有机质形成的甲烷，可能也存在一定深部幔源气的贡献，而松辽盆地庆深气田和朝阳沟油气田主要为热液作用下形成的甲烷。但是根据地化指标分析，庆深气田和朝阳沟油气田 CH_4 仍然以有机质热裂解为主，也存在深部幔源和费-托类型（Fischer-Tropsch type，FTT）形成的 CH_4。因此，该地区甲烷为有机质热裂解、幔源和费-托合成三种 CH_4 的混合，从而使得在 Whiticar 图版中落入热液作用下形成 CH_4。土耳其奥运圣火取火点则落入典型的无机幔源 CH_4 区域，但 Hosgörmez 等（2008）认为该地区 CH_4 应该是超基性岩通过放射性衰变形成的 CH_4。美国堪萨斯岩体中甲烷主要与前寒武基底水岩反应和岩石放射性有关（Guélard et al.，2017）；加拿大基德克里克地盾岩体 CH_4 主要是高地温梯度作用下岩石与水岩广泛接触发生水岩反应（Sherwood Lollar et al.，2008）；阿曼岩体主要碱性蛇绿岩通过水岩反应作用形成 CH_4（Vacquand et al.，2018）。

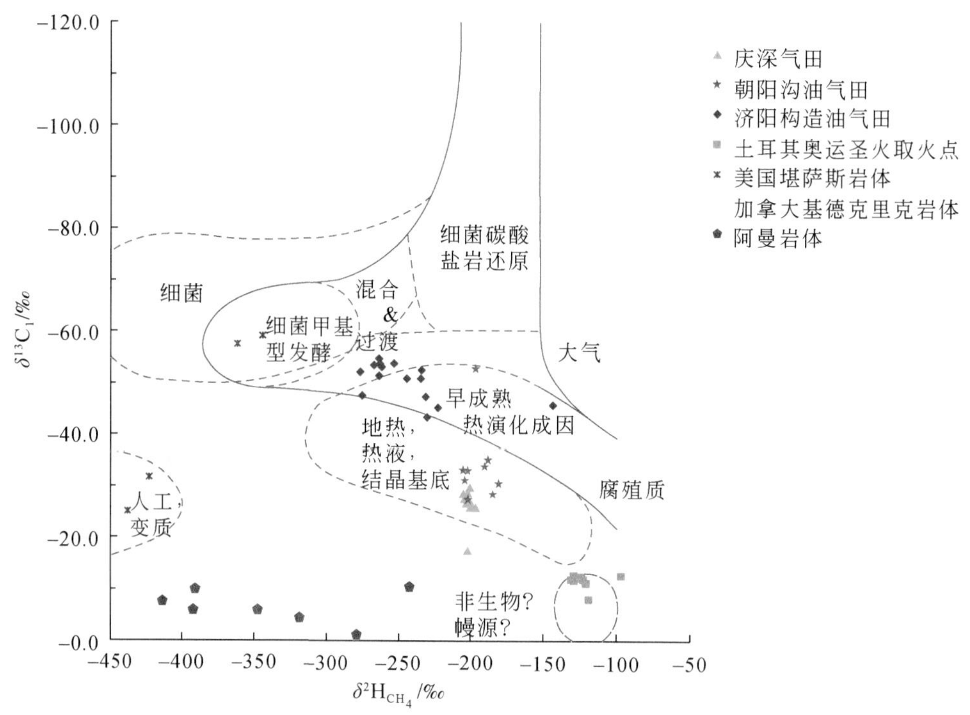

图 3.6　不同类型天然气 CH_4 碳、氢同位素关系（底图据 Whiticar，1999）

在基本确定了不同地质背景下 CH_4 成因来源条件下，从 $\delta^{13}C_1$ 值和 $\delta^2H_{H_2}$ 值关系图可以看出［图 3.7（a）］，当把 $\delta^{13}C_1$ 值大于-20‰作为无机 CH_4、小于-30‰作为有机 CH_4 时，无机 CH_4 形成过程中 $\delta^2H_{H_2}$ 值相对变化较小，而有机 CH_4 形成过程中 $\delta^2H_{H_2}$ 值变化较大。阿曼岩体、土耳其奥运圣火取火点和腾冲温泉气体中甲烷碳同位素均重于-20‰，具

有无机 CH_4 特征，而济阳拗陷不同构造带油气田中天然气 $\delta^{13}C_1$ 值小于 -30‰，为有机 CH_4 特征。但前者氢气的氢同位素组成变化范围明显较后者范围窄。这种变化特征也反映了有机质生烃过程中伴随有较大的氢气的氢同位素分馏，而无机形成甲烷过程中相对较小的氢气的氢同位素分馏。庆深气田和堪萨斯岩体（含砂岩储层）介于二者之间，也说明这两个地方甲烷主要为有机与无机 CH_4 的混合。

从 $\delta^2H\ CH_4$值和 $\delta^2H_{H_2}$值关系图可知［图 3.7（b）］，土耳其奥运圣火取火点气体为超基性岩石放射性衰变形成的气体，其中的 CH_4 具有重的氢同位素组成，氢气具有较窄的氢同位素组成，反映了 H_2 形成过程中分馏较小，甲烷的形成途径相对较为单一；而阿曼岩体和美国堪萨斯岩体中 CH_4 的氢同位素分馏范围较大，而氢气的氢同位素分馏相对较小，说明氢气来源相对较为稳定，CH_4 的形成过程并非单一的水岩反应，可能也存在其他途径，如放射性形成 CH_4；庆深气田、济阳拗陷不同构造带油气田中甲烷氢同位素组成变化范围相对较窄，而氢气的氢同位素组成变化范围较宽，也反映了沉积盆地中有机质生烃过程伴随有较大的氢气的氢同位素分馏，而 CH_4 的氢同位素组成主要受母质水体和热演化程度的控制。

Lin 等（2005）利用^{60}Co 作为放射源，讨论了 H_2O 在放射性物质激发下生成 H_2 的能力，研究表明，H_2O 在放射性物质的激发下，生成的 H_2 的产量与放射性能量的剂量有关。氢同位素组成为 -44‰的 H_2O 经放射性能量激发，产生的 H_2 的同位素组成为 -520‰ ~ -490‰，而且不受放射性物质的剂量、水的 pH、盐度及氧气的影响。放射性成因的 H_2 同位素组成的变化主要由 H_2 和 H_2O 分馏过程控制。从 R/R_a 值和 $\delta^2H_{H_2}$值关系图可以看出［图 3.7（c）］，在 R/R_a 值大于 1.0 的构造活动区域中氢气的氢同位素变化范围宽，而在 R/R_a 值小于 0.01 的构造稳定区域中氢气的变化范围相对较窄，说明氢气的氢同位素分馏受构造活动强弱的影响，也就是能量的影响。能量较强的区域，氢气的氢同位素组成分馏较大，而能量较弱的地区氢气的氢同位素分馏相对较小。从 $Ln(CH_4/H_2)$ 与 $\delta^2H_{H_2}$值关系图可以看出［图 3.7（d）］，在沉积盆地的济阳拗陷和松辽盆地的庆深气田中，从热演化程度较低的济阳拗陷向高演化的庆深气田中，$Ln(CH_4/H_2)$ 与 $\delta^2H_{H_2}$值关系呈现一定正相关性，也就是从弱能量区向强能量区转变过程中 H_2 含量增加而 H_2 的氢同位素组成变轻。这可能与有机质生烃过程中形成一定的氢气有关，特别是在生烃高峰期间会形成大量氢气。但是，在基底岩石体和温泉气中，$Ln(CH_4/H_2)$ 与 $\delta^2H_{H_2}$值关系呈现一定负相关性，也就是从弱能量区向强能量区转变过程中，CH_4 含量相对增加，而 H_2 的氢同位素组成逐渐变轻。这可能是在基底岩石从弱能量区向强能量区转变过程中部分 H_2 通过水岩反应或者费-托合成形成了无机 CH_4，从而使得氢气的氢同位素组成变轻。

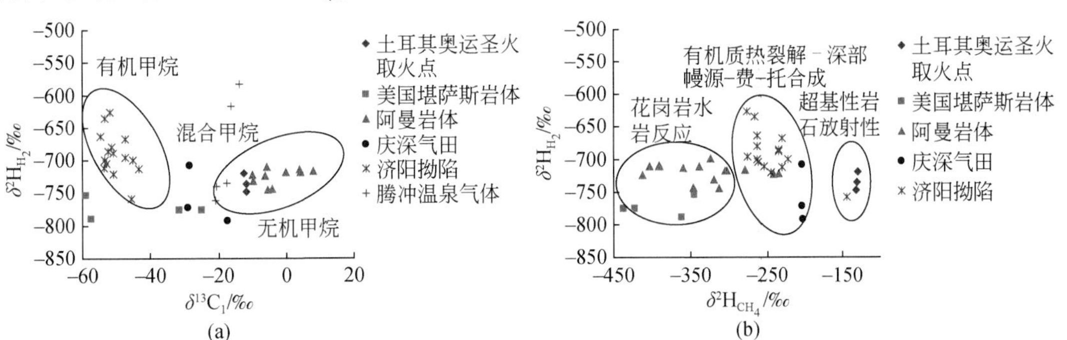

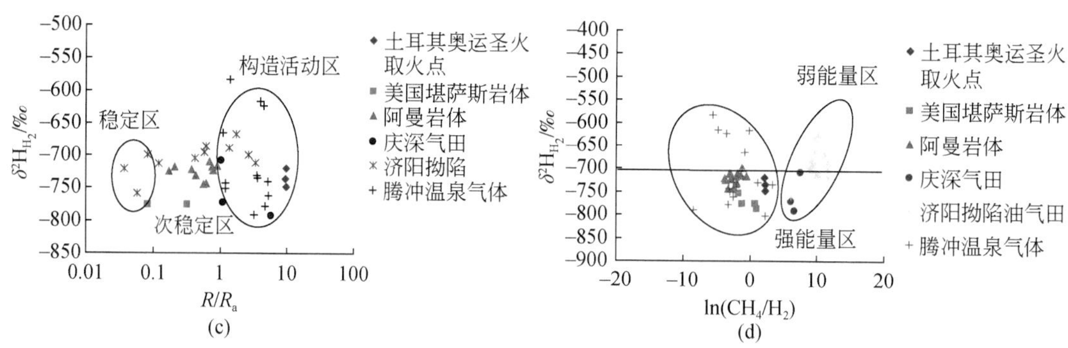

图 3.7　不同地质背景下氢气地球化学特征

同时，按照 $\delta^2H_{H_2}$ 值约为-700‰划分出强能量区和弱能量区，$\delta^2H_{H_2}$ 值大于-700‰时表现为弱能量，而小于-700‰时表现为强能量。济阳拗陷不同构造带天然气主要处于弱能量区，这与其烷烃气较轻的碳同位素组成相一致。腾冲温泉气体中有部分样品 $\delta^2H_{H_2}$ 值大于-700‰时表现为弱能量，可能是源源不断的地表水沿断裂带循环至地下下伏高温岩体，并与其发生能量交换促进了 H_2O 被放射性衰变产生 H_2。尽管在深部流体上升过程中也会通过水岩反应消耗部分 H_2 并形成 CH_4，但其 H_2 的氢同位素组成仍然表现为弱能量特征。在强能量区域，$\delta^2H_{H_2}$ 值小于-700‰，但通过水岩反应形成 CH_4 的量明显增加。在岩石放射性衰减速率基本恒定条件下，在水岩反应相对较弱区域，H_2 含量相对较高，氢气的氢同位素组成变化范围小，而水岩反应合成甲烷含量低，甲烷氢同位素组成变化范围大；在水岩反应相对较强区域，水岩反应合成甲烷含量相对较高，甲烷氢同位素组成变化范围相对较小，H_2 的氢同位素组成变轻。在沉积盆地中，由于有机质和 H_2O 共同参与了生烃过程，也伴随有 H_2 形成和同位素分馏，生烃高峰时氢气形成相对最高，而氢气的氢同位素分馏相对也最大。

综上所述，综合考虑氢气形成过程中因深部流体活动与地表水循环造成的物质与能量的供应方式，可以初步鉴别不同地质背景下氢气的形成环境和水岩反应形成甲烷。但是关于水岩反应和放射性衰变形成 CH_4 仅仅是一个笼统的表述，如何识别不同岩石变质过程中形成 CH_4 差异性仍然面临诸多难题。

3.2　高成熟干酪根加氢生烃模拟实验

由于地质体中存在多种来源氢气，这些不同来源氢气在不同烃源（烃源岩、储层沥青）生烃过程中是否存在加氢生烃存在较大争议，关键在于对生烃潜力和产物的地球化学识别。为了探索这一难题，本书共选用了 3 种烃源进行催化加氢生烃模拟实验，分别为高成熟的玉尔吐斯组干酪根、低成熟下马岭组干酪根和低成熟矿山梁沥青。

3.2.1　实验样品与过程

研究中所采集的高熟干酪根样品主要选自塔里木盆地东二沟剖面下寒武统玉尔吐斯组

泥质烃源岩中的干酪根，为 I 型干酪根，其热成熟度 R_o 为 1.91%。经提纯后干酪根的 TOC 含量为 64.0%，H/C 原子比为 0.87，T_{max} 为 530℃，S_1 = 1.43mg/g（干酪根），S_2 = 10.95mg/g（干酪根），S_3 = 16.17mg/g（干酪根），氢指数 HI = 18，氧指数 OI = 28。实验样品粒度研磨至 200 目。催化剂选用粉末状 $ZnCl_2$ 和 MoS_2，两者粒度都为 200 目，均达到实验分析纯要求。去离子水为实验室内制取，H_2 为含有 5% 内标 He 气的高纯度 H_2。

在地质体中，深部流体中含有大量金属元素，其中 Zn 和 Mo 元素作为深部流体中主要金属元素之一与其他流体组分协同运移，如在海底热液场中，低温场与高温场流体中常伴生 Zn 元素与 Mo 元素等富集（Tivey，2007）。同时，与沉积地层中有机质含量分布呈很好对应关系，在烃源岩地层中 Zn 与 Mo 元素与有机质含量呈正相关性（Lv et al.，2018），在储层沥青矿中常见大量含锌矿脉伴生（王国芝等，2013；刘伟，2015）。在技术方法应用中，$ZnCl_2$ 和 MoS_2 两种化合物化学性质稳定性较高，高温条件下不易变质，且已被应用于有机质催化裂解生烃实验中（Pinto et al.，1990；He et al.，2011）。基于以上综合分析，我们选用粒径不大于 200 目 $ZnCl_2$ 和 MoS_2 高纯度粉末作为此次实验用催化剂［图 3.8（a）］。

实验中关于固-液样品的装样方法前人做过详细的阐述（Liu and Tang，1998），简单说，一方面，取黄金管（0.6cm 内径，7cm 长）一端焊接密封清洁处理后，向管内按照相同比例加入称量好的干酪根粉末、去离子水和催化剂粉末（10∶10∶1）［图 3.8（b）］，置入氩气环境内 25min 以置换管内空气，用手工钳捏平黄金管壁，利用氩弧焊焊接密封顶部端口，完成装样步骤。另一方面，对于加氢气样品装样采用黄金管（1.0cm 内径，12cm 长）尺寸，前期固、液反应物注入方法与以上表述相同，定量注入 H_2（含 5% He 作为内标气）时控制在室温 25℃ 条件下进行，通过串联的两个高灵敏压力计来确保 H_2 注入的量，利用氢气气体置换原理有效排除空气干扰；管内加入反应物的质量分别为 40mg 干酪根粉末、40mg 去离子水、4mg 催化剂粉末和 0.65mg H_2，然后用压力钳压紧黄金管顶部端口密封黄金管内部氢气组分，用压钳捏平端口黄金管壁后用氩弧焊焊封，黄金管焊封完毕后置入热水中（>70℃）并无串珠状气泡溢出以确保其管内气体密封性良好（图 3.9）。

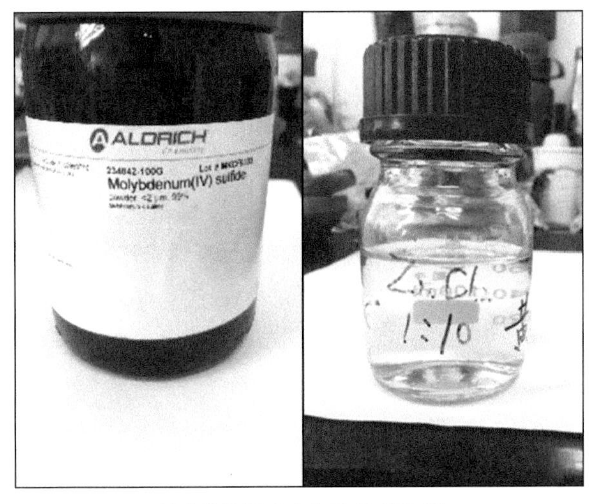

(a)实验选用 MoS_2 和 $ZnCl_2$ 催化剂

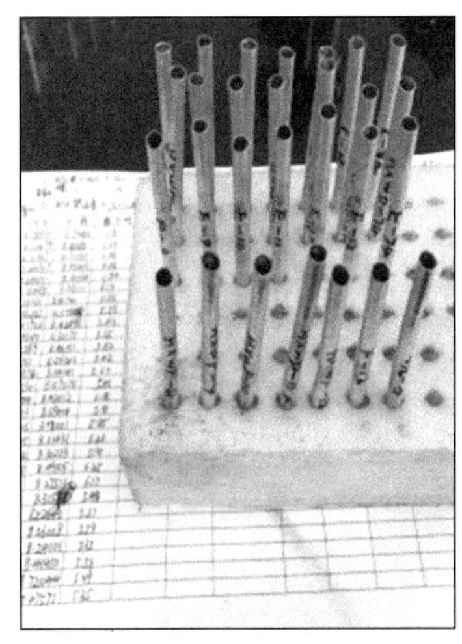

(b)实验固态样品装样

图 3.8　模拟实验有机质样品和催化剂

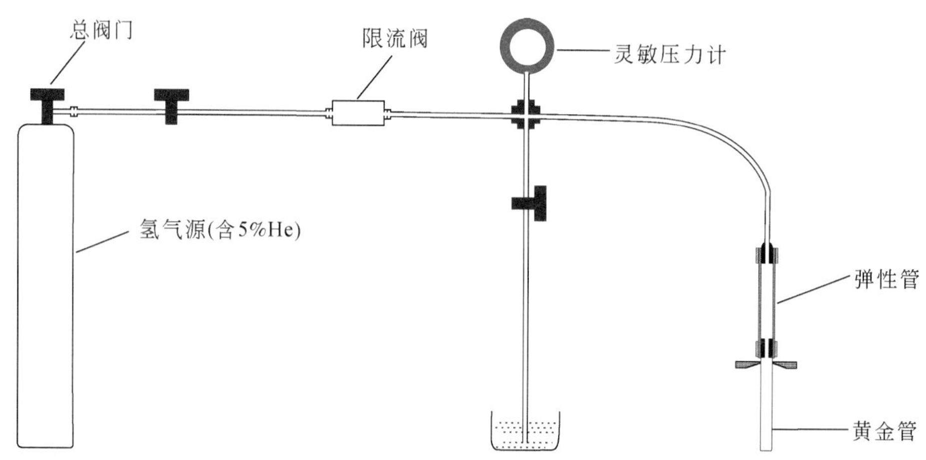

图 3.9　模拟实验加 H_2 过程示意图

遵循前人模拟的实验经验（Liu and Tang，1998；Pan et al.，2006），黄金管装样完成后置入程序预先设定好的高温反应釜内进行升温加热，先升温 2h 达到各预定温度点，然后进行恒温加热 72h，模拟实验压力恒定 500bar（$1bar=10^5Pa$），釜内压力变化异常不超过 1bar。完成黄金管加热设定温度和时间后，从加热炉中取出黄金管，小心置入一个定制的真空玻璃管中，该真空管与经 Wasson ECE 改进的 Agilent 6890N 型全组分气相色谱仪相连通，该气相色谱仪包含三个检测通道，两个热电导率检测（thermal conductivity de tection，TCD）检测器，一个火焰离子检测（flame ionization detection，FID）检测器；有机检测通道载气为 N_2（FID），无机通道（TCD1）载气为 He，氢气和氦气检测专用通道（TCD2）载气为 N_2；检测色谱柱为 Paraplot Q 型毛细色谱柱。检测系统通过连接一个真空泵运作保持玻璃管内真空环境，在其内部刺破黄金管释放出气体。两个串联的阀门连接着真空管和色谱仪，用来测量气体组分压力变化和释放一部分气体进入色谱仪测量其化学组分。通过不同检测响应值及对应的时间点来确定气体产物的组分。利用 FID 及 TCD 不同的检测值峰值面积与已知定量标气测定的峰值面积比率完成不同生成气态产物的定量（Liu and Tang，1998）。

完成气相色谱（gas chromatography，GC）检测后，利用致密取气针从真空管中抽取少量气体进行碳、氢同位素分析，碳、氢同位素比值分别参照 VPDB 和 VSMOW 标准。碳同位素检测分析采用 Agilent 6890N-Isoprime 100 仪器，每个样品检测数据值检测 2～3 次，如果前两次检测数值无明显差距，则取平均值为样品同位素值，若样品前两次检测值差距较大，则需检测第 3 次，取 3 次检测中两个临近值取其平均值为最终样品同位素组成值。该设备碳同位素分析精度一般在±0.3‰以内。氢同位素比值检测采用 Thermo Trace GC 1310-Delta V Advantage 仪器检测，检测方法流程与上述碳同位素分析一致，氢同位素精度一般在±3‰以内。检测过程中，对预先确定的 $\delta^{13}C$ 值和 δ^2H 的标准气体进行定期分析以校正测量值的实际精度。

3.2.2　实验结果分析

模拟实验结果显示，随着温度的升高，高熟干酪根样品总气产率呈增大趋势。实验Ⅰ组为空白对照组（图3.10），总气产率从初始温度350℃点56.6m^3/t Ker（Ker为干酪根）开始，产率从400℃点开始大幅增加，到最高温550℃点达到最大产率241.8m^3/t Ker。在加催化剂$ZnCl_2$的实验Ⅱ组和加催化剂MoS_2的实验Ⅲ组模拟实验中，总气产率分别从最低的70.0m^3/t Ker和70.5m^3/t Ker开始，从400℃点开始大幅增加，到最大产率分别为513.4m^3/t Ker和347.5m^3/t Ker，最大产率分别增加了2.1倍和1.4倍，显示了加入催化剂$ZnCl_2$和MoS_2后气态产量显著增加，且$ZnCl_2$对产率的提高强于MoS_2，增加量主要为CH_4和CO_2。在实验Ⅳ组和Ⅴ组，总气产率（未核算H_2产率）分别在最低点（350℃）为55.7m^3/t Ker和29.2m^3/t Ker，在温度点375℃时开始产率大幅增加，550℃点时达到最大产率，分别为506.5m^3/t Ker和368.4m^3/t Ker。虽然实验Ⅳ组和Ⅴ组加H_2的气态产物与未加H_2的对照Ⅱ组和Ⅲ组总产率未发生明显变化，但加H_2后气态产物中烷烃产率显著增加，而CO_2的产率大幅降低，从而导致总产率变化不显著。

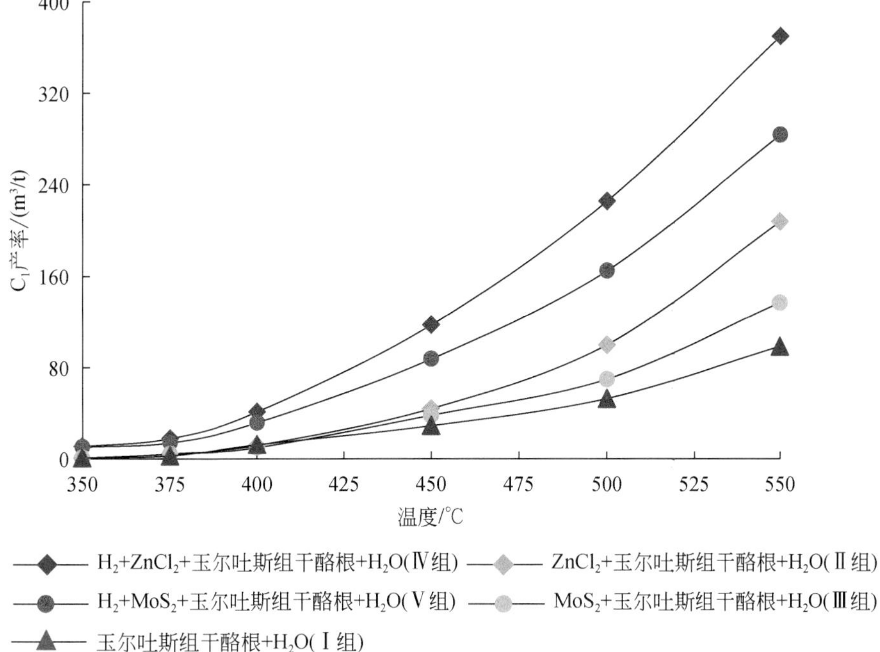

图3.10　封闭体系内$ZnCl_2$/MoS_2作用下催化加氢对照C_1产率对比（高成熟干酪根）

在气态烃总产率分布上，实验Ⅰ组的$\sum C_{1\sim5}$产率对应低温到高温阶段不断增大，最大产率为99.49m^3/t Ker；实验Ⅱ组和Ⅲ组的$\sum C_{1\sim5}$最大产率分别为208.22m^3/t Ker和137.77m^3/t Ker，分别是Ⅰ组的2.1倍和1.4倍，表明了$ZnCl_2$和MoS_2的加入显著促进了反应的进行；在实验Ⅳ组和实验Ⅴ组，$\sum C_{1\sim5}$最大产率分别为375.34m^3/t Ker和

292.32m^3/t Ker，分别是未加 H_2 的实验Ⅱ组和Ⅲ组的1.8倍和2.1倍。

在甲烷 C_1 产率分布上，从低温向高温阶段 C_1 产率不断增大，在550℃到达最大值，实验Ⅰ组的 C_1 甲烷最大产率98.55m^3/t Ker；在实验Ⅱ组和Ⅲ组的 C_1 最大产率分别为207.56m^3/t Ker和136.89m^3/t Ker，分别为实验Ⅰ组产率的2.0倍和1.4倍；在实验Ⅳ组和Ⅴ组 C_1 最大产率分别为369.82m^3/t Ker和283.63m^3/t Ker，分别为未加 H_2 的实验Ⅱ组和Ⅲ组产率的1.8倍和2.1倍（图3.10）。

在乙烷 C_2 产率分布上，实验Ⅰ组的 C_2 产率从低温到高温阶段产率均很低，变化不大，乙烷最大产率为0.8m^3/t Ker（500℃）；在加入催化剂 $ZnCl_2$ 和 MoS_2 对照的实验Ⅱ组和Ⅲ组后，C_2 最大产率分别为1.16m^3/t Ker和0.85m^3/t Ker，$ZnCl_2$ 和 MoS_2 的加入未显著增加 C_2 的产率；在实验Ⅳ组和Ⅴ组，C_2 最大产率分别为64.76m^3/t Ker和42.59m^3/t Ker（均为500℃），分别是未加 H_2 的实验Ⅱ组和Ⅲ组的80倍和50倍，表明外源 H_2 的加入比 H_2O 更易促成乙烷的生成（图3.11）。

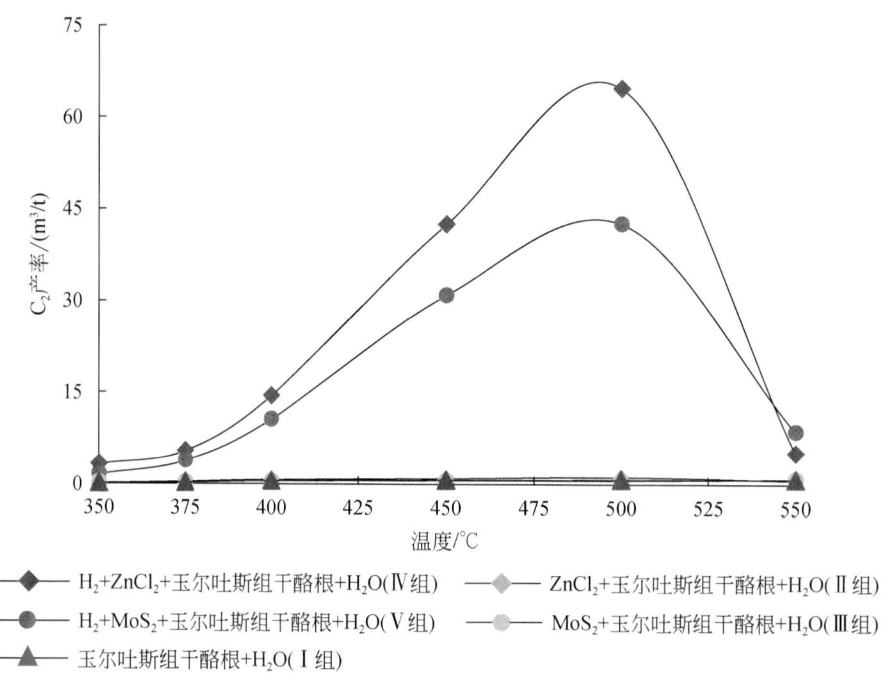

图3.11　封闭体系内 $ZnCl_2/MoS_2$ 作用下催化加氢对照 C_2 产率对比（高成熟干酪根）

在丙烷 C_3 产率分布上，实验Ⅰ组的 C_3 产率在低温到高温阶段产率均很低，接近0；在加入催化剂 $ZnCl_2$ 和 MoS_2 对照的实验Ⅱ组和Ⅲ组后，C_3 产率也均接近0，表明金属盐类的加入未显著增加 C_3 的产率；在实验Ⅳ组和Ⅴ组，C_3 最大产率分别为34.4m^3/t Ker和21.8m^3/t Ker（温度均为450℃），外源 H_2 的加入显著提高了 C_3 产率（图3.12）。

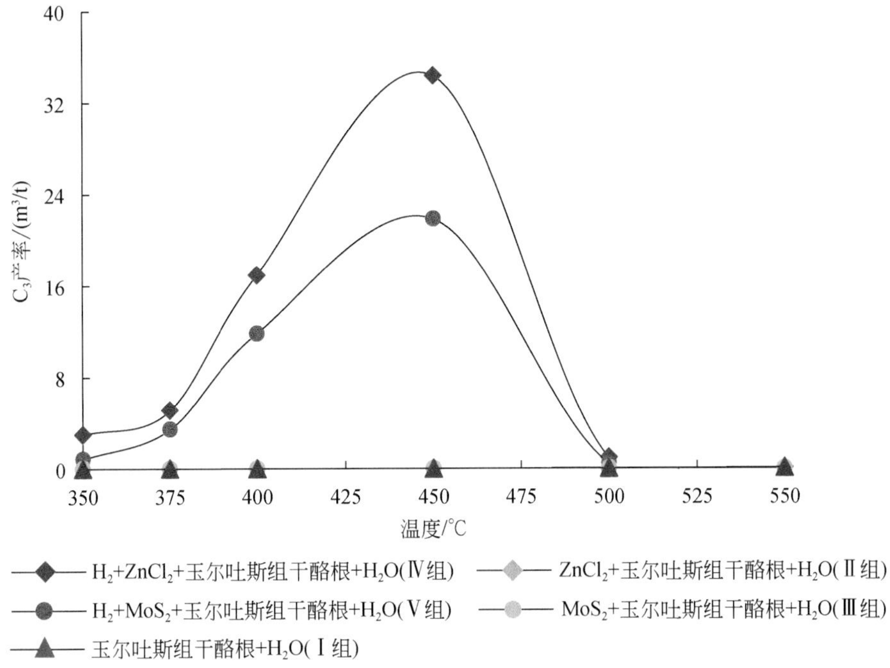

图3.12　封闭体系内 $ZnCl_2$/MoS_2 作用下催化加氢对照 C_3 产率对比（高成熟干酪根）

对比 C_1、C_2 和 C_3 结果，外源 H_2 的加入更好地促进了生烃产率的增加，根据产率的增量变化可以看出加氢作用显著大于催化作用对生烃的贡献；加入 H_2 后生烃产率从初始温度点显著增加，说明 H_2 的加入促使了反应温度提前，加快了芳香环的裂解。通过 C_2 和 C_3 产率对比显示，生烃高峰温度点随着碳数增加而依次降低。

对于干燥系数（$C_1/\Sigma C_{1\sim5}$）特征（图3.13），催化加H反应对天然气干燥系数显著影响。实验Ⅰ组的 $C_1/\Sigma C_{1\sim5}$ 值对应低温到高温阶段不断增大，从最小值0.90（350℃）到0.99（550℃）；在加入催化剂 $ZnCl_2$ 和 MoS_2 对照的实验Ⅱ组和Ⅲ组后，$C_1/\Sigma C_{1\sim5}$ 值随温度升高而变大，变化范围分别为0.89～1.00和0.87～0.99，$ZnCl_2$ 和 MoS_2 的加入在相对低温阶段（≤400℃）促进了 C_{2+} 烃类的生成；在加入 H_2 和催化剂 $ZnCl_2$ 及 MoS_2 两组对照实验组后显示，外源 H_2 的加入极大增加了重烃（C_{2+}）组分；$C_1/\Sigma C_{1\sim5}$ 值在初始350℃点分别为0.55和0.78；随温度升高逐渐降低，400℃降到最低点，分别为0.48和0.50。400℃之后，干酪根加氢产生的甲烷持续增多，可能是产物中 C_{2+} 烃类向甲烷的转化，导致甲烷产率大幅增加，造成天然气干燥系数在550℃点达到最大值，分别为0.99和0.97。

在气态产物 CO_2 产率分布上，每一组实验 CO_2 产率都随温度增加产率增大，在550℃达到产率最大值（图3.14）。实验Ⅰ组的 CO_2 产率随温度升高逐渐增大，CO_2 最大产率为142.25m^3/t Ker；在加入催化剂 $ZnCl_2$ 和 MoS_2 的实验Ⅱ组和Ⅲ组中，CO_2 最大产率分别为280.91m^3/t Ker和192.35m^3/t Ker，分别是未加入催化剂时最大产率的2.0倍和1.4倍，CO_2 和烃类组分增加的倍数是接近的，说明金属离子主要催化作用于干酪根的自身裂解而

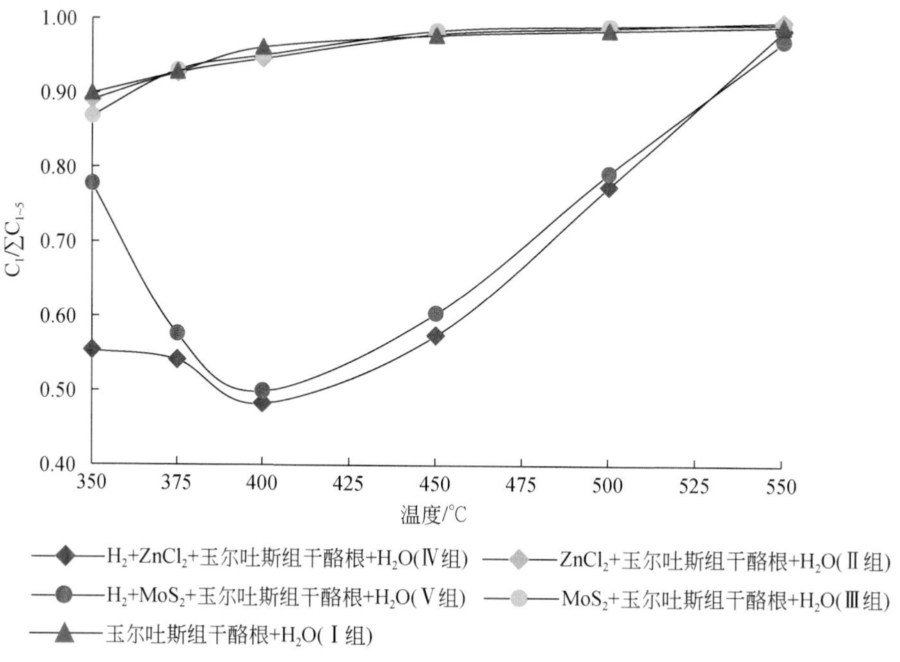

图 3.13　封闭体系内 $ZnCl_2/MoS_2$ 作用下催化加氢对照 $C_1/\sum C_{1\sim5}$ 对比（高成熟干酪根）

不是水分子 H 和 O 之间化合键的分解；在实验Ⅳ组和Ⅴ组，分别是未加 H_2 的实验Ⅱ组和Ⅲ组产率的 39% 和 40%，CO_2 的产率显著降低源自 H_2 加入后发生了反应。

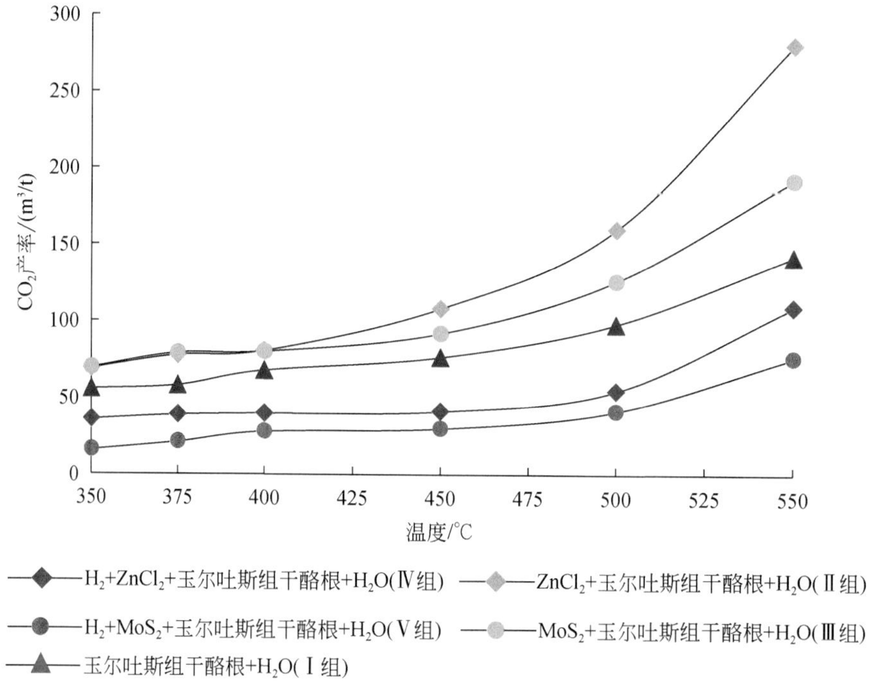

图 3.14　封闭体系内 $ZnCl_2/MoS_2$ 作用下催化加氢对照 CO_2 产率对比（高成熟干酪根）

实验Ⅰ组、Ⅱ组和Ⅲ组对比表明，在Ⅰ组中 H_2 产率随温度变化未见明显升高，最高为 0.02m³/t Ker（550℃），但加入 $ZnCl_2$ 和 MoS_2 后其最大产率分别为 24.27m³/t Ker（550℃）和 17.43m³/t Ker（550℃），产率增加了 1～2 个数量级，表明 H_2 的大量生成受到催化剂加入的显著促进影响，结合对此 3 个实验组 C_2、C_3 产率对比变化可以看出，增加的 H_2 主要来源于有机质自身产生。

对于碳同位素特征变化，由于玉尔吐斯组干酪根处于高成熟阶段，自身热解过程中随温度升高 $\delta^{13}C$ 变重，气态产物组分中只能有效地检测到 C_1 和 C_2 及 CO_2 的碳同位素值。对于同一温度点上不同对照条件下的气态烃 $\delta^{13}C$ 值来说，各气态烃伴随催化与氢气加入反应程度的增大，其 $\delta^{13}C$ 值呈依次变轻的变化趋势。在 $\delta^{13}C_1$ 值分布特征上，实验Ⅰ组的 $\delta^{13}C_1$ 值随温度升高不断增大，$\delta^{13}C_1$ 值变化区间为-39.8‰～-34.9‰；在加入催化剂 $ZnCl_2$ 和 MoS_2 对照的实验Ⅱ组和Ⅲ组后，$\delta^{13}C_1$ 值变化区间分别为-44.7‰～-36.7‰和-43.6‰～-36.2‰；在实验Ⅳ组和Ⅴ组的 $\delta^{13}C_1$ 值变化区间分别为-45.9‰～-40.2‰和-52.4‰～-43.4‰，在 400℃阶段之前呈增大趋势，在 400～450℃呈现降低趋势，之后随着升温而变大，表明 400℃点以后对产物 C_1 来说，催化加氢裂解作用对低碳小分子的歧化反应起到主要的促进作用，且由于 $^{12}C—^{12}C$ 键的键能小于 $^{12}C—^{13}C$ 键能，$\delta^{13}C_1$ 分馏随着催化加氢强度的增加而变轻（图 3.15）。

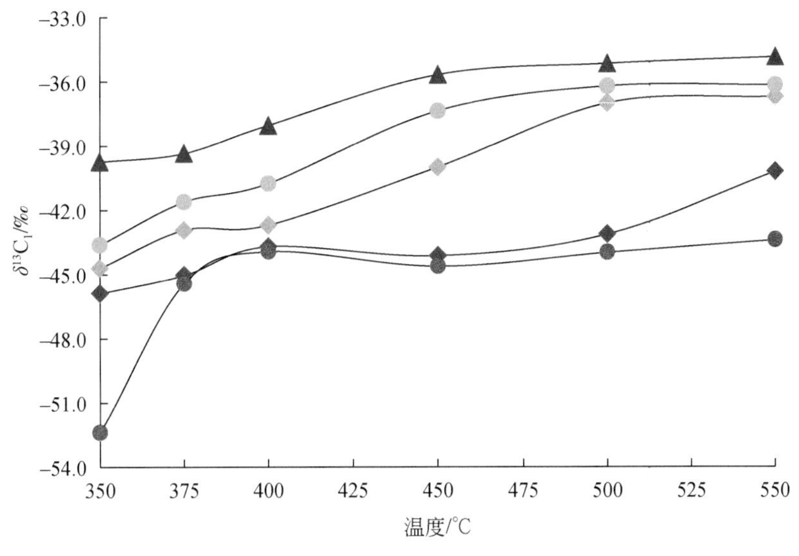

图 3.15　封闭体系内 $ZnCl_2$/MoS_2 作用下催化加氢对照 $\delta^{13}C_1$ 值对比（高成熟干酪根）

在 $\delta^{13}C_2$ 值分布特征总体上随温度升高依次增大。实验Ⅰ组的 $\delta^{13}C_2$ 值在 350～400℃区间碳同位素值变化幅度较大，为-28.2‰～-24.4‰，400℃点之后 $\delta^{13}C_2$ 值变化幅度趋于平稳，为-24.4‰～-23.6‰；在加入催化剂 $ZnCl_2$ 和 MoS_2 的实验Ⅱ组和Ⅲ组中，$\delta^{13}C_2$

值变化区间总体平稳，与实验Ⅰ组类似，分别为−29.9‰～−24.0‰和−29.1‰～−23.7‰，$ZnCl_2$ 和 MoS_2 的加入较小幅度地促进了反应的进行和碳同位素分馏；在实验Ⅳ组和Ⅴ组的 $\delta^{13}C_2$ 值变化幅度更大，分别为−38.4‰～−14.1‰和−37.6‰～−12.1‰，说明催化加氢显著增加了 C_2 的生成和碳同位素分馏。在 550℃时 $\delta^{13}C_2$ 值异常大，是由于 H_2 的加入促进催化裂解反应，在大于 500℃时 C_2 大量裂解生成 C_1，导致残留 C_2 的 $\delta^{13}C_2$ 值异常变大（图 3.16）。

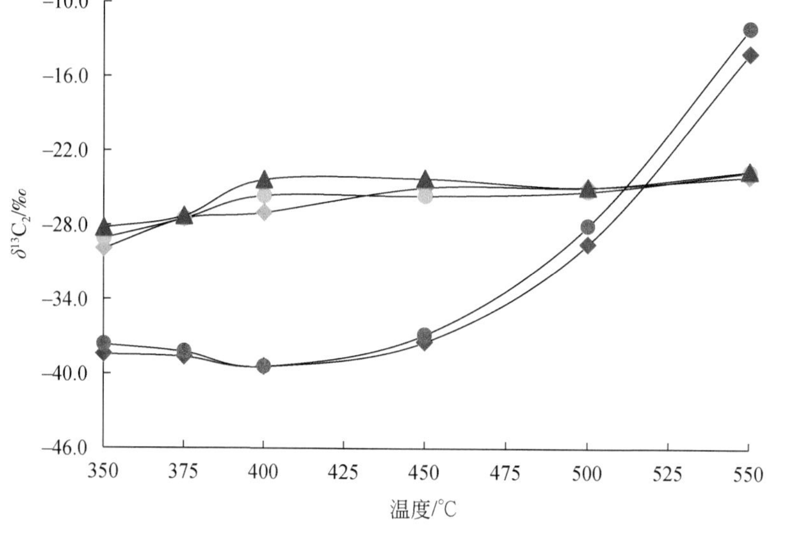

图 3.16　封闭体系内 $ZnCl_2$/MoS_2 作用下催化加氢对照 $\delta^{13}C_2$ 值对比（高成熟干酪根）

CO_2 作为主要反应产物之一，气态烃 $\delta^{13}C_{CO_2}$ 值的同位素分馏主要受自身分子质量控制。加氢组和未加氢组实验结果对照显示（图 3.17），相对未加氢组 CO_2，加氢组的 CO_2 的 $\delta^{13}C_{CO_2}$ 值偏大，这与烷烃类 $\delta^{13}C$ 值分馏变化呈负相关趋势，高过成熟干酪根催化加氢裂解产生的 CO_2 的 $\delta^{13}C_{CO_2}$ 值较为稳定。相对实验Ⅰ组、Ⅱ组和Ⅲ组 $\delta^{13}C_{CO_2}$ 值分布在−35‰～−33‰，在实验Ⅳ组和Ⅴ组的 $\delta^{13}C_{CO_2}$ 都呈现先减小后又增大的趋势，$ZnCl_2$ 催化剂的参与反应促使产物的 $\delta^{13}C_{CO_2}$ 值变大，H_2 和催化剂的共同加入进一步增大了 $\delta^{13}C_{CO_2}$ 值的分馏，MoS_2 催化剂在反应的初期阶段对 $\delta^{13}C_{CO_2}$ 值影响较大。同时，相对 C_1、C_2 等烷烃气 $\delta^{13}C$ 值变化，CO_2 的碳同位素分馏变化范围相对烷烃气偏小，这可能与其受控长链烃氧化脱羧，而不是受控于不同烷烃基团 C—C 键的键能差异导致优先断裂有关。

对于氢同位素变化特征，随着实验温度的升高，烷烃气氢同位素发生分馏，^{1}H 和 ^{2}H 的分布发生了不同的变化，导致烃类气体的氢同位素值发生变化，因为氢的分子量小，其分馏程度远大于碳同位素。本实验反应 H_2 的 $\delta^{2}H$ 值为−79.5‰，实验结果显示，$\delta^{2}H_{CH_4}$ 值

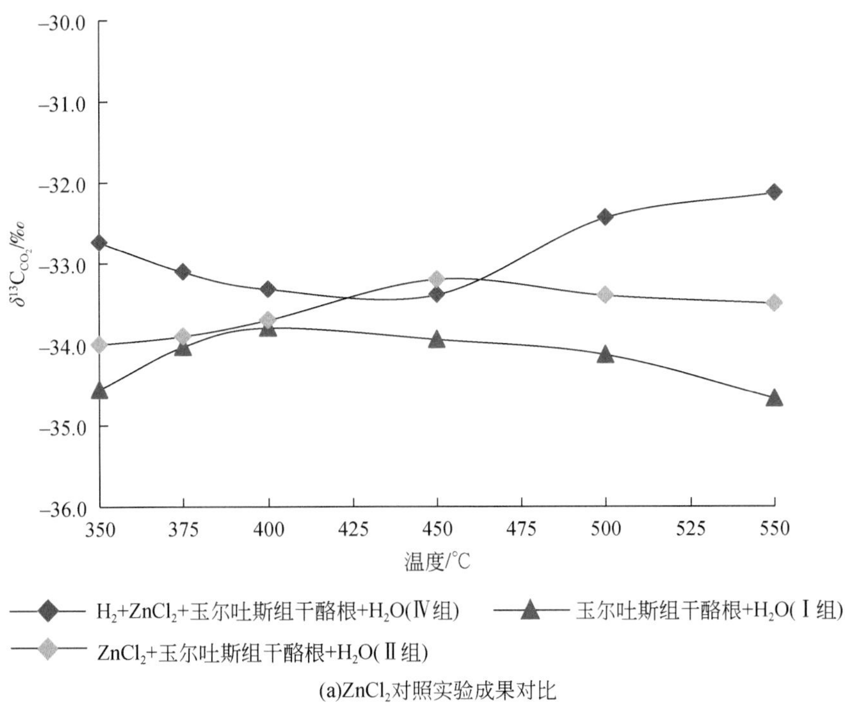

(a)$ZnCl_2$对照实验成果对比

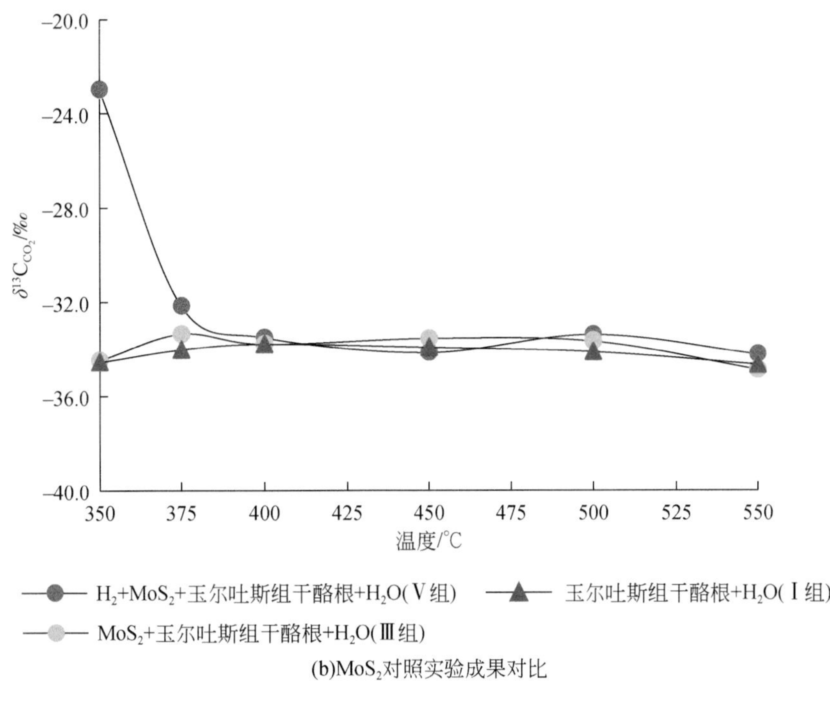

(b)MoS_2对照实验成果对比

图 3.17　封闭体系内 $ZnCl_2$/MoS_2 作用下催化加氢对照 $\delta^{13}C_{CO_2}$值对比（高成熟干酪根）

分布范围为-300‰～-50‰，分馏幅度为150‰～250‰，远超$\delta^{13}C_1$同位素的分馏幅度。在加入催化剂$ZnCl_2$和MoS_2的实验Ⅱ组和Ⅲ组中，$\delta^2H_{CH_4}$随着温度增加而增大，变化区间分别为-250‰～-92‰和-252‰～-95‰；实验Ⅳ组和Ⅴ组在加入H_2和催化剂$ZnCl_2$和MoS_2对照显示，$\delta^2H_{CH_4}$值变化区间为-256‰～-40‰和-297‰～-50‰（图3.18），H_2的加入增大了$\delta^2H_{CH_4}$分馏幅度，也暗示了H_2中的氢元素参与了烷烃气的生成，从而促进了氢同位素的分馏。

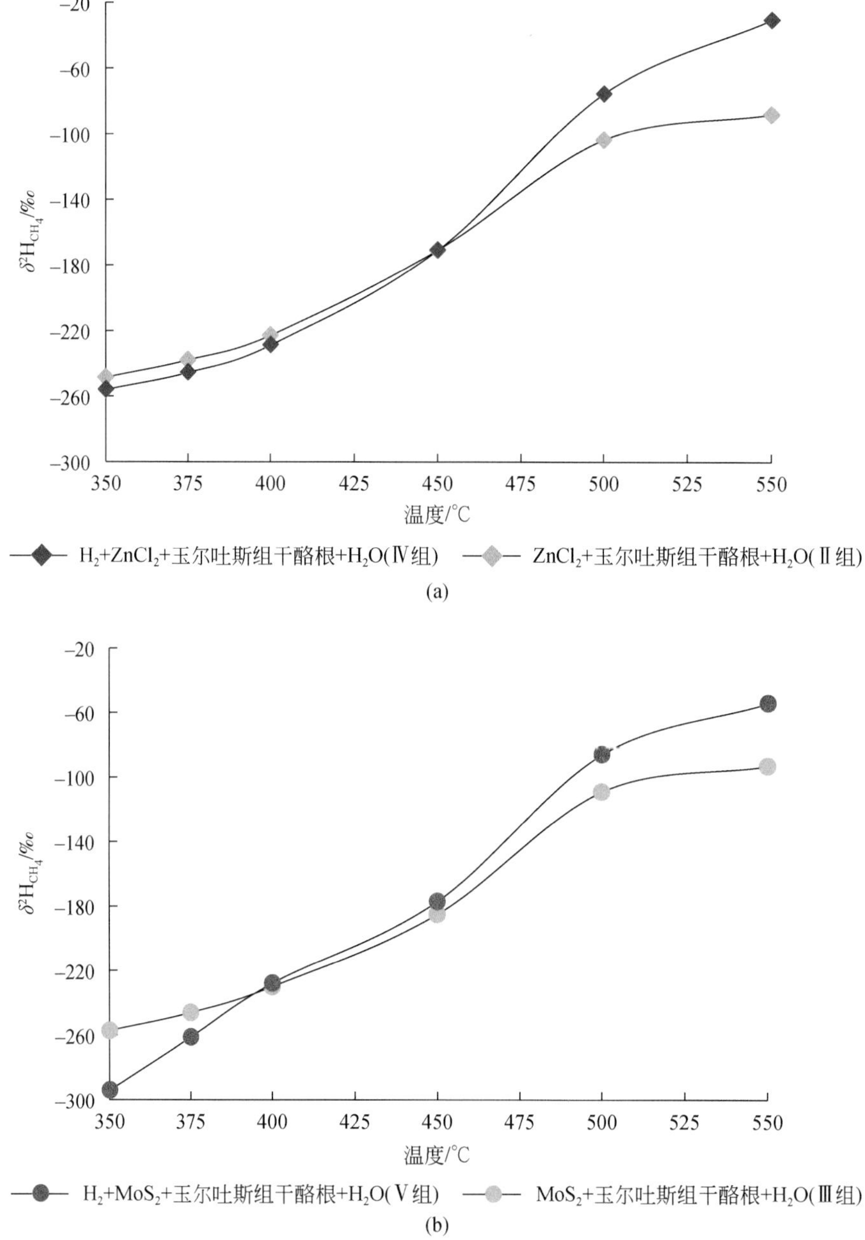

图3.18　封闭体系内$ZnCl_2$/MoS_2作用下化加氢对照δ^2H值对比（高成熟干酪根）

3.2.3　高熟干酪根催化加氢生烃规律

催化加氢显示，生成气态产物组分产率和碳、氢同位素值都发生了显著变化。物源供应角度上主要取决于反应环境中 H_2 和不同金属元素的控制影响。

对比催化剂对气态烃产物产率变化影响上的催化效果，$ZnCl_2$ 作用要优于 MoS_2。玉尔吐斯组高熟干酪根自身热解生烃能力很弱，伴随温度升高和不同催化剂对加氢作用的催化，干酪根生烃能力得到了显著提升。CH_4 作为最稳定的烃类分子，产率增加除了源自干酪根催化加氢反应，还有其他气态烃类的催化加氢裂解作用生成。不同催化剂作用下产率变化显著，在相同加氢条件下，$ZnCl_2$ 作用下的甲烷产率都要大于 MoS_2，产率比值为 1.0 ~ 1.4，平均为 1.3。在加入 H_2 和催化剂的实验组与只加催化剂实验组的对照实验结果显示，由于 H_2 的加入，延迟了乙烷、丙烷等重烃的分解，导致生烃高峰倾向于更高温度；同时重烃基团键能相对甲基较小，导致重烃基团优先参与加氢裂解，促进了 C_{2+} 烃类生成，也进一步导致产物的干燥系数显著变小，外源 H_2 的加入极大地改变了干酪根的自身裂解模式，重烃组分 C_{2+} 显著增加，这也与 Mango（1994）、Lewan 等（1979）和 Ma 等（2019）认为的随着催化加氢作用强度增加产物气体干燥系数明显低于普通地质环境下的观点一致。

对比异构/正构烷烃比值变化，正构烷烃通过自由基反应形成，异构烷烃源自两个过程：①干酪根和沥青支链上的自由基裂解；②酸性条件下 α-烯烃进行阳离子反应（Eisma et al., 1969；Pan et al., 2006）。玉尔吐斯组干酪根自身达到了高成熟，在分子结构上支链不发育，因此异构烷烃主要来源酸化阳离子反应。Thompson 和 Creath（1966）统计表明，在主要通过以自由基生烃形式生成的北美洲工业油气藏中，iC_4/nC_4 值通常在 0.5 左右，一般不大于 1.0；iC_5/nC_5 值在 1.0 左右，一般不大于 2.0。本次研究中，同一温度点上同一组分对比发现 $ZnCl_2$ 作用下的 iC_n/nC_n 值要大。对 C_4 来说［图 3.19（a）］，从初始温度 350℃点至 400℃点，两种催化剂作用生成产物的比值 iC_4/nC_4 值变化幅度都相对稳定，分别为 0.241 ~ 0.309 和 0.184 ~ 0.217，在 450℃点达到最大值，比值分别为 1.045 和 1.042；对于 C_5 来说［图 3.19（b）］，伴随温度变化两者变化较大，从初始温度 350℃点到 500℃点，$ZnCl_2$ 作用下 iC_4/nC_4 值范围为 2.200 ~ 6.252，MoS_2 作用下 iC_5/nC_5 值为 0.096 ~ 1.409。说明 $ZnCl_2$ 作用下通过酸性条件阳离子反应生成的烃类更多，促进了异构烷烃的生成，进一步说明了在促进阳离子反应生烃上，$ZnCl_2$ 促进生烃的催化效果比 MoS_2 的催化效果更好。

对于石油和天然气的碳氢同位素组成来说，相对其母质干酪根是贫 ^{13}C 和 ^{2}H 的。这是由于干酪根 $^{12}C—^{12}C$ 键和 $^{1}H—C—C—^{1}H$ 中的 C—C 键较 $^{12}C—^{13}C$ 键和 $^{2}H—C—C—^{1}H$ 中 C—C 键更易断裂，从而使较轻同位素进入石油和天然气中（卢双舫等，2010）。

对比碳同位素特征变化，能从 C_1 与 C_2 的 $\delta^{13}C_1$-$\delta^{13}C_2$ 的变化清晰地识别出催化加氢作用的反应程度（图 3.20）。未加 H_2 系列数据显示 $\delta^{13}C_1$-$\delta^{13}C_2$ 具有良好的对应关系，加入 $ZnCl_2$ 和 MoS_2 的两组相比催化剂空白组变化显示 $\delta^{13}C_1$-$\delta^{13}C_2$ 值都显著变小且范围变宽，结合 C_2 产率未见变化，说明 C_2 在加入催化剂后主要促进了碳同位素分馏，促进 $\delta^{13}C_1$ 和 $\delta^{13}C_2$ 值降低，催化剂的加入说明外源金属离子都参与改变了反应进程，促进了同位素分馏

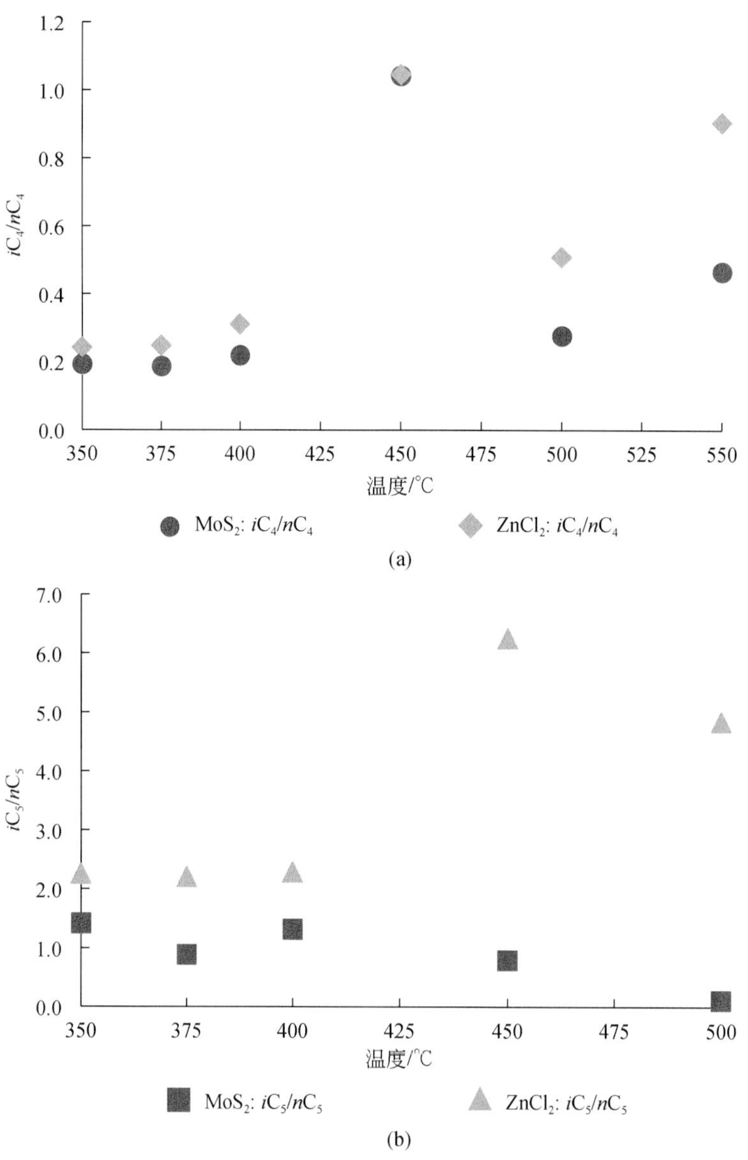

图 3.19　封闭体系内 $ZnCl_2$/MoS_2 作用下催化加氢对照 iC_4/nC_4 和 iC_5/nC_5 值对比（高成熟干酪根）

程度，但对反应平衡的影响不大。催化加 H_2 两组对比显示反应过程很大程度上促进高熟干酪根中碳源的活化，在一定温度范围（≤450℃）内，$\delta^{13}C_1$-$\delta^{13}C_2$ 呈团簇状分布在稳定的低值区间；500℃时 $\delta^{13}C_1/\delta^{13}C_2$ 与未加 H_2 范围相近，组分上 C_2 已过生烃高峰，是由于 $\delta^{13}C$ 值较小的 C_2 组分开始加氢分解生成 C_1，剩下 $\delta^{13}C$ 值较大的 C_2；同时 C_3 几乎全部裂解，由于 $\delta^{13}C$ 动力学分馏促使生成较轻的 $\delta^{13}C_1$ 和较重的 $\delta^{13}C_2$。受温度和碳的物质量的制约，在 550℃时生成 C_2 中保留的重碳含量增加，导致线性变化差别很大。这也暗示在沉积盆地中当评价烃源岩生烃过程是否受到催化加氢的影响时，$\delta^{13}C_1$-$\delta^{13}C_2$ 参数可以提供良好的补充验证。

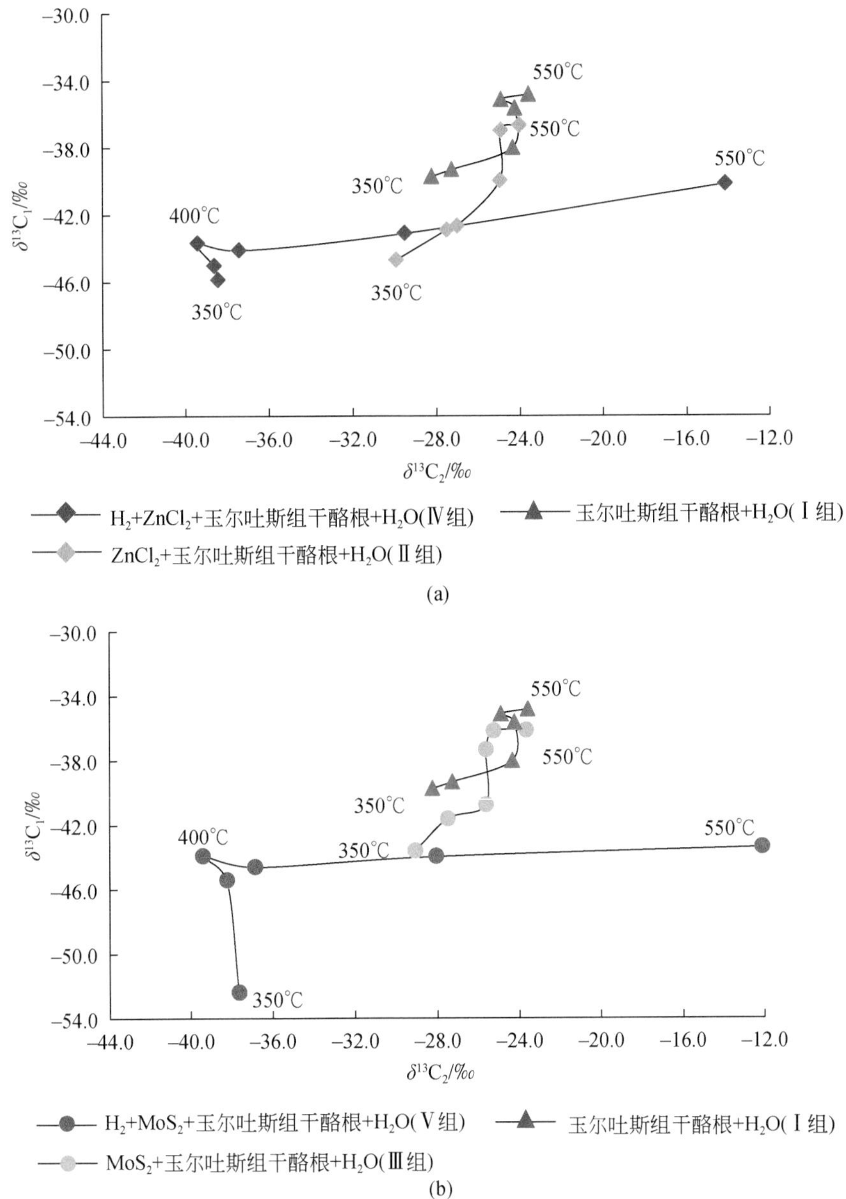

图3.20　封闭体系内 $ZnCl_2$/MoS_2 作用下催化加氢条件 $\delta^{13}C_1$-$\delta^{13}C_2$ 对比（高成熟干酪根）

CO_2 作为反应过程中主要的伴生产物之一，其 $\delta^{13}C$ 值分馏变化与烷烃 $\delta^{13}C$ 变化相反，$\delta^{13}C_{CO_2}$ 伴随反应强度增加总体呈变大趋势（图3.21、图3.22）。当催化加氢强度弱的阶段，干酪根生烃主要还是以自身裂解的方式进行，导致干酪根在低温阶段烷烃 $\delta^{13}C$ 变化受温度和外源 H_2 参与反应影响很大。$\delta^{13}C_{CO_2}$ 值伴随催化反应强度的增加，不同实验组的最大 $\delta^{13}C_{CO_2}$ 值的温度点不同，如对于实验Ⅰ组高熟干酪根来说，$\delta^{13}C_{CO_2}$ 变化由大变小拐点（400℃），加催化剂的实验Ⅱ组和Ⅲ组对照生烃模式干酪根在热解过程中受到催化剂影响，$\delta^{13}C_{CO_2}$ 变化由大变小拐点（450℃）。对于催化加 H_2 后生烃受到外源 H_2 的加入反应，改变了原来干酪根自身的演化过程，促进了生烃过程中同位素的交换，$\delta^{13}C_{CO_2}$变化为先变轻后变重，这主要还是受控于 CO_2 的碳同位素的动力学分馏影响。$ZnCl_2$ 催化条件下相比 MoS_2 最大$\delta^{13}C_{CO_2}$值温度要延后；结合 $ZnCl_2$ 条件下$\delta^{13}C_2$ 值小于 MoS_2，都验证相同条件下 $ZnCl_2$ 的催化效果要优于 MoS_2。

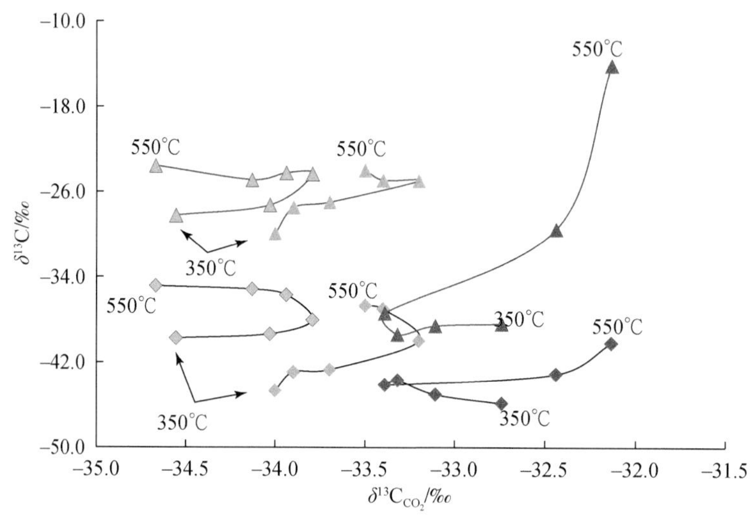

图 3.21 封闭体系内 $ZnCl_2$ 催化加氢对照条件下不同烷烃与 CO_2 的 $\delta^{13}C$ 值对比（高成熟干酪根）

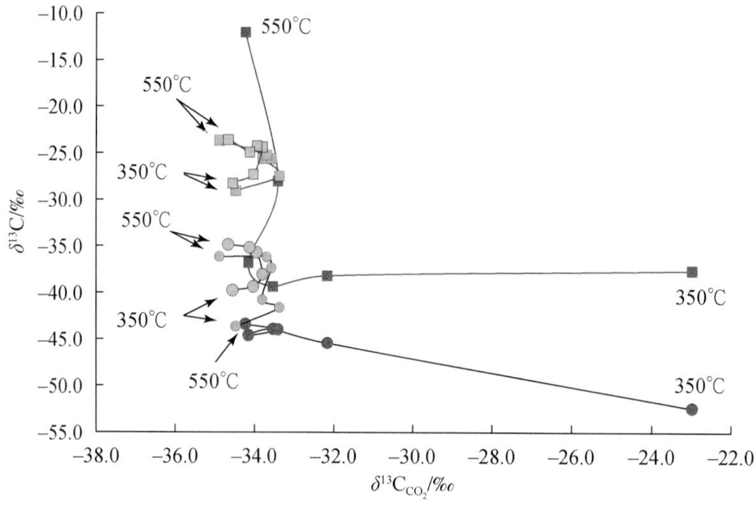

图 3.22 封闭体系内 MoS_2 催化加氢对照条件下不同烷烃与 CO_2 的 $\delta^{13}C$ 值对比（高成熟干酪根）

对于催化加氢生烃机制，主要以 H 自由基和 H 离子形式进行，分别有“路易斯酸位”（简称 L 酸）催化和“布氏酸位”催化两种模式（图 3.23）。当“路易斯酸位”催化时，所涉及的主要化学反应是脱羧反应及 C—C 键的断裂（李术元等，2002；He et al.，2011；Ma et al.，2018，2019）。由于 Zn^{2+}或 Mo^{4+}构成的 L 酸位是一个对电子有高度亲和力的空轨道位置，当有机质脱羧基时，此位置上的 Zn^{2+}或 Mo^{4+}从吸附的有机分子中得到一个电子，而羧酸失去一个 CO_2 形成自由基，自由基进一步与 H 自由基结合重排反应，导致 C—C 键的断裂，生成键长较短的游离烃，脱羧反应产物主要是 CO_2，C—C 键的断裂主要是促进了游离烃类的生成。当进行“布氏酸位”催化时，通过与 Zn^{2+}与 Mo^{4+}接触，水分子或氢分子失去一个电子生成 H 离子，会促进干酪根不饱和环烷烃加成反应，继续加氢反应后，最终生成小分子量的饱和链烃（Wu et al.，2012；Ma et al.，2018）。

产率结果显示，Zn 离子比 Mo 离子具有更好的催化效果，可能由于 Zn 离子具有更强的催化活性，更加稳定持久，同时具有更好的质量传递作用，促使 Zn 离子更易充分地接触到反应物。对于阴性 Cl_1 离子化学性质极为稳定，前人在干酪根催化裂解实验中认为其对促烃反应起到一定抑制作用（李术元等，2002）。在 H_2 参与催化加氢实验中，$ZnCl_2$ 展现出良好的催化生烃效果；S^{2-}与 H_2 反应生成部分 H_2S，H_2S 对于生烃具有催化作用（He et al.，2011），但产物检测结果显示 H_2S 含量相对极低，催化贡献不显著。

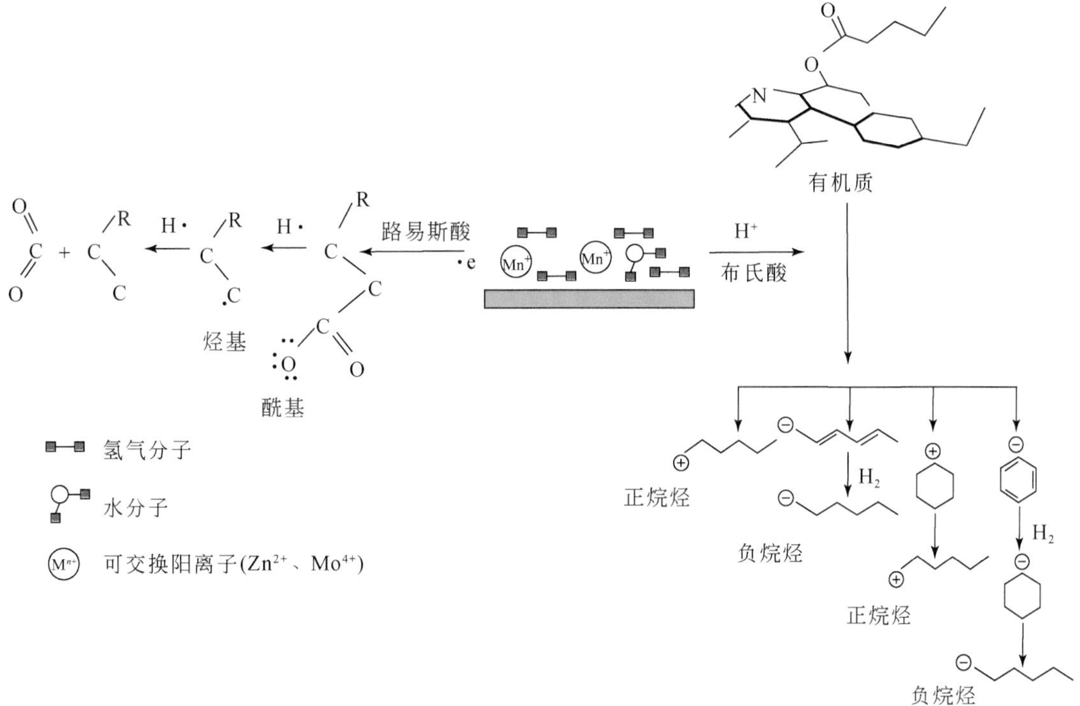

图 3.23　封闭体系内 $ZnCl_2/MoS_2$ 作用下 H 自由基与 H 离子催化机理

（据 Mango，1994，1996；He et al.，2011；Wu et al.，2012；Ma et al.，2018；Huang et al.，2021 修改）

费-托合成作用作为无机生烃的主要模式之一，不论在地质发现还是实验中都得到很好的验证（Hosgörmez et al., 2007；Fu et al., 2007；McCollom and Donaldson, 2016；Suda et al., 2014；Etiope, 2017；Liu et al., 2018；Huang et al., 2021），其受所处环境的氧化还原条件情况影响很大。催化加 H_2 实验中提供了一个良好的还原环境和物源供应条件，如图 3.24 所示，$ZnCl_2$ 催化加氢状态下 CO_2 与 CH_4 产率相对变量关系变化为 $y=1.1359x-17.687$，拟合系数 $R^2=0.9375$；MoS_2 催化加氢状态下 CO_2 与 CH_4 关系变化为 $y=2.1496x-97.873$，拟合系数 $R^2=0.9533$。若从 400℃ 反应变化稳定时 CO_2 与 CH_4 关系变化为 $y=1.9199x-73.472$，拟合系数 R^2 达 0.9921，证明 CO_2 在加氢反应后产率减少量与甲烷的增量呈现良好的线性关系，CO_2 减少量在温度为 375℃ 的时候迅速增加，可能与高温下水与溶解度有关；在高温阶段（≥400℃）催化状态下加速了氢自由基与碳分子团的活化反应。CO_2 在催化加氢反应中，伴随 H_2 与 CO_2 发生的费-托合成作用合成并生成了以 CH_4 为主的烃类和水。此外，从方程斜率变化中看出，$ZnCl_2$ 对干酪根自身加氢热解生烃的催化效果要优于 MoS_2 的催化效果。

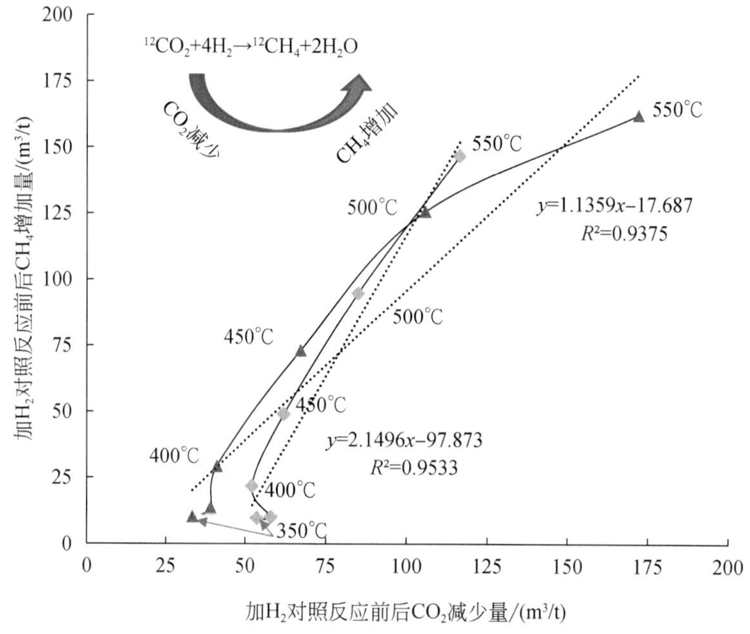

图 3.24　封闭体系内 $ZnCl_2$/MoS_2 作用下催化加氢对照 C_1 与 CO_2 的相对增量对比

H_2 参与生烃反应后，CO_2 产率下降速度明显降低，但下降到一定值后会维持稳定，受不同温度影响下产率总体稳定，同位素变化也呈现由重变轻，后持续总体稳定趋势。加 H_2 反应抑制了脱羧作用，以及生成的 CO_2 与 H_2 发生了费-托合成作用导致产率显著降低。对照实验结果显示不同催化剂作用下最终 CO_2 的转化率是恒定的，推测是由加入 H_2 反应后活化 C 的数量所决定的，说明地质环境反应过程中的反应物最终不会全部反应。

催化加 H_2 的反应在一个倾向中性-还原体系下进行，同时伴有 CO_2 参与的费-托合成作用生成烃类，从而对总烃产率产生显著影响。地质过程中，费-托合成反应在深部富氢流体对有机质加氢生烃的过程中起到重要的连接纽带作用。

综上，对于塔里木盆地古老的玉尔吐斯组烃源岩，深部流体携带的催化物质和外源氢可以对烃源岩活化进行“再次生烃”。实验表明 $ZnCl_2$ 和 MoS_2 对高熟干酪根和 H_2 的反应都具有良好的催化效果，催化加 H_2 促进了高熟干酪根的生烃能力，促使气态烃类增加 0.4～1.1 倍，且能够显著降低天然气干燥系数，同时促使次生反应费-托合成发生。同位素分馏主要遵循动力学规律，具有良好的识别特征，通过气态产物的组分和同位素特征对比，相同的条件下 $ZnCl_2$ 催化效果要优于 MoS_2。这也暗示在含有 Zn、Mo 等金属元素富集，以及伴生深大断裂通道的高熟烃源岩发育地层可能是深部流体对高成熟烃源岩再次活化生烃的最有利地区。

3.3 低成熟干酪根加氢生烃模拟实验

3.3.1 实验过程与结果

本节的干酪根样品选自华北地区下花园剖面的中元古界下马岭组泥质烃源岩，干酪根类型为Ⅰ型，经提取后总有机碳含量为 88.0%，其热演化成熟度 R_o 为 0.60%；H/C 原子比为 0.87，T_{max} 为 433℃，游离烃 S_1 = 2.22mg/g，热解烃 S_2 = 342.12mg/g，氧化裂解烃 S_3 = 34.74mg/g，氢指数 HI = 389mg/g，氧指数 OI = 39mg/g。实验样品粒度研磨至 200 目，催化剂选用粉末状 $ZnCl_2$ 和 MoS_2，两者粒度都为 200 目。去离子水为实验室内制取，H_2 为含有 5% 内标 He 气的高纯度 H_2（已测 δ^2H_2 = -79.4‰，VSMOW）。实验共有 4 组不同对照组系列，每组系列分别设置 7 个不同温度点（300℃、350℃、375℃、400℃、450℃、500℃、550℃）。其余实验过程中关于样品装样与检测的流程参考 3.2 节。

下马岭组干酪根催化加氢模拟实验结果显示，所有模拟实验样品检测气体组分总产率随着温度的升高呈现上升趋势，检测的有机组分为 $C_{1\sim5}$，无机组分为 CO_2 和 H_2。对于实验Ⅰ组的总气产率从初始温度 300℃时的 46.78m^3/t 开始，到最高温 550℃点达到最大产率 561.99m^3/t。实验Ⅱ组的总气产率从初始温度 300℃时的 46.19m^3/t 开始，到最高温 550℃点达到最大产率 441.75m^3/t，在 300～375℃，相同实验温度条件 MoS_2 作用下总气体产率略微大于 $ZnCl_2$，在 400℃后，$ZnCl_2$ 作用下总气体产率显著大于 MoS_2。在实验Ⅲ组和Ⅳ组，总气产率（未核算 H_2 产率）分别在 300℃时最小产率分别为 44.36m^3/t 和 29.87m^3/t，产率伴随温度升高呈大幅增加趋势，在 550℃点时达到最大产率分别为 1283.85m^3/t 和 1064.92m^3/t，分别为未加 H_2 系列实验Ⅰ组和Ⅱ组的最大产率的 2.3 倍和 2.4 倍，且 $ZnCl_2$ 作用下对总气体产率增加大于 MoS_2 作用。与实验Ⅰ组和Ⅱ组相比，对照加入 H_2 反应后，CO_2 产率都显著降低；烷烃气产率在 300～400℃时呈现降低趋势，低温阶段以抑制作用为主，在 450℃以后烷烃气产率开始大幅度增加。烷烃气产率伴随温度变化受到影响显著，CO_2 产率变化对比显示在 300～450℃不显著，在更高温度情况下显著。

不同系列模拟实验在气态烃 $\sum C_{1\sim5}$ 产率分布上，从初始低温向高温阶段总气态烃产率不断增大，都在最高温度点 550℃ 到达最大值。实验Ⅰ组的总气态烃从初始温度产率 1.52m^3/t，最大产率为 366.67m^3/t；实验Ⅱ组的总气态烃初始温度产率为 2.73m^3/t，最大产率 298.13m^3/t，Ⅰ组和Ⅱ组伴随温度增加最大产率$\sum C_{1\sim5}$增长相对平稳。在实验Ⅲ组的总气态烃初始温度产率 9.91m^3/t，最大产率为 1158.59m^3/t；实验Ⅳ组的总气态烃初始温度产率 7.67m^3/t，最大产率为 966.60m^3/t，实验Ⅲ组和Ⅳ组伴随温度增加最大产率$\sum C_{1\sim5}$增长幅度变化大。已加氢的Ⅲ组和Ⅳ组的最大产率分别为未加 H_2 的对照实验Ⅰ组和Ⅱ组的 3.16 倍和 3.24 倍（图 3.25）。

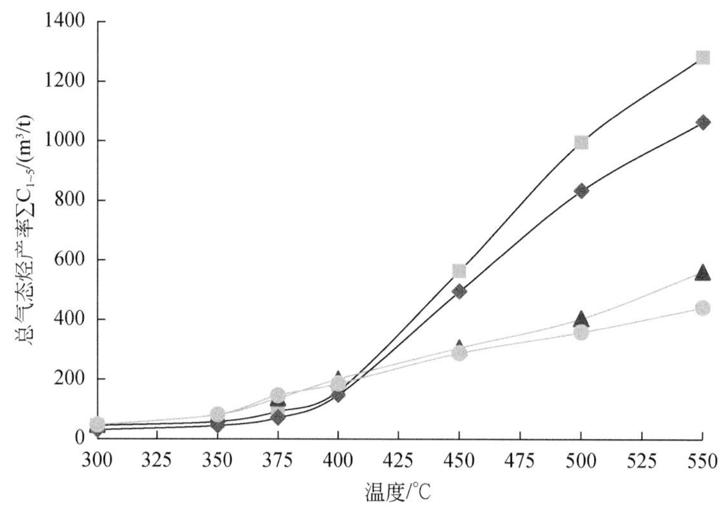

图 3.25　封闭体系内 $ZnCl_2$/MoS_2 作用下不同催化加氢对照条件下$\sum C_{1\sim5}$产率对比

不同系列模拟实验 C_1 产率分布上，从温度变化由低温向高温阶段变化过程中总气态烃产率不断增大，都在最高温度点 550℃ 到达最大值。实验Ⅰ组总气态烃从初始温度产率 1.06m^3/t；最大产率为 365.34m^3/t；实验Ⅱ组的总气态烃初始温度产率为 1.94m^3/t，最大产率 294.27m^3/t，Ⅰ组和Ⅱ组伴随温度增加最大产率 C_1 增长相对平缓；实验Ⅲ组的总气态烃初始温度产率 7.07m^3/t，伴随温度升高产率增加，最大产率为 1029.01m^3/t；实验Ⅳ组的总气态烃初始温度产率 5.72m^3/t，伴随温度升高产率增加，最大产率为 938.48m^3/t，Ⅲ组和Ⅳ组伴随温度增加最大产率 C_1 增长幅度变化大。已加氢的实验Ⅲ组和Ⅳ组的最大产率分别为未加 H_2 系列Ⅰ组和Ⅱ组的 2.82 倍和 3.19 倍（图 3.26）。

不同系列模拟实验在气态烃 C_2 产率分布上，对照实验Ⅰ组和对照实验Ⅱ组的 C_2 产率分别从初始温度（300 ~ 450℃）产率不断增大，都在 450℃ 点产率达到最大峰值，从 450 ~ 550℃ 点产率降低，C_2 最大产率分别为 59.79m^3/t（450℃）和 61.05m^3/t（450℃），$ZnCl_2$ 和 MoS_2 作用下 C_2 产率温度变化曲线变化无显著差别；在实验Ⅲ组和实验Ⅳ组，C_2 最大产率分别为 378.73m^3/t（500℃）和 283.01m^3/t（500℃），分别为未加 H_2 的对照Ⅱ组和Ⅲ组的产率的 6.33 倍和 4.64 倍（图 3.27）。外源 H_2 的加入参与反应过程中，在 300 ~

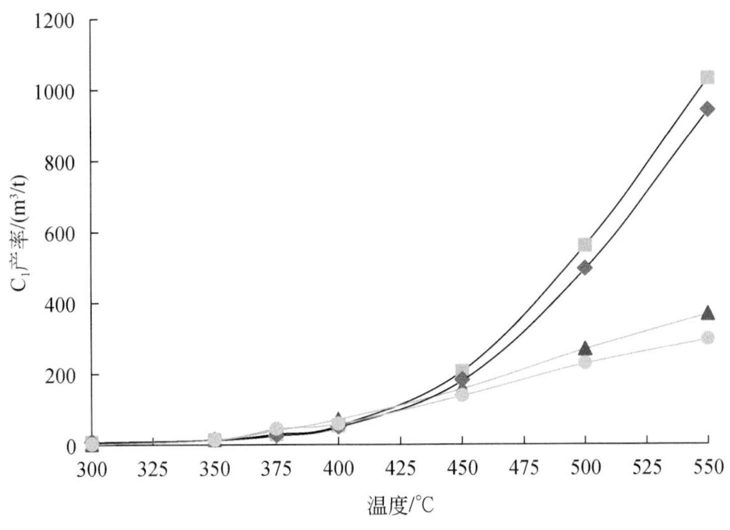

图 3.26　封闭体系内 $ZnCl_2$/MoS_2 作用下催化加氢对照 C_1 产率对比（低成熟干酪根）

400℃区间并未显著增加 C_2 产率，从 450℃开始观测到 C_2 产率显著增加，高温条件下 H_2 参与反应促使 C_2 的生烃高峰温度点后延，同时 $ZnCl_2$ 作用下对 C_2 产率增加幅度相较 MoS_2 更大。

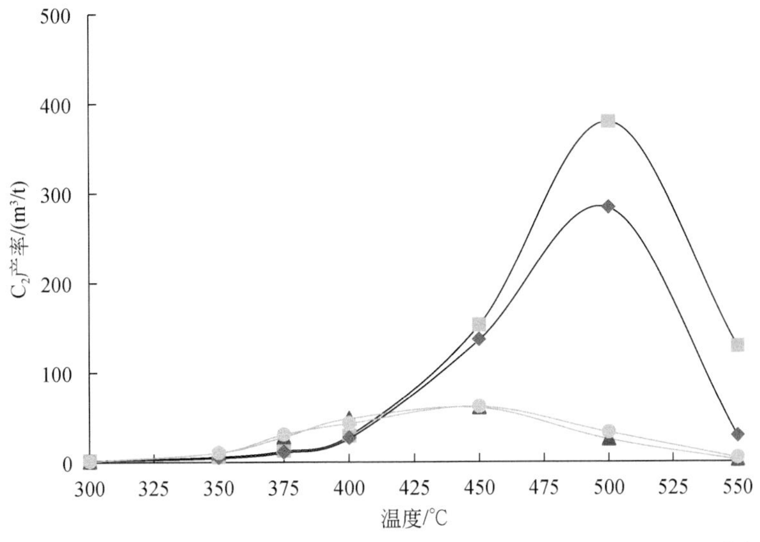

图 3.27　封闭体系内 $ZnCl_2$/MoS_2 作用下催化加氢对照 C_2 产率对比（低成熟干酪根）

不同系列模拟实验在气态烃 C_3 产率分布上，对照实验Ⅰ组和Ⅱ组的 C_3 产率分别从初始温度（300～450℃）产率总体呈增长趋势，并在 400～450℃产率达到最大峰值，之后产率随着温度升高而降低，C_3 最大产率分别为 14.84m³/t（400℃）和 14.95m³/t（450℃）；在实验Ⅲ组和Ⅳ组中，C_3 产率最大产率分别为 117.16m³/t（500℃）和 107.55m³/t（500℃），分别为未加 H_2 的对照实验Ⅱ组和Ⅲ组的产率的 7.89 倍和 7.19 倍（图 3.28），外源 H_2 的加入在 300～375℃抑制了 C_3 产率增加，在 400℃之后 C_3 产率大幅增长，高温条件下 H_2 参与反应促使 C_3 的生烃高峰温度点后延，且 $ZnCl_2$ 作用下对 C_3 产率增加幅度相较 MoS_2 更大。外源 H_2 的加入导致在 300～375℃相对低温阶段呈现抑制产率的增长，在 400℃之后显示 C_3 产率显著增加。

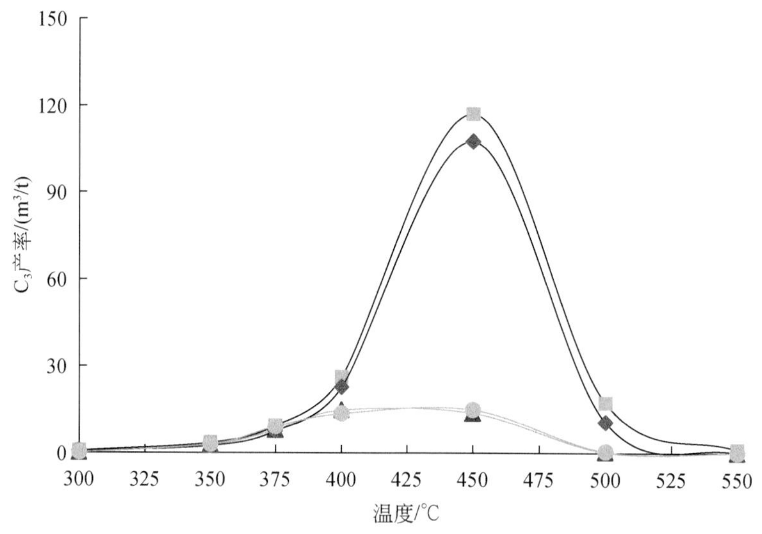

图 3.28　封闭体系内 $ZnCl_2$/MoS_2 作用下催化加氢对照 C_3 产率对比（低成熟干酪根）

不同系列模拟实验在气态烃 C_4产率分布上，对于异丁烷 iC_4 来说（图 3.29），对照Ⅰ组和对照Ⅱ组的 iC_4 产率变化先从初始温度开始增大，分别在 400℃点产率达到最大峰值 3.62m³/t 和 1.67m³/t，之后产率随温度升高迅速降低；在实验Ⅲ组和Ⅳ组，iC_4 最大产率分别为 25.04m³/t（450℃）和 11.99m³/t（450℃），分别为未加 H_2 的对照Ⅰ组和Ⅱ组的产率的 6.92 倍和 7.18 倍。对于正丁烷 nC_4（图 3.30）来说，对照Ⅰ组和Ⅱ组的 nC_4 产率从初始温度增大，在 400℃点产率达到最大峰值，之后产率随温度升高降低，实验观测到 nC_4 最大产率分别为 3.85m³/t（400℃）和 4.29m³/t（400℃）；在实验Ⅲ组和Ⅳ组加入 H_2 反应后，nC_4 最大产率分别为 22.75m³/t（450℃）和 23.71m³/t（450℃），分别为未加 H_2 的对照Ⅰ组和Ⅱ组的产率的 5.91 倍和 5.53 倍。外源 H_2 的加入促使了 i/nC_4 的生烃高峰向高温点后延，同时显著促进了 iC_4 和 nC_4 产率的大幅增加，其中对 nC_4 产率的促进效果比 iC_4 更大。

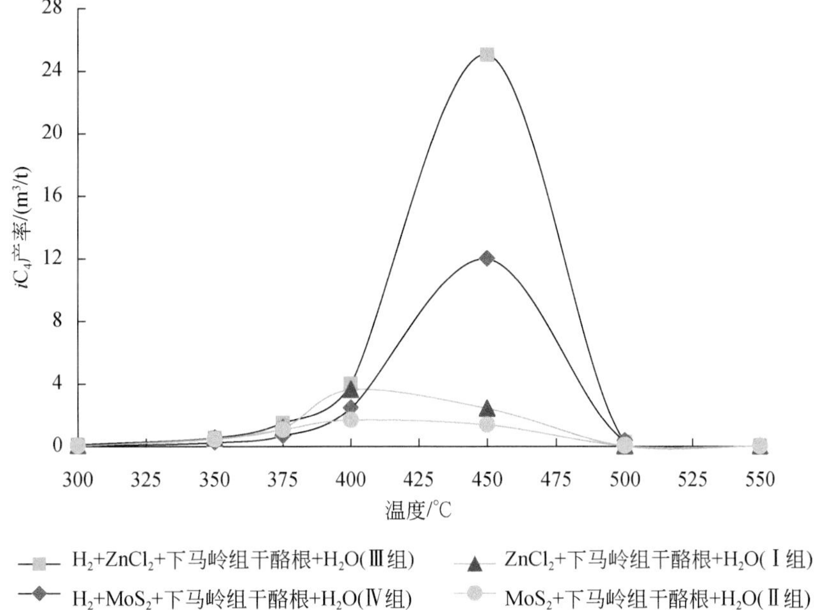

图3.29　封闭体系内 $ZnCl_2/MoS_2$ 作用下催化加氢对照 iC_4 产率对比（低成熟干酪根）

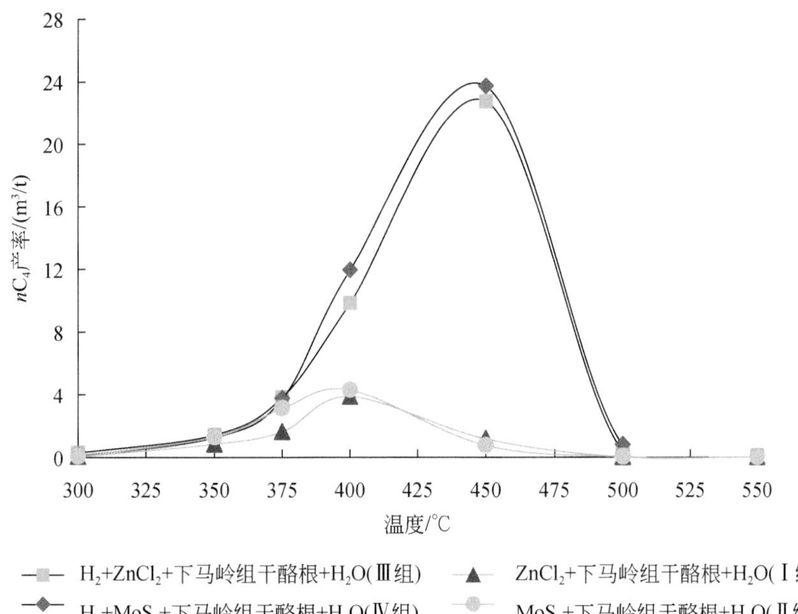

图3.30　封闭体系内 $ZnCl_2/MoS_2$ 作用下催化加氢对照 nC_4 产率对比（低成熟干酪根）

不同系列模拟实验在气态烃 C_5 产率分布上，对于异戊烷 iC_5 来说（图3.31），实验Ⅰ组和Ⅱ组的 iC_5 产率变化先从初始温度开始增大，在400～450℃产率达到最大峰值，之后产率随温度升高降低，实验观测到 iC_5 最大产率分别为0.69m³/t（400℃）和0.81m³/t

(400℃)；在实验Ⅲ组和Ⅳ组，iC_5 最大产率分别为 3.22m^3/t（400℃）和 2.43m^3/t（400℃），分别为未加 H_2 的对照Ⅰ组和Ⅱ组的产率的 4.67 倍和 3.00 倍。对于正戊烷 nC_5 来说（图 3.32），实验Ⅰ组和对照Ⅱ组的 nC_5 产率变化先从初始温度 300℃点开始增大，

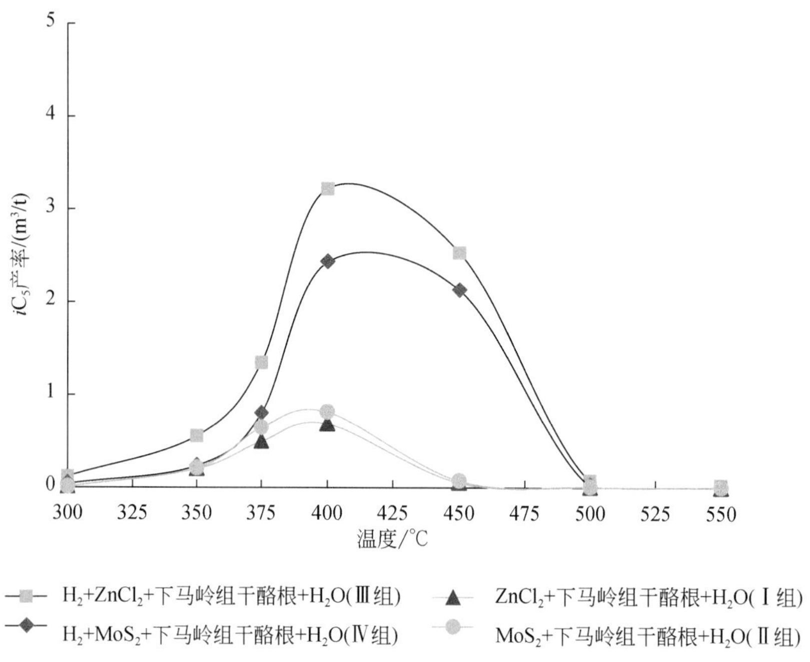

图 3.31　封闭体系内 $ZnCl_2/MoS_2$ 作用下催化加氢对照 iC_5 产率对比（低成熟干酪根）

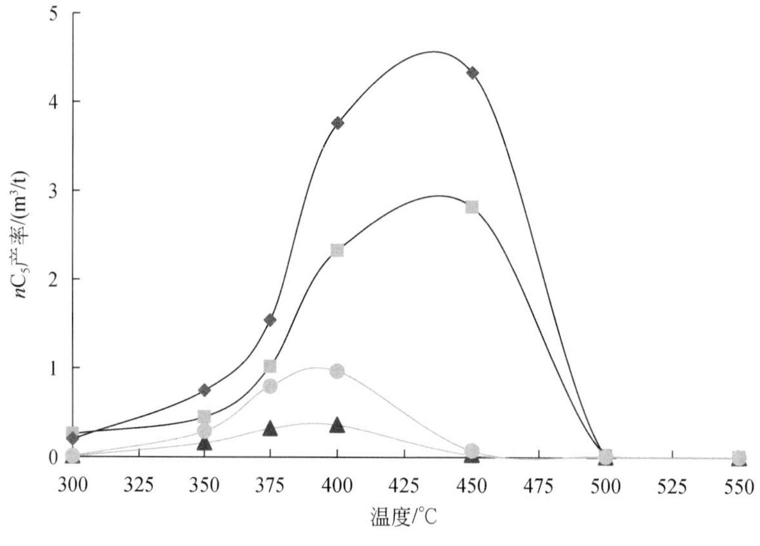

图 3.32　封闭体系内 $ZnCl_2/MoS_2$ 作用下催化加氢对照 nC_5 产率对比（低成熟干酪根）

并在400℃产率分别达到最大峰值0.36m^3/t和0.97m^3/t，之后产率随温度升高迅速降低；在实验Ⅲ组和Ⅳ组加入H_2反应后，nC_5最大产率分别为2.82m^3/t（450℃）和4.33m^3/t（450℃），分别为未加H_2的对照Ⅰ组和Ⅱ组的产率的7.83倍和4.46倍。外源H_2的加入显著促进了i/nC_5生烃产率的增加，同时促使i/nC_5的生烃高峰温度点后延。其中，对nC_5产率的增烃效果比iC_5更大。

对于干燥系数（$C_1/\sum C_{1\sim5}$）特征，4组不同对照条件实验结果对比显示，所有系列样品的干燥系数（$C_1/\sum C_{1\sim5}$）随着温度升温变化显示先变小后变大的趋势（图3.33）。实验Ⅰ组和Ⅱ组干燥系数从低温到高温阶段整体上都先降低后增大，最小干燥系数分别为0.50（350℃）和0.47（350℃），最大干燥系数为1.00（550℃）和0.99（550℃），同时MoS_2作用下比$ZnCl_2$作用更低。由于外源H_2加入反应，实验Ⅲ组和Ⅳ组干燥系数从低温到高温阶段整体上都先降低后增大，且在450℃时降到最小值，分别为0.39（450℃）和0.38（450℃）；450℃之后，干酪根催化加氢裂解产生的甲烷持续增多，以及产物中重烃组分高温下向甲烷的裂解转化，导致甲烷产率大幅增加，造成实验Ⅲ组和Ⅳ组干燥系数分别在550℃达到最大值0.89和0.97。加H_2反应系列与未加H_2的干燥系数对比显示，在300~375℃加氢系列干燥系数更高，在375~550℃加氢系列干燥系数更低。

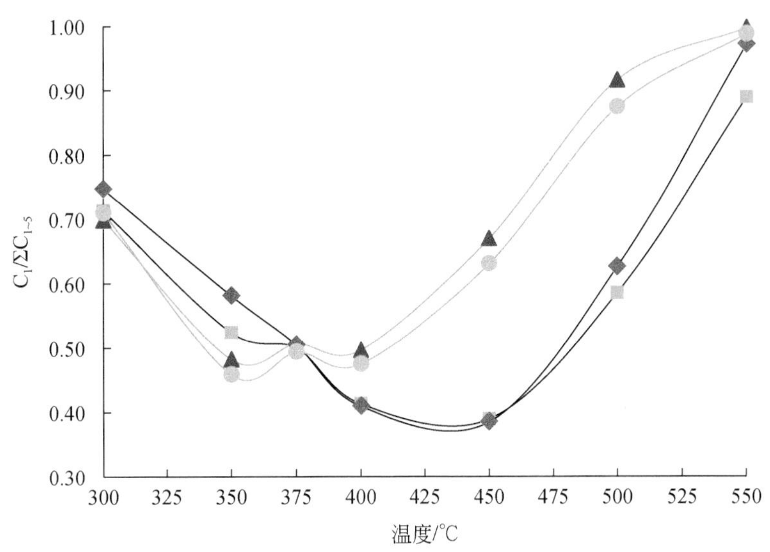

图3.33 封闭体系内$ZnCl_2$/MoS_2作用下催化加氢对照$C_1/\sum C_{1\sim5}$对比（低成熟干酪根）

不同系列模拟实验在气态产物CO_2产率分布上（图3.34），从初始温度向高温阶段CO_2产率不断增大，并都在最高温度点550℃到达最大值，实验Ⅰ组和Ⅱ组CO_2最小产率分别为45.21m^3/t（300℃）和43.44m^3/t（300℃），最大产率分别为164.65m^3/t和119.02m^3/t（550℃）。实验Ⅲ组和Ⅳ组CO_2最小产率分别为34.47m^3/t（350℃）和22.18m^3/t（350℃），分别为未加H_2对照组Ⅰ组和Ⅱ组最小产率的0.76倍和0.51倍；

CO_2 最大产率分别为 125.30m³/t 和 73.72m³/t，分别为未加 H_2 的对照Ⅰ组和Ⅱ组的产率的 0.76 倍和 0.62 倍。实验结果对比发现，加入 H_2 反应后导致 CO_2 的产率显著降低，在 300～550℃ CO_2 产率随温度变化产率保持稳定。

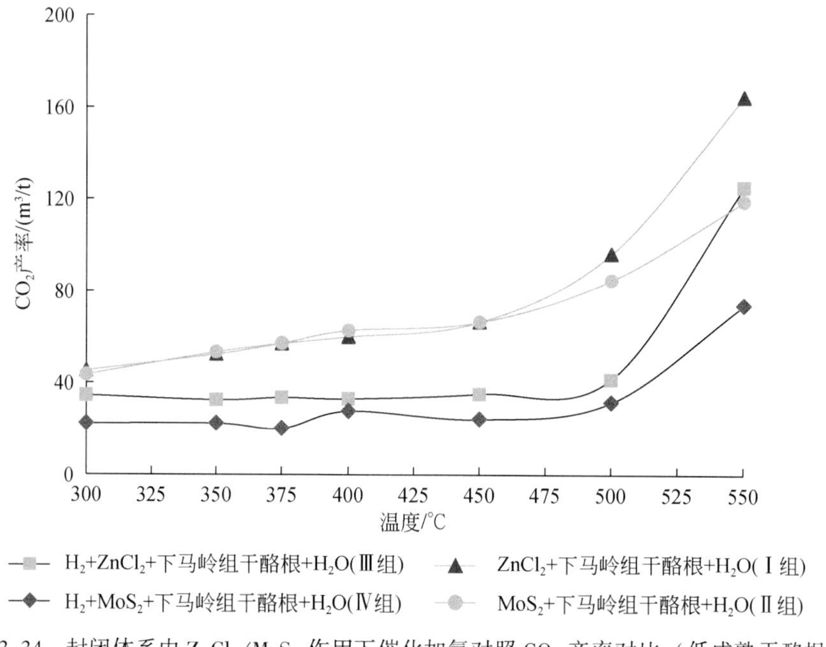

图 3.34　封闭体系内 $ZnCl_2/MoS_2$ 作用下催化加氢对照 CO_2 产率对比（低成熟干酪根）

不同系列模拟实验Ⅰ组和Ⅱ组在气态产物 H_2 产率分布上，从低温向高温阶段 H_2 产率不断增大，都在最高温度点 550℃到达最大值（图 3.35），实验Ⅰ组 H_2 最大产率 30.67m³/t，

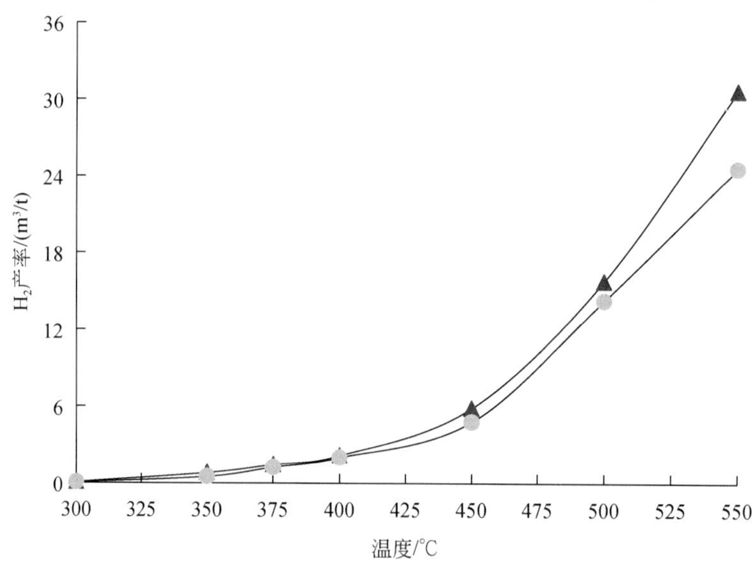

图 3.35　封闭体系内 $ZnCl_2/MoS_2$ 作用下催化加氢对照 H_2 产率对比（低成熟干酪根）

Ⅱ组的 H_2 最大产率 24.60m^3/t。表明 H_2 的生成受到催化剂加入的显著促进作用，相比 MoS_2，$ZnCl_2$ 催化作用下对 H_2 产率影响更大，平均为1.2倍。结合对高熟干酪根催化加氢现象的研究（Huang et al.，2021），生成 H_2 的H元素主要来源于有机质本身。

对于碳同位素 $\delta^{13}C_1$ 变化，实验所用下马岭组干酪根 R_o 自身处于低成熟阶段，产物组分中有效地检测到 C_1、C_2、C_3 及 CO_2 同位素值。在 $\delta^{13}C_1$ 值分布特征上，实验Ⅰ组和Ⅱ组的 $\delta^{13}C_1$ 值随温度升高不断增大，$\delta^{13}C_1$ 值分别为-44.6‰～-33.8‰和-44.3‰～-34.6‰，分馏幅度变化显著。实验Ⅲ组和Ⅳ组的 $\delta^{13}C_1$ 值变化区间分别为-53.3‰～-37.1‰和-55.8‰～-35.8‰，在300～375℃呈现增大趋势，在375～450℃呈现降低趋势，之后随着升温而变大。表明产物 C_1 在前期阶段（300～375℃）生成主要以自身裂解为主，在400℃点开始伴随温度升高，催化加氢作用对 C_1 产率的增加开始起到越来越重要的作用。总体上，加 H_2 系列的实验Ⅲ组和Ⅳ组 $\delta^{13}C_1$ 值比未加 H_2 系列的实验Ⅰ组和Ⅱ组在相同温度点上变化变轻。相同条件下，MoS_2 作用下对 $\delta^{13}C_1$ 值影响相对 $ZnCl_2$ 更小（图3.36）。

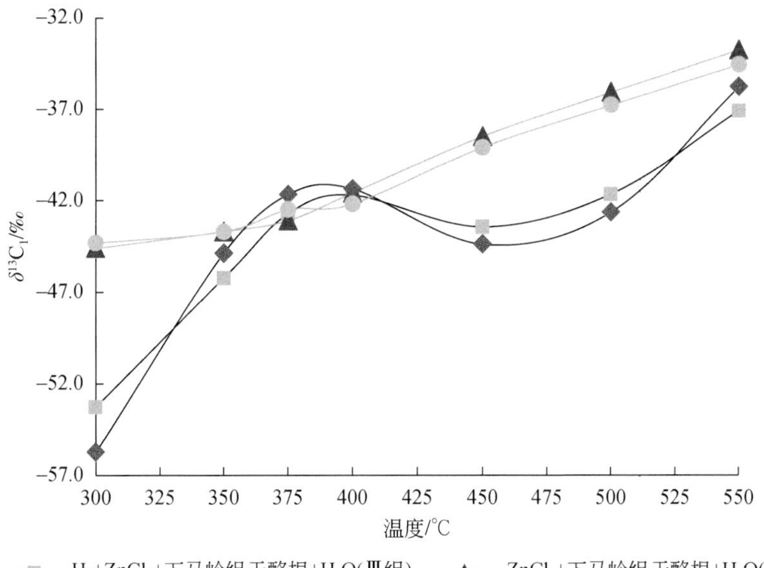

图3.36　封闭体系内 $ZnCl_2$/MoS_2 作用下催化加氢对照 $\delta^{13}C_1$ 值对比（低成熟干酪根）

在 $\delta^{13}C_2$ 值分布特征上，实验Ⅰ组和Ⅱ组的 $\delta^{13}C_2$ 值随温度升高总体呈增大趋势，$\delta^{13}C_2$ 值分别为-35.4‰～-19.8‰和-35.8‰～-20.4‰；加 H_2 反应后显著降低了 C_2 组分的 $\delta^{13}C$ 值，实验Ⅲ组和Ⅳ组的 $\delta^{13}C_2$ 值分别为-37.0‰～-27.6‰和-38.7‰～-26.2‰，$\delta^{13}C_2$ 值在300～350℃呈现增大趋势，在350～400℃呈现降低趋势，之后随着升温而变大，在500℃时 $\delta^{13}C_2$ 值达到最大值（图3.37），在350℃之后，加 H_2 的实验Ⅲ组和Ⅳ组 $\delta^{13}C_2$ 值比未加 H_2 的实验Ⅰ组和Ⅱ组在相同温度点上变轻。

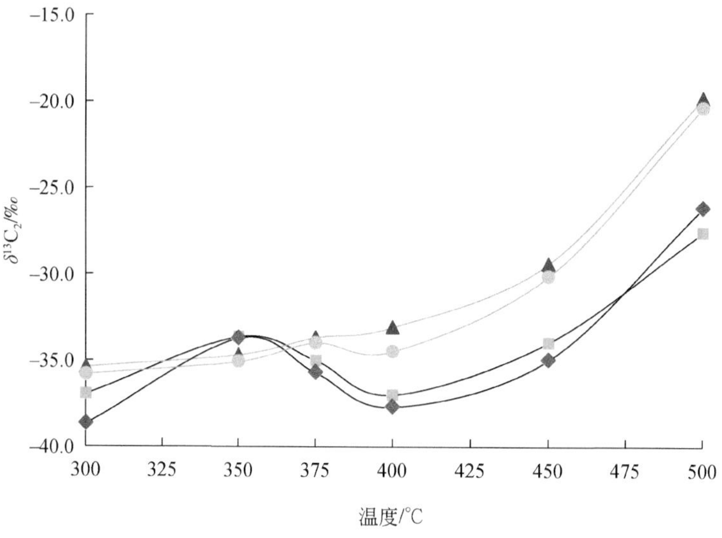

图 3.37　封闭体系内 $ZnCl_2/MoS_2$ 作用下催化加氢对照 $\delta^{13}C_2$ 值对比（低成熟干酪根）

在 $\delta^{13}C_3$ 值分布特征上，实验Ⅰ组和Ⅱ组的 $\delta^{13}C_3$ 值随温度升高总体呈增大趋势，$\delta^{13}C_3$ 值分别为-33.9‰～-21.5‰和-34.1‰～-24.4‰；加 H_2 反应后显著降低了 C_3 组分的 $\delta^{13}C$ 值，实验Ⅲ组和Ⅳ组的 $\delta^{13}C_3$ 值分别为-34.1‰～-30.0‰和-35.1‰～-29.9‰，$\delta^{13}C_3$ 值开始呈现降低趋势，在400℃呈现最低值，之后随着升温而变大。在375～450℃，相同温度点上加 H_2 的实验Ⅲ组和Ⅳ组的 $\delta^{13}C_3$ 值变化比未加 H_2 的实验Ⅰ组和Ⅱ组显著变轻（图 3.38）。

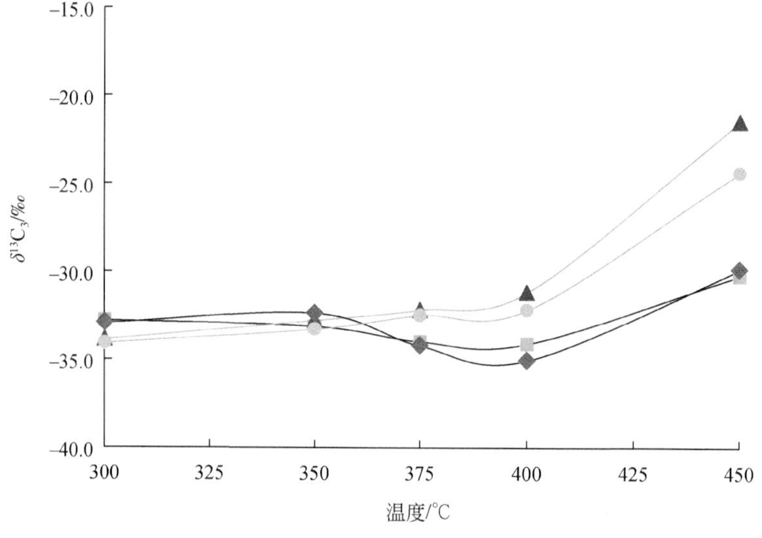

图 3.38　封闭体系内 $ZnCl_2/MoS_2$ 作用下催化加氢对照 $\delta^{13}C_3$ 值对比（低成熟干酪根）

CO_2 作为主要反应产物之一，$\delta^{13}C_{CO_2}$在加 H_2 与未加 H_2 对比特征差异分布明显，总体上 H_2 加入后反应产物的 $\delta^{13}C_{CO_2}$分馏变得更重。实验Ⅰ组和Ⅱ组的 $\delta^{13}C_{CO_2}$值整体上随温度升高逐渐变重，变化幅度较小，分别为-32.5‰～-30.3‰和-32.7‰～-31.4‰。在 H_2 加入后的实验Ⅲ组和Ⅳ组的 $\delta^{13}C_{CO_2}$值分别为-26.2‰～-28.7‰和-22.8‰～-32.3‰，伴随温度升高从初始温度点由大变小，实验Ⅲ组在 400℃达到最小值-28.7‰，在 400～450℃同位素值变化小于实验检测误差±0.3‰，实验Ⅳ组在 400℃达到最小值-28.7‰，在 450～500℃ $\delta^{13}C_{CO_2}$值变化变大，500～550℃呈变轻趋势。相比 $ZnCl_2$，MoS_2 催化下的低温阶段对 $\delta^{13}C_{CO_2}$值变化幅度影响更大（图 3.39）。

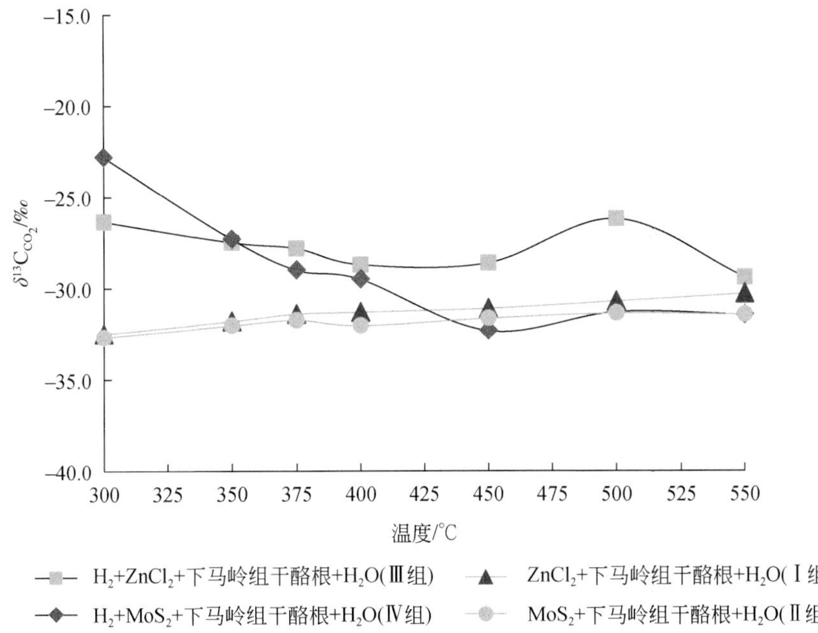

图 3.39　封闭体系内 $ZnCl_2$/MoS_2 作用下催化加氢对照 $\delta^{13}C_{CO_2}$值对比（低成熟干酪根）

在 $\delta^2H_{CH_4}$值分布特征上，随着实验温度的升高不同实验系列的 δ^2H 分馏越来越重。实验Ⅰ组和Ⅱ组 $\delta^2H_{CH_4}$值分别为-263.7‰～-113.5‰和-272.3‰～-107.9‰；加 H_2 参与反应的实验Ⅲ组和Ⅳ组的 $\delta^2H_{CH_4}$值分别为-369.2‰～-47.0‰和-335.60‰～-61.7‰，由于 H_2（δ^2H_2=-79.6‰）的加入促进反应中 δ^1H-δ^2H 的分馏，导致变化幅度较未加氢系列对比变大（图 3.40）。

3.3.2　低成熟干酪根催化加氢生烃规律

下马岭组干酪根自身热演化成熟度低，热解生烃能力强（王铁冠等，1988；张水昌等，2007），在随温度升高和不同催化加 H_2 反应中，气态产物产率和同位素变化显著。综合对比 $C_{1\sim5}$结果，外源 H_2 的加入在 300～400℃产率显著降低，外源氢气的加入抑制了氢

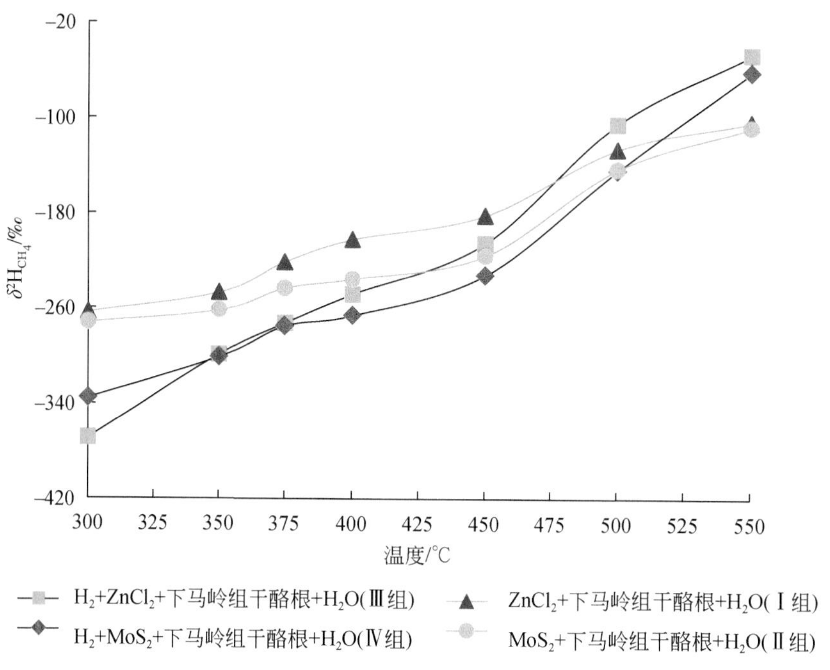

图 3.40　封闭体系内 $ZnCl_2$/MoS_2 作用下催化加氢对照 $\delta^2H_{CH_4}$值对比（低成熟干酪根）

气的产生；在450℃以后产率升高，外源氢气加入显著促进了气态烃类的产生。

对于低温阶段（300～400℃）低熟干酪根催化加 H_2 作用下，气态烃产率相比未加 H_2 阶段降低。例如，400℃的结果显示（图3.41），在 $ZnCl_2$ 和 MoS_2 作用下，相比未加氢气系列，加入 H_2 反应后 C_1 产率分别增加17.49m³/t和9.57m³/t，分别占未加 H_2 系列 C_1 产率的25.0%和16.6%；C_2 产率分别增加19.03m³/t和16.52m³/t，分别占未加 H_2 系列 C_2 产率的39.8%和38.9%；C_3 产率分别增加11.45m³/t和9.12m³/t，分别占未加 H_2 系列 C_3 产率的77.2%和67.0%；C_4及 C_5产率变化也呈现类似 C_3 产率规律，且与 C_3 相比，加 H_2 反应后产率增幅更大。在总活性炭质量守恒的情况下，导致参与合成 C_1、C_2 及 C_3 等小分子的活性C含量降低，生成的气态烃相对未加 H_2 系列产率显著降低。这是由低热干酪根自身大分子基团的键能和外界提供热能共同决定的，因为低热干酪根中不同烃类基团随着C数增加键能总体上呈依次降低趋势，在相对低温阶段时反应受到的外界能量和催化作用影响程度相对较小，这促使大分子链C—C键优先断裂生成烃类，同时抑制了甲基等低碳基团的脱落，低熟干酪根上不同基团由于键能差异在催化加氢反应过程中产生“竞争加氢”效应，促使低分子量气态烃的生成受到延迟。因此，低温阶段气态烃生成主要受低熟干酪根自身基团影响。对于高温阶段，干酪根受到外界能量和催化影响逐渐变大，在催化加 H_2 作用下，气态烃产率增幅显著增加，CH_4 作为最稳定的烃类分子，其产率的增加叠合了干酪根自身裂解生成，以及其他重烃组分加氢裂解的共同影响。在对照实验条件相同的情况下，$ZnCl_2$ 作用下甲烷产率都要大于 MoS_2；对于 C_{2+}气态烃类来说，由于气态烃基团键能随着C数的增加依次降低，$—C_5<—C_4<—C_3<—C_2<—C_1$，促使低熟干酪根中 C_{2+}的

重烃基团优先与 H_2 反应，导致 C_{2+} 烃类产率显著增加，导致产物的干燥系数显著变小，最小干燥系数生成温度相对未加 H_2 系列后延。

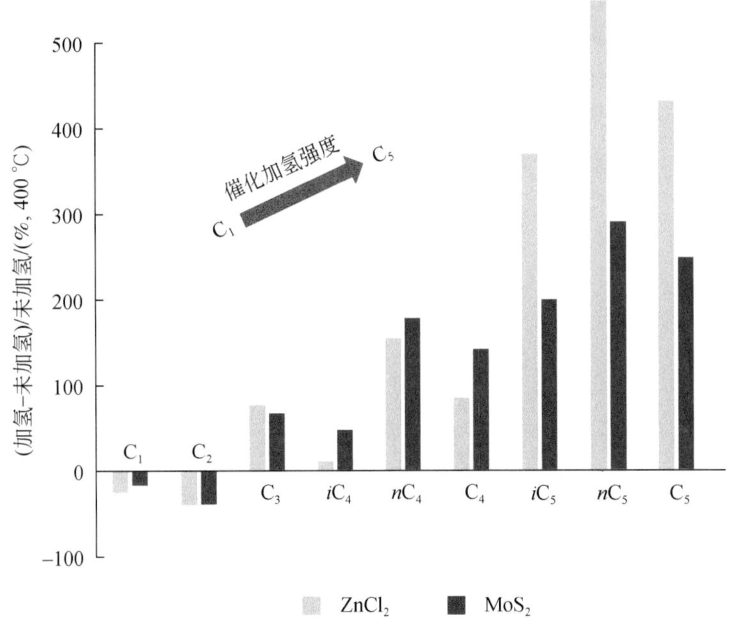

图 3.41　封闭体系内 400℃ $ZnCl_2$ 和 MoS_2 作用下下马岭组干酪根 $C_{1\sim5}$ 产率对比变化（低成熟干酪根）

在气态烃类组分的形成过程中，正构烷烃通过自由基反应形成，异构烷烃源自两个过程，干酪根和沥青支链上的自由基裂解和酸性条件下 α-烯烃进行阳离子反应（Eisma et al.，1969；Pan et al.，2006）。下马岭组干酪根热演化成熟度很低，含有高氢指数及高沥青质，因此其结构上的碳基支链不发育，导致异构烷烃主要来源于酸化阳离子反应。本次实验结果在同一温度点上 iC_4/nC_4 和 iC_5/nC_5 对比显示 $ZnCl_2$ 催化作用下的 i/n 值相比 MoS_2 作用下更大，且催化加 H_2 反应后显著降低比值。对于 iC_4 和 nC_4 来说（图 3.42），在未加 H_2 系列中，从初始温度开始在 $ZnCl_2$ 和 MoS_2 两种催化剂作用下生成产物的比值 iC_4/nC_4 值差距较大，分别为 0.63～2.10（N=6，平均值=1.13）和 0.35～1.84（N=6，平均值=0.76），$ZnCl_2$ 作用下 iC_4/nC_4 值平均约为 MoS_2 作用的 1.49 倍，说明 Zn^{2+} 比 Mo^{4+} 离子和 S^{2-} 作用下对 iC_4 催化更加强烈。对于 iC_5 和 nC_5 来说（图 3.43），未加 H_2 系列在 $ZnCl_2$ 和 MoS_2 催化作用下 iC_5/nC_5 值分别为 1.27～2.25（N=5，平均值=1.67）和 0.72～1.01（N=5，平均值=0.84），$ZnCl_2$ 作用下 iC_5/nC_5 值约为 MoS_2 作用下的 1.98 倍，说明 iC_5 和 nC_5 产率含量变化受到 Zn^{2+} 离子作用比 Mo^{4+} 离子作用更大，因此 iC_4 及 nC_4 产率变化显然受不同金属离子作用引发碳正离子生烃反应（Lewan，1997；Seewald，2001；黄晓伟，2021）。在加入 H_2 的系列中，$ZnCl_2$ 和 MoS_2 对照下的 iC_4/nC_4 值分别为 0.39～1.10（N=6，平均值=0.57）和 0.03～0.51（N=6，平均值=0.26），$ZnCl_2$ 作用下 iC_4/nC_4 值平均约为 MoS_2 作用的 2.19 倍；同时，$ZnCl_2$ 和 MoS_2 作用下加 H_2 系列分别为未加 H_2 对照系列 iC_4/nC_4 值的 0.34 和 0.31。$ZnCl_2$ 和 MoS_2 作用下加 H_2 反应 iC_5/nC_5 值分别为 0.46～

1.38（$N=5$，平均值 = 1.06）和 0.20 ~ 0.65（$N=5$，平均值 = 0.43），$ZnCl_2$ 作用下 iC_5/nC_5 值平均约为 MoS_2 作用的 2.47 倍；同时，$ZnCl_2$ 和 MoS_2 作用下加 H_2 系列分别为未加 H_2 对照系列 iC_5/nC_5 值的 0.63 和 0.51。因此，外源 H_2 的加入改变了原来的低熟干酪根演化进程，这是由于气体组分 iC_m 的 C—C 键能大于 nC_m 的键能（罗渝然，2004；王晓锋等，2006），导致在催化加 H_2 过程中更易促生正构气态烷烃，优先促进了正构烷烃的产率增加，并导致 i/n 比在催化加 H_2 反应中显著变小。同时，这也验证了相对低温阶段低熟干酪根催化加 H_2 反而会导致产率显著降低。

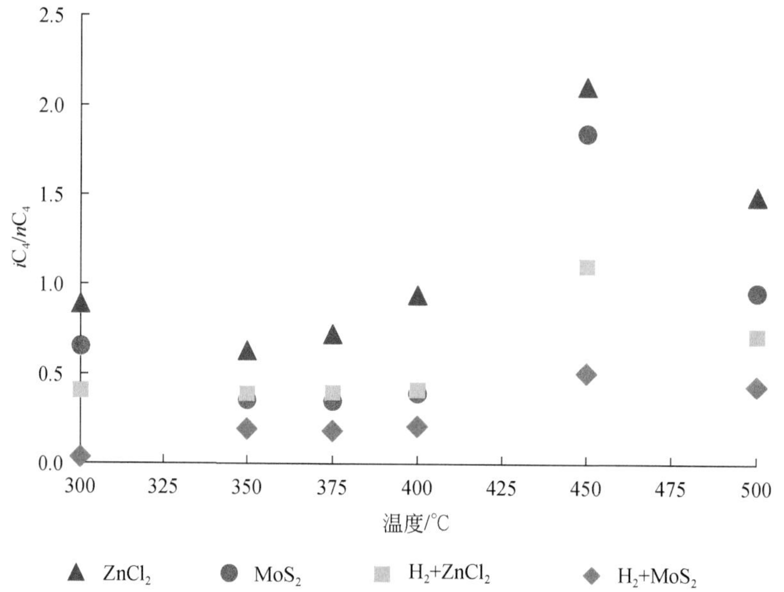

图 3.42　封闭体系内 $ZnCl_2/MoS_2$ 作用下催化加氢对照 iC_4/nC_4 对比（低成熟干酪根）

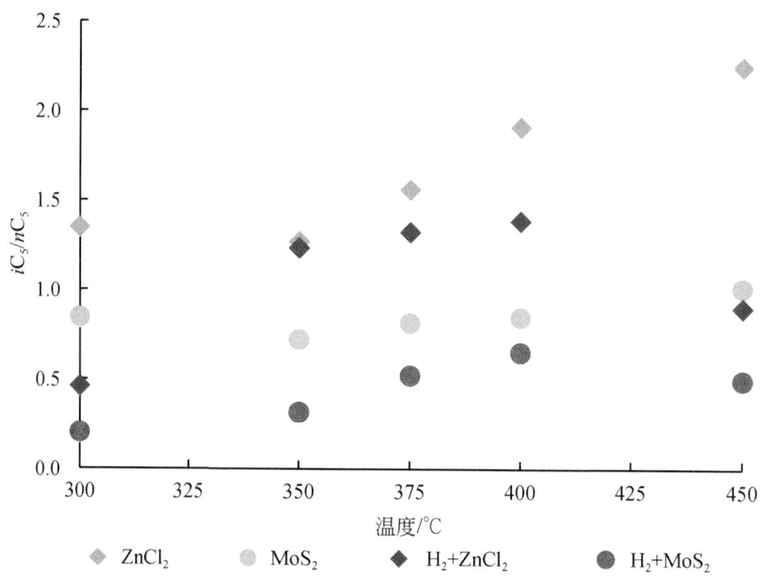

图 3.43　封闭体系内 $ZnCl_2/MoS_2$ 作用下催化加氢对照 iC_5/nC_5 对比（低成熟干酪根）

在低熟干酪根催化加 H_2 过程中，在未加 H_2 系列中，如图 3.44 所示，H_2 的生成与 CO_2 具有显著的线性关系，$R^2=0.9887$，说明二者具有显著的同源关系，揭示 H_2 的生成主要来自有机质的自身氢源（黄晓伟，2021）。当外源 H_2 加入后则显著促进了反应程度，对于生气来说低温阶段由于低键能的活化 C 源优先参与生成大分子链产物，可能更加不利于小分子含 C 气态烃类的生成，高温阶段催化加 H_2 裂解程度加强导致气态产物大幅度增加。结合路易斯酸催化模式要进行脱羧，催化加氢效果的一个重要影响因素就是要考虑有机质的—COOH 的含量，如果—COOH 含量高，就可能产生更多的 CO_2 参与费-托合成反应，生成更多的气态烃（C_1 为主），起到更好的增烃效果。

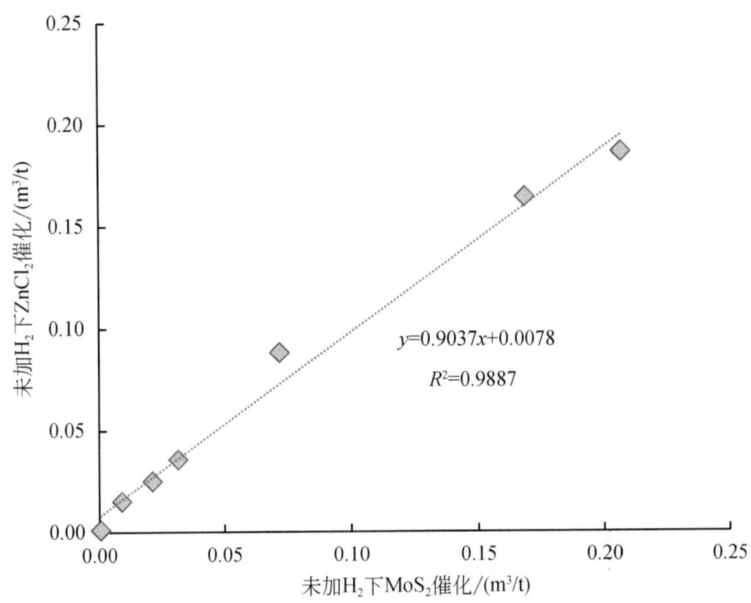

图 3.44　封闭体系内Ⅰ组和Ⅱ组在 $ZnCl_2$ 和 MoS_2 作用下 H_2/CO_2 产率值对比变化（低成熟干酪根）

在气态烃 $\delta^{13}C_1$ 和 $\delta^{13}C_2$ 变化规律上，$\delta^{13}C$ 值受催化加 H_2 作用影响很大，对于未加 H_2 的实验Ⅰ组和Ⅱ组系列，同位素变化主要以自身 C 基裂解控制为主；在 $ZnCl_2$ 和 MoS_2 作用下 $\delta^{13}C_1$ 和 $\delta^{13}C_2$ 变化都具有良好的线性正相关关系，R^2 分别达到 0.9327 和 0.9423，在高温阶段 $^{12}C_{2+}$ 烃类优先参与裂解生成 $^{12}C_1$，导致剩余 $^{13}C_2$ 更加富集。对于加入 H_2 后反应系列，外源 H_2 的加入改变了低熟干酪根裂解演化状态；在 400℃之前，由于生产的 C_2 低，优先促使 $^{12}C_2$ 产生，导致 $^{12}C_2$ 相对比例在 350～400℃显著增加；在 400℃以后，伴随温度升高催化加氢强度增大，$\delta^{13}C_1$ 和 $\delta^{13}C_2$ 开始呈正相关线性协同演化关系，在高温阶段由于 $^{12}C_{2+}$ 优先裂解成 $^{12}C_1$，导致 $\delta^{13}C_2$ 比 $\delta^{13}C_1$ 变化幅度更大（图 3.45）。催化加 H_2 反应同样揭示了反应过程低熟干酪根自身反应活化能和外界环境能量（温度）条件的差异对生成气态烃类产物的 $\delta^{13}C$ 存在重要影响。

CO_2 作为反应过程中主要的产物之一，$\delta^{13}C_{CO_2}$ 分馏特征伴随温度变化而不同，在未加 H_2 系列，$\delta^{13}C_1$ 与 $\delta^{13}C_{CO_2}$ 之间具有相对良好的正相关线性关系。催化加 H_2 后改变了低熟

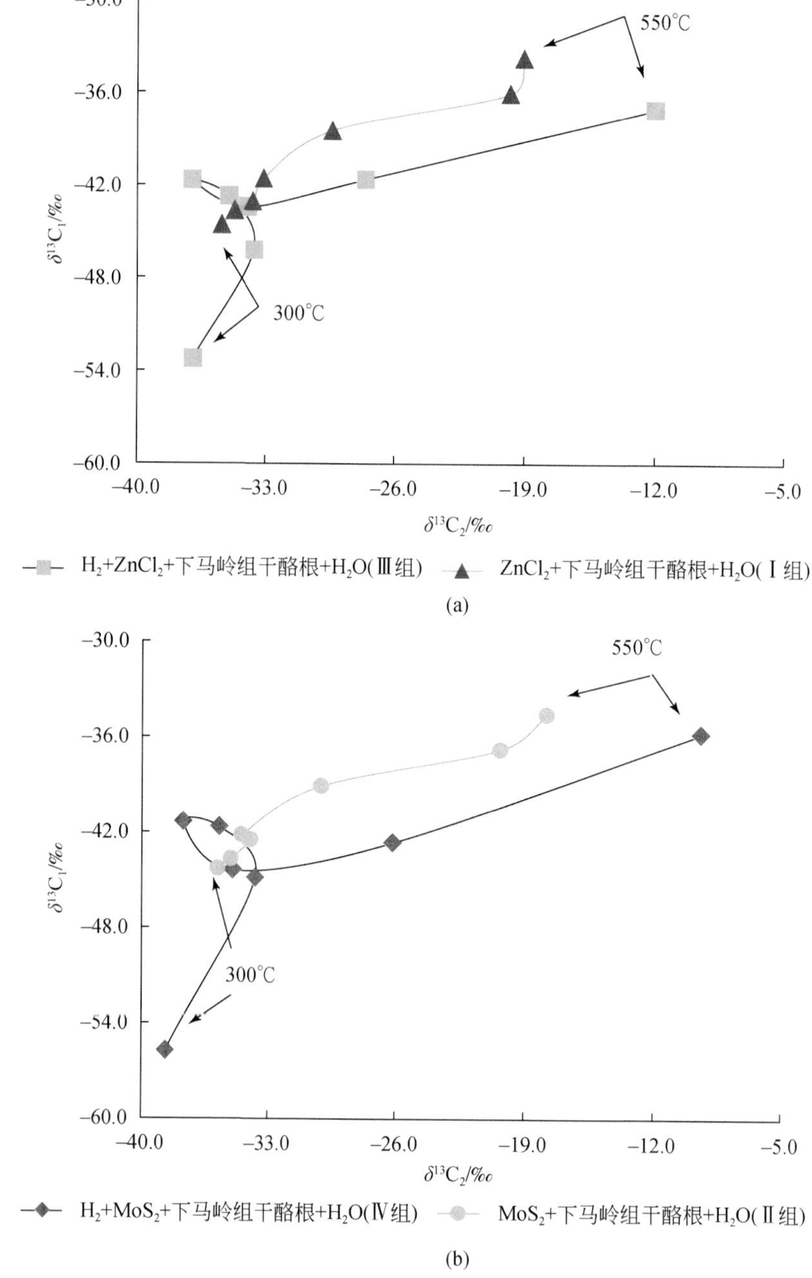

图 3.45　封闭体系内 $ZnCl_2$/MoS_2 作用催化加氢对照 $\delta^{13}C_1$-$\delta^{13}C_2$ 对比（低成熟干酪根）

干酪根自身的演化过程，促进了生烃过程中 C 同位素交换，外源 H_2 的加入促使在 400～450℃发生“拐点”转变，与 $\delta^{13}C_1$ 由重到轻的拐点相似，$\delta^{13}C_{CO_2}$ 也在该温度范围出现由轻到重的拐点（400℃），这是因为由于外源 H_2 开始大量参与干酪根催化热解生烃反应造成的（图 3.46）。同时，在 $ZnCl_2$ 作用下 $\delta^{13}C_{CO_2}$ 和 $\delta^{13}C_1$ 变化幅度显著大于 MoS_2，也进一步

说明金属离子 Zn^{2+} 相比 Mo^{4+} 在 C_1 和 CO_2 生成过程中显现出更强的催化效果。

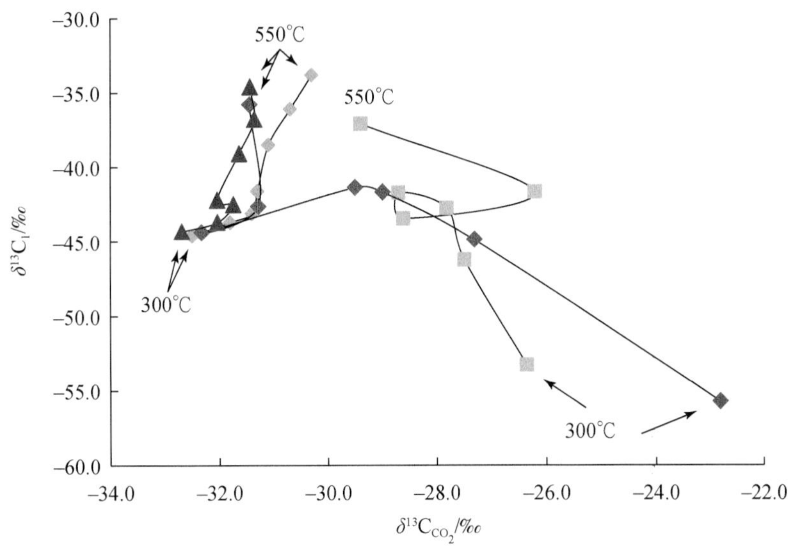

图 3.46　封闭体系内 $ZnCl_2/MoS_2$ 作用下催化加氢对照 $\delta^{13}C_1$-$\delta^{13}C_{CO_2}$ 对比（低成熟干酪根）

低熟干酪根在催化加 H_2 过程中，干酪根的羧基丰度以及反应过程中脱羧程度会在一定程度上通过费–托合成作用，造成 CO_2 的含量降低，$\delta^{13}C_{CO_2}$ 变重，同时促使气态烃类产率增加（C_1 为主）。

综上，低熟干酪根自身氢指数高，具有很高的裂解生烃能力，当深部流体携带的外源 H_2 和催化物质作用于烃源岩时，可能受到干酪根自身反应活化能和外界能量共同影响；相比低温状态下，在相对高温阶段（≥400℃）外源 H_2 开始大量参与干酪根催化热解生烃反应，促进气态烃产率增加，且最大气态烃产率各增加 3.2 倍。催化加 H_2 反应在相对高温阶段显著降低了天然气干燥系数，同时促进 CO_2 产率降低及 $\delta^{13}C_{CO_2}$ 变重，与 H_2 在催化剂作用下参与费–托合成作用有关。通过气态产物的组分和同位素特征对比，相同的条件下 $ZnCl_2$ 对低熟干酪根的催化加氢效果要优于 MoS_2，且主要通过阳离子作用，揭示深部流体携带的外源 H_2 和金属离子在外部能量充足条件下对气态产物的产率会有显著“促烃”和“增烃”作用。

3.4　低成熟沥青加氢生烃模拟实验

3.4.1　实验过程与结果

本书的固体沥青取自四川盆地广元地区矿山梁剖面，其热成熟度 R_o 为 0.65%，经提纯后固体沥青 TOC 含量为 94.7%，T_{max} 为 443℃，$S_1=6.09mg/g$，$S_2=460.38mg/g$，$S_3=3.44mg/g$，氢指数 HI=486，氧指数 OI=4。实验样品粒度研磨至 200 目。催化剂选用粉末状 $ZnCl_2$ 和 MoS_2，两者粒度都为 200 目，均达到实验分析纯要求。去离子水为实验室内制取，H_2 为含有5%内标 He 气的高纯度 H_2。实验共设置有 4 组不同对照系列，分别为实验Ⅰ组至实验Ⅳ组，每组系列分别设置 7 个不同温度点（300℃、350℃、375℃、400℃、450℃、500℃、550℃）完成加热。其余实验中关于样品装样与检测的方法和过程与 3.2 节所述一致。

模拟实验结果显示，所有模拟实验样品检测气体组分总产率随着温度的升高呈现上升趋势。实验Ⅰ组的总气产率从初始温度 300℃点 1.60m^3/t 开始，产率从 350℃点 42.42m^3/t 开始大幅增加，到最高温 550℃点达到最大产率 630.26m^3/t；实验Ⅱ组的总气产率从初始温度 300℃点 3.03m^3/t 开始，产率从 350℃点 30.13m^3/t 开始大幅增加，到最高温 550℃点达到最大产率 520.77m^3/t。$ZnCl_2$ 和 MoS_2 的加入提高了气态产率，且相同实验温度条件下 $ZnCl_2$ 对产率的提高强于 MoS_2；实验Ⅲ组和实验Ⅳ组的总气产率（未核算 H_2 产率）分别在最低点（300℃）为 2.25m^3/t 和 2.71m^3/t，在温度点 350℃时开始产率大幅增加，550℃点时达到最大产率，分别为 1235.44m^3/t 和 1151.04m^3/t，分别为未加 H_2 组最大产率的 2.0 倍和 2.2 倍，催化加 H_2 反应后烷烃产率在 300～400℃温度点产率降低，在 450℃点后总气态产率迅速增加。烷烃气产率随温度变化显著，但 CO_2 产率变化对比显示在 450℃前不显著，在高温情况下显著。

在气态烃总产率分布上，从初始低温向高温阶段总气态烃产率不断增大，都在最高温度点 550℃到达最大值，实验Ⅰ组的总气态烃最大产率 472.49m^3/t，实验Ⅱ组的总气态烃最大产率 421.69m^3/t；实验Ⅲ组和Ⅳ组的总气态烃最大产率分别为 1142.54m^3/t 和 1056.42m^3/t，分别为未加 H_2 的对照Ⅰ组和Ⅱ组的产率的 2.42 倍和 2.51 倍。

在气态烃 C_1 产率分布上，从低温向高温阶段 C_1 产率不断增大，都在最高温度点 550℃到达最大值，实验Ⅰ组的 C_1 甲烷最大产率 469.17m^3/t，对照Ⅱ组的 C_1 甲烷最大产率 416.45m^3/t；在实验Ⅲ组和Ⅳ组的 C_1 最大产率分别为 1110.01m^3/t 和 1033.74m^3/t，分别为未加 H_2 的对照Ⅱ组和Ⅲ组的产率的 2.37 倍和 2.48 倍（图 3.47）。

在气态烃 C_2 产率分布上，实验Ⅰ组和Ⅱ组的 C_2 产率分别从初始温度到 450℃点产率不断增大，都在 450℃点产率达到最大峰值，在 450～550℃点产率降低，C_2 最大产率分别为 57.86m^3/t（450℃）和 54.01m^3/t（450℃）；在实验Ⅲ组和Ⅳ组 C_2 最大产率分别为 282.70m^3/t（500℃）和 212.68m^3/t（500℃），分别为未加 H_2 的对照Ⅰ组和Ⅱ组的产率的 4.89 倍和 3.94 倍，外源 H_2 的加入在 400℃之前并未显著增加 C_2 产率，在 400℃之后则显著增加 C_2 产率，同时促使了 C_2 的生烃高峰温度点后延（图 3.48）。

在气态烃 C_3 产率分布上，实验Ⅰ组和Ⅱ组的 C_3 产率变化先从初始温度增大，在 400～450℃产率达到最大峰值，之后产率又降低，实验观测到 C_3 最大产率分别为 23.64m^3/t（450℃）和 25.41m^3/t（400℃）；在实验Ⅲ组和Ⅳ组 C_3 最大产率分别为 143.15m^3/t（450℃）和 116.20m^3/t（450℃），分别为未加 H_2 的对照Ⅱ组和Ⅲ组的产率的 6.06 倍和 4.57 倍（图 3.49），外源 H_2 的加入在相对低温阶段显示抑制产率的增长，在 400℃之后显示 C_3 产率显著增加。

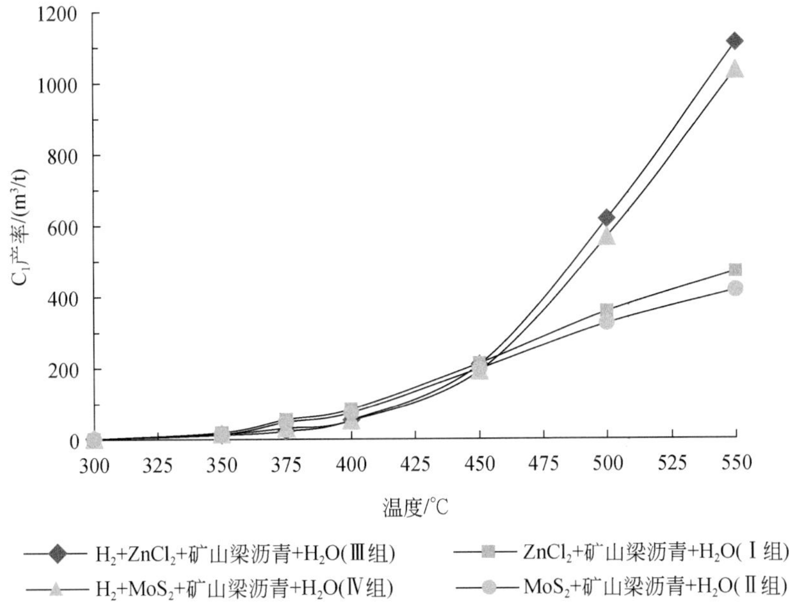

图 3.47　封闭体系内 $ZnCl_2$/MoS_2 作用下催化加氢对照 C_1 产率对比（低成熟沥青）

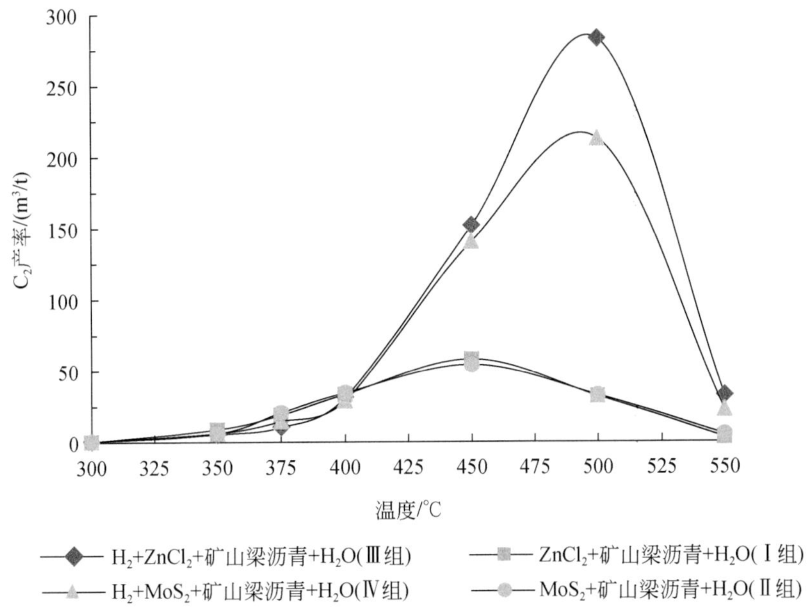

图 3.48　封闭体系内 $ZnCl_2$/MoS_2 作用下催化加氢对照 C_2 产率对比（低成熟沥青）

在气态烃 C_4 产率分布上，对于 iC_4 来说，实验Ⅰ组和Ⅱ组的 iC_4 产率变化先从初始温度增大，在 400℃产率达到最大峰值，之后产率又迅速降低，实验观测到 iC_4 最大产率分别为 9.84m^3/t（400℃）和 4.19m^3/t（400℃）；在实验Ⅲ组和Ⅳ组 iC_4 最大产率分别为

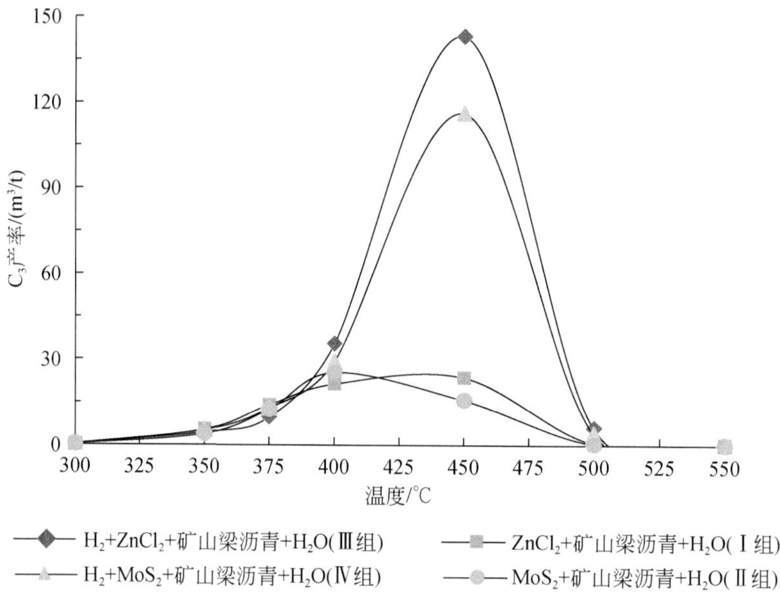

图 3.49　封闭体系内 $ZnCl_2/MoS_2$ 作用下催化加氢对照 C_3 产率对比（低成熟沥青）

28.80m^3/t（450℃）和14.36m^3/t（450℃），分别为未加 H_2 的对照Ⅰ组和Ⅱ组的产率的2.93倍和3.43倍。对于 nC_4 来说，实验Ⅰ组和Ⅱ组的 nC_4 产率变化先从初始温度增大，在400℃产率达到最大峰值，之后产率又迅速降低，实验观测到 nC_4 最大产率分别为0.88m^3/t（400℃）和1.69m^3/t（400℃）；实验Ⅲ组和Ⅳ组 nC_4 最大产率分别为30.50m^3/t（450℃）和19.69m^3/t（450℃），分别为未加 H_2 的对照Ⅰ组和Ⅱ组的产率的6.70倍和2.28倍（3.50）。外源 H_2 的加入促使 iC_4/nC_4 的生烃高峰温度点后延，同时显著促进了 iC_4/nC_4 生烃产率的增加，其中对 nC_4 产率的促进效果比 iC_4 更大（图3.50）。

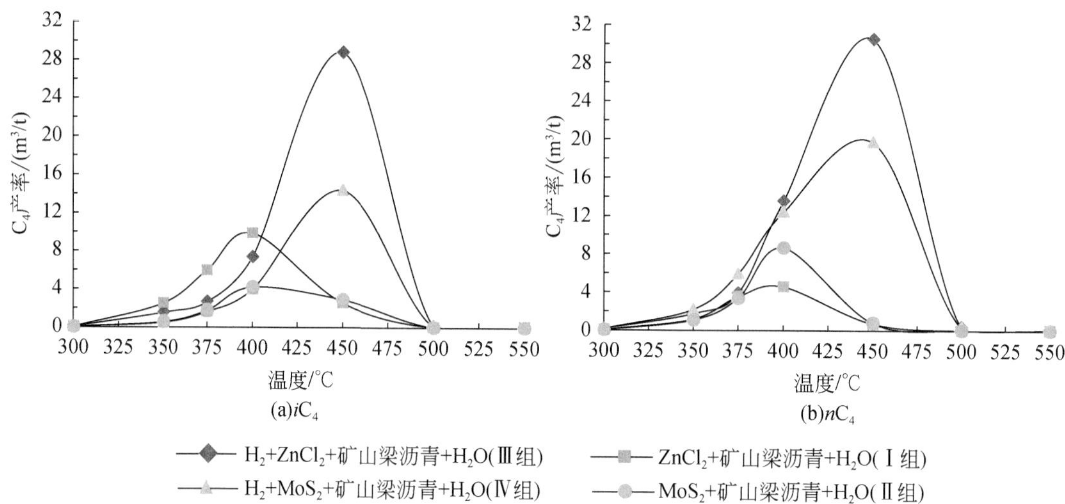

图 3.50　封闭体系内 $ZnCl_2/MoS_2$ 作用下催化加氢对照 iC_4/nC_4 产率对比（低成熟沥青）

在气态烃 C_5 产率分布上，对于 iC_5 来说，对照Ⅰ组和对照Ⅱ组的 iC_5 产率在 400℃分别达到最大峰值 2.48m³/t（400℃）和 1.64m³/t（400℃）；在实验Ⅲ组和Ⅳ组，iC_5 最大产率分别为 5.36m³/t（400℃）和 2.98m³/t（400℃）。对于 nC_5 来说，实验Ⅰ组和Ⅱ组的 nC_5 产率在 400℃分别达到最大峰值 2.48m³/t（400℃）和 1.64m³/t（400℃）；在实验Ⅲ组和Ⅳ组，nC_5 最大产率分别为 3.31m³/t（450℃）和 1.69m³/t（450℃）（图 3.51）。外源 H_2 的加入显著促进了 iC_5/nC_5 生烃产率的增加，对比显示 $ZnCl_2$ 催化状态下 iC_5/nC_5 产率大于 MoS_2。

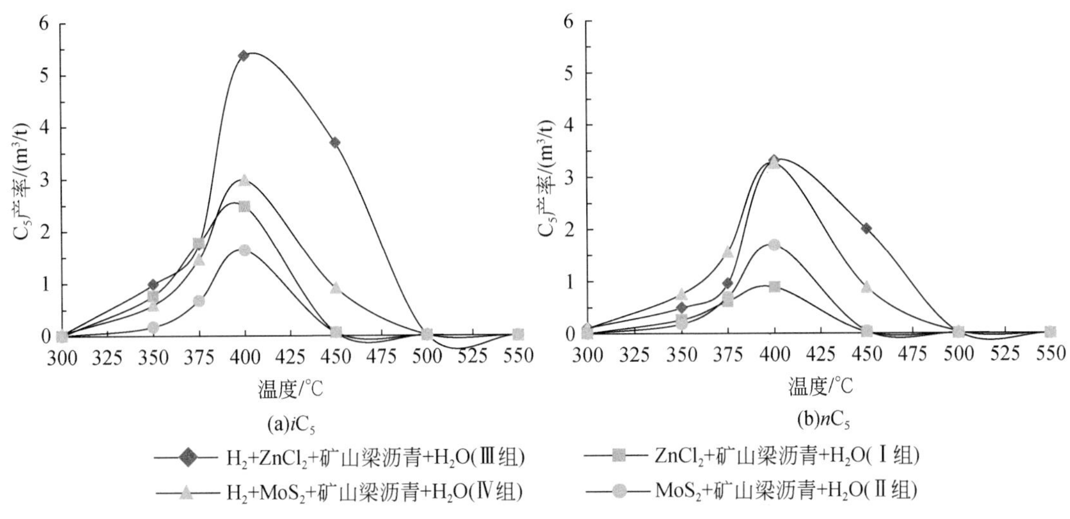

图 3.51　封闭体系内 $ZnCl_2/MoS_2$ 作用下催化加氢对照 iC_5/nC_5 产率对比（低成熟沥青）

对于干燥系数（$C_1/\sum C_{1\sim5}$）特征，4 组不同对照条件实验结果对比显示，所有系列样品的干燥系数随着温度升温变化显示先变小后变大的趋势。实验Ⅰ组和Ⅱ组从低温到高温阶段干燥系数整体上先降低后增大，不同催化剂作用下对产率影响差别不大。实验Ⅲ组和Ⅳ组系列对比显示干燥系数显著降低，且在 400～450℃降到最小；450℃之后，固体沥青加氢裂解下产生的甲烷持续增多，以及产物中重烃组分高温下向甲烷的转化，导致甲烷产率大幅增加，造成天然气干燥系数在 550℃达到 0.97 以上；加 H_2 反应后产物重烃气（C_{2+}）比例增大，375℃以后加 H_2 反应强度增加，外源 H_2 的补充首先与键能小的碳链结合促进了重烃 C_{2+} 反应物的产率增加（图 3.52）。

在气态产物 CO_2 产率分布上，从低温向高温阶段 CO_2 产率不断增大，在最高温度点 550℃到达最大值；0 对照实验Ⅰ组的 CO_2 最大产率 129.25m³/t，实验Ⅱ组的 CO_2 最大产率 79.70m³/t；在实验Ⅲ组和Ⅳ组 CO_2 最大产率分别为 92.89m³/t 和 77.38m³/t，分别为未加 H_2 的对照实验Ⅰ组和Ⅱ组的产率的 0.72 倍和 0.97 倍（图 3.53）。实验结果对比发现，加入 H_2 反应后导致 CO_2 的产率降低，且在 450℃前产率临近 0，结合未加 H_2 对照组 CO_2 产率对比，说明在此温度下，CO_2 在此催化加 H_2 条件下抑制了其产率的增加。

在气态产物 H_2 产率分布上，从低温向高温阶段 H_2 产率不断增大，在最高温度点

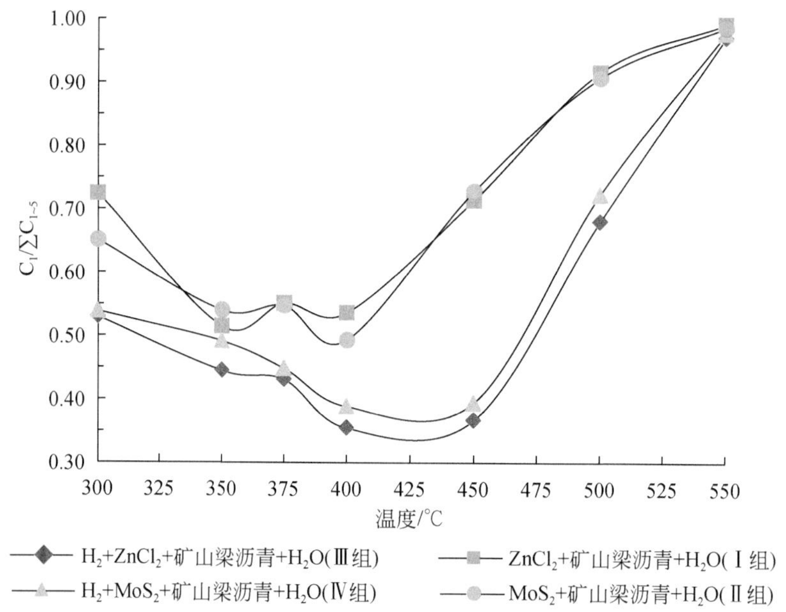

图 3.52　封闭体系内 $ZnCl_2/MoS_2$ 作用下催化加氢对照 $C_1/\sum C_{1\sim5}$ 对比（低成熟沥青）

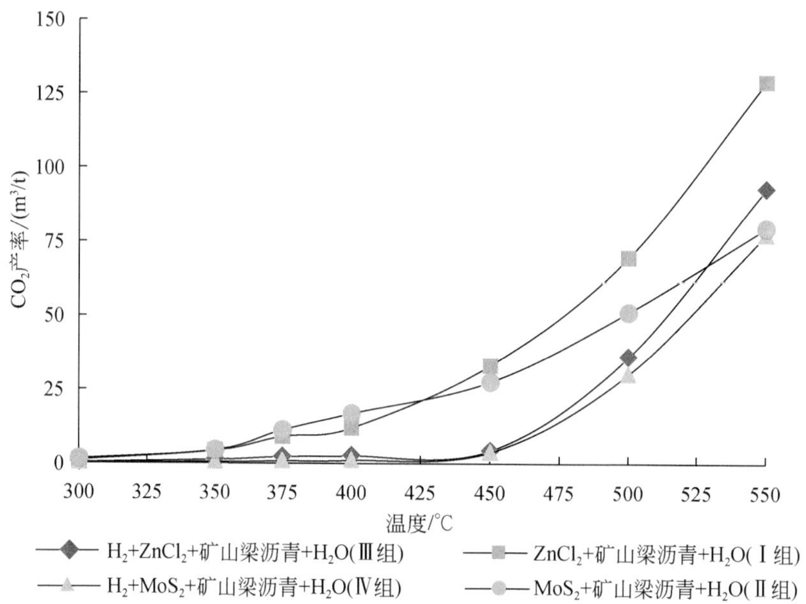

图 3.53　封闭体系内 $ZnCl_2/MoS_2$ 作用下催化加氢对照 CO_2 产率对比（低成熟沥青）

550℃到达最大值，实验Ⅰ组的 H_2 最大产率 28.52m^3/t，实验Ⅱ组的 H_2 最大产率 19.40m^3/t（图 3.54），表明 H_2 的生成受到催化剂加入的显著促进作用；相比 MoS_2，$ZnCl_2$ 催化作用

下生成的 H_2 的产率更大。

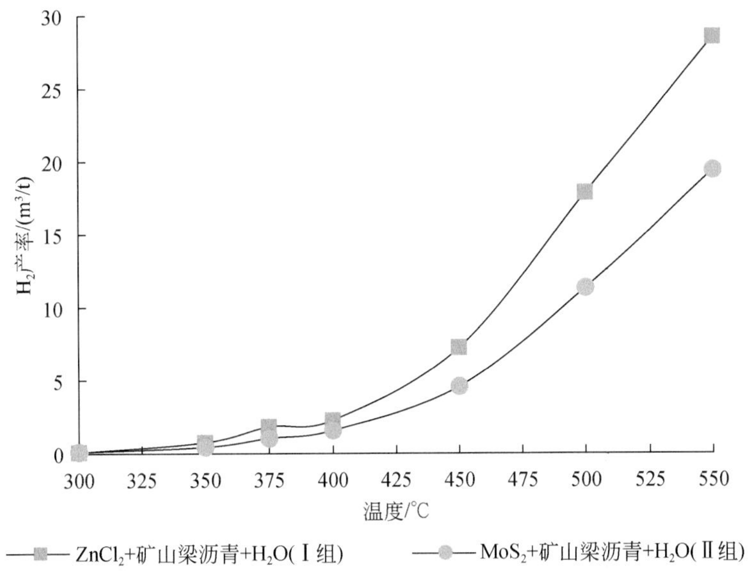

图3.54　封闭体系内 $ZnCl_2$ 和 MoS_2 作用下催化加氢对照 H_2 产率对比（低成熟沥青）

对于碳同位素特征变化，由于沥青中 ^{12}C—^{12}C 键和 ^{1}H—C—C—^{1}H 中的 C—C 键较 ^{12}C—^{13}C 键和 ^{2}H—C—C—^{1}H 中 C—C 键更易断裂，从而使较轻同位素优先参与生成液态或气态烃类。矿山梁沥青自身处于低成熟阶段，产物组分中有效地检测到 C_1、C_2、C_3 及 CO_2 同位素值。对于同一温度点上不同对照条件下的气态烃 $\delta^{13}C$ 值来说，各气态烃伴随催化与 H_2 加入反应程度的增大，其 $\delta^{13}C$ 值呈依次变轻的变化趋势。

在 $\delta^{13}C_1$ 值分布特征上，实验Ⅰ组和Ⅱ组的 $\delta^{13}C_1$ 值随温度升高不断增大，$\delta^{13}C_1$ 值分别为-58.5‰～-39.5‰和-57.4‰～-39.5‰，$\delta^{13}C_1$ 同位素分馏幅度变化较大。实验Ⅲ组和Ⅳ组的 $\delta^{13}C_1$ 值分别为-51.4‰～-41.3‰和-49.0‰～-41.3‰，$\delta^{13}C_1$ 值在300～375℃呈现增大趋势，在375～450℃呈现降低趋势，之后随着升温而变大。表明产物 C_1 在前期阶段（300～400℃）生成主要以自身裂解为主，在400℃点开始随温度升高，催化加氢作用对 C_1 产率的增加开始起到越来越重要的作用（图3.55）。

在 $\delta^{13}C_2$ 值分布特征上，实验Ⅰ组和Ⅱ组的 $\delta^{13}C_2$ 值随温度升高不断增大，$\delta^{13}C_2$ 值分别为-43.5‰～-22.5‰和-41.7‰～-20.3‰；加 H_2 后的实验Ⅲ组和Ⅳ组的 $\delta^{13}C_2$ 值分别为-42.5‰～-28.5‰和-41.6‰～-25.8‰，$\delta^{13}C_1$ 值在300～350℃呈现增大趋势，在350～400℃呈现降低趋势，之后随着升温而变大，在500℃时 $\delta^{13}C_2$ 值达到最大值；由于 H_2 的加入促进催化裂解反应，在高温阶段时 C_2 大量裂解生成 C_1，导致残留 C_2 的 $\delta^{13}C_2$ 值偏大（图3.56）。

在 $\delta^{13}C_3$ 值分布特征上，实验Ⅰ组和Ⅱ组的 $\delta^{13}C_3$ 值随温度升高不断增大，$\delta^{13}C_3$ 值分别为-40.2‰～-27.0‰和-38.6‰～-23.0‰；加 H_2 后的实验Ⅲ组和Ⅳ组的 $\delta^{13}C_3$ 值分别为

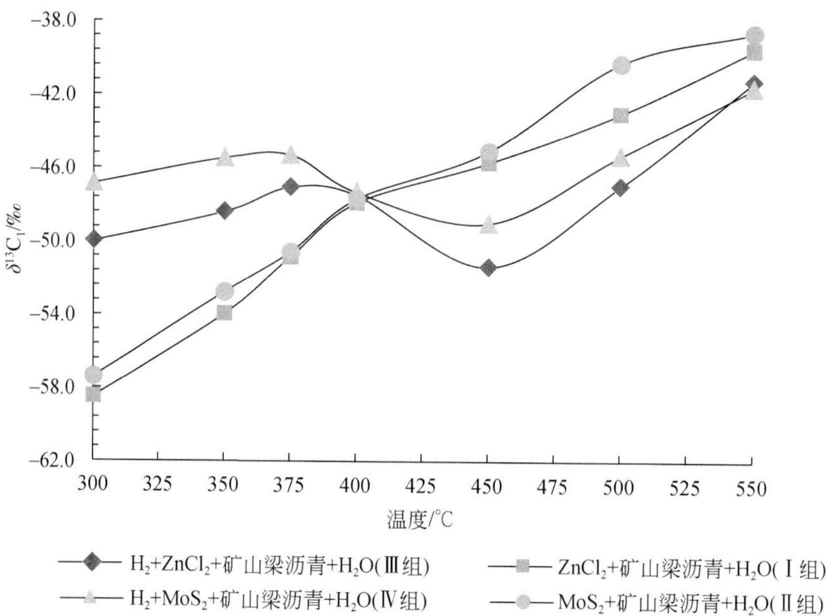

图 3.55　封闭体系内 $ZnCl_2$/MoS_2 作用下催化加氢对照 $\delta^{13}C_1$ 值对比（低成熟沥青）

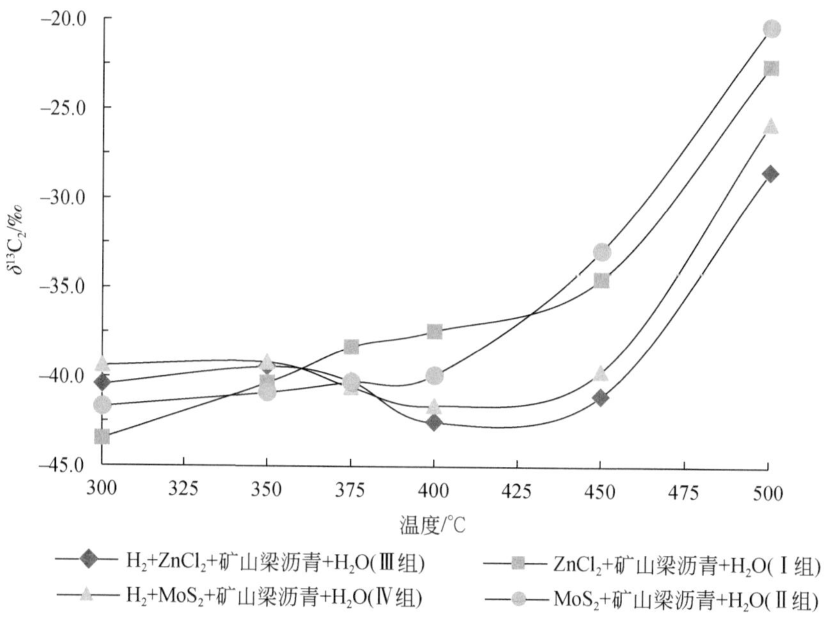

图 3.56　封闭体系内 $ZnCl_2$/MoS_2 作用下催化加氢对照 $\delta^{13}C_2$ 值对比（低成熟沥青）

-39.7‰～-35.2‰和-39.4‰～-33.7‰，$\delta^{13}C_3$ 值在 300～350℃呈现增大趋势，在 350～400℃呈现降低趋势，之后随着升温而变大，在 450℃时 $\delta^{13}C_3$ 值达到最大值；由于 H_2 的加

入促进催化裂解反应进行，导致剩余 C_3 的 $\delta^{13}C$ 值偏大（图 3.57）。

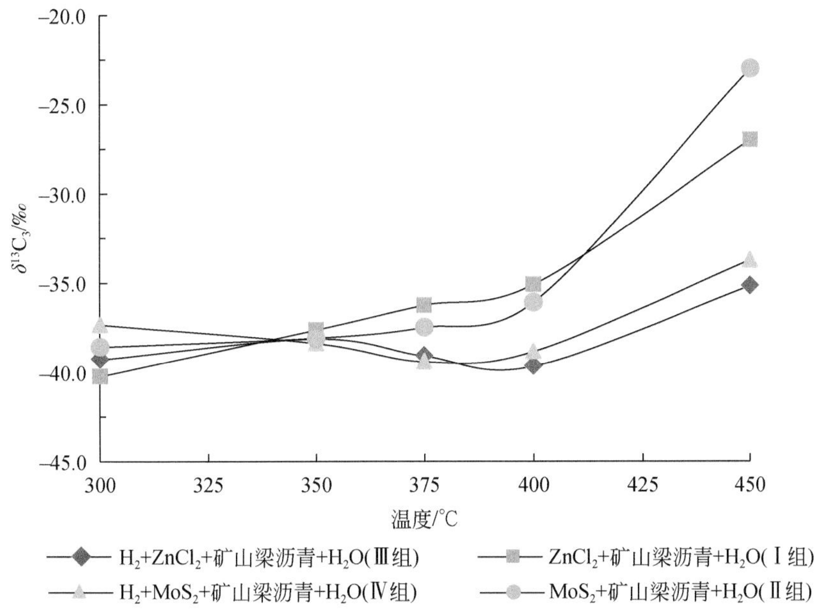

图 3.57 封闭体系内 $ZnCl_2$/MoS_2 作用下催化加氢对照 $\delta^{13}C_3$ 值对比（低成熟沥青）

CO_2 作为主要反应产物之一，$\delta^{13}C_{CO_2}$ 在加 H_2 系列与未加 H_2 系列对比特征差异分布明显，不同温度点上在 H_2 加入后的 $\delta^{13}C_{CO_2}$ 值变得更大。实验Ⅰ组和Ⅱ组随温度升高变轻后达到稳定，$\delta^{13}C_{CO_2}$ 值分别为 −20.7‰ ~ −34.3‰ 和 −21.4‰ ~ −35.9‰；在 H_2 加入后的实验Ⅲ组和Ⅳ组的 $\delta^{13}C_{CO_2}$ 值分别为 −33.1‰ ~ −15.9‰ 和 −34.9‰ ~ −11.0‰，$\delta^{13}C_{CO_2}$ 值在 300 ~ 375℃呈现增大趋势，在 375℃以后随着升温而变小，在 500℃时 $\delta^{13}C_{CO_2}$ 值达到最小值；相比 $ZnCl_2$，MoS_2 催化下的低温阶段对 $\delta^{13}C_{CO_2}$ 值影响变化更大（图 3.58）。

在 $\delta^2H_{CH_4}$ 值分布特征上，随着实验温度的升高 δ^2H 组成越来越重。实验Ⅰ组和Ⅱ组的 $\delta^2H_{CH_4}$ 值随温度升高不断增大，$\delta^2H_{CH_4}$ 值分别为 −236.0‰ ~ −107.0‰ 和 −254.2‰ ~ −111.4‰；加 H_2 后的实验Ⅲ组和Ⅳ组的 $\delta^2H_{CH_4}$ 值分别为 −239.3‰ ~ −48.5‰ 和 −269.9‰ ~ −52.5‰，$\delta^2H_{CH_4}$ 值随着升温而变大，在 500℃之后 $\delta^2H_{CH_4}$ 值变化趋向平稳；由于 H_2（δ^2H_2 = −79.4‰）的加入促进反应进行，导致最终 CH_4 的 δ^2H 值偏大（图 3.59）。

3.4.2 低成熟沥青催化加氢生烃规律

催化加氢显示，生成气态产物组分产率和碳同位素值都发生了显著变化。在物源供应角度上主要取决于反应环境中 H_2 和不同催化剂的控制影响。

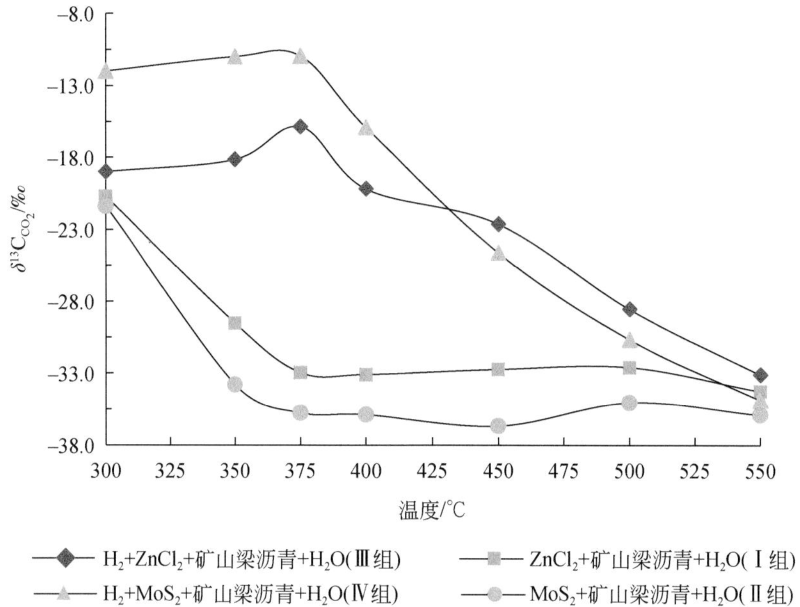

图 3.58　封闭体系内 $ZnCl_2/MoS_2$ 作用下催化加氢对照 $\delta^{13}C_{CO_2}$ 值对比（低成熟沥青）

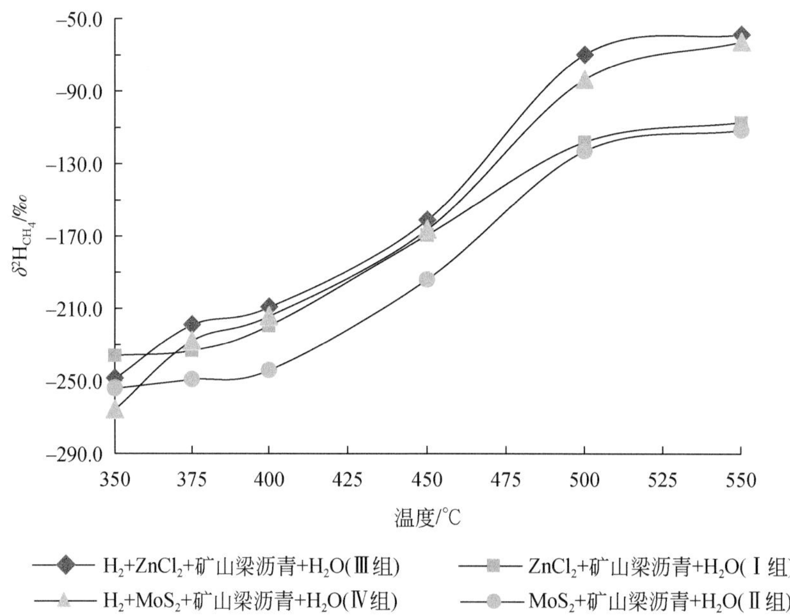

图 3.59　封闭体系内 $ZnCl_2/MoS_2$ 作用下催化加氢对照 $\delta^{2}H_{CH_4}$ 值对比（低成熟沥青）

矿山梁沥青自身氢指数高，随模拟温度升高和不同催化剂对加氢作用的催化，只有当外界能量和催化作用显著大于自身热解反应的活化能时才会显著促进各气态烃类的生成。

对于生成的总气态烃 $C_{1\sim5}$，在实验Ⅰ组及Ⅱ组对照实验中，$ZnCl_2$作用下的最大总气态烃产率（550℃）是 MoS_2的 1.12 倍。在加入 H_2和催化剂的实验组Ⅲ组和Ⅳ组，分别为未加 H_2的对照Ⅰ组和Ⅱ组的产率的 2.42 倍和 2.51 倍。说明外源 H_2参与了生烃反应，起到了显著的“增烃”效果。同时，由于 H_2的加入，延迟了 $C_{2\sim5}$等重烃的热解；重烃基团键能相对甲基较小，导致重烃基团优先参与加氢裂解，促进了 C_{2+}烃类生成。外源 H_2的加入极大地改变了沥青的自身裂解模式，促使产物的重烃组分 C_{2+}显著增加，导致干燥系数（$C_1/\sum C_{1\sim5}$）变小。

在相对低温阶段（≤400℃），催化加 H_2反应未显著促进气态烃产物的产率增加，反而导致产率降低；在高温阶段（>400℃），气态烃产率随着温度增加产率大幅度增大。对于低温阶段中固体沥青催化加 H_2作用下，气态烃产率比未加 H_2阶段降低；由于烃类基团随着 C 数增加键能总体依次降低，在相对低温阶段时反应受到的外界能量相对较低，导致大分子链 C—C 键优先断裂生成烃类；在总活性炭质量守恒的情况下，造成参与合成 C_1、C_2及 C_3等小分子的活性 C 含量降低，导致生成的气态烃相对未加 H_2系列产率显著降低，同时也使生成的小分子量气态烃 C 变重。因此，低温阶段生烃主要受低熟沥青自身有机组分热解作用控制。对于高温阶段中固体沥青催化加 H_2作用下，气态烃产率增幅显著增加，CH_4作为最稳定的烃类分子，其产率的增加叠合了沥青自身和其他重烃组分加氢裂解的共同贡献。在其他实验条件相同的情况下，$ZnCl_2$作用下的甲烷产率都要大于 MoS_2。对于 C_{2+}气态烃类来说，由于气态烃基团键能随着 C 数的增加依次降低，$—C_5<—C_4<—C_3<—C_2<—C_1$，促使固体沥青中 C_{2+}的重烃基团优先与 H_2反应，导致 C_{2+}烃类产率显著增加，导致产物的干燥系数变小，并使得最小干燥系数生成温度相对未加 H_2系列后延，催化加氢作用显著改变有机质自身热解作用的生烃模式（Lewan et al.，1979；Mango，1994；He et al.，2011；Ma et al.，2018；Huang et al.，2021），尤其在高温阶段，生烃主要受外界反应环境中 H_2和不同金属元素的影响更加显著。

在气态烃类组分的形成过程中，正构烷烃通过自由基反应形成，异构烷烃源自两个过程，干酪根和沥青支链上的自由基裂解和酸性条件下 α-烯烃进行阳离子反应（Eisma and Jurg，1969；Pan et al.，2006）。矿山梁沥青热演化成熟度低，含有高氢指数及高沥青质，其结构上的碳基支链不发育，导致异构烷烃主要来源于酸化阳离子反应。本次实验结果在同一温度点上，iC_4/nC_4和 iC_5/nC_5对比显示 $ZnCl_2$催化作用下的异构/正构比值相比 MoS_2作用下更大，且催化加 H_2反应后显著降低比值。对于 iC_4和 nC_4来说（图 3.60），在未加 H_2系列中，从初始温度开始在 $ZnCl_2$和 MoS_2两种催化剂作用下生成产物的比值 iC_4/nC_4值差距较大，分别为 1.16～3.61（$N=6$，平均值=2.01）和 0.49～3.68（$N=6$，平均值=1.12），$ZnCl_2$作用下 iC_4/nC_4值约为 MoS_2作用下的 1.8 倍，且 Zn^{2+}比 Mo^{4+}离子作用生烃更加强烈。对于 iC_5和 nC_5来说（图 3.61），未加 H_2系列在 $ZnCl_2$和 MoS_2催化作用下 iC_5/nC_5值分别为 1.15～2.94（$N=6$，平均值=2.28）和 0.94～1.41（$N=6$，平均值=1.07），$ZnCl_2$作用下 iC_5/nC_5值约为 MoS_2作用下的 2.1 倍，说明 iC_5和 nC_5产率含量变化受到 Zn^{2+}离子作用比 Mo^{4+}离子作用更大，iC_4及 nC_4产率变化显然受不同金属离子作用引发阳离子生烃反应（Lewan，1997；Seewald，2001）。在加入 H_2的系列中，$ZnCl_2$和 MoS_2对照下的 iC_4/nC_4值分别为 0.28～0.94（$N=6$，平均值=0.62）和 0.22～0.73（$N=6$，平均值=0.35)，分别为未加 H_2对照系列 iC_4/nC_4值的 0.31 和 0.31；加 H_2反应 iC_5/nC_5值分别为 0.27 ~ 2.01（N=6，平均值=1.39）和 0.37 ~ 1.04（N=6，平均值=0.76)，分别为未加 H_2对照系列 iC_5/nC_5值的 0.61 和 0.71。因此，外源 H_2的加入改变了原来的固体沥青演化进程。由于气体组分 iC_m的 C—C 键能大于 nC_m的键能（罗渝然等，2004；王晓峰等，2006)，导致催化加 H_2过程更易促生正构气态烷烃，优先促进了正构烷烃的产率增加，正构/异构比值在催化加 H_2反应中显著降低。同时，这也很好地佐证了 3.3 节关于低温阶段催化加 H_2反而导致产率显著降低的现象。

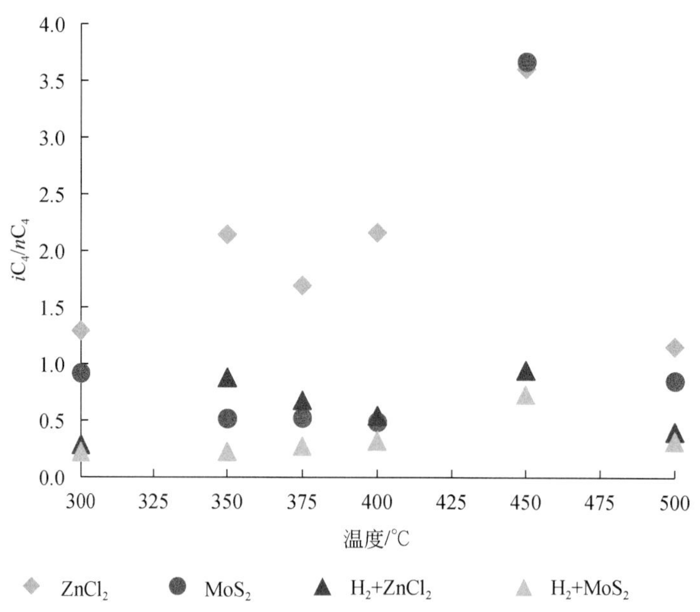

图 3.60　封闭体系内 $ZnCl_2/MoS_2$作用下催化加氢对照 iC_4/nC_4对比（低成熟沥青）

在气态烃 $\delta^{13}C_1$和 $\delta^{13}C_2$变化规律上，$\delta^{13}C$ 值受催化加 H_2作用影响显著（图 3.62)。对于未加 H_2的实验Ⅰ组和Ⅱ组系列，同位素变化主要以自身 C 基裂解控制为主；在低温阶段（≤400）$ZnCl_2$和 MoS_2作用下 $\delta^{13}C_1$和 $\delta^{13}C_2$变化都具有良好的线性规律，R^2分别达到 0.98 和 0.99；在高温阶段$^{12}C_2$优先开始参与裂解生烃成$^{12}C_1$，导致剩余 C_2变得更加富集^{13}C，C_2同位素组成迅速变重。对于加入 H_2来说，催化加 H_2显著改变了反应的进程，并在小于 C_2裂解温度内 $\delta^{13}C_1$-$\delta^{13}C_2$分布较窄的低值区间，促进了沥青裂解生烃反应强度；在高温阶段由于$^{12}C_2$优先裂解成$^{12}C_1$，导致 C_2中保留的重碳含量增加。催化加 H_2反应促进了 C 同位素分馏，且在低温阶段 $\delta^{13}C$ 相对变重，暗示了在 H_2充足的情况下反应受到活性 C 源的控制；导致气态烃在加 H_2反应后 $\delta^{13}C$ 相对变重，揭示了反应进行的不同阶段里，受到反应物的量和外界反应能量（温度）的影响是不同的。

$\delta^{13}C_1$与 $\delta^{13}C_{CO_2}$之间随催化加 H_2反应强度具有良好的协同演化特征，CO_2作为反应过程中主要的产物之一，$\delta^{13}C_{CO_2}$分馏特征随温度变化而不同；催化加 H_2后改变了原来沥青自身的演化过程，促进了生烃过程中 C 同位素交换，外源 H_2的加入反应后 $\delta^{13}C_{CO_2}$变化为先变

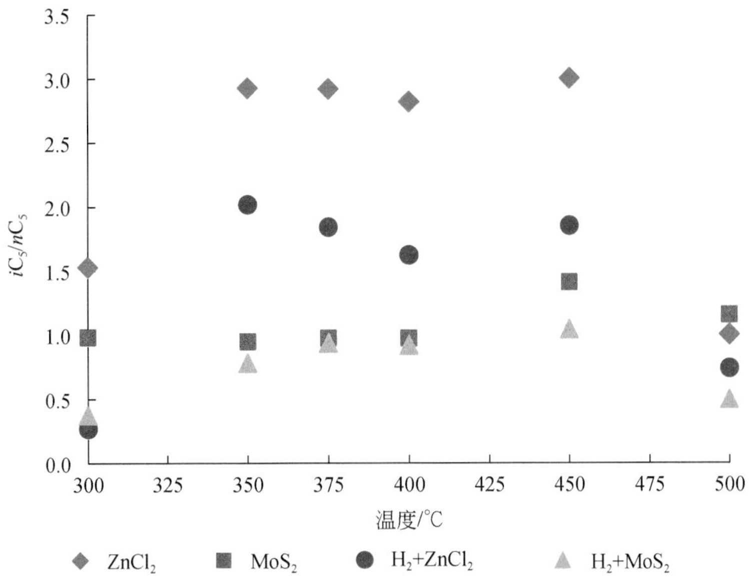

图3.61 封闭体系内 $ZnCl_2/MoS_2$作用下催化加氢对照 iC_5/nC_5对比（低成熟沥青）

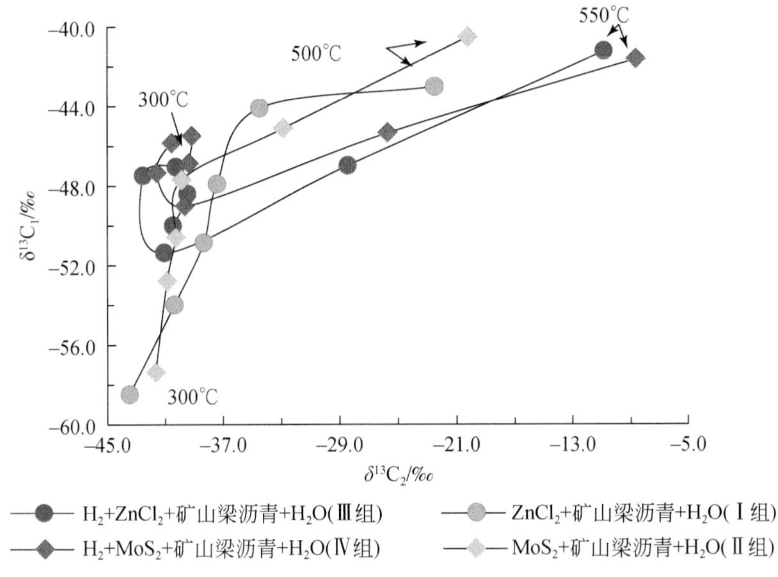

图3.62 封闭体系内 $ZnCl_2/MoS_2$作用下催化加氢对照 $\delta^{13}C_1$-$\delta^{13}C_2$对比（低成熟沥青）

重后变轻，这主要受控于 CO_2的碳同位素的动力学分馏影响。$\delta^{13}C_{CO_2}$在同一温度点对照显著变重（图3.63），说明加 H_2反应促进了$^{13}CO_2$相对含量增加，可能是由于固体沥青中的—$^{12}COOH$或生成的部分$^{12}CO_2$在 H_2加入后转化为 C_1等产物，导致剩余 CO_2富集^{13}C。其中，在催化加 H_2 系列的低温阶段（300～375℃），$\delta^{13}C_{CO_2}$ 随温度升高变重，但与未加 H_2 系列对比，相同温度点下产率降低了 3～10 倍，可能是由于部分 $^{12}CO_2$ 优先与 H_2 反应向烃类转化造成，且 $ZnCl_2$ 作用下 $\delta^{13}C_{CO_2}$ 和 $\delta^{13}C_1$ 变化幅度大于 MoS_2，说明金属离子 Zn^{2+} 相对 Mo^{4+} 催化效果更强。

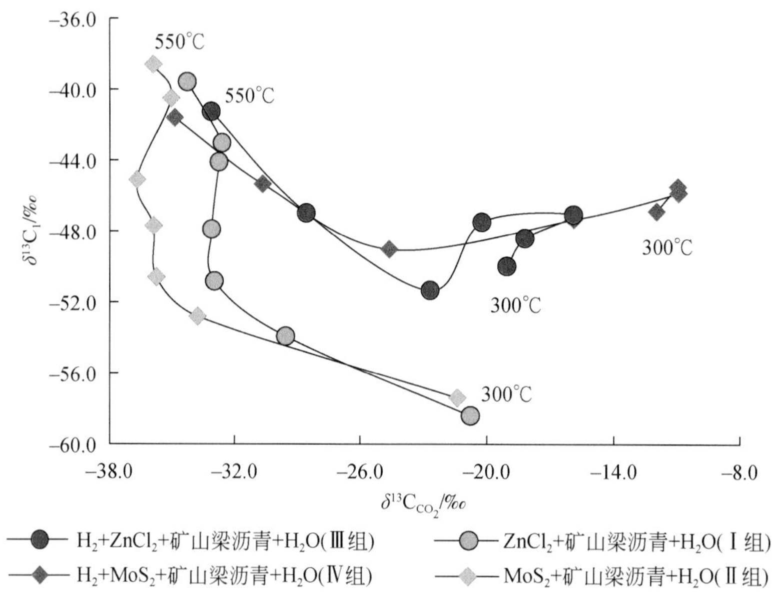

图 3.63 封闭体系内 $ZnCl_2/MoS_2$ 作用下催化加氢对照 $\delta^{13}C_1$-$\delta^{13}C_{CO_2}$ 对比（低成熟沥青）

在低熟固体沥青催化加 H_2 过程中，反应产物不仅有气体组分，还有 C_{6+} 烃类产物生成。低温阶段由于低键能的活化 C 源优先参与生成大分子量产物，可能更加不利于小分子含 C 气态烃类优先生成；高温阶段催化加 H_2 裂解程度加强导致气态产物大幅度增加，结合路易斯酸催化模式要进行脱羧，可提供更多的 CO_2 参与费-托合成反应，生成更多的气态烃（C_1 为主），起到更加显著的增烃效果。因此，在催化加 H_2 过程中，有机质脱羧程度大小会显著影响烃类的增烃效果。对于催化加 H_2 过程中，分子量越大且键能越小的 C_{6+} 烃类，优先与氢气反应生成重烃，可能在低温阶段优先促使生成液态烃，导致气态组分产率变低和同位素变化变重。

综上，$ZnCl_2$ 和 MoS_2 对固体沥青与 H_2 的反应过程中都具有良好的催化效果，催化加 H_2 影响了固体沥青的生烃能力，促使总气态烃产率增加 1.4～1.5 倍，并且显著降低了天然气干燥系数；相同的条件下 $ZnCl_2$ 对沥青的催化加氢效果要优于 MoS_2。不同系列条件的产物 CO_2 产率与同位素对比变化暗示 CO_2 可能与 H_2 在金属离子催化条件下发生费-托合成作用，揭示了深部富氢流体与金属离子会与储层沥青发生促烃反应，对气态产物的产率有显著促进作用，活化了储层沥青的再生烃能力。因此，对四川盆地震旦系-奥陶系固体沥青来说，深部流体携带的外源 H_2 和催化金属元素可以活化沥青的再生烃能力。

3.5　不同类型天然气的特征

由于天然气来源的复杂性，不同学者对天然气成因类型划分方案不同。根据天然气来源可以划分为有机成因气和幔源气，有机成因气主要指天然气来自有机质形成的天然气，而幔源气指天然气来自深部幔源的天然气（Schoell，1983；Stahl and Carey，1975；戴金星等，1995；徐永昌，1994）。根据天然气母质类型，将天然气类型划分为煤型气（也称为煤成气）、油型气（戴金星等，1999；徐永昌，1994）；煤型气指腐殖型（Ⅲ型干酪根）有机质热裂解形成的天然气，烃源岩包含煤系；油型气指腐泥型（Ⅰ型、Ⅱ型干酪根）有机质热裂解形成的天然气，其中包括腐泥型烃源岩直接热裂解形成的天然气和原油热裂解形成的天然气。根据天然气热成熟度又可以将天然气划分为生物气、低熟气或未熟气、生物热催化过渡带气、热裂解气（徐永昌，1994）。裂解气又包括腐殖型（含煤系）和腐泥型烃源岩直接裂解形成的天然气（也称为干酪根裂解气），以及原油热裂解形成的原油裂解气（Liu et al.，2007）；后者根据热裂解程度不同，划分为油裂解气、油气裂解气和气裂解气。水在成烃演化中起重要作用，并且参与了其化学反应，成为有机氢的一部分（Lewan，1993，1997；Schimmelmann et al.，2001；Yoshinaga et al.，1997），而且水中的H可以与干酪根中的H发生可逆同位素交换反应，发生这种交换反应的氢主要与杂原子相连，如N—H、S—H、O—H等中的氢（Seewald et al.，1998）。但是，当烷烃气生成以后，其氢同位素组成不会或很少与水等其他氢原子发生同位素交换反应（Schimmelmann et al.，2001，2004）。随着热演化程度增加，烃源岩早期生成液态烃在热演化过程中经历原油热裂解和TSR两种途径形成天然气。由于TSR改造过程中有H_2S参与，从而引起天然气地球化学特征与典型油型气存在一定的差异性（Hao et al.，2008；Machel，2001；Worden and Smalley，1996）。同时，深部流体参与形成的烷烃气不仅具有重的甲烷同位素和倒转的烷烃气碳同位素发生（Dai et al.，2005a），而且甲烷氢同位素明显轻于常规热成因天然气（Liu et al.，2016a；Sherwood Lollar et al.，2002，2006）。而在CH_4-H_2-H_2O体系中形成烷烃气碳同位素与有机成因重合（Suda et al.，2014）。对于来自腐泥型有机质的油型气，其母质形成环境也包括海相沉积环境和湖相沉积环境，二者形成烷烃气也具有不同的地球化学特征。如何有效区分不同地质背景和后期改造（包括TSR、水岩反应等）条件下天然气成因类型和来源，是天然气资源潜力和勘探有利区的关键科学问题。天然气中烷烃气主要由碳、氢构成，分析烷烃气化学组分、碳同位素、氢同位素组成之间的相关关系是不同地质背景条件下天然气成因类型鉴别和来源分析的核心手段。尽管前人已经建立了诸多不同类型或者来源的天然气地球化学指标参数和经典图版，但分析数据存在局限性，特别是重烃气体氢同位素组成难以有效应用于不同地质背景和后期改造条件下天然气成因类型的鉴别。

近年来，中国在海相和陆相地层不断发现一批大中型天然气田，四川和鄂尔多斯盆地既有海相天然气藏，也有陆相气藏，而它们的成气母质包括Ⅱ型和Ⅲ型干酪根组成的海相、陆相和过渡型烃源岩。四川盆地东部多以海相气藏为主，如普光气田、卧龙河气田等，且含有不等量的H_2S气体（Cai et al.，2003；Hao et al.，2008）；鄂尔多斯盆地靖边气田海相或海陆过渡相气源供给的海相气藏（Liu et al.，2009），大牛地上古生界为典型煤系供气的陆相气藏，烷烃气体碳同位素组成明显偏重（Liu et al.，2015）。而中国其他含油气盆地，如渤海湾的辽河和黄骅拗陷、吐哈、三塘湖盆地、珠江口盆地天然气处于低成熟湖相油型气（Dai，2014）、陆良-宝山古近系和新近系（Xu et al.，2006）和柴达木第四系（Ni et al.，2013）天然气则为生物气，松辽盆地的徐家围子具有深部气体与湖相油型气的混合（Liu et al.，2016a）。国际上，对于不同地质背景天然气，特别是无机成因天然气，也有大量数据报道（Burruss and Laughrey，2010；Sherwood Lollar et al.，2002）。因此，本次研究中收集全球具有商业价值的天然气藏中共431个天然气的化学组分、碳同位素和氢同位素组成（甲烷、乙烷、丙烷），结合水岩反应模拟实验（Fu et al.，2007）和日本白马八方温泉气体（Suda et al.，2014）地球化学特征，通过对不同沉积环境和不同演化过程天然气碳氢同位素研究，探讨不同类型天然气形成环境与母质来源，以及不同地质背景对烷烃气碳氢同位素组成的影响，建立不同地质背景和后期改造条件下烷烃气鉴别模式，为天然气成因类型和天然气来源鉴别提供借鉴。

3.5.1　天然气成因来源

沉积盆地天然气主要为来源于有机质生物降解或热裂解，不同有机质类型形成的天然气组分和稳定同位素值存在较大差异性。Bernard 等（1978）根据不同类型干酪根生成天然气化学组成和甲烷碳同位素组成，建立了 $C_1/(C_2+C_3)$ 与 $\delta^{13}C_1$ 值关系（图3.64），其中来自陆良-保山、柴达木气田的天然气落入生物气区域，陆良-保山气田气层埋藏深度平均为638m，烃源岩为Ⅱ-Ⅲ型煤系，R_o=0.31%～0.45%，天然气中甲烷大于99.8%，重烃气体含量小于0.12%，C_1/C_{2+3}大于300，$\delta^{13}C_1$为-73‰～-62‰，$\delta^2H_{CH_4}$为-260‰～-234‰，随着埋藏深度增加，烷烃气碳同位素组成呈变重趋势，为典型生物气特征（Schoell，1983；Xu et al.，2006）。柴达木气田埋藏小于2100m，烃源岩为第四系Ⅲ型泥质烃源岩，R_o为0.2%～0.47%，天然气中甲烷含量大于98%，重烃气体含量小于1.2%，$\delta^{13}C_1$为-69.6‰～-66.3‰，$\delta^{13}C_2$为-47.8‰～-36.3‰，$\delta^2H_{CH_4}$为-234‰～-210‰，随着埋藏深度增加，烷烃气碳同位素组成没有变重趋势，但其组分和碳同位素组成表现为典型的生物气特征。生物气主要是低温条件下有机质在厌氧菌作用下通过乙酸发酵和CO_2生物化学还原形成的烷烃气体，其典型特征是烷烃气以甲烷占主导，且甲烷同位素值小于-60‰或-55‰（Rice and Claypool，1981；Schoell，1980）。烃源岩R_o小于0.5%，干酪根类型既可以是Ⅱ型，也可以是Ⅲ型，生物气的形成与有机质类型没有对应关系，只与温度条件和厌氧菌作用环境有关。

当烃源岩热成熟度相对较低（R_o=0.5%～1.0%）时，天然气组分和甲烷碳同位素组成表现为从生物气向热成因气过渡的变化特征，甲烷碳同位素组成相对较轻（$\delta^{13}C_1<-35‰$），天然气组分相对较湿（$C_1/C_{2+3}<100$）。例如，辽河天然气来自古近系Es_3，黄骅天然气来自湖相泥岩，辽河天然气来自沙河街组三段湖相煤系、沙河街组四段湖相泥岩，吐哈天然气来自煤系，三塘湖天然气来自海陆过渡相煤系）。辽河和黄骅拗陷天然气主要来自Ⅰ-Ⅱ型有机质的湖相烃源岩，但由于热成熟度相对较低，部分数据点分布在热成因

和生物气形成的混合区域，而还有部分数据处于未定成因类型区域，推测可能与生物热催化过渡带有关。生物-热催化过渡带气主要介于生物化学作用趋于结束而热裂解作用尚未大规模成烃作用下形成的天然气，其形成主要是在温度不高、压力相对小，黏土矿物催化作用和构造应力引起的力化学作用活跃条件下，有机质通过脱羧、脱基团和缩聚作用形成的小分子烃类，R_o 为0.5% ~0.6%，$-55‰<\delta^{13}C_1<-45‰$。尽管吐哈和三塘湖地区天然气来自陆相或海陆过渡相煤系，但其天然气仍然表现甲烷碳同位素较轻（$\delta^{13}C_1<-35‰$）、天然气组分相对较湿（$C_1/C_{2+3}<100$）。因此，对于热成熟相对较低的天然气（$R_o=0.5\%$ ~ 1.0%），其母质类型对天然气组分和甲烷的碳同位素影响相对较小。

随着热成熟度增加（$R_o>1.0\%$），天然气受控于有机质类型显得尤为突出。从图3.64可知，塔里木盆地前陆、鄂尔多斯盆地上古生界、四川盆地须家河组、松辽盆地（湖相泥岩）天然气明显与Ⅱ$_2$-Ⅲ干酪根有关，这些天然气主要来自陆相或者海陆过渡相的煤系烃源岩。而塔里木盆地奥陶系、四川盆地 C_2-P_2-T_1f、鄂尔多斯盆地 O_1m、美国的阿巴拉契亚盆地（Northern Appalachian basin）北部天然气主要来自海相腐泥型Ⅱ干酪根形成的天然气。塔里木、四川和鄂尔多斯盆地海相层系天然气中甲烷碳同位素值相对变化较小，$C_1/(C_2+C_3)$ 则相对变化范围加大，这主要与TSR改造导致甲烷含量增加和碳同位素变重有关（Hao et al.，2008）。因此，在热演化作用下，不同类型有机质生成天然气化学组分和碳同位素组成具有明显差异性，对于热成熟度相似的天然气，来自Ⅱ$_2$-Ⅲ型干酪根的天然气甲烷碳同位素重于Ⅰ-Ⅱ型。

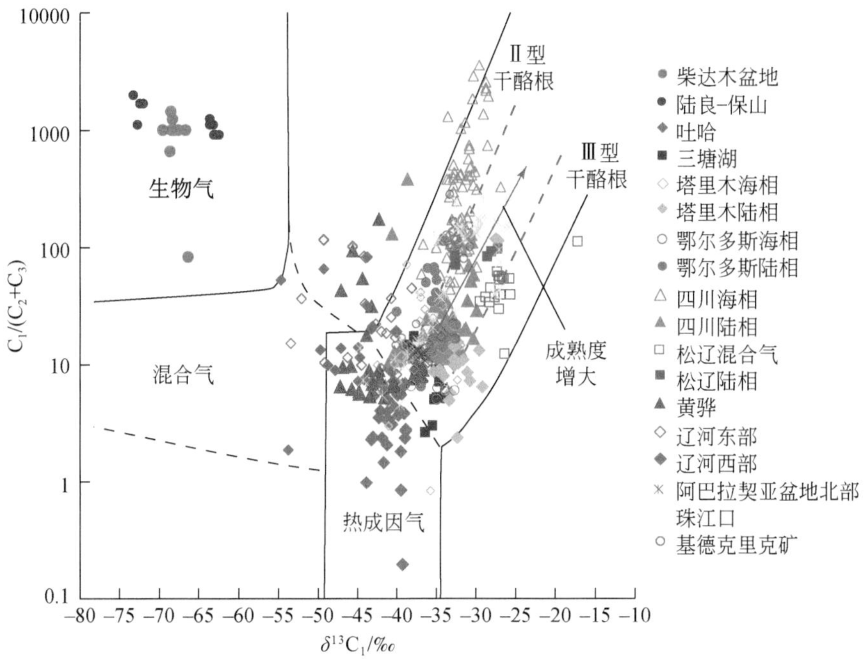

图3.64 不同类型天然气 $\delta^{13}C_1$ 值与 $C_1/(C_2+C_3)$ 关系图

无机成因甲烷或者混合有无机成因甲烷（深部幔源、水岩反应）在图 3. 64 中尚无法很好区分，如基德克里克矿天然气中甲烷属于无机成因气（Sherwood Lollar et al.，2002），但其在图 3. 64 中落入Ⅲ型干酪根形成有机成因甲烷范围，而松辽盆地庆深气田中甲烷既有深部幔源也有费–托合成形成的甲烷（Liu et al.，2016a），但其也基本表现为Ⅲ型有机质热裂解形成的天然气。因此，利用 $C_1/(C_2+C_3)$ 与 $\delta^{13}C_1$ 值关系来鉴别不同类型干酪根形成天然气时，对无机天然气是不合适的。

因此，利用该图 3. 64 鉴别不同类型干酪根和生物气成因类型具有一定参考价值，但由于甲烷来源的复杂性和后期改造，使得 Bernard 经典图版难以给出合理的解释。

3. 5. 2　烷烃气碳氢同位素组成在成因鉴别方面的作用

1. 烷烃气碳同位素组成

由于重烃气稳定同位素组成相对较为稳定，在天然气成因类型鉴别方面能提供更多的信息。天然气中碳同位素组成主要反映母质类型及其演化程度（Des Marais et al.，1981；Schoell，1980；Stahl and Carey，1975），并且成功地将天然气划分为煤型气和油型气。一般将 $\delta^{13}C_2$ 值大于–28‰和 $\delta^{13}C_3$ 值大于–25‰的天然气划分为煤型气，而小于这些数值的天然气称为油型气（Clayton，1991；Dai et al.，2005b），而生物气 $\delta^{13}C_1$ 值小于 –55‰（Schoell，1988）。从甲烷与乙烷碳同位素相关性（图 3. 65）可知，陆良–保山和柴达木盆地天然气明显不同于其他盆地天然气，表现为甲烷和乙烷碳同位素均轻于其他盆地天然气，其中 $\delta^{13}C_1$ 值小于–55‰，$\delta^{13}C_2$ 值小于–35‰。尽管乙烷碳同位素组成与来自海相Ⅱ型有机质形成的油型气具有一定的重叠，但其甲烷碳同位素明显轻于热成因天然气。

热成因天然气在甲烷和乙烷碳同位素关系图中也表现出差异性，来自海相Ⅱ型有机质的油型气甲烷和乙烷碳同位素分布在陆相（湖相）或海陆过渡相Ⅱ–Ⅲ型有机质形成天然气的下方，即相似热成熟度条件下，来自海相Ⅱ型有机质的油型气甲烷和乙烷碳同位素轻于陆相（湖相）或海陆过渡相Ⅱ–Ⅲ型有机质形成天然气。从甲烷与乙烷碳同位素组成的斜率关系看，海相有机质形成天然气中甲烷和乙烷碳同位素组成比陆相（湖相）或海陆过渡相Ⅱ–Ⅲ型有机质形成天然气大。尽管在图 3. 65 中松辽盆地庆深气田烷烃气来源于湖相有机质Ⅱ–Ⅲ型形成天然气，但从烷烃气系列碳同位素组成可知，其与海相Ⅱ型有机质形成天然气处于同一分布范围，该现象主要源自该气田天然气中甲烷来源复杂。Liu 等（2016a）认为，该气田中重烃气主要为有机质热裂解，而甲烷则包括有机质热裂解气、深部幔源和费–托合成，且幔源甲烷具有较重碳同位素组成。Suda 等（2014）通过对白马八方温泉伴生气体分析，认为水岩反应能够生成甲烷气体，其中温度可以小于 150℃，这种甲烷碳同位素值主要为–38. 1‰ ~ –33. 2‰。通过低温水岩反应形成的甲烷碳同位素分布区域与沉积盆地有机成因甲烷具有一定的重叠性。如果水岩反应生成甲烷存在，当这部分甲烷与有机成因油型气混合，其甲烷碳同位素组成将会变轻。在陆内蛇纹石化橄榄岩中，有机成因 CO_2 与蛇纹石化形成的 H_2 在温度小于 100℃时就可以发生费–托合成并生成 CH_4（Etiope，2017）。

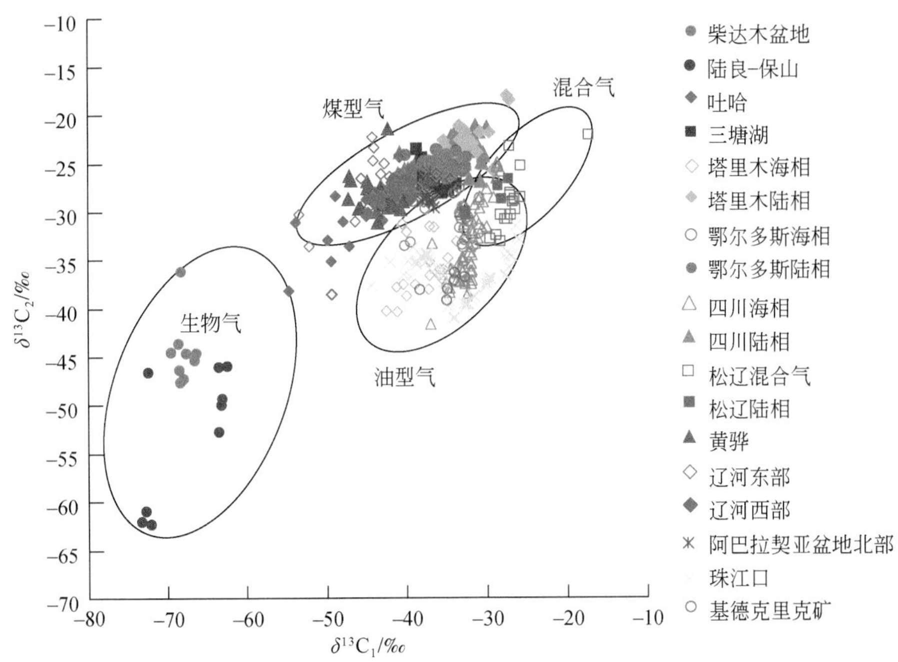

图 3.65　不同类型天然气烷烃气甲烷与乙烷碳同位素组成关系图

从天然气甲烷与乙烷碳同位素关系趋势图看，来自湖相或者海陆过渡相有机质形成的天然气变化趋势较为一致，但并不属于典型的煤型气与油型气。主要原因是湖相或者海陆过渡相沉积环境形成的有机质非均质性强，多呈现腐泥型泥岩（Ⅱ型干酪根为主）与腐殖型煤岩或碳质泥岩（Ⅲ型干酪根）互层。腐泥型泥岩形成天然气偏向于油型气，而腐殖型煤岩或碳质泥岩生成天然气偏向于煤型气，两种类型天然气的混合程度取决于两种不同类型干酪根形成天然气的贡献率；当煤岩或碳质泥岩占主导时，天然气表现为煤型气，反之则为油型气。例如，辽河盆地东部和西部地区天然气甲烷和乙烷碳同位素组成存在明显差别（图 3.66），辽河盆地东部发育古近系沙街河组三段的泥岩和煤系（煤岩和碳质泥岩），两者多为互层分布，有机质类型为Ⅱ-Ⅲ型干酪根，其中泥岩多为Ⅱ型，煤岩和碳质泥岩为Ⅲ型，沙三段烃源岩形成的天然气是以油型气与煤型气形成的混合天然气，且以煤型气为主（Huang et al., 2017）。而辽河盆地西部古近系沙河街组三段和四段均以深水-半深水湖相沉积为主，形成以Ⅰ-Ⅱ型干酪根为主的腐泥型有机质，其生成天然气为油型气，局部地区发育煤线可能也能形成少量煤型气，但整体以油型气为主（Huang et al., 2017）。因此，对于湖相或海陆过渡相为主的烃源岩其生成天然气要视烃源岩中腐泥型和腐殖型有机质分布特征来确定天然气成因类型。

从天然气乙烷和丙烷碳同位素组成关系图，无论是煤型气还是油型气二者均表现为较好的线性关系（图 3.67），即随着热成熟度增加，乙烷和丙烷碳同位素均呈变重趋势，但煤型气明显重于油型气，且根据 $\delta^{13}C_2$ 值大于-28‰和 $\delta^{13}C_3$ 值大于-25‰能够区分来自腐殖型煤型气和腐泥型油型气，但这些边界值并非一成不变，其与热演化程度和天然气母质碳

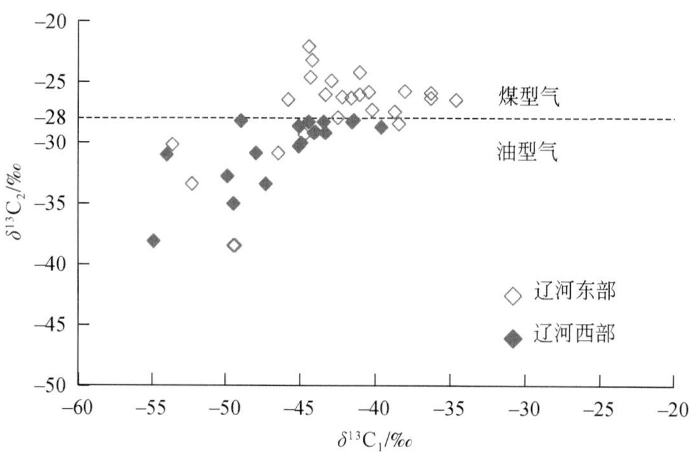

图 3.66　辽河盆地东部和西部地区天然气甲烷和乙烷碳同位素关系图

同位素组成有一定的相关性（Dai et al.，2005b；Liu et al.，2007；Schoell，1988）。由于来自陆良和吐哈生物气中重烃气丙烷含量低于检测线，无法在图中体现，吐哈盆地仅有一个数据点落入煤型气范围，其指示天然气来源于腐殖型Ⅲ型有机质。

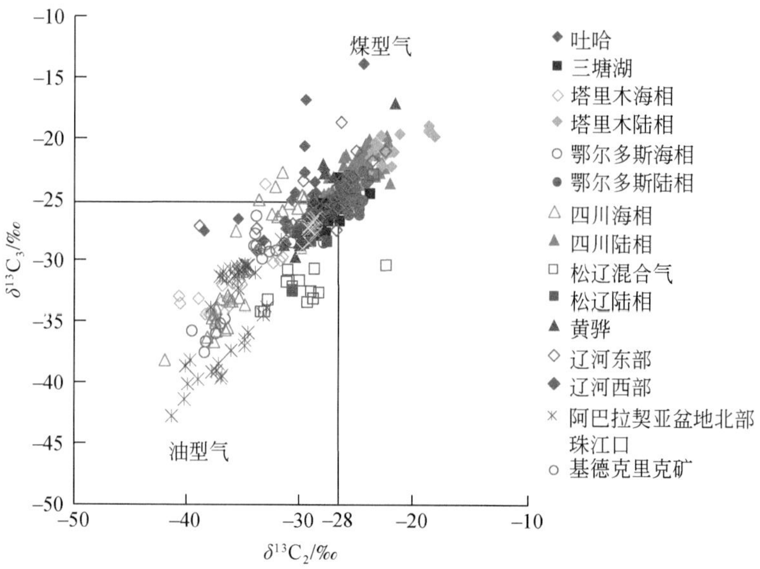

图 3.67　不同类型天然气中乙烷与丙烷碳同位素组成关系图

Chung 等（1988）在 300℃封闭体系下对原油样品进行模拟实验，结果表明，随着烷烃气碳数增加其碳同位素组成变重。根据这个实验结果，他们提出了假定气态烃母质碳同位素组成是均一的且经历了单一的外生热解营力作用，那么烷烃气碳同位素比值与其碳数倒数之间具有一定的线性关系，即 $\delta^{13}C_n$ 与 $1/n$ 之间呈线性关系。由于天然气来源并非均一母质，烷烃气碳同位素比值和其碳数倒数很难呈现为“理想的”线性关系。由于腐泥型有机质主要由长链脂肪族构成，其碳同位素组成相对较均一。

图 3.68 为不同类型天然气烷烃气碳同位素系列关系图，低成熟阶段的煤型气和油型气其烷烃气碳同位素系列整体表现出近似直线的特征，如辽河东部［图 3.68（a）］、吐哈［图 3.68（b）］和三塘湖盆地［图 3.68（c）］成熟度较低的煤型气，以及辽河西部［图 3.68（d）］和珠江口盆地［图 3.68（e）］的油型气。在成熟–高成熟演化阶段，随着成熟度升高，煤型气和油型气的碳同位素系列表现出不同的变化趋势，煤型气碳同位素系列逐渐由近似直线演化为上凸形特征，而油型气则由近似直线演化为下凹形特征，如鄂尔多斯盆地［图 3.68（f）］、四川盆地［图 3.68（g）］、塔里木盆地［图 3.68（h）］和松辽盆地［图 3.68（i）］典型成熟–高成熟阶段煤型气表现为近似直线–上凸形的连线特征，而鄂尔多斯盆地［图 3.68（f）］、四川盆地［图 3.68（g）］和塔里木盆地［图 3.68（h）］的高–过成熟阶段的油型气由于具有普遍较高的甲烷碳同位素值，整体表现出甲乙烷碳同位素值的部分倒转，普遍表现为下凹形的连线特征。

Zou 等（2007）研究认为，多种因素会导致图 3.68 中的直线发生偏离，如重烃气的裂解、TSR 作用和混合作用；具有较重乙烷和丙烷碳同位素值的上凸形连线指示了煤成气裂解和 TSR 改造，而乙烷与丙烷碳同位素值差异较大的下凹形连线则反映了油型气发生了二次裂解；高–过成熟阶段油型气和煤成气其连线分别具有下凹和上凸特征。甲烷的逸散和扩散作用会使得残余的天然气甲烷碳同位素值增大，从而使得连线具有下凹形特征。热成因气中如果混入了甲烷碳同位素值明显较低的生物气，那么甲烷碳同位素值会明显降低，从而使得连线具有上凸形特征。

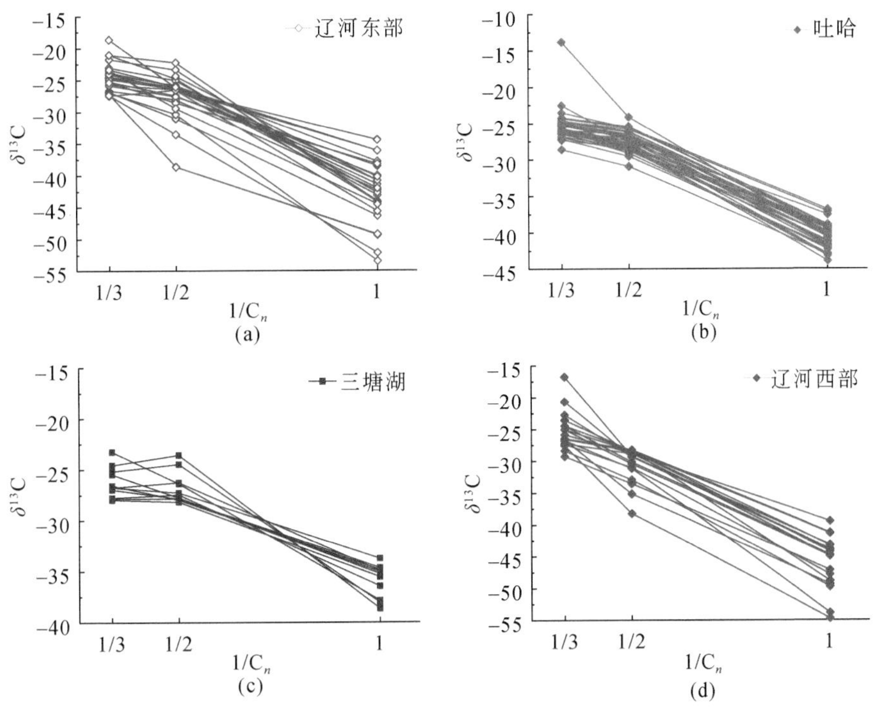

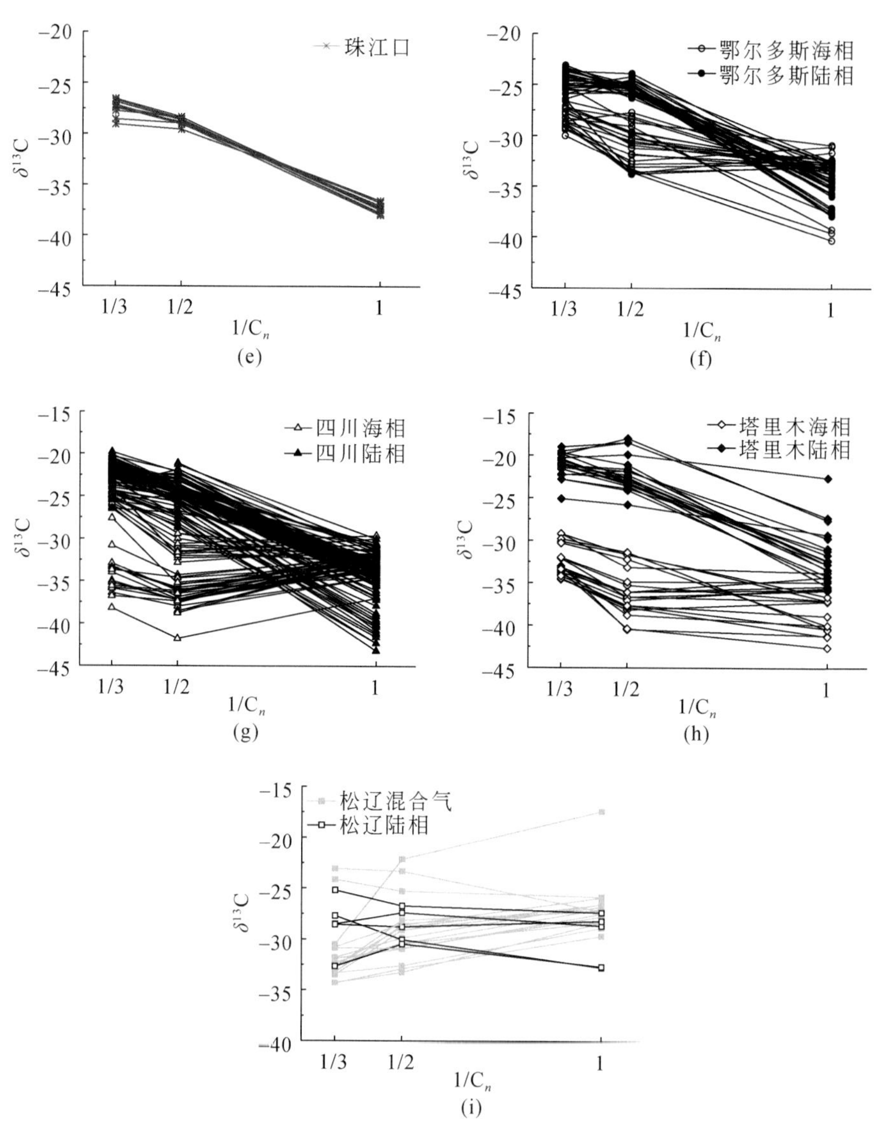

图 3.68　中国典型含油气盆地煤型气和油型气碳同位素系列关系图（底图据 Chung et al., 1988）

TSR 改造根据其程度的不同可以分为以重烃气为主的 TSR 和以甲烷为主的 TSR。在 TSR 反应过程中，^{12}C 优先参与反应，从而使得残余烷烃气碳同位素组成变重。四川盆地海相层系天然气气体酸性指数（gas souring index，GSI）与 $\delta^{13}C_2$ 值之间普遍具有正相关性，而与 $\delta^{13}C_1$ 值之间则没有明显的相关性，表明这些海相天然气普遍经历了以重烃气为主的 TSR，尚未达到以甲烷为主的 TSR 阶段（Hao et al., 2008；Li et al., 2015a；Liu et al., 2011, 2013, 2017）。Hao 等（2008）研究指出，在重烃气为主的 TSR 阶段，TSR 作用不是甲烷、乙烷碳同位素组成发生倒转的原因，反而会使得已经倒转的样品变为正序。

Galimov（2006）研究指出，C—C 键断裂和形成的动力学同位素效应控制了沉积岩和岩浆岩中天然烃类气相反的同位素分馏样式。沉积岩中的 C_1—C_4气体来自干酪根的降解，即 C—C 键的断裂，而岩浆岩中的 C_1—C_4气体则是 C—C 键形成的连续聚合。因此，前者表现出碳同位素正序特征，即碳同位素值随着碳数增大而逐渐增大；而后者表现出碳同位素反序特征，即碳同位素值随着碳数增大而逐渐降低。松辽盆地受无机成因烷烃气混入的天然气其烷烃气碳同位素系列表现出明显的倒转特征，且连线普遍为直线［图 3.68（i）］，与典型无机成因天然气特征（Galimov，2006）基本一致。Liu 等（2016a）研究认为，松辽盆地庆深气田天然气表现出烷烃气碳同位素反序特征，结合 $CH_4/^3He$ 和 R/R_a 特征，反映出其中幔源无机成因气的混入比例为 30%～40%。

2. 烷烃气氢同位素组成

虽然烷烃气氢同位素在天然气研究中运用不如碳同位素广泛，但其蕴含的一些信息具有特定意义（Schoell，1980；Sherwood Lollar et al.，2002）。由于淡水环境富^{1}H，咸水环境富^{2}H，导致不同沉积环境下甲烷氢同位素组成存在差异性（Schoell，1980），陆相淡水环境烃源岩生成的甲烷氢同位素组成小于-190‰，海陆过渡相的半咸水环境中生成的甲烷，δ^2H 值一般为-190‰～-180‰，而海相咸水环境生成的甲烷，δ^2H 值一般重于-180‰（Schoell，2011）。以 $\delta^2H_{CH_4}$=-190‰为界可以划分海相和陆相形成的生物甲烷，柴达木和陆良-保山生物气甲烷氢同位素组成均小于-190‰，其烃源岩沉积环境为淡水-微咸水沉积环境。由于这些气藏中乙烷等重烃气体含量低于检出限，无法对重烃气体氢同位素组成分析。从甲烷与乙烷氢同位素组成关系图可知（图 3.69），尽管天然气来自不同沉积环境和不同类型有机质，但甲烷和乙烷氢同位素组成表现为一定的线性关系，且煤型气甲烷和乙烷氢同位素组成分布在油型气左侧，即煤型气甲烷和乙烷氢同位素值小于油型气。

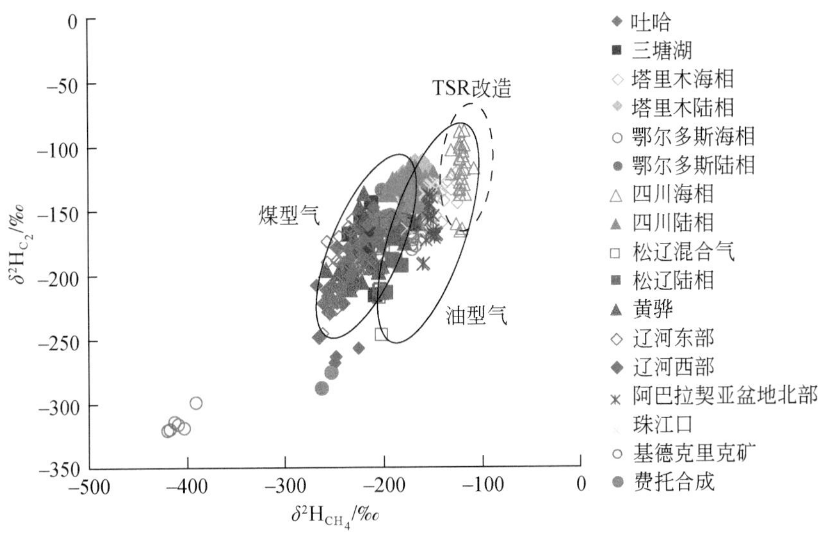

图 3.69　油型气与煤型气甲烷与乙烷氢同位素关系图

对于同一类型的煤型气，由于烃源岩形成水体的咸度不同，形成天然气甲烷和乙烷氢同位素组成也存在一定差别，如四川盆地 T_3x–J 气藏中的天然气主要来自咸水沉积环境形成的煤系烃源岩，甲烷和乙烷氢同位素组成明显重于塔里木盆地前陆、鄂尔多斯上古生界、松辽盆地、渤海湾盆地的黄骅拗陷和辽河盆地等淡水–微咸水形成的天然气（图 3.70），这是因为四川盆地 T_3x–J 天然气主要来自上三叠统海陆过渡相–湖相须家河组烃源岩，尽管有机质类型表现为Ⅲ型干酪根，但沉积水体受海侵影响，主体表现为咸水沉积（Wang et al.，2015），而塔里木盆地前陆、鄂尔多斯上古生界、松辽盆地、渤海湾盆地的黄骅拗陷和辽河盆地烃源岩主要为淡水–微咸水沉积环境，既有海陆过渡相，也有湖相、沼泽相等陆相沉积（Dai et al.，2005b；Liu et al.，2015；Wang et al.，2015；Huang et al.，2017）。图 3.70 为咸水沉积环境下煤型气和油型气甲烷和乙烷氢同位素组成关系图，从图中可以看出，四川盆地 T_3x–J 气藏天然气与塔里木盆地、四川盆地 C_2–T_1f、鄂尔多斯盆地 O_1、珠江口盆地 N，以及阿巴拉契亚盆地北部海相腐泥型有机质形成天然气存在明显不同，前者尽管形成环境为咸水沉积环境，但有机质类型以Ⅲ型为主，天然气为煤型气，而后者为海相咸水沉积环境，有机质类型以Ⅱ型为主，天然气为油型气，前者甲烷氢同位素组成要轻于后者，而乙烷氢同位素前者要重于后者。因此，天然气类型主要受控于母质类型，即Ⅲ型干酪根生成煤型气，而Ⅰ–Ⅱ型干酪根形成油型气，但甲烷氢同位素组成主要受母质沉积环境影响，咸水沉积环境形成的甲烷氢同位素重于微咸水–淡水沉积环境。

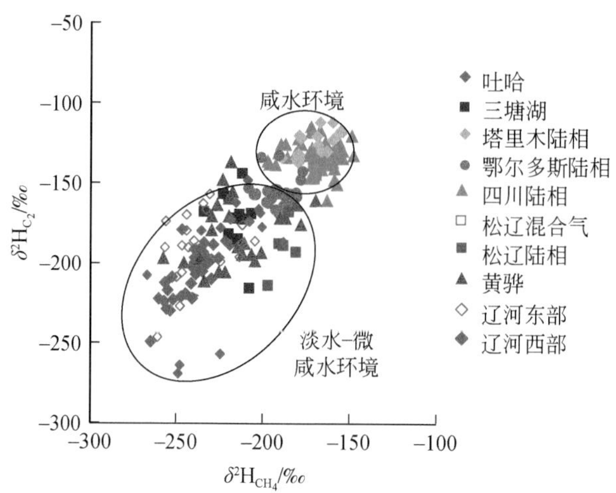

图 3.70　咸水沉积环境下煤型气和油型气甲烷和乙烷氢同位素组成关系图

鄂尔多斯盆地 O_1m 气藏部分数据落入煤型气范围与该盆地上古生界煤型气混入有关（Liu et al.，2009）。在塔里木盆地 O、四川盆地 C_2–T_1f 气藏中，乙烷氢同位素逐渐变重过程中，甲烷氢同位素组成基本保持不变，可能主要与 TSR 过程中水中烃类氧化蚀变有关，这导致甲烷氢同位素组成变化范围收窄（Liu et al.，2014a）。影响油气氢同位素组成主要因素为油气形成中外来氢源的参与（Lewan，1997；Yoneyama et al.，2002）、有机质与水同位素交换反应（Schimmelmann et al.，2001，2004）。水在成烃演化中起重要作用，并且参与了其化学反应，成为有机氢的一部分（Lewan，1993；Yoneyama et al.，2002），而且水中的 H 可以与干酪根中的 H 发生可逆同位素交换反应，发生这种交换反应的氢主要与杂原子相连，如 N—H、S—H、O—H 等中的氢（Seewald et al.，1998）。但是，当烷烃气生成以后，其氢同位素组成不会或很少与水等其他氢原子发生同位素交换反应（Schimmelmann et al.，2001，2004）。Wang 等（2011）通过模拟实验证实了甲烷的产率是影响甲烷氢同位素组成的主控因素，同时热演化程度是制约甲烷产率的重要因素之一。尽管在阿巴拉契亚盆地北部气藏中并没有 H_2S，也没有 TSR 改造，但其甲烷氢同位素值相比乙烷变化也很小，可能主要与该气藏渗漏扩散导致富 ^1H 的甲烷优先散失，而富 ^2H 的甲烷在残余气藏中相对富集有关（Burruss and Laughrey，2010）。

松辽盆地庆深气田中随着乙烷氢同位素组成变重，甲烷氢同位素组成也基本保持不变（$\delta^2H_{CH_4}$=-205‰～-181‰，$\delta^2H_{C_2}$=-247‰～-160‰），造成甲烷氢同位素组成不变的主要原因除了甲烷来自有机质热裂解外，也与幔源甲烷和费-托合成形成甲烷的贡献有关。由于幔源甲烷氢同位素组成变化范围相对比较小，导致庆深气田甲烷氢同位素变化范围也较小（Liu et al.，2016a）。从图 3.69 可以看出，基德克里克矿的甲烷和乙烷氢同位素组成完全不同于沉积盆地的油型气和煤型气，二者氢同位素均轻于来自有机质的生物气或者热裂解气，其甲烷氢同位素组成为-419‰～390‰，乙烷氢同位素组成为-321‰～-299‰，丙烷氢同位素组成为-270‰～262‰。如果基德克里克矿中的天然气为无机气（Sherwood Lollar et al.，2002，2006），那么无机气中烷烃气氢同位素组成相对于有机成因烷烃气，其具有较轻的氢同位素组成。但是美国加利福尼亚索尔顿湖区 CO_2 井中的无机甲烷的 $\delta^2H_{CH_4}$ 值为-16‰（Welhan，1988）。Suda 等（2014）通过对白马八方温泉伴生气体分析，认为水岩反应能够生成甲烷气体，其中温度可以小于 150℃，甲烷碳同位素值主要为-38.1‰～-33.2‰，甲烷氢同位素值为-300‰～-210‰。这种通过低温水岩反应形成的甲烷其碳氢同位素分布区域与沉积盆地有机成因甲烷具有一定的重叠性。费-托合成的模拟实验甲烷氢同位素组成为-262‰～-253‰，乙烷氢同位素组成为-288‰～-276‰，且甲烷和乙烷氢同位素组成发生倒转，即 $\delta^2H_{CH_4}>\delta^2H_{C_2}$（Fu et al.，2007）。图 3.71 为不同类型天然气乙烷和丙烷氢同位素组成关系图，从图中可以看出，对于煤型气和油型气并没有清晰的界限，随着热演化程度增加，乙烷和丙烷氢同位素组成均呈变重趋势。无机成因的乙烷和丙烷氢同位素组成明显轻于有机成因。因此，利用乙烷和丙烷氢同位素并没有像碳同位素组成那样可以有效地区分有机成因的煤型气和油型气，但对于无机成因气能够较好的区分。因此，对于无机成因甲烷氢同位素组成变化仍然存在较大争议，或者说无机甲烷氢同位素组成变化范围很大，不同地质背景下无机成因甲烷氢同位素组成具有较大差异性。对于无机成因烷烃气氢同位素组成识别仍然面临很大的挑战。

对于烷烃气系列氢同位素组成，低成熟阶段的煤型气和油型气其氢同位素系列整体表现出近似直线的特征，如辽河盆地东部［图 3.72（a）］和吐哈盆地［图 3.72（b）］的煤型气，以及辽河盆地西部［图 3.72（c）］和珠江口盆地［图 3.72（d）］的油型气，但三塘湖盆地成熟度较低的煤型气其氢同位素系列具有明显的差异，普遍表现出上凸形特征［图 3.72（e）］，这种差异主要源自三塘湖盆地煤型气具有明显较重的乙烷氢同位素组成（普遍大于-190‰），而吐哈煤型气乙烷氢同位素值普遍小于-190‰。在成熟-高成熟演化

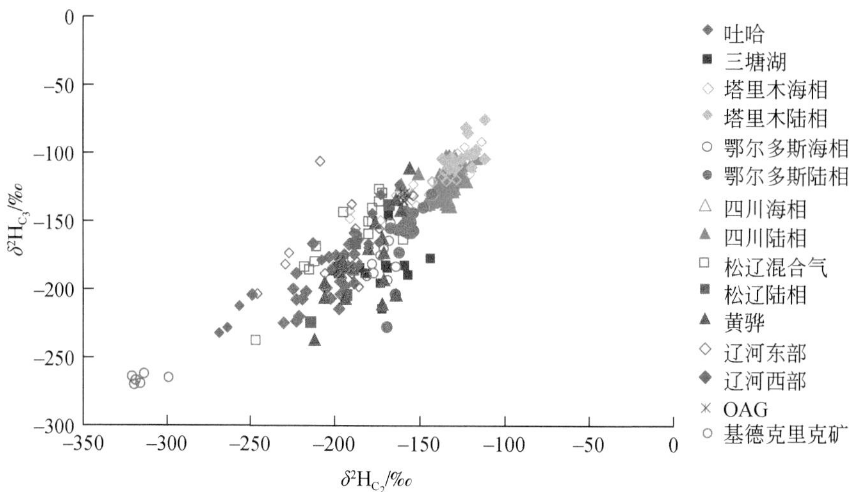

图 3.71　不同类型天然气乙烷和丙烷氢同位素组成关系图

阶段，煤型气氢同位素系列整体均表现出近似线性的特征，如鄂尔多斯盆地［图 3.72 (f)］、四川盆地［图 3.72 (g)］和塔里木盆地［图 3.72 (h)］成熟-高成熟煤型气。但高-过成熟油型气由于具有普遍较高的甲烷氢同位素值，整体表现出甲乙烷氢同位素值的部分倒转，如塔里木盆地高过成熟油型气均表现出下凹形连线的特征，部分甚至表现出烷烃气氢同位素系列的连续倒转，如松辽盆地［图 3.72 (i)］和鄂尔多斯盆地［图 3.72 (f)］油型气。

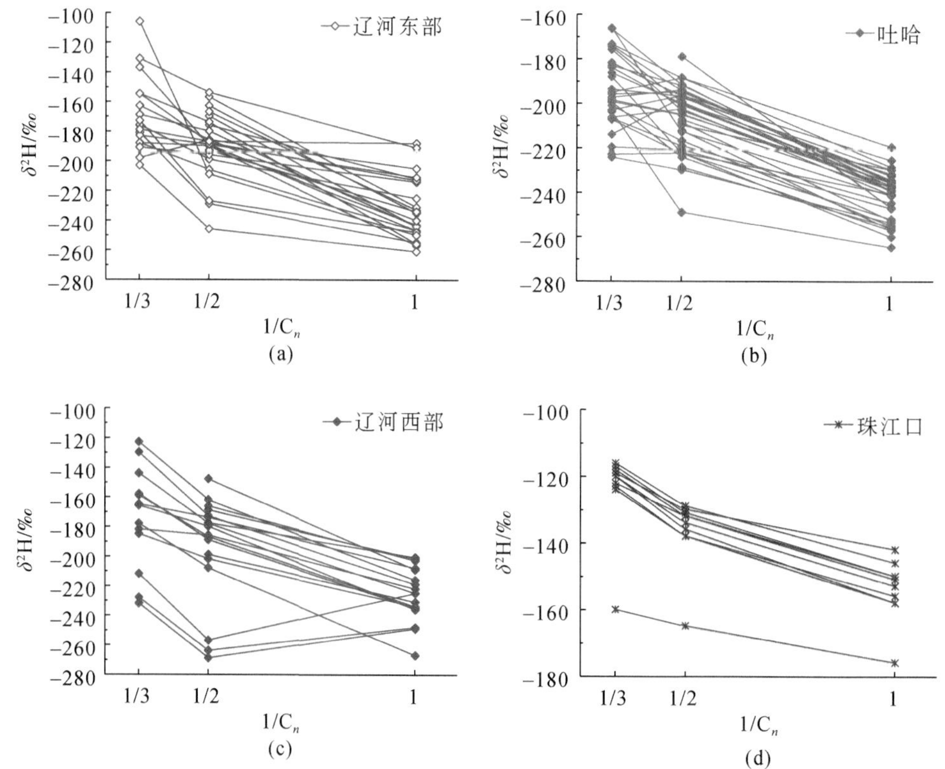

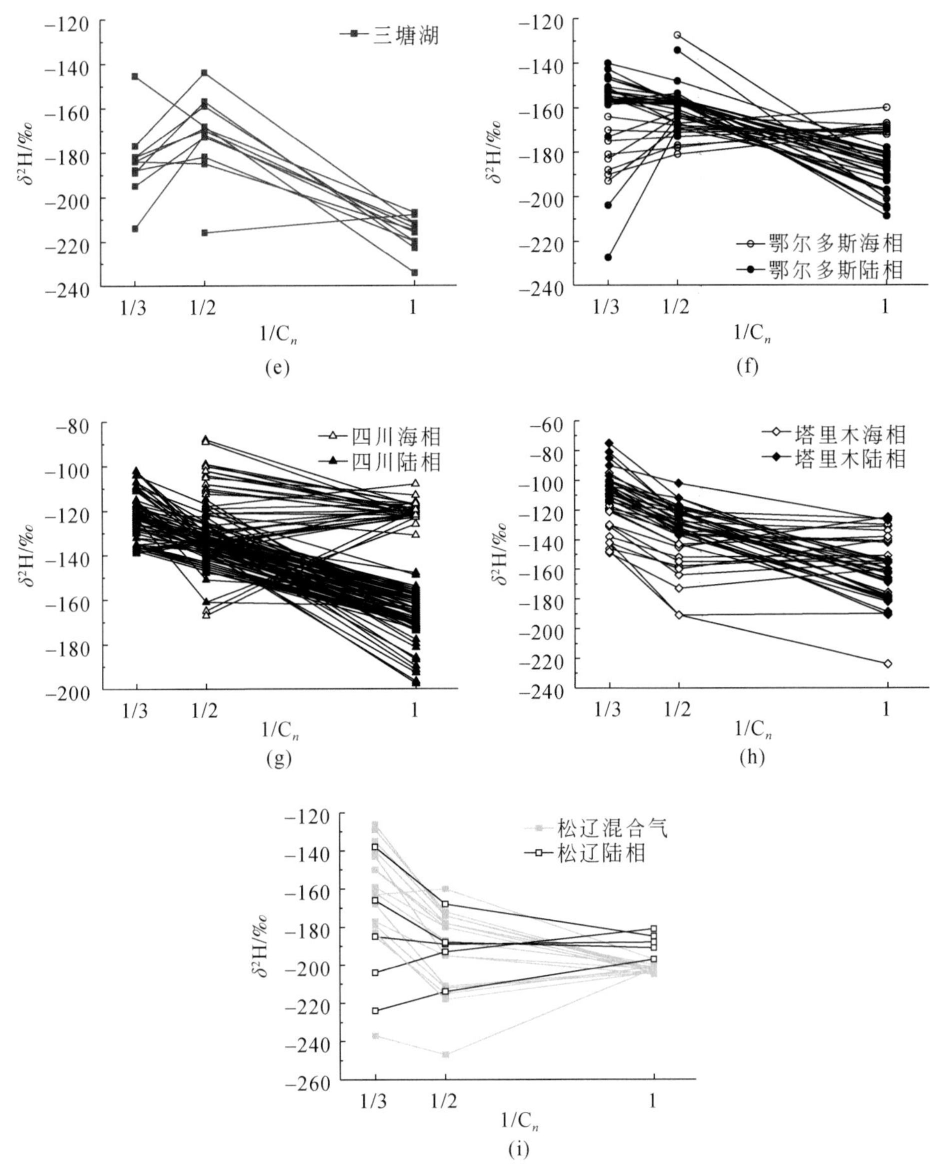

图3.72　中国典型含油气盆地煤型气和油型气氢同位素系列图

在TSR反应过程中，H同位素组成与C同位素组成具有类似的变化趋势，四川盆地海相层系天然气气体酸性指数GSI与$\delta^2H_{C_2}$值之间普遍具有正相关性，而与$\delta^2H_{CH_4}$值之间则没有明显的相关性（Liu et al.，2014a），即^1H优先参与反应，从而使得残余烷烃气氢同位素组成变重。四川盆地海相层系天然气普遍经历了以重烃气为主的TSR，其乙烷H同位素组成分布范围较广，部分大于-100‰［图3.72（g）］，明显高于鄂尔多斯和塔里木等盆地油型气的$\delta^2H_{C_2}$值，表现出TSR改造的影响。

松辽盆地中的天然气受无机成因烷烃气的混入影响，天然气的氢同位素系列整体表现出正序特征，且连线普遍为下凹形［图3.72（i）］。

由于天然气碳同位素组成在解决油气勘探实践问题时仍然存在着多解性，而氢同位素组成所反映的信息常具有特定的意义，因此，把碳氢同位素的特征结合起来常常可以获得良好的效果。但是，天然气形成过程中碳元素的来源比较单一，属于有机来源，而氢元素的来源比较复杂，既可以来源于干酪根本身，也可以来源于地层水介质（Lewan，1997；Seewald，2003），也有学者认为存在着无机来源氢的贡献（Coveney et al.，1987；Jin et al.，2004）。

Wang等（2011）通过煤岩的无水、加去离子水（$\delta^2 H_{H_2O}=-58‰$）和加标准海水（$\delta^2 H_{H_2O}=-4.8‰$）三组封闭体系的生烃热模拟实验，讨论了水介质对有机热成因天然气氢同位素组成的影响及其意义。实验结果显示，加水实验明显增加了 H_2 和 CO_2 的产率，同时，高演化阶段 CH_4 的产率在加水实验中也得到明显的增加（图3.73）。这些现象说明，水介质参与了成烃演化的化学反应，从而影响了气态烃的氢同位素组成。

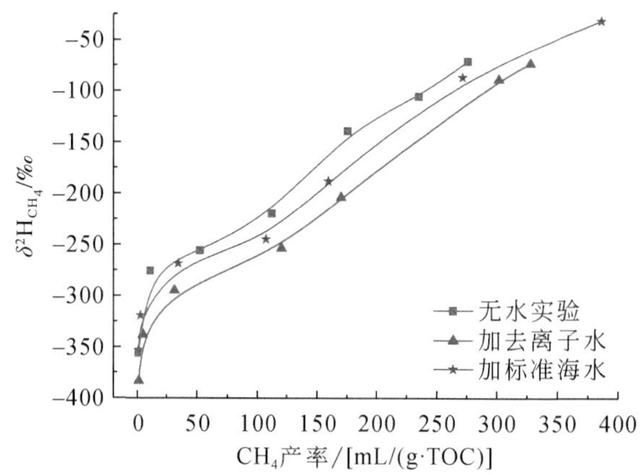

图3.73　煤岩在不同水介质条件下形成甲烷氢同位素组成特征（据 Wang et al.，2011）

目前的实验研究已经证实，石油天然气的形成主要以自由基的反应机理进行（Beltrame et al.，1989）。按照自由基反应机理，甲烷的形成主要是干酪根裂解过程中形成的甲基与氢原子结合的产物，而氢气是两个氢原子结合的产物。Sackett（1978）提出，含有重同位素的官能团断裂需要更高的能量，所以随着热演化程度升高，干酪根裂解形成甲基的碳、氢同位素组成逐渐变重。影响甲烷氢同位素的另一个重要因素是与甲基结合的氢原子。由于氢气分子是两个氢原子结合的产物，所有实验系统中氢原子的同位素组成与氢气的同位素组成存在一定的相关性。由于氢原子对甲烷氢的贡献只占甲烷氢的1/4，因此它对甲烷氢同位素组成的影响要小于甲基。三组实验中，甲烷氢同位素组成与甲烷产率之间呈线性关系。在甲烷产率相同的情况下，无水实验产出的甲烷氢同位素组成最重，加海水者次之，加去离子水的最轻。

自然界中，源岩的氢同位素组成肯定是影响甲烷氢同位素组成的首要因素。一方面，海相环境形成的烃源岩具有较重的氢同位素组成，而陆相淡水条件下形成的烃源岩具有较轻的氢同位素组成。所以在相同条件下（R_o、水介质条件），海相烃源岩形成的甲烷氢同位素组成重于陆相淡水烃源岩形成的天然气。另一方面，实验体系中甲烷的产率表现在自然界中与源岩的热演化程度相关（热演化程度越高，甲烷的产率越大），而氢气的浓度和氢气的同位素组成与源岩本身的同位素组成和天然气形成时期的水介质同位素组成相关。所以，自然界中影响天然气甲烷氢同位素组成的因素有以下几个方面：①烃源岩有机质的氢同位素组成特征；②热演化程度，热演化程度越高，天然气氢同位素组成越重；③天然气形成时期古水介质。其中，烃源岩有机质的氢同位素组成特征受以下两方面因素的影响：一是形成烃源岩有机质的生物母体生长时的水体环境，即陆相淡水条件下生长的有机体，其氢同位素组成要远远轻于海相和咸水湖相环境中生长的有机体；二是有机体沉积环境的水体条件，即有机体在成岩过程中，水介质通过同位素交换反应对有机质氢同位素的改造，其中包括淡水陆源有机质沉积在海相地层，成岩过程中海水对陆源有机质的改造。

一般情况下，水中的氢可以与干酪根中的某些氢迅速发生可逆的同位素交换反应，干酪根中可以发生这种同位素交换反应的氢主要是和杂原子相连，如 N—H、S—H、O—H 等中的氢（Schoell，1984；Lewan，1997；Schimmelmann et al.，1999，2001；Mastalerz and Schimmelmann，2002；Seewald，2003）。干酪根中烷基上的氢原子可以保存其原始的氢同位素组成特征一直到150℃以上（Lewan，1997；Schimmelmann et al.，1999）。自然条件下，烃类和水之间的氢同位素交换反应非常缓慢，即使在200～240℃的温度下经过上亿年的时间，其氢同位素也不会发生明显变化（Schoell，1984；Li et al.，2001；Mastalerz and Schimmelmann，2002）。因此，石油、天然气的氢同位素组成特征仍然能够反映母质氢同位素的组成特征。

3.5.3　干酪根裂解气和原油裂解气的鉴别

1. 组分特征

在沉积盆地中，腐殖型有机质主要由含芳环和杂环化合物构成，热裂解产物主要为有机质直接裂解，以生气为主，生油为辅（Stahl and Carey，1975；Behar et al.，1995；Lorant et al.，1998），而腐泥型有机质主要由长链脂肪族构成，在形成液态烃前期存在少量干酪根热裂解气，其后热裂解产物以液态烃为主，后期液态烃热裂解与干酪根热裂解均发生，且原油热裂解量远远大于干酪根直接热裂解（Tissot and Welte，1984）。这样，腐泥型有机质生成油型气的途径主要有两种：干酪根直接降解生成的干酪根裂解气和干酪根生成的原油裂解形成的原油裂解气（Behar et al.，1995；Prinzhofer et al.，2000；Tang et al.，2000；Prinzhofer and Battani，2003；Zhang et al.，2005）。

Behar 等（1992）通过封闭体系的热模拟实验建立了 ln（C_1/C_2）与 ln（C_2/C_3）鉴别干酪根裂解气与原油裂解气图版，干酪根裂解气主要表现为甲烷生成速率大于重烃气（乙烷、丙烷），对于干酪根裂解气 ln（C_1/C_2）变化较大，而 ln（C_2/C_3）基本保持不变或者变化范围很小。原油裂解气则表现为重烃气体生成速率相对增加较快，原油裂解气 ln(C_1/C_2）基本保持不变或者变化范围很小，而 ln（C_2/C_3）变化较大（Prinzhofer and Battani，2003）。例如，在吐哈盆地，天然气中 ln（C_1/C_2）变化较大（0.4～3.2），而

ln（C_2/C_3）基本保持不变或者变化范围很小（0.23～2.3），表现为平缓的正相关性，主要表现为原始干酪根裂解气［图 3.74（a）］。吐哈天然气表现为干酪根裂解气，与其热成熟低（R_o=0.4%～0.9%）和有机质类型为Ⅲ型有关，因为Ⅲ型干酪根主要以生气为主（Stahl and Carey，1975），烷烃气主要为有机质侧链和官能团断裂形成（Liu et al.，2007）。同时，低的热成熟度尚未到达原油热裂解程度，因此，吐哈盆地天然气为干酪根裂解气是符合实际地质特征和烃源岩生烃过程的（Li et al.，2001）。四川盆地 C_2-P_2-T_1 海相气藏中天然气中 ln（C_1/C_2）变化较小（4.2～6.4），而 ln（C_2/C_3）变化范围较大（0.16～3.8），表现为近指数的变化关系，为原油裂解气［图 3.74（b）］。因为四川盆地 C_2-P_2-T_1 海相气藏天然气主要来自 S_1l 和 P_2l 黑色泥岩，有机质类型为Ⅱ型为主，热演化程度处于高-过成熟阶段（R_o=2.5%～3.5%）（Hao et al.，2008；Dai，2014）。腐泥型有机质早期生成的原油在高演化阶段全部裂解成为天然气，T_1-P_2-C_2 海相储层中广泛分布的储层沥青也说明了这些气藏经历了早期成油晚期原油热裂解成气的过程。因此，对于某一个气藏中天然气来源较为单一时，即以干酪根裂解气为主或者以原油裂解气为主，Behar 图版能够鉴别这个气藏中天然气为干酪根裂解气还是原油裂解气。

对于有些油气藏烃源岩生烃和原油热裂解气过程可能存在一定重叠，即烃源岩生烃具有一定的连续性，使得气藏中天然气表现为原油裂解气和干酪根裂解气的混合，从而导致 Behar 图版使用存在一定的不确定性，如图 3.74（c）所示，辽河盆地天然气 ln（C_1/C_2）与 ln（C_2/C_3）分布特征基本表现为一个近乎菱形，Behar 图版很难确定其为干酪根裂解气还是原油裂解气。同时，高过成熟阶段的烃源岩也能够形成一定量的甲烷气体（Jurisch et al.，2012），如果天然气藏中天然气为原油裂解气与高过成熟阶段烃源岩形成的甲烷混合也难以用 Behar 图版鉴别其天然气类型。基于 Behar 图版在鉴别干酪根裂解气和原油裂解气的局限性，通过模拟实验将不同热成熟度阶段天然气的 ln（C_1/C_2）与 ln（C_2/C_3）值进行了重新绘制（Liu et al.，2018）。

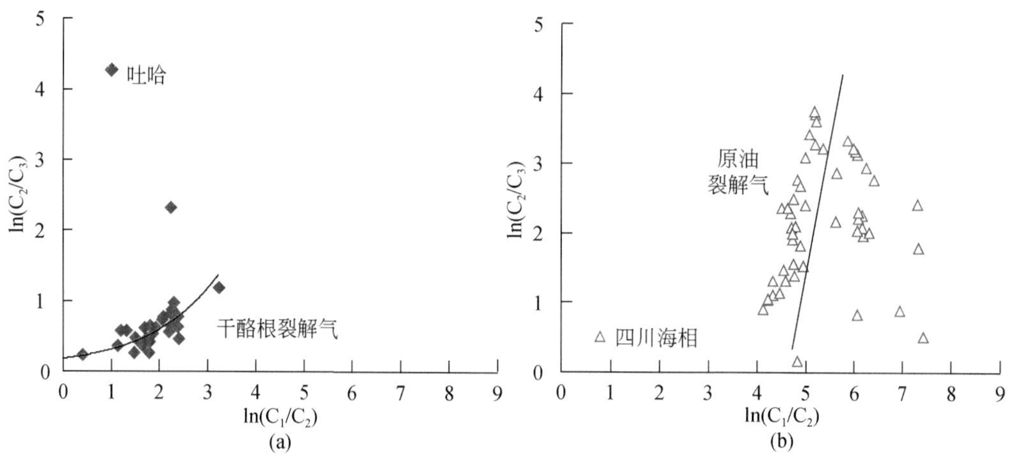

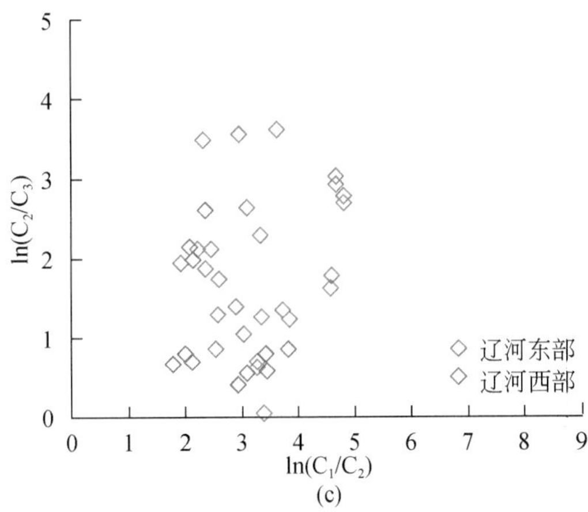

图3.74　Behar图版鉴别干酪根裂解气和原油裂解气（据Behar et al.，1992，修改）

（a）吐哈盆地天然气为干酪根裂解气；（b）四川盆地 C_2-P_2-T_1 海相油气藏天然气为原油裂解气；（c）辽河盆地 E_2s 气藏天然气原油裂解气与干酪根裂解气

从图3.75可知，在不同热演化阶段，干酪根裂解气与原油裂解气的ln（C_1/C_2）与ln（C_2/C_3）存在着一定的差异。R_o 为0.5%～0.8%，原油尚未开始热裂解，而干酪根裂解气则随着热成熟度 R_o 增加，ln（C_1/C_2）比ln（C_2/C_3）变化更快，即甲烷生成速率要高于乙烷和丙烷的生成速率。因此，对于低演化阶段生成的干酪根裂解气主要表现为甲烷生成速率大于重烃气体。R_o 为0.8%～1.3%，尽管原油才开始发生热裂解，但原油裂解气的ln（C_1/C_2）比干酪根裂解气更陡一些，说明相对于干酪根裂解气，原油裂解气生成甲烷速率比生成 C_2H_6 的速率快；原油裂解气的ln（C_2/C_3）曲线明显呈现出平缓特征，而干酪根裂解气的ln（C_2/C_3）相对更陡，说明相对于原油裂解气，干酪根裂解气中 C_2H_6 比 C_3H_8 增长快。

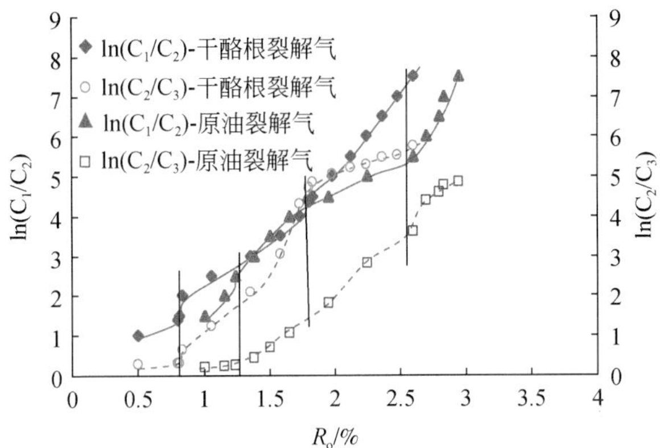

图3.75　不同类型天然气ln（C_1/C_2）、ln（C_2/C_3）与 R_o 关系图

R_o 为 1.3% ~1.8%，无论是干酪根裂解气还是原油裂解气，ln(C_1/C_2) 曲线均呈现出较陡的变化特征，说明该阶段是甲烷快速形成阶段，仅仅是原油热裂解气生成甲烷相对干酪根裂解气更快速。对于重烃气体，干酪根裂解的 ln(C_2/C_3) 曲线明显比原油裂解气呈现更陡，说明该阶段在重烃气体方面延续上一阶段的特征，干酪根气中 C_2H_6 比 C_3H_8 增长快，而原油裂解气相对缓和。R_o 为 1.8% ~2.5%，干酪根裂解气 ln(C_1/C_2) 曲线再次比 ln(C_2/C_3) 曲线陡，说明在高成熟阶段烃源岩主要以生成甲烷为主，且甲烷速率比 C_2H_6 快。原油裂解气则表现为 ln(C_2/C_3) 曲线相对比 ln(C_1/C_2) 曲线更陡，说明高演化阶段原油大量发生热裂解气，且 C_2H_6 比 C_3H_8 增长快。相对于干酪根裂解气，原油裂解气中 ln(C_1/C_2)曲线相对较缓，而 ln(C_2/C_3) 曲线相对更陡。因此，该阶段主要表现为原油高温热裂解气形成的天然气阶段。R_o>2.5%，原油裂解气ln(C_1/C_2)曲线再次比ln(C_2/C_3)曲线陡，说明高温原油热裂解再次以生成 CH_4 为主，而 ln(C_2/C_3) 曲线逐渐呈缓慢趋势。

依据干酪根裂解气和原油裂解气在不同阶段 ln(C_1/C_2) 与 ln(C_2/C_3) 的变化关系，重新建立利用 ln(C_1/C_2) 与 ln(C_2/C_3) 关系图鉴别干酪根裂解气和原油裂解气。从图 3.76 可知，R_o<1.3% 时，天然气主要为干酪根裂解气，包括吐哈、三塘湖、黄骅、辽河、珠海口等；R_o>1.3 时，天然气主要为原油裂解气，包括四川盆地 $C_2-P_2-T_1$ 海相油气藏、塔里木盆地 O 海相油气藏、鄂尔多斯盆地 O_1 海相油气藏、松辽盆地 J-K 和辽河盆地 E_2s 的部分天然气也属于原油热裂解气。从天然气成因类型上讲，煤型气主要表现为干酪根裂解气，如四川盆地 T_3x-J 气藏、塔里木盆地 T-J 气藏、鄂尔多斯盆地 C-P 气藏、吐哈 J 气藏、三塘湖 C 气藏，以及辽河、黄骅部分煤型气。而油型气则取决于天然气的热成熟度，当天然气热成熟度 R_o 为 0.8% ~1.8%时，天然气表现为原油裂解气与干酪根裂解气形成的混合气，如阿巴拉契亚盆地北部烃源岩 R_o 为 0.6% ~1.4% (Burruss and Laughrey, 2010)，烃源岩生烃过程涵盖了早期的干酪根裂解气和后期的原油裂解气。因此，该气田的天然气表现为干酪根裂解气和原油裂解气并存，甚至二者的混合。通过重新建立的 ln(C_1/C_2)与 ln(C_2/C_3) 关系可以更直观地鉴别干酪根裂解气和原油裂解气。

2. 烷烃气碳同位素特征

从生烃动力学角度讲，大分子烃类或者原油热裂解气是分阶段的，早期表现为原油等大分子的热裂解成相对较小分子的烃类，类似于凝析油气及气体，随着热演化程度增加，这些凝析油气进一步热裂解成为轻烃和气体，热演化达到一定程度，这些轻烃也会发生热裂解，最终全部热裂解成气体。为了较好地区分干酪根裂解气与不同阶段原油裂解气，利用 Prinzhofer 和 Battani (2003) 建立的 C_2/C_3 与 $\delta^{13}C_2-\delta^{13}C_3$ 图版和原油裂解的实验结果 (Tang et al., 2000; Zhang et al., 2005)，对干酪根裂解气和不同阶段的原油气进行了更详细的识别。从图 3.77 可知，吐哈、三塘湖天然气全部为干酪根裂解气，而黄骅、辽河东部和西部、珠江口、松辽庆深气田天然气既有干酪根裂解气也有原油裂解气。

根据原油裂解程度的不同，又将原油裂解气分为油裂解气、油气裂解气和气裂解气三个阶段。塔里木 O、鄂尔多斯 C-P、四川 T_3-J、松辽 K、辽河、珠江口、阿巴拉契亚盆地北部以油裂解气和油气裂解气为主，而四川盆地 $C_2-P_2-T_1$、鄂尔多斯 O_1 已经处于油气裂解气阶段，甚至气裂解气阶段。塔里木盆地 O 和辽河盆地天然气分布范围相对较宽，涵盖

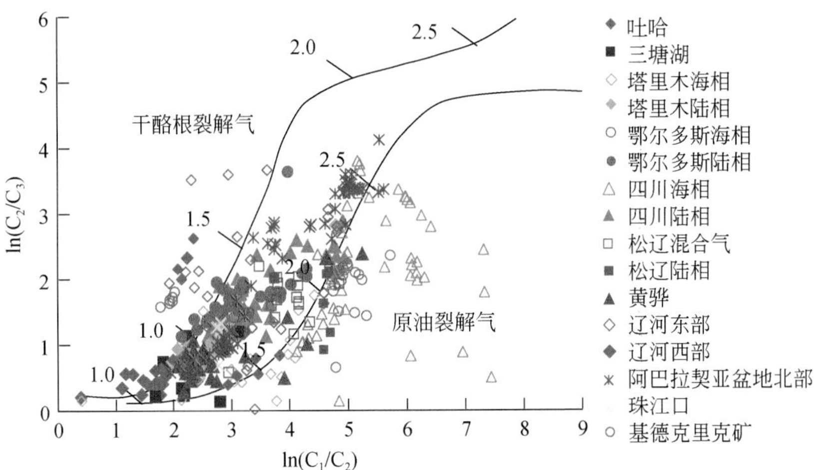

图3.76　不同类型天然气 $\ln(C_1/C_2)$ 与 $\ln(C_2/C_3)$ 关系图

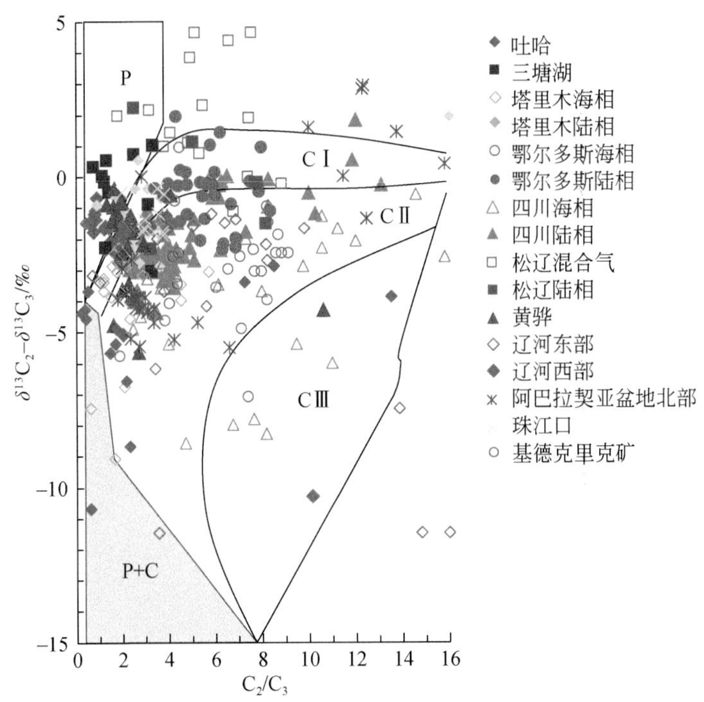

图3.77　C_2/C_3 与 $\delta^{13}C_2$-$\delta^{13}C_3$ 相关图鉴别干酪根裂解气和不同热演化阶段原油裂解气（底图据 Lorant et al., 1998）

P. 干酪根裂解气；CⅠ. 原油裂解气；CⅡ. 油气裂解气；CⅢ. 气裂解气；P+C. 干酪根裂解气和原油裂解气的混合气

了干酪根裂解气、油裂解气、油气裂解气和气裂解气，并且存在干酪根裂解气与原油裂解气的混合（Liu et al., 2007）。这些天然气田成因类型的多样性及烃源岩热演化程度变化范围相对较宽相一致，如塔里木盆地 O 气藏中烃源岩的热演化程度 R_o=1.0% ~3.0%，涵盖了从烃源岩生液态烃、液态烃高温热裂解等不同阶段，从而导致该盆地天然气成因类型从干酪根裂解气到油气裂解气各个阶段（Liu et al.，2018）。松辽盆地庆深气田和阿巴拉契亚盆地北部的部分天然气数据点处于 Prinzhofer 图版的外围，说明这些气田天然气成因类型的复杂性，如松辽盆地庆深气田甲烷存在有深部幔源和费-托合成的贡献（Liu et al.，2016a），导致甲烷组分和碳同位素均不同于单一热成因形成的天然气。阿巴拉契亚盆地北部天然气渗漏扩散导致甲烷优先丢失，且甲烷碳同位素变重（Burruss and Laughrey，2010）。因此，对于某一个天然气藏在次生改造或者外来组分混入的情况下，Prinzhofer 建立的 C_2/C_3 与 $\delta^{13}C_2-\delta^{13}C_3$ 图（图 3.77）能够较好地区分干酪根裂解气和不同阶段的原油裂解气，但其要求完整的甲烷、乙烷和丙烷的组分和碳同位素数据才能鉴别，对于有些气田热演化程度处于高过成熟阶段，丙烷含量低于检测下限时，图 3.77 则难以胜任，如四川盆地 $C_2-P_2-T_1$ 和鄂尔多斯 O_1 气藏。

3.5.4　次生改造对碳氢同位素组成的影响

1. 硫酸盐热化学还原（TSR）

H_2S 作为一种酸性非烃类气体主要分布在海相碳酸盐岩气藏中，偶然在碎屑岩也有分布。多数 H_2S 形成是通过硫酸盐与烃类还原反应，这些反应过程主要为微生物（主要为细菌）或非生物（无机矿物）等作用。当微生物作用通过硫酸盐与烃类还原反应称为 BSR，而非生物（无机矿物）作用下的硫酸盐与烃类还原反应则称为 TSR。Cohn 等（1867）首次发现硫黄细菌在一定条件下可以生成 H_2S。Beijerinck（1895）正式命名为 BSR。BSR 一般在地层温度低的沉积盆地中（温度为 60 ~ 80℃）（Machel and Foght，2001；Orr，1977），沉积范围包括地下含水土壤层、海相沉积物、暗礁碳酸盐岩、层状或分散状蒸发岩，以及碎屑沉积物。在 BSR 中，H_2S 仅作为还原产物，且需要有营养组分供微生物消耗，这样生成的 H_2S 含量要低于微生物新陈代谢过程中防止中毒的 H_2S 水平，BSR 形成的 H_2S 其含量一般小于 5%（Worden and Smalley，1996）。因此，如果当气藏中含有烃类发生 BSR 并生成大量 H_2S 时，则需要处于相对开放体系以便生成的 H_2S 散逸，从而保证气藏中不会有大量 H_2S 存在。由于 BSR 发生的温度低于 80℃，R_o 为 0.2% ~0.3%（Machel and Foght，2000），其对热成因天然气烷烃气组分与碳氢同位素分馏可以忽略不计，因此本书对 BSR 不做讨论。

TSR 反应首次由 Toland（1960）在进行不同溶解硫酸盐与烃类实验中提出的。随后发现 TSR 可以在实验条件下温度低于 175℃下发生（Machel，1998）；而在实际地质条件下可能需要温度为 100 ~ 140℃（Chung et al.，1988）。虽然含 S 干酪根也能直接生成一定量的 H_2S，但在 S 含量为 3% 的原油中，裂解后生成的 H_2S 含量不超过 2% ~3%（Orr，1974）。在 TSR 中，H_2S 含量变化较大。从对四川盆地 86 个 $C_2-P_2-T_1$ 天然气藏数据统计，H_2S 含量为 0 ~62.17%，其中普光 3 井 5448.3 ~54.69m 和 5423.6 ~5443m 段 H_2S 含量最高，从中途试气测试分析结果看，硫化氢含量分别高达 62.17% 和 45.55%（Liu et al.，

2013)。TSR 是一个消耗烃类并生成 H_2S 和 CO_2 的氧化还原反应（Machel et al., 1995; Worden et al., 1995)，模拟实验表明 TSR 过程中不仅生成大量 H_2S 和 CO_2，也会伴随有大量 CH_4 的形成，$MgSO_4$ 溶液是触发 TSR 发生的关键中间化合物。TSR 反应方程可粗略表述为

$$SO_4^{2-}+HC(\text{烃类})+H_2O \longrightarrow CH_4\uparrow +H_2S\uparrow +CO_2$$

$$\cdots$$

$$3SO_4^{2-}+4nC_4H_{10}+H_2O \longrightarrow 5CO_3^{2-}+5H_2S+8CH_4+3CO_2$$

$$3SO_4^{2-}+2C_3H_8 \longrightarrow 3CO_3^{2-}+3H_2S+2CH_4+CO_2+H_2O$$

$$3SO_4^{2-}+4C_2H_6 \longrightarrow CO_3^{2-}+3H_2S+4CH_4+CO_2+H_2O$$

$$SO_4^{2-}+CH_4 \longrightarrow CO_3^{2-}+H_2S+2H_2O$$

由上述方式可知，TSR 反应过程中生成大量酸性气体 H_2S 和 CO_2，同时伴随有 CH_4 的形成，且酸性气体（H_2S+CO_2）生成速率与 CH_4 基本相当，从而造成天然气组分中 CH_4 含量的相对降低，而酸性气体（H_2S+CO_2）相对增加。由于在海相碳酸盐岩储层中 CO_2 相态的平衡，在埋藏过程中 TSR 生成的大量 CO_2 因处于过饱和状态而发生沉淀，形成碳同位素偏负的方解石（Zhu et al., 2005)，而气藏抬升过程中温度和压力降低，酸性流体对碳酸盐岩储层发生溶蚀并生成碳同位素偏正的 CO_2（Liu et al., 2014b)。为了反映不同阶段 TSR 对油气藏改造程度和对烷烃气碳同位素组成的影响，Worden 和 Smalley（1996）引入酸性指数 GSI[$H_2S/(H_2S+\sum C_{1\sim3}$值]来反映 TSR 程度。下面以四川盆地上石炭统、上二叠统和下三叠统天然气为例说明 TSR 过程中酸性指数变化和烷烃气碳氢同位素组成变化特征。从图 3.78 可知，随着酸性指数 $H_2S/(H_2S+\sum C_{1\sim3})$ 值增加，$(H_2S+CO_2)/(H_2S+CO_2+\sum C_{1\sim3})$ 值增加。当酸性指数 $H_2S/(H_2S+\sum C_{1\sim3})$ 值大于 0.01 时，$(H_2S+CO_2)/(H_2S+CO_2+\sum C_{1\sim3})$ 值呈倍数增加。根据这一变化特征，我们提出了酸性指数 $H_2S/(H_2S+\sum C_{1\sim3})$ 值大于 0.01 时，TSR 开始发生反应，随着 TSR 强度增加，酸性指数 $H_2S/(H_2S+\sum C_{1\sim3})$ 值呈增加趋势(Liu et al., 2013)。当酸性指数 $H_2S/(H_2S+\sum C_{1\sim3})$ 值小于 0.01 时，天然气以干酪根热裂解气和原油裂解气为主。从图 3.78 可知，酸性指数 $H_2S/(H_2S+\sum C_{1\sim3})$ 值大于 0.01 的数据为 P_2 和 T_1 气藏，而 C_2 气藏中酸性指数 $H_2S/(H_2S+\sum C_{1\sim3})$ 值均小于 0.01，因此，C_2 气藏中天然气未经历明显的 TSR 改造或者改造相对较弱。根据图 3.76，四川盆地 C_2-P_2-T_1 气藏为原油裂解气，因此 C_2 气藏天然气主要经历了原油的热裂解并形成天然气，TSR 改造不明显，而 P_2 和 T_1 气藏天然气则遭受了 TSR 改造。

图 3.79 为酸性指数 $H_2S/(H_2S+\sum C_{1\sim3})$ 值与烷烃气碳同位素组成关系图，从图可知，随着酸性指数 $H_2S/(H_2S+\sum C_{1\sim3})$ 值，相对乙烷和丙烷碳同位素组成，甲烷碳同位素组成变化范围更窄［图 3.79（a)］，这种变化趋势明显不同于热演化形成的烷烃气碳同位素组成关系。对于单一热力作用下形成的烷烃气具有随着碳数增加，其碳同位素呈变重且相对变化范围变小，甲烷碳同位素变化范围最大（Chung et al., 1988)。但是 TSR 过程中则表现为甲烷碳同位素相对变化较窄。因为 TSR 过程中硫的介入大大降低了烷烃气发生氧化蚀变所需要的活化能，烃类在相对较短的时间内被氧化蚀变（Machel, 2001)，从而使得 TSR 生成的甲烷碳同位素组成更接近烃类碳同位素组成，即甲烷碳同位素组成也相应重于烃类热裂解形成的甲烷碳同位素组成。当 TSR 生成碳同位素较重的甲烷与早期生成甲烷和

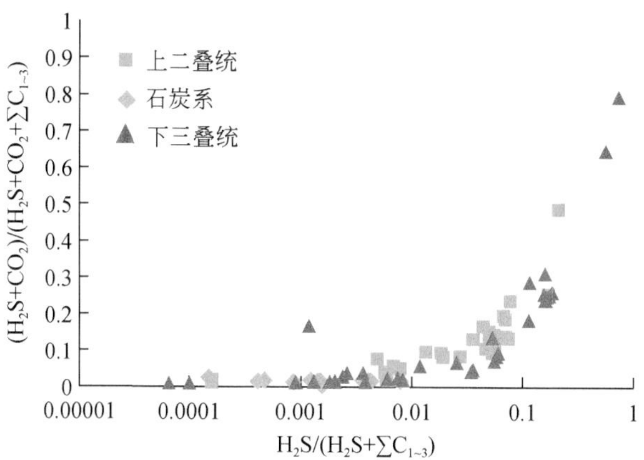

图 3.78　四川盆地不同层位（H_2S+CO_2）/（$H_2S+CO_2+\sum C_{1\sim3}$）与 H_2S/（$H_2S+\sum C_{1\sim3}$）关系图

热裂解生成甲烷相混合时，天然气藏中的甲烷碳同位素组成将重于单一热裂解形成甲烷的碳同位素组成。由于 TSR 过程中重烃气体仅仅是 TSR 的反应物，而不是产物。因此，乙烷和丙烷的碳同位素主要受控于烃类的热裂解和 TSR 对其氧化蚀变。从图 3.79（b）、(c）可知，在酸性指数 H_2S/（$H_2S+\sum C_{1\sim3}$）值小于 0.01 时，酸性指数 H_2S/（$H_2S+\sum C_{1\sim3}$）值与乙烷和丙烷碳同位素组成之间没有明显的相关性；当酸性指数 H_2S/（$H_2S+\sum C_{1\sim3}$）值大于 0.01 时，酸性指数 H_2S/（$H_2S+\sum C_{1\sim3}$）值与乙烷和丙烷碳同位素呈正相关性。在酸性指数为 0.2 时，乙烷基本被消耗殆尽［图 3.79（b）］，而丙烷在酸性指数为 0.1 时就基本消化完全［图 3.79（c）］，因此，随着酸性指数 H_2S/（$H_2S+\sum C_{1\sim3}$）值的增加，乙烷和丙烷等重烃气体也会被 TSR 氧化蚀变，但乙烷和丙烷等重烃气要优先于甲烷被氧化蚀变（Worden and Smalley，1996；Liu et al.，2013）。

由于重烃气优先于甲烷参与反应，导致 TSR 过程中甲烷碳同位素值不同于重烃气碳同位素值。从图 3.79（d）可知，在酸性指数 H_2S/（$H_2S+\sum C_{1\sim3}$）值小于 0.01 时，TSR 基

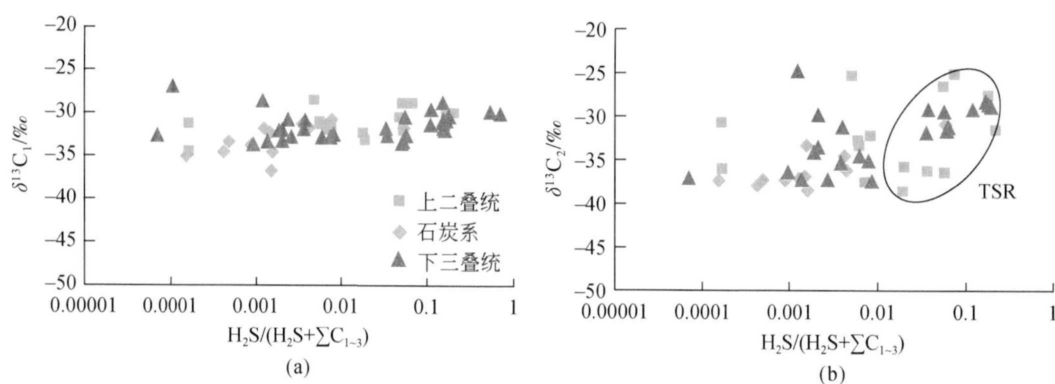

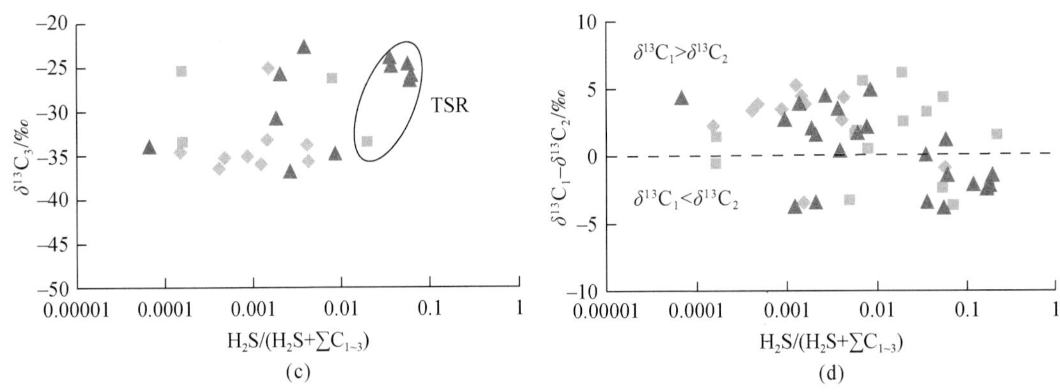

图 3.79　酸性指数 $H_2S/(H_2S+\sum C_{1\sim3})$ 与烷烃气体碳同位素组成关系图

本没有发生或者改造强度微弱，甲烷碳同位素组成重于乙烷（$\delta^{13}C_1>\delta^{13}C_2$）。这种甲烷和乙烷的碳同位素倒转可能与少量 TSR 反应生成碳同位素较重甲烷有关，或者与不同热成熟度的甲烷的混合有关（如干酪根裂解气、原油裂解气）。TSR 发生在 100 ~ 140℃，相对于 R_o 约大于 1.5%（Machel，1998）。这些温度范围也是页岩气中甲烷和乙烷碳同位素发生倒转的转折范围（Zumberge et al.，2012；Xia et al.，2013）。不同气藏 TSR 发生的最小温度范围存在差异，因为烃类组成（含 S 量）、催化作用、硬石膏分布和溶解速率、湿度，以及运移与扩散系数等均影响 TSR 发生的温度范围（Machel，2001）。在酸性指数 $H_2S/(H_2S+\sum C_{1\sim3})$ 值大于 0.01 时，TSR 对油气藏的改造成为主导作用，此时大量烃类被氧化成为碳同位素较重的甲烷使得天然气中甲烷碳同位素相对变化较窄，而乙烷则碳同位素变重，甲烷和乙烷碳同位素由倒转转变为正序（即 $\delta^{13}C_1<\delta^{13}C_2$）。最后直到乙烷消耗殆尽，甲烷作为反应物也参与 TSR 并被氧化成为 H_2S。在四川盆地 P_2 和 T_1 气藏的储层中发现大量单质 S，也支持 TSR 后期乙烷被氧化蚀变，其方程式可表述为

$$C_2H_6+2SO_4^{2-}\longrightarrow 2CO_3^{2-}+H_2S+S+H_2O$$

烷烃气氢同位素分馏类似于碳同位素组成，与 ^1H、^2H 之间键能有关（Coleman et al.，1981；Tang et al.，2005）。CH_4 碳同位素组成主要反映干酪根、原油热裂解和烃类氧化蚀变等生成甲烷的前驱物的碳同位素变化，而 CH_4 氢同位素组成除了反映其前驱物氢同位素组成外，水中氢同位素组成也是非常重要的影响因素，因为影响油气氢同位素组成主要因素为油气形成中外来氢源的参与（Schimmelmann et al.，2001；Yoneyama et al.，2002；Wang et al.，2011）、有机质与水同位素交换反应（Lewan，1993；Schimmelmann et al.，2004）。水在成烃演化中起重要作用，并且参与了其化学反应，成为有机氢的一部分（Lewan，1993；Schimmelmann et al.，2001，2004，2009；Yoneyama et al.，2002）。对于直接来源于干酪根热降解的甲烷氢同位素组成主要受烃源岩周围水的氢同位素组成影响，水中的 H 可以与干酪根中的 H 发生可逆同位素交换反应，发生这种交换反应的氢主要与杂原子相连，如 N—H、S—H、O—H 等中的氢（Seewald et al.，1998）。但是，当烷烃气生成以后，其氢同位素组成不会或很少与水等其他氢原子发生同位素交换反应

(Schimmelmann et al., 2001, 2004)。水参与 TSR，使得烃类氧化蚀变生成甲烷过程中存在水与烃类之间氢同位素的分馏，从而甲烷氢同位素组成就会受到原油或烃类接触的周围水影响。如图 3.80 (a) 所示，随着酸性指数 $H_2S/(H_2S+\sum C_{1\sim3})$ 值增大，甲烷氢同位素组成变化范围比乙烷更窄。甲烷氢同位素变化特征类似于 TSR 改造过程中甲烷碳同位素组成，TSR 改造过程中甲烷氢同位素组成受控于烃类氢同位素和地层水的氢同位素，当 TSR 过程中生成氢同位素较重的甲烷与烃类热裂解形成甲烷相混合时，天然气气藏中甲烷的氢同位素组成变化范围将小于乙烷，因为乙烷主要受控于烃类热裂解和作为 TSR 反应物的氧化蚀变。酸性指数 $H_2S/(H_2S+\sum C_{1\sim3})$ 值小于 0.01 时，酸性指数 $H_2S/(H_2S+\sum C_{1\sim3})$ 值与乙烷氢同位素组成之间没有明显的相关性 [图 3.80 (b)]；当酸性指数 $H_2S/(H_2S+\sum C_{1\sim3})$ 值大于 0.01 时，甲烷氢同位素组成为 -126‰～-107‰，而乙烷氢同位素组成为 -165‰～-89‰，且酸性指数与乙烷氢同位素组成呈正相关性，即随着 TSR 强度增加，乙烷氢同位素组成呈变重趋势。图 3.80 (c) 可知，在酸性指数 $H_2S/(H_2S+\sum C_{1\sim3})$ 值小于 0.01 时，TSR 基本没有发生或者改造强度微弱，甲烷氢同位素组成重于乙烷 ($\delta^2H_{CH_4}>\delta^2H_{C_2}$)。这种甲烷和乙烷的氢同位素倒转可能与碳同位素类似，主要与少量 TSR 反应生成的较重氢同位素甲烷混合有关，或者与不同热成熟的甲烷混合有关（如干酪根裂解气、原油裂解气）。在 H_2S 含量不同的含气区，造成 $\delta^2H_{CH_4}$ 值变化不同的可能原因是在高 H_2S 天然气中地层水参与 TSR 持续时间较长，甲烷的 H 与地层水中 H 发生交换，引起氢同位素分馏使得甲烷氢同位素组成逐渐向供 H 源接近，如四川盆地 P_2 和 T_1 气藏，而在低 H_2S 天然气中 TSR 作用弱或没有发生 TSR，甲烷氢同位素组成主要反映了其母质氢同位素组成，如四川盆地 C_2 气藏。因此，在四川盆地东部天然气异常甲烷氢同位素组成主要与 TSR 作用过程中水的参与反应有关 (Liu et al., 2014a)。

2. 生物降解和次生氧化

在地球圈层广泛存在大量的微生物，当微生物接近烃类时就可以通过与烃类次末端碳原子发生电子受体，从而使得烃类发生微生物降解 (Kniemeyer et al., 2007)。由于烃类分子结构的差异性，微生物降解存在一定的差异性，一般正构烷烃相对易于降解，其次是异

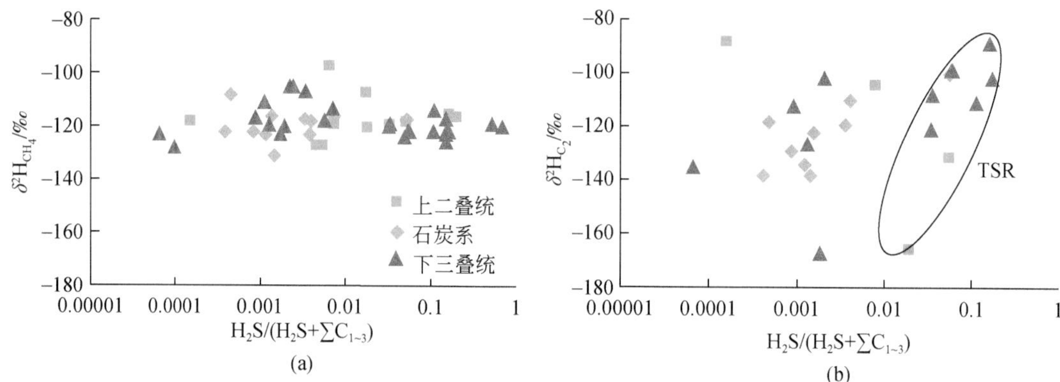

(a)

(b)

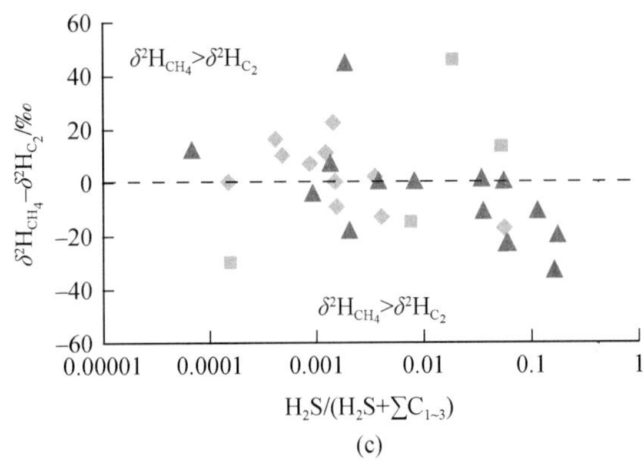

图 3.80　酸性指数 $H_2S/(H_2S+\sum C_{1\sim3})$ 值与烷烃气体氢同位素组成关系图

构烷烃，非烃最不易降解（Peters et al.，2005）。相对于大分子烃类更不易被微生物降解，烷烃气更为稳定，不同烷烃气体遭受微生物降解难易程度有：$C_3\approx nC_4>nC_5>iC_5>iC_4>>nC_5$，乙烷没有次末端碳，被氧化相对较难（Boreham et al.，2001；Head et al.，2003；Boreham and Edwards，2008）。一般认为，甲烷很难被微生物厌氧氧化，细菌氧化造成天然气组分变干（Head et al.，2003）。由于微生物在地质体中的存在受温度控制，一般在地质温度小于 80℃，气藏埋藏深度小于 2400m，甚至 2000m 时，才能维持细菌生物存活（Vandré et al.，2007），且气藏中不含 H_2S 或者 H_2S 含量低于 5%（Worden et al.，1995）。

本次工作选取吐哈、三塘湖、黄骅、辽河东部、辽河西部等地区埋深小于 2500m 天然气藏作为解剖对象，分析微生物对烷烃气（甲烷、乙烷和丙烷）碳、氢同位素组成的影响。从图 3.81 可知，随着干燥系数 $C_1/C_{1\sim3}$的增加，吐哈气田的甲烷、乙烷和丙烷碳同位素略呈现变重趋势，三塘湖气田中甲烷呈现变轻趋势，但乙烷和丙烷同位素呈变重趋势，但是黄骅和辽河东西部气田甲烷碳同位素却呈现变轻趋势，丙烷碳同位素呈现变重趋势，乙烷碳同位素在黄骅略呈现变重，但辽河东西部气田中乙烷同位素组成较为分散。这种变化特征不同于热演化过程中随着干燥系数增加烷烃气碳同位素逐渐变重。因此，吐哈气藏可能不存在微生物降解，而三塘湖、黄骅和辽河盆地天然气藏均遭受不同程度的微生物降解。

微生物降解导致丙烷含量降低，碳同位素变重，而甲烷含量增加，碳同位素变轻。在三塘湖和黄骅气藏中乙烷可能没有遭受微生物降解，也不是微生物降解的产物；但在辽河盆地的天然气气藏中，乙烷碳同位素变重和变轻二者并存，可能暗示了在辽河盆地气藏中既有被微生物降解导致碳同位素变重的乙烷，也有作为微生物的产物而形成碳同位素较轻的乙烷，不同气藏的微生物降解可能存在一定的差异性。由于微生物优先降解丙烷，使剩余烃类组分的碳氢同位素组成变重，含有重同位素的烃类组分被微生物氧化的活性较弱（Kinnaman et al.，2007；Boreham and Edwards，2008；Huang et al.，2017）。在微生物对烃类降解过程中，烷烃气氢同位素组成类似于碳同位素。微生物对丙烷的降解导致其氢同位

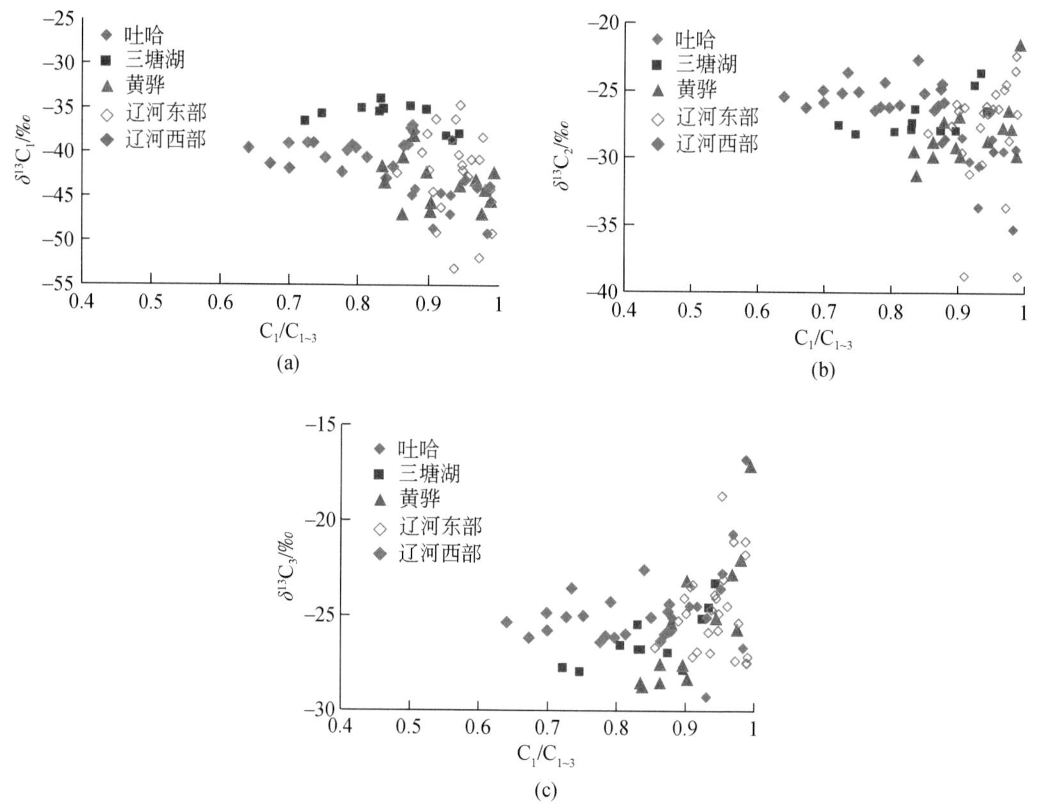

图 3.81　天然气干燥系数 $C_1/C_{1\sim3}$与烷烃气碳同位素组成关系图

组成呈现变重趋势，而甲烷氢同位素组成则变重（图 3.82）。因此，微生物降解是一个消耗丙烷、生成甲烷的过程，从而导致丙烷含量降低，碳同位素和氢同位素变重，而甲烷含量增加，碳同位素和氢同位素组成变轻。

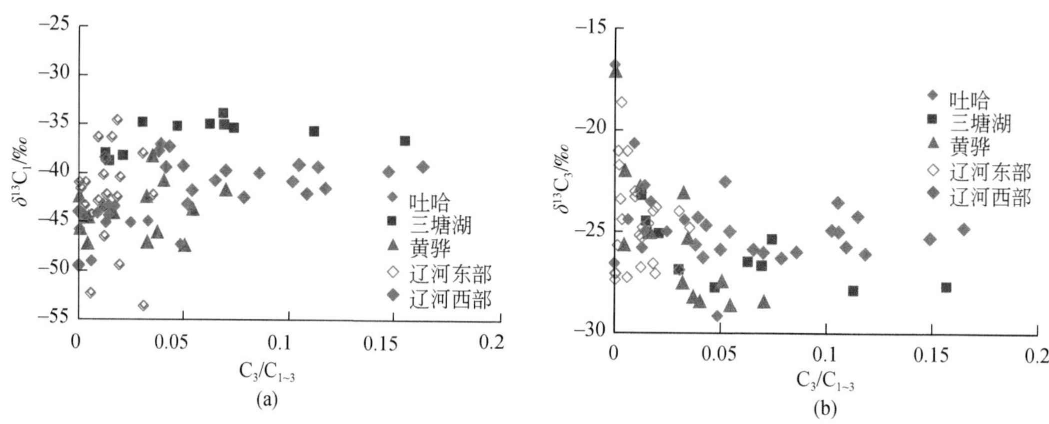

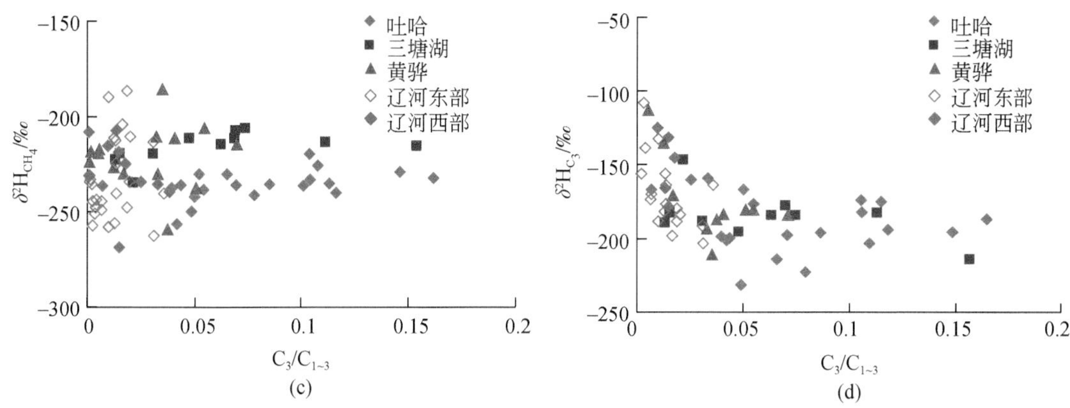

图3.82　天然气 $C_3/C_{1\sim3}$ 与甲烷和丙烷的碳氢同位素组成关系图

为了明确微生物降解强度对烷烃气碳氢同位素的影响，本书选取 $C_3/C_{1\sim3}$ 指数来指示微生物对甲烷和丙烷的碳同位素、氢同位素的影响，从图3.82可知，随着 $C_3/C_{1\sim3}$ 指数的减少，即微生物降解强度的增加，甲烷碳同位素呈现变轻趋势［图3.82（a）］，也就是随着微生物对烃类降低程度的增加，甲烷碳同位素会变轻，从而使得天然气藏中甲烷碳同位素变轻，这种变化特征完全不同于热演化或者TSR改造对甲烷碳同位素的影响。但随着 $C_3/C_{1\sim3}$ 指数的降低，丙烷碳同位素呈现变重趋势［图3.82（b）］，即微生物对丙烷降解越强烈其碳同位素组成越重，这是因为 ^{12}C 相比 ^{13}C 更优先比微生物降解（Vandré et al., 2007），从而导致富集 ^{12}C 的丙烷优先被微生物降解，可能形成富 ^{12}C 的甲烷，气藏中残留丙烷碳同位素组成变重。其他重烃气体也有可能被微生物降解形成富 ^{12}C 的甲烷，如 nC_4、iC_4、nC_5、iC_5 等，随着 $C_3/C_{1\sim3}$ 指数的减少，甲烷氢同位素组成也呈现出变轻趋势，而丙烷氢同位素组成则呈现变重趋势［图3.82（c）、（d）］。微生物降解越强烈，丙烷越亏损 ^1H，而甲烷越富集 ^1H。因此，微生物降解丙烷过程中优先把 ^1H 降解为甲烷，从而使得富集 ^1H，而残留丙烷富集 ^2H。但相对于甲烷碳同位素，随着微生物降解程度的增加，甲烷氢同位素组成相对变化较小，可能与微生物降解过程中水的介入有关，因为地层中水的氢同位素几乎保持不变，从而使得甲烷氢同位素变化不如甲烷碳同位素显著。但微生物降解对丙烷氢同位素组成影响较为显著。对于微生物降解过程中乙烷是产物还是反应物，以及地层水对烷烃气氢同位素的影响，仍然有待进一步深入研究。近年来研究发现，在海底沉积中微生物作用下可以发生甲烷厌氧氧化（anaerobic oxidation of methane, AOM），这一过程被认为是全球碳循环中甲烷被消耗的重要途径（Boetius et al., 2000; Knittel and Boetius, 2009），但是对于天然气藏中的甲烷能否被厌氧氧化目前还没有相关报道。

3. 扩散作用

从理论上讲，天然气从烃源岩生成排出运移成藏都会造成同位素分馏和化学组分的变化，但是由于其相对变化不足以影响天然气成因类型和气源对比，往往可以忽略不计

(Schoell, 1988; Lorant et al., 1998)。由于天然气分子小、重量轻，易于扩散，从而造成气藏中烷烃气稳定同位素在扩散过程中的分馏（Krooss et al., 1992; Prinzhofer and Pernaton, 1997; Zhang and Krooss, 2001; Burruss and Laughrey, 2010）。随着分子量的增大，烷烃气体扩散能力逐渐降减（Krooss et al., 1988），即甲烷最易于扩散，乙烷次之，丙烷相对最小。而相应的^{12}C比^{13}C易于扩散（Zhang and Krooss, 2001），^{1}H优于^{2}H扩散(Burruss and Laughrey, 2010)。Prinzhofer 和 Pernaton（1997）利用C_2/C_1值和甲烷同位素值的变化趋势来识别天然气扩散，随着甲烷碳同位素增加，扩散气藏中C_2/C_1值呈现指数增加，而未扩散且受热成熟度控制的气藏中C_2/C_1值呈现减小趋势。Burruss 和 Laughrey (2010) 认为阿巴拉契亚盆地北部的 NAG 气藏甲烷碳同位素和氢同位素偏重主要与天然气扩散有关，因为该气藏普遍存在甲烷和乙烷碳氢同位素的倒转，即$\delta^{13}C_1>\delta^{13}C_2$，$\delta^2H_{CH_4}>\delta^2H_{C_2}$。

我们利用 Burruss 和 Laughrey（2010）发表的相关数据绘制图 3.83，随着甲烷碳同位素值的增加，NAG 气藏中C_2/C_1值变化趋势不同于 OAG［图 3.83（a)］。随着甲烷碳同位素增加，OAG 气藏中C_2/C_1值呈现减低趋势，主要与热成熟度增加有关。因为随着热演化程度增加，甲烷碳同位素和氢同位素变重，而天然气中甲烷含量增加，从而造成甲烷碳同位素增加C_2/C_1值减小（Prinzhofer and Pernaton, 1997)。但在 NAG 气藏，随着甲烷碳同位素增加，C_2/C_1值较为分散，甚至略呈现增加趋势。这种变化趋势可能与甲烷扩散导致甲烷含量减小和碳同位素值增加有关（Prinzhofer and Pernaton, 1997; Zhang and Krooss, 2001)。由图 3.83（b）可知，随着C_2/C_1值减小，OAG 气藏中$\delta^{13}C_1-\delta^{13}C_2$值呈现减小趋势，即甲烷和乙烷碳同位素差值减小，甲烷和乙烷碳同位素呈现为正序（即$\delta^{13}C_1<\delta^{13}C_2$)，但 NAG 气藏中$\delta^{13}C_1-\delta^{13}C_2$值呈现增加趋势，$\delta^{13}C_1-\delta^{13}C_2$值呈现增加趋势，同时甲烷和乙烷碳同位素呈现倒转（即$\delta^{13}C_1>\delta^{13}C_2$)。

模拟实验表明，甲烷通过泥岩可导致甲烷碳同位素组成变重 4‰（Zhang and Krooss, 2001)。从图 3.83（c）可知，扩散过程中对甲烷氢同位素的影响与甲烷碳同位素类似，随着甲烷氢同位素的增加，受热成熟度控制的 OAG 气藏中C_2/C_1值呈现降低趋势，而 NAG 气藏呈现受热成熟度和扩散双重影响，C_2/C_1值相对较为分散，但整体表现为降低趋势。在图 3.83（d）中，随着C_2/C_1值增加，OAG 气藏中$\delta^2H_{CH_4}-\delta^2H_{C_2}$差值略呈现降低趋势，且甲烷和乙烷氢同位素序列表现为正序（即$\delta^2H_{CH_4}<\delta^2H_{C_2}$)，但 NAG 气藏中$\delta^2H_{CH_4}-\delta^2H_{C_2}$差值呈现正相关性，且甲烷和乙烷氢同位素序列既有正序也有倒序。因此，扩散可导致天然气甲烷含量相对减少，而甲烷碳同位素和氢同位素组成变重，甚至发生甲烷和乙烷的碳氢同位素倒转。

3.5.5　非生物成因烷烃气

无机成因气既包括深部幔源来源的甲烷等小分子气体，也包括通过非有机合成形成的天然气，如水岩反应或者费-托合成。幔源流体包裹体组成分析表明，幔源气体主要以CH_4、CO/CO_2、稀有气体为主（Giardini et al., 1982)，尚未发现含有C_{2+}的重烃气体。

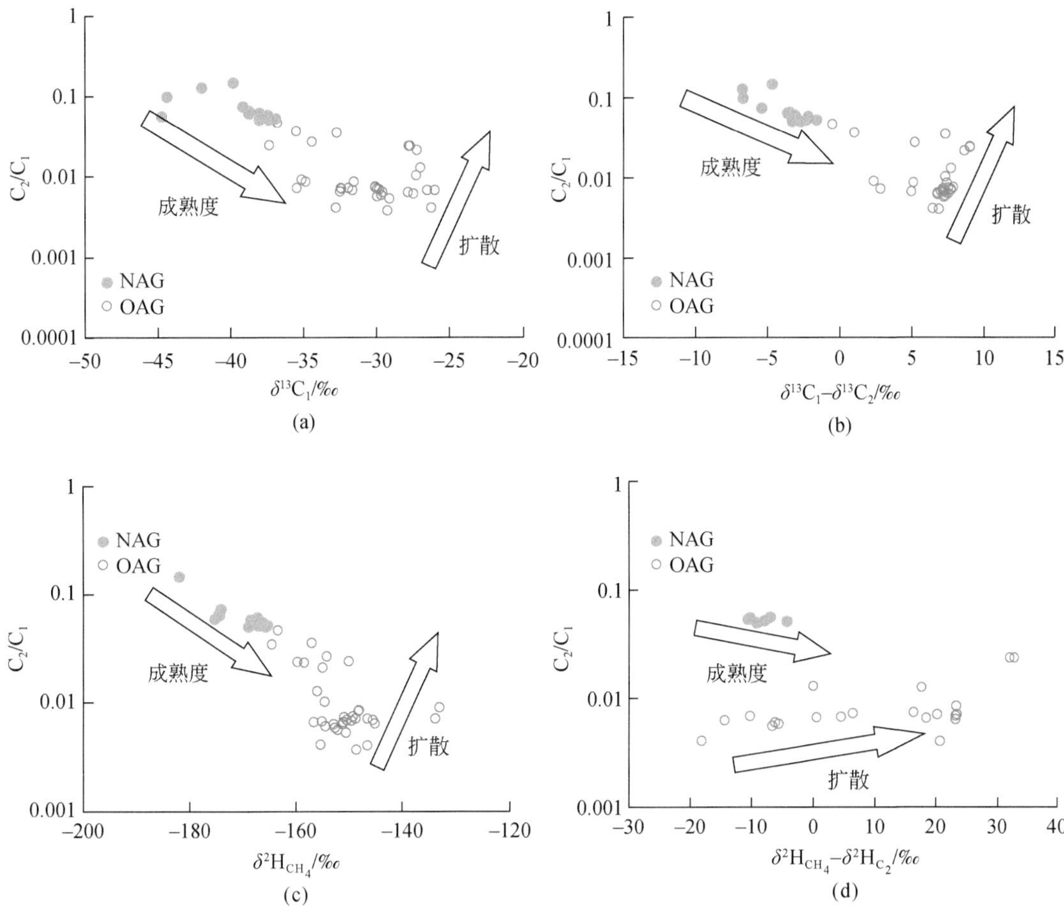

图 3.83　阿巴拉契亚盆地北部地区 NAG 和 OAG 气藏烷烃气碳氢同位素组成与 C_2/C_1 值关系图

费-托合成反应是德国化学家 Fischer 和 Tropsch 在 1923 年发现，费-托合成反应是指 CO 非均相催化加氢生成不同链长的烃和含氧有机物的反应，反应物只是 CO 和 H_2，但反应产物可达数百种以上，包括从甲烷到石蜡的烷烃，烯烃和多种含氧有机物，并且在不同的操作条件下产物的分布不同（Anderson，1984）。费-托合成反应可以概况为

$$nCO_2+(3n+1)H_2=C_nH_{2n+2}+2nH_2O \text{ 或}$$

$$nCO+(2n+1)H_2=C_nH_{2n+2}+nH_2O$$

Lancet 和 Anders（1970）首先应用 Co 作为催化剂将 CO_2 和 H_2 费-托合成 CH_4。Horita 和 Berndt（1999）利用 Ni-Fe 合金作为催化剂模拟了热液条件下（洋壳超基性岩蛇纹石化所经历的温压条件）溶解的 HCO_3^- 转化为甲烷的实验，甲烷的碳同位素值为-25‰。在不同温压和催化条件下 CO_2/CO 与 H_2 通过费-托合成烷烃气体已经得到证实（Horita and Berndt，1999；McCollom and Seewald，2001；Fu et al.，2007；Zhang et al.，2013；Milesi et al.，2016）。

洋中脊热液体系中甲烷碳同位素值主要为-18‰～-15‰（Welhan，1988），由于该区域缺乏沉积地层，可以认为是无机成因甲烷。在菲律宾的三描礼士蛇绿岩的气苗中甲烷碳同位素重达-7.5‰~-6.11‰，与幔源或者原始大气 CO_2 的碳同位素相近（Abrajano et al., 1988）。在中国东部和南部的温泉气体中，气体组分以 CO_2 为主，烷烃气为甲烷，尚未检测到重烃气体 C_{2+}，甲烷碳同位素组成为-73.2‰~-19.5‰（Dai et al., 2005a）。图 3.84 是 R/R_a 为 0.2~8.79 的工业性气藏中甲烷与 CO_2 碳同位素关系图，随着 CO_2 碳同位素变重，甲烷碳同位素呈现变轻趋势，其中甲烷碳同位素值最轻为渤海湾盆地花沟气田花 17 井（-54.4‰）（Dai et al., 2005a），最重为松辽盆地庆深气田芳深 2 井（-17.4‰）；CO_2 碳同位素组值最轻为松辽盆地庆深气田芳深 2 井（-16.5‰）（Liu et al., 2016a），最重为美国米切尔二叠纪盆地 103 No. 3 井（-2.7‰）（Ballentine et al., 2000）；甲烷氢同位素值最轻为松辽盆地庆深气田芳深 6 井（-205‰），最重为松辽盆地庄 5-2 井（-181‰）（Liu et al., 2016a）。

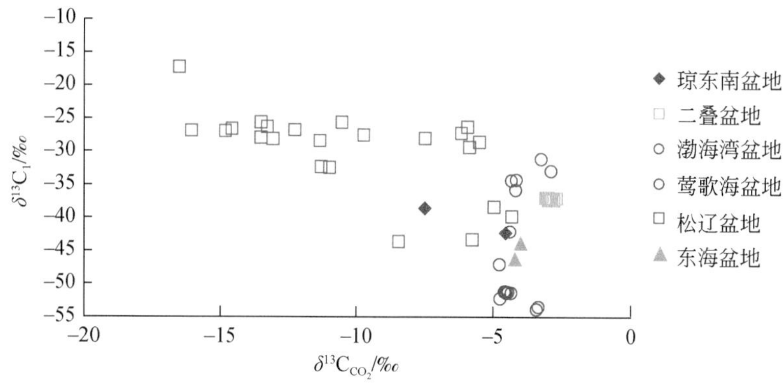

图 3.84　R/R_a 为 0.2~8.79 的工业性气藏中甲烷与 CO_2 碳同位素关系图

由于稀有气体在地质过程中丰度和同位素的比值不受复杂的化学反应影响，主要取决于溶解、吸附和核反应等物理过程。通过 $^3He/^4He$ 值来指示幔源气体的存在，一般将 $^3He/^4He$ 值>1.0R_a 作为指示存在深部幔源气体的混入（Wakita and Sano, 1983; Poreda and Craig, 1989; Ballentine and O'Nions, 1992; Xu et al., 1995; Dai et al., 2005a），R_a 表示空气中 $^3He/^4He$ 值，该数值认为是一个固定值，即 $^3He/^4He_{空气}=1.4\times10^{-6}$。图 3.85 为工业性气藏中 R/R_a 与甲烷和 CO_2 碳同位素关系图，随着 R/R_a 值增加，CO_2 碳同位素值基本保持不变，如美国二叠盆地富 CO_2 气藏中随着 R/R_a 从 0.24 增加到 0.543，CO_2 碳同位素比值变化范围很小，$\delta^{13}C_{CO_2}$ 值为-3.1‰~-2.7‰，松辽盆地略有增加趋势，R/R_a 值为 0.218~5.543，$\delta^{13}C_{CO_2}$ 值为-16.5‰~-4.3‰［图 3.85（a）］。因此，随着 R/R_a 值增加，即幔源气体贡献的增加，幔源无机成因 CO_2 其碳同位素值基本保持不变，但是不同地区在相同 R/R_a 值情况下，CO_2 碳同位素组成并非一成不变，可能也暗示了地球深部幔源 CO_2 碳同位素组成本身存在一定的差异。

随着 R/R_a 值增加，甲烷碳同位素值变化较为复杂，在美国二叠盆地富 CO_2 气藏中随着 R/R_a 增加甲烷碳同位素略呈现变轻趋势［图 3.85（b）］。松辽盆地（芳深 2 井除外）、渤海湾变化更为显著。与 R/R_a 值没有显著的对应关系，而随着 CO_2 碳同位素组成变重，甲烷碳同位素组成变轻，可能暗示了 CO_2 和甲烷在碳同位素组成方面存在一定分馏。Hu 等（1998）发现，CO_2-CH_4 之间的分馏值变化非常大，$\delta^{13}C$ 为 5.6‰～69.9‰，而 270～300℃中 CO_2-CH_4 的平衡分馏值（1000lnα）为 24‰～28‰（Bottinga，1969）。这种 CO_2 和 CH_4 之间的碳同位素分馏可能就是费-托合成引起的，因为幔源流体携带大量热能，热液流体中含 Fe 矿物是 FT 反应的有效催化剂（McCollom and Seewald，2006）。碱性火山岩岩石包裹体中费-托合成甲烷碳同位素值为-11.8‰～-3.2‰，甲烷氢同位素值为-167‰～-132‰（Potter et al.，2004）。日本白马八方温泉热液体系中水岩反应的甲烷碳同位素值为-35.4‰～-33.2‰，甲烷氢同位素值为-300‰～-210‰，CO_2 碳同位素值为-8.8‰～-3.9‰（Suda et al.，2014）。但是，模拟实验结果表明，随着模拟温度的升高，$\delta^{13}C_{CO_2}$-$\delta^{13}C_1$ 差值逐渐减小，并逐渐趋向热力学平衡的分馏数值范围（McCollom and Seewald，2001；Fu et al.，2007）。

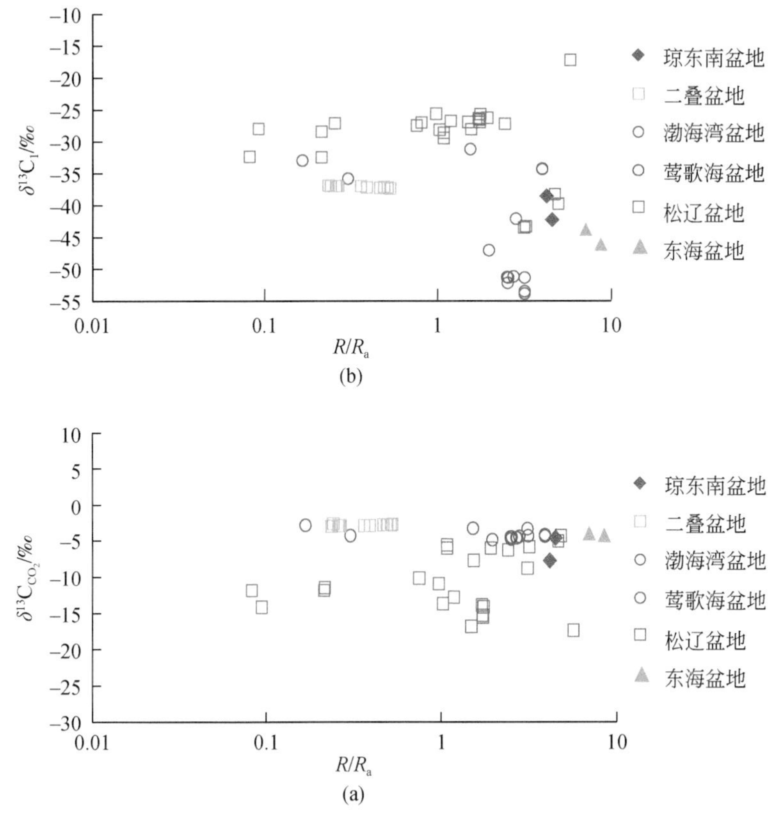

图 3.85　工业性气藏中 R/R_a 与甲烷和 CO_2 碳同位素关系图

简单含碳分子（CO、CO_2、CH_4）聚合生成烷烃气体的非生物过程，受同位素动力学分馏效应的制约，^{12}C—^{12}C 键优先于 ^{12}C—^{13}C 键断裂，轻的碳同位素（^{12}C）将优先进入聚合形成的烷烃气体中，而使初始形成的残留烷烃气体保留较重的 $\delta^{13}C$ 值，后生成的烷烃气

体具有轻的 $\delta^{13}C$ 值，形成 $\delta^{13}C_1>\delta^{13}C_2>\delta^{13}C_3>\delta^{13}C_4$ 的反序分布特征（Des Marais et al., 1981；Sherwood Lollar et al., 2002, 2008；Dai et al., 2005a；Galimov, 2006）。目前报道的关于自然界无机成因烃类气都满足 $\delta^{13}C_1>\delta^{13}C_2$，不过无机成因气合成实验中却都出现了相反的情况。Galimov（2006）利用 Des Marrais 等（1981）的火花放电实验数据分析发现，电火花实验中合成的 $C_{1\sim3}$ 烃类与火山岩中 $C_{1\sim3}$ 烃类的同位素分布具有相同的模式。不同 FT 反应时间结果表明，随着实验时间的增加，反应物转化率提高，烷烃气碳同位素序列逐渐由反序转为倒转然后再转变为正序。电火花实验的时间最短，而烷烃气碳同位素序列也更符合反序关系；也就是说，随着反应时间的增加，费-托合成无机烷烃气的合成将逐渐由动力学过程转变为热力学平衡过程。在甲烷发生聚合反应的过程中，^{12}C 优先形成 C—C链，在加碳反应中，^{12}C 在产物中富集，从而使得乙烷相对于甲烷亏损 ^{13}C，而 $^{12}C—^2H$ 键比 $^{12}C—^1H$ 键更稳定，因此在聚合反应中 ^2H 优先与 ^{12}C 结合，使得乙烷相对于甲烷富集 ^2H。

Sherwood Lollar 等（1993, 2006）提出了加拿大和南非前寒武纪地盾区的无机成因气的甲烷和乙烷 C、H 同位素呈反相关，即 $\delta^{13}C_1>\delta^{13}C_2$、$\delta^2H_{CH_4}<\delta^2H_{C_2}$。但是 Fu 等（2007）的结果不支持这一推论，即实验出现的结果是 $\delta^2H_{CH_4}>\delta^2H_{C_2}$。在封闭体系下 FT 合成热模拟实验中，随着模拟实验时间的增加与温度的升高并随着产物转化率的增高，控制烷烃气碳同位素分馏的因素逐渐由动力学机制转变为热力学平衡，烷烃气碳同位素序列将由反序转变为倒转再到正序，只有在短时间（转化率较低）或者开放体系（随生随排）下才遵从动力学分馏条件，电火花放电合成实验只代表一种较为理想状态的动力学分馏过程。而非生物气则是深部气体与费-托合成烷烃气的混合，仅通过单一模拟实验难以完全实现自然界复杂的生气过程。

因此，对于费-托合成甲烷的碳同位素和氢同位素组成分布范围非常宽泛，甚至有机质热演化形成的甲烷具有数值上的重叠，使得费-托合成甲烷碳氢同位素组成难以有效识别。但是在深部流体活跃的区域不仅存在幔源气体，往往深部流体携带大量热能在含 Fe 矿物催化作用下很容易使得 CO_2/CO 和 H_2 发生费-托合成，形成烷烃气体，特别是甲烷气体。

3.5.6　天然气成因鉴别

1. 甲烷碳氢同位素组成（$\delta^{13}C_1$ 和 $\delta^2H_{CH_4}$）

不同烃源岩类型（或者有机质类型）形成天然气的碳同位素和氢同位素组成不同，天然气聚集成藏后遭受后期改造使得烷烃气碳同位素和氢同位素组成发生改变。这些差异性导致天然气成因类型和气源对比存在诸多多解性和不确定性。为了鉴别不同来源的 CH_4，Whiticar（1999）建立了甲烷碳同位素和氢同位素关系图（图 3.86），利用该图能够很好地把生物气、热成因气、热液与结晶天然气区分开，如柴达木盆地和陆良-保山天然气为典型生物成因气，其中柴达木盆地为细菌还原型生物气，陆良-保山天然气为细菌还原型和细菌甲烷发酵型二者的混合型生物气。渤海湾盆地的辽河和黄骅拗陷，以及吐哈天然气则为有机质早期形成的低熟或者未熟天然气。

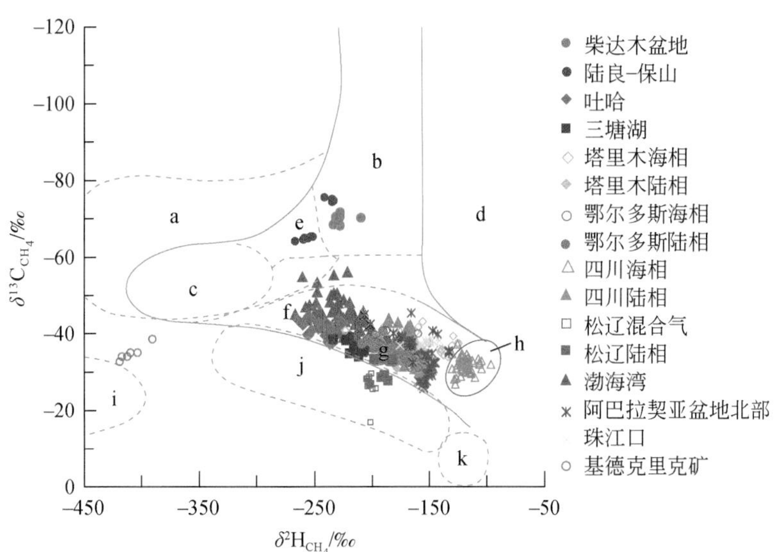

图 3.86　不同类型天然气甲烷碳、氢同位素关系（底图据 Whiticar，1999）

a. 细菌气/生物气；b. 细菌碳酸盐还原；c. 细菌甲基发酵；d. 大气；e. 混合与过渡；f. 成熟早期；g. 热成因，原油伴生气，煤型气；h. 硫酸盐热化学还原（TSR）；i. 人工的，变质岩气；j. 地热、热液、结晶体系；k. 非生物气？地幔？

图 3.86 对于来自腐殖型的煤型气和腐泥型的油型气并没有清晰地区分开来，如塔里木盆地 O、鄂尔多斯盆地 O_1、珠江口盆地、阿巴拉契亚盆地北部的油型气与塔里木盆地前陆、鄂尔多斯上古生界、四川盆地 T_3x-J 的煤型气基本处于同一区域。而高演化阶段的腐殖型煤型气与遭受 TSR 改造的油型气存在一定重叠，如四川盆地 C_2-P-T_1f 的遭受 TSR 改造的天然气处于图 3.86 的高演化腐殖型天然气区域。同时，图 3.86 对于扩散引起的甲烷碳氢同位素分馏并没有得到很好的体现，如阿巴拉契亚盆地北部的油型气曾经历过天然气散失，使得甲烷碳、氢同位素变重（Burruss and Laughrey，2010），而在图 3.86 中仍处于热解气区域。根据图 3.86 可以把松辽盆地庆深气田中甲烷成因归功于热液成因，而白马八方温泉的 CH_4 也落入该区域，可以推断松辽盆地庆深气田中存在费-托合成甲烷，由于幔源甲烷和有机质热裂解甲烷处于热液、结晶区域的两边，我们很难排除热液区域的甲烷是否有幔源甲烷和有机质热裂解甲烷混合物，但结合前文的讨论，松辽盆地庆深气田中甲烷包括有机质热解、幔源和费-托合成三种来源。同时，从图 3.86 可以发现基德克里克矿中甲烷更多为人工合成或者变质成因甲烷，而不是幔源成因。因此，图 3.86 能够识别不同热成熟度原始有机质成因来源的天然气，但对于后期次生改造（TSR、微生物降解、扩散）仍然存在一定的多解性。

2. 乙烷碳同位素组成和甲烷氢同位素组成（$\delta^{13}C_2$ 和 $\delta^{2}H_{CH_4}$）

从前文可知，甲烷氢同位素对天然气母质沉积环境较为敏感，而乙烷和丙烷碳同位素对天然气母质类型继承性相对较好。如图 3.87 所示，利用甲烷氢同位素和乙烷碳同位素关系，可以看出热成因的煤型气和油型气具有随着甲烷氢同位素增加，乙烷碳同位素变重的趋势。淡水-微咸水沉积环境形成的煤型气表现为较重的乙烷碳同位素值和相对较轻的甲烷氢同位素，包括塔里木盆地前陆、鄂尔多斯 C-P、四川盆地 T_3x 气藏；而海相咸水沉积形成的油型气具有较重的甲烷氢同位素值和相对较轻的乙烷碳同位素值，包括塔里木盆地 O、四川盆地 $C_2-P_2-T_1$ 和鄂尔多斯盆地 O_1 气藏。但是以微咸水湖相沉积环境形成的天然气具有较轻的甲烷氢同位素和相对较轻的乙烷碳同位素值，也可以称为油型气，如辽河西部和东部的部分天然气。

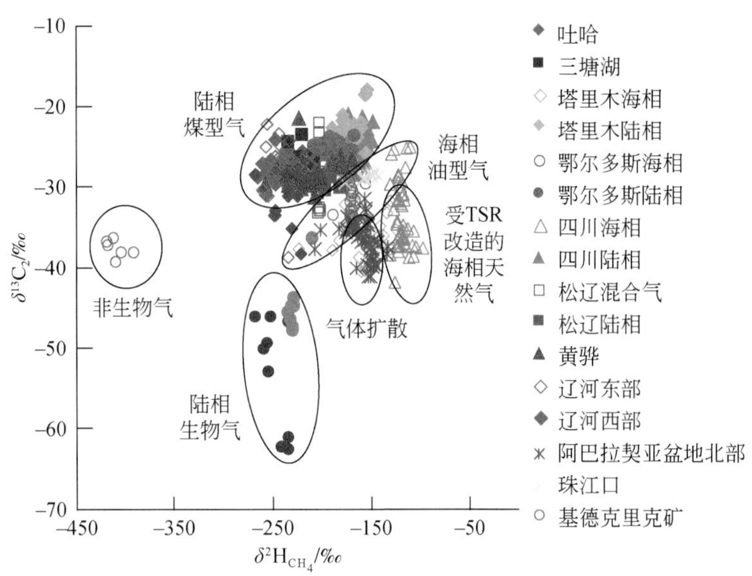

图 3.87　不同类型天然气甲烷氢同位素与乙烷碳同位素组成关系图

陆相淡水沉积环境形成的生物气不仅包括轻的甲烷氢同位素，而且也包括轻乙烷碳同位素，明显不同于热成因形成的天然气，如陆良-保山气藏、柴达木气藏。由于扩散和 TSR 改造主要对甲烷碳氢同位素影响大，随着甲烷氢同位素变重，乙烷碳同位素值呈现变轻趋势。对于以变质作用形成无机甲烷氢同位素和乙烷碳同位素之间并没有表现出相关性，相对而言，甲烷氢同位素组成明显轻于有机成因，但乙烷的碳同位素组成基本与有机成因乙烷相重叠。有机成因天然气与无机甲烷相混合形成的天然气主要表现为甲烷氢同位素基本保持不变，而乙烷碳同位素变化范围大，如松辽盆地庆深气田。

3. 乙烷和丙烷碳氢同位素组成（$\delta^{13}C_2$、$\delta^2H_{C_2}$和$\delta^{13}C_3$、$\delta^2H_{C_3}$）

正如前文论述，甲烷除了受有机质类型和热演化影响外，还包括微生物降解、TSR、扩散，而重烃气主要受有机质类型和热演化的控制（丙烷会受到微生物降解的改造）。由图 3.88 可知，无论是乙烷的碳同位素和氢同位素，还是丙烷的碳同位素和氢同位素，海相油型气和陆相煤型气均存在明显的分布区域，煤型气处于油型气的右下方，即煤型气的重烃气碳同位素和氢同位素分别重于油型气，且二者随着碳同位素的增加，氢同位素均表现为变重趋势，即随着热演化程度的增加，乙烷和丙烷的碳同位素和氢同位素组成均呈现变重趋势。因此，随着热演化程度的增加，有机成因重烃气的碳同位素和氢同位素组成均呈现变重趋势。但是，对于无机成因重烃气体（变质成因）的碳同位素和氢同位素之间没有明显的相关性，或者是因为数据有限尚不足以反映无机成因重烃气碳氢同位素变化趋势。对于松辽盆地庆深气田丙烷氢同位素组成变化范围大，而丙烷碳同位素相对变化范围小，二者并没有呈现出与热成熟度相关的变化趋势，是否与深部流体携带大量热能导致丙烷氢同位素与地层水发生交换有待深入研究，因为模拟实验结果表明随着温度增加，烷烃气与水的氢同位素分馏首先从大分子开始，即水优先与重烃气中氢发生分馏（Reeves et al.，2012）。

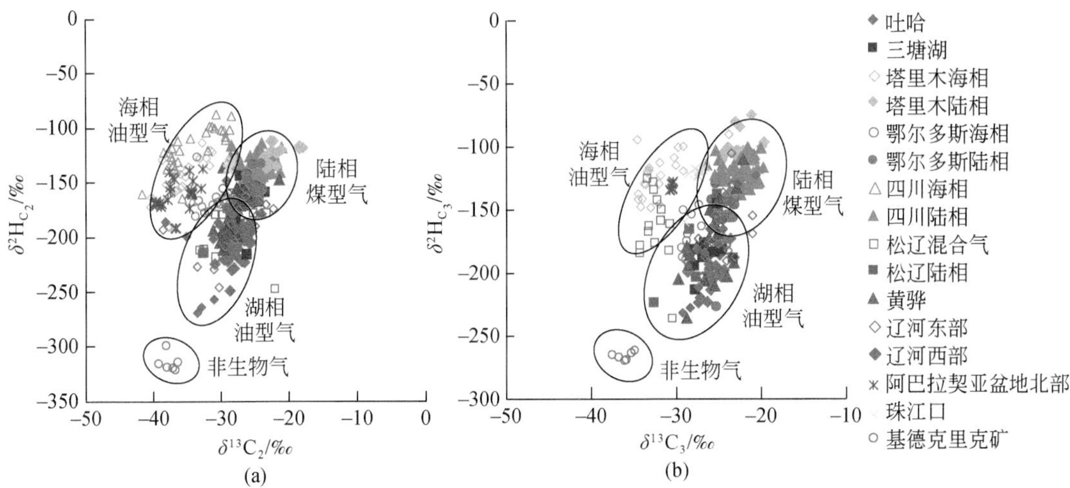

图 3.88　不同成因类型天然气 $\delta^{13}C_2$、$\delta^2H_{C_2}$ 和 $\delta^{13}C_3$、$\delta^2H_{C_3}$ 相关图

3.6　非生物气资源潜力

油气的成因问题是地球科学界一直争论的焦点之一，前人对油气的成因及分类作了大量的研究（Robinson，1966；Schoell，1988；Welhan，1988；徐永昌，1994；戴金星等，1995，2001；Glasby，2006）。油气根据原始物质来源不同可以划分为生物（有机）成因和非生物（无机）成因两大类，其中传统的生物成因油气形成模式以干酪根晚期热降解生烃理论为核心，而非生物成因油气是指通过非生物（无机）化学过程形成的油气。对非生物成因油气的认识是基于多种假说（张厚福等，1999），最早可追溯到 19 世纪。尽管对非生物成因石油是否存在仍然存在较大争议，但非生物成因气是确定存在的（Dai et al.，2008）。非生物天然气的研究着重关注 CO_2 和烃类，其中非生物成因 CO_2 的来源可以分为地幔脱气和碳酸盐岩高温分解两类，其在气藏中有时甚至占主导地位（Dai et al.，1996，2005；Wycherley et al.，1999；Ballentine et al.，2000），如中国东部发现了一批非生物成因 CO_2 气田（戴金星等，1995；Dai et al.，1996，2005；Zhang et al.，2008）。非生物成因烷

烃气在地球生命演化的早期可能发挥了重要作用（Holm and Charlou，2001；Fiebig et al.，2007），其除了来自地幔（Welhan and Craig，1979）外，费-托合成也是重要的形成机制（Salvi and Williams-Jones，1997；Horita and Berndt，1999；Potter et al.，2004；McCollom and Seewald，2006），这一有机-无机相互作用在大洋中脊与俯冲带等热液体系、蛇绿岩发育区等均普遍存在，这些地区均发现了非生物成因烃类气的踪迹（Charlou et al.，2002；McCollom and Seewald，2001；Abrajano et al.，1988）。有机-无机相互作用是指盆地基底以下深部流体迁移到盆地内部并与盆内围岩或流体发生有机与无机的物理化学作用（刘全有等，2019）。Seewald（2003）探讨了有机-无机相互作用对油气生成、化学演化和聚集的影响，发现无机沉积组分参与了有机质转化过程，沉积盆地中的水、矿物和催化活性过渡金属具有显著的影响油气生成和聚集的潜力，常规的干酪根生烃动力学模型可能不足以完全解释油气地球化学过程。这就为开展非生物成因气研究提供了新的思路。目前全球范围内多处发现了非生物成因气的踪迹，业内除了关注其形成机制外，对其资源潜力也给予了重点关注。

3.6.1　全球非生物成因气的分布

东太平洋21°N处隆起处喷出的热液中，含有H_2、CH_4和He，每年喷出的H_2和CH_4分别为$12\times10^8m^3$和$1.6\times10^8m^3$，其氦同位素比值较高，R/R_a值约为8，表现出典型的幔源成因（Welhan and Craig，1979）。澳大利亚默奇森（Murchison）陨石中发现了非生物成因甲烷（Yuen et al.，1984）。Jenden等（1993）系统汇总分析了美国多地气藏中天然气地球化学特征，认为非生物成因甲烷能在裂谷盆地等背景下存在。俯冲带也是形成非生物气的可能地区（Szatmari，1989），地中海有三处火山-热液区发现了非生物成因气（Fiebig et al.，2007）。

镁铁质和超镁铁质岩石出露区发现了非生物成因烷烃气的踪迹。沿西太平洋中脊（MAR）多处均发现了非生物成因甲烷的渗漏，特别是断裂交汇及裂谷处甲烷的浓度较高，这些甲烷由洋底出露的镁铁质和超镁铁质岩石发生蚀变所产生，以失落之城（Lost City）热液区为典型代表（Rona et al.，1992；Charlou et al.，1993，1998；Holm and Charlou，2001）。西北加勒比海（Northwest Caribbean Sea，NCS）的牙买加脊处也出现了非生物成因甲烷的渗漏（Brooks et al.，1979）。西南印度洋脊（Southwest India ridge，SWIR）处辉长岩中流体包裹体内含有丰富的非生物成因甲烷，也被认为是蛇纹石化所导致的（Kelley，1996；Kelley and Fruh-Green，1999）。在大陆地区，如菲律宾的三描礼士蛇绿岩中就有非生物成因甲烷的渗漏，并被归因于超镁铁质岩石的蚀变（Abrajano et al.，1988；Vacquand et al.，2018）。除此之外，在阿曼北部、土耳其南部、南太平洋新喀里多尼亚（New Caledonia）岛等地多处蛇绿混杂岩中均发现了非生物成因甲烷（Vacquand et al.，2018）。缅甸实皆走滑断裂的法尔坎-塔玛超镁铁质岩体中，切穿蛇纹石化橄榄岩的硬玉脉中所包含的流体包裹体内也发现了非生物成因甲烷（Shi et al.，2005）。因此，镁铁和超镁铁质岩石出露区很可能都会或者曾经有非生物成因烃类的踪迹。

近年来与火山岩有关的非生物成因烃类的报道日趋增多，表明火山岩与非生物成因烃类气之间存在着密切关系（Potter and Konnerup-Madsen，2003），如过碱性火成岩中的流体包裹体内发育非生物成因烃类气。加拿大魁北克的奇异湖（Strange Lake）过碱性花岗岩的石英中流体包裹体内含有甲烷（Salvi and Williams-Jones，1997），俄罗斯科拉（Kola）半岛希比内（Khibiny）碱性火成杂岩中流体包裹体内也含有非生物成因甲烷（Potter et al.，2004）。参与费-托合成的 H_2 来自于钠铁闪石蚀变为霓石的过程（Salvi and Williams-Jones，1997），岩浆上涌时可以伴随着大量 CO_2 气体的活动，这些都为费-托合成形成非生物成因烃类提供了可能。

前寒武纪地盾区多处发现了非生物成因烃类气，如加拿大地盾、波罗的海芬诺斯坎迪亚（Fennoscandian）地盾、南非地盾（Sherwood Lollar et al.，1993，2002，2006）。以加拿大地盾区为例，气样的 He 同位素比值 $R/R_a<0.1$，表现为明显的壳源特征（Sherwood Lollar et al.，2006）。

陨石撞击坑也可能发育非生物成因烃类气。较大规模的陨石撞击可能会导致地球上产生深大断裂，甚至引发地震和岩浆活动，从而使得地幔物质上涌，有利于幔源非生物成因烃类气的释放。铁陨石中的铁可能成为后续发生费-托合成反应的催化剂，而陨石撞击时产生的高能量会导致碳酸盐分解产生 CO_2，在强烈的冲击作用下可以生成非生物成因烃类（Sugisaki et al.，1994）。从地质背景上看，瑞典格拉洛伯格1号井位于陨石撞击坑位置。

我国云南省腾冲县、四川省甘孜县、吉林省长白山天池多处温泉都发现了非生物成因烷烃气的踪迹（戴金星等，1995；Dai et al.，2005），在我国活动火山区和休眠火山区岩浆来源的气体中也发现了甲烷的普遍存在（上官志冠等，2000，2006，2008）。中国东部地幔岩包裹体中检测到了高含量的 CH_4 和 H_2（杨晓勇等，1999）。松辽盆地发现了以昌德气藏为代表的非生物成因烷烃气藏，引发了国内学者对非生物成因气成藏的广泛关注和研究热潮（郭占谦等，1994，1997；杨玉峰等，2000；Dai et al.，2005；戴金星，2006；戴金星等，2008；倪云燕等，2009；王先彬等，2009；Liu et al.，2016a）。

3.6.2　非生物成因气形成机制

1. 地幔脱气

在东太平洋中脊、温泉区、活动休眠火山区等与地幔活动直接相关的多处地区均发现了非生物成因甲烷的踪迹（Welhan and Craig，1979；戴金星等，1995；Dai et al.，2005；上官志冠等，2000，2006，2008），这充分反映了地幔脱气过程中会释放出非生物成因甲烷。Gold 和 Soter（1980）提出了“地球深部气体”假说，认为地幔中的甲烷可以沿岩石圈板块边界、古缝合带、陨石撞击坑等地壳薄弱带向深部地壳中充注，当这些甲烷进入沉积盆地中并被常规的构造和地层圈闭捕获，就可以形成非生物成因气藏。我国松辽盆地昌德气藏中的非生物成因甲烷也被认为直接来自地幔（郭占谦等，1994；戴金星，2006）。当然，对地幔现今氧化还原状态的认识并不统一，使得地幔脱气以 CO_2 还是 CH_4 为主仍然存在一定争议。

2. 费-托合成作用

地壳来源的非生物成因烃类气是变质成因，即通过变质反应如蛇纹石化作用等形成

（吴小奇等，2008），其机理普遍认为是费-托合成。

费-托合成曾被用于解释陨石和太阳星云中烃类的出现（Lancet and Anders，1970；Hu et al.，1998），近年来被用于解释蛇纹石化作用。对于洋中脊处的热液体系，海底出露的镁铁质和超镁铁质岩石发生蛇纹石化作用，其中橄榄石中的二价铁转化为磁体矿中的三价铁，同时水被还原生成 H_2。费-托合成一般认为如下：

$nCO_2+(3n+1)H_2=C_nH_{2n+2}+2nH_2O$ 或 $nCO+(2n+1)H_2=C_nH_{2n+2}+nH_2O$

镁铁质和超镁铁质岩石发生蛇纹石化作用，其实质是其中的橄榄石和辉石分别与水发生反应（Berndt et al.，1996；Allen and Seyfried，2004；Oze and Sharma，2005）：

$$2Mg_2SiO_4+3H_2O=Mg_3Si_2O_5(OH)_4+Mg(OH)_2$$

镁橄榄石　　蛇纹石　　水镁石

$$3Fe_2SiO_4+2H_2O=2Fe_3O_4+3SiO_{2(aq)}+2H_{2(aq)}$$

铁橄榄石　　磁铁矿

$$6MgSiO_3+3H_2O=Mg_3Si_2O_5(OH)_4+Mg_3Si_4O_{10}(OH)_2$$

顽火辉石　　蛇纹石　　滑石

$$3FeSiO_3+H_2O=Fe_3O_4+3SiO_{2(aq)}+H_{2(aq)}$$

铁辉石　　磁铁矿

蛇纹石化过程中产生的磁铁矿会催化 H_2 与溶解的 CO_2 反应产生 CH_4、C_2H_6、C_3H_8 等烃类（Berndt et al.，1996），以及还原性的中间物甲酸（Horita and Berndt，1999；Takahashi et al.，2006），而甲酸在催化剂作用下也可以和 H_2 生成上述烃类（McCollom and Seewald，2006）。Potter 等（2004）、Salvi 和 Williams-Jones（1997）发现过碱性火成岩中的烃类呈 Schulz-Flory 分布（$C_n/C_{n-1}=C_{n+1}/C_n$，$n=2，3，\cdots$），这是费-托合成产物具有的典型特征，从而确认这些烃类为费-托合成所产生。

费-托合成所需反应物 H_2 和 CO_2 在地球内部广泛存在。H_2 是地球深部流体的重要组成部分（陈丰，1996；杨雷和金之钧，2001）。陈丰等（1994）在金刚石中发现了分子氢；中国东部部分榴辉岩流体包裹体的气相中 H_2 摩尔分数可高达 48.9%（杨晓勇等，1999）。镁铁质和超镁铁质岩石的蛇纹石化作用也可以生成 H_2，菲律宾三描礼士蛇绿岩中就发现了 H_2 的渗漏（Abrajano et al.，1988）；沿大西洋中脊（mid Atlantic ridge，MAR）也发现了一些高含 H_2 的热液体系，如彩虹热液点（Holm and Charlou，2001）。地球深部的 H_2 也可以直接通过脱气经由深大断裂和伴随的火山活动进入地壳（杨雷和金之钧，2001；Holloway and O'day，2000），如云南火山区和地震区温泉气体中均具有一定含量的 H_2（王先彬等，1993），东太平洋隆起（east Pacific rise，EPR）处喷出的流体中也富含氢（Welhan and Craig，1979）。氢气也是天然气的组分之一，在松辽盆地徐家围子芳深4井部分井段中 H_2 质量分数可高达 39.55%（杨玉峰等，2000）。这些均表明，氢在地球内部是普遍存在的，大洋中脊、板块俯冲带、裂谷等都是产生氢的有利位置。

CO_2 的热稳定性很高，因此能够在地球内部广泛存在。地幔岩、火山岩和花岗岩包裹体中发现了以 CO_2 为主的气体，如中国东部橄榄岩和榴辉岩的流体包裹体中就含有一定量的 CO_2（杨晓勇等，1999）。国内外均发现了一批 CO_2 气田（戴金星等，1995；刘宝明等，2004），其中中国东部的 CO_2 气田主要为幔源 CO_2 通过去气作用而形成。此外，地球内部广泛存在的碳酸盐岩石在高温作用下也可以形成大量的 CO_2，如火山岩浆活动（Holloway and O'day，2000）、断裂剪切与流体相互作用（杨晓勇等，2002）等。地震活动不仅可以使地幔中的 CO_2 等气体释放出来，其产生的构造热还可以使得碳酸盐分解形成 CO_2（Irwin and Barnes，1980；戴金星等，1995）。岩浆侵入、裂谷、深大断裂等环境下均有利于 CO_2 的排放。

在费－托合成的催化剂方面，热液体系中常出现的含 Fe 矿物是有效的催化剂（McCollom and Seewald，2006），如镁铁质和超镁铁质岩石发生蚀变产生的磁铁矿（Sherwood Lollar et al.，1993；Berndt et al.，1996）。当磁铁矿在催化剂中占主导地位时还会产生部分甲醇（Takahashi et al.，2006）。在大西洋中脊的沉积物中发现了自然金属 Ni，是下地壳辉长岩发生蛇纹石化的产物（Dekov，2006）。Ni 在热液条件下催化 CO_2 生成 CH_4 的效率很高（Takahashi et al.，2006）。Lancet 和 Anders（1970）曾用 Co 作为催化剂催化费-托反应。Ni-Fe 合金作为催化剂可以显著提升 CO_2 还原为 CH_4 的速率，溶解的 CO_2 有相当部分可以在相对较短的反应时间内转化为 CH_4（Horita and Berndt，1999）。Ni-Fe 合金如铁镍矿在蛇纹岩中较为常见，它可以在许多情况下催化甲烷的生成（Alt and Shanks，1998）。然而，因为 Fe-Ni 合金作为甲烷生成的催化剂其催化效率随时间增长迅速降低（Horita and Berndt，1999），所以蛇纹岩中 Ni-Fe 合金的出现不一定能保证甲烷生成一直延续（McCollom and Seewald，2001）。超基性岩中的 Cr 成分是 MOR 热液体系中水岩相互作用过程中费-托合成的重要因素。Cr_2O_3 同 Fe 的氧化物相结合，是费-托合成 C_1、C_2、C_3 烃类的有效催化剂（Foustoukos and Seyfried，2004）。

除了费-托合成以外，不少学者通过实验提出了其他一些形成非生物成因烷烃气的机制，如石墨与含水矿物（如蛇纹石+橄榄石、云母）在高温高压下可以生成以甲烷为主的烃类气体（Xiao et al.，1999）；菱铁矿和方解石同含水矿物（如黑云母、蛇纹石）在高温高压下可以反应产生以甲烷为主的气体；对 CO_2 和 H_2 混合气体进行强烈的撞击也可以产生非生物烃类（Sugisaki et al.，1994）。前两种机制对反应条件的要求比费-托反应所要求的少，因而可能是地球内部非生物成因天然气形成的重要形式；而地球内部发生地震时所造成的内部撞击以及陨石对地球的撞击均可能产生烃类。瑞典在位于陨石撞击坑位置的格拉洛伯格 1 号井中发现了非生物成因烃类气，其气样中无明显的幔源 He，表明气样中几乎没有幔源组分的加入，烃类可能是发生在地壳岩石中的非生物合成反应（Jeffrey and Kaplan，1988），也可能和陨石撞击有关。

3.6.3　非生物成因气成藏和资源潜力分析

世界上有多处发现了非生物成因烃类气，因此非生物成因甲烷的分布可能比人们之前认为的要更加广泛（Horita and Berndt，1999）。目前有关非生物成因烷烃气是否具有商业价值已成为国际关注的焦点，但是非生物成因烃类能否聚集成藏却是科学界一直争论不休的问题（Jenden et al.，1993；郭占谦等，1997；Wang et al.，1997）。Jenden 等（1993）系统汇总分析了美国多地气藏中天然气的组分、稳定同位素和稀有气体 He 同位素特征，并根据壳幔两端元混合模拟计算后认为，非生物成因甲烷基本不具有商业价值。德国、俄罗斯及瑞典都打过一些超深钻试图寻找非生物成因烃类气藏，尽管发现了一些油气显示，但并未发现有实际价值的烃类气藏，其中最著名的是瑞典西尔扬林处的 Gravberg-1 井，所得烃类的浓度非常低（Jeffrey and Kaplan，1988），因而无开采价值。非生物成因烷烃气成藏的条件极为苛刻，国外迄今尚未取得突破（Sherwood Lollar et al.，2002；Katz et al.，2008），因此被认为对全球油气资源贡献有限（Sherwood Lollar et al.，2002）。

非生物成因天然气具有特殊的成藏条件，主要有气体来源、运移通道、储集空间、圈盖条件等（陶士振等，2000）。当气源断裂附近具有储、盖、圈、保配套条件时，就可以形成非生物成因气藏（戴金星等，2001），然而要同时满足这些条件却很难。在沉积盆地，即使基底有非生物成因烃类气向上运移，要聚集为非生物成因气藏的条件非常苛刻，这是如今世界上缺乏非生物成因烷烃气藏的原因。自然界如温泉、洋中脊等处产出的非生物成因烷烃气在没有盖层和圈闭条件下完全散失了，若在有圈闭条件下，其就有可能聚集成藏，成为非生物气资源，但目前对非生物成因烷烃气资源研究和勘探还很薄弱（戴金星，2006）。

全球非生物成因烃类的总量很大，Kelley 和 Fruh-Green（1999）认为全球洋中脊热液体系中非生物成因甲烷的总量可达 10^{19} g。由于混合作用等可以掩盖非生物成因烃类气的特征，导致其无法识别出来，再加上壳源非生物成因烃类在地壳内部上升过程中容易被氧化而使得总量减少，因此非生物成因烃类气的实际总量可能比预计的大不少。

研究表明，幔源非生物成因烃类气可以作为一部分来参与气藏的形成，我国东部含油气盆地的很多气藏中均发现了部分幔源非生物成因烃类，如黄骅拗陷港 151 井（戴金星等，1995）、东海盆地天外天 1 井（张义纲，1991）等。壳源非生物成因烃类气也可以参与气藏的形成，如加拿大前寒武纪地盾区的气井中就发现了部分壳源非生物烃类气（Sherwood Lollar et al.，2006）。我国在松辽盆地深层火山岩储层中发现了一些具有商业价值的非生物成因烃类气藏（郭占谦等，1994，1997；杨玉峰等，2000；戴金星，2006；Dai et al.，2008；王先彬等，2009；倪云燕等，2009；Liu et al.，2016a）。据估算，松辽盆地 26 口井具非生物成因特征的天然气其储量超过 $500\times10^8 m^3$，这就为世界范围内寻找非生物成因商业天然气提供了一个典型实例（王先彬等，2009）。因此，本次工作中以松辽盆地庆深气田为实例，探讨非生物成因气资源潜力。

前人研究表明，庆深气田天然气中含有大量的地幔来源天然气（Dai et al.，2008；Liu et al.，2016a）。直接来自地幔的天然气与壳源天然气具有不同的稀有气体同位素组成，如地壳和地幔氦同位素比值（$^3He/^4He$）差异明显。Jenden 等（1993）认为 $R/R_a>0.1$ 指示有幔源氦的存在。我国典型含油气盆地中，四川、鄂尔多斯、塔里木等中西部盆地天然气 R/R_a 基本小于 0.1，指示其中没有幔源氦的混入；而松辽、渤海湾、苏北等东部盆地则普遍具有较高的 R/R_a 值（>0.1），表明其中混入了一定量的幔源组分（图 3.89）。值得注意的是，尽管氦同位素比值可以判断气体中是否有幔源组分，但不能直接用于判断烃类气体的成因和来源。对 CO_2 而言，根据地壳沉积物、碳酸盐岩和地幔不同端元的 R/R_a 值和 $\delta^{13}C_{CO_2}$ 值，可以构建出三端元的混合模型［图 3.89（a）］来鉴别天然气中 CO_2 的成因（Etiope et al.，2011），根据 $\delta^{13}C_{CO_2}$ 值和 CO_2 含量同样可以构建出一个类似的三端元混合模型［图 3.89（a）］（Zhang et al.，2008b）。松辽盆地天然气以及温泉气明显具有幔源 CO_2

的贡献［图3.89（a）］。我国含油气盆地内CO_2的成因和来源具有多样性，而这些CO_2的存在也为潜在后续费–托合成的进行提供了充足的反应物和物质基础。

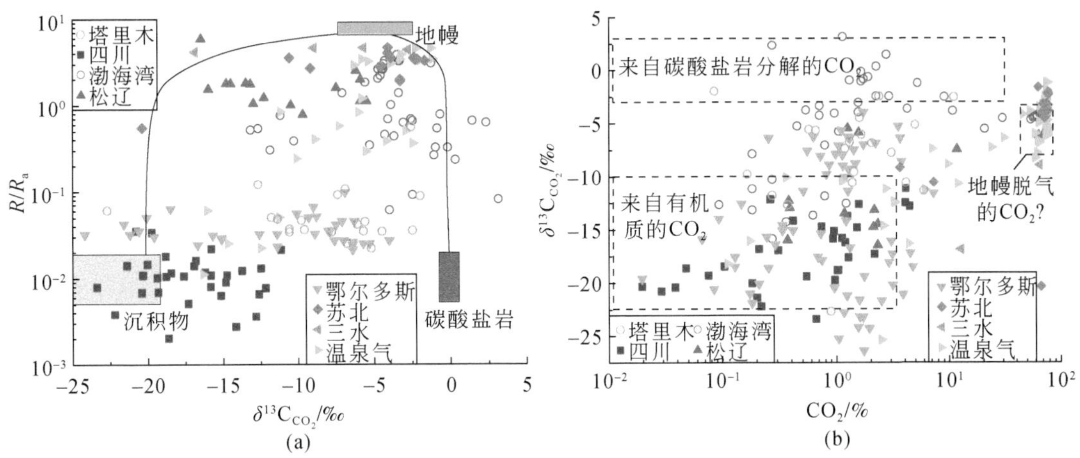

图3.89 典型含油气盆地天然气R/R_a与$\delta^{13}C_{CO_2}$（a）和$\delta^{13}C_{CO_2}$与CO_2（b）相关图

（底图分别据 Etiope et al.，2011；Zhang et al.，2008b）

$CH_4/^3He$和$CO_2/^3He$值常被用来判断幔源组分的贡献（Jenden et al.，1993；戴金星等，2008；Liu et al.，2016a）。以鄂尔多斯盆地为典型代表的地壳端元其R/R_a值小于0.04，$CH_4/^3He$值为$10^9\sim10^{12}$，$CO_2/^3He$值为$10^8\sim10^{10}$（Dai et al.，2005b；Xu et al.，1995），而典型地幔端元R/R_a值一般大于4，$CH_4/^3He$值为$10^5\sim10^7$（Dai et al.，2001；Welhan，1988），$CO_2/^3He$值为$10^{10}\sim10^{13}$（Wakita and Sano，1983；Xu et al.，1995）。四川、鄂尔多斯、塔里木等中西部盆地天然气$CH_4/^3He$值主体为$10^9\sim10^{12}$，$CO_2/^3He$值主体为$10^7\sim10^{10}$，与典型地壳端元特征一致；松辽、渤海湾、苏北等东部盆地天然气$CH_4/^3He$介于地壳和地幔端元之间，反映其经历了壳幔二端元混合（图3.90）。对松辽盆地庆深气田天然气而言，在R/R_a值接近的情况下，其$CH_4/^3He$值略高于壳幔二端元混合区的值，而$CO_2/^3He$值略低于壳幔二端元混合区的值（图3.90），苏北盆地部分气样也具有类似的特征。这反映了庆深气田天然气中除了混入的幔源天然气外，还同时经历了CO_2的丢失和CH_4的增加，这可能与其经历了费–托合成有关（图3.90）。

目前对非生物成因CH_4的$\delta^{13}C$值认识并不统一，如Dai等（2005）统计认为其为–36.2‰～–3.2‰，业内一般认为其普遍不低于–30‰（Dai et al.，2008）或–25‰（Horita and Berndt，1999）。对松辽盆地庆深气田天然气而言，芳深2井天然气$\delta^{13}C_1$值为–17.4‰，烷烃气具有典型的负碳同位素系列（$\delta^{13}C_1>\delta^{13}C_2>\delta^{13}C_3>\delta^{13}C_4$），且$R/R_a$值为5.84（Liu et al.，2016a），与典型非生物成因气（Horita and Berndt，1999；Dai et al.，2008）特征一致，因此可以将其视为典型非生物成因气端元。对生物成因气端元而言，选取邻区朝阳沟气田天然气进行分析，该气田典型油型气和煤成气$\delta^{13}C_1$与$\delta^{13}C_2$值具有明显的正相关性，拟合公式分别为$\delta^{13}C_1=0.8957\times\delta^{13}C_2-5.3104$和$\delta^{13}C_1=0.9722\times\delta^{13}C_2-$

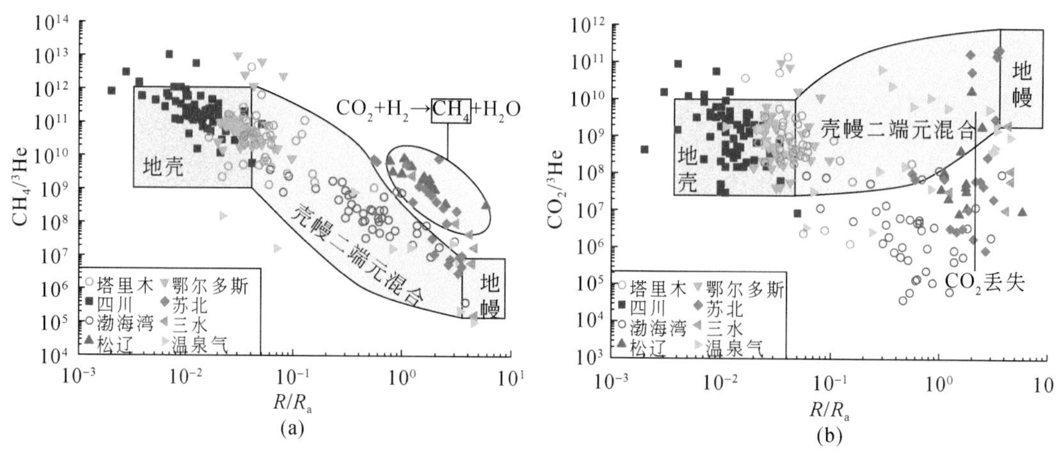

图 3.90 典型含油气盆地天然气 $CH_4/^3He$ 与 R/R_a（a）和 $CO_2/^3He$ 与 R/R_a（b）相关图（底图据 Liu et al.，2016a）

8.4681，表现出成熟度对不同类型天然气碳同位素组成的控制作用（Liu et al.，2016a）。由于典型油型气和煤成气的 $\delta^{13}C_2$ 值分别小于和大于-28‰（Dai et al.，2005b），而典型非生物成因气以甲烷为主，重烃气含量异常低，因此可以利用上述拟合公式，将庆深气田天然气样品实测 $\delta^{13}C_2$ 值进行代入计算得到对应的生物成因气端元的 $\delta^{13}C_1$ 值。进而将端元 $\delta^{13}C_1$ 值和芳深 2 井非生物成因气端元 $\delta^{13}C_1$ 值结合样品实测 $\delta^{13}C_1$ 值进行混源模拟计算，得到该样品对应的非生物成因和生物成因 CH_4 的混源比例。例如，芳深 6 井实测 $\delta^{13}C_1$ 和 $\delta^{13}C_2$ 值分别为-28.3‰和-30.4‰，根据油型气拟合公式计算所得对应的生物成因气端元 $\delta^{13}C_1$ 值为-32.5‰。结合非生物成因气端元 $\delta^{13}C_1$ 值（-17.4‰）以及芳深 6 井实测 $\delta^{13}C_1$ 值（-28.3‰），计算可得其中生物成因和非生物成因 CH_4 所占比例分别为 72% 和 28%。利用该方法，计算所得庆深气田 CH_4（除芳深 1 井外）中非生物成因 CH_4 所占比例为 25% ~ 53%（Liu et al.，2016a）。截至 2018 年年底，庆深气田天然气探明储量已达到 $2522.71\times10^8m^3$，这表明其中非生物成因烷烃气超过 $600\times10^8m^3$。因此，庆深气田非生物成因烷烃气具有较好的勘探前景，非生物成因烷烃气在特定的地质条件下可以形成商业性聚集，这对于沉积盆地天然气勘探领域的拓展具有积极的现实意义。

非生物成因甲烷根据其形成机理常被分为地幔脱气和费-托合成这两种来源。地幔来源的气体往往具有较高的氦同位素比值，而地壳来源的气体则具有明显偏低的氦同位素比值。因此，可以对样品进行壳幔两端元混合模拟计算，揭示幔源氦的混入比例（Ballentine and O'Nions，1992），计算公式如下：

$$He\% = [R/R_a-(R/R_a)_c]\times100/[(R/R_a)_m-(R/R_a)_c]$$

式中，$(R/R_a)_c$ 和 $(R/R_a)_m$ 分别为地壳和地幔的 R/R_a 值，其中地幔的 R/R_a 值一般认为在 8 左右（Oxburgh et al.，1986；Poreda and Craig，1989），而地壳的 R/R_a 值可以用鄂尔多斯盆地天然气样品的值来表示，平均值约为 0.03（Dai et al.，2017）。例如，庆深气田芳深 2 井天然气 R/R_a 值为 5.84（Liu et al.，2016a），根据上述公式计算所得幔源 He 的比例为72.9%。当然，尽管该公式可以用于指示He中幔源He所占的比例，但不能直接用于指示烃类气体中地幔来源烃类所占的比例。此外，对地壳端元而言，沉积源岩中U、Th元素放射性衰变的年代积累效应会使得越老的储层中壳源氦（^4He）的含量越高，而$^3He/^4He$值降低（徐永昌等，1998），如四川盆地不少天然气样品其R/R_a值小于0.01（图3.89），从而使得地壳端元R/R_a值呈现相对较宽的范围（图3.90）。

对非生物成因甲烷而言，要确定地幔脱气和费-托合成这两种来源的甲烷所占的比例，就需要确定这两种端元的甲烷的典型碳同位素值。东太平洋21°N处中脊喷出的热液中含有CH_4、H_2和He，其$\delta^{13}C_1$值为-17.6‰~-15‰，R/R_a值约为8，表明这些气体为典型幔源成因（Welhan and Craig，1979）。因此，可以将地幔脱气来源甲烷端元的$\delta^{13}C_1$值定为-15‰。从世界范围内非生物成因甲烷碳同位素组成来看，除了加拿大和斯堪的纳维亚地盾岩石中的甲烷（Sherwood Lollar et al.，1993，2002）外，非生物成因甲烷的碳同位素值均不低于-30‰（Abrajano et al.，1988；Welhan and Craig，1979；Welhan，1988；Potter et al.，2004；Charlou et al.，2002），这也与Dai等（2008）认识一致。因此，费-托合成端元甲烷的$\delta^{13}C_1$值可以定为-30‰。H_2、CO_2/CO是在催化条件下发生费-托合成并形成非生物甲烷，而H_2不仅可以来源于深部流体，而且可以通过蛇纹石化等岩石蚀变作用形成。由此可见，费-托合成发生的地质背景不仅可以是深部流体活跃区域（$^3He/^4He$较高），而且在深部流体不活跃区域也会发生，因而费-托合成发生的地质体中氦同位素值仍然有待分析。尽管目前自然界发现的费-托合成天然气实例均位于地壳（Abrajano et al.，1988；Charlou et al.，1998；Potter et al.，2004），但地幔条件下发生费-托合成的可能性也不能排除。推测地幔中费-托合成的非生物气可能与典型地幔脱气形成的非生物气具有一定的相似性。由于本次研究着重讨论沉积盆地油气藏中费-托合成形成的非生物气，为了便于计算幔源甲烷和费-托合成甲烷对沉积盆地气藏的贡献，选取费-托合成非生物气端元氦同位素组成与典型地壳端元（热成因气和生物气）一致（图3.91）。

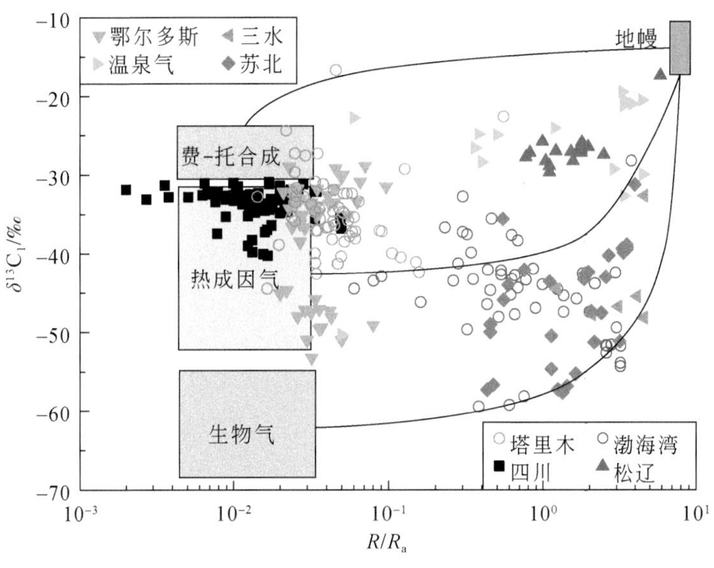

图3.91　典型含油气盆地天然气$\delta^{13}C_1$与R/R_a相关图（底图据Liu et al.，2016a）

对松辽盆地庆深气田而言，芳深 2 井非生物成因烷烃气 $\delta^{13}C_1$ 值为-17.4‰，根据壳幔两端元（$\delta^{13}C_1$ 值分别设定为-15‰和-30‰）混合模拟计算可知，地幔来源和费-托合成来源所占比例分别为 84% 和 16%。根据庆深气田非生物成因烷烃气（>600×10^8m^3）规模可以推算得出其中费-托合成来源甲烷超过 96×10^8m^3。这表明，在合适的地质条件下，费-托合成形成的非生物成因烷烃气可以具有一定的规模。当然，受反应物碳同位素组成和碳同位素动力学分馏效应的影响，不同学者开展的费-托合成实验生成的非生物成因甲烷气碳同位素组成不尽相同（Fu et al.，2007；Zhang et al.，2013；倪云燕和靳永斌，2011），因此，费-托合成来源非生物成因甲烷碳同位素值可能具有一个相对较宽的范围。

值得注意的是，不同洋中脊位置的热液流体尽管均具有较高的 R/R_a 值，但其 $\delta^{13}C_1$ 值也存在一定的差异，如大西洋中脊不同位置热液流体 $\delta^{13}C_1$ 值不同，在 36°14′N 处彩虹热液点流体 $\delta^{13}C_1$ 值为-15.8‰，而 26°N 处 TAG 热液流体 $\delta^{13}C_1$ 值为-9.5‰～-8.0‰（Charlou et al.，2002），这可能反映了地幔非均质性的影响。因此，对应的地幔端元 $\delta^{13}C_1$ 值也具有一定的差异。此外，费-托合成生成的天然气其 $\delta^{13}C_1$ 值也具有明显的差异，这在一定程度上也影响了端元 $\delta^{13}C_1$ 值的选取，进而对混源比例有影响。

总体看来，对自然界存在的不同天然气而言，可以在选取合适端元（如地幔、费-托合成非生物气、热成因气、生物气）的情况下进行混源模拟（图 3.91）。值得注意的是，不同地区对应的端元具有一定差异，端元值分布也具有一定的区间，从而使得混源模拟计算复杂化。除了松辽盆地庆深气田天然气外，我国不少温泉气样品也表现出受费-托合成非生物气混合的特征（图 3.91）。这在一定程度上反映了有机-无机相互作用生成的非生物气可能广泛存在；一方面，其特征在沉积盆地内被更多的典型生物成因气所掩盖而难以辨识，另一方面，部分源自高-过成熟煤系的煤成气（如塔里木盆地库车拗陷克拉 2 气田）也具有相对较高的 $\delta^{13}C_1$ 值（>-30‰），与这类非生物气特征相似而难以区分（图 3.91）。因此，有机-无机作用形成的非生物成因气对气藏的贡献往往因为鉴别存在难度而可能被大大低估了。

3.7　小　　结

世界范围内不同构造背景的地质体中都含有一定量的氢气，如加拿大前寒武地盾，美国堪萨斯盆地花岗岩体，以及中国东部的松辽、渤海湾盆地，温泉等，具有有机成因、幔源来源、水岩反应等多种成因类型。以渤海湾盆地济阳拗陷为例，氢气分布广泛，但在天然气中普遍含量很低，在该区域通常为 0.01%～0.1%；氢的同位素 δ^2H_{SMOW} 为-798‰～-628‰，结合天然气中 $H_2/^3He$ 值，氢气以幔源来源为主。

有机质生烃是一个富碳贫氢的过程，外部氢的加入不但能使低演化烃源大幅提高生烃潜力，而且还能使高演化烃源再活化生烃，从而增加盆地油气资源潜力。深部流体不但携带大量氢，而且还富含 Mo、Zn 等过渡金属元素，能进一步通过催化作用提高加氢生烃效率。由此，设计有机质加氢生烃黄金管热模拟实验。选择玉尔吐斯组高演化干酪根、下马岭组低演化干酪根和矿山梁低演化沥青，以 $ZnCl_2$ 和 MoS_2 作为催化剂，加入 H_2O 和 H_2 开展热模拟实验。

通过对高成熟玉尔吐斯组干酪根、低熟下马岭干酪根和低熟矿山梁固体沥青进行催化加 H_2实验研究，催化加 H_2反应显著改变了有机质自身热解生烃的模式，提高气态烃生烃能力，最大气态烃产率增加到原来的 3.2 倍，增大了产物组分碳氢同位素的分馏幅度。催化加氢生烃机理主要以氢自由基反应和氢离子反应两种模式进行，金属元素促使酸位催化反应。通过产物组分和同位素变化可知，$ZnCl_2$对有机质氢离子催化更加显著，导致相同的条件下 $ZnCl_2$催化加氢生烃效果要优于 MoS_2。同时，反应中间产物 CO_2与外源 H_2在催化作用下参与费-托合成反应。因此，深部富氢流体活化有机质的再生烃能力，对烃源岩或固体储层沥青都起到显著“促烃”和“增烃”效果。

天然气既有有机/生物成因也有非生物成因。非生物烷烃气的形成机制和是否具有工业价值是国际关注的焦点。通过费-托合成形成的甲烷是非生物烷烃气的重要构成。天然气组分与同位素组成以及壳幔混合模型研究表明，松辽盆地庆深气田烷烃气中除混入了幔源非生物烷烃气外，也有费-托合成来源非生物烷烃气的贡献。通过选取典型生物成因气和非生物气的地球化学参数端元并开展混源模拟计算，揭示了该气田天然气探明储量中非生物烷烃气超过 $600\times10^8m^3$，其中费-托合成甲烷总量超过 $96\times10^8m^3$。计算结果表明，有机-无机相互作用下非生物烷烃气可以形成商业性聚集。由于常规气藏中以典型生物成因气占主导，且高-过成熟阶段煤成气与非生物烷烃气地球化学特征具有一定的相似性，从而掩盖了非生物成因气的典型特征。因此，有机-无机相互作用生成的非生物烷烃气在含油气盆地内可能广泛存在，以往可能低估了其对气藏的贡献。

第 4 章 深部流体作用下储盖协同演化

4.1 深部流体对碳酸盐岩储层溶蚀改造作用

4.1.1 流体作用类型识别

国内外已有大量勘探实例在深层-超深层中发现丰富油气资源，主要得益于深层-超深层中仍有优质碳酸盐岩储层的发育。美国阿纳达科盆地米尔斯牧场气田中最深的产气层为上奥陶统至下泥盆统亨顿群白云岩，埋藏深度超过 26000ft（7924m）（Sternbach and Friedman，1986）。中国在深层海相碳酸盐岩油气勘探已走在世界前列，已经在塔里木、四川和鄂尔多斯盆地中发现多个深层-超深层古生界大型碳酸盐岩油气田。

深层优质碳酸盐岩储层的形成与沉积埋藏之后多种类型流体溶蚀改造有着密切的关系，如大气降水岩溶作用（Loucks，1999；Mazzullo，2004；Hajikazemi et al.，2010）、有机质成熟生烃所产生酸性流体（有机酸、CO_2等）溶蚀作用（dissolution）（Mazzullo and Harris，1992；钱一雄等，2006；Jin et al.，2009）、热液溶蚀和热液白云岩化（Lavoie et al.，2010；Smith and Davies，2006）和 TSR 作用所产生 H_2S 和 CO_2的溶蚀作用（Cai et al.，2001；Hao et al.，2015；Liu et al.，2016a；Zhang et al.，2007）。我国的塔里木、四川、鄂尔多斯等盆地的深层碳酸盐岩普遍都经历了非常复杂的构造演化、沉降埋藏及抬升剥蚀过程（何治亮等，2017），因而也经历了多种流体类型的复杂叠加溶蚀改造作用（Shen et al.，2015）。如何准确判识深层碳酸盐岩储层溶蚀改造流体作用类型，明确特定流体作用发生发展的构造环境，并确定不同构造-流体作用环境中碳酸盐岩储层溶蚀发育及保持机理，对寻找深层优质储层有着重要的意义（图 4.1）。

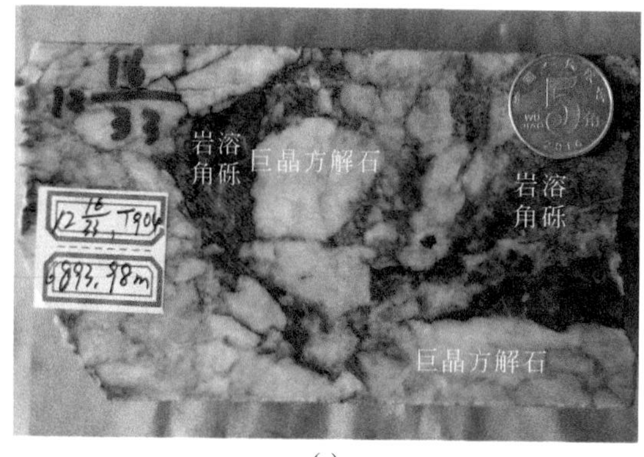

(a)

(b)

(c)　(d)

(e)　(f)

图 4.1　碳酸盐岩流体溶蚀改造岩石矿物学特征

(a) 岩溶缝洞中在岩溶角砾中沉淀充填的巨晶方解石，塔里木盆地塔河油田 T904 井，O_2yj，6893.98m；(b) 岩溶缝洞中充填的巨晶方解石，塔里木盆地塔河油田塔深 3 井，O_1y，6106.28m；(c) 灰岩裂缝中充填的方解石脉，塔里木盆地顺南油气田顺南 2 井，O_1y，6874.46m；(d) 灰岩裂缝中充填方解石和萤石，塔里木盆地塔河油田沙 110 井，O_3s，6086.78m；(e) 生物碎屑灰岩粒间孔隙充填方解石，四川盆地石柱县漆廖剖面，O_2b；(f) 灰色细-中晶白云岩溶洞中充填的方解石，四川盆地普光气田普光 2 井，T_1f

通过主量、微量、稀土元素以及碳、氧、锶同位素等地球化学方法能较为有效地识别碳酸盐岩经历的流体改造作用类型。已有不少学者做了非常有益的探索（Cai et al.，2008；胡文瑄等，2010；Jiang et al.，2014；Worden et al.，2016）。例如，应用 Fe、Mn 等元素识别塔里木盆地的热液流体作用（金之钧等，2006），应用稀土元素、碳氧同位素等识别大气降水、深部热流体等（胡文瑄等，2010），应用碳氧同位素等识别 TSR 作用相关流体（Cai et al.，2008；Jiang et al.，2014）。但这些研究都主要针对某一地区特定层位的流体作用类型进行了识别。实际上许多地区流体类型和溶蚀改造特征具有相似之处，目前需要把这些不同地区的流体溶蚀改造作用进行综合归纳和比较，从而建立全面准确的判识指标，明确深层碳酸盐岩储层经历的多种流体作用类型；此外，流体溶蚀改造作用的发生发展都与特定的构造背景密切相关，对碳酸盐岩经历的构造-流体作用环境、演化过程，以及不同环境中储层发育机理有待深入的认识。

1. 岩石矿物特征

碳酸盐岩原始孔隙比较发育的礁灰岩、生物碎屑灰岩、鲕粒灰岩等在沉积形成之后浅埋藏之前会在海水中发生沉淀胶结作用。海水环境中胶结矿物通常都是文石，围绕颗粒周围呈针状-放射状沉淀结晶。放射状文石逐渐转化成方解石，形成环颗粒边缘的纤柱状方解石胶结（Moore，2013），在阴极射线下发出弱的暗红色的光［图 4.2（c）、（d）］。

在抬升暴露岩溶过程中，大气降水会在岩溶孔洞中沉淀形成方解石。大气降水在渗流带形成新月状或悬垂状方解石，在潜流带形成的方解石一般是刀刃状环边胶结、等轴粒状嵌晶状胶结（Moore，2013），或者呈粗大的巨晶方解石充填在大型岩溶洞穴中或岩溶角砾之间。例如，塔里木盆地塔河油田 T904 井、塔深 3 井都见到岩溶洞穴充填的巨晶方解石［图 4.1（a）、（b）］，其中 T904 井岩心发现在岩溶洞穴角砾中沉淀形成巨晶方解石［图 4.1（a）］。在一些小的溶蚀孔洞中可见溶蚀残留物堆积在底部形成示底构造，孔洞中被大气降水成因方解石充填，在阴极射线照射下不发光［图 4.2（a）、（b）］。

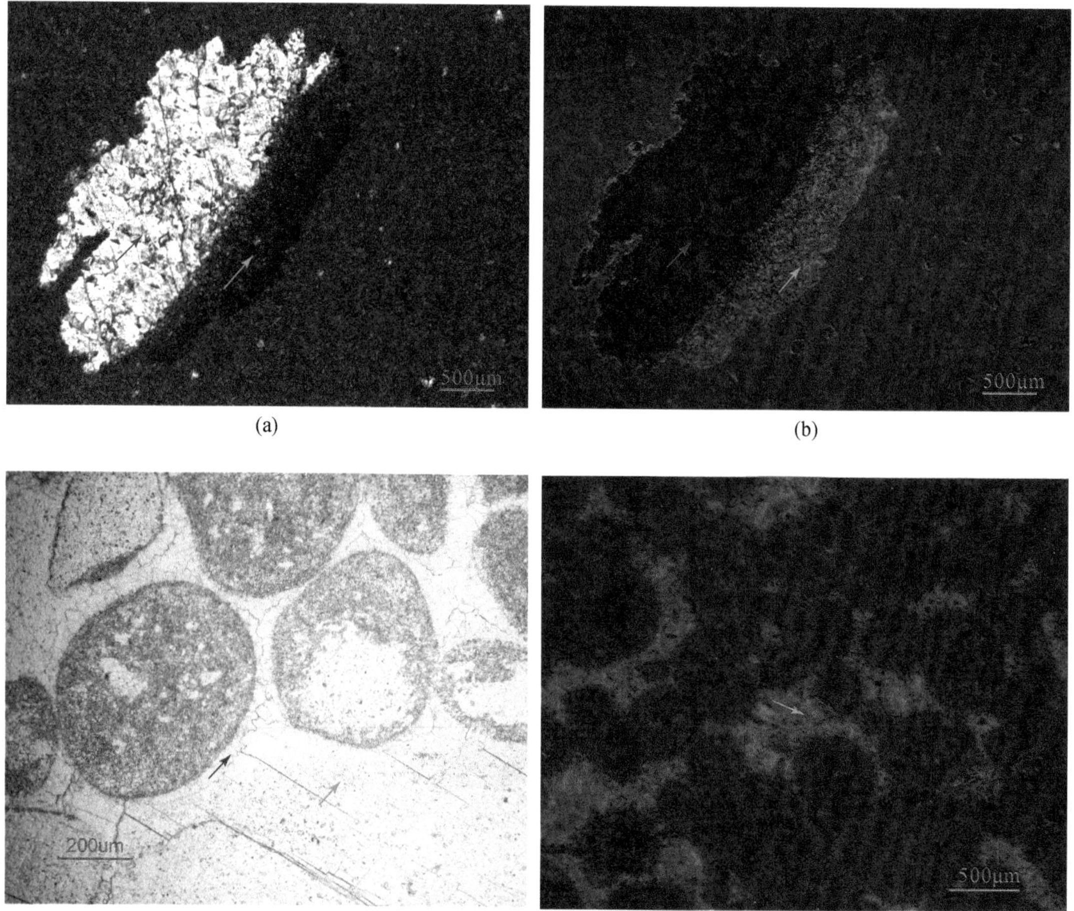

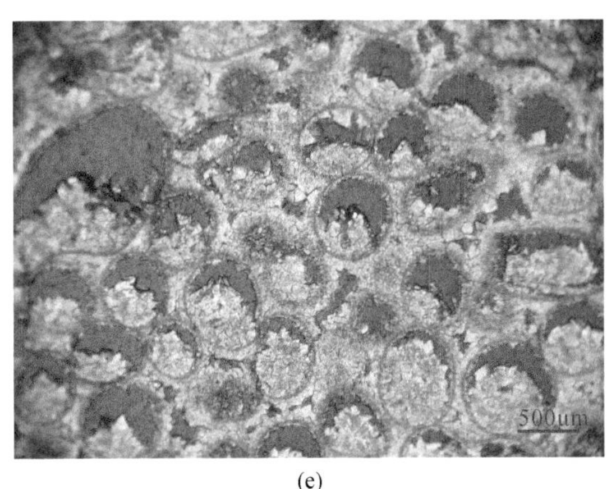

(e)

(f)

图 4.2　碳酸盐岩流体溶蚀改造显微特征

(a) 泥粉晶白云岩中石膏溶蚀铸模孔中充填大气降水成因的粒状方解石（蓝色箭头），孔洞底部为大气降水岩溶残留碎屑（绿色箭头），鄂尔多斯盆地莲 5 井，O_2m，单偏光，×25 倍；(b) 泥粉晶白云岩中石膏溶蚀铸模孔中充填大气降水成因的粒状方解石在阴极射线下不发光（蓝色箭头），孔洞底部大气降水岩溶残留碎屑受埋藏过程方解石胶结影响发点状红光（绿色箭头），鄂尔多斯盆地莲 5 井，O_2m，单偏光，×25 倍；(c) 颗粒灰岩粒间孔隙中充填的早期海水胶结形成的环边放射状方解石（蓝色箭头）和晚期深埋藏阶段形成的粒状方解石（绿色箭头），塔里木盆地塔河油田 T708 井，O_2yj，×100 倍；(d) 鲕粒灰岩粒间孔隙中充填的早期海水胶结形成的环边放射状方解石（蓝色箭头）和晚期深埋藏阶段形成的粒状方解石（绿色箭头），在阴极照射下分别发弱的暗红色光和亮红色光，四川盆地石柱县漆廖剖面，O_2b，×25 倍；(e) 鲕粒白云岩富含粒内溶孔，四川盆地普光气田普光 2 井，T_1f，5166m，×40 倍；(f) 中粗晶白云岩溶蚀孔洞中充填与 TSR 作用有关的刀刃状方解石（绿色箭头），四川盆地普光气田普光 2 井，T_1f，×40 倍

在深埋藏成岩演化过程中，封存在碳酸盐岩孔隙中的地层水发生方解石的沉淀胶结［图 4.1 (e)］。所形成的方解石通常是粗粒的等轴粒状方解石［图 4.1 (c)、(d)］，在阴极射线下发亮红色的光［图 4.2 (d)］。深埋藏胶结方解石一般是充填在海水胶结形成的环边放射方解石之外的残余空间中。

热液作用形成的方解石一般是充填在断裂或裂缝中的方解石脉［图 4.1 (c)］，通常会与石英、热液白云石、黄铁矿、闪锌矿、萤石等矿物共生［图 4.1 (d)］。TSR 作用形成的方解石一般在发生 TSR 作用的碳酸盐岩溶蚀孔隙中沉淀形成，呈刀刃状/粒状的晶体形态［图 4.1 (e)、(f)］。TSR 作用形成的方解石往往会与 TSR 作用形成的粒状黄铁矿、热沥青等相伴生。

2. 同位素组成

根据样品所在层位的构造演化过程、岩石与矿物特征和碳、氧和锶同位素异同，可以把测试的碳、氧和锶同位素归纳为 7 类，分别指示 7 种流体溶蚀改造作用类型，它们分别代表海水、蒸发浓缩海水、海水胶结、深埋藏地层水、抬升暴露大气降水、断裂热液和埋藏 TSR 流体溶蚀改造作用。以原始海相灰岩为对比标准，每一种流体溶蚀改造类型都有不同的碳氧锶同位素组成特征（表 4.1）。

表 4.1　海相碳酸盐岩碳、氧和锶同位素流体溶蚀改造类型判识表

流体类型	岩石矿物类型	层位	数值特征	$\delta^{13}C_{V\text{-}PDB}$ /‰	$\delta^{18}O_{V\text{-}PDB}$ /‰	$^{87}Sr/^{86}Sr$	包裹体均一温度/℃
海水	海相灰岩	O	范围	-2.4 ~ 2.0	-9.6 ~ -3.9	0.708150 ~ 0.709104	常温液相
			样品数量/平均	25/-0.3	25/-7.5	20/0.708722	常温液相
		T_1	范围	-1.2 ~ 2.2	-8.4 ~ -5.2	0.707251 ~ 0.707774	常温液相
			样品数量/平均	21/1.0	21/-6.9	8/0.707546	常温液相
蒸发浓缩海水	粉细晶白云岩	O	范围	-1.8 ~ 1.3	-8.9 ~ -0.2	0.708495 ~ 0.709064	常温液相
			样品数量/平均	50/0.16	50/-6.3	9/0.708799	常温液相
		T_1	范围	0.7 ~ 4.4	-5.3 ~ -2.7	0.707406 ~ 0.707935	常温液相
			样品数量/平均	38/2.2	38/-3.9	26/0.707647	常温液相
海水胶结	胶结方解石	O	范围	-1.7 ~ 1.2	-11 ~ -5.4	0.708230 ~ 0.709102	常温液相 ~ 49.3
			样品数量/平均	18/-0.9	18/-8.2	11/0.708746	12/43.6
深埋藏地层水	胶结方解石	O	范围	-0.2 ~ 2.5	-12.6 ~ -9.9	0.708856 ~ 0.709105	105.5 ~ 130.2
			样品数量/平均	11/1.4	11/-11.3	9/0.708974	5/115.94
抬升暴露大气降水	岩溶洞穴充填方解石	O	范围	-4.6 ~ 0.0	-18.8 ~ -11.4	0.709190 ~ 0.710558	35.5 ~ 75.3
			样品数量/平均	33/-2.2	33/-15.4	25/0.709727	12/57.5
断裂热液	方解石脉	O	范围	-8.5 ~ 6.3	-14.6 ~ -7.1	0.709049 ~ 0.709891	121.7 ~ 198.7
			样品数量/平均	32/-3.7	32/-10.8	15/0.709353	7/150.4
埋藏 TSR 流体	孔洞充填方解石	T_1	范围	-18.9 ~ -3.5	-12.3 ~ -4.1	0.707500 ~ 0.707809	134.1 ~ 218
			样品数量/平均	34/-10.4	34/-7.4	6/0.707621	12/169.3

塔里木盆地和鄂尔多斯盆地奥陶系海相灰岩的 $\delta^{13}C$、$\delta^{18}O$ 和 $^{87}Sr/^{86}Sr$ 变化范围分别为 -2.4‰~2‰、-9.6‰~-3.9‰和 0.708150~0.709104（表 4.1）。四川盆地下三叠统海相灰岩的 $\delta^{13}C$、$\delta^{18}O$ 和 $^{87}Sr/^{86}Sr$ 变化范围分别为-1.2‰~2.2‰、-8.4‰~-5.2‰和 0.707251~0.707774（表 4.1）。

塔里木和鄂尔多斯盆地奥陶系海相粉细晶白云岩的 $\delta^{13}C$、$\delta^{18}O$ 和 $^{87}Sr/^{86}Sr$ 变化范围分别为-1.8‰~1.3‰、-8.9‰~-0.2‰和 0.708495~0.709064，平均值分别为 0.16‰、-6.3‰和 0.708799（表 4.1）。四川盆地下三叠统飞仙关组海相粉细晶白云岩 $\delta^{13}C$、$\delta^{18}O$ 和 $^{87}Sr/^{86}Sr$ 变化范围分别为 0.7‰~4.4‰、-5.3‰~-2.7‰和 0.707406~0.707935，平均值分别为 2.2‰、-3.9‰和 0.707647（表 4.1）。与同时期灰岩相比，白云岩碳氧同位素组成均略偏重（图 4.3），$^{87}Sr/^{86}Sr$ 与灰岩基本一致（图 4.4）。

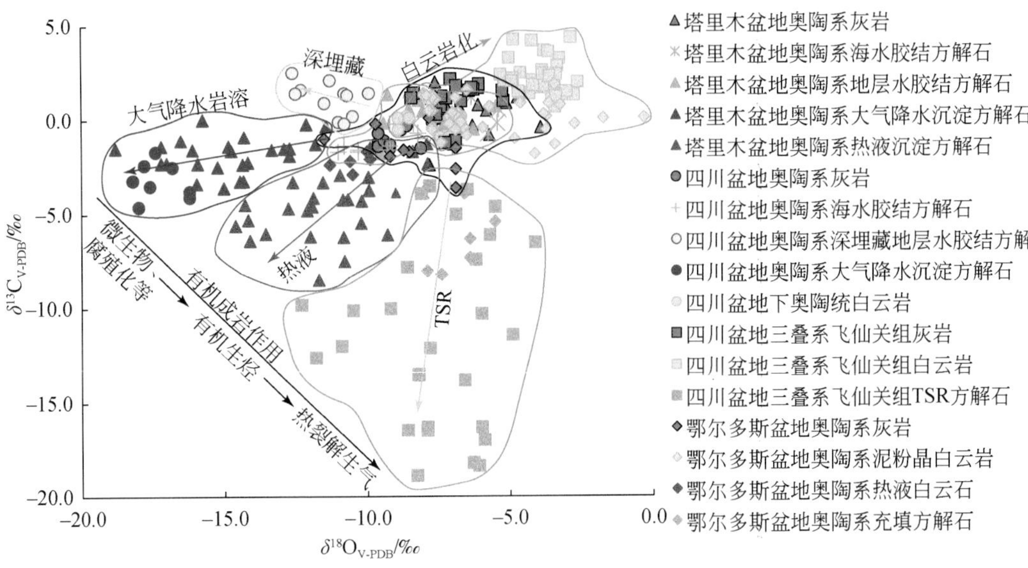

图 4.3　深层海相碳酸盐岩中不同类型流体碳和氧同位素判识图

塔里木盆地奥陶系碳酸盐岩海水胶结方解石［图 4.1（c）、（d）］的 $\delta^{13}C$、$\delta^{18}O$ 和 $^{87}Sr/^{86}Sr$ 变化范围分别为-1.7‰~1.2‰、-11‰~-5.4‰和 0.708230~0.709102（表 4.1），与奥陶系灰岩范围基本一致（图 4.3、图 4.5）。深埋藏地层水胶结方解石［图 4.1（e），图 4.2（c）、（d）］的 $\delta^{13}C$、$\delta^{18}O$ 和 $^{87}Sr/^{86}Sr$ 变化范围分别为-0.2‰~2.5‰、-12.6‰~-9.9‰和 0.708856~0.709105（表 4.1）。与灰岩相比，碳同位素和锶同位素组成基本一致，但氧同位素具有显著偏轻的特征（图 4.3、图 4.5）。

碳酸盐岩在暴露至地表遭受大气降水岩溶作用的同时，也会在溶蚀缝洞中形成方解石的充填［图 4.1（a）、（b）］。这些方解石的 $\delta^{13}C$、$\delta^{18}O$ 和 $^{87}Sr/^{86}Sr$ 变化范围分别为-4.6‰~0.0‰、-18.8‰~-11.4‰和 0.709190~0.710558（表 4.1）。受大气降水影响，其碳同位素组成略微偏轻，氧同位素组成显著偏轻（图 4.3、图 4.4），$^{87}Sr/^{86}Sr$ 值比正常海相灰岩显著偏高（图 4.5）。

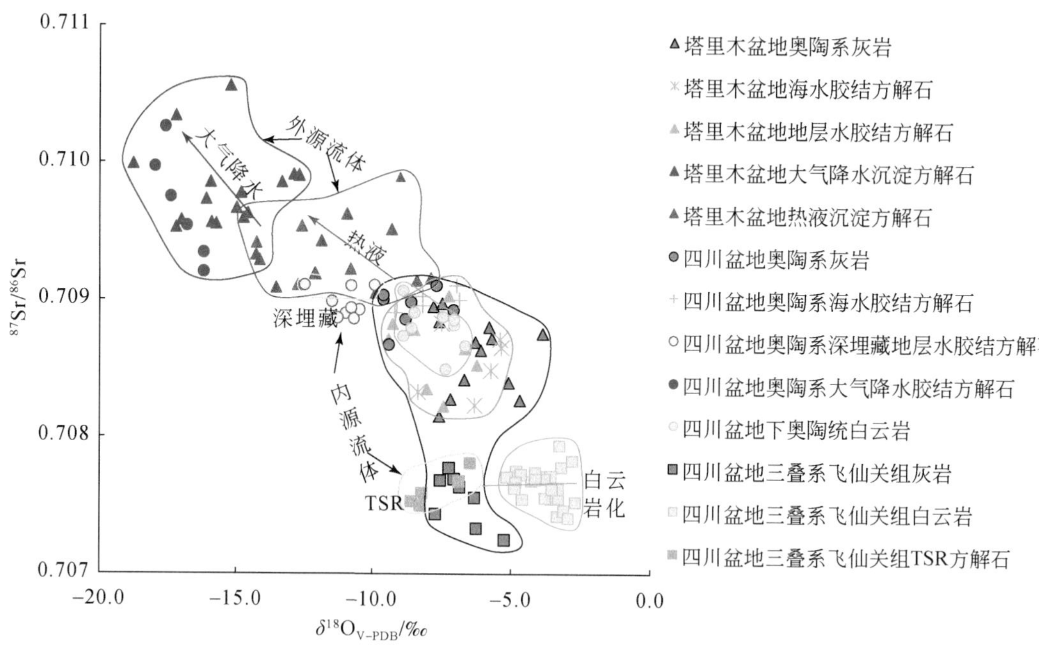

图 4.4　深层海相碳酸盐中不同类型流体锶和氧同位素判识图

在断裂裂缝沟通下，深部热液流体对碳酸盐岩溶蚀改造，同时会在断裂裂缝中形成方解石脉的充填［图 4.1（c）、（d）］。塔里木等盆地中奥陶系碳酸盐岩断裂裂缝中充填的方解石的 $\delta^{13}C$、$\delta^{18}O$ 和 $^{87}Sr/^{86}Sr$ 变化范围分别为 −8.5‰～6.3‰、−14.6‰～−7.1‰和 0.709049～0.709891（表 4.1）。与海相灰岩相比，氧同位素组成显著偏轻（图 4.3、图 4.4），具有更高的锶同位素值（图 4.5）。

在四川盆地三叠系飞仙关组碳酸盐岩油气藏中，如普光、元坝等，天然气中富含 TSR 相关的 H_2S。在碳酸盐岩储层石膏溶蚀之后的孔洞中充填 TSR 成因的方解石［图 4.1（f）、图 4.2(f)］。孔洞中充填与 TSR 作用有关的方解石的 $\delta^{13}C$、$\delta^{18}O$ 和 $^{87}Sr/^{86}Sr$ 变化范围分别为−18.9‰～−3.5‰、−12.3‰～−4.1‰和 0.707500～0.707809（表 4.1）。与海相灰岩相比，方解石具有偏轻的碳同位素组成（图 4.3），但其 $^{87}Sr/^{86}Sr$ 值位于正常的海相灰岩范围内（图 4.5）。

3. 流体作用类型识别

原始海相灰岩碳、氧和锶同位素组成都会随沉积形成时代不同而变化，但不同类型后期流体溶蚀改造作用对碳酸盐岩造成的影响远远超过时代变化效应的影响。全球范围奥陶系海相灰岩 $\delta^{13}C$、$\delta^{18}O$ 和 $^{87}Sr/^{86}Sr$ 变化范围分别为−3‰～6‰、−10‰～−3‰和 0.7078～0.7095；下三叠统海相灰岩的 $\delta^{13}C$、$\delta^{18}O$ 和 $^{87}Sr/^{86}Sr$ 变化范围分别为−3‰～4‰、−5‰～−2‰和 0.7069～0.7083（Veizer et al.，1999）。塔里木盆地和鄂尔多斯盆地奥陶系灰岩及四川盆地奥陶系和三叠系飞仙关组灰岩样品都与同时期海相灰岩的变化范围基本一致。

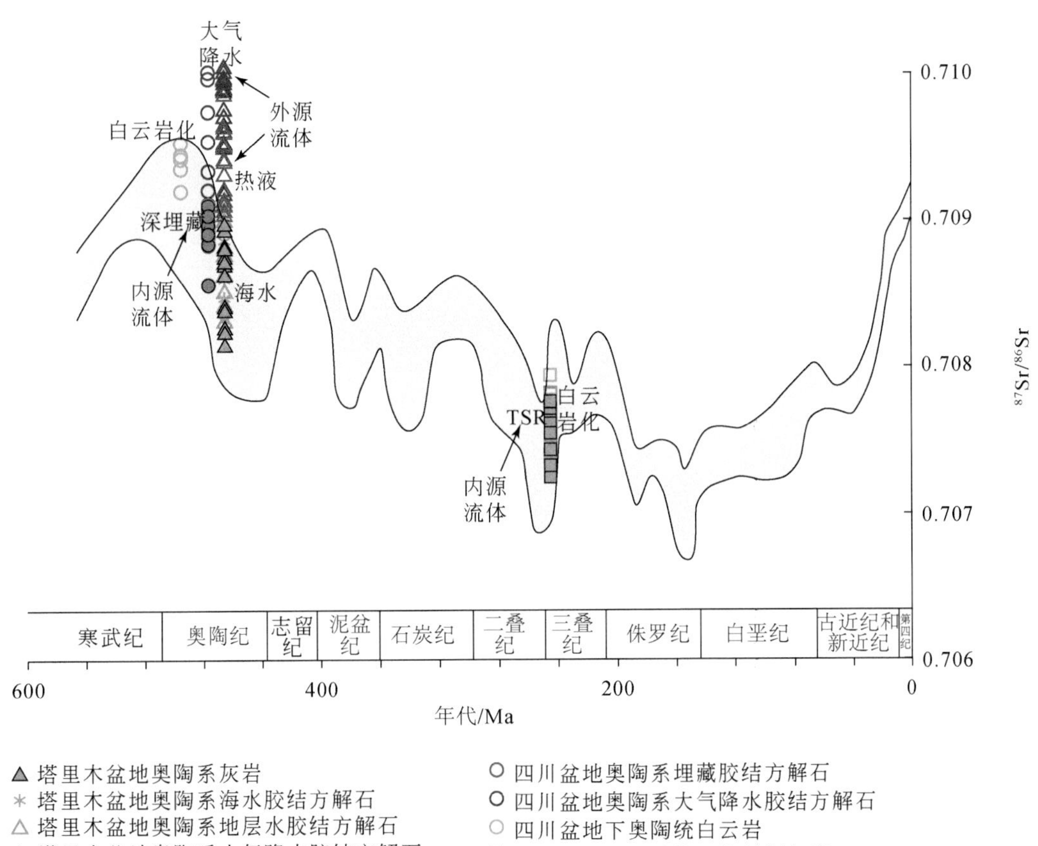

图4.5　深层海相碳酸盐中不同类型流体锶同位素判识图

1）*蒸发浓缩海水*

灰岩在从海水沉积之后，最早经历的改造作用是准同生期的白云岩化作用。前期研究已经证实具有多种白云岩化类型和机制，如撒布哈白云岩化、渗透回流白云岩化、混合水白云岩化（Land，1980；Machel，2004；Warren，2000）、埋藏白云岩化（Wierzbicki et al.，2006）、热液白云岩（Davis and Smith，2006）、微生物白云岩（Vasconcelos and McKenzie，1997）等。但地质历史上大规模白云岩化一般都是在准同生阶段局限台地蒸发海水环境中形成的，主要发生撒布哈、渗透回流等白云岩化过程，都与蒸发浓缩超高盐度海水有密切的关系（Land，1980；Machel，2004；Warren，2000）。

由于礁或者滩坝存在，碳酸盐岩台地区域海水流动会受到限制，逐渐蒸发形成高盐度卤水。当蒸发海水中 $CaSO_4$ 的浓度逐渐超过石膏的饱和度时，石膏便会从海水中沉淀出来。石膏的沉淀消耗海水中的 Ca^{2+}，导致海水中 Mg/Ca 值的增加。正常海水中的 Ma/Ca 值一般是 5：1。当 Mg/Ca 值达到 10：1 时，白云石开始沉淀形成（Boggs Jr and Boggs,

2009）。

随着海水蒸发浓缩程度的增加，海水氧同位素组成会逐渐变重，但$^{87}Sr/^{86}Sr$值会保持不变。海水中CO_2的溶解度会随着盐度的增加而逐渐减小（Duan and Sun，2003），所以部分CO_2会从海水中溢出。根据同位素分馏原理，^{12}C优先进入溢出的气态CO_2中，^{13}C会留在海水中。结果导致海水中的CO_2或CO_3^{2-}的$\delta^{13}C$值会随着蒸发浓度而逐渐增高。所以，从海水中沉淀的白云石便会具有相对较重的碳和氧同位素组成。

塔里木盆地和四川盆地奥陶系泥粉晶白云岩，以及四川盆地下三叠统飞仙关组泥粉晶白云岩的碳氧同位素都比同时期灰岩重（图4.3）；$^{87}Sr/^{86}Sr$值与同时期灰岩一致（图4.5），表明为海相蒸发环境形成的白云岩。

2）海水胶结

海相碳酸盐沉积物在沉积形成之后便会遭受海水胶结作用。海水中沉淀形成的方解石胶结物通常在同位素组成上与海相灰岩较为类似。从图4.3～图4.5中可以看出，海水胶结方解石与海相灰岩位于相同的分布区域。由于海水胶结文石的形成主要是在地表或近地表环境下形成，并很快转变为围绕颗粒的环边纤柱状方解石，其流体包裹体一般在常温下多呈均一的液相，少数具有较低的均一温度。奥陶系海水胶结方解石的均一温度最高为49.3℃，平均为43.6℃。在流体包裹体温度与方解石氧同位素关系图中，流体的氧同位素位于寒武纪-奥陶纪海水的范围内，表明为海水胶结（图4.6）。

3）深埋藏地层水

碳酸盐岩在从海水沉积形成之后逐渐进入深埋藏成岩演化阶段。在逐渐深埋藏过程中，封存在孔隙中的流体会持续与碳酸盐岩围岩反应，逐渐浓缩形成高温高盐度地层卤水。封存在碳酸盐岩孔隙中的地层水会在孔隙中产生方解石的胶结作用［图4.1（e）］。

由于埋藏地层水长期与灰岩围岩作用，会逐渐与灰岩围岩达到地球化学平衡，因此其碳和锶同位素组成与灰岩围岩基本一致（图4.3、图4.5）。但受高温条件下流体与方解石氧同位素分馏效应的影响［$1000\ln\alpha_{(CaCO_3-H_2O)}=2.78\times(10^6T^{-2})-3.39$］（O'Neil et al.，1969），方解石胶结物氧同位素组成会显著偏轻。深埋藏地层水胶结形成的方解石的均一温度范围为105.5～130.2℃。按照地表温度为20℃和3.0℃/100m的地温梯度计算，对应的地层埋藏深度为2800～3700m。根据流体包裹体温度与方解石氧同位素关系图，流体的$\delta^{18}O_{SMOW}$在4‰左右（图4.6），表明为轻度浓缩的地层水。

4）抬升暴露大气降水

受构造抬升作用影响，碳酸盐岩会暴露至地表遭受大气降水岩溶作用，形成岩溶缝洞型储层（Wang and Al-Aasm，2002；Zhao et al.，2014）。塔里木盆地和鄂尔多斯盆地奥陶系都广泛发育有岩溶缝洞型油气藏。大气降水也会在碳酸盐岩缝洞中形成方解石的充填胶结作用［图4.1（a）、（b）］。

受同位素蒸发分馏作用的影响，大气降水通常都具有非常轻的氧同位素组成，从中沉淀形成的方解石也会具有非常轻的氧同位素组成（Hays and Grossman，1991）（图4.3）。方解石的碳同位素组成由溶液中的碳酸根或CO_2决定。通常有机成因的碳酸根（CO_3^{2-}）或CO_2具有较低的碳同位素值，其$\delta^{13}C$值一般低于-20‰（Cai et al.，2002），受此影响的碳

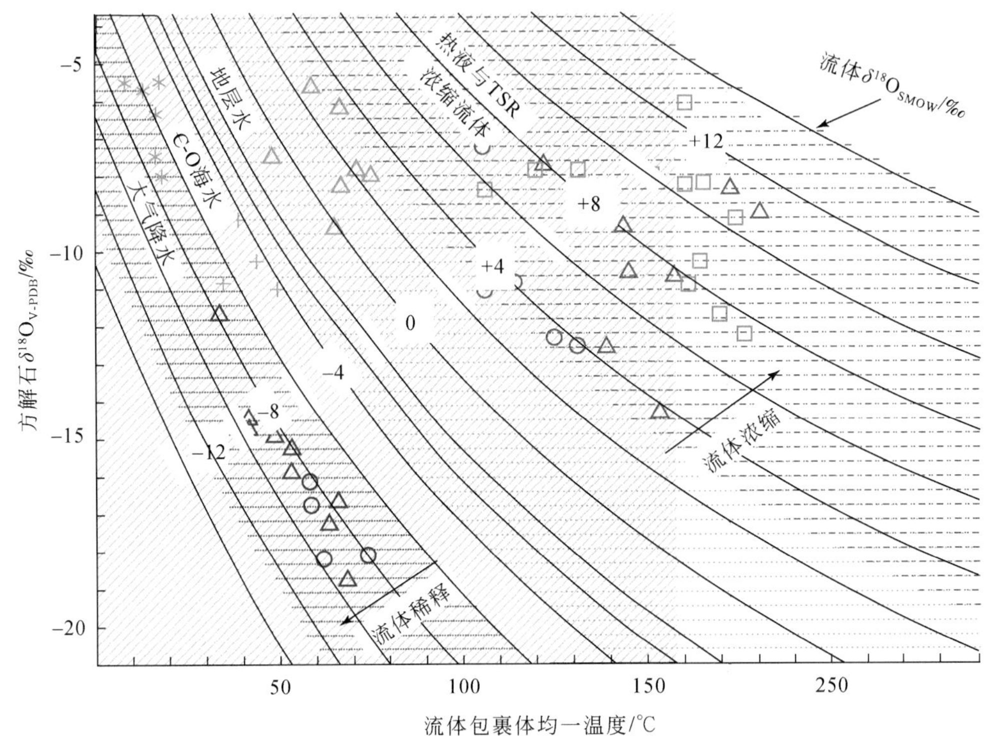

图 4.6　碳酸盐岩流体氧同位素与方解石氧同位素和流体包裹体均一温度关系图

酸盐岩矿物也会具有较轻的碳同位素组成，因此，岩溶风化壳上有机成因的 CO_2/CO_3^{2-}（生物作用、有机质氧化）会具有较轻的碳同位素组成。大气降水可以从地表风化壳中获得有机成因的 CO_2/CO_3^{2-}，从而导致所沉淀形成的方解石具有较轻的碳同位素组成（图 4.3）。

长英质碎屑岩和泥岩中通常会因含有较多的放射性成因^{87}Sr 而具有较高的$^{87}Sr/^{86}Sr$ 值，前人从大西洋中部阿尔法洋脊晚新生代沉积物中分离出的硅酸盐碎屑物质组分的$^{87}Sr/^{86}Sr$ 值为 0.713100～0.725100（Winter et al.，1997）。地表大气降水对砂泥质碎屑物质的风化淋滤可以使流体中相对富集^{87}Sr，从而具有较高的$^{87}Sr/^{86}Sr$ 值，从中沉淀形成的方解石也会具有高的$^{87}Sr/^{86}Sr$ 值（图 4.5）。

大气降水在地表对碳酸盐岩发生溶蚀作用之后，会沿断裂裂缝及洞穴通道下渗到地下一定深度，形成巨晶方解石的胶结充填。方解石的流体包裹体温度一般较低，为 35.5～75.3℃，平均为 57.5℃。根据流体包裹体温度与方解石氧同位素关系图，流体的 $\delta^{18}O_{SMOW}$ 为-10‰～-8‰，表明为较轻的大气降水（图 4.6）。

5）断裂热液

碳酸盐岩在埋藏成岩演化过程中，会受到广泛的断裂热液的改造作用。断裂沟通深部热卤水向上覆碳酸盐岩地层运移。热卤水在流经碳酸盐岩地层时，比所经地层中的地层水具有更高的温度压力，富含 CO_2、CO_3^{2-}、Ca^{2+}、Mg^{2+}等活跃组分，因此会打破地层流体与围岩之间的物理化学平衡，从而与浅部地层发生显著的水岩相互作用。对碳酸盐岩油气储层来说，深部热液与所经地层之间的水岩反应主要是使碳酸盐岩发生溶蚀作用、次生矿物的充填作用、热液重结晶（Zhu et al.，2010）、热液白云岩化作用（Davis and Smith，2006）等。断裂和其相关的裂缝体系构成热液活动的通道体系，热液沿这些通道对碳酸盐岩产生溶蚀改造作用。热液的温度一般要比碳酸盐岩地层温度高 5℃以上。

盆地范围内大规模热液流体的活动需要大量地层流体的循环供给，挤压的构造应力环境为盆地范围大规模热液活动提供了驱动力（Qing and Mountjoy，1994）。深部卤水向浅部地层的运移需要有效的热驱动机制。盆地内部的岩浆火山活动释放出来的热成为热液流体向浅部地层运移的重要热源。塔里木盆地经历四次地质热事件，其中二叠纪的岩浆火山活动触发了盆地范围的热液活动（Chen et al.，1997）；四川盆地震旦末期至早寒武世的桐湾期和二叠纪的峨眉期岩浆火山活动影响了四川盆地的热液活动（Chen et al.，2009）。通过锆石 U-Pb 定年，确定了塔里木盆地影响热液作用的热事件的时间为二叠纪（Dong et al.，2013）。

在从流体沉淀生成过程中，方解石与流体之间发生氧同位素的分馏作用，^{18}O 分馏系数为 $1000\ln\alpha_{(CaCO_3-H_2O)}=2.78\times(10^6T^{-2})-3.39$（O'Neil et al.，1969）。由分馏关系式可以看出，方解石氧同位素组成受沉淀时流体的温度制约。流体如果具有较高的温度，所形成的方解石通常会具有较轻的氧同位素组成（图 4.6）。热液流体在沿着断裂裂缝体系从深部向浅部运移过程中，会从深部基底或碎屑岩地层中获取较多的放射性成因的^{87}Sr，从而具有较高的$^{87}Sr/^{86}Sr$ 值（图 4.5）。

断裂裂缝中的方解石脉的流体包裹体温度范围为 121.7～198.7℃，平均为 150.4℃（表 4.1）。许多流体包裹体均一温度都高于所在的围岩的埋藏温度，表明为热液流体。根据方解石与流体之间氧同位素分馏关系，断裂裂缝中的方解石位于深部热液流体的范围内（图 4.6）。

6）埋藏 TSR 流体

TSR 作用一般认为是在较高温度下，地层中的硫酸盐类矿物（如硬石膏）中的硫在有机质（气态烃或液态烃）作用下发生还原，由 SO_4^{2-} 状态还原成 S^{2-}状态（Worden et al.，1995；Cai et al.，2001）。其反应方程为

$$CaSO_4+C_nH_m(烃)\longrightarrow CaCO_3+H_2S+CO_2+H_2O$$

通过上述反应式可以看出，TSR 作用形成的 CO_2和 $CaCO_3$中的 CO_3^{2-} 来自于所消耗的烃类，因此会具有非常轻的碳同位素组成。

前期研究表明，塔里木盆地奥陶系、四川盆地震旦系、寒武系、二叠系和三叠系碳酸盐岩中都发生了 TSR 作用，尤其是在三叠系飞仙关组，TSR 作用尤为强烈，使得天然气中含有大量的 H_2S（Zhu et al.，2018c）。

方解石最显著的特征是具有非常轻的碳同位素组成（图4.3）。其原因是方解石中的CO_3^{2-}来自TSR所消耗的有机质。TSR作用在碳酸盐岩地层内发生，相关的流体活动也多局限在地层内部，因此$^{87}Sr/^{86}Sr$值的变化分别与早三叠世的海水范围较为一致（图4.5）。

TSR作用一般需要较高温度，实验研究表明，TSR一般需要120℃以上的温度条件（Toland，1960；Goldhaber and Orr，1995）。方解石的流体包裹体均一温度范围为134.1～218℃，平均为169.3℃，满足了TSR作用的条件。根据氧同位素与均一温度关系图，TSR相关流体与深部热液类似，是浓缩的流体，具有较重的氧同位素组成（图4.6）。

4. 流体演化

碳酸盐岩从海水环境中沉淀形成，以及所经历的后期各种流体改造作用都与特定的构造或埋藏背景有着密切的关系。构造背景和演化过程决定了碳酸盐岩某一演化阶段会遭受何种类型的流体改造和流体演化过程，并形成典型的地球化学特征。塔里木盆地、四川盆地和鄂尔多斯盆地海相碳酸盐岩构造与流体演化过程具有相似之处，都经历了早期海水成岩改造、构造抬升阶段大气降水改造、深埋藏阶段地层水和TSR作用的改造，以及断裂热液流体的改造作用。

碳酸盐岩自从海水中沉积形成之后便会经历海水的改造作用，主要包括海水胶结作用和蒸发浓缩海水的白云岩化作用。海水胶结作用形成的方解石在碳、氧和锶同位素组成上都与海相灰岩较为一致。蒸发浓缩海水形成的白云岩会具有较重的碳和氧同位素组成。

在埋藏过程中，碳酸盐岩沉积物孔隙中封存的流体不断与围岩相互作用，形成高盐度地层卤水。封存在地层中的地层水与碳酸盐岩围岩达到了地球化学上的平衡，因此沉淀形成的方解石胶结物与围岩具有相似的碳同位素组成和$^{87}Sr/^{86}Sr$值。由于在较高温度下的平衡分馏作用，方解石胶结物具有比围岩较轻的氧同位素组成，其$\delta^{18}O$值平均为$-11.3‰$，最低至$-12.9‰$。

在后期成岩演化过程中，碳酸盐岩会遭受强烈的构造抬升作用而暴露至地表，从而遭受大气降水的岩溶改造作用。大气降水形成的方解石胶结物显著的特征是具有偏轻的氧同位素组成和高的$^{87}Sr/^{86}Sr$值。其$\delta^{18}O$值平均为$-15.4‰$，最低至$-18.8‰$；$^{87}Sr/^{86}Sr$值平均为0.709727，最高至0.710558。

在埋藏演化过程中，受深部热源驱动，深部地层中的高盐度卤水或深循环的地层水会沿着深部断裂以及与之相连的裂缝体系从深部运移至浅部地层，构成深部热液体系。深部热液会沿着断裂裂缝对碳酸盐岩地层产生显著的溶蚀改造作用。受较高温度氧同位素平衡分馏效应，热液相关的方解石/白云石具有较轻的氧同位素组成，其$\delta^{18}O$值平均为$-10.8‰$，最低至$-14.6‰$。由于能从深部碎屑岩地层中获取较多的放射性成因的^{87}Sr，这些方解石/白云石具有高的$^{87}Sr/^{86}Sr$值，其$^{87}Sr/^{86}Sr$值平均为0.709353，最高至0.709891。

在深埋藏阶段，碳酸盐岩地层中的SO_4^{2-}（地层水或硬石膏）会在有机质的参与下发生TSR作用，形成CO_2、H_2S等。由此形成的富含CO_2和H_2S的流体会对碳酸盐岩产生强烈的溶蚀改造作用。由于有机质的参与，形成的方解石具有强烈偏轻的碳同位素组成，其$\delta^{13}C$值平均为$-10.4‰$，最低至$-18.9‰$。受较高地层温度下氧同位素平衡分馏效应影响，TSR相关的方解石具有较轻的氧同位素组成，其$\delta^{18}O_{V\text{-}PDB}$值平均为$-7.4‰$，最低至

-12.3‰。

碳酸盐岩在成岩流体改造过程中通常都会伴有有机质的参与。在构造抬升大气降水岩溶过程中会伴有地表微生物活动或者有机质的腐殖化作用。在深部断裂热液改造过程中，会伴有有机质成熟生烃和油气运移成藏过程。在 TSR 作用过程中，会伴有油裂解生气及有机质的消耗。从抬升岩溶、热液至 TSR 改造阶段，有机质热演化程度逐渐增高，有机质参与的强度也逐渐增加，因此形成的碳酸盐岩矿物的碳同位素组成会越来越轻。

不同类型流体具有不同的盐度和温度。大气降水一般会具有非常低的盐度，而深埋藏过程的地层水、热液流体及 TSR 流体因为与地层发生了充分的流体岩石相互作用，都会具有较高的盐度和温度。

5. 内源流体与外源流体

在后期成岩演化过程中，碳酸盐岩分别遭受了来自碳酸盐岩地层内部的流体或碳酸盐岩地层外部的流体的溶蚀改造作用，分别称之为内源流体和外源流体。深埋藏地层水、TSR 相关流体，为内源流体。因 TSR 反应物和产物都来自地层之内。内源流体改造形成的方解石在锶同位素组成上一般与灰岩围岩一致。较轻的氧同位素组成与较高温度有关，碳同位素组成受有机质的影响显著。

大气降水和热液流体为外源流体。外源流体形成的方解石在碳、氧和锶同位素组成上都与碳酸盐岩围岩有着显著的差别。流体通常能从碎屑物质中获得较多的^{87}Sr，从而具有较高的^{87}Sr/^{86}Sr 值。

4.1.2　深部流体对深层碳酸盐岩储层溶蚀发育机理

根据塔里木盆地、四川盆地和鄂尔多斯盆地深层下古生界碳酸盐岩经历的构造演化背景，结合所识别的流体作用类型，分析认为主要有三种流体作用环境对深层碳酸盐岩储层发育有着显著影响，分别是构造抬升-大气降水环境、断裂-热液环境和深埋藏-TSR 环境，它们具有不同的流体流动方式和溶蚀改造规律。

1. 构造抬升-大气降水环境

塔里木盆地奥陶系、鄂尔多斯盆地奥陶系马家沟组、四川盆地震旦系灯影组等碳酸盐岩都经历了强烈的构造抬升-大气降水岩溶改造作用，形成了大型的岩溶风化壳型碳酸盐岩油气藏（赵文智等，2012）。其中塔里木盆地塔北隆起阿克库勒凸起奥陶系碳酸盐岩为典型的构造抬升-大气降水岩溶形成的缝洞型储层。阿克库勒凸起上的塔河油田的主力油气产层就是发育在岩溶不整合面附近的岩溶缝洞型储层，岩溶缝洞在地震剖面上表现为串珠状反射（图 4.7）。

阿克库勒凸起奥陶系碳酸盐岩分别在加里东中期（早奥陶世末期至奥陶纪末期）、海西早期（泥盆纪）、海西晚期（二叠纪末期）遭受大气降水岩溶作用。加里东中期岩溶可分为多个幕次，主要在中奥陶统一间房组（O_2yj）与上奥陶统恰尔巴克组（O_3q），上奥陶统良里塔格组（O_3l）与桑塔木组（O_3s）之间发育有岩溶不整合面。海西早期岩溶作用是对奥陶系碳酸盐岩影响最大的一期岩溶作用，发生于晚泥盆世末及早石炭世初。该期岩溶作用在阿克库勒凸起大部分地区都有发育，中上奥陶统碳酸盐岩遭受岩溶剥蚀，形成中下奥陶统与石炭系之间的不整合面。海西晚期的构造高点主要在阿克库勒凸起的于奇地区，所以该期的岩溶作用只在塔河油田北部于奇地区发育，形成中下奥陶统与三叠系之间的岩溶作用不整合面。

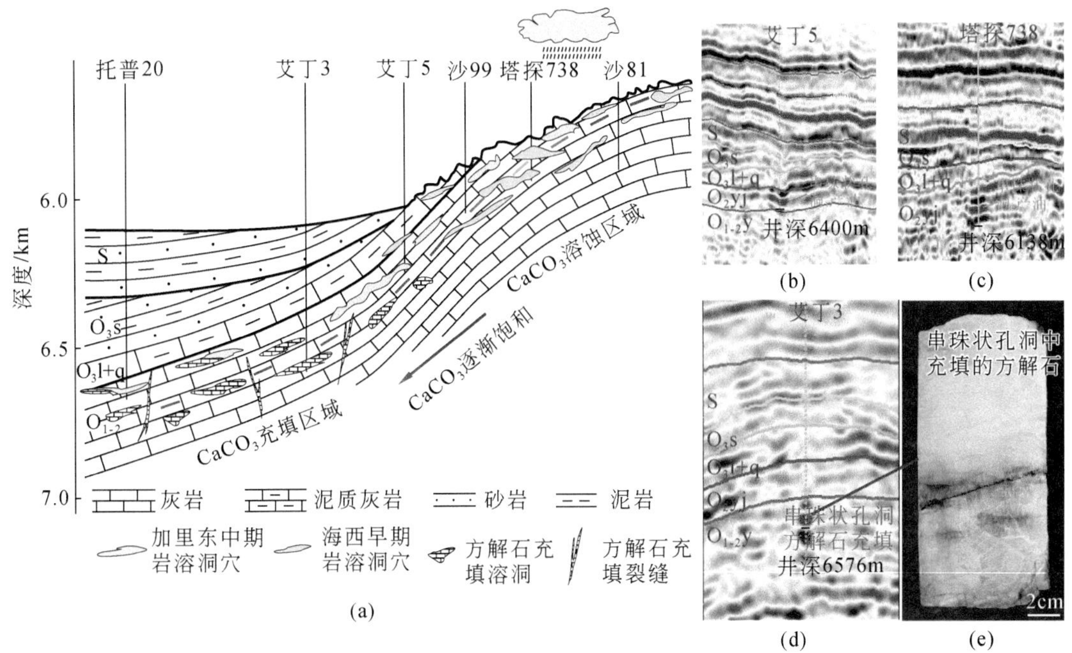

图4.7　塔里木盆地塔河地区奥陶系碳酸盐岩构造抬升-大气降水环境溶蚀-充填发育图

(a) 大气降水溶蚀-充填模式图；(b) 位于隆起区域的艾丁5井地震剖面，串珠状反射的岩溶孔洞产油；(c) 位于斜坡高部位的塔探738井地震剖面，串珠状反射的岩溶孔洞产油；(d) 位于洼地区域的艾丁3井地震剖面，串珠状反射的岩溶孔洞被方解石充填；(e) 艾丁3井岩溶洞穴充填的方解石，钻井揭示厚度约2.7m

根据碳酸盐岩溶蚀和沉淀的热力学和动力学控制因素，大气降水岩溶作用形成的岩溶孔洞多在岩溶不整合面之下有限深度内形成，再往深处则会形成方解石的充填（Meng et al., 2013）。在隆起高部位的岩溶高地区域，大气降水对碳酸盐岩处于不饱和状态，并且流量非常大，能对碳酸盐岩产生强烈的溶蚀作用。大量钻井揭示，岩溶孔洞发育多在不整合面下200m深度范围内（闫相宾等，2002），局部可发育至1100m深度（刘春燕等，2006）。在岩溶斜坡-洼地区域，随着大气降水向下渗流，流量变小，温度升高，逐渐达到对方解石的饱和状态，会在已有裂缝或孔洞中形成方解石的充填（Duan and Li, 2008; Meng et al., 2013）［图4.7（a）］。

以阿克库勒凸起塔河油田的沙81井至托普20井剖面为例［图4.7（a）］，沙81井位于隆起高点部位，向西至托普20井逐渐变为斜坡低洼区域。该区域的奥陶系碳酸盐岩岩溶洞穴在地震剖面上通常表现为串珠状反射，为油气钻探的目的层。位于隆起相对高部位的塔探738井和艾丁5井底部的串珠状反射特征的岩溶洞穴没有被充填，为较好的产油部位［图4.7（b）、（c）］。但位于低洼区域的艾丁3井揭示串珠状反射特征的岩溶洞穴被巨晶方解石完全充填［图4.7（d）、（e）］，钻井岩心揭示洞穴方解石充填厚度为2.7m，导致钻井失利。

2. 断裂-热液环境

塔里木盆地顺托地区奥陶系碳酸盐岩受到了显著的断裂-热液改造作用。顺托地区奥陶系中发育一系列北东向沟通基底的走滑断裂，成为深部热液流体运移的通道。加里东中期基底走滑断裂开始活动，此后至海西早期是断裂主活动期，在奥陶系中形成一系列的花状构造。海西末期至印支期，走滑断裂持续开启，成为热液溶蚀改造的通道。

顺托地区奥陶系储层形成的最主要因素为沿着走滑断裂带的构造破裂作用和沿走滑断裂带的热液溶蚀改造作用（焦方正，2017）。受走滑断裂持续发育影响，断裂带附近的奥陶系碳酸盐岩发生了显著的构造破裂作用，钻井岩心可见碎裂成大小不等的构造角砾。许多钻井，如顺南4、顺北1-2H、顺北1-3CH、顺北1-4H等井在钻进过程中均钻遇放空，表明断裂相关缝洞体系的存在。

基底走滑断裂成为深部热液活动的重要通道（图4.8）。受深部热液的影响，顺托地区多口井揭示了硅化、石英晶簇、热液白云石、方解石、萤石等典型热液矿物。尤其是顺南4井在6668～6681m段的奥陶系鹰山组中揭示了强烈的硅化热液改造形成的碳酸盐岩储层，孔隙度为3%～20.5%，远高于未溶蚀改造的灰岩（孔隙度为1.4%～1.6%）（You et al.，2018）。在深部热液作用下，优质碳酸盐岩储层具有持续向深部发育的潜力。塔北地区的塔深1井在超过8400m的深度揭示了深部热液作用下的优质碳酸盐岩储层，孔隙度高达9.1%（Zhu et al.，2015a）。

岩浆/火山活动为深部地层热卤水向奥陶系碳酸盐岩运移提供了热驱动力。塔里木盆地分别在震旦纪-寒武纪、早奥陶世、二叠纪和白垩纪经历了四次地质热事件（Chen et al.，1997），其中二叠纪岩浆作用最为强烈，在塔里木盆地分布最为广泛，影响也最大。顺托1井在奥陶系却尔却克组中钻遇了辉绿岩侵入体（图4.8），厚度达44m。地震资料揭示顺托1井区附近有大片侵入体分布。

基底走滑断裂不但起着重要的控储作用，而且还是油气成藏的重要因素。大部分NE向主干走滑断裂向下切至寒武系底界，沟通中下寒武统烃源岩，为油气垂向运移提供了关键通道（图4.8）。因此，沿着基底走滑断裂带，一系列钻井在奥陶系中获得了高产油气流。多口井的油气产层都超过7000m，如顺托1井在7658～7874m的一间房组和鹰山组揭示多层优质富含气储层；顺南4井在热液溶蚀改造的奥陶系一间房组和鹰山组6299.88～6681.81m段获得日产$45.8\times10^4m^3$的高产气流。

3. 深埋藏-TSR环境

四川盆地普光、元坝等地区的下三叠统飞仙关组白云岩经历了典型的深埋藏-TSR流体作用环境，发育形成优质的高孔隙度孔隙型白云岩储层。TSR一般需要较高的温度条件（如高于120℃）（Toland，1960；Goldhaber and Orr，1995）。四川盆地古生界深层海相碳酸盐岩地层中都经历了很高的埋藏温度、有大量的石油/天然气聚集，也普遍富含硬石膏，

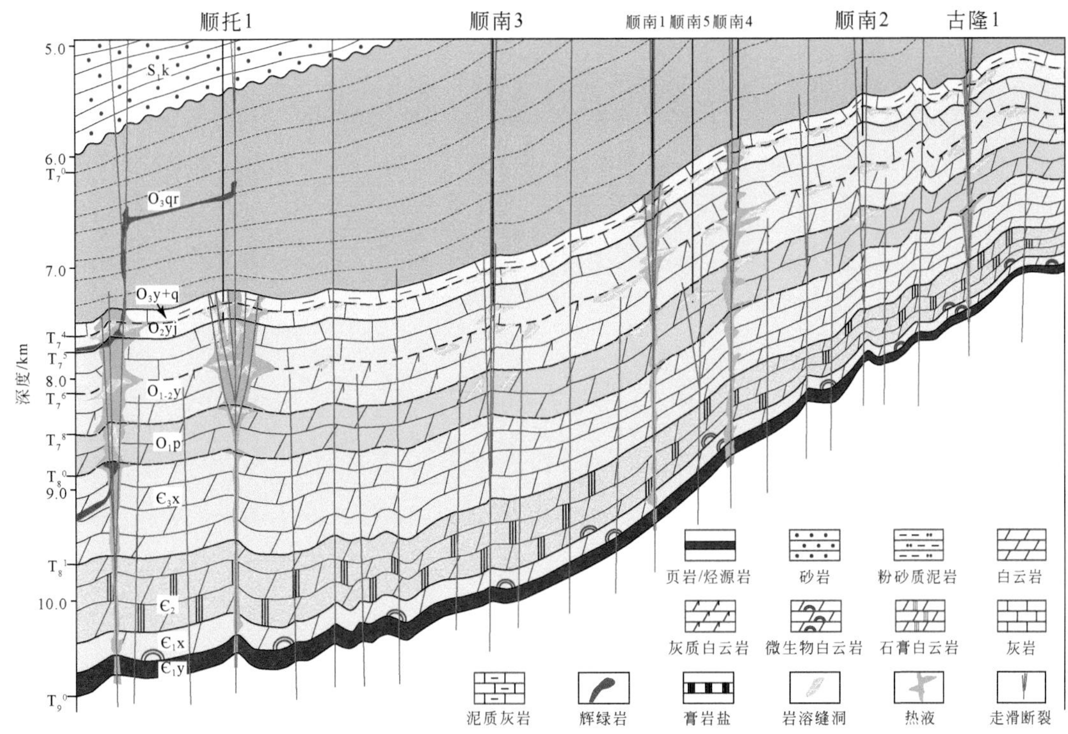

图4.8　塔里木盆地顺南地区断裂–热液作用下碳酸盐岩储层钻井对比图（据 Zhu et al., 2019 修改）

满足了 TSR 作用发生的必要条件。因此，震旦系灯影组、寒武系龙王庙组（Liu et al., 2016b）、二叠系至三叠系（Zhu et al., 2011）等层位的碳酸盐岩地层中都发育了广泛而强烈的 TSR 作用，导致天然气中含有大量的 H_2S 和 CO_2。位于四川盆地东北部的普光大型天然气田的主力产层为三叠系飞仙关组的礁滩相白云岩储层（Tan et al., 2012）。飞仙关组在沉积之后进入持续埋藏成岩演化阶段，至喜马拉雅期（从白垩纪开始）抬升之前，埋藏深度可高达7000m，埋藏温度超过180℃之上［图4.9（a）］。在高埋藏温度和有机质（原油、天然气等）大量存在的条件下，地层中的 SO_4^{2-} 发生了广泛的 TSR 作用，使天然气中有了很高含量的 H_2S 和 CO_2，如普光5、普光2、普光4、普光3 等井揭示天然气中 H_2S 和 CO_2 含量分别高达 5.10% 和 7.86%、16.80% 和 7.89%、14.27% 和 17.24% 以及 62.17% 和 15.32%［图4.9（b）］（Liu et al., 2016b）。

Hao 等（2015）认为 TSR 作用形成的高含量 H_2S 和 CO_2 不会引起碳酸盐岩溶蚀，相反会导致方解石的沉淀。实际上方解石中的 Ca^{2+} 来自 TSR 过程消耗的石膏，CO_2 是 TSR 的产物，因此方解石的沉淀并不会导致孔隙的减少。Ehrenberg 等（2012）通过计算认为碳酸盐岩中产生 $1m^3$ 溶蚀孔隙需要 $27000m^3$ 的流体经过。对源于层内的内源 TSR 相关流体来说，没有大量流体的流入与流出，不会新增大量的溶蚀孔隙。四川盆地普光、元坝等地区下三叠统白云岩中发育丰富的溶蚀孔隙，认为是在同生/准同生阶段近地表大气降水溶蚀的结果（Hao et al., 2015）。TSR 作用形成大量的 CO_2 和 H_2S，使地层水成为 pH 较低的酸性流

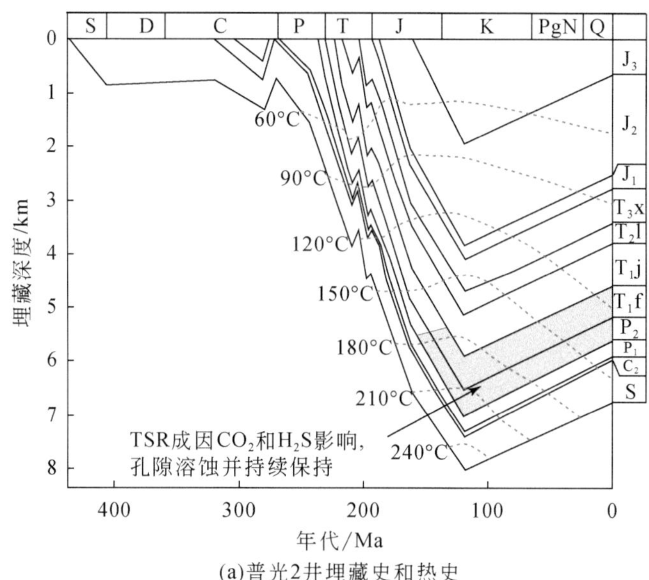

(a)普光2井埋藏史和热史

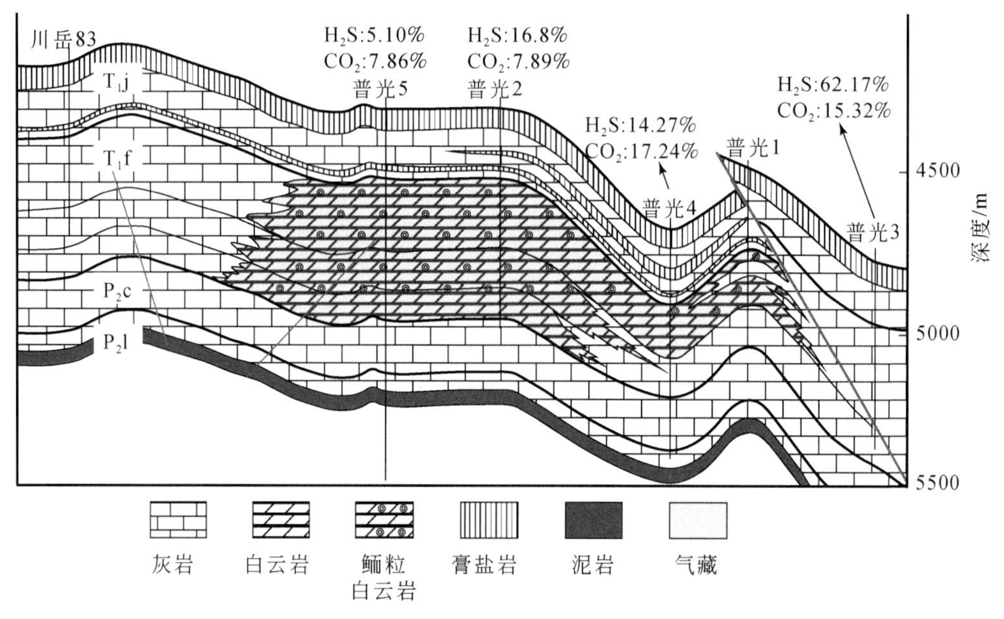

(b)普光气藏剖面

图 4.9　四川盆地普光地区深埋藏-TSR 作用和气藏剖面图

（a）埋藏史图据 Liu 等（2014）增改；（b）气藏剖面据马永生等（2005）增改

体，虽然不能新增大量的孔隙，但在这样的酸性环境中不易产生大量碳酸盐岩矿物的沉淀胶结，因此已有溶蚀孔隙能较好地长期保持下来（Liu et al.，2016b）。从白垩纪中晚期开始，四川盆地普遍开始发生强烈的构造抬升作用，如普光地区飞仙关组从埋深 7000m 抬升至 5000m。抬升过程中，随着温度压力降低，TSR 相关的酸性地层流体对碳酸盐岩的溶蚀能力逐渐增加，会产生一定量的新增孔隙。受这些因素的影响，普光地区飞仙关组礁滩相白云岩发育形成优质的白云岩储层，孔隙度平均在 10% 左右，许多值大于 15%（Hao et al., 2015）。

4.2　深部流体对碎屑岩储层和泥岩盖层成岩影响实验模拟

深部流体侵入沉积盆地过程中，不仅对烃源岩生烃产生重要作用，而且对储层也具有显著影响。在深部流体发育的油气中往往出现方解石脉体，特别是在一些储层和泥岩盖层的微裂缝中。那么，深部流体侵入油气藏过程中，为什么会在储层和泥岩盖层微裂缝中发育方解石脉体呢，深部流体对储层和泥岩盖层产生哪些物理化学行为呢？为了证实深部流体对储层和泥岩盖层的影响，开展了地质条件下深部流体运移过程中对储层和泥岩盖层的影响，本次研究设计了一套开放式流体、高温高压反应条件下的复合岩石协同反应系统，用于满足不同流体对储层和泥岩盖层等岩石发生水岩反应的实验平台。

4.2.1　搭建实验平台

目前，国内外水岩实验系统主要分为开放式和封闭式。封闭式流体系统主要用于寻找不同矿物在水岩反应过程中的平衡点并获取相应的热力学参数；而开放式流体系统主要用于查明流体与矿物发生水岩反应的动力学参数。此外根据实验设备的材料和密封性，也分为低温低压实验系统和高温高压实验系统；根据主反应釜条件和实验需求的不同，也可以分岩心夹持器反应釜和岩石粉末反应釜等。本次搭建的实验平台主要为满足模拟地层条件下 CO_2充注过程中与围岩发生的物理化学过程，实验平台为一套开放式高温高压反应系统。

为了能够在实验过程中精确取样，并准确反映水岩反应的情况，将 2 个 2.5cm×5cm 的桶状蓝宝石玻璃作为反应釜主体，采用全氟材质的 O 形密封圈作为密封装置，在反应釜两端流体通过的位置分别装入 50μm 的不锈钢筛网和 0.1μm 的聚乙烯滤片，确保反应釜中的固体岩石粉末不会随着流体流出反应釜。通过三通、阀门、管线等零部件将两个反应釜连通起来，在前端连接至高压高精度柱塞泵（ISCO 泵），末端连接至一个回压阀门，并通过并联一个手摇泵来控制系统的压力。通过 ISCO 泵将流体注入系统并控制整个开放系统的流体流速。为了准确反映反应前后流体的变化，分别在反应釜前端和每个反应釜后端并联一个取样装置，末端连接一个微分阀门来控制取样。整个实验系统设计温度 300℃ 和压力 100MPa，满足多种地层条件的实验研究需求。设计图如图 4.10 所示。

在试验过程中，通过阀门控制作用可以随时切换开放/封闭流体条件，模拟实际地层条件中流体运移通道的开启和闭合；实验过程中，通过在每个反应器后取得液体的样品来了解流体经过不同岩石后的参数变化，计算流体与岩石随着时间变化的水岩反应。反应器两端加入 1μm 的滤片和 0.1μm 的过滤膜，保证反应器中的固体样品和可能生成的黏土矿物颗粒保存在反应器中，不随流体流动。

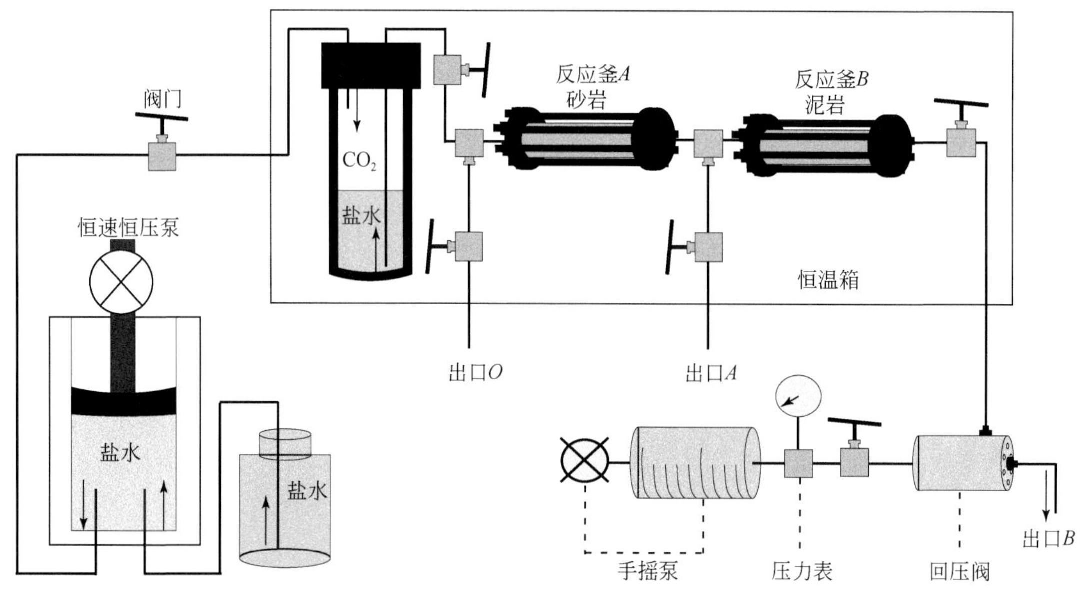

图 4.10　高温高压多岩性协同水岩反应实验系统设计图

4.2.2　实验样品与实验过程

实验样品选自苏北盆地东部的黄桥富 CO_2 油气藏的溪 1 井龙潭组储层的砂岩和上覆大隆组泥岩盖层为研究对象。砂岩取样深度为 1873.4m，岩性为岩屑石英砂岩；泥岩取样深度 1810m，岩性为黑色泥岩（图 4.11）。实验样品的矿物组成如表 4.2 所示，砂岩组成以石英为主，含量达 77%，其次为黏土矿物，含量为 14.8%，少量长石。泥岩的矿物组成较为复杂，石英、长石含量占 35.6%，黏土矿物含量占 35.7%，方解石和白云石两种碳酸盐矿物含量占 24%，少量黄铁矿。两块岩石样品分别粉碎 60～100μm 的均一粉末颗粒并筛滤，去离子水清洗，酒精清洗，以便去除颗粒上附着的粉尘和杂质，烘干备用。

选取开放式实验系统，温度 80℃，压力 10MPa。实验过程中流体流动速度为 0.1mL/min，模拟流体成分为 NaCl 和 KCl。实验条件如表 4.3 所示。

表 4.2　实验样品矿物组成

井号	样品号	层位	深度/m	岩性	石英/%	长石/%	方解石/%	白云石/%	黄铁矿/%	黏土矿物/%
溪 1	X1-1	P_2d	1810	黑色泥岩	26.2	9.4	9.3	14.7	4.7	35.7
溪 1	X1-17	P_2l	1873.4	灰色砂岩	77	8.2	0	0	0	14.8

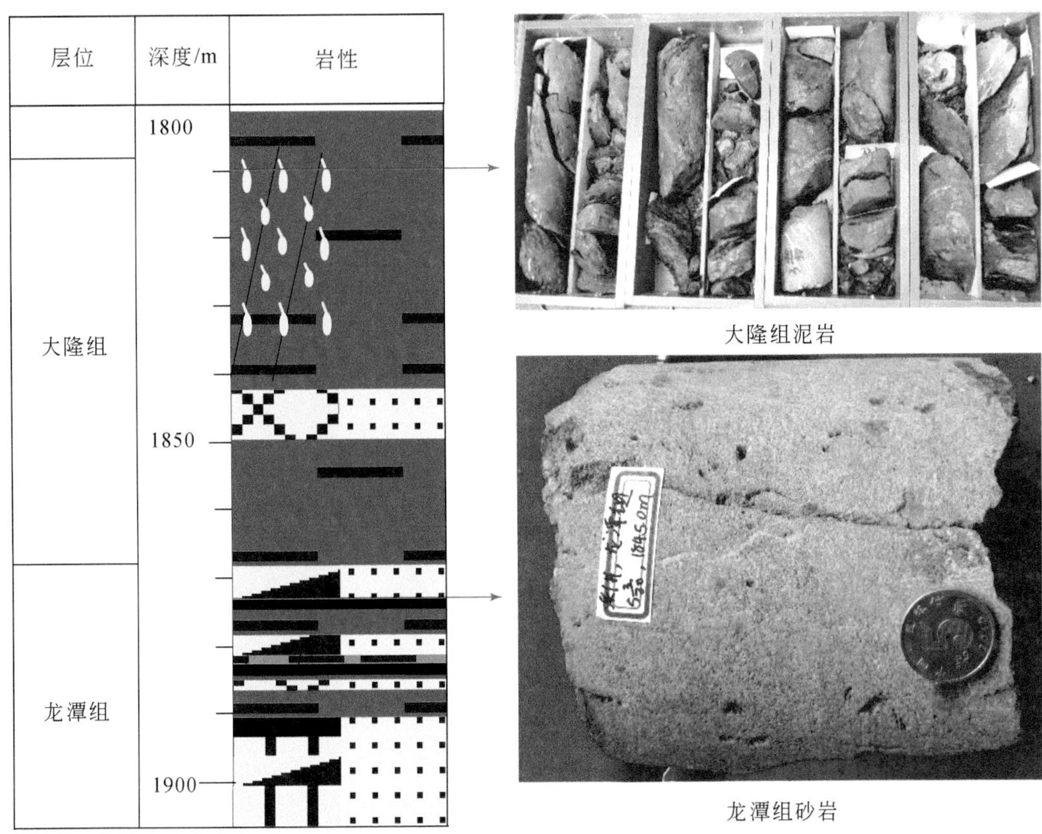

图 4.11　黄桥地区溪 1 井岩性柱状图以及典型龙潭组砂岩和大隆组泥岩照片（红色线为样品位置）

表 4.3　实验条件

流速/（mL/min）	温度/℃	压力/MPa	CO_2分压/MPa	流体成分	砂岩重量/g	泥岩重量/g	反应时间/天
0. 1	80	10	10	0. 2mol/L NaCl+KCl	2. 6465	2. 6263	37

实验过程分为两部分，首先对实验装置注入模拟流体并稳定一周左右，使砂岩-泥岩系统在流体作用下趋于稳定；其次开始注入饱和 CO_2的模拟流体，注入饱和 CO_2流体的初期密集采集样品，一周后放宽采集样品周期，样品采集至实验结束，如表 4.4 所示。每个实验样品采集的时间为 20～30 分钟，每个流体样品采集为 2～3mL，样品前后称重、测定 pH、酸化处理、稀释。实验后，收集反应器中的固体样品。

表 4.4　样品采集情况

体系	原始流体 O	砂岩流体 A	泥岩流体 B
开放体系	6 个	66 个	70 个

4.2.3　实验结果分析

1. 实验前后固体样品重量对比

反应前，在反应器 *A* 中加入 2.6465g 的砂岩粉末颗粒［图 4.12（c）］，在反应器 *B* 中加入 2.6263g 的泥岩粉末颗粒［图 4.12（a）］。实验结束后仔细收集反应器中的全部固体样品，去离子水清洗烘干称重，得到反应后的砂岩样品重量为 2.5797g［图 4.12（d）］，反应后泥岩的样品重量为 2.8502g［图 4.12（b）］。

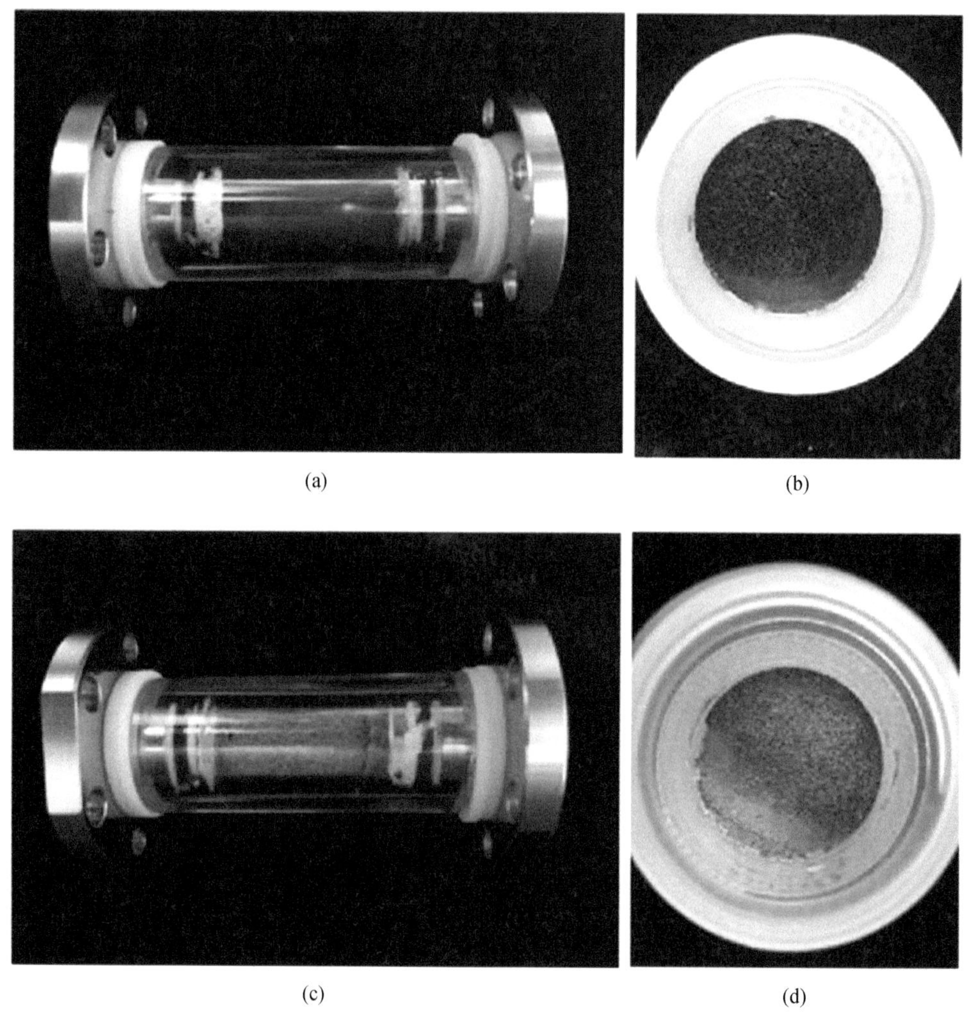

(a)　(b)　(c)　(d)

图 4.12　反应前后固体样品

反应后，砂岩重量减少了 0.0668g，而泥岩重量增加了 0.2239g；相应的，砂岩失重率为 2.5%，泥岩的增重率为 8.5%（表 4.5）。实验结果表明，饱和 CO_2 流体经过砂岩时以溶蚀作用为主，溶蚀掉部分砂岩矿物，溶蚀作用释放的金属离子随流体向前运移，从而使得砂岩失重。而泥岩的重量增加，且泥岩增加的重量高于砂岩失去的重量，表明砂岩溶蚀后虽向泥岩提供了物质来源，但非常有限，而富 CO_2 流体中离子成分贡献了绝大多数泥岩增加的重量。因此，在超临界 CO_2 流体对泥岩的作用中，沉淀作用是主导的水岩反应。

表 4.5　实验前后固体样品重量变化

岩石类型	反应前/g	反应后/g	增失重/g	增失率/%
砂岩	2.6465	2.5797	-0.0668	-2.5
泥岩	2.6263	2.8502	0.2239	8.5

2. 实验前后固体样品矿物成分对比

如图 4.13 所示，由于富 CO_2 流体与砂岩和泥岩发生了不同的水岩相互作用，实验前后的矿物含量发生变化。砂岩中石英的相对含量增加，这是因为黏土和长石矿物的含量降低了，表明富 CO_2 流体溶蚀的长石和黏土矿物，使得砂岩发生失重，残留物以石英为主。而泥岩中方解石含量变化最明显，实验前方解石含量约为 9.3%，而实验后为 0，表明实验过程中方解石溶蚀殆尽，而白云石由于化学性质比方解石稳定，尽管含量有所降低，但未溶蚀殆尽。此外，泥岩中长石和黄铁矿含量略有降低，而相对的石英和黏土矿物含量增加。其中黏土矿物的含量由反应前的 35.7% 增加到约 50%，表明超临界 CO_2 与泥岩作用过程中主要以黏土矿物大量发生沉淀为主。

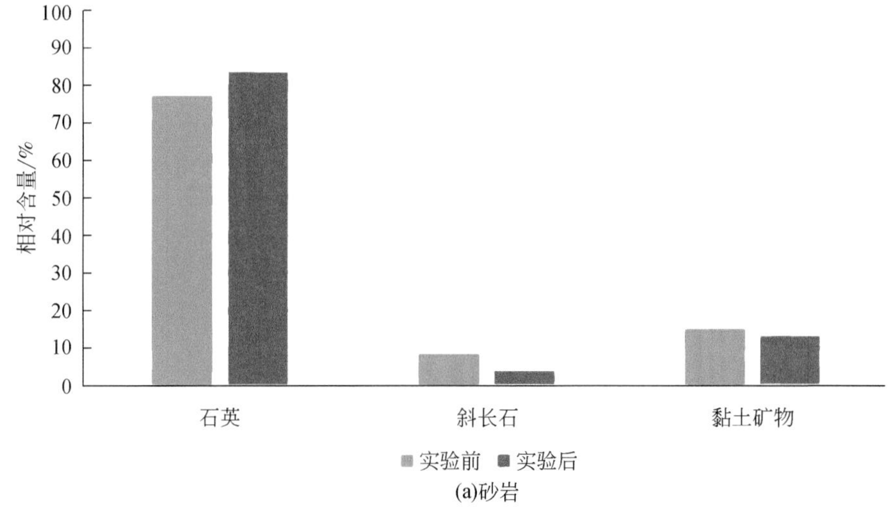

(a)砂岩

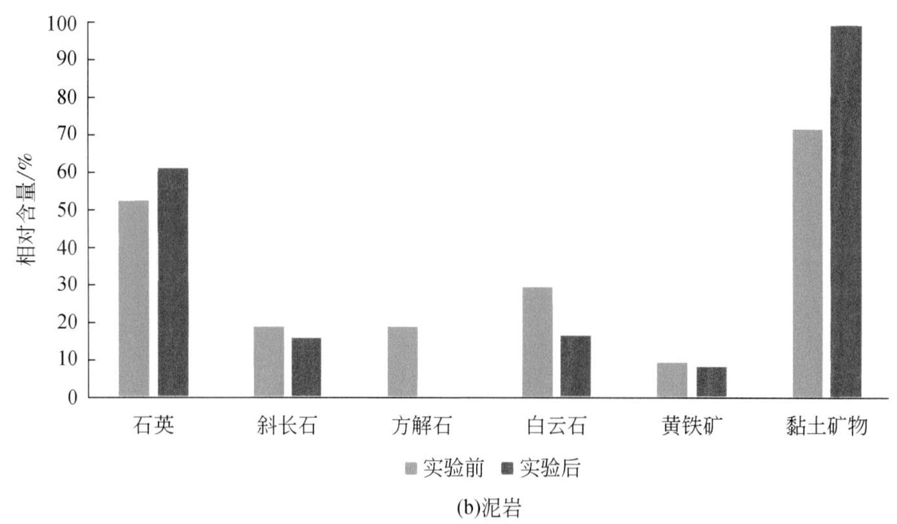

(b)泥岩

图 4.13　砂岩和泥岩反应前后矿物含量对比

3. 实验前后岩石颗粒表面形态对比

实验过程中，在固-液两相界面发生的化学反应使岩石颗粒的表面形态发生变化。对于实验前的砂岩样品，放大 100 倍的颗粒形态如图 4.14（a）所示，颗粒大小均一，有效地保证了固体样品的比表面积值稳定；石英颗粒表面平整，边缘规则，可见贝壳状断口［图 4.14（b）］；砂岩样品颗粒由石英和钾长石组成，两者间由少量黏土矿物颗粒黏结，石英颗粒表面光滑，钾长石颗粒表面平整但边缘和黏土接触部分较为破碎［图 4.14（c）］，这和长石矿物的产状有关；砂岩颗粒的表面为黏土矿物微粒的集合体［图 4.14（d）］，成分主要为 Si、Al、K、Al 和 O，颗粒微小，多小于 1μm。由于小于能谱光束直径，无法继续进一步判别其准确化学成分和矿物名称。总的来讲，砂岩岩石颗粒成分简单，主要由石英、长石和黏土矿物组成，其中石英表面干净光滑，边缘平整，钾长石颗粒相对来讲表面干净但边缘不平整，黏土矿物以微粒集合体形态出现。

(a)

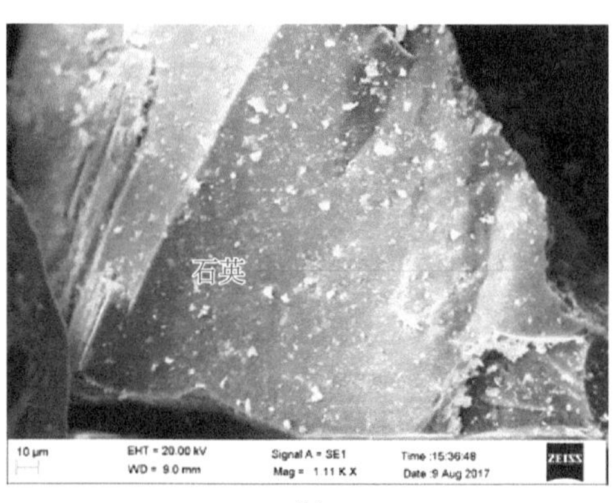

(b)

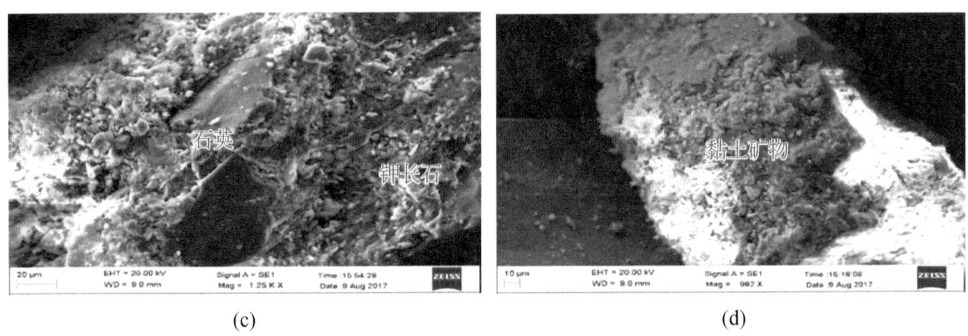

(c) (d)

图 4.14 实验前砂岩样品颗粒表面形态二次电子图像

(a) 实验用砂岩颗粒样品全貌，样品为 50 ~ 100μm 均一大小的颗粒；(b) 石英颗粒全貌，表面光滑，可见贝壳状断口；(c) 在一个颗粒上可见黏土矿物黏结的石英颗粒和钾长石颗粒；(d) 黏土矿物颗粒表面

对于实验后的砂岩样品，放大 100 倍后和实验前砂岩样品无差别，为均一的颗粒状，无明显碎屑或沉淀［图 4.15（a）］；石英颗粒无明显变化，表面干净平整，边缘整齐，表明石英未发生强烈的水岩相互作用［图 4.15（b）］；而图 4.15（c）更能体现这种差异溶

(a) (b)

(c) (d)

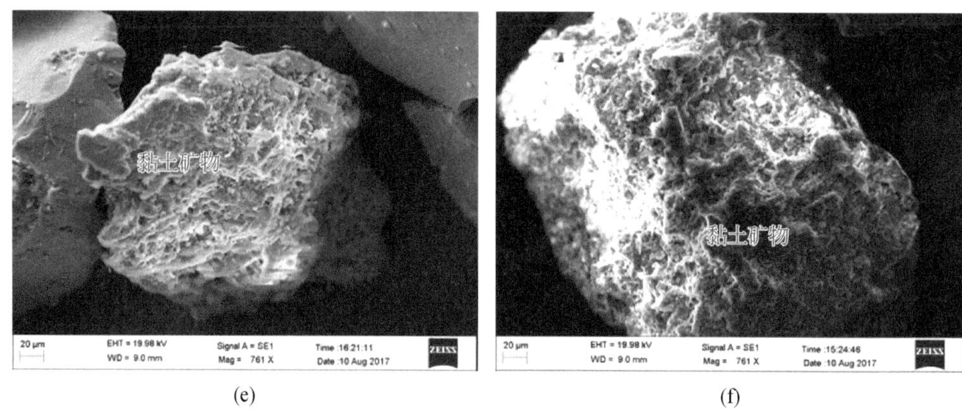

(e)　(f)

图 4.15　实验后砂岩样品颗粒表面形态二次电子图像

(a) 实验后砂岩颗粒样品全貌；(b) 石英单颗粒全貌，可见表面光滑，无明显溶蚀痕迹；(c) 一个岩石颗粒内钾长石和黏土矿物破碎，石英颗粒完整表面光滑；(d) 钠长石单一颗粒表面呈现沿解理沟壑状的溶蚀现象；(e) 黏土矿物颗粒；(f) 黏土矿物颗粒表面呈溶蚀沟壑状

蚀的特点，上部的石英颗粒在实验后完整，下部钾长石和黏土矿物已溶蚀破碎；钠长石溶蚀程度较高，沿钠长石节理形成溶蚀沟壑［图 4.15（d）］；图 4.15（e）、（f）中黏土矿物颗粒表面可见明显的港湾状表面边缘，与实验前的黏土矿物颗粒表面对比可知其为溶蚀作用所致。

整体上看，砂岩颗粒以长石、黏土矿物的溶蚀溶解作用为主，其中钠长石和钾长石的溶蚀作用较为强烈，黏土矿物次之，石英无溶蚀，整体鲜见次生矿物的沉淀。表明富 CO_2 流体经过砂岩储层过程中，以溶蚀作用为主，长石、黏土矿物的溶蚀溶解可以释放部分孔隙空间，提高孔隙度。

对于实验前的泥岩样品，颗粒表面形态如图 4.16 所示。泥岩中主要矿物为黏土矿物，粒径小于 2μm，其他矿物颗粒多由黏土矿物包裹黏结，无法在扫描电镜下区分具体矿物类型和颗粒形态，整体颗粒表面完整、无孔洞，主要成分包括 C、O、Na、Mg、Al、Si、K、S、Ca 和 Fe，符合 XRD 结果中主要矿物涵盖的元素成分。

对于实验后的泥岩样品，颗粒表面形态如图 4.17 所示，泥岩颗粒表面出现大小不一的溶蚀孔洞［图 4.17（a）］，孔洞面积约占该颗粒表面积的 10%，孔洞直径为 5～60μm，放大孔洞形态如图 4.17（b）所示，可见孔洞边缘为溶蚀港湾状。对比实验前泥岩的表面形态，这种差异溶蚀作用形成的孔洞应为某一矿物颗粒全部溶蚀殆尽所致。除了图 4.17（b）所示的港湾状溶蚀孔洞外，大部分孔洞呈现图 4.17（c）、（d）的形态，边缘平整，形状整齐，有些孔洞边缘甚至呈六边形，棱角分明。对比泥岩矿物组成可知方解石为该孔洞的前身，因为方解石热力学稳定性较差，且在泥岩实验后的 XRD 中方解石含量降至 0%。因此，推测泥岩颗粒表面形成的大量溶蚀孔洞为方解石颗粒溶蚀殆尽所致。而在图 4.17（c）、（d）中，除了形成溶蚀孔洞，还有粒状和片状的次生矿物充填在孔洞中，粒径 2μm 左右，半充填或全部充填，主要成分为 Al、Si 和 O，少量 C 和 K，推测充填次生矿物主要为高岭石。由于方解石边缘残余和周边黏土矿物的影响，能谱测定中含少量 C 和

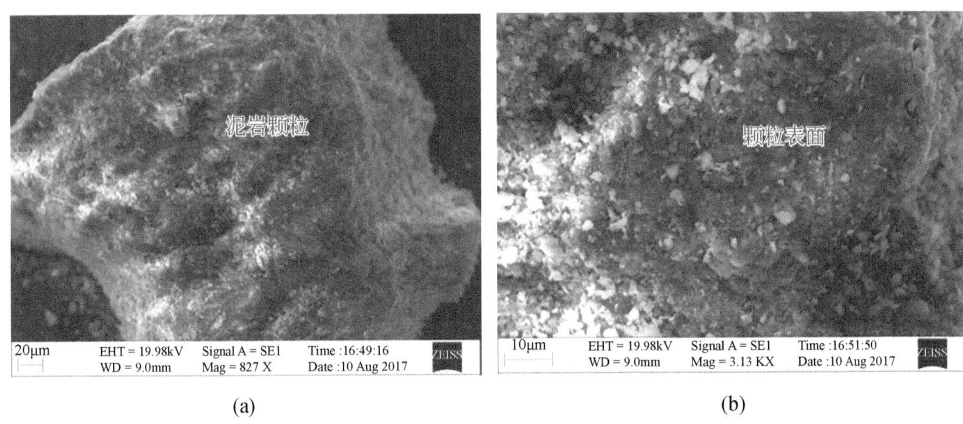

(a)　　(b)

图 4.16　实验前泥岩样品颗粒表面形态二次电子图像

(a) 实验前泥岩单颗粒表面形态，隐晶质集合体结构；(b) 放大泥岩颗粒表面的形貌，无孔洞，可见细小黏土矿物颗粒

K。此外，在泥岩颗粒表面见有次生黏土颗粒集合体的附着［图 4.17（e）、(f)］，成分主要为 K、O、Fe、Na、Mg、Al 和 Si，偶见少量 Cl，应为反应过程中的次生矿物，少量 Cl 是地层水中成分影响所致。整体来看，溶蚀作用发生时间较早，沉淀作用其次，然而次生矿物不仅充填前期溶蚀孔，还在颗粒表面沉淀富集。这些实验结果表明在超临界 CO_2 流体与泥岩作用过程中，沉淀作用强于溶蚀作用。

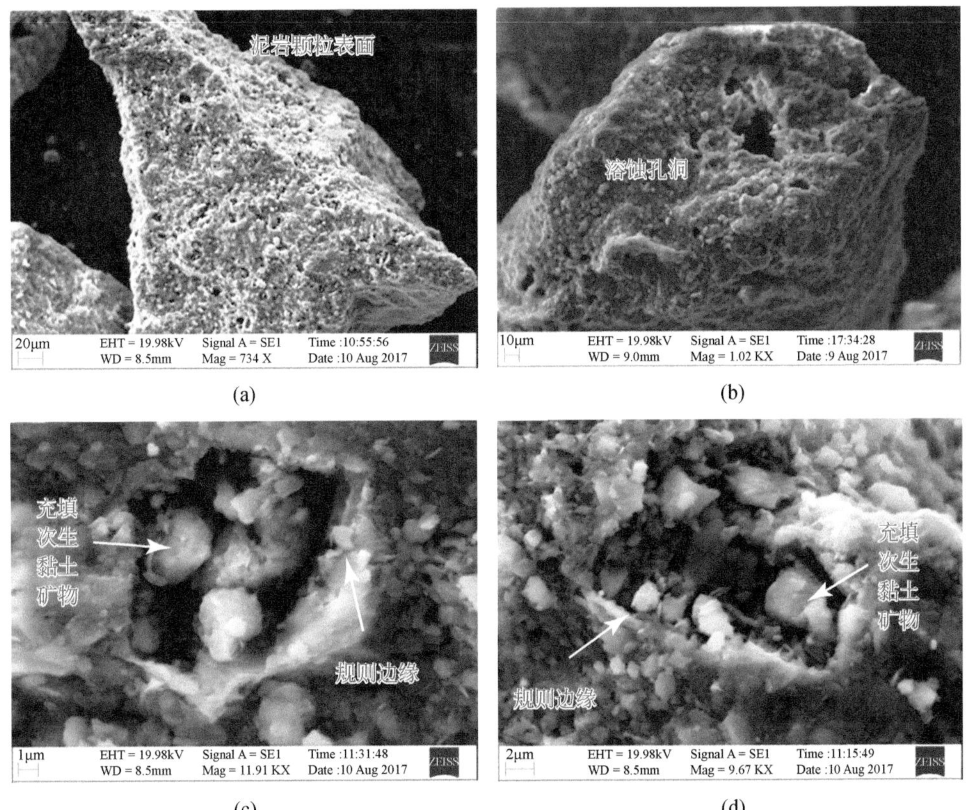

(a)　　(b)

(c)　　(d)

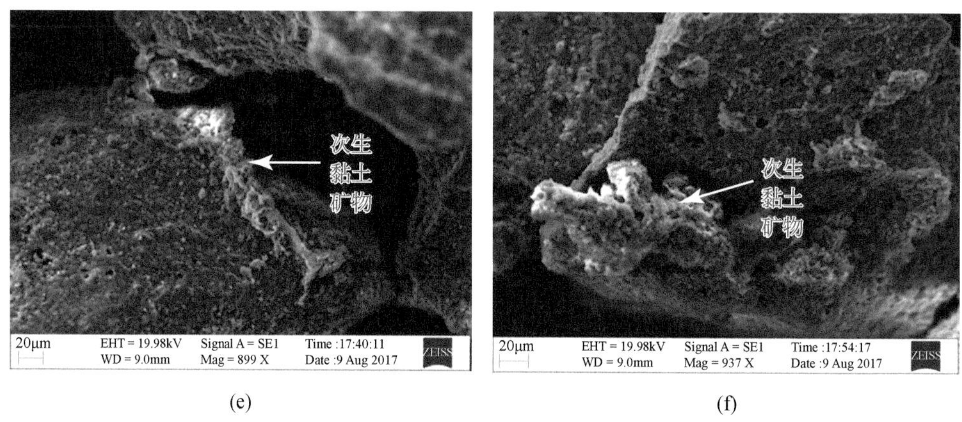

图 4.17　实验后泥岩样品颗粒表面形态二次电子图像

（a）实验后泥岩单颗粒表面形态，颗粒表面分布 10μm 左右大小的孔洞和粒状黏土矿物微粒；（b）放大任意泥岩颗粒表面可见溶蚀孔洞；（c）溶蚀孔洞，直径 12μm 左右，边缘规则，整体呈六边形，内部充填 3μm 粒状和 1μm 左右片状的次生黏土矿物；（d）溶蚀孔洞，直径 10μm，边缘规则，孔洞内充填 1 ~ 3μm 的次生黏土颗粒，孔洞边缘和外部分布 1μm 左右片状和粒状次生黏土矿物；（e）、（f）岩石颗粒表面分布溶蚀孔洞，且有隐晶质次生黏土矿物集合体沉淀

4. 实验过程中流体成分变化

对实验过程中流体流经砂岩样品后和泥岩样品后的流体进行采集分析，分析结果如图 4.18 和图 4.19 所示。

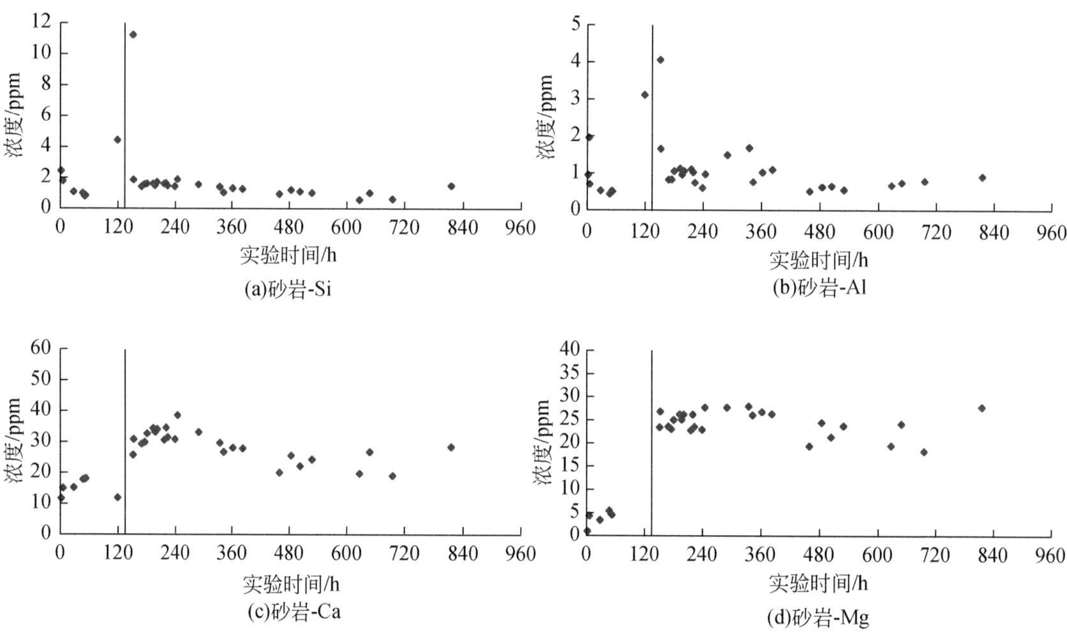

图 4.18　实验过程中储层砂岩反应器中 Si、Al、Ca 和 Mg 离子浓度随时间变化

ppm 为百万分之一

1）流体流经砂岩后流体成分变化

实验过程中，随着反应实验时间增加，富 CO_2 流体流经砂岩之后的流体成分发生变化，图4.18为在整个实验过程中的Ca、Mg、Si和Al离子的浓度随时间的变化情况，其中实验前150h左右为流体不含 CO_2，之后通入的是饱和 CO_2 流体。在150h前，通入不含 CO_2 流体使岩石与其平衡稳定的过程中，溶液中各离子的浓度均较低且无明显变化。Si离子的浓度平均值为1.757ppm，Al离子浓度平均值为1.086ppm，Ca离子浓度平均值为15.388ppm，Mg离子浓度平均值为3.898ppm。前150h的离子浓度可以作为基础校准数据，通过对比可以明显看到通入 CO_2 后的离子浓度变化情况，相应的了解岩石中各矿物的溶蚀作用情况。

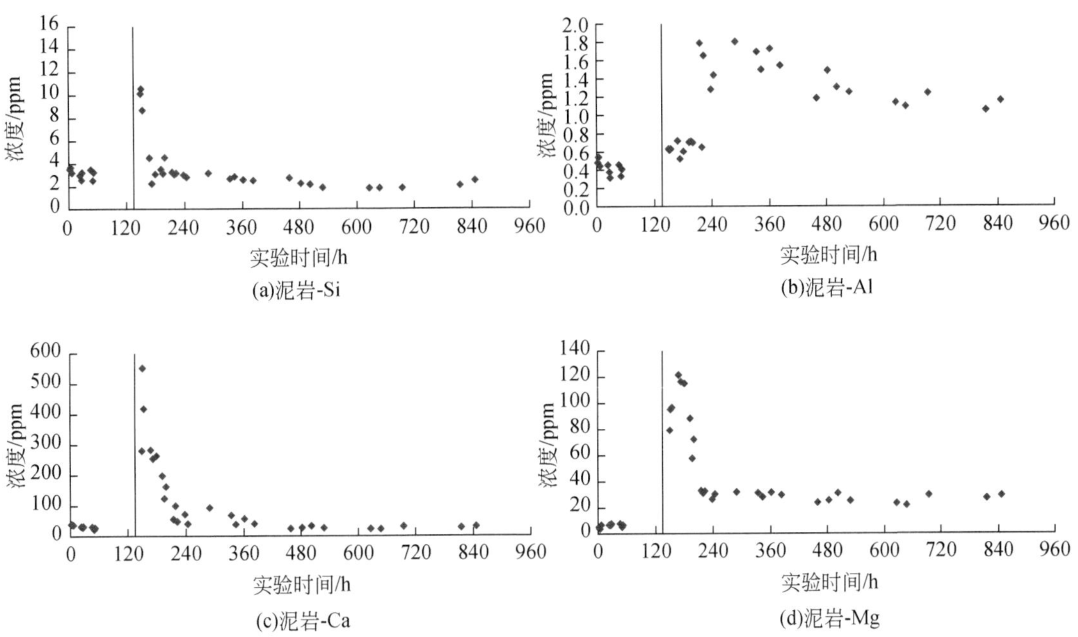

图4.19　实验过程中泥岩盖层反应器中Si、Al、Ca和Mg离子浓度随时间变化

从第150h开始，为通入富 CO_2 流体之后离子浓度随时间变化情况。其中在通入 CO_2 流体初期几个小时内Si和Al离子有瞬间的升高，但是随后又回落降低至平均值附近，在2个ppm的浓度范围内浮动。表明在 CO_2 流体注入初期有硅铝酸盐矿物发生溶蚀溶解，而后溶蚀溶解速率趋于缓慢。由于前期流体的充注稳定，排除了Si和Al瞬间升高是由于岩石颗粒表面黏的微粒溶蚀造成的；那么只可能是相对不稳定且少量的硅铝酸盐矿物发生的溶蚀溶解，可能为少量钠长石的溶蚀溶解，也可能为砂岩中的黏土矿物溶蚀溶解；随后基本保持在和未通 CO_2 流体前同等水平的离子浓度附近。

通入 CO_2 后的Ca和Mg离子浓度高于之前150h离子浓度。由于在本次实验用砂岩中没有方解石等碳酸盐矿物，Ca和Mg离子主要来源于长石和黏土矿物；对比Si和Al离子浓度远远小于Ca和Mg离子，Ca和Mg主要来源于黏土矿物的缓慢溶蚀溶解作用，如蒙脱石族的黏土矿物多含 Ca 和 Mg，滑间皂石 $Ca_{0.2}Mg_6[(Si, Al)_8O_{20}](OH)_4 \cdot 4H_2O$。Ca 和 Mg 离子整体呈现先缓慢升高，在 240h 左右达到峰值，随后缓慢降低的趋势。

综上所述，实验用砂岩在富 CO_2 流体作用下的溶蚀作用比较缓慢，与未充注 CO_2 流体前相比，只在充注饱和 CO_2 流体初始几个小时内发生硅和铝的迅速升高，然后又迅速回归平缓，表明初期痕量不稳定硅铝酸盐矿物的快速溶蚀溶解；Ca 和 Mg 离子先缓慢升高随后缓慢趋缓，最后达到平衡状态，代表了黏土矿物在富 CO_2 流体作用下的缓慢溶蚀溶解作用，但整体反应较缓慢稳定。

2）*砂岩+泥岩反应后流体成分变化*

实验流体通过砂岩样品再通过泥岩样品后的流体成分随时间的变化如图 4.19 所示。实验开始前 150h 为未加 CO_2 流体通过实验装置后的离子浓度。其中 Si 离子的平均值为 3.117ppm，Al 离子的平均值为 0.423ppm，Ca 离子的平均值为 32.984ppm，Mg 离子的平均值为 6.571ppm。这些值可以作为通入饱和 CO_2 流体反应后离子浓度的校正基准，代表了岩石在地层水中达到平衡时的离子浓度标准。与砂岩相比，Ca 离子和 Mg 离子的浓度明显较高，尤其是 Ca 离子，泥岩中由于含有少量化学性质较活跃的方解石，故其是 Ca 离子的主要来源。

实验 150h 之后，开始通入饱和 CO_2 流体的 5h 内，Ca 离子浓度迅速升高至 550ppm 左右，而在 20h 左右，Mg 离子浓度升至最高 120ppm 左右，随后两个离子的浓度逐渐降低至平缓，表明在 CO_2 注入初期时方解石（$CaCO_3$）和白云石［$CaMg(CO_3)_2$］等泥岩中少量碳酸盐矿物迅速发生了溶蚀溶解作用，方解石溶蚀速率比白云石更快，因此 Ca 离子先达到高点，Mg 离子稍晚。在 240h 左右，Ca 和 Mg 离子浓度分别趋于平缓，Ca 浓度与注入 CO_2 流体前相近，Mg 离子比注入 CO_2 流体前高，与平衡状态时的砂岩类似，表明此时 Mg 离子主要来源于黏土矿物。Si 离子浓度在饱和 CO_2 流体注入初期 2h 内浓度升至最高 10ppm，随后降低至 4ppm 左右，在 200h 缓慢降低至 2ppm 左右。表明 CO_2 注入初期泥岩中痕量含硅矿物迅速溶蚀溶解殆尽，整体趋势平缓。Al 离子浓度在 CO_2 注入后 150～200h 内浓度平均约为 0.65ppm，比未注入 CO_2 前高，表明一些含 Al 矿物有轻微溶蚀，但在 200h 后迅速升高至 1.8ppm，后缓慢降低稳定在 1.2ppm 左右。这一变化对应了 Ca 和 Mg 离子的浓度变化，在 150～200h 内，Ca 和 Mg 离子浓度迅速升高并降低至稳定值；在 Ca 和 Mg 离子浓度降低后 Al 离子浓度迅速升高，这个现象表明在富 CO_2 流体充注过程中有一个竞争溶蚀溶解现象。Ca、Mg 代表的碳酸盐矿物先发生溶蚀溶解，并抑制了含 Al 矿物的溶解。在碳酸盐矿物平衡后，含 Al 矿物才开始溶蚀溶解并逐渐平衡。

综上，富 CO_2 流体流经砂岩储层反应器时，长石和黏土矿物缓慢溶蚀溶解，在流经泥岩反应器中发生的溶蚀溶解反应相对复杂，含 Ca、Mg 的碳酸盐矿物优先发生溶蚀溶解，抑制了含 Al（如长石）矿物的溶蚀溶解。在 240h 左右大部分离子和水岩系统达到平衡，Al 离子在 480h 左右达到稳定平衡。

5. 平衡状态时反应中离子释放速率

对开放流体实验的离子释放速率计算采用以下公式：

$$r_{\mathrm{flow,rock}}=\frac{Q\cdot C_{\mathrm{i}}}{V_{\mathrm{i}}\cdot A_{\mathrm{s}}\cdot M_{\mathrm{soi}}}$$

式中，$r_{\mathrm{flow,rock}}$为通过离子计算出的离子释放速率，单位为 mol/(m^2·s)；Q 为反应中溶液的流动速率，单位为 L/s；C_{i}为溶液样品中离子的浓度，单位为 mol/l；A_{s}为岩石样品的比表面积，单位为 m^2/g；V_{i}为单位岩石样品中元素的摩尔量，计算离子释放速率时取值 1；M_{soi}为实验中岩石样品的质量，单位为 g。

对反应前后岩石样品的比表面积进行了测定，结果如表 4.6 所示。其中砂岩岩石粉末样品在反应前的比表面积为 1.6317m^2/g，在反应后为 1.4358m^2/g，经过实验比表面积降低了 12.01%；结合砂岩样品实验前后形貌的变化，认为比表面积的降低可能是部分颗粒棱角溶蚀后面积减少导致。泥岩样品岩石粉末在实验前的比表面积为 1.8415m^2/g，在实验后这一值有轻微降低为 1.7517m^2/g，降低率为 4.88%；结合实验前后泥岩颗粒形貌的变化分析，认为与砂岩一样发生了溶蚀作用，然而因为次生矿物的沉淀作用，泥岩样品比表面积的降低率低于砂岩样品比表面积的降低率。

表 4.6　反应前后岩石样品比表面积变化

项目	反应前/(m^2/g)	反应后/(m^2/g)	降低率/%
砂岩	1.6317	1.4358	12.01
泥岩	1.8415	1.7517	4.88

选取实验 480h 之后整体水岩体系达到平衡状态时的离子浓度，代入相关数据，计算得到平衡状态时，4 种离子的释放速率如表 4.7 所示。整体在平衡状态时砂岩和泥岩各离子的释放速率十分接近。砂岩中 Si 离子的释放速率 Log r 为-10.8124mol/(m^2·s)，泥岩中为-10.5955mol/(m^2·s)；砂岩中 Ca 离子释放速率为-9.5785mol/(m^2·s)，泥岩中为-9.5983mol/(m^2·s)；砂岩中 Mg 离子释放速率为-9.3747mol/(m^2·s)；泥岩中为-9.4036mol/(m^2·s)，砂岩中 Al 离子释放速率为-10.9194mol/(m^2·s)，泥岩中为-10.8091mol/(m^2·s)。可见在富 CO_2流体的作用下岩石中 Ca 和 Mg 离子的释放速率高于 Si 和 Al 离子一个数量级。

表 4.7　据平衡状体离子浓度计算得到各离子释放速率 Log r

项目	Si/[mol/(m^2·s)]	Ca/[mol/(m^2·s)]	Mg/[mol/(m^2·s)]	Al/[mol/(m^2·s)]	pH
砂岩	-10.8124	-9.5785	-9.3747	-10.9194	3.02
泥岩	-10.5955	-9.5983	-9.4036	-10.8091	5.62

6. 平衡状态时矿物饱和度

为了了解实验过程中矿物溶蚀情况和可能的矿物沉淀情况，将平衡状态时的溶液样品进行分析测试并得到各离子浓度输入 PHREEQC 软件中进行经典的地球化学热力学计算，模拟过程中所用的数据库为 llnl.dat，其他参数按照黄桥地区实际实验条件，包括每个溶液样品实测 pH、温度、离子浓度和溶液体积。

PHREEQC 软件以 llnl. dat 数据库中的各矿物的热力学参数为基础，计算出各矿物在输入的溶液条件下的饱和指数（saturation indices）大小。当某矿物的饱和指数 SI 大于 0 时，表明该矿物在输入溶液条件中处于过饱和状态，即有条件发生可能的沉淀并生成该矿物；而当饱和指数 SI 小于 0 时，表明该矿物在输入溶液的条件中处于未饱和状态，即该矿物在这一溶液条件下是发生溶蚀溶解的；同样地，当某矿物的饱和指数 SI 值等于 0 时，即表明该矿物在这一溶液条件下处于饱和状态。SI 值越接近 0，表明该矿物在输入的溶液条件下越接近饱和状态。虽然理论计算上，SI 值大于 0 时表明已经达到了某矿物可以析出沉淀的化学条件，但在实际实验中，由于多种条件的限制（包括温度、时间等），也可能并未开始发生沉淀。因此计算结果代表了可能发生沉淀的矿物。PHREEQC 计算结果可以更好地理解实验过程中各矿物的可能动态。

选取实验平衡状态的离子浓度计算得到该溶液条件下各矿物的饱和度指数，如表 4. 8 所示。矿物饱和度指数 SI 表明，在平衡状态时，砂岩中主要成岩矿物均处于未饱和状态，即在该溶液状态下，该矿物发生溶蚀溶解，其中石英、钠长石、钾长石、钙长石及黏土矿物中的高岭石、伊利石的 SI 均小于 0，处于溶蚀溶解状态；一些主要的碳酸盐矿物如方解石、白云石、菱镁矿均处于溶蚀溶解状态；计算显示一些 Al 的氧化物，如勃姆石、水铝石和三水铝石处于沉淀状态。这些 Al 的氧化物吉布斯自由能均较低，在各种水岩实验过程中均较易发生沉淀。

表 4. 8　据平衡状态的离子浓度计算得到的各矿物的饱和度指数（SI）

岩石类型	石英	钠长石	钾长石	钙长石	高岭石	伊利石
砂岩	-1. 5254	-6. 1557	-3. 8831	-11. 4025	-0. 0677	-3. 8479
泥岩	-1. 2659	-1. 9194	0. 3532	-3. 9261	3. 3673	2. 6207
岩石类型	白云母	方解石	白云石	菱镁矿	勃姆石	水铝石
砂岩	0. 1279	-4. 4785	-7. 2883	-4. 1543	1. 4787	1. 7988
泥岩	7. 2799	-3. 5112	-5. 3666	-3. 1999	2. 9365	3. 2567
岩石类型	三水铝石	钠云母	透长石	叶蛇纹石	霞石	中沸石
砂岩	1. 0502	-2. 9414	-4. 7704	-327. 091	-5. 6642	-5. 9639
泥岩	2. 5084	4. 2106	-0. 5341	-124. 856	-1. 9469	1. 7265

对泥岩中的离子进行计算表明一部分原生矿物的饱和度指数小于 0，如石英、钠长石、钙长石、方解石和白云石，表明这些矿物理论上在平衡状态下是处于溶解状态的。值得注意的是矿物饱和度指数大于 0 时，泥岩中仍有一部分原生矿物处于沉淀状态，包括钾长石、高岭石和伊利石。如果原生黏土矿物类型中有白云母，白云母也处于沉淀状态。除此之外，一些黏土矿物类的矿物饱和度指数大于 0，包括上述 Al 的三种氧化物，即三水铝石、勃姆石和硬水铝石，表明在泥岩的反应环境中，云母族和沸石族的黏土矿物也极易发生沉淀。这种现象解释了泥岩中次生矿物沉淀的发生。由于黏土矿物类型复杂、成分比例不稳定，因此并不能根据扫描电镜配套的能谱来确定具体是哪种黏土矿物发生了沉淀。

对实验结果的计算表明，饱和 CO_2 流体在地层的环境条件下流经砂岩储层到达泥岩盖层的过程中，砂岩中长石和黏土矿物发生了溶蚀溶解；而在泥岩中，首先发生的是方解石和白云石的快速溶蚀溶解，同时抑制了长石等铝硅酸盐矿物的溶蚀溶解，方解石和白云石的溶蚀溶解放缓并与流体达到稳定平衡的同时，长石和黏土矿物发生溶蚀溶解，同时伴随着水铝石、勃姆石、钠云母、中沸石、高岭石、伊利石等黏土类矿物的沉淀，次生黏土矿物沉淀充填了方解石溶蚀溶解形成的孔洞中，也在岩石颗粒表面形成了大量沉淀，泥岩中沉淀作用占主导。气-水-岩体系在实验 480h 时基本达到稳定平衡。

4.3　深部流体作用下储层和盖层协同演化与盖层自封闭效应

4.3.1　岩石矿物学特征

苏北盆地黄桥为富 CO_2 油气藏，而句容为不含 CO_2 的油藏。为了研究富 CO_2 流体对油气藏储层和盖层的影响，本次研究选择富 CO_2 的黄桥油气藏和不含 CO_2 的句容油藏进行对比，二个油气藏中二叠系龙潭组储层主要是褐灰色的长石、石英细粒或中粗粒砂岩［图 4.20（a）~（c）］。黄桥 CO_2 油气藏龙潭组砂岩中常见有丰富的溶蚀孔隙，较为疏松［图 4.20（a）、（b）］。

(a)　(b)

(c)　(d)

(e)

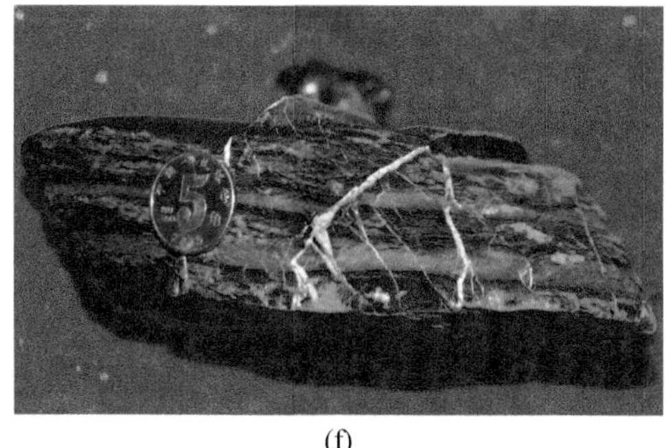

(f)

图 4.20　苏北盆地黄桥地区二叠系砂岩和泥岩盖层

(a) 浅灰色中粗砂岩，溶蚀孔隙发育，见油斑，P_2l，溪3井；(b) 浅灰色细砂岩，溶蚀孔洞发育，见油斑，P_2l，溪1井；(c) 浅灰色细砂岩，致密，缺少溶蚀孔隙，P_2l，容4井；(d) 黑色泥岩裂缝中充填方解石脉，P_2d，溪3井；(e) 黑色泥岩裂缝中充填方解石脉，P_2d，溪1井；(f) 黑色泥岩裂缝中充填方解石脉，P_2d，溪3井

与之相比，句容地区龙潭组砂岩普遍较为致密，很少见到溶蚀孔洞 [图 4.20 (c)]。龙潭组砂岩储层之上覆盖有大隆组黑色泥岩，为油气藏的直接封盖层。黄桥 CO_2 油气藏大隆组泥岩盖层中常见丰富的裂缝发育，被方解石脉胶结充填 [图 4.20 (d) ~ (f)]，裂缝中的方解石脉一般宽 1 ~ 5mm。裂缝方解石脉形状不规则，见有较大的裂缝与多个小的裂缝脉体相互连接 [图 4.20 (e)、(f)]。

显微镜下观察发现龙潭组砂岩的碎屑成分主要是石英和长石，还常见云母、高岭石、黄铁矿等矿物 [图 4.21 (a) ~ (d)]。砂岩中的石英颗粒多发生了一定程度的次生加大 [图 4.21 (g)]，而长石颗粒多发生了一定的溶蚀作用 [图 4.21 (e)、(f)]，溶蚀改造后的砂岩中有丰富的粒间孔隙和长石颗粒的粒内溶蚀孔隙 [图 4.21 (j) ~ (l)]。粒间孔隙中常见放射状的片钠铝石产出 [图 4.21 (h) ~ (l)]。

龙潭组砂岩中石英或长石颗粒之间的孔隙被碳酸盐岩矿物（方解石、白云石、菱铁矿等）胶结充填。方解石胶结物多呈半自形-它形，阴极射线下具有亮红色或者橘黄色荧光。句容地区龙潭组砂岩中方解石胶结较为普遍；黄桥地区方解石胶结物部分见有被溶蚀的现象，方解石溶蚀后呈港湾状形态。

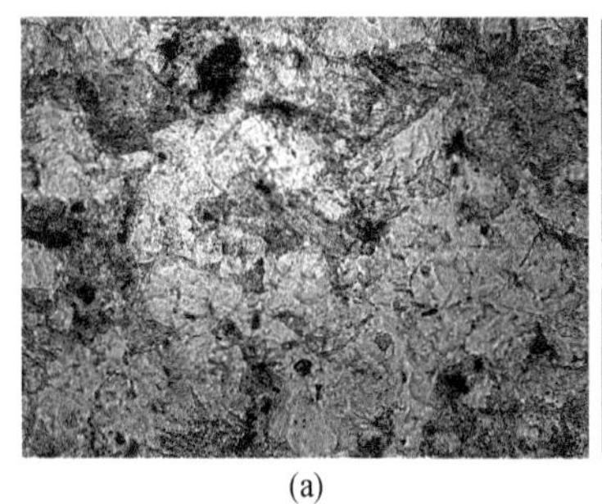

(a)

(b)

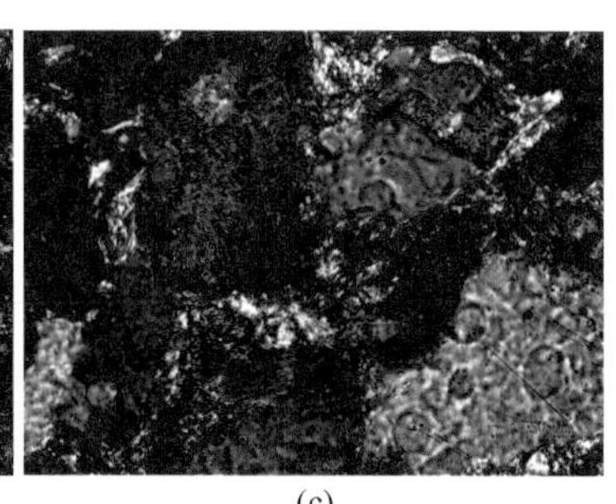

(c)

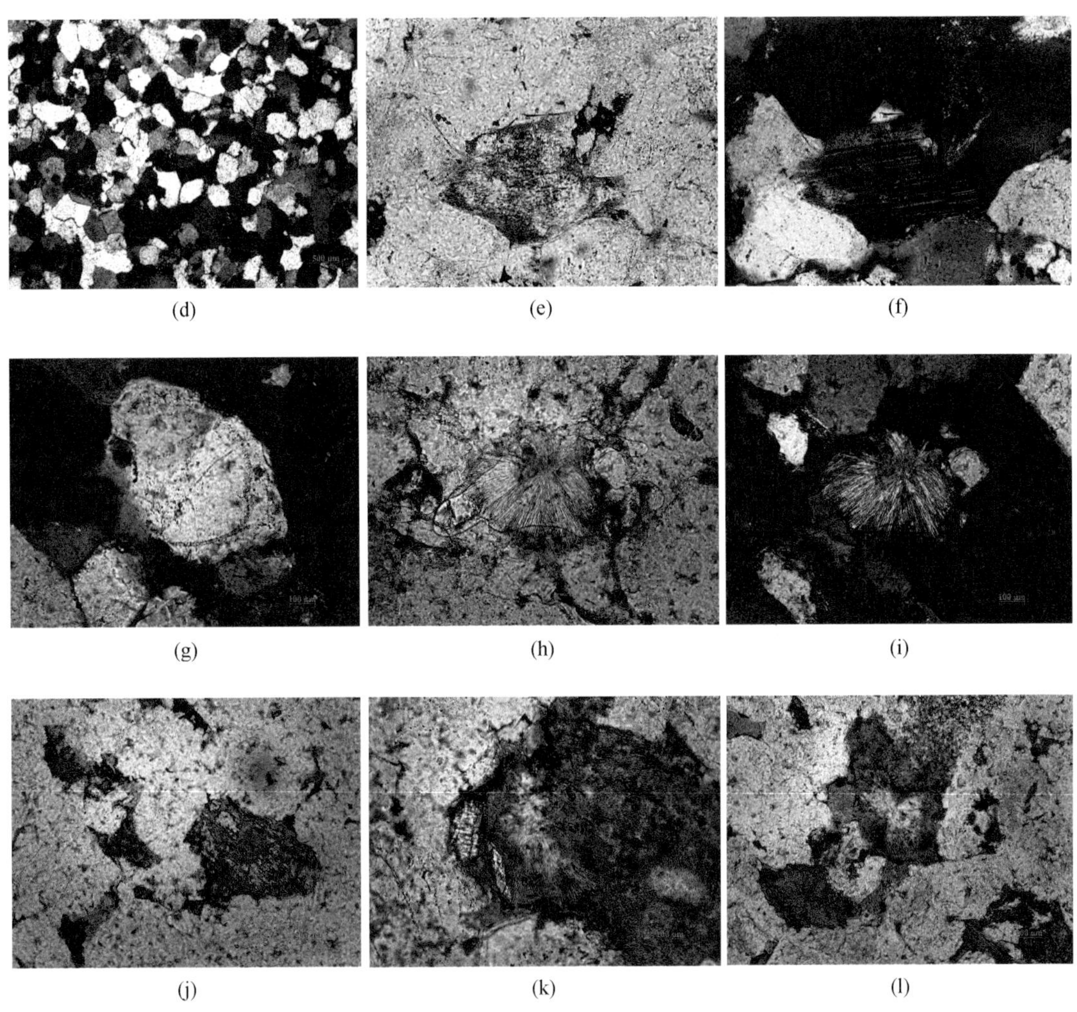

图 4.21　苏北盆地黄桥地区砂岩和灰岩岩心显微照片

（a）中粒石英砂岩，含黑云母，颗粒间泥质（绢云母、绿泥石等）充填，单偏光，×400 倍，$S_{2-3}f$，苏 174 井；（b）中粒石英砂岩，含黑云母，颗粒间泥质（绢云母、绿泥石等）充填，正交偏光，×400 倍，$S_{2-3}f$，苏 174 井；（c）中粒石英砂岩，含黑云母，颗粒间见放射状片钠铝石，单偏光，×400 倍，$S_{2-3}f$，苏 174 井；（d）细中粒石英砂岩，正交偏光，×50 倍，P_2l，苏 174 井；（e）砂岩中的长石颗粒发生次生蚀变，单偏光，×200 倍，P_2l，溪平 5 井；（f）砂岩中的长石颗粒发生次生蚀变，具有聚片双晶特征，正交偏光，×200 倍，P_2l，溪平 5 井；（g）砂岩中的石英颗粒见次生加大，正交偏光，×200 倍，P_2l，溪 3 井；（h）砂岩孔隙中见放射状片钠铝石，单偏光，×200 倍，P_2l，溪 3 井；（i）砂岩孔隙中见放射状片钠铝石，正交偏光，×200 倍，P_2l，溪 3 井；（j）砂岩中的长石颗粒发生次生蚀变，发育粒内溶蚀孔隙和粒间孔隙，单偏光，×100 倍，铸体薄片，P_2l，溪 1 井；（k）砂岩中长石颗粒发生次生蚀变及片钠铝石形成，发育粒间孔隙和溶蚀孔隙，单偏光，×200 倍，P_2l，溪 3 井；（l）砂岩中长石颗粒发生次生蚀变及片钠铝石形成，发育粒间孔隙和溶蚀孔隙，单偏光，×100 倍，P_2l，溪 3 井

黄桥地区二叠系龙潭组砂岩储层和上覆大隆组泥岩盖层中都见有裂缝被方解石脉充填［图 4.21（d）~（f）］。方解石脉多数为白色，少数为黄褐色。宽度一般 3 ~ 5mm，部分可

达1～2cm。显微镜下观察方解石以自型晶为主，呈菱形形态，具有两个方向的完全解理。阴极射线下，方解石脉发亮橘黄色的光。

对二叠系龙潭组砂岩储层和大隆组泥岩盖层做的X衍射矿物分析结果见表4.9。根据表4.9，龙潭组砂岩中的主要矿物组成为石英、长石和黏土，含有一定量的碳酸盐岩矿物(方解石、白云石、菱铁矿)、石膏和黄铁矿。与句容地区相比，黄桥地区龙潭组砂岩中的石英和黏土含量相对较高，平均值分别为64.8%和22.3%；但钾长石、斜长石和方解石的含量显著较低，平均分别为1.8%、6.3%和1.8%。大隆组泥岩盖层的主要矿物组成为石英、斜长石和黏土，平均值分别为36.3%、13.9%和41.6%。此外，泥岩中还含有少量的钾长石、碳酸盐岩矿物、石膏和黄铁矿。

表4.9　苏北盆地黄桥和句容地区二叠系龙潭组砂岩储层和大隆组泥岩盖层X衍射矿物组成

样号	层位	矿物组成/wt%								
		石英	钾长石	斜长石	方解石	白云石	菱铁矿	石膏	黄铁矿	黏土
黄桥高含CO_2区域龙潭组（P_2l）砂岩										
X3-1	P_2l	64.3	1.5	5.5	/	1.3	1.9	1.3	2.1	22.1
X3-3	P_2l	67.5	2.2	6.8	2.5	/	/	/	1.5	19.5
XP1-8	P_2l	66.1	/	4.3	/	2.1	/	1.0	1.0	25.5
XP5-4	P_2l	56.7	1.3	4.7	/	1.2	/	1.8	1.6	32.7
XP5-5	P_2l	62.8	1.8	10.7	1.1	1.6	2.4	/	1.0	18.6
XP5-6	P_2l	71.6	2.1	5.8	/	1.5	1.2	/	2.5	15.3
平均	P_2l	64.8	1.8	6.3	1.8	1.5	1.8	1.4	1.6	22.3
句容不含CO_2区域龙潭组（P_2l）砂岩										
JB1-3	P_2l	57.7	3.5	8.7	5.5	0.5	2.3	1.3	2.5	18
JB1-5	P_2l	50.5	3	9.8	4.9	2.0	2.4	2.4	1.4	23.6
JB1-8	P_2l	51.8	4.8	10.9	5.7	/	4.4	/	/	22.4
R2-2	P_2l	60.7	3.7	8.2	5.3	1.5	1.5	2.1	1.5	15.5
R2-5	P_2l	48.8	6.6	12.9	7.7	/	2.7	/	/	21.3
平均	P_2l	53.9	4.3	10.1	5.8	1.3	2.7	1.9	1.8	20.2
黄桥高含CO_2区域大隆组（P_2d）泥岩										
X1-1	P_2d	41.2	1.1	11	/	/	2.1	1.2	3.9	39.5
X1-2	P_2d	30.5	/	12.9	/	/	1.1	/	/	55.5
X1-11	P_2d	41.1	/	10.9	/	2.2	/	1	/	44.8
X3-2	P_2d	34.6	2.5	22.3	2.1	/	/	5.8	/	32.7
X3-3	P_2d	32.2	/	10.7	/	/	2.3	6.1	4.1	44.6
X3-4	P_2d	38.1	2.1	15.8	1.1	1.2	2.5	1.8	4.7	32.7
平均	P_2d	36.3	1.9	13.9	1.6	1.7	2.0	3.2	4.2	41.6

4.3.2　流体包裹体特征

上二叠统龙潭组砂岩和大隆组泥岩方解石脉中可以见到丰富的流体包裹体。流体包裹体大小一般为 8 ~ 15μm，散布在方解石中，为原生流体包裹体 [图 4.22（a）、（c）]，包裹体形态为近菱形或长条形。

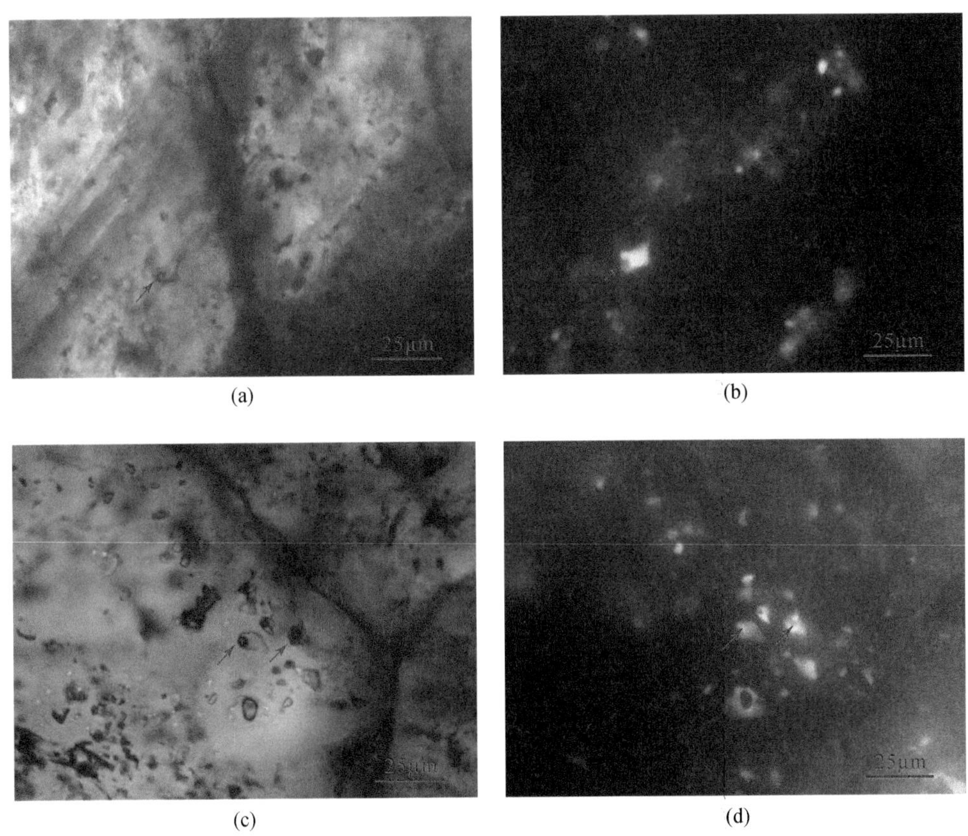

(a)　(b)　(c)　(d)

图 4.22　苏北盆地黄桥 CO_2 油气藏二叠系大隆组泥岩中方解石脉流体包裹体特征

（a）泥岩裂缝方解石脉中的原生气液两相包裹体，P_2d，单偏光，×400 倍，苏 174 井；（b）照片（a）中的流体包裹体在紫外光激发下发亮黄色荧光，P_2d，紫外光，×400 倍；（c）泥岩裂缝方解石脉中的原生气液两相包裹体，P_2d，单偏光，×400 倍，溪 3 井；（d）照片（c）中的流体包裹体在紫外光激发下发黄色荧光，P_2d，紫外光，×400 倍，溪 3 井

方解石脉中都可以见到丰富的有机包裹体。有机包裹体大小一般为 10 ~ 15μm，液相部分呈褐黄色，在紫外光照射下发亮黄色荧光 [图 4.22（b）、（d）]。对方解石脉中不含油的纯盐水包裹体进行了均一温度测定。均一温度（T_h）为 144.7 ~ 212.5℃（表 4.10）。

表 4.10　苏北黄桥地区泥岩盖层中方解石脉及二叠系海相灰岩的碳、氧和锶同位素值

序号	样号	钻井	层位	样品类型	$\delta^{13}C_{V-PDB}$/‰	$\delta^{18}O_{V-PDB}$/‰	$^{87}Sr/^{86}Sr$	均一温度 T_h/℃
1	SS1-3-1	石狮 1 井	P_2d	方解石脉	-7.7	-16.4	0.713259	212.5
2	X1-1	溪 1 井	P_2d	方解石脉	0.6	-13.1	0.710964	198.5
3	X1-2	溪 1 井	P_2d	方解石脉	1.2	-13.0	0.710873	182.3
4	X1-7	溪 1 井	P_2d	方解石脉	-2.9	-13.5	0.710027	205.1
5	X1-10	溪 1 井	P_2d	方解石脉	-4.2	-11.5	0.711445	163.2
6	X1-11	溪 1 井	P_2d	方解石脉	-10.1	-16.0	0.710484	207.1
7	X1-21	溪 1 井	P_2l	方解石脉	-2.8	-13.7	0.713186	191.3
8	X2-5	溪 2 井	P_2l	方解石脉	-0.1	-12.2	0.711342	170.1
9	X3-1	溪 3 井	P_2d	方解石脉	-4.3	-11.0	0.710779	148.3
10	X3-2	溪 3 井	P_2d	方解石脉	-3.8	-13.6	0.712637	182.2
11	X3-3	溪 3 井	P_2d	方解石脉	-11.4	-14.3	0.711084	198.3
12	X3-4	溪 3 井	P_2d	方解石脉	-9.1	-13.2	0.709984	177.6
13	X3-5	溪 3 井	P_2d	方解石脉	2.5	-10.4	0.712691	144.7
14	X3-8	溪 3 井	P_2l	方解石脉	4.9	-10.8	0.712055	153.5
平均	—	—	—	—	-3.4	-13.1	0.711486	181.1
灰岩围岩								
1	S174-23	苏 174 井	P_2l	灰色泥晶灰岩	3.4	-6.7	0.708095	—
2	S174-14	苏 174 井	P_1q	黑色泥晶灰岩	3.1	-5.0	0.707937	—
3	S174-14	苏 174 井	P_1q	深灰色泥晶灰岩	2.9	-6.7	0.707904	—
4	S174-18	苏 174 井	P_1q	褐灰色灰岩	3.9	-7.9	0.708209	—
5	S174-19	苏 174 井	P_1q	浅灰色灰岩	4.2	-6.0	0.707706	—
平均	—	—	—	—	3.5	-6.5	0.707970	—

4.3.3　地球化学特征

二叠系栖霞组和龙潭组灰岩，以及大隆组泥岩裂缝方解石脉的碳、氧和锶同位素测试结果见表 4.10，苏 174 井二叠系栖霞组和龙潭组泥晶灰岩的碳同位素$\delta^{13}C$为 2.9‰～4.2‰，平均为3.5‰；氧同位素$\delta^{18}O$为-7.9‰～-5.0‰，平均为-6.5‰。溪 1、溪 2、溪 3 和石狮 1 井龙潭组砂岩和大隆组泥岩中的方解石脉的碳同位素$\delta^{13}C$为-11.4‰～4.9‰，平均为-3.4‰；氧同位素$\delta^{18}O$为-16.4‰～-10.4‰，平均值为-13.1‰。与二叠纪同时期海相灰岩相比，方解石脉与之有着较大的差异，具有较轻的碳、氧同位素组成，并且其$\delta^{13}C$具有随$\delta^{18}O$降低而降低的趋势（图 4.23）。

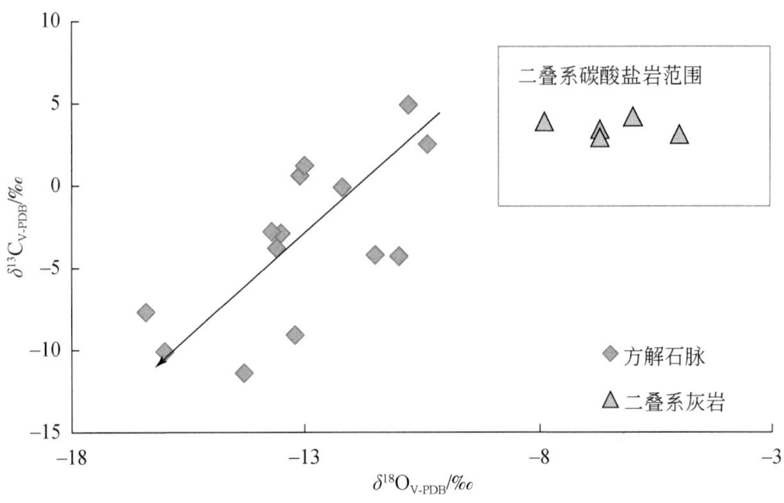

图 4.23　黄桥地区二叠系龙潭组和大隆组方解石脉与灰岩碳、氧同位素组成

栖霞组和龙潭组泥晶灰岩的锶同位素 $^{87}Sr/^{86}Sr$ 值为 0.707706 ~ 0.708209，平均为 0.707970。龙潭组砂岩和大隆组泥岩中的方解石脉的锶同位素 $^{87}Sr/^{86}Sr$ 值为 0.709984 ~ 0.713259，平均为 0.711486。与二叠纪海相灰岩相比，方解石脉具有显著较高的 $^{87}Sr/^{86}Sr$ 值。

裂缝中充填方解石的总稀土元素含量（∑REE）变化范围为 5.05 ~ 69.21μg/g，平均含量为 34.56μg/g。与灰岩相比，稀土元素配分模式上具有一定轻稀土略亏损的特征（图 4.24、图 4.25）。方解石脉的一个显著特征是多数样品具有 Eu 正异常，δEu 为 0.97 ~ 7.05，平均为 3.36。

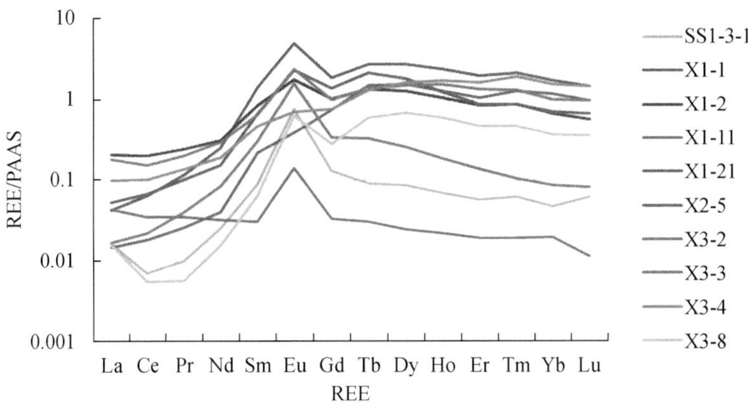

图 4.24　黄桥地区二叠系龙潭组和大隆组方解石脉稀土元素配分模式

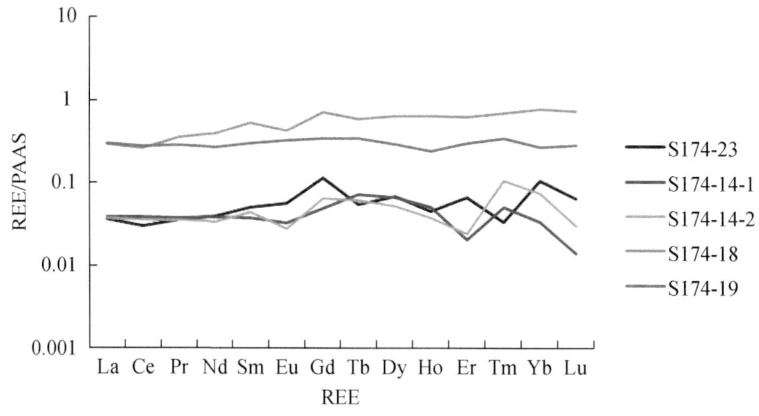

图 4.25　黄桥地区二叠系灰岩稀土元素配分模式

4.3.4　富 CO_2 流体对储层溶蚀作用

前期研究表明黄桥地区 CO_2 是伴随岩浆火山活动来自深部地幔（Liu et al.，2017）。CO_2 沿断裂裂缝向盆地浅部地层运移过程中会部分的与地层水混合，形成富 CO_2 热液流体。富 CO_2 进入龙潭组砂岩储层中，对砂岩储层中的长石和碳酸盐岩胶结物都产生显著的溶蚀作用。溶蚀作用在砂岩储层中产生丰富的次生溶蚀孔隙，增强了储层的储集性能。

1. 长石的溶蚀

CO_2 从深部向盆地浅部运移过程中，部分 CO_2 溶解到水中可形成富 HCO_3^- 的酸性流体，酸性流体往往要引起储集砂岩中长石等可溶性矿物的溶蚀，并伴有石英、黏土等新矿物的沉淀，进而使储集砂岩的孔隙度和渗透率发生改变。

Shiraki 和 Dunn（2000）实验结果表明，CO_2 注入砂岩储层后，长石发生蚀变并向高岭石转变，白云石等碳酸盐岩矿物将发生溶解，从而储层孔隙度可能增加。Bertier 等（2006）以比利时东北部威斯特代利亚和邦桑施泰因砂岩为例，开展了超临界 CO_2-水-岩反应实验，认为 CO_2 的注入会导致砂岩储集层中的白云石、铁白云石及铝硅酸盐的溶蚀，从而改善储层储集物性。而 Lu 等（2011）的实验结果表明，CO_2 的引入会导致硅酸盐矿物的溶解，从而改善储层孔隙度，但是沉淀出来的水铝英石、伊利石、高岭石会在一定程度上填充孔隙。

在富 CO_2 流体作用下，长石溶蚀作用可以用下面的式子表示：

$4NaAlSi_3O_8$（钠长石）$+2CO_2+4H_2O=Al_4Si_4O_{10}(OH)_8$（高岭石）$+8SiO_2+2Na_2CO_3$

长石溶蚀后形成的高岭石，可以以自生矿物的形式充填在砂岩等孔隙空间中，也可以进一步转化成伊利石或绿泥石，其反应式如下：

$3Al_4Si_4O_{10}(OH)_8$（高岭石）$+4K^+=2K_2Al_6Si_6O_{20}(OH)_4$（伊利石）$+4H^++6H_2O$

$Al_4Si_4O_{10}(OH)_8+2Fe^{2+}=2FeAl_2SiO_5(OH)_2$（绿泥石）$+4H^++2SiO_2$

黄桥地区志留系、二叠系龙潭组长石石英砂岩储层中的 CO_2 大量溶解在地层水中，形成较高含量的 HCO_3^- 离子，会对长石形成较强的溶蚀能力，如苏 174 井志留系砂岩地层水中的 HCO_3^- 离子含量达到 12932mg/L；溪平 1 井二叠系龙潭组砂岩地层水中的 HCO_3^- 离子含量达到 18011.79mg/L（表 4.11），能对所在层位长石颗粒产生显著的溶蚀作用。

表 4.11　苏北盆地黄桥地区二叠系和志留系砂岩储层中地层水主要阴阳离子组成

（单位：mg/L）

井号/剖面	地质年代	阳离子				阴离子			
		Ca^{2+}	Mg^{2+}	Na^+	K^+	Cl^-	SO_4^{2-}	CO_3^{2-}	HCO_3^-
溪平 1 井	P_2l	37.99	62.24	7568.85	83.56	6150.72	1520.34	0.00	7160.63
溪平 1 井	P_2l	0.00	227.12	17101.78	—	14492.00	2814.79	0.00	18011.79
苏 174 井	$S_{2-3}f$	58.00	31.00	1500.00	31.60	425.00	264.00	0.00	3318.00
苏 174 井	$S_{2-3}f$	6.00	10.00	6340.00	132.00	1746	422	330	12932
华泰 3 井	P_2l	486.62	142.33	135.86	125.19	170.90	1133.50	0.00	1570.70

在富 CO_2 及 HCO_3^- 作用下，黄桥地区砂岩中的长石发生了显著的次生溶蚀作用，溶蚀作用在长石颗粒中形成大量的微小的次生溶蚀孔隙，如溪平 5 井 P_2l 砂岩中的长石颗粒在单偏光下可见次生溶蚀作用［图 4.21（e）］，在正交偏光下仍能发现长石聚片双晶的现象［图 4.21（f）］。长石溶蚀之后形成丰富的粒内溶蚀孔隙和粒间孔隙［图 4.21（j）~（l）］。扫描电镜下也可发现溪 3 井、溪 1 井 P_2l 砂岩具有大量微小溶蚀孔隙的溶蚀残余长石颗粒［图 4.26（a）、（b）］。溶蚀长石颗粒内部和边缘见自生石英和高岭石的沉淀［图 4.26（a）、（b）］，是长石次生蚀变后的产物。与句容地区相比，黄桥龙潭组砂岩中长石含量相对较少，石英和黏土矿物相对较多（表 4.9、图 4.27），是长石溶蚀消耗形成自生石英和黏土矿物的结果。

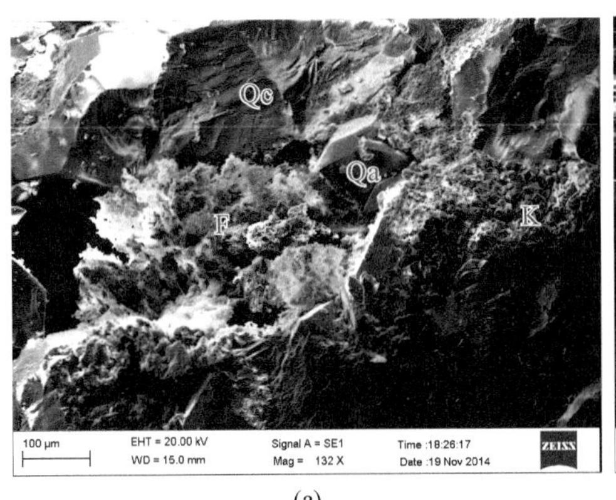

(a)

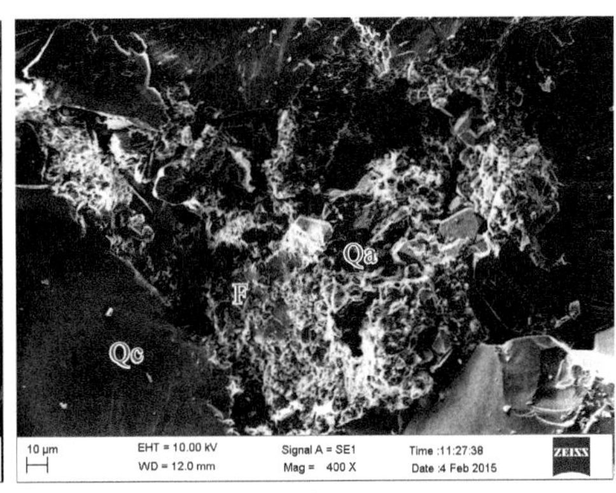

(b)

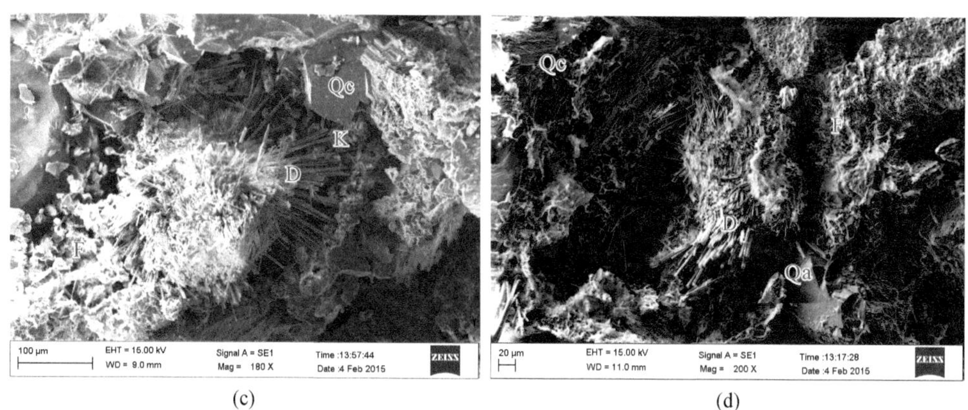

(c)　(d)

图 4.26　苏北盆地黄桥地区二叠系龙潭组储集砂岩扫描电镜照片

Qc. 碎屑石英；Qa. 自生石英；F. 长石；K. 高岭石；D. 片钠铝石

(a) 砂岩中的长石颗粒发生蚀变，形成自生石英和高岭石，长石蚀变残余部分富含孔隙，溪 3 井，P_2l；(b) 砂岩中的长石颗粒发生蚀变，形成自生石英和高岭石，长石蚀变残余部分富含孔隙，溪 1 井，P_2l；(c) 砂岩中的长石颗粒发生蚀变，形成片钠铝石和高岭石，溪 3 井，P_2l；(d) 砂岩中的长石颗粒发生蚀变，形成片钠铝石和高岭石，溪平 1 井，P_2l

在富 CO_2及 HCO_3^- 作用下，碳酸钙的溶解度也会显著增加，导致地层中方解石的溶蚀。黄桥地区龙潭组砂岩中的方解石含量低于句容地区（表 4.9、图 4.27），与富 CO_2流体作用下方解石的溶蚀密切相关。显微镜下可观察到龙潭组砂岩中方解石被溶蚀之后呈现出港湾状的形态。

2. 片钠铝石形成

片钠铝石一般认为是高含 CO_2地层中的典型矿物（Worden，2006）。黄桥地区 CO_2气藏主要聚集和产出层位，如志留系和二叠系砂岩，都发现了大量的放射状的片钠铝石［图 4.21（h）、(i)、(k)、(l)］。在中国东部的其他 CO_2气藏中也相继发现了与高含量 CO_2有关的片钠铝石（高玉巧和刘立，2007；Gao et al.，2009）。表明深部来源的 CO_2一部分以气田或气藏等资源形式存在，另一部分与含水的储集岩发生物理化学作用，以片钠铝石、铁白云石等碳酸盐矿物形式被固化在岩石中。高玉巧和刘立（2007）研究表明，在 CO_2气藏中，片钠铝石与气相 CO_2具有相同的碳来源。

在富 CO_2流体作用下，砂岩中的长石发生溶蚀，转变成为片钠铝石，并伴随自生石英（Worden，2006）。反应式如下：

$$NaAlSi_3O_8(\text{钠长石})+CO_2+H_2O=NaAlCO_3(OH)_2(\text{片钠铝石})+3SiO_2$$

在富 CO_2流体溶蚀作用下，溪 3 井二叠系龙潭组砂岩中的长石多被溶蚀掉，在石英颗粒间形成丰富的晶间孔隙，孔隙中也发现有大量的放射状片钠铝石矿物［图 4.21（h）、(i)，图 4.26（c）、(d)］。片钠铝石附近往往可见蚀变后的长石残余［图 4.21（k），图 4.26（c）、(d)］，并见有自生石英和高岭石的形成［图 4.26（c）、(d)］。除二叠系龙潭

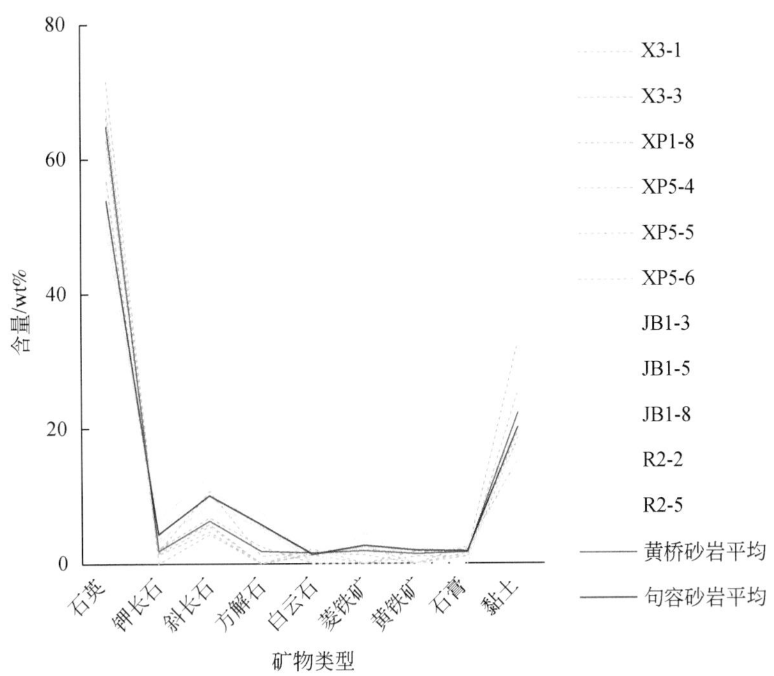

图 4.27　黄桥和句容地区二叠系龙潭组储层砂岩矿物组成

组砂岩外，苏 174 井在志留系的砂岩地层中也揭示了片钠铝石的存在。

岩相学观测表明在 85 ~ 100℃，长石已经开始与 CO_2 和高含 NaCl 的地层卤水反应形成片钠铝石和石英（Worden，2006）。黄桥地区富 CO_2 流体温度一般大于 100℃，最高可达 180℃，仍能见有片钠铝石的存在。因此，高 CO_2 分压环境中，片钠铝石能在较高温度范围内形成。

3. 对储层孔渗性的改善

黄桥地区许多钻井都在二叠系龙潭组砂岩中获得 CO_2 和油产出，如溪 3 井；而邻近的句容地区龙潭组砂岩中则很少见到 CO_2 的聚集和产出，如句北 1 井。溪 3 井龙潭组砂岩 28 个样品孔隙度范围为 2.50% ~ 12.31%，平均为 9.97%；渗透率范围为（0.086 ~ 815.676）$\times10^{-3}\mu m^2$，平均为 $122.833\times10^{-3}\mu m^2$。句北 1 井龙潭组砂岩 9 个样品孔隙度范围为 0.89% ~ 1.50%，平均为 1.14%；渗透率范围为（0.011 ~ 0.015）$\times10^{-3}\mu m^2$，平均为 $0.016\times10^{-3}\mu m^2$。通过对比发现溪 3 井无论孔隙度和渗透率都好于句北 1 井，表明 CO_2 溶蚀改造作用对储层发育具有重要的意义。

4.3.5　盖层裂缝方解石脉形成流体示踪

1. 流体温度和组分

大隆组泥岩和龙潭组砂岩中方解石脉的均一温度反映了方解石脉沉淀流体的温度。流体包裹体测温结果表明不同样品均一温度值为 144.7～212.5℃，平均值为 181.05℃。根据埋藏史结果，二叠系龙潭组和大隆组最大埋深分别约为 3000m 和 2500m；按地表温度 20℃以及地温梯度 3.0℃/100m 计算，最大埋藏温度分别为 110℃和 95℃。龙潭组和大隆组方解石脉的形成温度都远高于最高埋藏温度。这样的流体类型为自盆地深部向浅部运移而来的热液流体（Davis and Smith，2006）。

受中-新生代以来的火山-岩浆活动触发，来自深部地幔的大规模 CO_2 向苏北盆地浅部地层运移，导致盆地中广泛的富 CO_2 热液流体活动，形成脉体中较高的流体包裹体温度记录。

根据激光拉曼结果，流体包裹体的气相组分主要以 CO_2 为主（图 4.28），表明为深部富 CO_2 热液流体。这些方解石脉中捕获有丰富的烃类包裹体，在紫外光下发亮黄色的荧光（图 4.22），表明深部 CO_2 热液流体从下部向上运移过程中溶解携带了地层中的烃类组分。

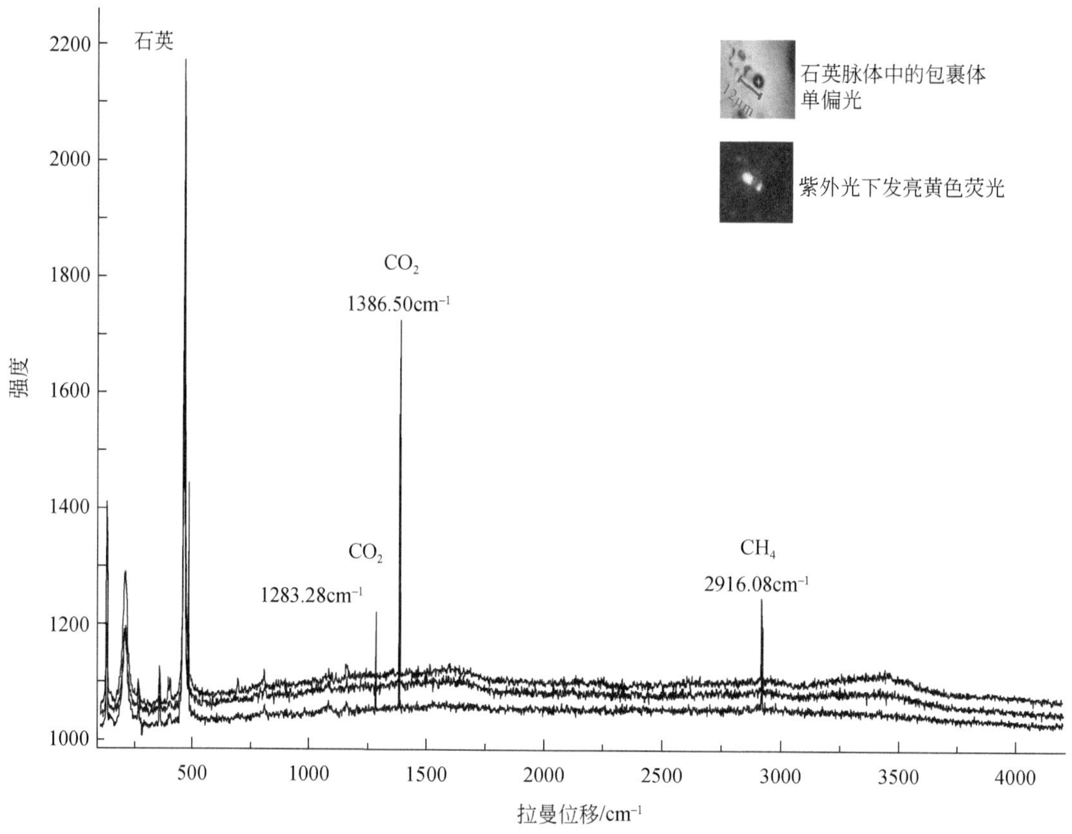

图 4.28　黄桥地区二叠系流体包裹体激光拉曼图谱（Liu et al.，2017）

2. 碳、氧同位素

研究选取的二叠系栖霞组和龙潭组灰岩均为致密均匀的泥晶灰岩，部分见有内碎屑颗粒、纹层等原始沉积结构，代表了海水环境中发育形成的灰岩。根据测试结果，黄桥地区

二叠系灰岩的 $\delta^{13}C$ 和 $\delta^{18}O$ 变化范围分别为 2.9‰～4.2‰以及−7.9‰～−5.0‰。这些灰岩的碳、氧同位素组成都与同时期海水成因灰岩较为一致（Veizer et al.，1999）。

与二叠系灰岩相比，大隆组和龙潭组方解石脉的碳、氧同位素组成均偏轻（表 4.10、图 4.23），表明方解石脉不是来源于二叠系灰岩。通常情况下，方解石与沉淀方解石的流体之间存在着氧同位素的平衡分馏作用（$1000\ln\alpha = 2.78\times10^6/T^2 - 2.89$）（O'Neil et al.，1969），其氧同位素组成受形成温度和流体氧同位素组成控制。如果流体本身有较轻氧同位素组成，如大气降水，其沉淀形成的方解石也具有较轻的氧同位素组成；此外，如果方解石是在较高温度流体中沉淀形成，也会具有较轻的氧同位素组成。裂缝方解石脉具有比地层温度显著较高的流体包裹体均一温度，表明方解石脉的较轻的氧同位素组成是高温下方解石与水溶液之间平衡分馏的结果。方解石脉的 $\delta^{18}O_{V-PDB}$ 值具有随均一温度增高而降低的趋势（图 4.29），也表明较高的温度是影响氧同位素的主要原因。

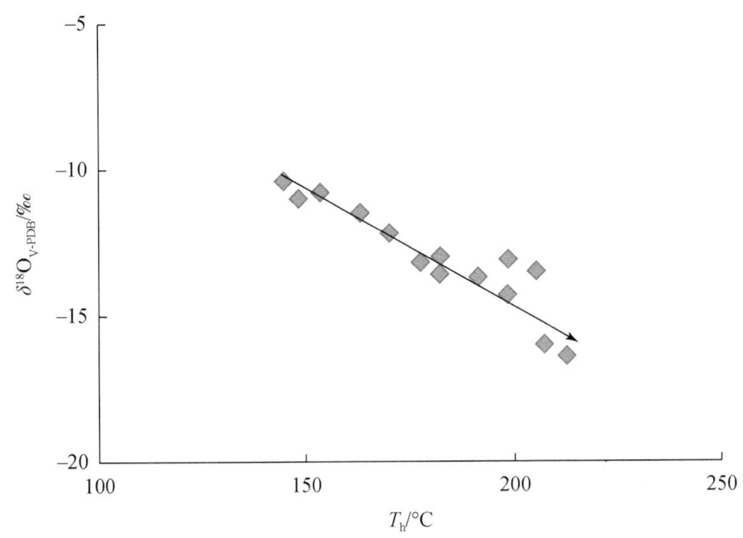

图 4.29　黄桥地区二叠系龙潭组和大隆组泥岩裂缝方解石脉 $\delta^{18}O_{V-PDB}$ 与均一温度（T_h）关系图

根据方解石氧同位素与流体包裹体均一温度关系（图 4.30），沉淀形成方解石的流体的氧同位素组成 $\delta^{18}O_{SMOW}$ 变化范围为 5‰～8‰，表明为浓缩的地层流体。结合其富含 CO_2 的特征，该流体判断为富 CO_2 热液流体。

方解石的碳同位素组成由溶液中的碳酸根或 CO_2 决定。部分方解石脉的碳同位素组成具有显著负偏的特征，$\delta^{13}C$ 最低可达−11.4‰。黄桥地区幔源成因深部来源 CO_2 的 $\delta^{13}C$ 值为−6.50‰～−2.87‰（Liu et al.，2017）。单纯幔源来源 CO_2 并不能使方解石脉碳同位素组成低至−11.4‰。通常由于有机成因碳的影响，可使方解石具有极偏轻的碳同位素组成（Jiang et al.，2014），因此，方解石脉显著偏轻的碳同位素组成可能是受有机碳的影响。超临界 CO_2 萃取实验和流体包裹体研究表明幔源 CO_2 侵入过程中能溶解携带有机组分（Zhu et al.，2018b），这些有机组分的影响使富 CO_2 流体中沉淀的方解石具有较轻的碳同位素组成。方解石脉的 $\delta^{13}C$ 具有随 $\delta^{18}O$ 值降低而降低的特征（图 4.23），表明随着富 CO_2

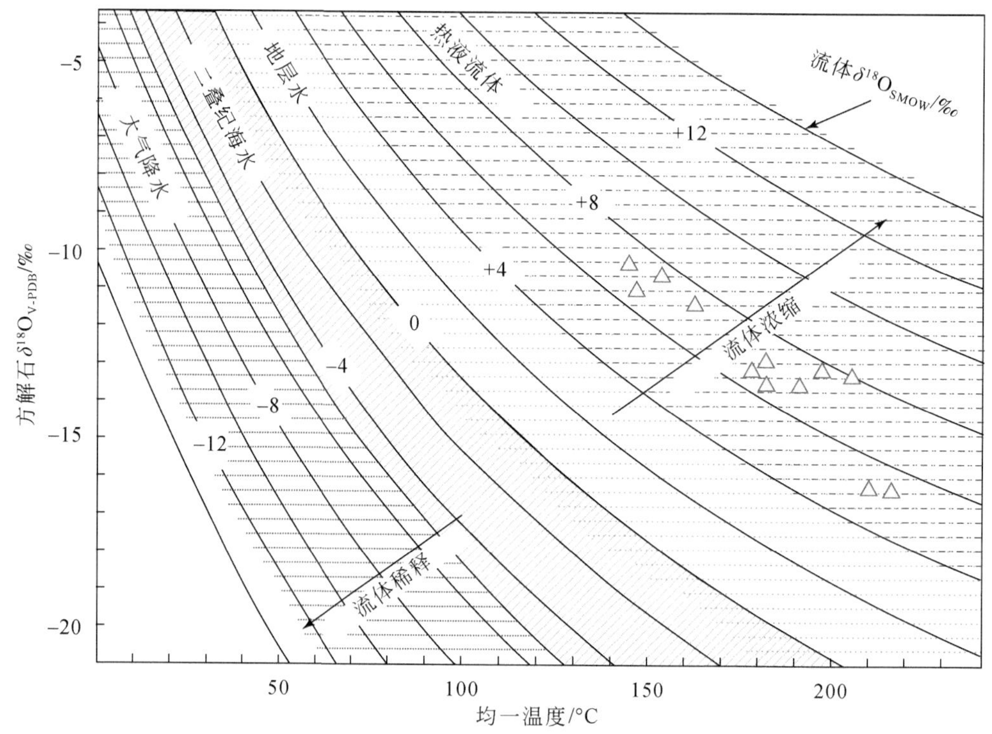

图 4.30　黄桥地区二叠系龙潭组和大隆组泥岩裂缝方解石脉 $\delta^{18}O_{V-PDB}$、均一温度与流体类型判识图

二叠系海水氧同位素 $\delta^{18}O_{SMOW}$ 范围据 Veizer 等（1997）确定

热液流体活动强度（温度）的增加，与有机组分的相互作用增强，导致更多的有机成因碳进入方解石中。

3. 锶同位素

通常碳酸盐岩中的锶来自海水中，其 $^{87}Sr/^{86}Sr$ 值与同时期海水一致。本次测试的二叠系栖霞组（P_1q）和龙潭组（P_2l）灰岩的 $^{87}Sr/^{86}Sr$ 值范围为 0.707706～0.708209，位于二叠系海相灰岩的范围内（Veizer et al.，1999），表明为正常海水沉积形成的灰岩。大隆组和龙潭组方解石脉的 $^{87}Sr/^{86}Sr$ 值为 0.709984～0.713259，显著高于二叠系碳酸盐岩的比值，表明方解石不是来源于二叠系灰岩。

砂泥质碎屑岩中通常会含有较多的放射性成因 ^{87}Sr，因而具有较高的 $^{87}Sr/^{86}Sr$ 值，如从大西洋中部阿尔法洋脊晚新生代沉积物中分离出的硅酸盐碎屑物质组分的 $^{87}Sr/^{86}Sr$ 值为 0.713100～0.725100（Winter et al.，1997）。对黄桥地区来说，富 CO_2 深部流体在从深部向浅部运移过程中会经过多层砂泥质碎屑岩层位，特别是进入并在龙潭组砂岩储层中长期聚集过程中，会与之发生强烈的相互作用，溶蚀长石和方解石胶结物（图 4.21）；流体因此会具有较高的 $^{87}Sr/^{86}Sr$ 值。

受断裂/裂缝的影响，龙潭组砂岩储层中的富 CO_2 流体沿着裂缝释放，从中沉淀出的方解石具有较高的$^{87}Sr/^{86}Sr$值。方解石脉的$^{87}Sr/^{86}Sr$值具有随着氧同位素$\delta^{18}O_{V-PDB}$降低而升高的趋势（图4.31），表明随流体活动强度（温度）增加，流体与围岩相互作用越强烈，从而获得更高的$^{87}Sr/^{86}Sr$值。

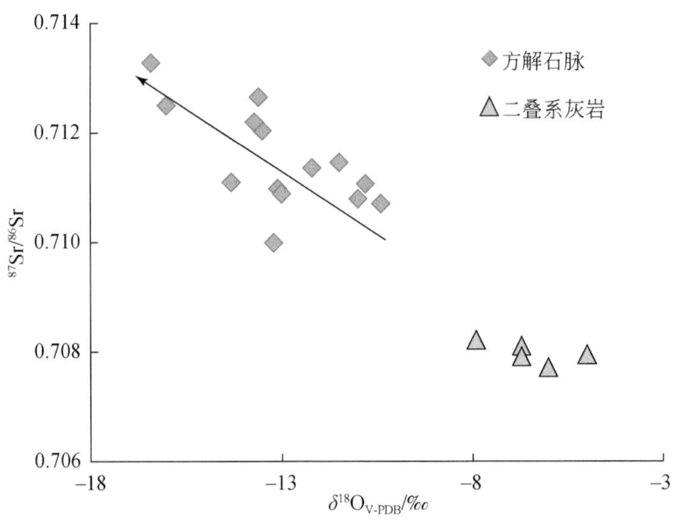

图4.31　黄桥地区二叠系龙潭组砂岩和大隆组泥岩裂缝方解石脉$^{87}Sr/^{86}Sr$值与$\delta^{18}O_{V-PDB}$关系图

4. 稀土元素

黄桥地区二叠系栖霞组和龙潭组灰岩中的稀土元素含量一般较低，不具有显著的Eu和Ce的异常（图4.25）。灰岩中较低的稀土元素含量及其平缓的配分模式（图4.25）是继承了当时海水的特征（Nothdurft et al.，2004；胡文瑄等，2010）。大隆组和龙潭组裂缝中的方解石脉具有重稀土相对富集的特征（图4.24），其稀土元素配分模式与灰岩有着显著的差别，也表明方解石脉不是来源于灰岩。

方解石脉的一个显著特征是具有一定程度的Eu正异常（图4.24），其δEu为0.97～7.05，平均值为4.75。碳酸盐岩矿物Eu正异常的特征通常与深部热液流体成因有关（胡文瑄等，2010）。

在较高温度的还原环境下，Eu^{3+}被还原成为Eu^{2+}（Cai et al.，2008），流体Eu^{2+}/Eu^{3+}值强烈受控于温度的大小，并在250℃时Eu^{2+}/Eu^{3+}达到平衡（Bau and Möller，1993）。由于Eu^{2+}比Eu^{3+}的离子半径大（分别为0.117nm和0.095nm），Eu^{2+}比Eu^{3+}更不易于被吸附，通常情况下还比较难于进入造岩矿物中（Cai et al.，2008）。因此，较高温下Eu能以Eu^{2+}的形式在流体中相对富集。随着温度的逐渐降低，富集的Eu^{2+}逐渐转化为Eu^{3+}；后者离子半径与Ca^{2+}的离子半径（0.10mn）较为接近，能较容易地取代Ca^{2+}进入碳酸盐岩矿物中，导致热液成因白云石表现出Eu的正异常。虽然流体中Eu的正异常是高温下（>250℃）流体岩石相互作用导致稀土活化的结果（Hecht et al.，1999），但所沉淀碳酸盐岩矿物中要形成Eu的正异常需要在低于200℃的条件下才能沉淀（Bau，1991）。

热液流体中 Eu 的正异常会在所沉淀的方解石脉中继承下来，导致黄桥地区裂缝中充填的方解石具有 Eu 正异常的特征。方解石脉 Eu 正异常程度 δEu 随着氧同位素组成变轻而增高（图 4.32），表明流体活动强度（温度）逐渐增加的特征。

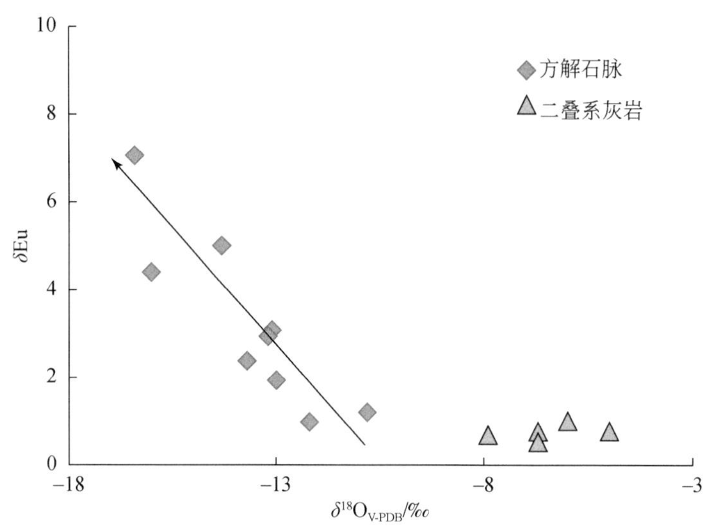

图 4.32　黄桥地区二叠系龙潭组和大隆组泥岩裂缝方解石脉 Eu 正异常 δEu 与 $\delta^{18}O_{V\text{-}PDB}$ 关系图

4.3.6　储盖协同成岩与盖层裂缝自封闭效应

依据上述岩石矿物学和地球化学分析，深部富 CO_2 流体在二叠系龙潭组砂岩储层中聚集，与储层岩石发生显著的相互作用；后期再通过上覆泥岩盖层裂缝释放，在裂缝中沉淀形成方解石脉。由此，认为深部富 CO_2 流体作用不但能对储层溶蚀改造形成次生孔隙，而且还对上覆泥岩盖层中的裂缝产生方解石充填；基于这样一个储层和盖层协同成岩过程，提出突发断裂/裂缝触发下盖层自封闭模式（图 4.33）。

首先，随着新生代以来的岩浆−火山活动，深部幔源 CO_2 沿着深大断裂侵入苏北盆地（Liu et al.，2017）。在黄桥地区，CO_2 萃取携带深部地层中的油气组分进入二叠系龙潭组等砂岩储层中，在适当圈闭部位聚集成藏（Zhu et al.，2018a）。其盖层为龙潭组顶部和大隆组的泥岩。

其次，幔源 CO_2 与储层地层水混合形成富 CO_2 流体。富 CO_2 流体在龙潭组储层中对储层中的长石和方解石胶结物等进行溶蚀，形成丰富的次生孔隙，并导致片钠铝石、石英、高岭石等次生矿物的沉淀形成（图 4.21）。

再次，随着龙潭组砂岩储层中聚集的 CO_2 和烃类越来越多，局部圈闭形成超压，或者受局部构造活动影响，上覆泥岩盖层产生突发性破裂形成断裂裂缝。储层中的 CO_2 和烃类沿着裂缝发生泄露。在裂缝泄露过程中，压力显著降低，CO_2 从流体中溢出，p_{CO_2} 分压也随之显著降低。随着 p_{CO_2} 分压降低，$CaCO_3$ 在流体中的溶解度大幅度减小，从而导致方解

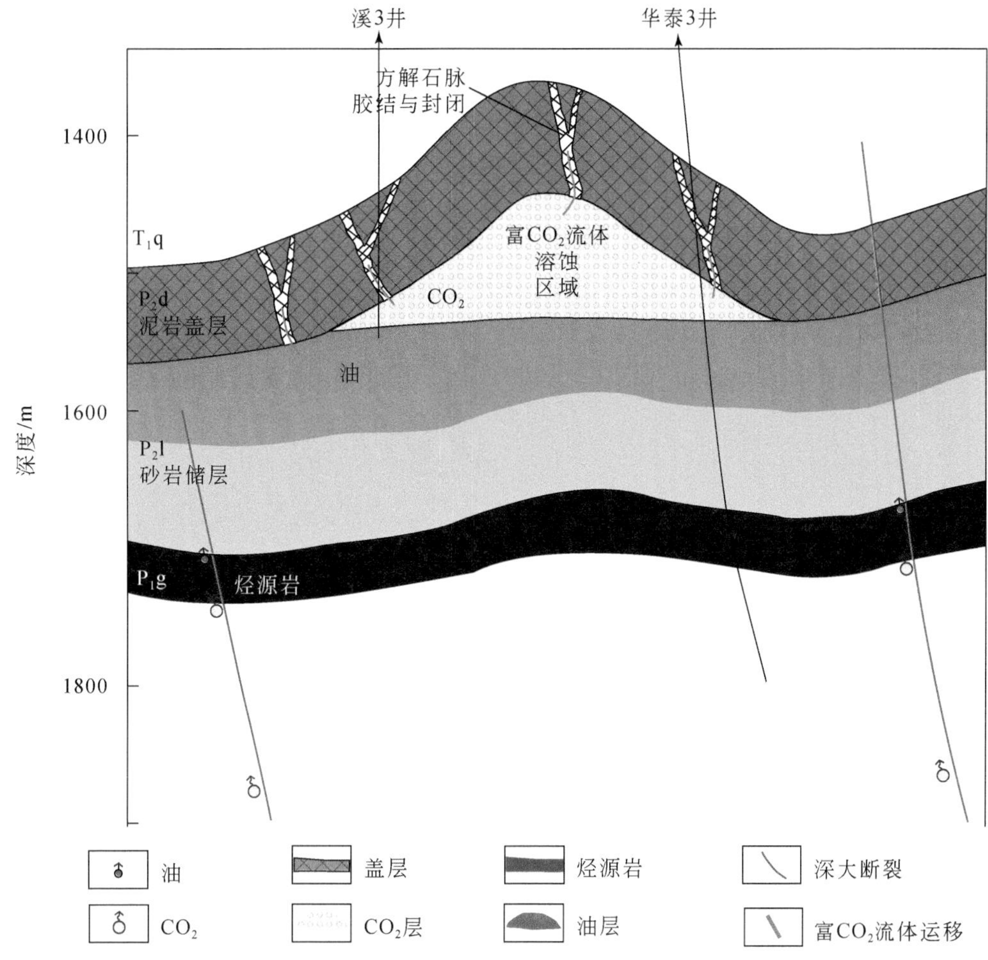

图4.33　黄桥地区二叠系龙潭组砂岩储层溶蚀与上覆大隆组泥岩盖层中的裂缝被方解石脉充填的自封闭模式图

石从溶液中沉淀形成方解石脉。

最后，随着方解石脉的不断沉淀，逐渐充满整个裂缝，使裂缝逐渐封闭。同时，沿裂缝泄露过程中，储层压力逐渐降低。经过一段时间后，不再有流体和烃类的泄露，构成了盖层的自封闭效应。幔源 CO_2 侵入油藏的盖层的自封闭效应表明这类油藏会一直具有相对较好的保存条件。

在富 CO_2 流体溶蚀龙潭组砂岩储层及其在盖层裂缝中沉淀方解石充填自封闭的过程中，流体及所沉淀的方解石地化指标与流体活动强度或温度具有显著的相关关系。富 CO_2 流体强度越强或者温度越高，流体本身会具有更高的 Eu 正异常；并且富 CO_2 流体与烃类相互作用越强烈，会有更多的有机组分随 CO_2 迁移，使沉淀的方解石脉具有更轻的碳同位素组成。随着强度或温度增高，富 CO_2 流体对储层砂岩中的长石或方解石等溶蚀能力越强，从而获得更高的 $^{87}Sr/^{86}Sr$ 值，并被裂缝中沉淀的方解石继承下来。

4.4 小　结

无论是碳酸盐岩还是碎屑岩储层都会遭受多种类型流体溶蚀改造作用，溶蚀改造过程中会伴随碳酸盐岩成岩矿物（方解石、白云石）的沉淀，为识别示踪流体作用类型奠定了基础。通过方解石/白云石的流体包裹体均一温度、碳、氧和锶同位素、稀土元素等能很好地识别示踪成岩流体类型，主要有海水、地层水、大气降水、热液、TSR 相关流体等。与海相灰岩相比，海水胶结方解石在碳氧和锶同位素组成上基本一致。大气降水形成的方解石具有极偏轻的氧同位素组成，其$\delta^{18}O$值可达-18.8‰。受较高温度下流体与方解石氧同位素分馏效应影响，深埋藏地层水和深部热液中形成的方解石具有较轻的氧同位素组成。TSR 过程消耗有机质产生 CO_2，与之相关的方解石具有非常轻的碳同位素组成，其$\delta^{13}C$值可达-18.9‰。地层水和 TSR 相关流体局限于碳酸盐岩地层内，属于内源流体，在$^{87}Sr/^{86}Sr$值上与灰岩围岩基本一致；大气降水和热液流体来源于碳酸盐岩地层之外，为外源流体，常具有较高的$^{87}Sr/^{86}Sr$值，其中大气降水的$^{87}Sr/^{86}Sr$值可达0.710558。构造抬升-大气降水环境中发育岩溶型碳酸盐岩储层，岩溶缝洞在不整合面之下一定深度内发育，再向下部形成方解石的充填。深部断裂-热液作用环境中，优质碳酸盐岩储层会持续向深部发育。在深埋藏-TSR 流体环境中，CO_2和 H_2S 的持续增加，溶蚀孔隙能持续增加并处于良好的保持环境中。

深部热液流体在自深部向浅部运移过程中不但会对油气储集层而且还会对上覆泥岩盖层产生显著的溶蚀改造。自主研发并搭建实验平台，实现深部富 CO_2流体同时对砂岩储层和上覆泥岩盖层溶蚀改造的物理化学作用过程实验模拟。实验结果表明，储层砂岩失重率为2.5%，泥岩盖层的增重率为8.5%。砂岩中黏土和长石矿物的含量降低，是富 CO_2流体溶蚀的结果。泥岩中长石和黄铁矿含量略有降低，黏土的含量由反应前的35.7%增加到约50%，表明超临界 CO_2与泥岩作用过程中主要以黏土矿物大量发生沉淀为主。

以苏北盆地典型黄桥 CO_2-油气藏为例，开展深部富 CO_2流体对储层溶蚀和泥岩盖层胶结充填过程解析。在深部富 CO_2流体作用下，二叠系龙潭组砂岩中的长石发生显著的溶蚀作用，形成典型的高 CO_2分压相关的片钠铝石，并发育丰富的次生溶蚀孔隙。上覆大隆组泥岩裂缝中见大量方解石的充填作用，碳、氧和锶同位素、稀土元素和流体包裹体分析结果表明方解石脉为深部富 CO_2流体胶结充填的产物。深部富 CO_2流体对砂岩储层溶蚀之后，进入上覆泥岩盖层裂缝，由于温度压力降低而产生方解石的胶结充填，增强泥岩盖层的封闭性能；由此提出深部富 CO_2流体作用下储层和盖层协同成岩演化作用及泥岩裂缝自封闭机理并建立相应的地质模式。

第5章　深部流体作用下油气聚集成藏机理

深部热液流体存在于沉积盆地形成演化的各个阶段，对油气运移、聚集、成藏与改造都产生了广泛的影响（胡文瑄，2016）。我国许多热液活动的典型地区，如云南兰坪铅锌矿伴生的原油、苏北盆地黄桥油气藏、塔里木盆地顺托地区等都发现深部流体对原油物理化学性质和运聚成藏过程产生了显著的影响。对这些地区深部热液活动、原油物理化学特征、运移聚集和改造过程进行详细研究，对深部油气勘探具有重要意义。

5.1　兰坪铅锌矿深部热液对烃类的改造

5.1.1　基本地质概况

云南兰坪金顶铅锌矿床位于西南三江褶皱系兰坪盆地的北段（图5.1），呈北北西走向，50～150km宽，长度大于400km。该盆地在古特提斯基础上充填了厚度大于10km的从上三叠统到新近系的沉积地层，除三叠系灰岩和泥灰岩为海相-海陆过渡相沉积外，中-新生界主体是陆相碎屑夹蒸发沉积。金沙江-哀牢山断裂、澜沧江断裂、兰坪-思茅断裂等共同控制了盆地的构造演化。喜马拉雅运动中，区域构造推覆活动明显，中-新生界褶皱发育，可见偏碱性岩浆侵入（薛春纪和高永宝，2009）。

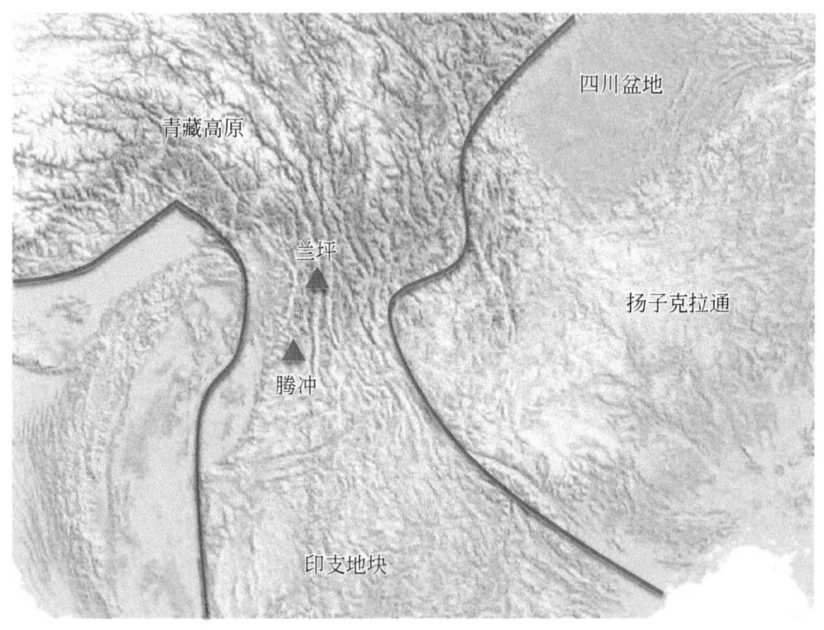

图5.1　云南兰坪金顶铅锌矿位置图

金顶矿区出露中生界和新生界，新生代推覆构造活动形成多个逆冲推覆构造面，较老地层被推覆到较新地层之上（薛春纪和高永宝，2009）。其中虎头寺组（K_2h）和云龙组（E_1y）为原地系统正常岩层，景星组（K_1j）、花开左组（J_2h）、麦初箐组（T_3m）和三合洞组（T_3s）依次被推覆到新地层之上，构成地层倒转。局部穹窿化过程使推覆构造地层发生变形，形成金顶穹窿，呈北北东走向，3.0km×2.5km 大小。铅锌硫化物矿体一般呈板状、脉状产出在主推覆构造面之上的景星组（K_1j）和之下的云龙组（E_1y）陆相碎屑岩中。景星组（K_1j）砂岩发生铅锌硫化物矿化形成“上含矿带”，云龙组（E_1y）含角砾砂岩发生铅锌硫化物矿化形成“下含矿带”。矿石主要类型为闪锌矿、方铅矿、黄铁矿等硫化矿物。热液矿物交代高孔渗碎屑岩中钙质胶结物形成胶结结构、微晶-胶状构造。金顶穹窿破裂出现放射状断裂。环绕金顶穹窿中心，分布着架崖山、北厂、跑马坪、西坡、蜂子山、南厂等多个矿段。另外，金顶铅锌成矿时代与该区喜马拉雅期偏碱性岩浆活动开始时间（68Ma）相近（Leach et al.，2017），成矿温度为 100 ~ 250℃，成矿深度为 0.9 ~ 1.5km，成矿流体盐度中等偏低，硫化物矿石铅同位素组成主体反映为地幔来源，硫同位素贫^{34}S（Xue et al.，2007）。金顶矿区的形成经历了复杂的地质过程，油气成藏和热液金属成矿可能伴随着沉积成岩、推覆构造、穹窿化和热液流体活动而先后发生。金顶穹窿是良好的油气圈闭，穹窿内三叠系—古近系含泥岩/煤层段都可能是潜在的油气烃源，包括云龙组（E_1y）下段泥岩、景星组（K_1j）煤层、花开左组（J_2h）泥岩等；沘江断裂是油气运移的天然通道；推覆构造 F_2之上的花开左组（J_2h）、麦初箐组（T_3m）和三合洞组（T_3s）低渗透率泥岩可作为天然的封闭盖层；而景星组（K_1j）和之下的云龙组（E_1y）中各类孔洞缝隙发育，渗透率高，连通性好，是油气优质储集层（薛春纪和高永宝，2009）。

兰坪中-新生代沉积盆地不仅是中国最大的铅锌矿床，也是世界上形成时代最新且唯一陆相沉积岩超大型铅锌矿床，巨量铅锌矿石集中产在金顶穹窿内，矿石中有不同产状的干酪根、轻质原油、重油、烃类气、沥青等多种成熟形式的有机物质（薛春纪和高永宝，2009）。有机物质在金属成矿中可能发挥重要作用，古油气藏遗迹明显，油气显示突出，是金顶古油气藏在铅锌成矿过程中热成熟破坏（裂解和被改造）不同阶段的产物。

兰坪金顶地区北场矿石呈深灰色、灰色，经常会嗅到汽油味。打开样品后，能观察到石油从某个孔洞储油集中点向四周扩散，同时能嗅到浓烈的汽油味，使人感到刺鼻难忍。在矿石中油与闪锌矿、方铅矿等硫化物矿物伴生。选取的原油及沥青样品中总有机硫（total organic sulfur，TOS）含量变化明显，最高可达 3.45%（图 5.2）。

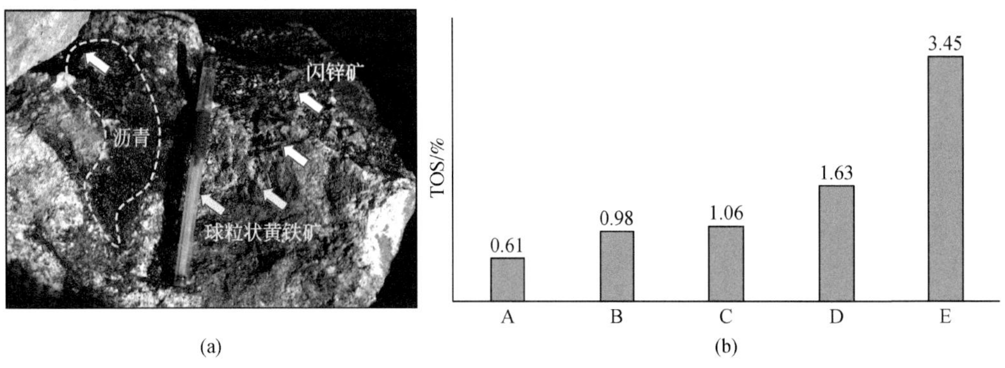

图 5.2　兰坪地区铅锌矿中沥青及其有机硫含量变化

A. 泥岩；B ~ D. 原油；E. 沥青，下同

5.1.2　有机质地球化学与热液改造证据

不同分子量正构烷烃的相对比例通常代表来自不同生物来源（如细菌、藻类、大型水生植物和陆生高等植物）的有机输入。兰坪铅锌矿伴生原油及沥青中正构烷烃分布变化大，呈前峰型（图 5.3），UCM 鼓包显著，正构烷烃丰度从沉积物到原油再到沥青逐渐减少，具有明显的偶碳数优势，CPI<1.0。T_s 和 T_m 的相对丰度变化反映样品的成熟度逐渐增加［$T_s/(T_s+T_m)=0.03\sim0.65$］。

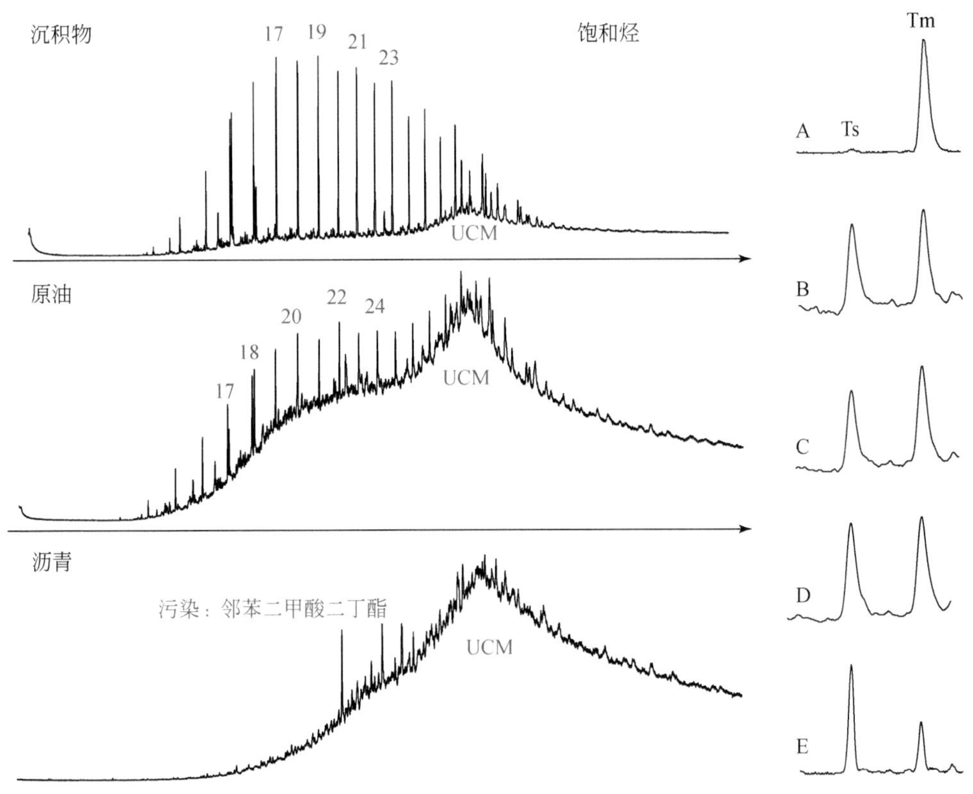

图 5.3　兰坪地区样品饱和烃质量色谱图

正构烷烃特征指示原油受到了强烈的热蚀变作用，生物标志物与相关的地化指标可能已经失去其生源、环境，甚至是成熟度的指示意义。根据图 5.4 中类异戊二烯（姥鲛烷、植烷）与正构烷烃的比值可以看出，样品在Ⅱ型、Ⅲ型有机质中均有分布，但并没有体现出符合成熟度的规律性变化，说明图 5.4 及其参数 Ph/nC_{18}和 Pr/nC_{17}受到一定程度热蚀变的影响。

规则甾烷通常被用来表征真核有机质（藻类、微生物或陆源植物）输入。一般来说，C_{27}规则甾烷来源于浮游植物/藻类，而 C_{29}规则甾烷与地面的陆生植物相关联。其他的微藻类（如褐/绿藻含有 24-乙基胆甾烷）对 C_{29}规则甾烷也有贡献。在 m/z 217 质量色谱图上，规则甾烷相对含量极低或缺失，这是热蚀变的结果，其生源指示意义也消失殆尽

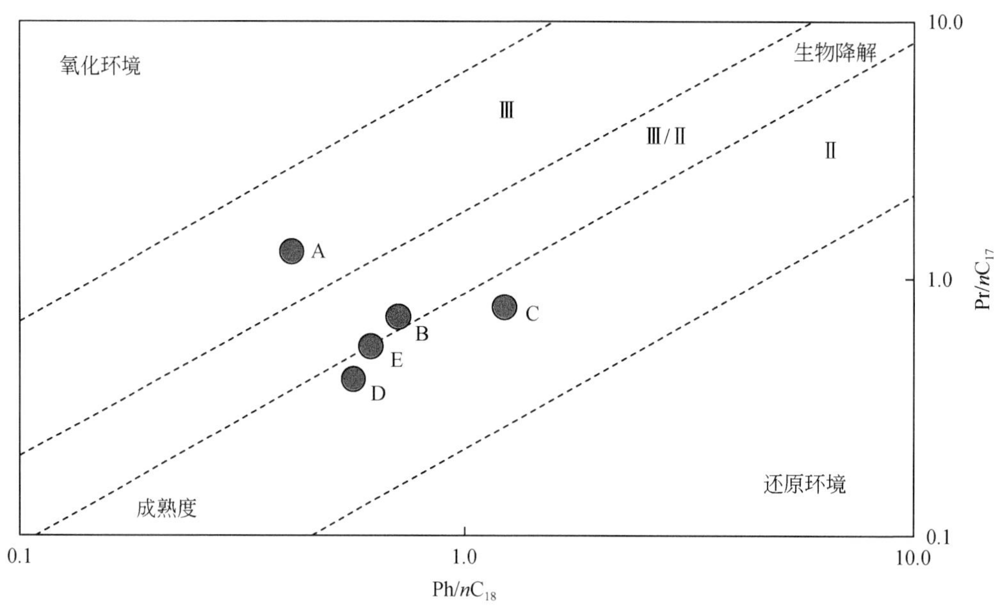

图 5.4　兰坪地区样品类异戊二烯（姥鲛烷、植烷）与正构烷烃二元关系图

（图 5.5），样品在图中各个范围均有分布。

在 *m/z* 191 质量色谱图上可检测到具有不同相对含量的原核细菌来源的藿烷（图 5.6）。

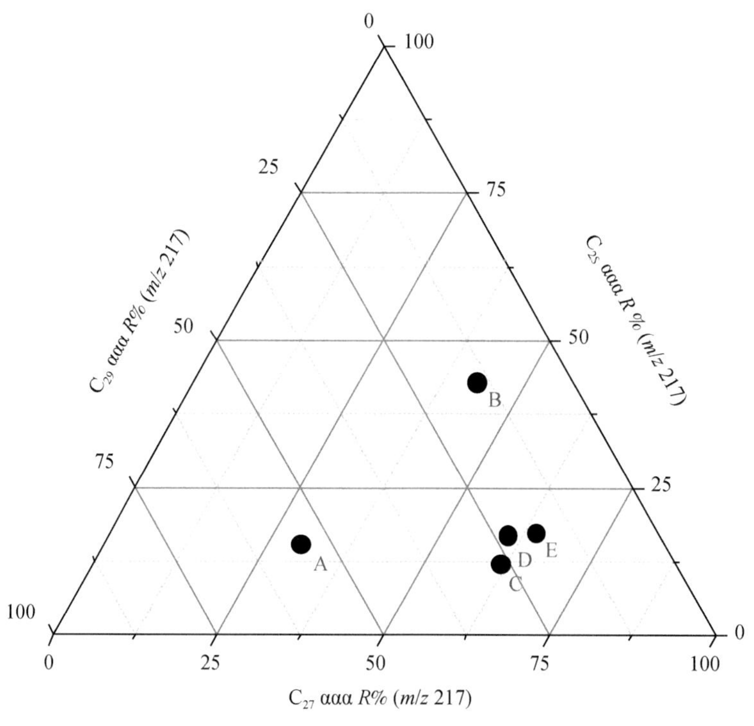

图 5.5　兰坪地区样品 C_{27} ~ C_{29} 规则甾烷相对分布三元图

色谱图上的五环萜烷比三环萜烷稀少的多。几乎所有的样品都含有相对更丰富的 C_{23}、C_{24} 三环萜烷。藿烷系列主要由 T_s、T_m、17α（H）、21β（H）-藿烷、17β（H）、21α（H）-藿烷（莫烷）和升藿烷组成。对于大多数样品，$C_{29}αβ$ 或 $C_{30}αβ$ 藿烷是色谱图上最丰富的化合物。伽马蜡烷指数（G/H=伽马蜡烷/$C_{30}αβ$ 藿烷）范围为0.2～1.5，与类异戊二烯一样（Pr/Ph=0.54～2.5），这样剧烈变化的数值不能指示水体氧化还原程度及水体分层的状态。

饱和烃质量色谱图均显示出生物标志化合物逐渐消失的特征，而UCM鼓包丰度逐渐增加。生物降解不能解释这一现象，因为样品中均未检测出25-降藿烷等与生物降解直接相关的化合物（图5.6）。这说明，样品受到的次生改造作用主要是深部流体作用产生的热蚀变而非生物降解。

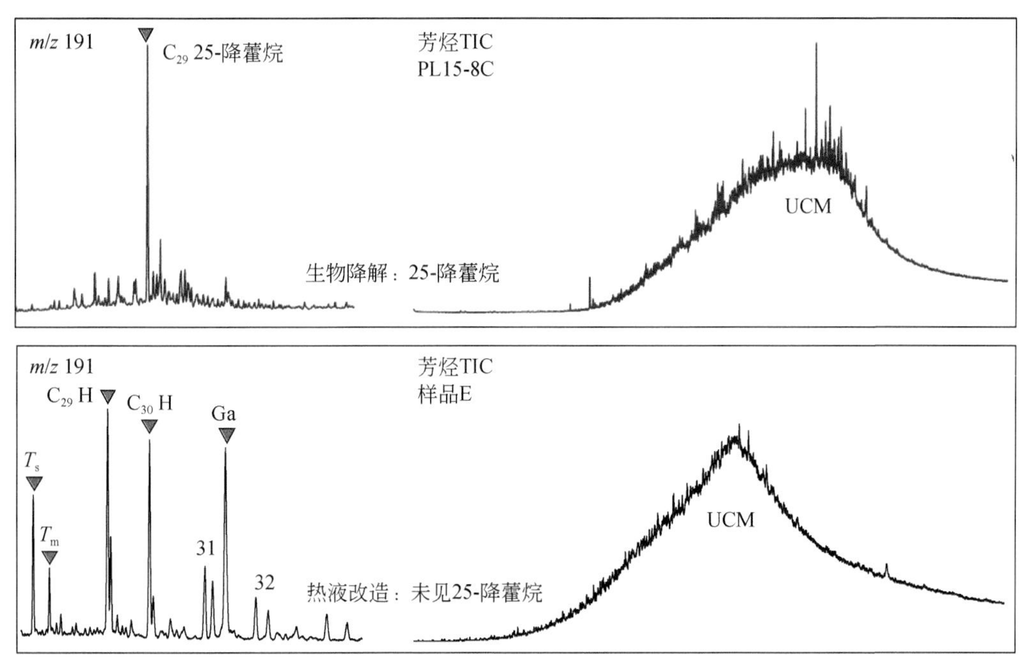

图5.6　兰坪地区铅锌矿热蚀变样品与正常生物降解样品对比（Cheng et al.，2018）

保存在沉积物或原油中的芳香烃是由生物前驱物转化产生的，微生物作用或温度、压力和矿物基质在成岩作用过程中也会影响芳香烃的分布特征（Albrecht and Ourisson，1971），因此芳香烃可以用以反映沉积有机质的起源和沉积环境变化的信息。

在兰坪铅锌矿伴生原油及沥青的芳烃质量色谱图中显示芳烃化合物逐渐消失，而UCM鼓包逐渐增加（图5.7）。正常原油或者烃源岩提取物中的芳烃组分中最丰富的化合物相对含量很低，如烷基萘（Alkyl N）、烷基菲（Alkyl P）、烷基苯（Alkyl B）、烷基䓛（Alkyl Chy）、二苯并噻吩（DBT）、联苯（Bp）、三芳甾烷（TAS）等多结构取代的芳烃化合物。同时，出现了一些无法鉴定的化合物，如沥青抽提物中的 m/z 530 化合物（图5.7）。

通过检测分子离子 m/z（178+184+202+204+228+234+252+276+300）可知芳烃组分

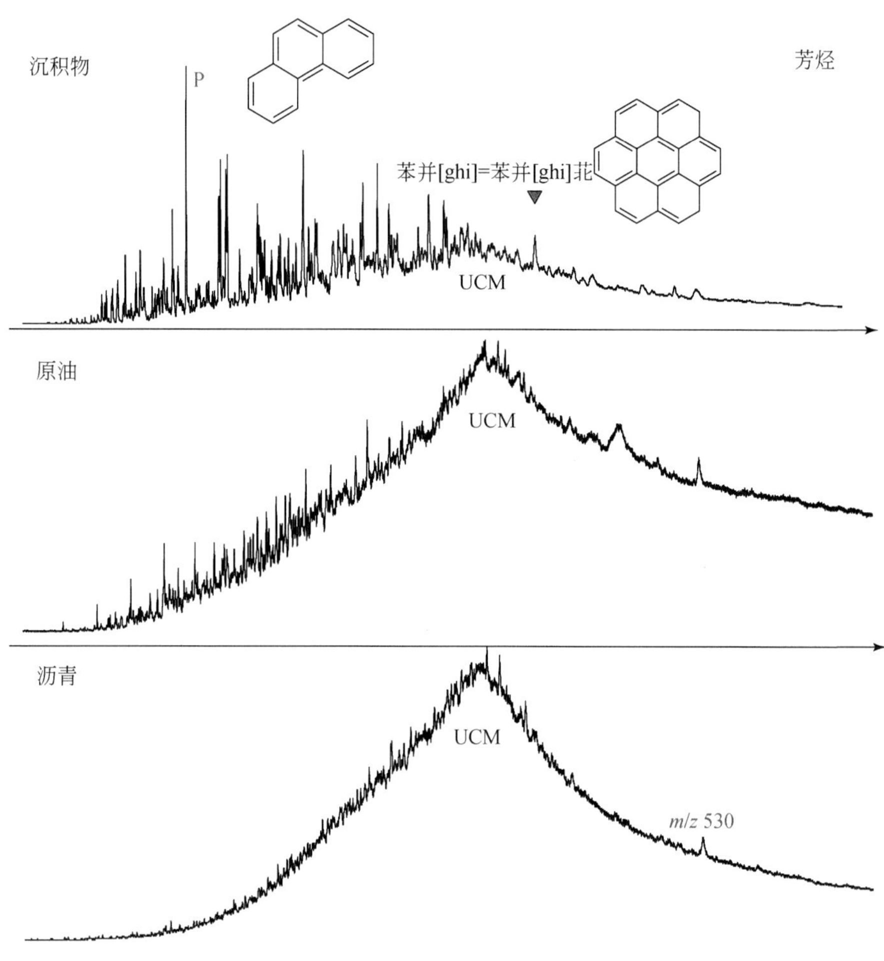

图 5.7　兰坪地区样品芳烃质量色谱图

中各类相对含量较高的化合物。二苯并噻吩、苯基萘（PhN）、三联苯（TrP）、四联苯（QtP）、2-苯基萘（2-PhN）等一系列与深部热液相关的化合物均有出现。从样品 A 到 E，二苯并噻吩和 2-苯基萘的相对含量先增加后降低。苯并［b，j，k］荧蒽（BFla）、苯并［e］芘（BePy）、苯并［a］芘（BaPy）均有检出，苝（Pery）没有在 m/z 252 质量色谱图中检测出。苯并［e］芘相对含量随着热液作用的增强逐渐增加，沥青样品 E 苯并［e］芘的相对含量较高，苯并［b，j，k］荧蒽（BFla）只有痕量。不同类型化合物相对含量逐渐增加（如 BePy）或逐渐下降［三亚苯/䓛（Tpn/Chy）］，这反映出不同化合物之间可能在热液作用下发生改造或转化。

大于 5 环的多环芳烃（PAHs）的存在可能表明发生过燃烧或高温事件（Jiang et al., 1998）。然而在本书中，所有大于 5 环的多环芳烃相对含量极低，相对含量随热液作用强度逐渐下降，这与异常热成因的观点不一致，这可能是由于热液催化作用造成多环芳烃的热蚀变。在芳烃组分中，多环芳烃、UCM、生物标志物及苯基化合物的含量变化呈现规律性变化，这指示在热液作用下，各类化合物可能发生相互转化，在不同热液条件下化合物呈现出亚稳态特征。

通过检测分子离子 *m/z* 204+228+234，苯基萘、苯并萘并噻吩、三亚苯和䓛的相对含量变化是相反的。苯并萘并噻吩相对含量逐渐增加后又减少，苯基萘、三亚苯和䓛相对含量逐渐下降，这种变化可能主要受到成熟度或者热液作用强度的影响。不同化合物之间发生相互转化。当然，单一的热成熟度作用和热液作用无法通过这类化合物的变化规律识别区分。

通过检测分子离子 *m/z* 306+318 与 306+336，检测出四联苯以及相关的杂原子呋喃类和噻吩类化合物。呋喃类化合物（*m/z* 318）是 1 个 O 原子结合，再发生一次脱氢环化还原作用（Marynowski et al., 2002），*m/z* 306+14−2=318。而噻吩类化合物（*m/z* 336）是 1 个 S 原子结合，*m/z* 306+30 = 336。*m/z* 318+336 质量色谱表明，两类杂原子化合物的相对含量都是逐渐增加的，这指示着随着热液作用增强，更多的化合物发生相互转化，在矿物表面催化作用的影响下，杂原子被引入化合物之中。

图 5.8 显示，随着热液作用的增强，杂原子化合物的相对含量逐渐增加，指示四联苯与 O 或 S 原子的结合是存在且同时发生的。热液作用促进苯基类化合物以及杂原子化合物的形成。芳烃组分中这几类化合物在正常原油或沥青中一般是很难检测到。单一热成熟作用只能促进原油或沥青中化合物的聚合，多环芳烃化合物的相对含量应该增加，其烷基同系物应当减少，但∑MPs/P 值不降反升，说明兰坪地区热液作用区别于单一的热成熟作用（Marynowski et al., 2001），也解释了相对复杂的杂原子化合物的成因。

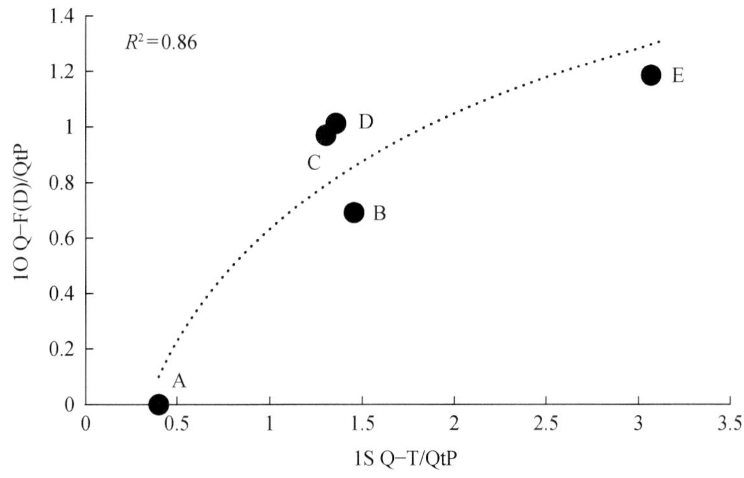

图 5.8　兰坪地区噻吩类、呋喃类化合物和四联苯的二元相关图

采用傅里叶变换离子旋回共振质谱仪（Fourier-transform ion cyclotron resonance mass spectrometry，FT-ICR-MS）测试方法分析原油或沥青中含等效双键（double bond equivalent，DBE）杂原子含 N/S/O 化合物（NSO）的含量及变化特征，从分子组成层次上研究热液作用下有机化合物的元素组成。图 5.9 是不同类型化合物组合堆叠图。其中包含了两个层面的信息。首先，分子组成类型信息，即分子中 NSO 杂原子类型的组合方式。其次，杂原子类型相同的化合物，不同的缩合度的分布，即按照分子中等效双键数（环数

和双键之和）再分组。

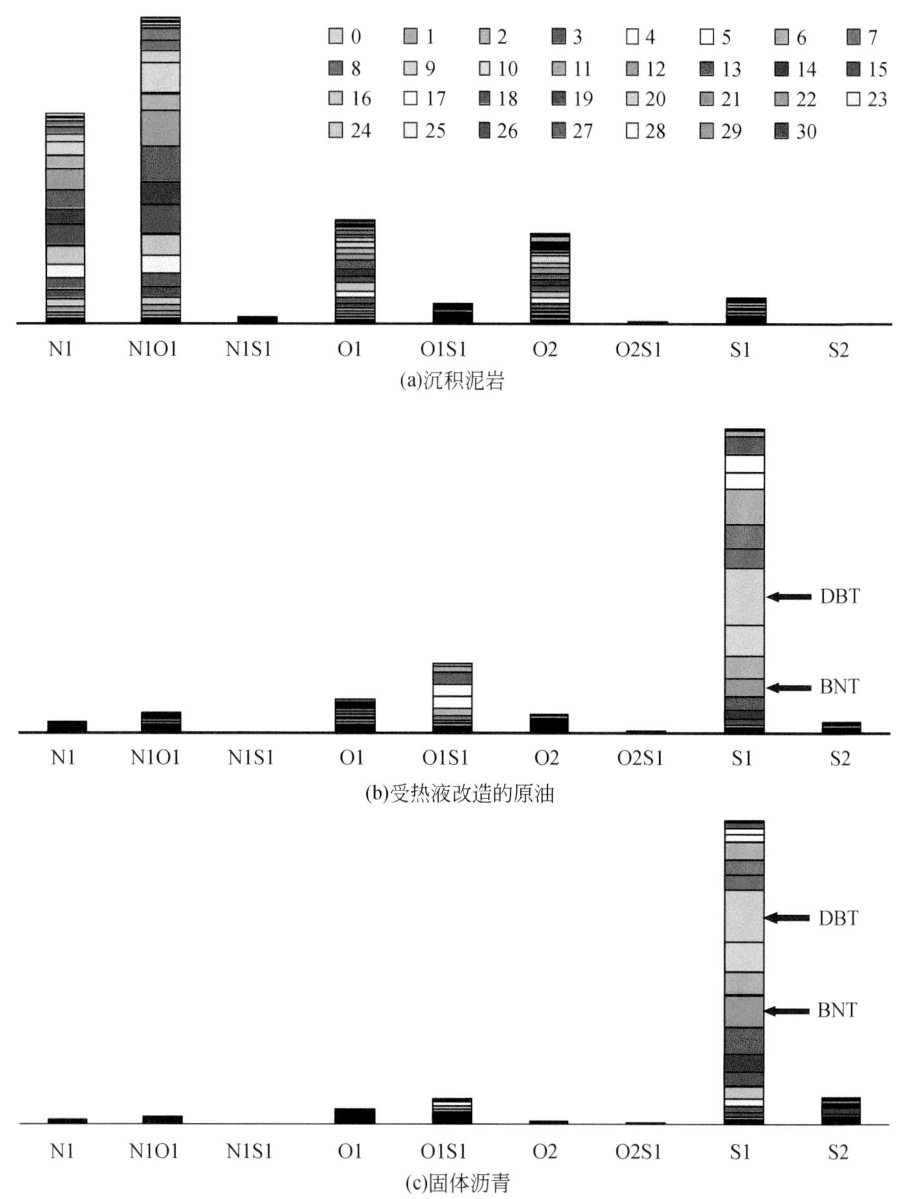

图 5.9　兰坪地区不同类型化合物组合堆叠图

正离子 ESI-FT-ICR-MS 主要用以鉴定样品中的含 S 化合物，但一般可检测到的杂原子类型包括但不限于 S1、S2、O1S1、N1S2、N1O2、N1O1、N1，兰坪铅锌矿样品中可鉴定出的 9 种主要杂原子组合类型，分别为 N1、N1O1、N1S1、O1、O1S1、O2、O2S1、S1 和 S2 类，未受改造的沉积泥岩（A）抽提物样品中 N1、N1O1、O1、O2 类化合物普遍存在且相对含量较高，N1O1 类化合物含量占绝对优。其次是 N1 类化合物，其他化合物含量极低（图 5.9）。而铅锌矿中受到热液改造后的原油中（C），S1 类化合物普遍占 80% 以上，其次是 O1S1 类化合物，但随着热液作用增强，沥青中（E）S1 类化合物类型的相对含量逐渐超过 90%（图 5.9），并且高 DBE 值的 S1 类化合物相对含量逐渐增加。采用不同的颜色表示不同的 DBE 值，以 S1 类化合物为例，可得出该类化合物的 DBE 主要分布在 3 ~ 12，其中 DBE = 9 的二苯并噻吩类化合物具有最高的相对含量，这指示热液作用有助于 S1 类化合物的合成与聚合。

图 5.10 为 S1 类化合物的 DBE 和碳数气泡图，从中可以看出，未改造的样品中，S1 类化合物的 DBE 为 2 ~ 22，碳数为 13 ~ 39，其中，较高相对含量出现在 DBE = 9 ~ 15，碳数分布在 15 ~ 25，此外，质量分布重心位于 DBE = 12，碳数 = 20 处。DBE 为 1、2 的硫醚类分别对应一环和二环环硫醚。由于三环环硫醚和噻吩类硫化物的 DBE 均为 3，仅从 DBE 数值上不能判断 DBE = 3 的硫化物在类型上的归属。在图 5.10 中 DBE = 6 的 S1 类显示出较低的相对含量，DBE = 9 的 S1 类显示出较高的相对含量，这说明苯并噻吩（DBE = 6）含量不高，而二苯并噻吩（DBE = 9）这种 S1 类化合物含量较高，DBE = 12 的 S1 类显示出最高的相对含量，即苯并萘并噻吩（BNT）这类化合物的相对含量最高。

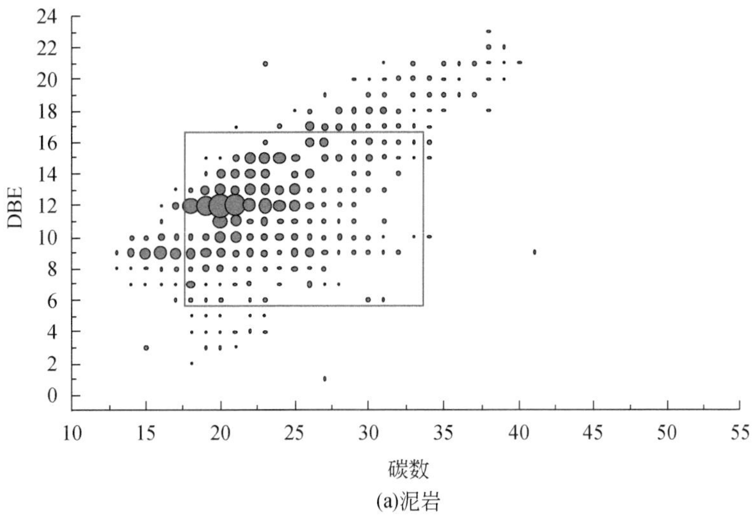

(a)泥岩

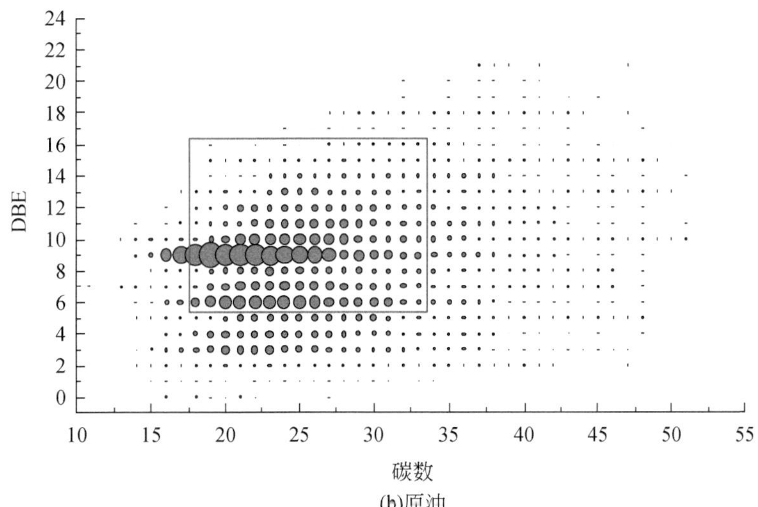

(b)原油

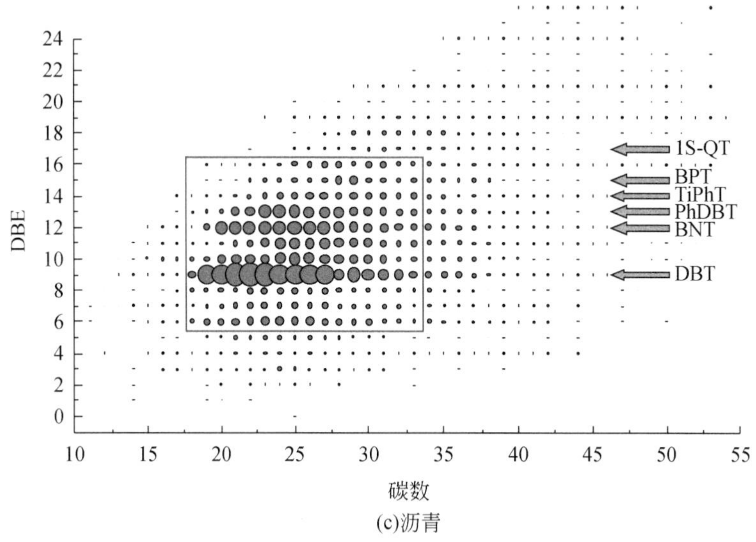

(c)沥青

图 5.10　兰坪地区 S1 类型化合物 DBE 和碳数气泡图

单一热成熟作用下，S1 类化合物的碳数会随着热成熟作用的增强而减少，热作用造成化合物的脱烷基化过程增强，S1 类化合物的气泡图质量分布重心会左移，较高相对含量化合物的质量分布更集中（Li et al., 2012）。然而，兰坪铅锌矿中有机化合物中 S1 类化合物的气泡图质量分布是随着热成熟度［$T_s/(T_s+T_m)$］的增加先下移，右移再上移。这个变化过程反映了热液作用对原沉积盆地中有机质的改造是阶段式的，不同于单一的热作用。

有机-无机作用在原理上是物质和能量参与下复杂的氧化还原反应，有机化合物处于亚稳态平衡。热液条件下的亚稳态平衡会随着热液条件的改变而改变对应的有机化合物的相对含量（图 5.11）。杂原子（如 S）的引入促进了含 S 化合物相对含量的逐渐增加。然而，含 S 化合物的形成机制尚未得到很好的解释，从成岩早期的富 S 沉积环境、富 S 干酪根的形成、成熟度效应，以及 BSR、TSR 作用都是潜在的影响因素（Marynowski et al.,

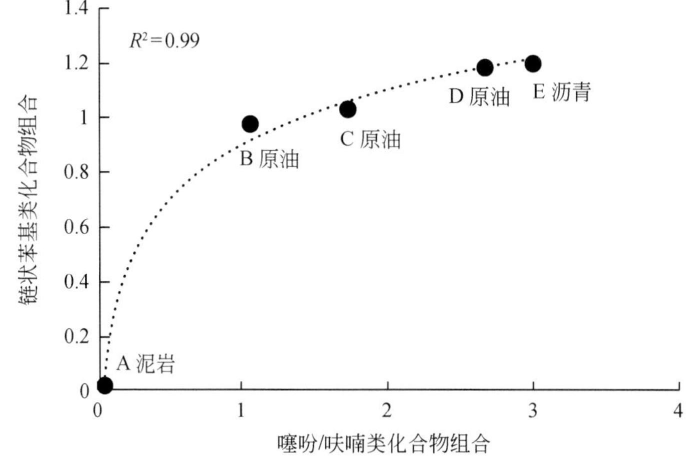

图 5.11　兰坪地区杂原子化合物与热液中间产物二元相关图

2002；Li et al.，2012；Wang et al.，2013）。热液作用借助有机-无机相互作用可以产生较高含量的热液中间产物链状化合物，链状芳烃化合物与S元素的结合促进了含S化合物的形成（Asif et al.，2009，2010）。

如图5.12所示，未遭受热液改造的A样品中杂原子化合物与链状化合物相对含量极低，随着热液改造作用的开始，样品B中的杂原子化合物与链状化合物相对含量突然增加至～33%；此时，链状化合物的相对含量最高，随着热液作用进一步加强，环境中的杂原子通过表面催化反应形成复杂的极性更高的化合物（Asif et al.，2009）；随着杂原子化合物相对含量持续增加，链状化合物的相对含量开始下降，这意味着样品中产生链状化合物的母化合物不足。极性化合物的增加促进了NSO化合物的沉淀，即沥青样品E析出形成。

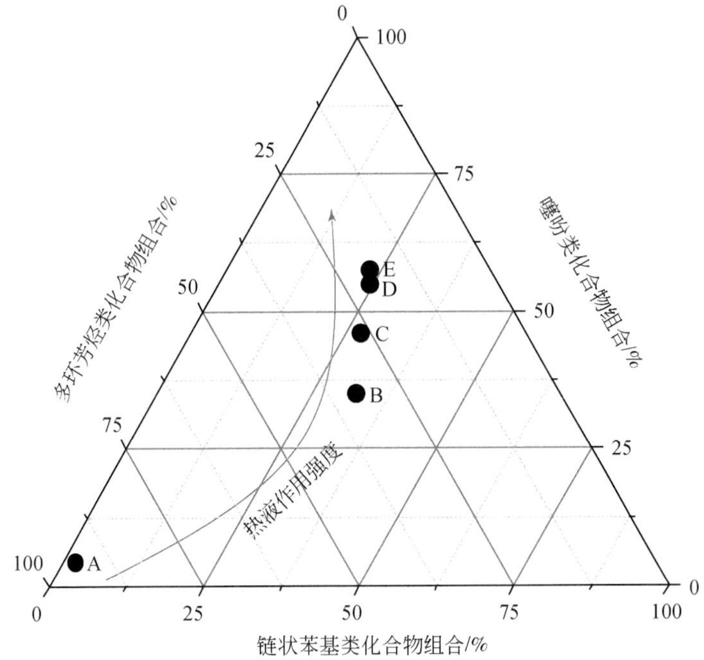

图5.12　兰坪地区热液作用强度识别图（据Xu et al.，2021修改）

在兰坪地区铅锌矿样品中，含S1化合物与含S2化合物之间也具有良好的相关性（图5.13；R^2=0.94）。苯并萘并噻吩与苯并［1，2-b：3，4-b′］双［1］苯并噻吩随着热液作用增强，其相对含量逐渐增加，指示其S原子的引入是同步的，验证了之前含S化合物的形成机制。随着深部地质作用的增强，不同程度热液作用下的各类化合物发生相互转化。因此，在沉积盆地中无机介质的参与下，原油或有机质中有机化合物处于亚稳态平衡，而非理想化的热力学平衡。地层中丰富的矿物催化元素起到至关重要的作用（Seewald，1994，2003）。

矿物对有机化合物的表面催化作用已经得到证实，尤其是对C—C及C—H键的断裂作用显著（Shipp et al.，2014）。在热催化条件下，无机元素、有机分子、复杂高分子之间可以发生转化。不同化合物的相对含量的变化随着热催化条件的变化而变化，不同化合物

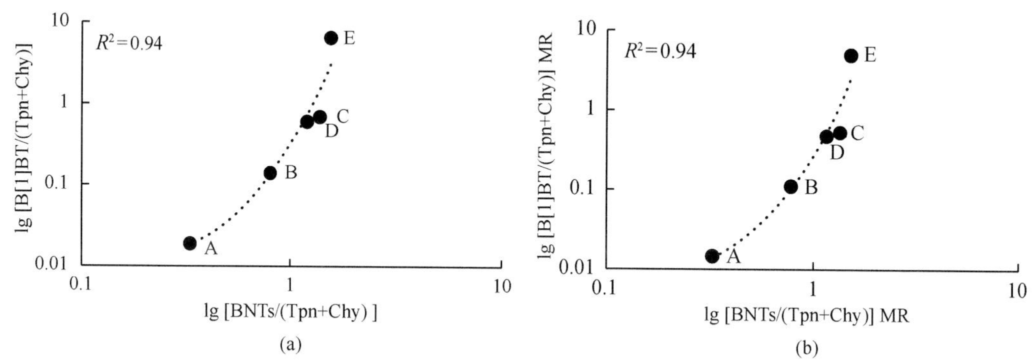

图 5.13　典型含 S 化合物与母化合物的质量比（a）与摩尔比（b）二元对数相关图

之间处于亚稳态平衡（Seewald, 1994）。热液作用下多环芳烃在深部流体的热催化影响下，C—C 键可以发生断裂，形成了相对不稳定的苯基类化合物，同时生成丰富的杂原子化合物，如噻吩、羧酸、醛、醇、酮等（Püttmann et al., 1989；Walters et al., 2015）。云南兰坪金顶铅锌矿中原油及沥青与闪锌矿、方铅矿、黄铁矿、白铁矿等矿物充分接触，在热和催化剂作用下，有机化合物随着热液作用的增强发生复杂的氧化还原反应。无机元素催化的有机-无机相互作用影响了亚稳态平衡的移动方向，极大地影响了深部原油的赋存状态。

5.1.3　有机质与矿物成藏

云南兰坪中-新生代沉积盆地内超大型-大型铅锌矿床以陆相冲积扇相碎屑岩为主岩，不同于以海相碳酸盐岩为主岩的 MVT 矿床，在成因上也有别于其他地区以沉积岩为主岩的 SEDEX 型与 SST 型铅锌矿床。兰坪金顶铅锌矿与古油藏显示并存，其油气成藏过程与金属成矿过程的耦合关系是深部流体作用背景下有机-无机相互作用的宏观体现。

始新世以来的大规模逆冲推覆构造活动，在金顶矿区出现为以 F_2 为主的推覆逆断层，外来系统自东而西推覆于原地系统之上，矿区局部穹窿化形成金顶穹窿，成为盆地流体聚集和油气成藏的良好构造圈闭（Leach et al., 2017）。伴随着走滑-拉分为主的构造活动，兰坪盆地中的沘江断裂规模大、切割深，是油气从烃源层运移到盆地浅处的良好通道。在金顶穹窿内，油气储层与铅锌硫化物矿的层位基本一致，位于主推覆构造面（F_2）之上的景星组（K_1j）和之下的云龙组上段（E_1y^b）陆相碎屑岩，K_1j 和 E_1y^b 作为金顶油气储集层，其孔隙度及渗透率高，储集空间好，包括粒间孔、次生溶蚀孔、灰岩角砾间次生孔和构造裂缝等，孔隙度为 6.9% ~ 46.5%，渗透率为 $7.4\times10^{-3}\ \mu m^2$，孔喉平均直径为 5.294μm，大于 1μm 的粗喉占 82.9%（薛春纪等，2007）。而储集层之上是逆冲推覆而来的中侏罗统花开左组（J_2h）可作为良好盖层，其中泥岩、粉砂泥岩岩层渗透率较低（$0.16\times10^{-3}\ \mu m^2$），孔隙直径平均为 0.166μm，小于 0.2μm 的孔隙占 83.6%，具有很好的封闭能力（常象春和张金亮，2003）。

富有机质地层有利于金属组分的活化、萃取和转移（Holman et al., 2014）。在兰坪盆地演化、金顶穹隆化及构造热作用的过程中，烃源岩生烃、排烃并聚集形成油气藏，烃类作为电子供体成为金属大规模快速沉淀的重要还原剂（Holman et al., 2014）。金顶铅锌矿石中石英、天青石、闪锌矿、方解石、石膏等矿物流体包裹体均一温范围为 80 ~ 280℃（Xue et al., 2007），测温数据的显示 3 个温度区间，即 230 ~ 270℃、150 ~ 190℃和 80 ~ 140℃，其中 150 ~ 190℃和 80 ~ 140℃的区间最为突出，该热液成矿的温度区间可与古油藏发生强烈且广泛的相互作用。另外，在兰坪金顶铅锌矿中流体包裹体多含烃类成分，在铅锌矿中观测到较多的原油、烃类流体包裹体，热液方解石常与黄铁矿、闪锌矿、方铅矿等硫化物矿石矿物共生（薛春纪和高永宝，2009），透射全色光显微镜下呈黄褐色，具有重油特点；在透射紫外光显微镜下表现出明显的荧光特征，是烃类流体包裹体。碎屑石英中捕获有较多次生流体包裹体，透射全色光显微镜下呈现浅灰色，在透射紫外光显微镜下出现黄色荧光，也反映出烃类流体包裹体的确切特点，烃类流体包裹体成分更多是轻质原油或烃类气体。矿石中的高温含烃包裹体说明了深部铅锌热液流体与兰坪金顶地区烃类组分的动态耦合成藏关系。

成矿热事件使得热演化过程加速，在金顶铅锌矿的地球化学分析中多发现：黑色玻璃状的固体沥青及重质油与硫化物共生、镜质反射率增大、饱和烃以低碳数单峰型分布、甾烷藿烷异构化参数均达平衡、杂环化合物含量增加、多环芳烃化合物含量下降等现象。这些现象均表明兰坪金地穹隆古油藏及有机质直接参与了金属成矿。

有机配位体在低温（小于 200℃）条件下即可与金属形成很稳定的配合物，金顶穹隆古油藏及有机质与铅锌热液流体的相互作用，通过配位作用还原萃取卤水中的铅锌元素，改变热液流体的氧化还原状态，最终结合还原硫促进金属沉淀成矿。同时烃类及有机质作为强还原剂被热蚀变改造，形成与单一热演化原油不同分子的地球化学特征，也反证了有机–无机相互作用对于金顶地区“油气–矿物”成藏的共同积极效应（图 5.14）。

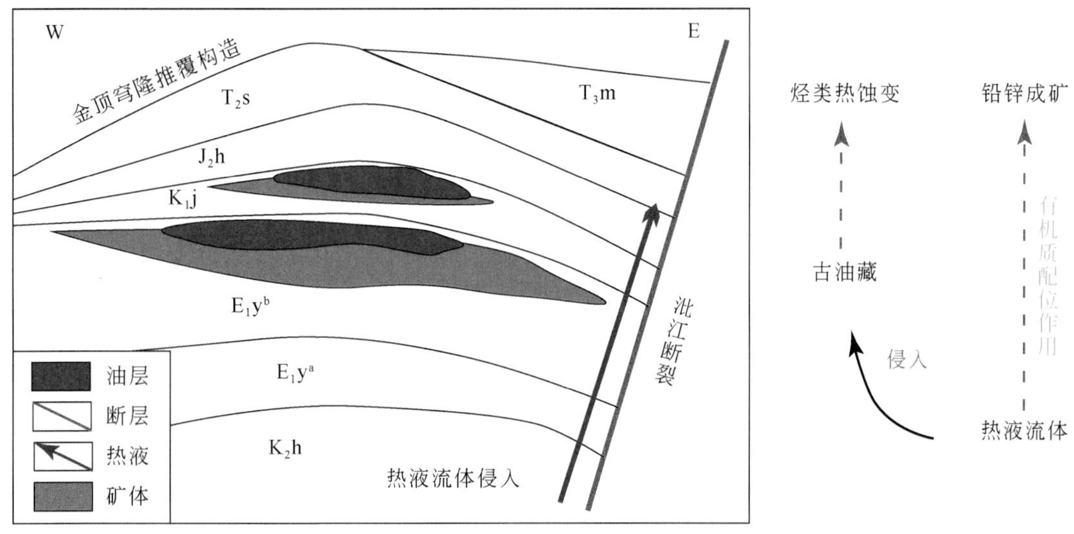

图 5.14　云南兰坪金顶古油藏与铅锌矿藏耦合关系

5.2　黄桥幔源 CO_2 与原油运聚成藏

黄桥地区位于江苏省泰兴市黄桥镇，构造上位于下扬子板块苏北盆地次一级构造单元南京凹陷东北端的黄桥复向斜带，处于苏北盆地南缘的斜坡部位。

黄桥地区在古生代处于较稳定的构造环境，印支运动使下扬子板块东部发生强烈褶皱、推覆，使得该区上古生界形成褶皱，出现中下古生界构造不协调发展。燕山运动中期，研究区内挤压与拉张并存，以挤压为主；在挤压应力持续作用下，发生剪切平移断裂，使得北东向构造带撕裂和分块，并发生区域性断裂活动，伴随大规模中酸性岩浆侵入与喷发。燕山晚期-喜马拉雅运动期，苏北地区发生大规模裂陷与抬升，并伴有若干期基性岩浆活动，拉斑玄武质和碱性橄榄玄武质岩浆岩呈裂隙式喷发。同期，走向近南北向的滨海-桐庐隐伏深大断裂在黄桥地区与郯庐断裂近乎平行，延伸500km以上，宽20～30km，倾向近乎直立，切开新近系至岩石圈底部，源自地幔层的深部剪切运动直接控制着黄桥地区的构造变形。苏北盆地 CO_2 气藏主要分布在近东西向展布的天长-氾水-红庄断裂、沿江断裂与呈北东东向展布的基底断裂的交汇部位（陈沪生等，1999）。黄桥地区 CO_2 油气田发育于近东西向沿江岩石圈断裂与呈北东东向展布的曲塘、塔子里控凹基底断裂的交汇部位（图5.15）。

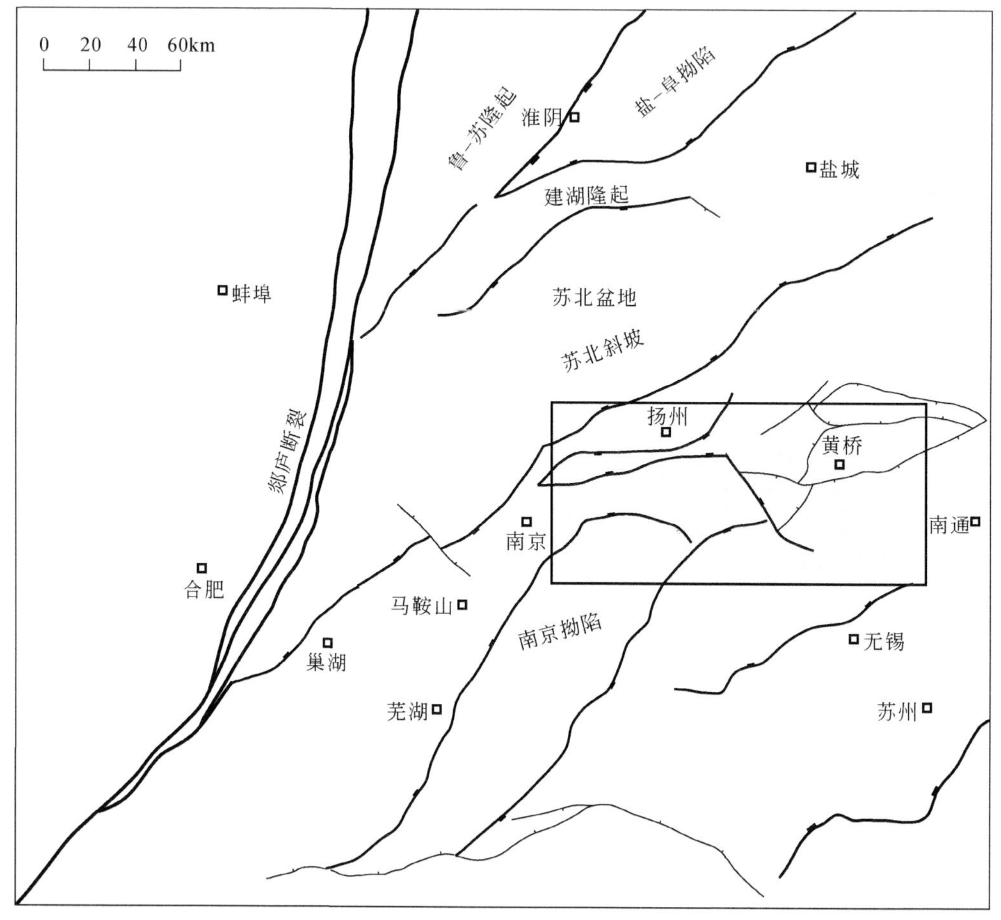

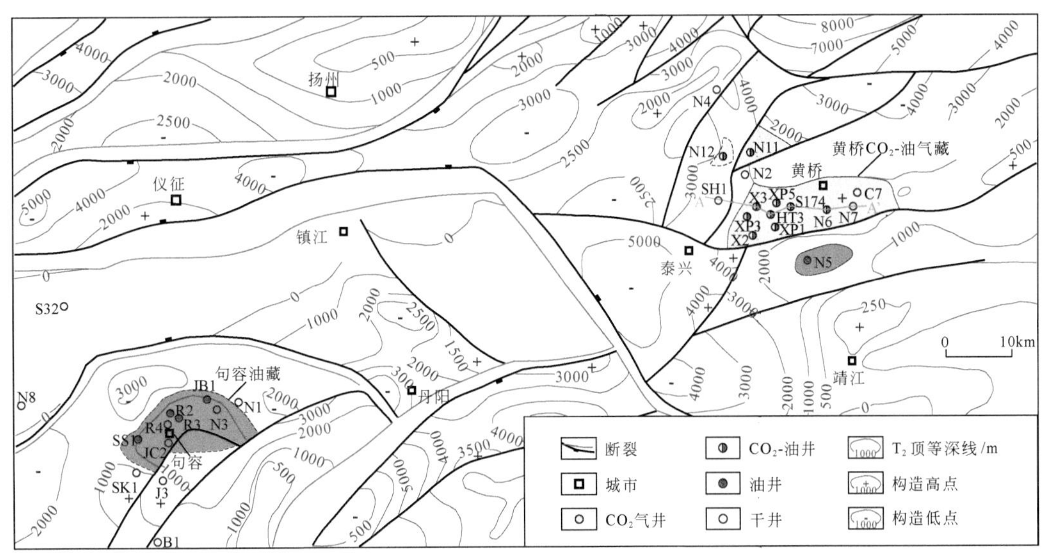

图 5.15　黄桥-句容地区构造单元与油气田分布图

黄桥地区被第四系广泛覆盖，大部分地区缺失古近系、下白垩统、侏罗系和上三叠统，其余层系基本保存完整（图 5.16）。钻遇最老地层为下志留统高家边组（S_1g），尚未见底；上志留统茅山组（S_3m）之上为上泥盆统五通组（D_3w）所不整合覆盖；石炭系发育较齐全，依次发育下石炭统高黎山组（C_1g）、中石炭统黄龙组（C_2h）和上石炭统船山组（C_3c）；二叠系依次发育下二叠统栖霞组（P_1q）和孤峰组（P_1g）、上二叠统龙潭组（P_2l）和大隆组（P_2d），其中龙潭组主要由暗色泥岩、砂岩互层夹煤线构成，累计厚度为 142.5m，该层段泥岩为主力烃源岩，而砂岩为产油气层段，大龙组主要为暗色泥岩，为气藏的直接盖层；中生界大部缺失，仅发育下三叠统青龙组（T_1q）和上白垩统浦口组（K_2p），其中上白垩统浦口组为一套棕红色含膏泥岩，累计厚度在 400m 左右，起到良好封盖作用；新生界古近系全部缺失，仅发育新近系盐城组（Ny）和第四系东台组（Qd）。

黄桥地区溪桥断块上二叠统龙潭组钻遇 4 口井，天然气均高含 CO_2 且与凝析油共生产出，其中华泰 3 井（直井）产油 1.3t/d，产气 $2.5\times10^4m^3/d$，无水；溪 3 井（直井）产油 1.4t/d，产气 $3.76\times10^4m^3/d$，无水；溪平 1 井（水平井）产油 5.51t/d，产气 $5.56\times10^4m^3/d$，无水；溪平 5 井（水平井）产油 3.0t/d，产气 $1.1\times10^4m^3/d$，产水 $18m^3/d$。原油密度为 0.7933 ~ 0.8255g/cm^3，为轻质油或凝析油。黄桥地区目前高产油气井 4 口，主要产轻质原油与 CO_2，且原油日产量与 CO_2 日产量呈正相关关系，这与原油及 CO_2 的赋存关系密切相关（图 5.17）。

5.2.1　黄桥地区富 CO_2 天然气地化特征和成因

1. 天然气地球化学特征

黄桥地区 CO_2 气田是我国陆上规模最大的 CO_2 气田之一，临近郯庐深大断裂的交汇部

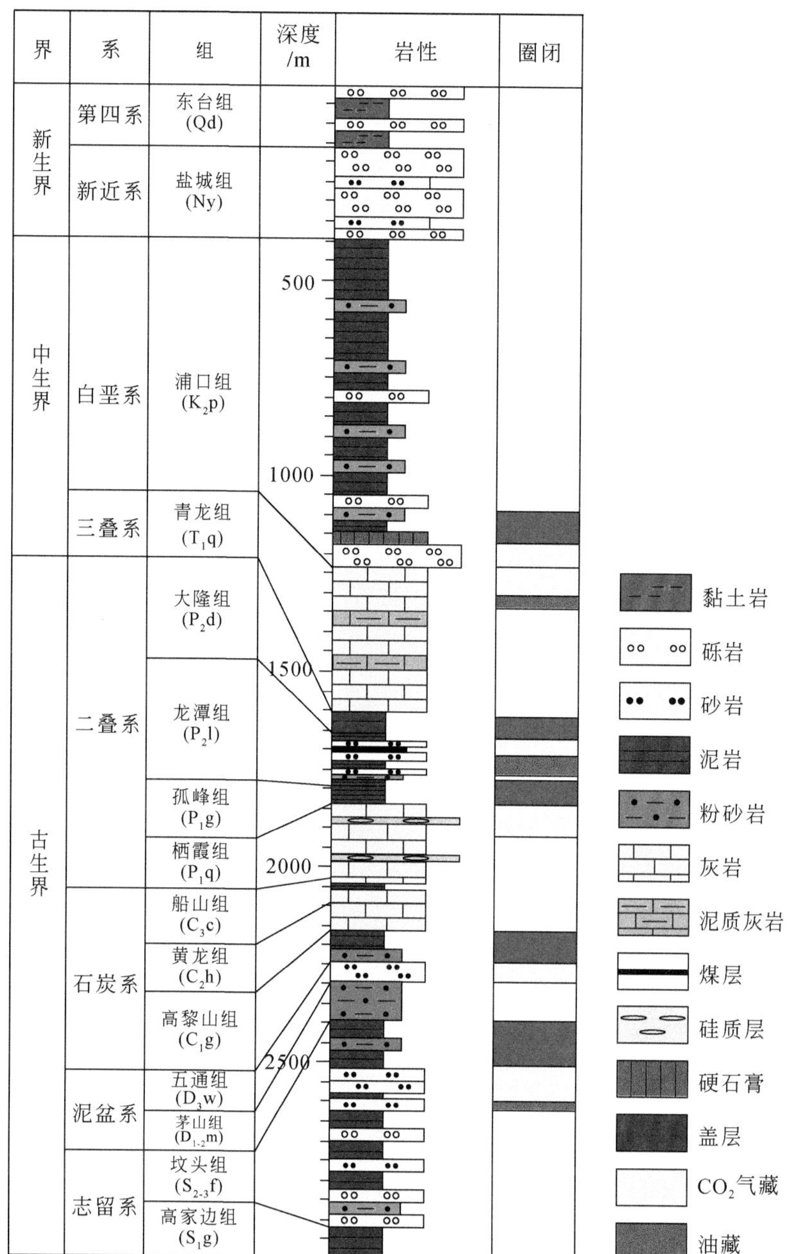

图 5.16　黄桥地区地层综合柱状图

位。黄桥气田富 CO_2 天然气组分以 CO_2 为主，含量为 80.56% ~ 99.30%，平均值为 93.37%。烷烃气含量为 0.51% ~ 10.2%，平均值为 0.37%，其中 CH_4 含量为 0.45% ~ 10.2%，平均值为 0.36%；C_2H_6 含量为 0.03% ~ 0.42%，平均值为 0.14%；C_3H_8 含量为 0.01% ~ 0.13%，平均值为 0.03%；C_4H_{10} 含量为 0.01% ~ 0.08%，平均值为 0.02%；C_5 等以上重烃气体含量更低。N_2 含量为 0.07% ~ 10.95%，平均值为 0.15%。H_2 含量为 0 ~

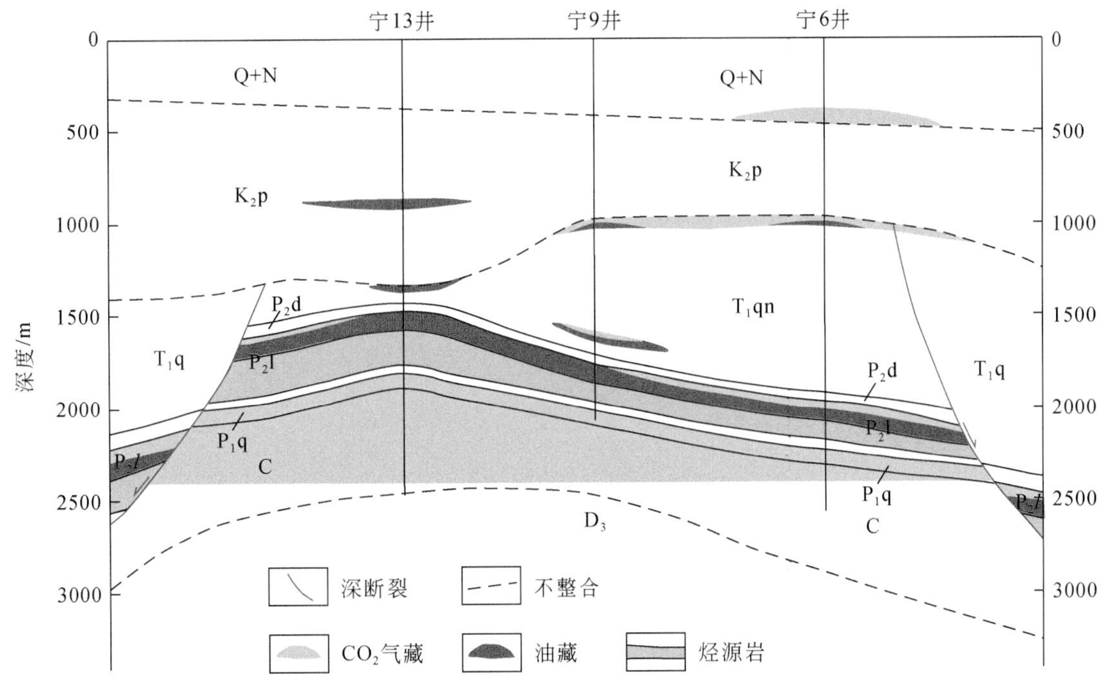

图 5.17　黄桥地区 CO_2 与原油赋存关系示意图

4.2619%，平均值为 0.528%。He 含量为 0～0.5709%，平均值为 0.094%。CO_2 碳同位素组成为-12.3‰～-1.7‰，其中溪平 5 井 CO_2 碳同位素最轻为-12.3‰，其余样品主要分布在-3.3‰～-1.7‰，平均值为-2.5‰。甲烷碳同位素组成为-42.6‰～-35.6‰，平均值为-39.7‰。乙烷碳同位素组成为-34.8%～-29.6‰，平均值为-31.9‰。丙烷碳同位素组成为-30.0‰～-28.1‰，平均值为-29‰。烷烃气碳同位素组成为正序特征，即 $\delta^{13}C_1<\delta^{13}C_2<\delta^{13}C_3$。由于乙烷等重烃气含量低于氢同位素检测下限，本次只分析甲烷的氢同位组成，为-218.5‰～-186‰，平均值为-194.5‰。稀有气体同位素组成 $^3He/^4He$ 值为 $(0.94\sim4.67)\times10^{-6}$，$^{40}Ar/^{36}Ar$ 值为 280～3152。

2. CO_2 的成因类型

本次研究结合了苏北盆地黄桥气田邻区的句容油气田浅层天然气（产出层位古近系），以及巴西桑托斯油气田（马安来等，2015）和中国南海琼东南等富 CO_2 油气田的天然气（Huang et al.，2004，2015）进行了类比。根据 Smith 和 Pallasser（1996）建立的 CO_2 与甲烷碳同位素组成关系图，黄桥气田天然气 CO_2 与巴西桑托斯油气田和中国南海琼东南较为相似，主要分布在热降解气和深部 CO_2 区域，而黄桥气田邻区的句容油气田天然气主要为湖相醋酸发酵区，也存在煤热解气和热解气与深部 CO_2（图 5.18）。据 Dai 等（1996）研究，我国 CO_2 的 $\delta^{13}C$ 值分布范围为-39‰～7‰，其中有机成因值主要为-39‰～-10‰，无机成因值主要为-8‰～7‰，而中国东部幔源-岩浆成因值大多为-6‰±2‰。

根据图 5.19 可知，黄桥油气田 CO_2 与巴西桑托斯油气田和中国南海琼东南 CO_2 较为相

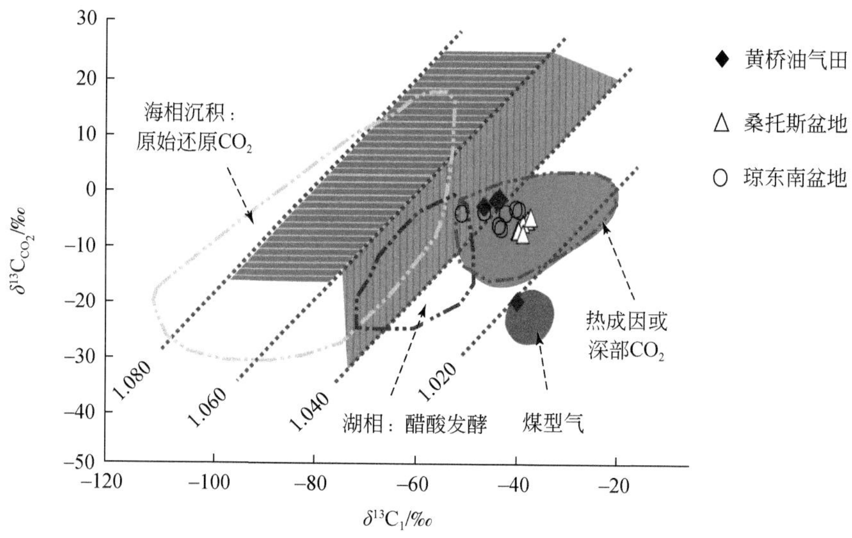

图 5.18　黄桥地区 CO_2 和甲烷碳同位素组成相关图（底图据 Smith and Pallasser, 1996）

似，主要落入无机成因区，而句容油气田 CO_2 主要落入有机成因区。这样的鉴别结果与前人关于黄桥油气田 CO_2 主要为深部幔源天然气基本一致（Dai et al., 2005a）。中国东部有关气藏中 CO_2 含量主要集中在低于 30% 和高于 70% 两部分，其中高浓度部分的 $\delta^{13}C_{CO_2}$ 值为−8‰～2‰，属幔源非生物成因（Dai et al., 1996, 2005; Zhang et al., 2008b）。因此，黄桥油气田 CO_2 主要为深部无机 CO_2 成因。

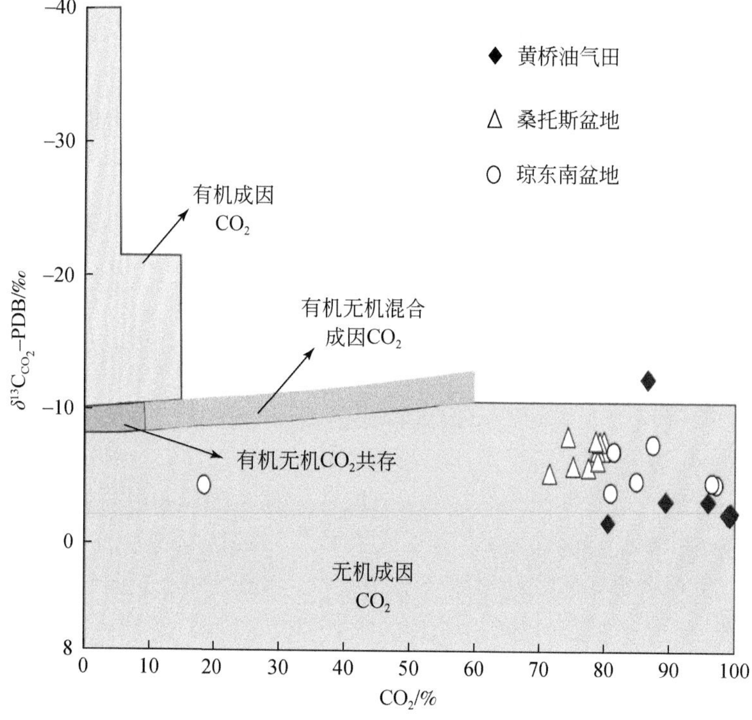

图 5.19　黄桥地区 CO_2 含量和碳同位素组成相关图（底图据 Dai et al., 1996）

3. 烷烃气成因类型

在沉积盆地中，腐殖型有机质主要由含芳环和杂环化合物构成，热裂解产物主要以有机质直接裂解为主，以生气为主，生油为辅（Stahl and Carey, 1975; Behar et al., 1995; Lorant et al., 1998），而腐泥型有机质主要由长链脂肪族构成，在形成液态烃前期存在少量干酪根热裂解气，其后热裂解产物以液态烃为主，后期液态烃热裂解与干酪根热裂解均发生，且原油热裂解量远远大于干酪根直接热裂解（Tissot and Welte, 1984）。因此，腐泥型有机质生成油型气的途径主要有两种：干酪根直接降解生成的干酪根裂解气和干酪根生成原油裂解形成的原油裂解气（Prinzhofer et al., 2000; Tang et al., 2000; Prinzhofer and Battani, 2003; Zhang et al., 2005）。Behar 等（1995）通过模拟实验建立了 $\ln(C_1/C_2)$ 与 $\ln(C_2/C_3)$ 鉴别干酪根裂解气与原油裂解气关系图（图 5.20），但对于同一个区域或气藏，当天然气数据分布较为集中或成菱形分布时，该图很难进行不同阶段油型气的鉴别。李剑等（2017）通过模拟实验将不同热成熟度阶段 $\ln(C_1/C_2)$ 与 $\ln(C_2/C_3)$ 值重新进行绘制，从图 5.20 可知，除了溪平井为干酪根裂解气外，黄桥地区天然气与桑托斯天然气分布在干酪根裂解气与原油裂解气之间，句容表现为原油裂解气。

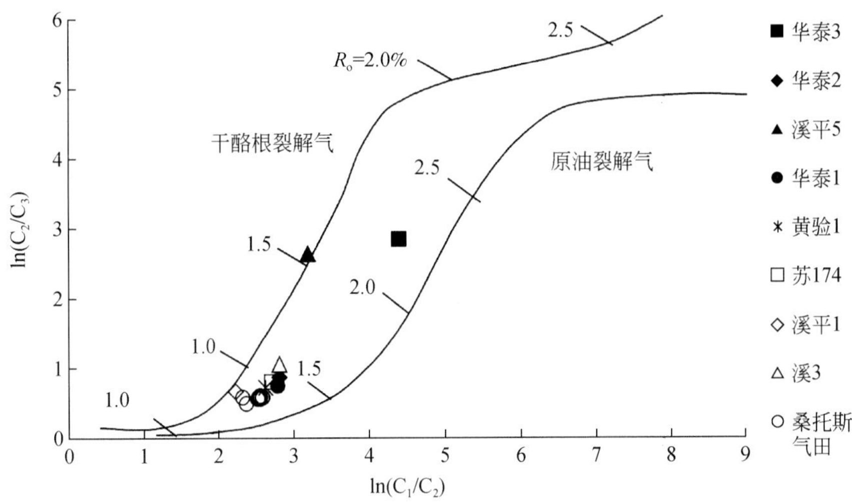

图 5.20　黄桥地区天然气 $\ln(C_1/C_2)$ 与 $\ln(C_2/C_3)$ 关系图（底图据李剑，2017）

前人在研究大量不同沉积环境下烷烃气氢同位素组成基础上，提出不同沉积环境下的甲烷氢同位素组成不同（Schoell, 1980），如陆相淡水环境生成的热成因甲烷的氢同位素组成小于-190‰，海相烃源岩形成的甲烷 δD_1 值重于-180‰，海陆交互相的半咸水环境中生成甲烷的 δD_1 值介于两者之间。考虑到热成熟度对天然气氢同位素组成的影响，淡水环境形成母质生成甲烷氢同位素组成会变重，但一般为-150‰。从图 5.21 可以看出，黄桥甲烷主要为原油伴生气，而不是煤型气和无机甲烷。

甲烷氢同位素组成小于-180‰，甲烷成烃母质环境表现为淡水沉积环境。从图 5.22 可知，黄桥地区天然气既不同于塔里木盆地典型海相腐泥型烃源岩形成的油型气，也不同

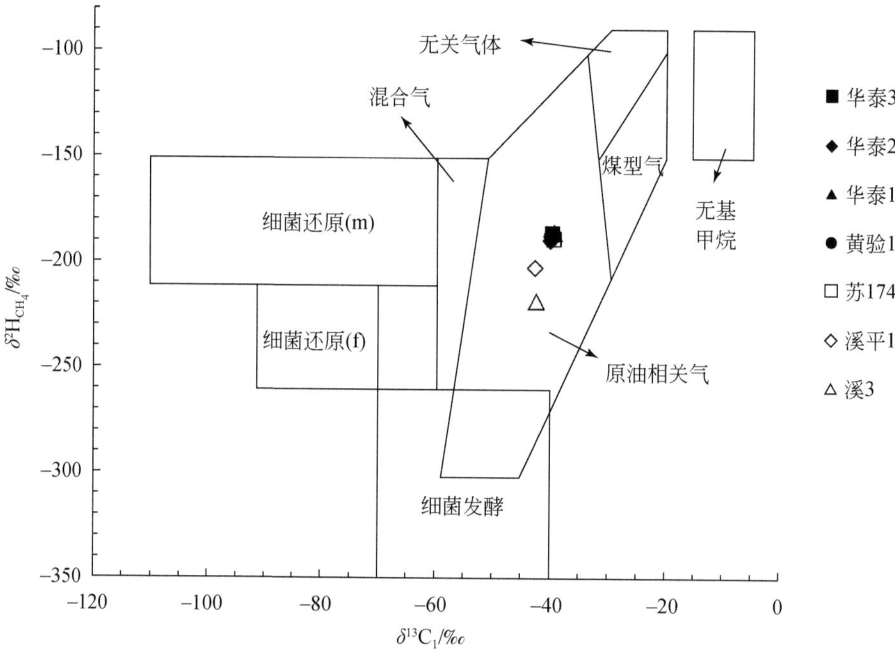

图 5.21　黄桥地区甲烷碳氢同位素组成关系图（底图据 Schoell，1988）

于典型陆相腐殖型烃源岩形成的煤型气。因为重烷烃气同位素组成更接近于母质特征，一般来自腐泥型有机质形成的油型气 $\delta^{13}C_2$ 和 $\delta^{13}C_3$ 分别轻于−28‰和−25‰，而来自腐殖型有机质形成的煤型气 $\delta^{13}C_2$ 和 $\delta^{13}C_3$ 分别重于−28‰和−25‰，高成熟油型气的 $\delta^{13}C_2$ 值要略重于−28‰，但轻于−26‰（Stahl and Carey，1975；Dai et al.，2005b）。从乙烷和丙烷碳同位素关系图看，黄桥气田烷烃气与桑托斯气田和句容油气田的低成熟原油裂解气较为相似，主要为油型气（图 5.23）。因此，黄桥地区天然气成烃母质沉积环境应该为湖相淡水沉积环境下形成的腐泥型有机质，天然气类型为湖相腐泥型有机质形成的油型气。

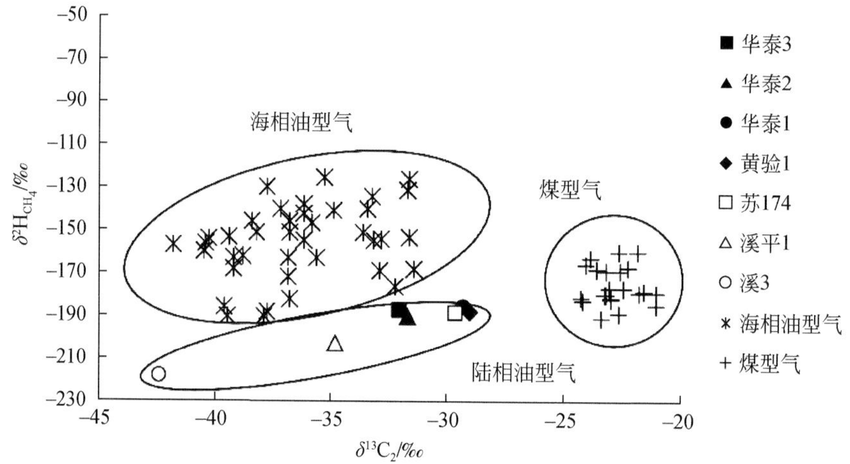

图 5.22　黄桥地区乙烷碳同位素与甲烷氢同位素组成关系图
（海相油型气与煤型气数据来源 Liu et al.，2008）

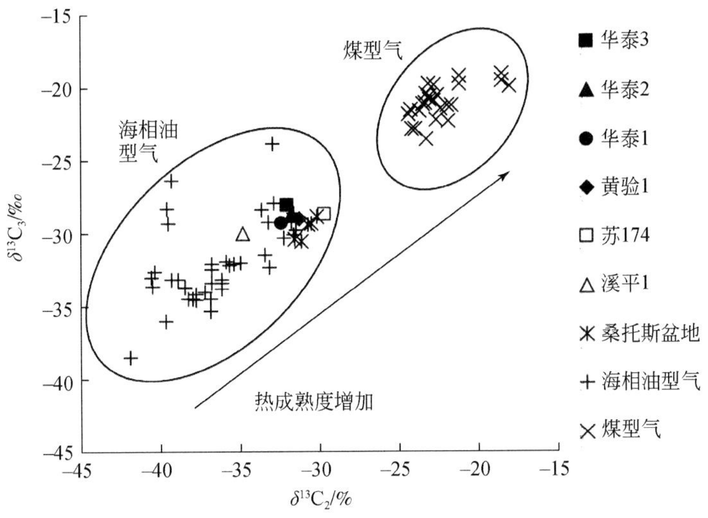

图 5.23　黄桥气田乙烷与丙烷碳同位素关系图

为了进一步鉴别黄桥地区烷烃气直接来自腐泥型有机质还是原油热裂解，我们利用Prinzhofer等（2000，2003）建立的C_2/C_3与$\delta^{13}C_2-\delta^{13}C_3$之间关系图（图5.24）对黄桥地区烷烃气成因类型进行鉴别。通过$\delta^{13}C_2-\delta^{13}C_3$与$C_2/C_3$关系可知，黄桥地区烷烃气已处于油裂解气、油气裂解气阶段，只有苏174井与桑托斯气田较为相似，为干酪根裂解气，黄桥气田的邻区句容气田主要以干酪根裂解气为主。因为在干酪根裂解气中，C_2/C_3几乎是恒定的（有时会减小），而在原油裂解气中，C_2/C_3会急剧增加；相反，C_1/C_2在干酪根裂解气中增加，而原油裂解气中几乎不变；随着热演化程度增加，$\delta^{13}C_2-\delta^{13}C_3$将趋于零（James，1983）。因此，黄桥地区烷烃气主要为油裂解气与油气裂解气，热成熟度高于桑托斯和句容地区的干酪根裂解气。

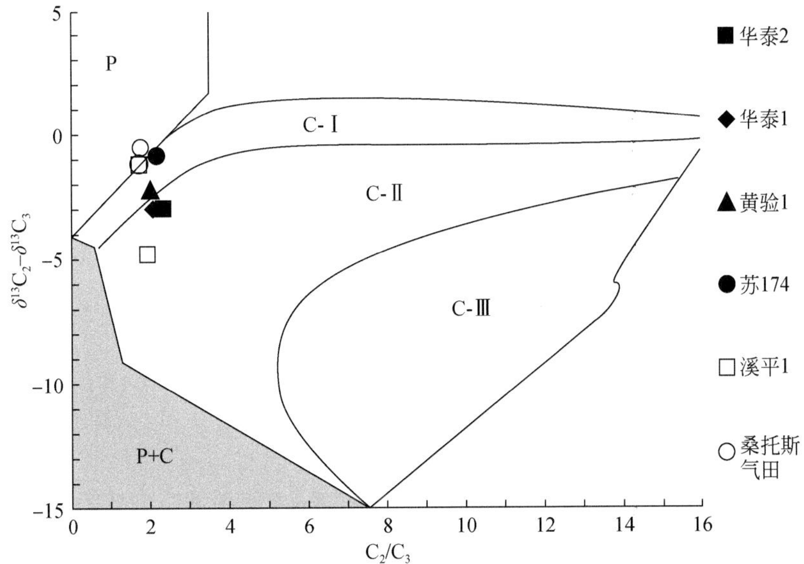

图 5.24　黄桥气田C_2/C_3与$\delta^{13}C_2-\delta^{13}C_3$关系图（底图据Prinzhofer and Battani，2003）

4. 壳幔成因天然气鉴别

如前文论述，CO_2 主要为无机成因，而烷烃气则为有机成因。从黄桥地区天然气中 $^3He/^4He$ 值为（0.94 ~4.67）$\times10^{-6}$ 说明存在深部幔源物质的供给。无机成因气主要包括深部通过深大断裂直接运移成藏和在一定温度和压力作用下 CO_2 和 H_2 发生费-托反应合成（Lancet and Anders，1970；Wakita and Sano，1983；Berndt et al.，1996；Wang et al.，1997），但这些无机气以甲烷为主，乙烷等重烃含量很少，有时难以检测（Berndt et al.，1996；Horita and Berndt，1999；McCollom and Seewald，2001）。在火山活动过程中，会释放大量的深部气体，化学组分以 CO_2、H_2 和 CH_4 为主，同时含有一定量的稀有气体，如 He、Ar 等（Welhan，1988）。由于含量稀少和化学性质上的惰性，稀有气体在地质作用过程中的丰度和同位素组成变化几乎不受复杂的化学反应影响，而主要取决于溶解、吸附和核反应等物理过程（Prinzhofer and Battani，2003）。稀有气体一般没有呈游离态聚集，它们以掺和物形式存在于天然气中，其含量不超过 1%（徐永昌等，1998）。天然气中幔源氦主要是受深大断裂带、火山活动和岩浆活动控制，幔源挥发分的运移以直接与地幔相连的通道为途径（Xu et al.，1995；徐永昌等，1998），^3He 为原始大气成因的氦，主要与深部地幔有关（Craig and Lupton，1976）。

在本次研究中，我们选取不存在深部幔源流体侵入的鄂尔多斯盆地天然气为典型壳源端元（Xu et al.，1995；Dai et al.，2005b），以环太平洋富含 He 天然气为幔源端元（Wakita and Sano，1983；Poreda et al.，1988；Poreda and Craig，1989；Xu et al.，1995），利用 R/R_a 与 $CO_2/^3He$ 和 R/R_a 与 $CH_4/^3He$ 关系来识别有机与无机成因混合模式。如果天然气中 CO_2 为简单的壳源与幔源二端元混合，那么 R/R_a 和 $CO_2/^3He$ 应该表现为一定的相关性。如图 5.25所示，在黄桥气田 CO_2 数据点落入以鄂尔多斯盆地为代表的典型壳源与以环太平洋周缘为代表的幔源之间的二元混合区域，$CO_2/^3He$ 值低于幔源下限，说明来自幔源的 CO_2 含量存在一定的损失，特别是华泰 3 井已经落入壳幔二端元混合区下方。尽管 CO_2 丢失途径很多，如以碳酸钙形式沉淀、石墨还原，但是在特定条件下 CO_2 可以还原生成 CH_4（Wakita and Sano，1983；Horita and Berndt，1999）。此外，从 R/R_a 与 $CH_4/^3He$ 关系图可知［图 5.25（b）］，黄桥气田处于壳幔二端元混合区域，说明 CH_4 为壳源有机成因甲烷与幔源来源的甲烷形成的混合甲烷（Wakita and Sano，1983；Poreda et al.，1988；Poreda and Craig，1989；Xu et al.，1995）（图 5.25）；因为有机成因气 $CH_4/^3He$ 一般为 10^9 ~10^{12}，且 $R/R_a<0.32$（Dai et al.，2005a），而东太平洋洋中脊玄武岩、热泉气、火山喷气等典型无机气 $CH_4/^3He$ 为 10^5 ~10^7 且 $R/R_a>1.0$（Dai et al.，2005a；Welhan，1988）。因此，黄桥气田高的 $CH_4/^3He$ 和 R/R_a 值可能主要与深部活动有关。

值得注意的是，从黄桥气田 $CH_4/^3He$ 值落入壳幔二端元混合的幔源顶端，暗示了部分甲烷可能存在除了壳源有机成因与深部幔源甲烷外，幔源 CO_2 通过还原反应形成的 CH_4，特别是溪平 5 井已经落入二端元混合区域外 CO_2 通过还原反应形成一定量的甲烷。因为火山活动过程中 CO_2 和 H_2 可以通过水岩反应合成甲烷。在日本海的油气田中也发现类似的情况，$CH_4/^3He$ 高达 10^{11} ~10^{14}，CH_4 主要通过 CO_2 还原形成（Wakita and Sano，1983）。Suda

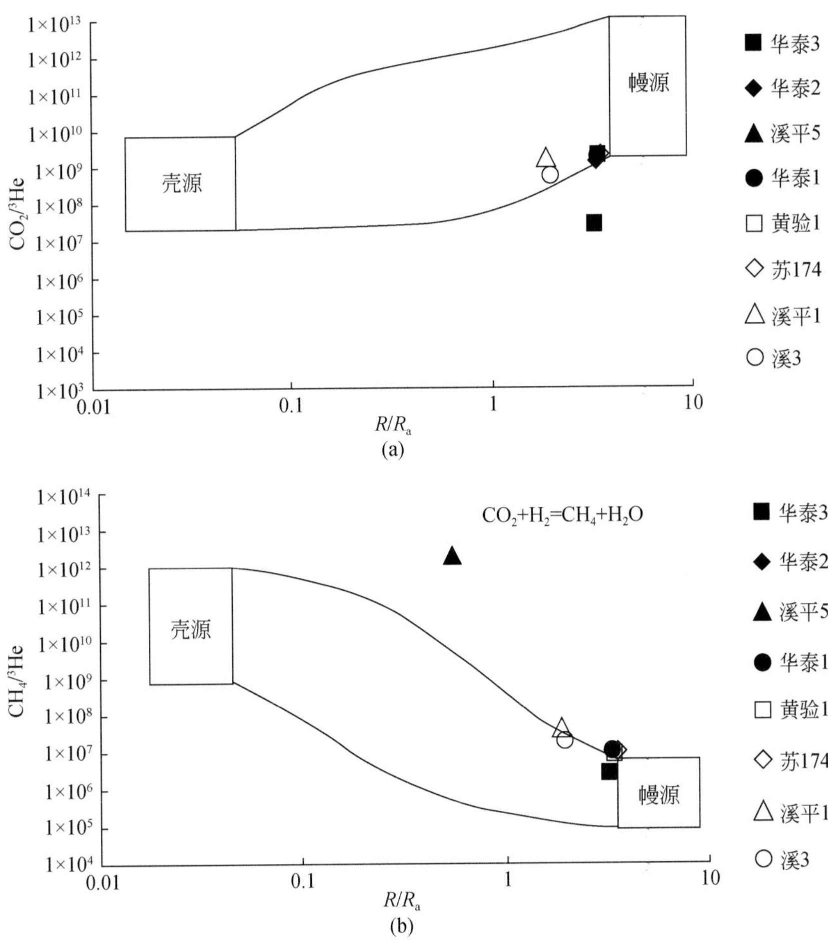

图 5.25　黄桥气田 R/R_a 与 $CO_2/^3He$、R/R_a 与 $CH_4/^3He$ 关系图

等（2014）通过对白马八方温泉伴生气体分析，认为水岩反应能够生成甲烷气体，其中温度可以小于 150℃，甲烷碳同位素主要为-38.1‰～-33.2‰，甲烷氢同位素为-300‰～-210‰。这种通过低温水岩反应形成的甲烷碳氢同位素分布区域与黄桥地区天然气具有一定相似性。但考虑到黄桥地区烷烃气含量相对较高，且烷烃气系列分布较为完整，即随着碳数增加，其含量逐步减低，暗示水岩反应形成甲烷含量应该有限。黄桥地区水岩反应形成甲烷的数量与地球化学特征有待深入研究。因此，黄桥气田天然气存在有机与无机气混合，且重烃气体主要为有机成因，而无机气主要为 CO_2 和 CH_4，后者包括幔源 CH_4 和费-托反应合成 CH_4。

5.2.2　黄桥地区原油地球化学特征

由于受到了幔源高温 CO_2 热液流体的改造作用，黄桥地区原油的分子组成受到了改造，不仅有利于品质好、黏度低的轻质油形成，也有利于在物性相对较好的构造高点聚集成藏。

黄桥地区幔源 CO_2 流体影响下的原油油质更轻，相邻无 CO_2 流体影响为正常原油（图 5.26）。黄桥地区的原油密度（如溪平 1、苏 174、华泰 3 和黄验 1 井）为 0.7933 ~ 0.8308g/cm^3，饱和烃的相对含量达 90.06% ~97.37%，为轻质油。而句容地区原油的密度为 0.8696 ~0.9293g/cm^3，饱和烃的相对含量只有 48.57% ~78.69%。

(a)

(b)

图 5.26　句容无 CO_2，油气正常（a）；黄桥 CO_2 含量高，油气特殊（b）

相比句容地区的原油，黄桥地区原油的饱和烃含量较高，芳烃含量较低，而黄桥地区原油饱和烃组分可达 90.06% ~97.37%。从饱和烃、芳烃、非烃+沥青质三者关系（图 5.27）可知，黄桥地区原油族组分与桑托斯油气田具有一定相似性，既有典型原油族组

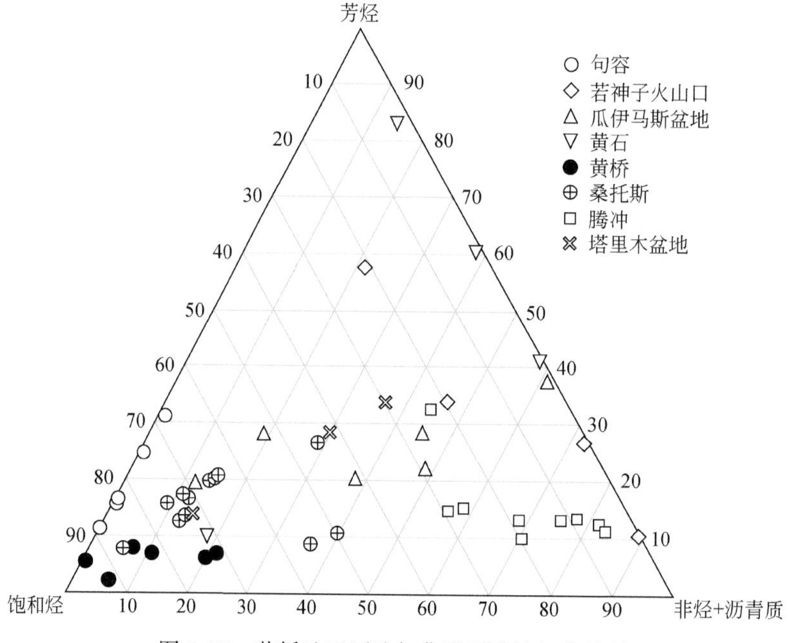

图 5.27　黄桥地区原油与典型原油族组分差异

分，也有非典型原油族组分分布特征，如溪平 1 和苏 174 井与全球典型原油具有相似性，而华泰 2、华泰 3、黄验 1 井分布在非典型原油范围。Simoneit 等（1990）认为，非典型原油族组分主要与热液作用有关，因为热液石油以芳烃或非烃+沥青质为主，芳烃和非烃+沥青质含量为 30% ~98%（Didyk and Simoneit，1990；Kvenvolden and Simoneit，1990；Simoneit，1990；Yamanaka et al.，2000），在美国黄石国家公园热液石油的芳烃和非烃+沥青质含量甚至可达 99% 以上（Clifton et al.，1990）。因此，黄桥和句容地区原油在饱和烃、芳烃和非烃化合物相对含量的差别，可能并非由成熟度所致，而是主力烃源岩不同造成的（刘光祥等，2014），或是黄桥地区的正常原油遭受了较严重的次生作用（Liu et al.，2017）。

1. 正构烷烃和类异戊二烯烷烃

从饱和烃色谱分析结果来看，黄桥地区原油饱和烃色谱碳数分布在 $C_{13\sim34}$，主峰碳以 C_{16} 和 C_{17} 为主，表现为明显 UCM 鼓包的单峰型特征（图 5.28），C_{25} 以后正构烷烃丰度相对较低；同时，CPI 为 0.91 ~0.98，Pr/Ph 值为 1.1 ~1.47，Pr/nC_{17} 值为 0.55 ~0.77，Ph/nC_{18} 值为 0.53 ~0.64。这些原油具有鼓包型完整正构烷烃分布、非奇偶碳优势、主峰碳处于鼓包的高峰处，与热液成因石油具有类似特征（Simoneit，1990；Simoneit et al.，2004；Yamanaka et al.，2000）。在溪平 5 井 P_2l 砂岩中呈现为双峰型特征，主峰碳分布为 C_{19} 和 C_{23}，CPI 为 1.0 ~1.12，Pr/Ph 值为 0.21 ~0.84，Pr/nC_{17} 值为 0.74 ~1.11，Ph/nC_{18} 值为 0.94 ~1.05。黄桥地区原油正构烷烃以低碳数为主，高碳数正构烷烃丰度低。其可能的原因是，深部来的 CO_2 把分散在储层中的原油通过萃取方式聚集，开采过程中，富 CO_2 流体将轻质饱和烃中相对较轻碳数正构烷烃优先携带产出。在中国南海北部前陆边缘盆地深大断裂带附近表现为 CO_2 把原油从深层油藏携带至浅层（Huang et al.，2015）。

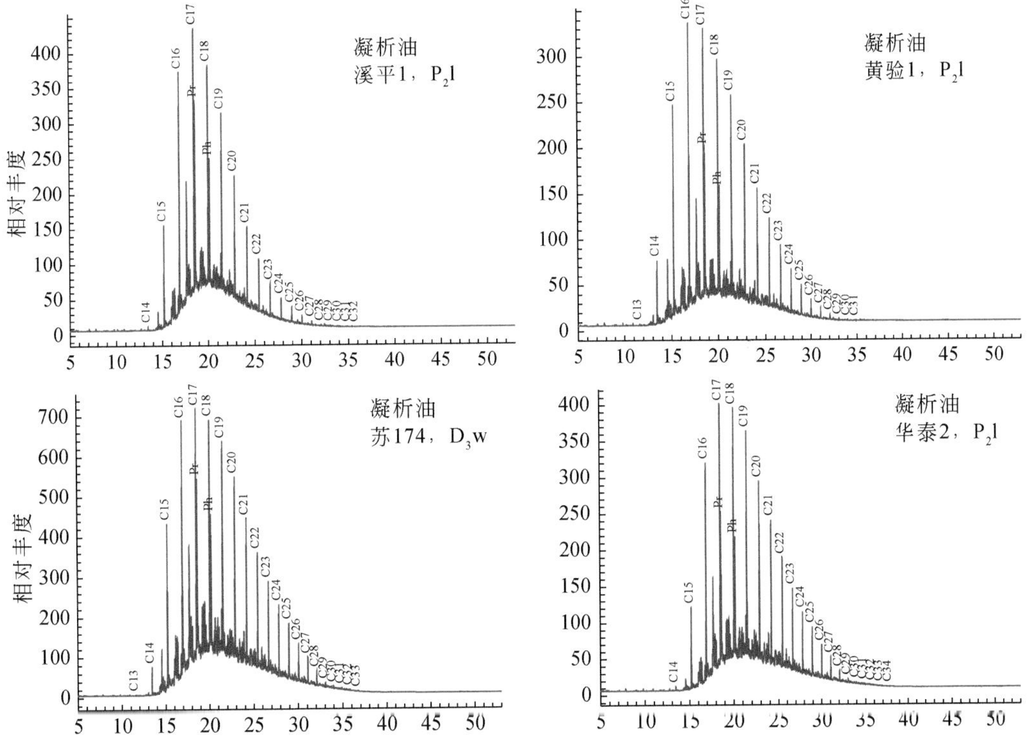

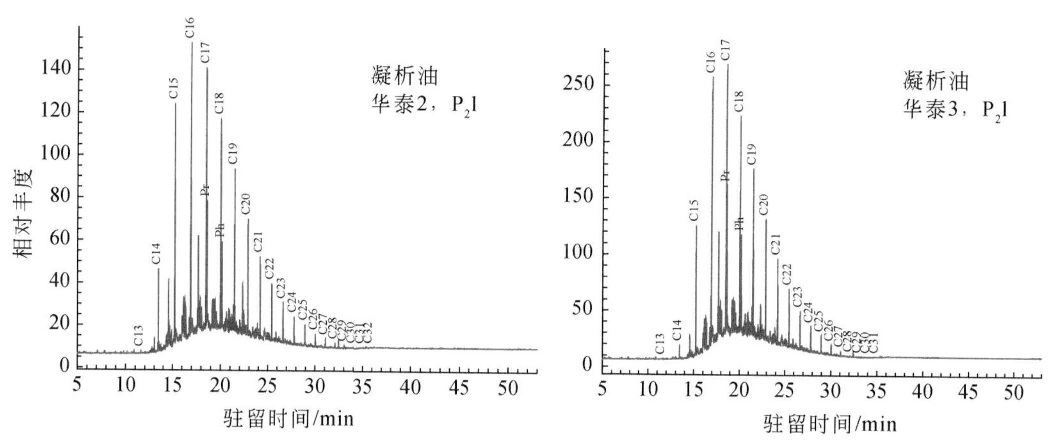

图 5.28　黄桥地区原油色谱图

位于苏北盆地北部江苏油田区块的部分钻井没有幔源 CO_2 产出。这些钻井的原油中正构烷烃分布特征既有双峰型，也有前峰型［图 5.29（b）］，如富 26-5 井原油中正构烷烃呈双峰型分布，前主峰碳数为 nC_{16}，后主峰碳数为 $nC_{22}\sim nC_{25}$；闵 19-8 井原油的正构烷烃具有单峰型分布特征，主峰碳为 nC_{23} 与 nC_{24}，指示着该组原油的母质来源略有不同。而黄

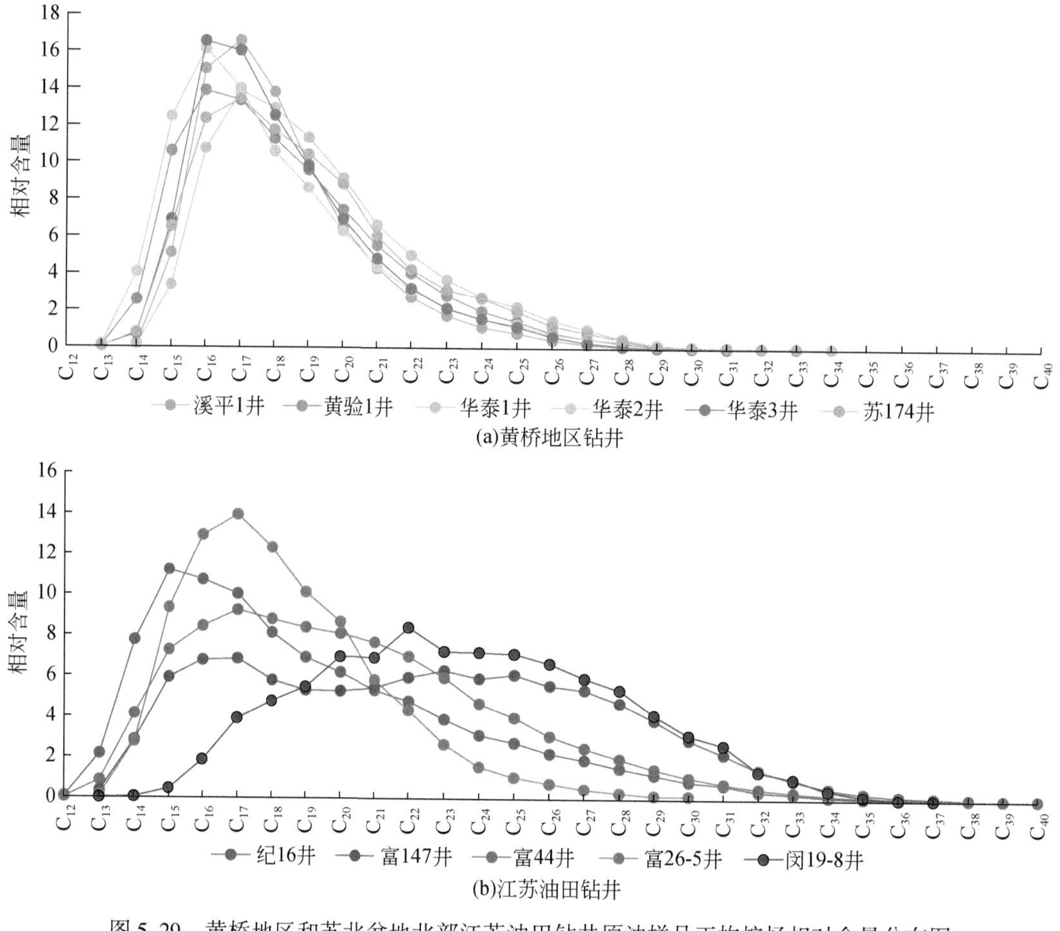

(a)黄桥地区钻井

(b)江苏油田钻井

图 5.29　黄桥地区和苏北盆地北部江苏油田钻井原油样品正构烷烃相对含量分布图

桥地区原油中正构烷烃均呈单前峰型分布特征，主峰碳数为 nC_{16} 与 nC_{17} [图 5.29（a）]。双峰型正构烷烃分布指示原油具有不同来源的有机质或者不同原油发生混合，而黄桥地区原油前峰型正构烷烃分布可能是由次生作用影响的。轻质油与凝析油正构烷烃一般以前峰型分布为主，未必直接说明其具有一致的母质来源（Li et al.，2012；Xu et al.，2020）。黄桥地区原油样品的碳数优势指数 CPI 略小于 1.0，该特征常见于热液流体活跃区，而句容样品的 CPI 略大于 1.0，反映成熟度较高。

根据类异戊二烯（姥鲛烷、植烷）与正构烷烃二元关系图可以判断原油有机质类型、沉积环境、生物降解特征与成熟度（图 5.30）。句容原油的 Pr/Ph 值为 1.10～1.47，与句容原油相比，黄桥地区原油 Pr/Ph 值略低，为 0.7～0.95，可能说明了两者有机质沉积环境不同；也可能说明两者受到的次生作用不同，如随着成熟度增加，Pr/Ph 值逐渐增大（Peters et al.，2005）。

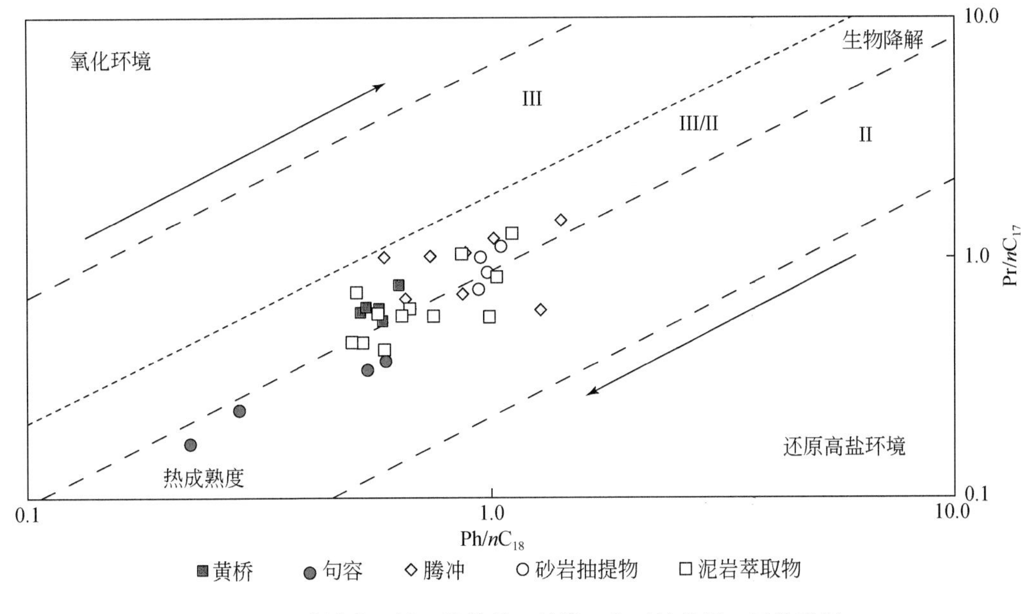

图 5.30　类异戊二烯（姥鲛烷、植烷）与正构烷烃二元关系图

与全球其他热液流体活跃区的样品对比，黄桥样品落入图 5.30 中相近的区域，而句容样品呈现出有规律的成熟度效应。根据类异戊二烯（姥鲛烷、植烷）与正构烷烃的比值可以看出，样品在Ⅱ型、Ⅲ型有机质区域均有分布且集中，并且没有体现出成熟度规律性的变化。这指示黄桥原油受到了强烈的热蚀变作用，类异戊二烯（姥鲛烷、植烷）与正构烷烃可能已经失去其生源、环境甚至成熟度的指示意义。

2. 甾烷类和萜烷类化合物

从苏北盆地典型原油饱和烃总离子流色谱图（total ion chromatogram，TIC）可见（图 5.31），在甾烷组成上，江苏油田闵 19-8 样品以孕甾烷、升孕甾烷、重排甾烷、规则甾烷、β-胡萝卜烷及各类萜烷为主。而黄桥地区溪平 1 和苏 174 井原油 TIC 上缺乏相对应的各类生物标志物，取而代之的是高峰度的UCM鼓包及一些未知化合物，化合物的保留时间也整体向左侧移动。

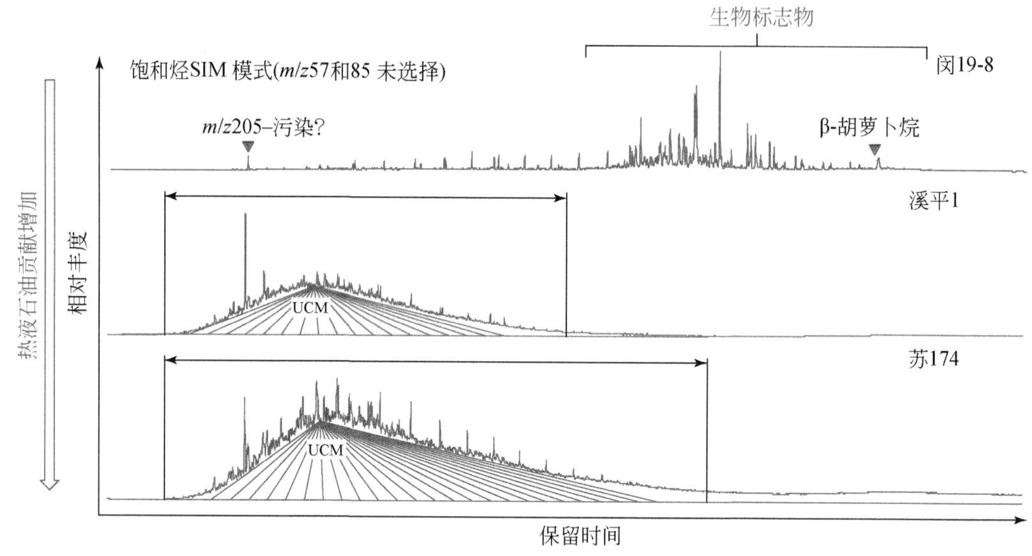

图 5.31　苏北盆地典型样品饱和烃 TIC 选择离子扫描质量色谱图

黄桥地区原油中热稳定性较强的孕甾烷和升孕甾烷丰富（图5.32），而重排甾烷和规则甾烷相对丰度非常低；在萜烷、藿烷组成上，黄桥地区以二、三萜烷类为主，藿烷系列含量极低。同样，通过检测 m/z 177 质量色谱图，并未发现25-降藿烷及其他与生物降解相关化合物。这指示黄桥样品中的UCM及未知化合物可能与该地区幔源 CO_2 的充注有关，因为深部流体对原油的热蚀变作用会改造原油中生物标志物、烃类及有机化合物的地球化

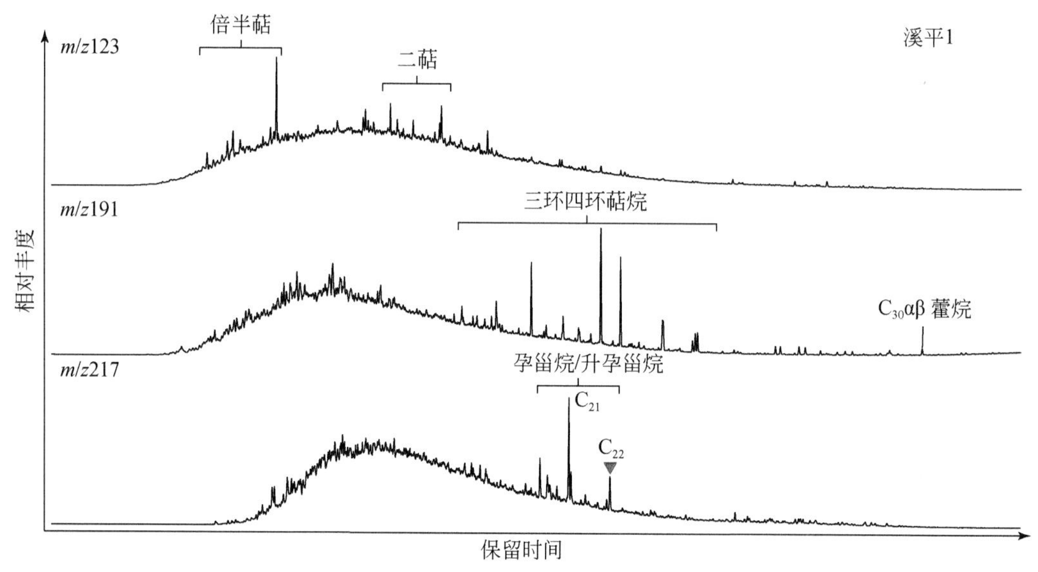

图 5.32　黄桥地区溪平1井样品饱和烃 m/z123、m/z191、m/z217 质量色谱图

学特征（Simoneit，2018）。高分子量的化合物会被转变为低分子量的化合物，并且形成复杂且难以溶解的UCM化合物（Rushdi and Simoneit，2011）。

三环二萜、四环二萜是指示高等植物的生物标志物，通过检测 $m/z123$ 质量色谱图（图5.33），我们可以看出，句容地区原油样品中的五环三萜相对丰富，而黄桥地区的原油中五环三萜烷的相对含量极低，UCM比较明显，倍半萜和四环二萜却相对丰富，萜烷化合物的变化指示了黄桥地区的原油可能受到了深部流体的改造作用，高分子量的化合物被裂解，低分子量的化合物相对含量增加，并形成一系列复杂不溶的有机化合物。低分子量的萜烷化合物相较于高分子量的萜烷化合物，热稳定性更高，因此能在深部流体作用下保存下来。

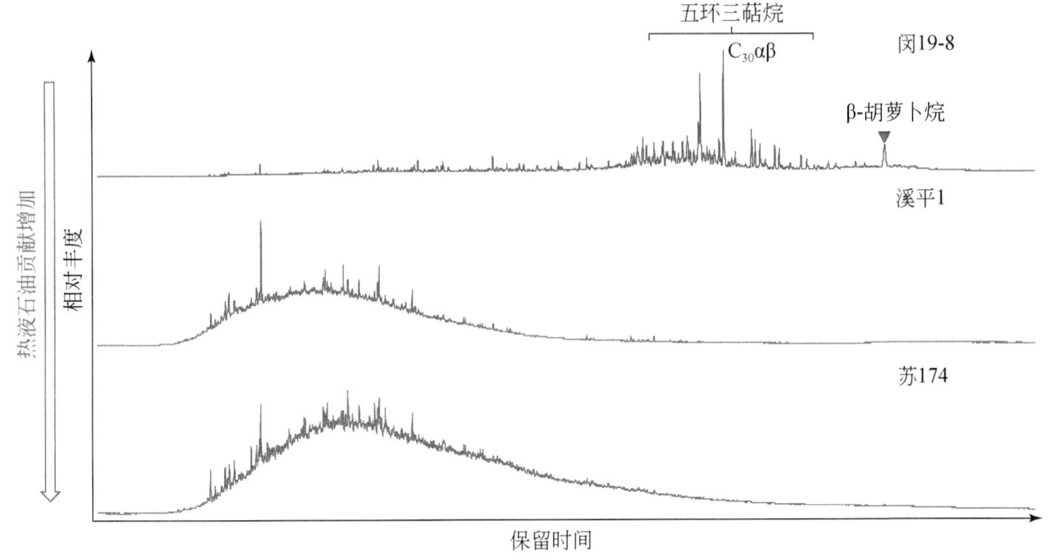

图5.33　典型样品饱和烃 $m/z123$ 质量色谱图

两个地区原油都含有较丰富的甾萜烷生物标志物（图5.34、图5.35），黄桥地区的五环三萜烷、藿烷及 $C_{27\sim29}$ 规则甾烷相对含量极低，而句容地区正常原油的高分子量甾萜烷相对含量较高，指示样品没有受到次生作用的改造。句容地区原油的甾萜烷参数与黄桥地区的轻质油有较大差别。

黄桥地区原油中低分子量甾萜烷相对含量高，$C_{27\sim29}$ 规则甾烷与藿烷发生裂解，反映了原油高演化程度的特征。黄桥地区与句容地区原油的 $C_{29}/C_{27}\alpha\alpha\alpha$ 20R 甾烷平均值分别为1.11和1.74。较高的 C_{29} 甾烷可能说明陆相高等植物来源的输入较多，但也可能由于黄桥原油样品受到改造。黄桥地区原油的成熟度参数 C_{29} ααα 20S/20（S+R）甾烷与 C_{29} αββ/（αββ+ααα）甾烷均已达平衡值。黄桥地区原油中 $T_s/(T_s+T_m)$ 值接近于1.0，而句容地区原油只有0.26～0.46，说明黄桥地区原油的成熟度高于句容地区原油。

黄桥、句容地区原油 C_{27}ααα20R规则甾烷、C_{28}ααα20R规则甾烷、C_{29}ααα20R规则甾烷组成特征呈不对称的“V”字形分布，从两区该参数分析，其烃源岩母质类型存在一定的差异，但是由于黄桥地区原油受到了 CO_2 热液流体作用的影响，甾烷萜烷等发生了裂

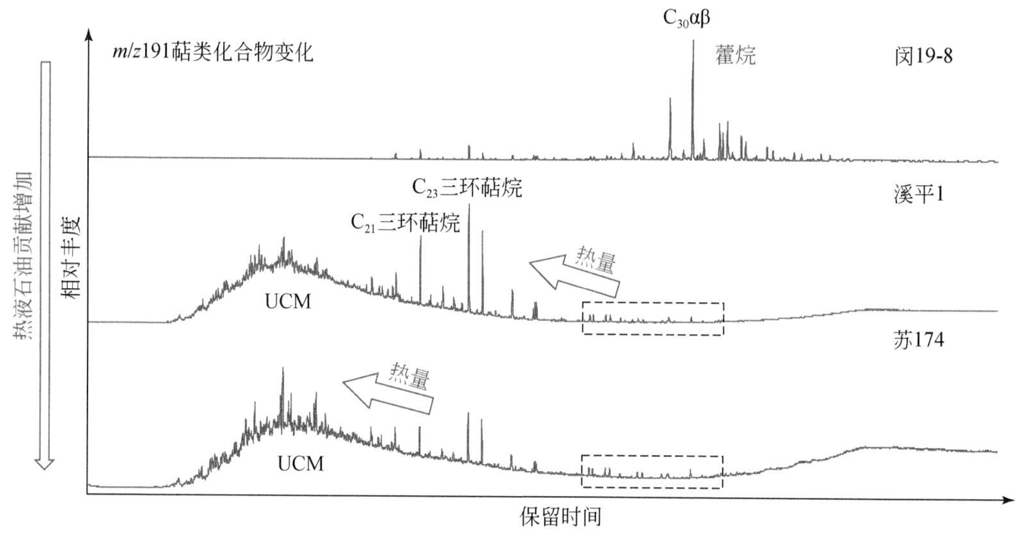

图 5.34　典型样品饱和烃 m/z 191 质量色谱图

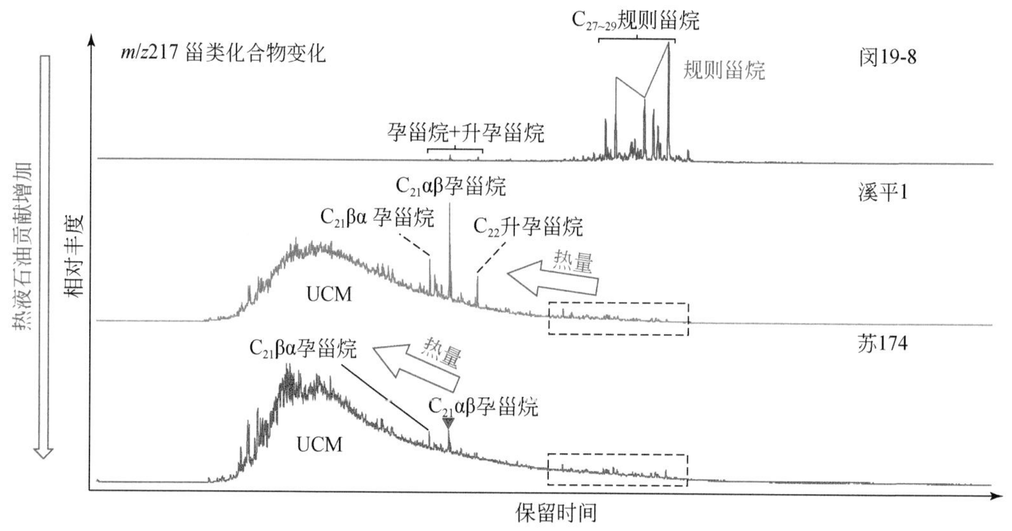

图 5.35　典型样品饱和烃 m/z 217 质量色谱图

解，因此高分子量的甾萜烷作为生源对比参数不够严谨，而热稳定性较高的低分子量甾萜烷可能反映了原油地球化学特征的真实差别。

C_{21} βα/αβ 孕甾烷比值与 $T_s/(T_s+T_m)$ 有较好的相关性，反映了原油热成熟度的变化。甾萜烷的参数与样品中 UCM 鼓包的相对丰度具有良好的相关性（图 5.36、图 5.37），说明生物标志物的变化很大程度上与原油受到的热蚀变作用有关，生物标志物失去了其生源指示意义。对于相对丰度较高的三萜烷来讲，黄桥地区原油 $C_{19\sim21}/C_{23\sim25}$ 三萜烷值为 0.52～0.72（平均值 0.65），句容地区为 0.54～0.94（平均值 0.75），反映两者生源上的差异并不明显。

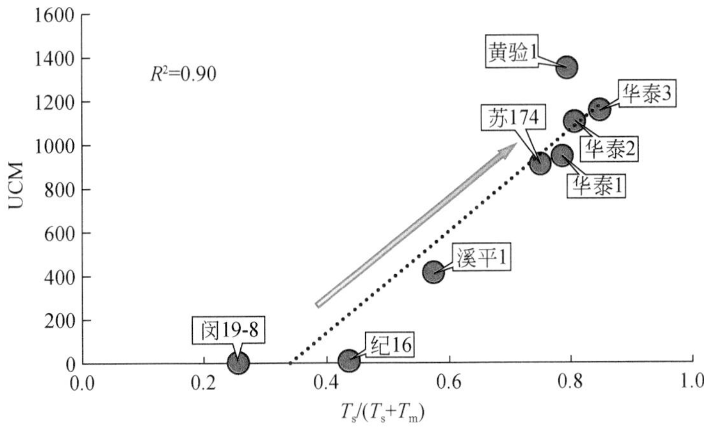

图5.36 黄桥地区原油样品 $T_s/(T_s+T_m)$ 与UCM相对含量二元相关图

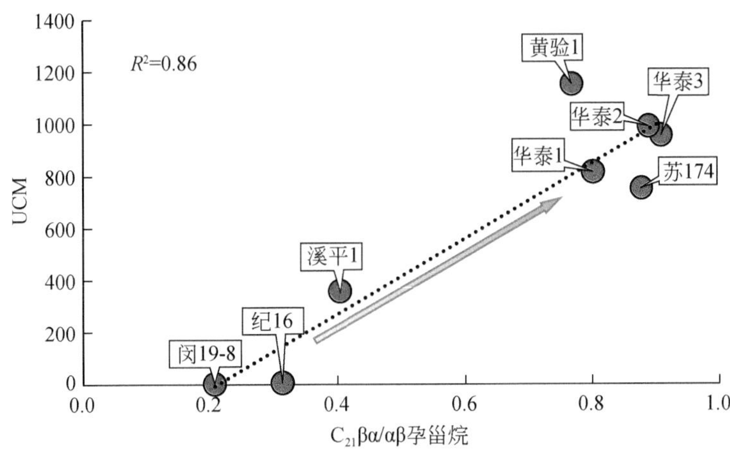

图5.37 黄桥地区原油样品 C_{21}βα/αβ 孕甾烷与UCM相对含量二元相关图

从上述原油各类参数指标来看，可能主要反映的不是烃源岩贡献的差异，而是原油的成熟度差异。生源指标很可能受到了热液的影响。综上，影响黄桥地区与句容地区原油地球化学特征的主要因素是黄桥地区幔源 CO_2 热液流体的改造作用。

3. 芳烃化合物特征

黄桥地区原油中芳烃质量色谱图与黄石公园地区原油中芳烃质量色谱图具有相似性(图5.38)，句容地区的芳烃含有常见的芳香烃化合物，具有相对丰度不同的芳构化甾烷。而黄桥地区的芳构化甾烷相对含量极低，而中低分子量的芳烃化合物相对含量较高，这可能说明了黄桥地区的原油受到了热液作用的改造，高分子量的芳烃化合物发生了裂解。与饱和烃相同，黄桥地区的芳烃化合质量色谱图也拥有相对丰度较高的UCM鼓包。从TIC中可以看出，含S化合物DBT的相对含量非常高。其可能与兰坪地区铅锌矿原油中高含量的含S化合物具有相同的成因。UCM的成因应该与深部热液作用相关，而与生物降解无关（Rospondek et al., 2008）。

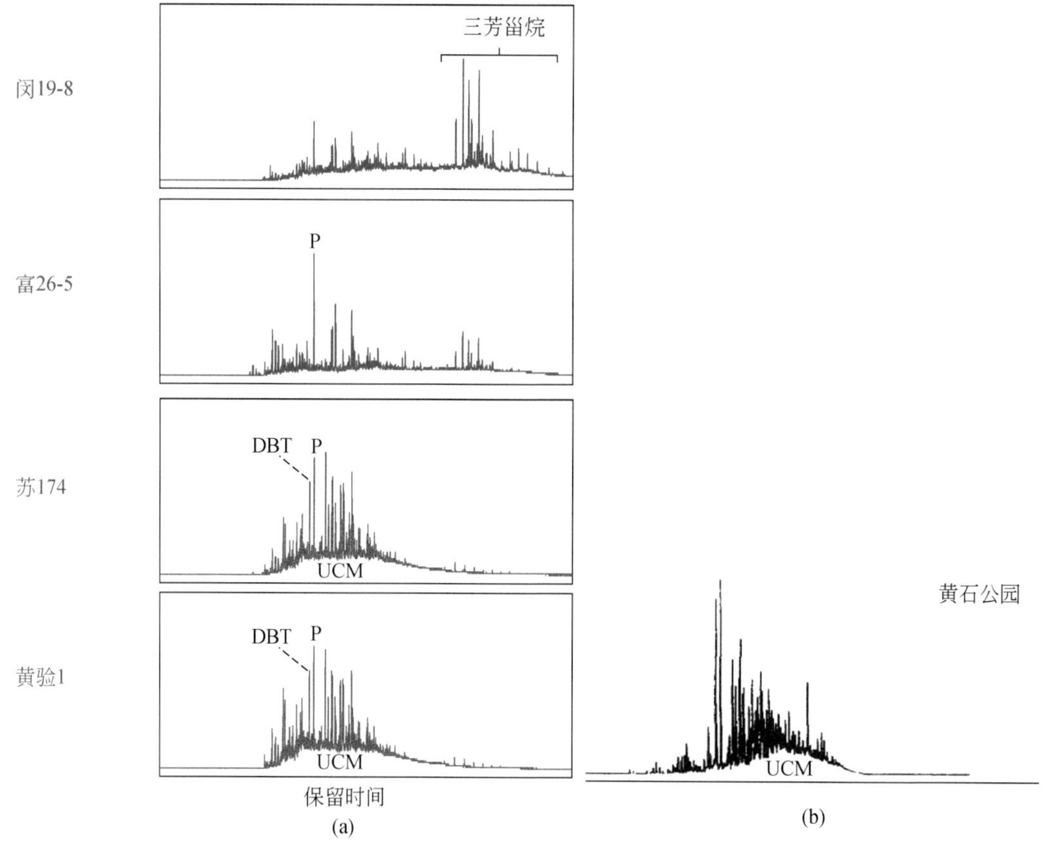

图 5.38　黄桥地区原油（a 红色谱图）与美国黄石公园热泉热液烃类（b）芳烃组分质量色谱图

芳烃组合质量色谱图中不同化合物的相对含量有规律性的变化，这可能与原油的成熟度不同有关。菲系列化合物没有明显的变化，而联苯系列（P）、萘系列（N）、DBT 系列、䓛/三亚苯（Chy/Tpn）都有明显的变化，其中热稳定性相对较高的多环芳烃相对含量逐渐降低，其他芳烃化合物的相对含量逐渐增加。相比于句容地区的原油质量色谱图分布较宽，黄桥地区的原油质量色谱图分布特征更加集中，这一特征与全球其他地区热液石油的芳烃质量色谱图相似度较高（Clifton et al., 1990）。

从芳烃甲基菲指数（methyl phenanthrene index，MPI）、甲基萘参数（trimethylnaphthalene ratio，TNR）、甲基二苯并噻吩比值（methyl dibenzothiophene ration，MDR）以及对应的 R_c 可以看出，黄桥地区原油（MPI=0.82～1.24；TNR=0.78～1.23；MDR=2.04～13.3）的成熟度高于句容地区原油（MPI=0.44～0.67；TNR=0.92～1.08；MDR=2.3～5.3），并且与饱和烃的成熟度参数 $C_{21}\beta\alpha/\alpha\beta$ 孕甾烷比值和 $T_s/(T_s+T_m)$ 有具有良好的相关性。同时芳烃参数与原油中 UCM 鼓包的相对丰度也具有良好的相关性。烷基菲系列化合物会在受到异常热作用后发生脱烷基作用，∑MPs/P 参数会降低（Xu et al., 2019）。然而，∑MPs/P 参数随着热液作用的增加而增加（句容地区为 1.3～2.0；黄桥地区为 1.8～2.78），脱甲基作用不明显，反而是 P 的相对含量降低，这可能也与热液作用下芳烃化合物的相互转化有关（Kawka and Simoneit, 1990）。

通过检测分子离子 m/z 178+184 与 m/z 184（图 5.39），DBT、P 和 TeMN 的相对含量发生规律性的变化，DBT 的相对含量逐渐增加（句容地区 DBT/P=0.05～0.15；黄桥地区 DBT/P=0.22～0.83），这可能是由于成熟度作用导致的，因为热作用与含 S 化合物一般具有良好的相关性（Li et al., 2012）。黄桥地区强烈的 CO_2 热液流体改造作用，可能会对多环芳烃及含 S 化合物如 DBT 的相对含量造成一定的影响，因此，通过含 S 化合物相对含量判断有机相与沉积环境需要谨慎。

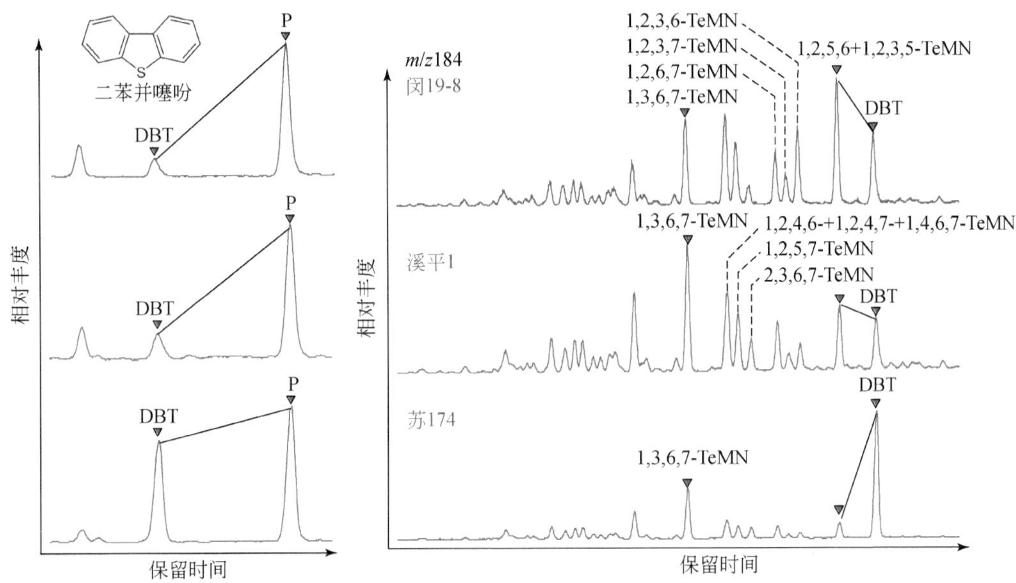

图 5.39　黄桥地区原油芳烃质量色谱图（左 m/z 178+184；右 m/z 184）化合物变化特征

BNT 可以通过检测分子离子 m/z 234（图 5.40）识别，其中 BN［1,2］T 和 BN［2,1］T 的相对含量变化规律是相反的。随着热液作用的增强，BN［2,1］T 相对含量增加，而 BN［1,2］T 相对含量逐渐下降。BNT 的变化可能主要受到异常热事件或者高温燃烧的影响（Yunker et al., 2015）。尽管有学者用 BNT 相关参数 2，1/1，2-BNT 指示原油的运移路径（Li et al., 2014），但本研究区发生远距离运移的可能性较低。因此，BNT 参数 2，1/1，2-BNT 更多地反映两区原油的热成熟度或者次生作用程度上的差异（句容 2，1/1，2-BNT=0.6～1.6；黄桥 2，1/1，2-BNT=2.7～5.7）。

通过检测分子离子 m/z 276 质量色谱图，可识别出 6 环多环芳烃（即茚并［123-cd］芘 InPy 和苯并［ghi］苝 BghiP）。在 6 环多环芳烃之前，还先提出了烷基噻吩类化合物，即 C_3 BN［2,1］T。值得注意的是，多环芳烃化合物的相对丰度逐渐降低，而噻吩类化合物的相对含量逐渐增加。通过图 5.40 可以发现，两者的相对含量变化是相反的，这可能指示着随着热液作用增强，高温来源的 6 环无取代芳烃随着热液作用增强逐渐被消耗。

通过检测分子离子 m/z 228+230 质量色谱图显示，4 环无取代芳烃的相对含量逐渐降低，然而三联苯（o/m/p-Trp）的相对含量逐渐增加。随着热液作用的增强，含 S 化合物的相对含量逐渐增加，说明 S 原子的结合过程在加强（Asif et al., 2009, 2010）。因此，黄桥幔源 CO_2 热液流体作用促进多环芳烃的消耗、苯基类化合物的形成，以及杂原子化合物

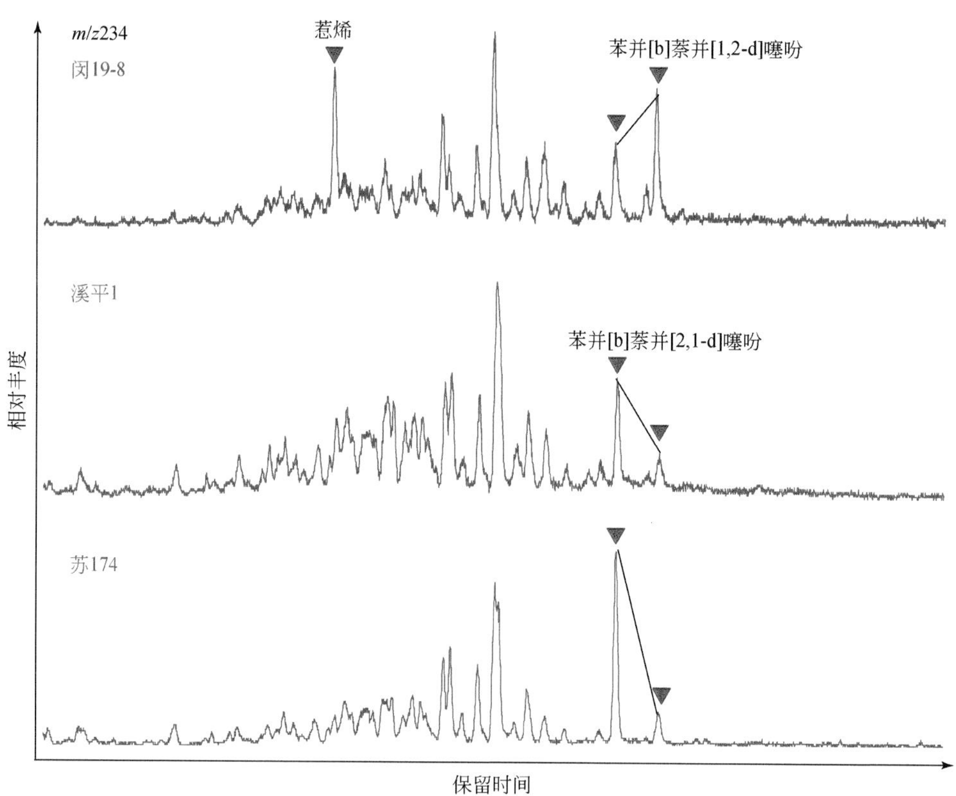

图 5.40　黄桥地区原油样品芳烃质量色谱图（m/z 234）化合物变化特征

的形成。这类芳烃化合物的分布规律，与单一热作用影响下的芳烃化合物分布特征完全不同，说明幔源 CO_2 热液作用对原油中有机化合物的影响区别于单一的热成熟作用（Wang et al., 2013）。

由于黄桥地区热液流体富含 CO_2 等多种挥发分和阴阳离子，并能携带大量的热能及催化元素，能促使沉积有机质成熟，加速烃源岩热演化，也能对黄桥 CO_2 油气藏中的原油产生显著的热蚀变，改造油气聚集及原油的物理化学性质。如图 5.41 所示，黄桥原油分子地球化学特征发生了显著的变化。苯基类化合物的相对含量增加，多环芳烃类化合物相对含量逐渐降低，UCM 鼓包相对于生物标志物的含量逐渐增加，这两组与热液作用相关的地化参数具有良好的相关性（$R^2=0.94$）。同样，DBT 与联苯也具有同样一致的相关性（$R^2=0.84\sim0.93$）。再如图 5.42 所示，含 S 化合物的相对含量增加，UCM 鼓包相对于生物标志物的含量逐渐增加，二者的相关性较好（$R^2=0.97$）。在正常原油中不常见的分子化合物组合特征在黄桥地区原油中非常显著，这些特征与其他沉积盆地中单一热作用下分子地化特征有着明显的区别。

黄桥地区原油中这几类化合物的变化特征与热液作用下有机化合物的变化相一致。黄桥地区原油受到明显的热液作用改造，其 DBT 与 BNT 相对含量都有增加。尽管黄桥原油中 DBT 相对含量增加，逐渐达到平衡（$0.7<DBT/P<0.9$），但热液作用不能无限增加含 S 化合物的相对含量，这可能受陆相盆地中 S 元素的绝对含量影响。

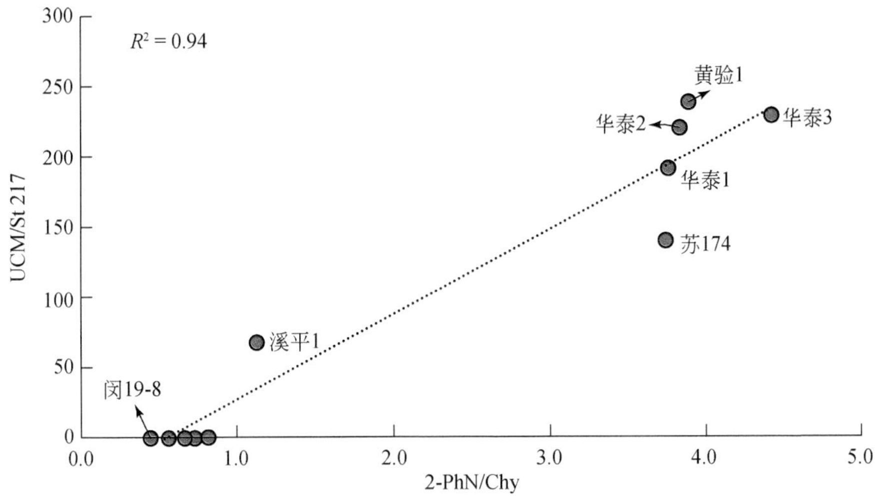

图 5.41　黄桥与句容地区苯基萘化合物与 UCM 相对丰度的二元相关图

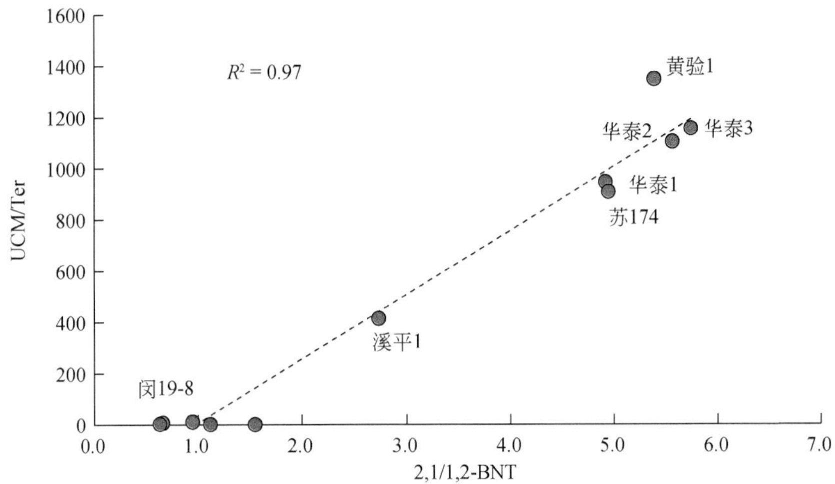

图 5.42　黄桥与句容地区苯并萘并噻吩化合物与 UCM 相对丰度的二元相关图

从图 5.43 中可以看出，随着热液作用增强，联苯系列化合物的相对含量逐渐增加，原油中多环芳烃受到改造的程度与含 S 化合物相对含量增加的程度是相一致的。这种不同类型化合物之间相对含量的变化较好地记录了黄桥地区幔源 CO_2 热液流体对油藏的改造程度。

通过原油中不同类型化合物的相对含量，利用三元图可以区分不同地区原油受深部流体改造的程度。将不同有机相的样品（海相、湖相、陆相、煤系；如澳大利亚吉普斯兰盆地样品，英国北海油田样品，渤海湾盆地东营凹陷样品、苏北盆地句容样品、珠江口盆地样品、中国东海西湖盆地样品）与黄桥地区受幔源 CO_2 热液改造的样品进行对比分析发现（图 5.44），含 S 化合物的相对含量在热液改造过的样品中相对较高，而多环芳烃在陆相、湖相样品中相对含量较高，虽然煤系样品中苯基类化合物相对含量较高，但含 S 化合物含量不高；海相环境中富含 S 元素，其样品含 S 化合物、苯基类化合物、多环芳烃化合物相对含量落在热液作用区域与湖相环境区域之间。

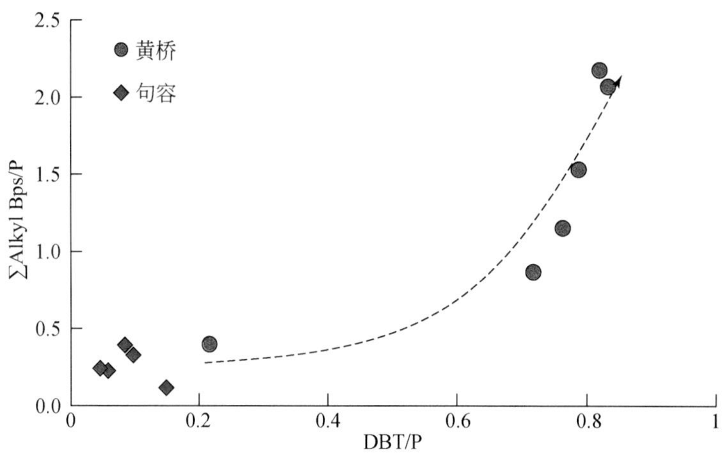

图 5.43　黄桥地区受热液作用影响的化合物识别图

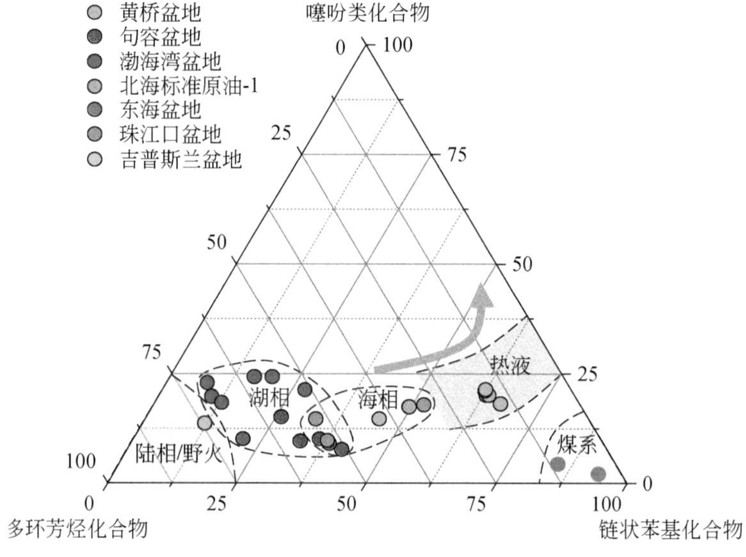

图 5.44　不同地区不同类型样品区分图（单位:%）

5.2.3　幔源 CO_2-油耦合成藏机理

黄桥地区发育的深部流体，不但为原油裂解形成甲烷提供了热源，更为有机质的快速成熟形成“热液石油”提供了热源。原油的生物标志物特征分析表明，该地区的原油与典型沉积盆地形成的常规原油具有明显的差异，而与有机质快速升温形成的原油具有相似性，且质谱图谱上具有明显的 UCM 鼓包。

黄桥地区大规模深部来源 CO_2 流体侵入，不但为有机质快速成熟及原油裂解提供了热源，而且处于超临界状态的 CO_2 能对深部烃源岩及致密储层中的原油产生有效的萃取作用，并将萃取的原油运移至浅部适当部位聚集成藏，形成 CO_2-油耦合油气藏。下面从流体包裹体和黄桥与句容对比两个方面论述耦合成藏过程、模式和机理。

1. 流体包裹体分析

苏 174 井三叠系青龙组（T_1q）灰岩岩心中见两种类型的流体包裹体（图 5.45）。一类是孔洞胶结的方解石中的流体包裹体，以盐水为主，均一温度相对较低，为 50 ~ 110℃，主峰区间为 70 ~ 80℃，为成岩过程中地层水胶结的产物。另一类为裂缝中方解石脉体中的流体包裹体，均一温度相对较高，为 130 ~ 180℃，主峰区间为 150 ~ 160℃。

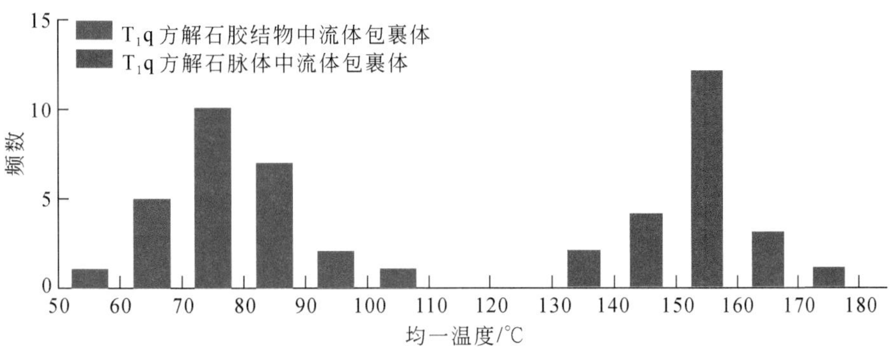

图 5.45　苏 174 井方解石脉中的包裹体

裂缝中方解石脉中的流体包裹体（第二类）富含油气包裹体，在紫外光激发下发亮黄色的荧光（图 5.46）。对包裹体中的气相组分开展激光拉曼分析，发现包裹体中不但含有 CO_2 气体，也含有 CH_4（图 5.46）。同时含有 CO_2、CH_4 和油的包裹体表明深部 CO_2 与油相互作用的存在。

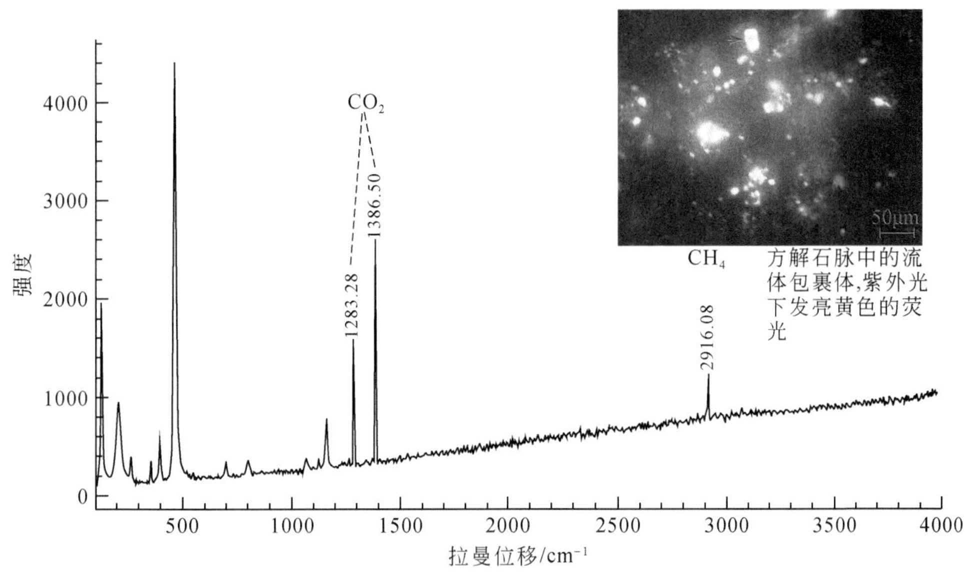

图 5.46　黄桥地区 CH_4 与 CO_2 共存的包裹体

针对溪 2 井开展了详细的解剖，从下部孤峰组（P_1g）泥岩烃源岩至上覆龙潭组（P_2l）砂岩储层，从大隆组（P_2d）泥岩烃源岩至上覆青龙组（T_1q）储集层中的裂缝脉体中都可以见到富含 CO_2 与油的流体包裹体（图 5.47）。这个特征揭示了深部 CO_2 自下而上运移过程中萃取溶解泥质烃源岩［图 5.47（g）、（h）或（c）、（d）］中的油，并促使其向上运移至储集层［图 5.47（a）、（b）或（e）、（f）］并聚集成藏。

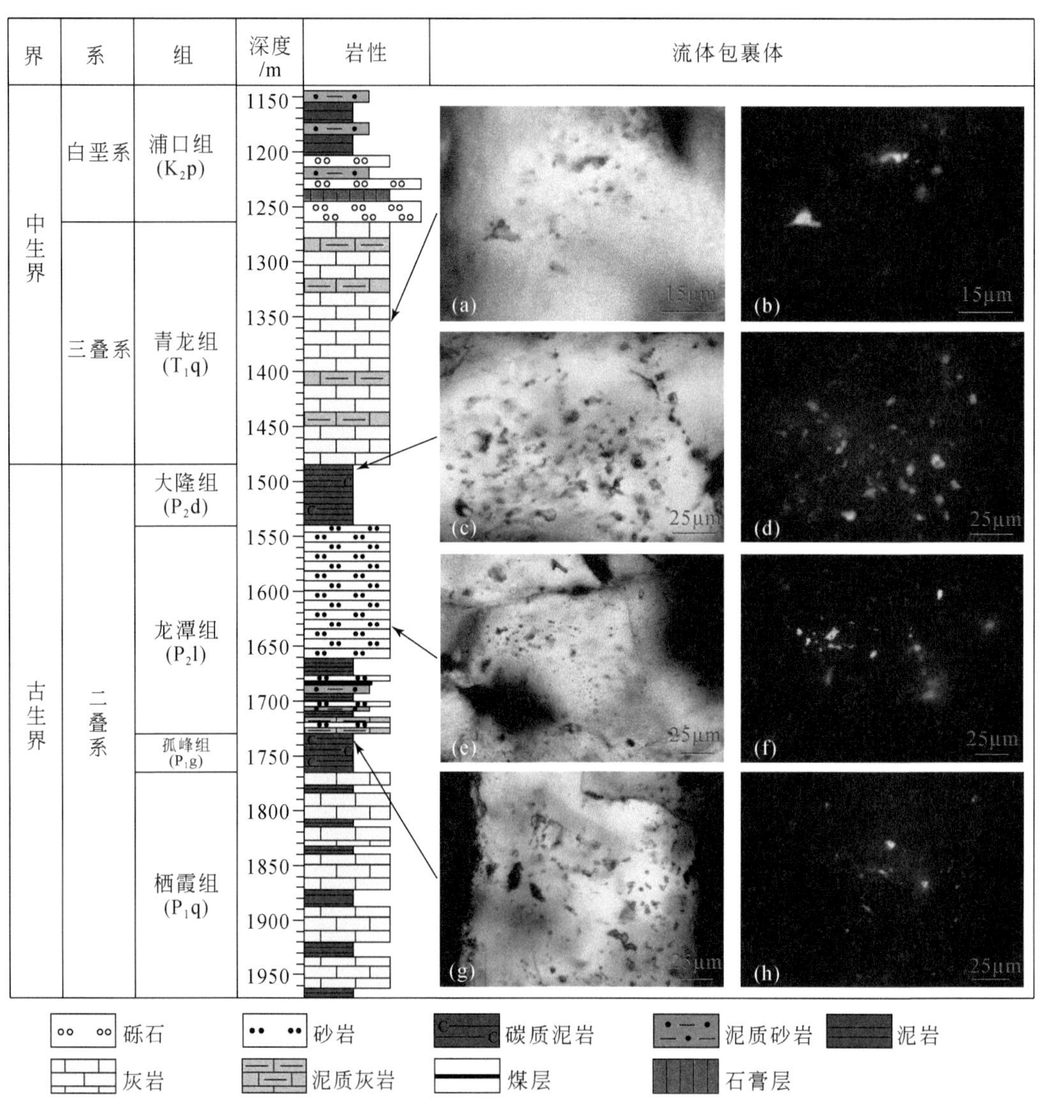

图 5.47　黄桥地区富 CO_2 流体作用下油气运移过程的地质模型（据 Zhu et al., 2018a 修改）

（a）灰岩储集层裂缝石英脉中的流体包裹体，单偏光；（b）图（a）中的流体包裹体在紫外光下发亮绿色的荧光；（c）碳质页岩烃源岩裂缝石英脉中的流体包裹体；（d）图（c）中的流体包裹体在紫外光下发黄绿色的光；（e）砂岩储集层裂缝石英脉中的流体包裹体；（f）图（e）中的流体包裹体在紫外光下发亮绿色的荧光；（g）碳质页岩烃源岩裂缝石英脉中的流体包裹体；（h）图（g）中的流体包裹体在紫外光下发亮黄色的荧光

2. 黄桥与句容对比

中国东部松辽盆地的长岭洼陷、渤海湾盆地济阳洼陷的平方王油气藏、苏北盆地的黄桥油气藏等都发现大规模深部来源 CO_2 的聚集成藏。在 CO_2 气藏中都伴生有油的聚集成藏和产出，特别是在黄桥油气藏，多口井见有大量 CO_2 和轻质油的产出。本书以黄桥油气藏为例，揭示超临界 CO_2 在天然条件下对油的萃取及其混融成藏特征，解剖黄桥油气藏形成过程，并与临近的没有 CO_2 活动的句容地区（图 5.15）进行对比分析。

1）黄桥特征

1983 年黄桥地区的苏 174 井在下二叠统栖霞组获 $20\times10^4m^3/d$ 的高产 CO_2，CO_2 含量高达 99%；随后许多钻井在中上志留统坟头组（$S_{2-3}f$）、上泥盆统五通组（D_3w）、中石炭统黄龙组（C_2h）、上石炭统船山组（C_3c）、上二叠统龙潭组（P_2l）和栖霞组（P_2q）、下三叠统青龙组（T_1q）、上白垩纪浦口组（K_2p）等层位中也获高产 CO_2，CO_2 含量大多高达 90% 以上（表 5.1）。前期已有研究认为黄桥地区 CO_2 为燕山（J_3—K）—喜马拉雅（E—N）运动时期伴随岩浆火山活动来自深部地幔（王杰等，2008）。

表 5.1　黄桥油气藏钻井油气测试数据表

井位	层位	深度/m	地层参数		产量			气体中 CO_2 含量/%	油类型	特征
			温度 T/℃ /测试深度	压力 P/MPa /测试深度	CO_2 /($10^4m^3/d$)	油 /(m^3/d)	水 /(m^3/d)			
苏 174 井	$S_{2-3}f$	2631 ~ 2639	99.4 /2630.40m	26.44 /2635.84m	2.27	1.4 凝析油 0.01	65.35	64.95	轻质油-凝析油	含油 CO_2 层
苏 174 井	S_3m	2348.5 ~ 2352.5	/	/	1.5	凝析油 0.011	0	92.61	凝析油	含油 CO_2 层
苏 174 井	D_3w	2251.5 ~ 2281.3	86.0 /2275m	24.68 /2275m	61.43	0.01	4.39	98.82	轻质油	含油 CO_2 层
华泰 3 井	P_2l	1651 ~ 1660	60.2 /1655.5m	17.17 /1655.5m	2.51	1.44	1.30	96.59	轻质油	含 CO_2 油层
溪平 1 井	P_2l	1562.53	66.5 /1562.53m	17.13 /1562.53m	5.75	2.01	0	95.09	轻质油	含 CO_2 油层
溪 3 井	P_2l	1598.6 ~ 1600.1	65.0 /1599.35m	17.62 /1599.35m	3.5	3.41	0	97.41	轻质油	含 CO_2 油层

在 CO_2 产出层位中，发现有原油和烃类气体的产出，原油以轻质油为主，伴生少量凝析油（表 5.1、图 5.48）。苏 174 井在中上志留统坟头组（$S_{2-3}f$）产 CO_2 气 $2.27\times10^4m^3/d$，轻质油 $1.4m^3/d$，凝析油 $0.01m^3/d$；在上志留统茅山组（S_3m）中产 CO_2 气 $1.5\times10^4m^3/d$，凝析油 $0.011m^3/d$；在二叠系龙潭组中产 CO_2 气 $2.51\times10^4m^3/d$，轻质油 $1.44m^3/d$。溪平 1 井在二叠系龙潭组（P_2l）中产 CO_2 气 $5.75\times10^4m^3/d$，产油 $2.01\ m^3/d$；溪 3 井二叠系龙潭

组（P_2l）产 CO_2 气 $3.5\times10^4m^3/d$，产油 $3.41m^3/d$。目前黄桥地区共已探明 CO_2 地质储量 $200\times10^8m^3$，探明油储量 96×10^4t。

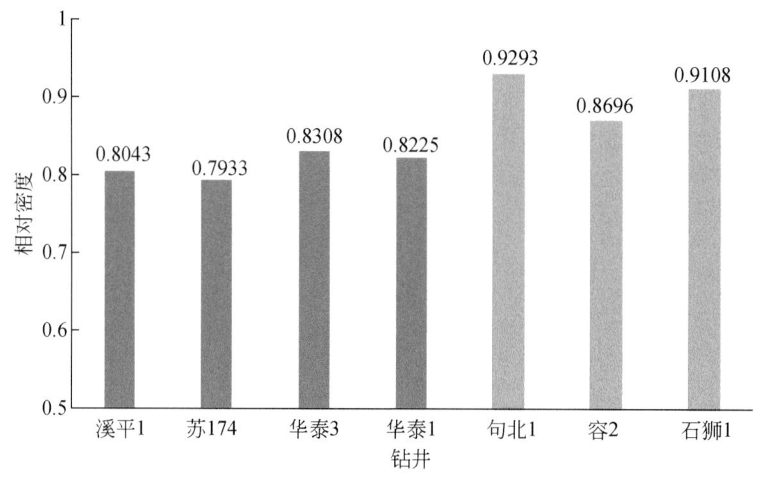

图 5.48　黄桥和句容地区原油密度比较图

溪平 1、苏 174、华泰 3、华泰 1 为黄桥钻井油样；句北 1、容 2 和石狮 1 为句容钻井油样

二叠系龙潭组和三叠系青龙组为黄桥地区 CO_2 和油的主要产层，原油主要来源于二叠系龙潭组（P_2l）和大隆组的泥岩烃源岩；该套烃源岩于侏罗纪末期进入生排烃高峰，其主成藏期也发生在这个时期（黄俨然等，2012）。

2）句容特征

与黄桥地区临近的、位于黄桥东南部的句容油藏（图 5.15）与黄桥地区具有相似的构造演化背景，是在三叠纪至白垩纪期间受印支-燕山期构造运动影响，在扬子板块中发育形成的次级洼陷（苑京文等，2015）。

句容油藏中已有多口钻井在上二叠统龙潭组（P_2l）、华泰 1、下三叠统青龙组（T_1q）等层位中见到丰富油显示和一定的油产量，如容 2 井在下三叠统青龙组（T_1q）和上二叠统龙潭组（P_2l）中获工业油流；句北 1 井揭示上二叠统龙潭组（P_2l）和下三叠统青龙组（T_1q）为含油层。这些层位的原油来自于二叠系龙潭组和大隆组的烃源岩。但与黄桥油气藏不同的是句容油藏中并没有发现深部来源 CO_2。

3）比较

苏北盆地黄桥地区已有多口井在二叠系龙潭组（P_2l）等多个层位中发现高产 CO_2 气藏，并伴有油产出。与无 CO_2 产出的句容地区相比，黄桥地区 CO_2 伴生的油为轻质油或凝析油，相对密度为 0.7933～0.8308，饱和烃含量为 90.06%～97.37%（表 5.2、图 5.48、图 5.49）；而临近无 CO_2 活动的句容地区原油为稠油或重质油，相对密度为 0.8696～0.9293，饱和烃含量为 50.16%～78.69%。由此看出，深部超临界 CO_2 影响下黄桥地区的油更轻，更富含饱和烃组分（表 5.2、图 5.48、图 5.49）。

表 5.2　黄桥和句容地区原油族组分

地区	井号	层位	油相对密度（d_4^{20}）	饱和烃/%	芳香烃/%	非烃/%	沥青质/%
黄桥	溪平 1 井	P_2l	0.8043	93.93	5.54	0.50	0.03
	苏 174 井	D_3w	0.7933	97.37	2.53	0.11	0.00
	华泰 3 井	P_1q	0.8308	91.57	7.99	0.44	0.00
	华泰 2 井	P_1q		90.06	9.07	0.87	0.00
	黄验 1 井	P_1q	0.8225	90.61	8.86	0.06	0.47
句容	句北 1 井	T_1q	0.9293	50.16	22.36	23.65	3.83
	容 2 井	T_1q	0.8696	78.69	13.37	6.23	1.72

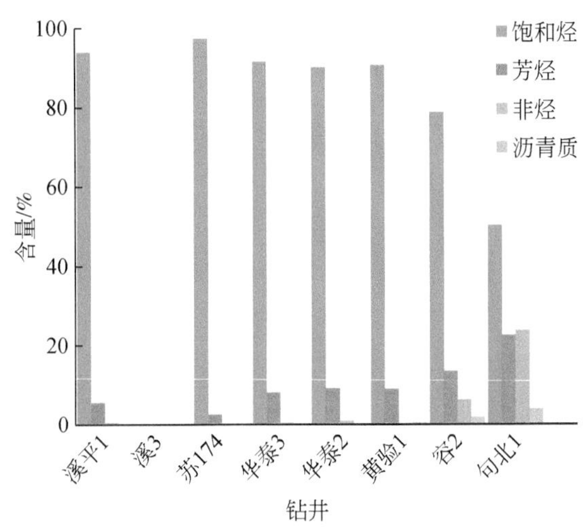

图 5.49　黄桥和句容地区原油族组分含量分布直方图

溪平 1、溪 3、苏 174、华泰 3、华泰 2 和黄验 1 为黄桥地区钻井；容 2 和句北 1 为句容地区钻井

与二叠系烃源岩中的油气组分相比，CO_2伴生的油中含有更多的C_{20-}组分；C_{20+}，特别是C_{25+}含量显著较低。黄桥油气藏中与CO_2伴生的油与CO_2超临界萃取实验结果较为一致，都含有较多的轻质组分。由此认为深部超临界CO_2沿断裂裂缝通道体系或通过扩散方式经过烃源岩层位能萃取烃源岩中的油气组分，特别是轻质组分，并携带到浅部储集层中，形成CO_2-油混合共生成藏。

3. 黄桥烃源岩与原油组分变化

溪平 1 井和华泰 3 井原油饱和烃色谱的碳数分布范围分别为$nC_{14}\sim nC_{32}$和$nC_{13}\sim nC_{31}$，主峰碳都是nC_{17}（图 5.50）。大隆组和龙潭组泥质烃源岩氯仿抽提物饱和烃的碳数分布范围分别为$nC_{13}\sim nC_{33}$和$nC_{13}\sim nC_{35}$，主峰碳都是nC_{17}。从图 5.50 上可以看出，原油与烃源岩饱和烃色谱在主峰碳和碳数分布上有显著的相似之处。但原油中C_{20}之前的小分子量轻质组分含量相对较高，C_{20}之后，特别是C_{25}之后的大分子量重质组分含量显著减小。

黄桥油藏原油含有较多的饱和烃，与烃源岩相比，饱和烃中含有相对较多的小分子轻质组分（nC_{20-}）。这些特征与超临界CO_2对烃源岩萃取得到的结果较为一致。结合黄桥地区油与深部CO_2伴生的特点，认为深部CO_2萃取了下部烃源岩中油至上部聚集成藏。

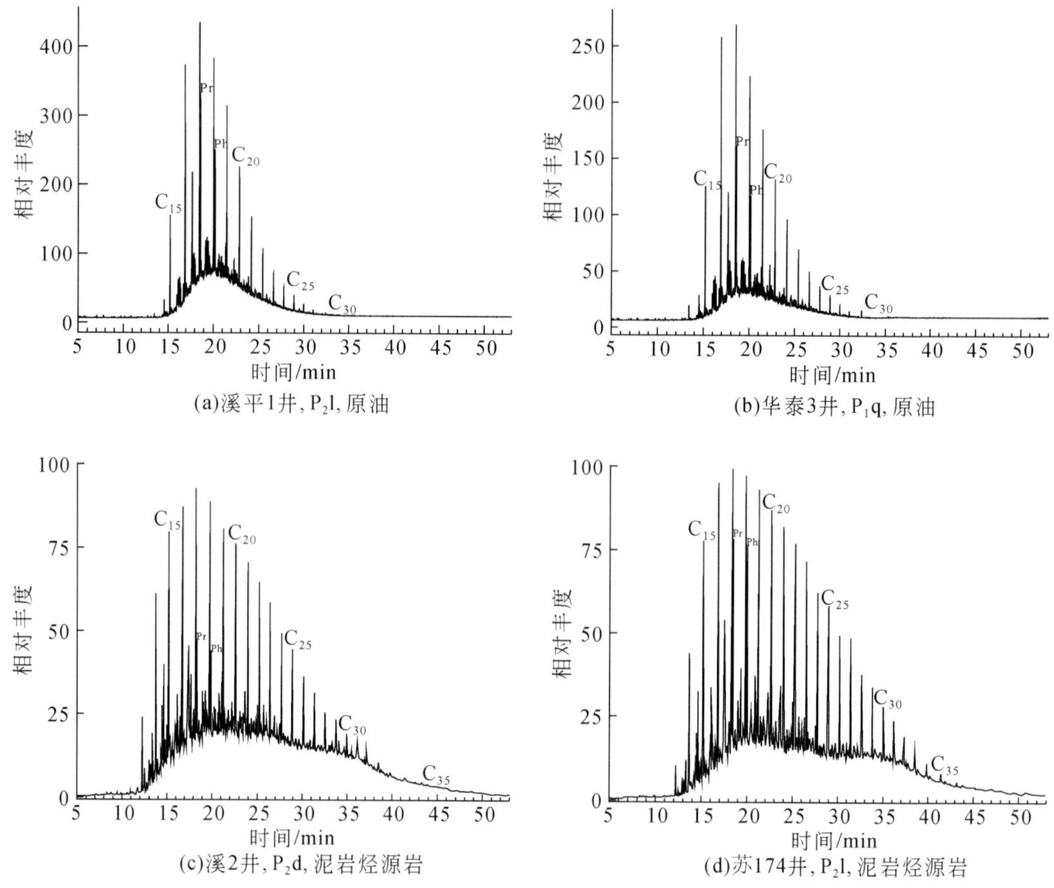

图 5.50　黄桥地区CO_2伴生油与泥质烃源岩饱和烃色谱图

4. CO_2–油耦合成藏机理

根据钻井实测地层温度和压力（表 5.1），CO_2和油聚集主要层位（如青龙组和龙潭组，以及深部的石炭系、志留系等层位）的地层温度和压力都高于CO_2达到超临界的温度和压力，所以CO_2自深部运移过程中一直处于超临界状态。

大规模超临界CO_2沿着断裂裂缝等构成的通道体系自深部向盆地浅部地层运移。由于具有气体的特征，与通常流体相比，超临界流体具有较高的扩散能力、低的黏度和较低的表面张力，使得超临界CO_2在地层等介质中具有很强的扩散迁移能力（Monin et al., 1988），能以扩散的方式通过沉积地层从深部向浅部运移。超临界CO_2在自下而上运移过程中，能促使沉积地层中的有机组分活化迁移。当经过已经成熟生烃的烃源岩层时，能溶解萃取烃源岩层中的油气组分并携带其向浅部运移。经过砂岩储集层时，超临界CO_2能对储层中已有的原油进行加热，降低其运动黏度，促使其向浅部地层运移（金之钧等，2013）。

超临界萃取实验表明，超临界 CO_2会优先萃取沉积物中的小分子量烃类组分。随后超临界 CO_2能携带这些轻质组分至浅部聚集成藏，形成轻质油/凝析油与 CO_2共同聚集成藏的特征。

根据黄桥 CO_2-油气藏解剖和超临界萃取实验结果，提出天然条件下大规模超临界 CO_2活动对油成藏的影响模型，即超临界 CO_2沿断裂裂缝通道体系或通过扩散方式经过烃源岩层（二叠系龙潭组、大隆组），萃取其中的轻质油气组分至浅部地层中（二叠系龙潭组、三叠系青龙组等），形成 CO_2-油的耦合聚集成藏（图 5.51）。

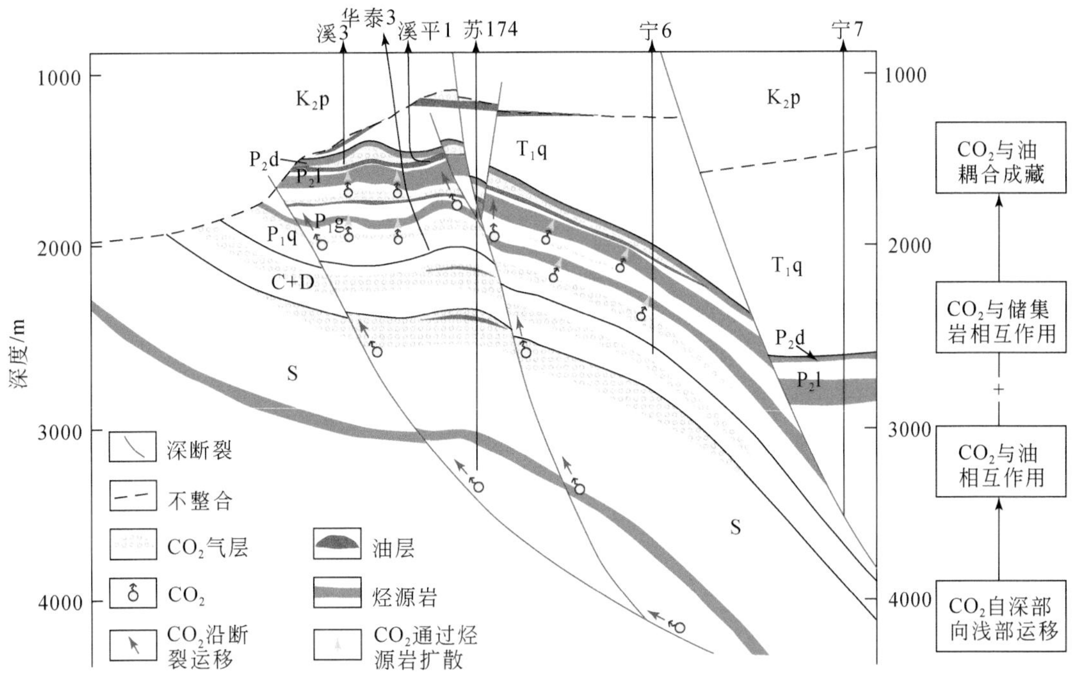

图 5.51　CO_2-油气耦合成藏机理的地质模型（据 Liu et al.，2017 修改）

超临界 CO_2沿着大型基底断裂向浅部地层运移，在深层二叠系等层位中，超临界 CO_2 沿断裂经过烃源岩层，或者以扩散方式透过烃源岩层，萃取烃源岩中的油，促使其向浅部运移成藏，在浅部 CO_2与油共同聚集成藏。在后期开发过程中，超临界 CO_2促使原油运移至井口，形成对原油的天然驱替效应

在后期开发过程，超临界 CO_2 溶解萃取油藏中的轻质组分，并且降低了原油的黏度，促使其运移至井口产出，形成天然 CO_2驱替效应（natural CO_2-EOR）。

5.2.4　苏北盆地黄桥地区有利层位预测

苏北盆地黄桥地区优质储层的发育不仅受原始沉积相控制，更受后期富 CO_2流体改造作用的制约。该地区优质储层预测考虑“双因素”，即原始的河流相砂岩为后期流体的进入提供了基础，而后期富 CO_2流体的进入，则为溶蚀作用提供了“能力”。两者的有效配合，既是该区优质储层形成的关键，也是形成的条件。

根据前人的研究成果，富 CO_2 流体主要来源于深部幔源，其活动强度受深大断裂或与深大断裂沟通的次级断裂有关。因此，确定控制富 CO_2 断裂的工作将是关键的一步，但目前这方面的工作还比较薄弱。就黄桥地区来讲，以溪 3 井附近的断裂为线索，进行追踪研究，确定相关的断裂体系，将是首要工作。

考虑到富 CO_2 流体源于深部，因此深部 CO_2 流体的作用强度要大于浅部。也就是说，龙潭组以下地层具有与富 CO_2 流体作用的优势，故此对深部地层结构和性质的研究是预测储层的重要环节。就二叠系本身而言，孤峰组也是具有良好封盖性的泥页岩，其下是栖霞组灰岩，也有可能成为富 CO_2 流体溶蚀作用的对象，是该地区重点有利储层。此外还有志留系上部坟头组砂岩，其上被致密的五通组石英砂岩和金陵组—高丽山组钙质泥岩（夹灰岩）封盖，有利于富 CO_2 流体的聚集。而坟头组主要为长石石英砂岩，溶蚀作用有可能形成一定规模的改造型储层，是值得关注的有利层段。根据上述讨论结果，结合黄桥地区勘探资料，特别是 CO_2 在纵向上的分布特征，对深部可能的储层发育层段进行了预测，如图 5.52和图 5.53 所示。

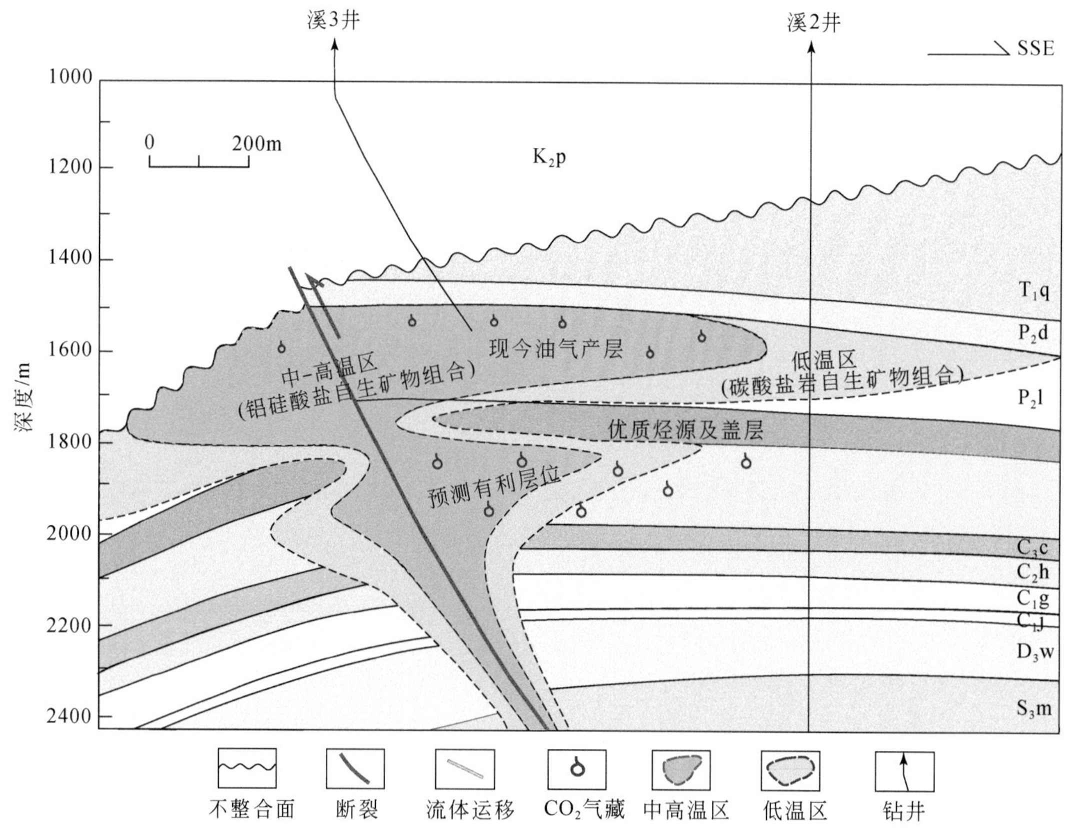

图 5.52　黄桥地区富 CO_2 流体纵向分布及有利层位发育模式（据张月霞等，2018 修改）

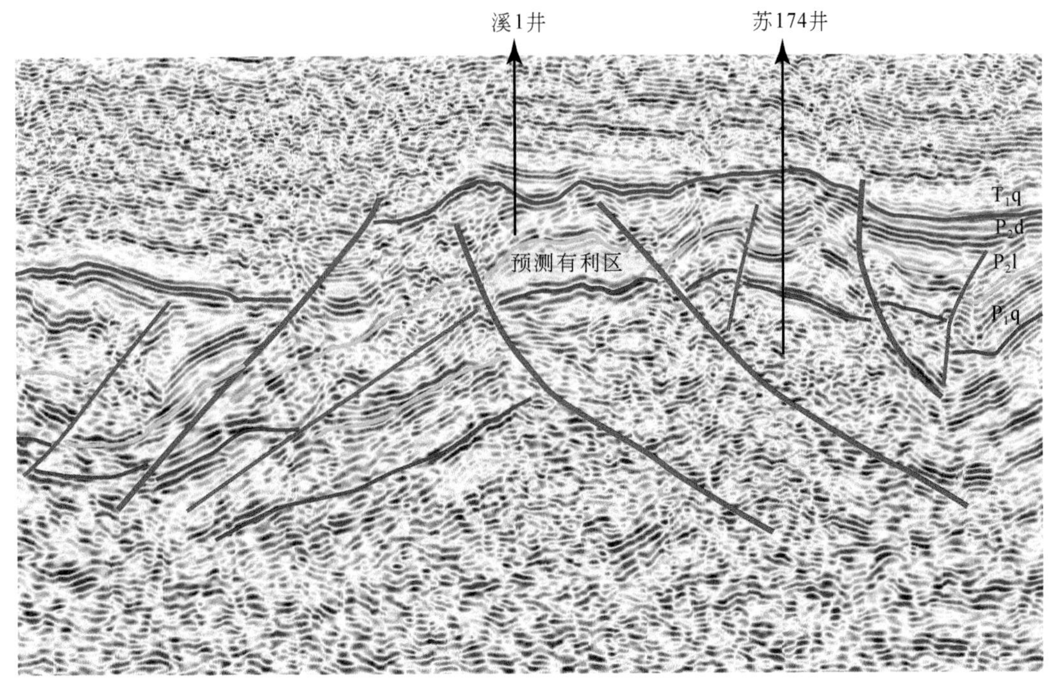

图 5.53　黄桥地区有利层位预测

通过以上研究，针对黄桥油气藏具体勘探开发，中国石化石油勘探开发研究院联合南京大学，与华东分公司开展了密切的合作，在深部 CO_2 对储层改造机理和模式，以及深部超临界 CO_2 与油混融成藏机理的研究基础上，提出了深部栖霞组的有利勘探目的层，得到中石化华东分公司的认可采纳。

5.3　顺托果勒地区热液作用对油气改造与成藏的影响

5.3.1　基本概况

塔里木盆地贯穿基底的深大走滑断裂发育，深部流体活跃。近年来，在顺托果勒低隆起沿着深大断裂带周缘取得勘探重大突破，相继发现了顺北凝析油气藏、顺南气藏及古城墟隆起的古城气藏。本次研究主要针对顺托果勒低隆起深大断裂带控制下油气成因和次生改造展开研究，厘清了深部壳源热液流体对油气的热蚀变作用，为深层油气源对比与主力烃源岩分布预测提供科学依据。

塔里木盆地顺托果勒地区勘探登记区块位于盆地中部，构造位置位于塔中 1 号断裂带下盘，塔中隆起（卡塔克隆起）区北斜坡（图 5.54）。中国石化登记矿权区块 4 个（顺托果勒西区块、顺托果勒区块、顺托果勒南区块、卡塔克区块），断裂下盘矿权内总面积 16771km^2。地理位置位于新疆维吾尔自治区巴音郭楞蒙古自治州且末县和沙雅县境内。

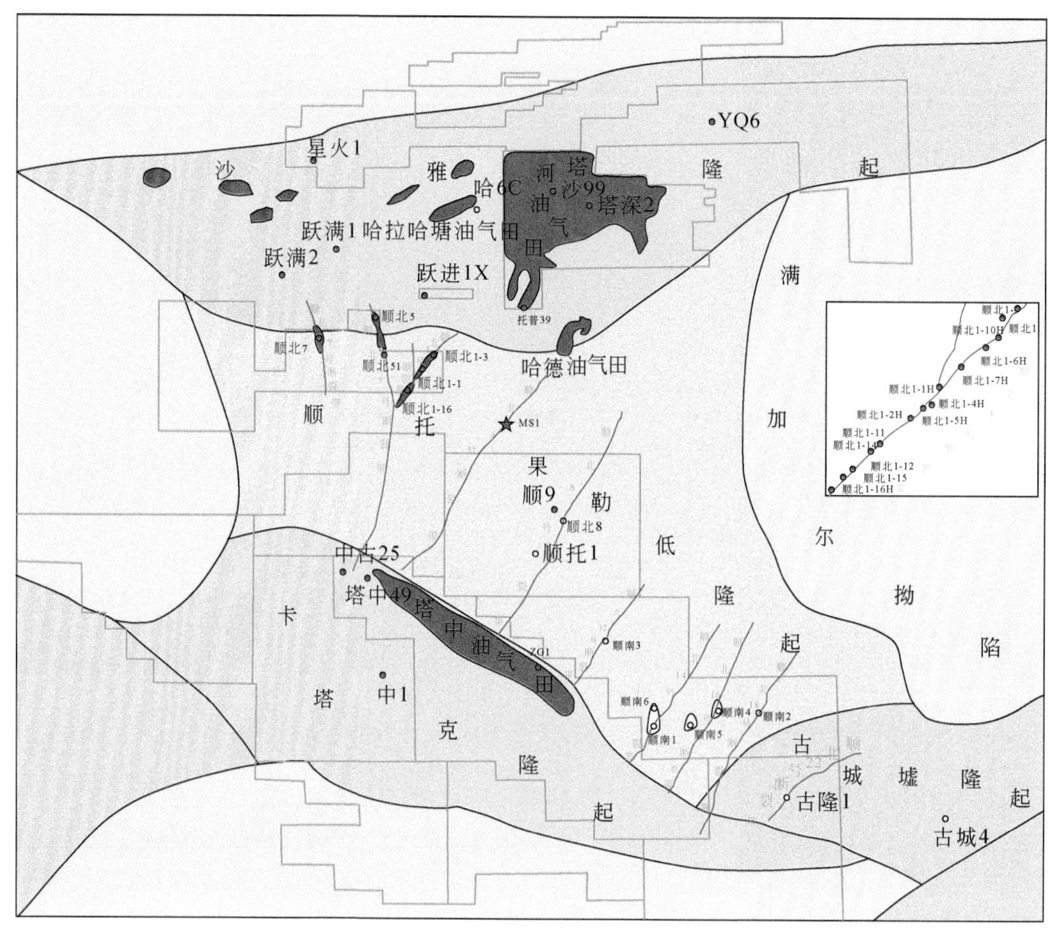

图 5.54　顺托果勒地区构造、深大断裂带与油气田分布图

2005 年中国石油在古城墟隆起西侧钻探古隆 1 井，以中-下奥陶统碳酸盐岩储层为主要目的层，鹰山组 6252.8 ~ 6419.3m 井段中途裸眼测试，折日产天然气 10067m^3，上交预测天然气地质储量 362.56×10^{8}m^3；2009 年以中-下奥陶统一间房组—鹰山组为主要目的层，钻探了古隆 2 井，该井中下奥陶统一间房组—鹰山组顶部油气显示活跃，见多层气测异常，未获油气。

2011 年中国石化在顺托果勒南钻探顺南 1 井，以中-下奥陶统碳酸盐岩为主要目的层，12 月 3 日油嘴 5mm，孔板 31.75mm，油压 27.0MPa，折最高气产量为 38714m^3/d。测试期间累产油 6.34m^3，累产气 27.8×10^{4}m^3。顺南 1 井首次在塔中北坡 1 号断裂带下盘加里东中期 I 幕岩溶领域实现油气发现。2012 年在塔中北坡顺南区带顺南 1 井三维工区东部断裂带部署顺南 4 井，以中-下奥陶统为主要目的层，主要探索顺南区块东部中-下奥陶统鹰山组“串珠状”反射异常体。完钻井深为 6681.81m，层位为鹰山组。2013 年 7 月 1 日对井段 6299.88 ~ 6681.81m 油管测试获高产气流。2013 年 10 月 1 日对鹰山组下段 6612.02 ~ 6681.81m 开始进行系统测试，最高 9mm 油嘴，油压 55.4MPa，折日产气

$(53.7\sim54.6)\times10^4m^3$。

2013年在顺北Ⅰ号断裂带上钻探顺北1井在7269.54~7407.08m一间房组获低产油气流，7mm油嘴，油压16.4MPa，折算日产气量$1286\sim1355m^3$；2015年顺北1-1H井侧钻获高产，日产油108.2t，日产气$3.39\times10^4m^3$；2016年部署6口评价井连获高产，宣布顺北油气田发现，并拉开了顺北油气田增储上产的序幕。截至2019年年底，在顺北1号、3号、5号、7号断裂带均已获得工业油气流，累积提交三级石油地质储量2.7×10^8t，探明储量6437×10^4t。沿主干断裂带部署钻井32口，成功率100%，单井平均日产油80t，日产气$3\times10^4m^3$，动用断裂长度60km。2020年4月8日，中国石油塔里木油田在塔北和塔中过渡区域部署满深1井，用10mm油嘴测试求产，日产原油$624m^3$，日产天然气$37.1\times10^4m^3$。3月30日，中国石化西北油田在顺北5号断裂带上部署顺北52A井获得油气突破，日产原油150t、天然气$5.9\times10^4m^3$。

顺托果勒低隆起上走滑断裂异常发育，顺北地区探明走滑断裂多达18条，其中一级断裂8条，二级断裂8条，次级断裂2条，已探明的油气藏沿走滑断裂带分布。研究区走滑断裂发育北东向、北北东以及少量北北西向，与塔河地区X型共轭断裂差异明显。顺北油气藏、顺南气藏以及古城气藏储层主要为中奥陶统一间房组（O_2yj）以及中下奥陶统鹰山组（$O_{1-2}y$），部分地区下奥陶统蓬莱坝组（O_1p）也发育储层（图5.55）。因此，围绕着满加尔凹陷西部呈现连片的油气分布趋势，顺托果勒低隆起明显受深大断裂控制。

随着满加尔拗陷西部地区（简称满西，包括顺北、顺南和古城）深层海相天然气实现突破后，满西地区已成为新的勘探热点（王铁冠等，2014；马永生等，2017）。满西地区气藏受断裂控制作用明显（焦方正，2017），断裂体系可以为热液流体提供运移通道。该区储层受深部流体改造作用明显，在顺南和古城地区发现热液成因的硅质岩（鲁子野等，2015；Zhu et al.，2015a；漆立新，2016），热液流体不仅对储层发生溶蚀改造，而且对油气藏也产生改造作用。在满西地区深层海相天然气可能存在原油二次裂解（Liu et al.，2018）、干酪根初次裂解及运移扩散等作用的影响（王铁冠等，2014）；同时该区海相气藏曾发生TSR作用，并且不同井位中H_2S含量差异较大（王铁冠等，2014）。复杂的地质背景下仅仅利用天然气组分、碳氢同位素组成等指标鉴别天然气成因类型和气源对比可能会面临挑战（Liu et al.，2019）。在天然气成熟度较高或者发生过次生作用时，传统的判识指标可能会受到影响，需要综合联用多指标来提高成因判识的准确性和科学性。同时，深部流体也会对液态烃产生热蚀变。

5.3.2 天然气成因类型鉴别与次生改造

1. 天然气地球化学特征

通过对顺托果勒地区油气藏中天然气组分的统计，顺南地区烷烃气相对含量为83.87%~96.06%，平均值为90.45%；顺北地区烷烃气相对含量为70.68%~95.72%，平均值为88.26%。顺南地区甲烷相对含量为81.92%~95.98%，平均值为89.33%；顺

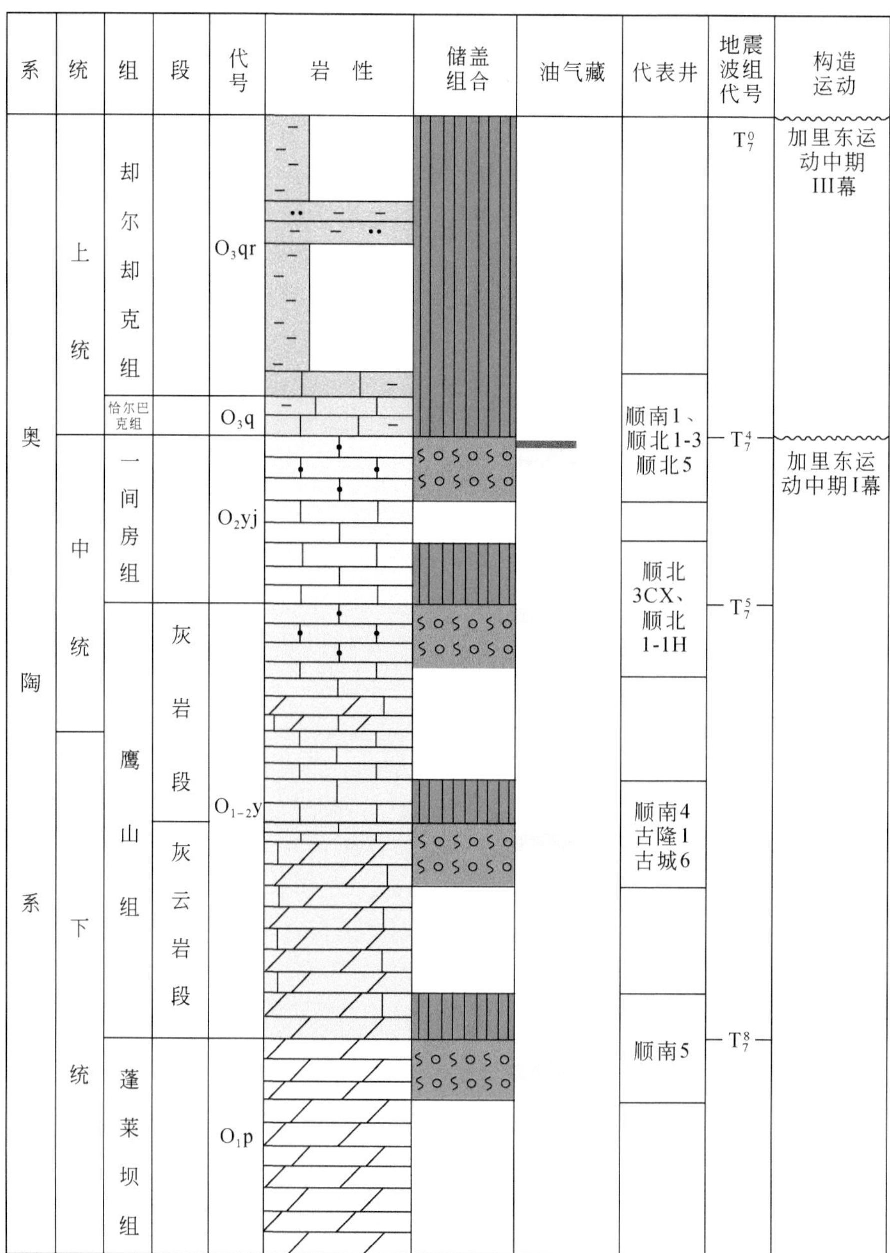

图 5.55　满西地区奥陶系地层及储盖组合（据漆立新等，2014 修改）

北地区甲烷相对含量为 43.67% ~83.73%，平均值为 68.44%。顺南地区天然气中 CH_4 相对含量比较高，顺北地区天然气 CH_4 相对含量变化较大。天然气干燥系数（$C_1/C_{1\sim5}$）变化较大，顺南地区海相天然气干燥系数为 0.95 ~ 1.0，属于典型干气；顺北地区天然气干燥系数分布在 0.53 ~ 0.88，属于湿气，其中 1 号断裂带干燥系数为 0.73 ~ 0.88，3 号断裂带一个天然气数据为 0.65，5 号断裂带为 0.57 ~ 0.84，7 号断裂带一个天然气数据为

0.53。从干燥系数看，邻近满加尔凹陷的1号断裂带干燥系数最高，远离满加尔凹陷的7号断裂带干燥系数最低。顺南地区 N_2 含量0.06%～5.98%，顺北地区天然气中 N_2 含量为0.76%～24.92%，其中顺北5-2井中 N_2 相对含量最高，为24.92%。顺南地区 CO_2 含量为0.28%～12.17%，古城4井中 CO_2 相对含量最高，为48.50%，顺北地区 CO_2 含量为0～10.43%。通过对顺北地区天然气分析，11口井中有7口含有 H_2S，顺北1号断裂中天然气 H_2S 含量明显高于其他断裂带（图5.56）。顺北地区11个气样中He相对含量为0.03%～0.09%，属于低丰度He气藏。

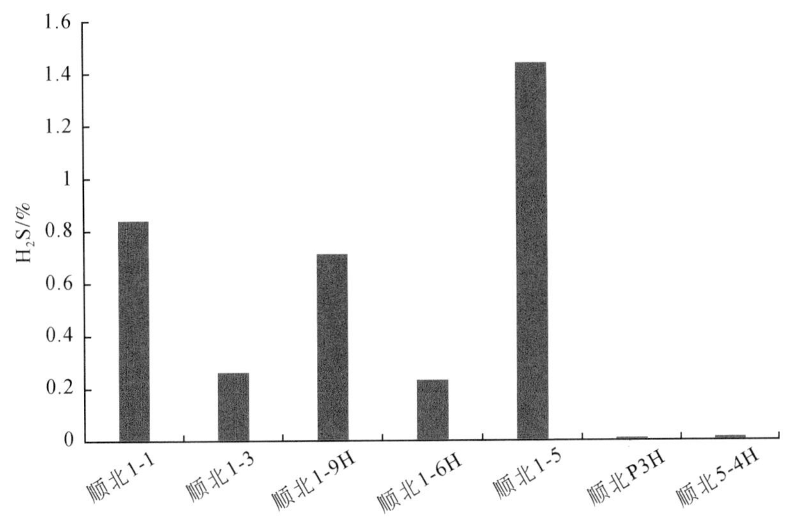

图5.56　顺北地区海相天然气中 H_2S 相对含量分布

通过对顺托果勒地区海相天然气碳同位素组成数据统计，顺南地区 $\delta^{13}C_1$ 值为-40.2‰～-36.3‰，平均值为-37.8‰；顺北地区 $\delta^{13}C_1$ 值为-51.2‰～-44.4‰，平均值为-48.6‰。顺南地区 $\delta^{13}C_2$ 值为-32.6‰～-26.7‰，平均值为-29.7‰；顺北地区 $\delta^{13}C_2$ 值为-39.3‰～-33.3‰，平均值为-36.0‰。顺南地区 $\delta^{13}C_3$ 值为-28.2‰～-23.1‰，平均值为-25.0‰；顺北地区 $\delta^{13}C_3$ 值为-35.6‰～-30.8‰，平均值为-32.8‰。顺南地区烷烃气同位素重于顺北地区。顺北地区1、3、5、7号断裂带 $\delta^{13}C_1$ 平均值分别为-47.4‰、-50.7‰、-48.9‰、-48.4‰；$\delta^{13}C_2$ 平均值分别为-34.9‰、-34.3‰、-38.4‰、-39‰；$\delta^{13}C_3$ 平均值分别为-32.2‰、-31.6‰、-34.1‰、-33.9‰。1号断裂带烷烃气碳同位素组成重于其他断裂带。顺南地区 $\delta^2H_{CH_4}$ 值为-134‰～-122‰，平均值为-128‰；顺北地区 $\delta^2H_{CH_4}$ 值为-226‰～-160‰，平均值为-184‰；$\delta^2H_{C_2}$ 值为-203‰～-116‰，平均值为-140‰；$\delta^2H_{C_3}$ 值为-164‰～-78‰，平均值为-114‰。顺南地区烷烃气氢同位素重于顺北地区，同时在顺北地区 $\delta^2H_{CH_4}$ 值均小于-160‰，表现为烃源岩沉积环境为非典型海水特征，似乎与海相烃源岩发育环境相矛盾。顺北地区 $\delta^{13}C_{CO_2}$ 值为-6.7‰～-1.9‰，平均值为-3.6‰；$^3He/^4He$ 值为 $(1.26\sim2.39)\times10^{-8}$，为典型壳源特征。

2. 天然气成因类型

通过对塔里木盆地台盆区海相层系与前陆区天然气甲乙烷碳同位素关系，发现台盆区为腐泥型油型气，而前陆区为典型腐殖型煤成气（煤型气）（图5.57）。因此，顺托果勒地区天然气为腐泥型有机质形成的油型气。

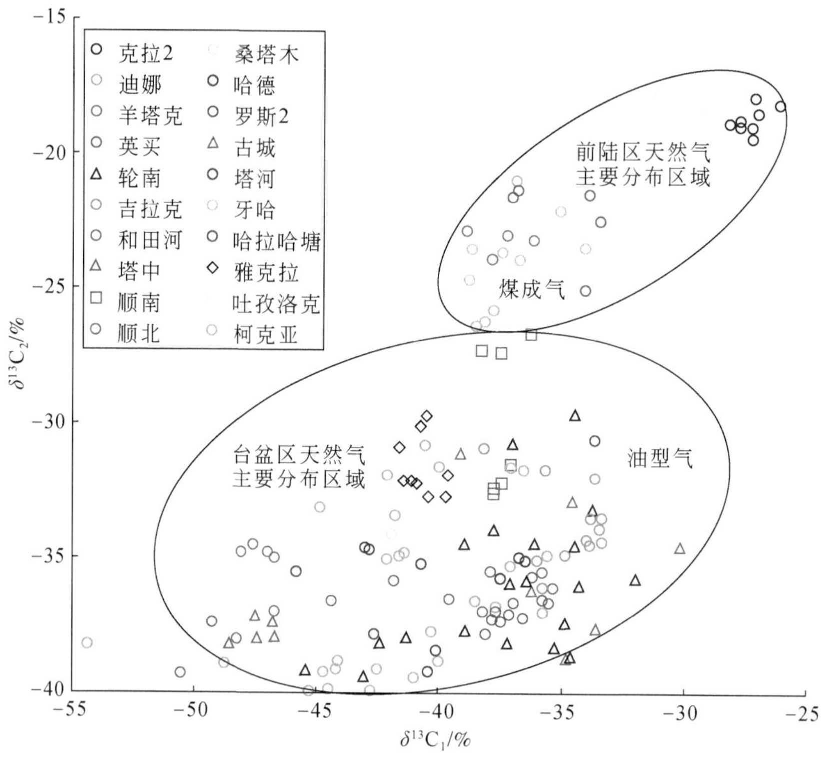

图5.57　塔里木盆地台盆区与前陆区煤成气与油型气鉴别（部分数据引自赵孟军和卢双舫，2003；王招明等，2007；高波等，2005；Li et al.，2015b；庄新兵等，2017）

根据戴金星等（1995）提出的$\delta^{13}C_1$值与C_1/C_{2+3}图版，顺南地区为典型的原油裂解气，顺北地区为原油伴生气（图5.58）。原油伴生气属于油型气，包含一定量的干酪根初次裂解气，可能也包含一定量的原油二次裂解气，表明有机质热演化程度中等，并未达到原油全部裂解的程度。顺北地区原油伴生气也进一步说明顺北地区天然气热演化程度低于顺南地区。

利用Prinzhofer和Battani（2003）提出的C_2/C_3与$\delta^{13}C_2$-$\delta^{13}C_3$关系图（图5.59）分析，顺北地区天然气既有干酪根初次裂解气，也有一定量的原油二次裂解气，而顺南地区则为原油二次裂解气。

Li等（2015）基于不同封闭体系模拟实验，以及四川盆地典型原油裂解气与干酪根裂解气变化特征，提出了$\ln(C_1/C_2)$与$\ln(C_2/C_3)$鉴别原油裂解气与干酪根裂解气判识图版。通过该图版发现，顺北地区海相天然气主要分布在干酪根裂解气与原油裂解气的过

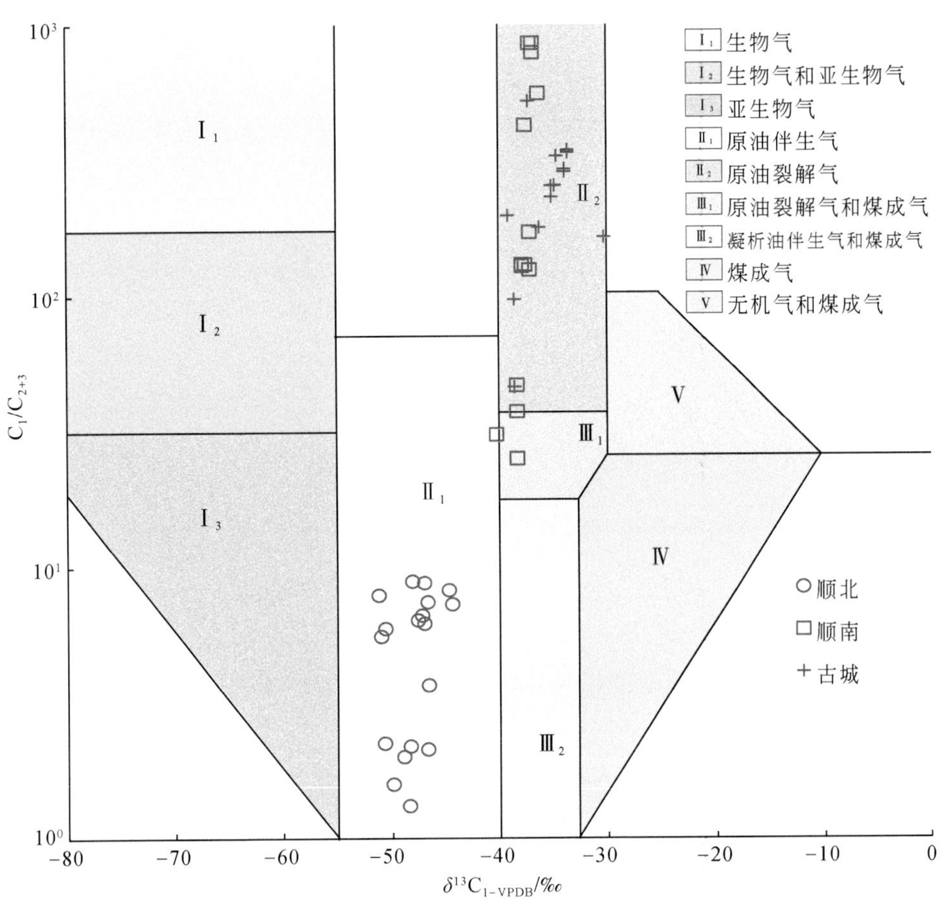

图5.58　塔里木盆地天然气成因判识（底图据戴金星等，1995）

渡区，即顺北地区既有干酪根裂解气，又有原油裂解气（图5.60）。顺南地区海相天然气为原油裂解气。

无论是原油裂解气还是干酪根裂解气，本质上都是有机质热演化到一定阶段后的产物。由于腐殖型有机质以生气为主，生油为辅，天然气主要表现为不同热演化阶段的干酪根裂解气。腐泥型有机质在热演化过程中一般经历早期生液态烃，随着热演化程度增加，液态烃发生初次热裂解。随着热演化程度进一步增加，液态烃发生大规模热裂解，形成原油二次裂解。在这过程中，腐泥型干酪根本身也会形成少量的天然气。赵文智等（2006）通过对加拿大威利斯顿盆地海相泥灰岩进行封闭体系和开放体系下的热模拟实验对比热研究。开放体系边生边排，阶段产气量主要是干酪根初次降解产物，即干酪根初次裂解气，而封闭体系阶段产气量包含了干酪根初次降解气与原油二次裂解气，二者的差值可认为是原油裂解气的产量。实验表明原油裂解气的形成时间明显晚于干酪根初次降解气，而且原油二次裂解气的产量大约是干酪根初次裂解气的4倍。原油裂解气是有机质发生歧化反应后的产物。有机质经历较高温度发生裂解一方面形成相对质量较轻的天然气（原油裂解气），另一方面形成相对质量较重的沥青。如果储层中有原油裂解气的存在，那么储层中

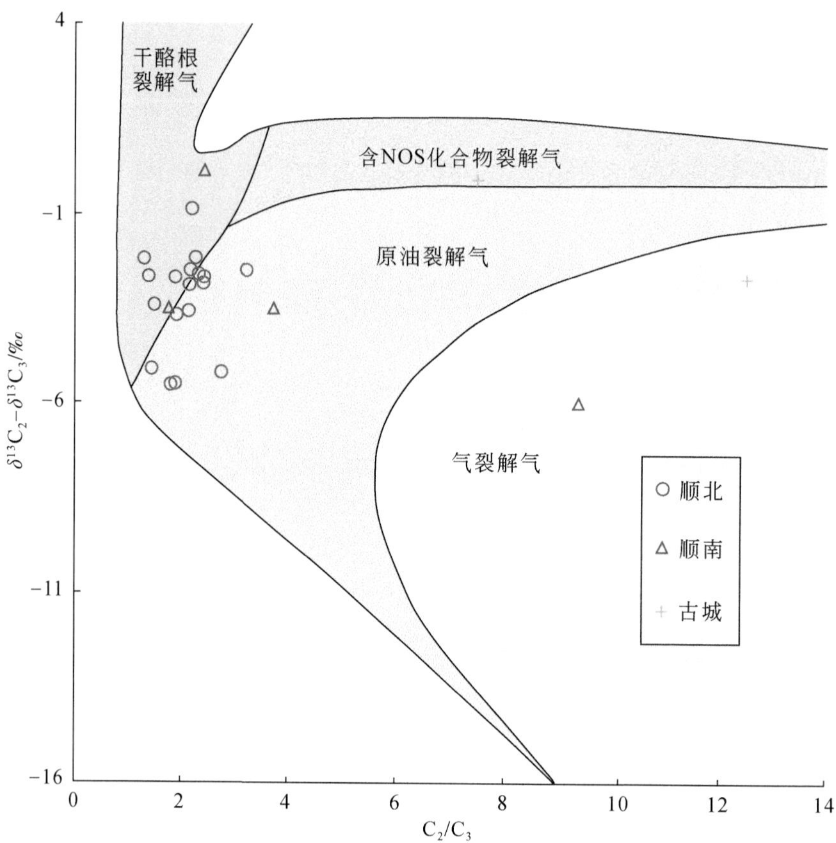

图 5.59　顺托果勒地区原油裂解气与干酪根裂解气判识（底图据 Prinzhofer and Battani, 2003）

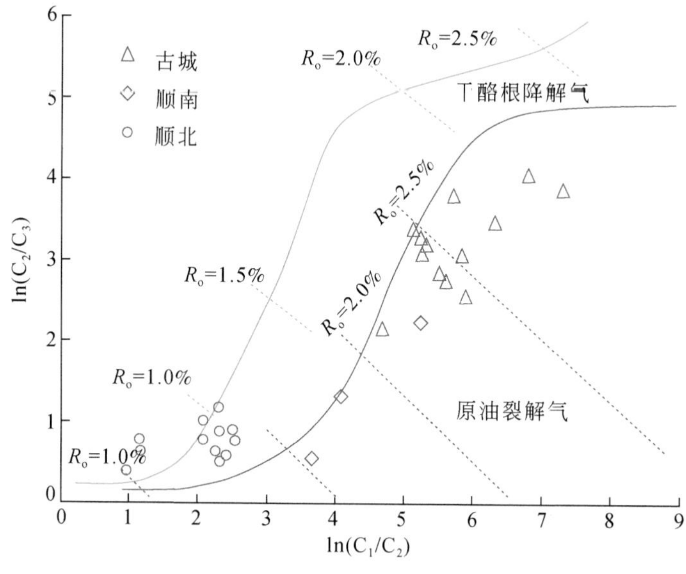

图 5.60　顺托果勒地区原油裂解气与干酪根裂解气判识（底图据李剑等，2017）

就很有可能发育原油裂解后形成的沥青，即储层中存在沥青是原油裂解气良好的佐证。通过大量的岩心薄片观察，在顺北和顺南地区海相储层中都发现了大量残留沥青（图 5.61、图 5.62）。顺北、顺南地区储层沥青主要包括缝合线中充填的沥青、基质中充填的沥青、溶蚀微裂缝中充填的沥青、晶间孔隙中充填的沥青等。

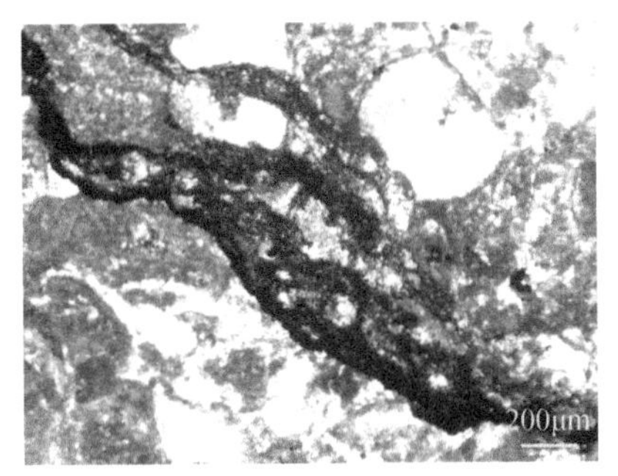

(a)顺北1-3，O_2yj，7278m，缝合线中充填的沥青

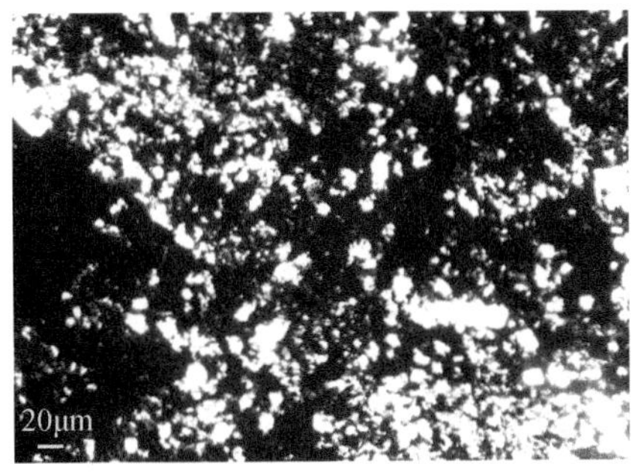

(b)顺北1-3，O_2yj，7278m，基质中充填的沥青

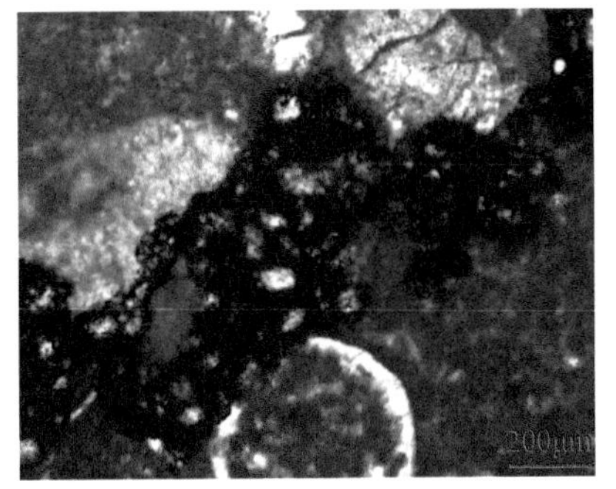

(c)顺北评2H，O_2yj，7516m，缝合线中充填的沥青

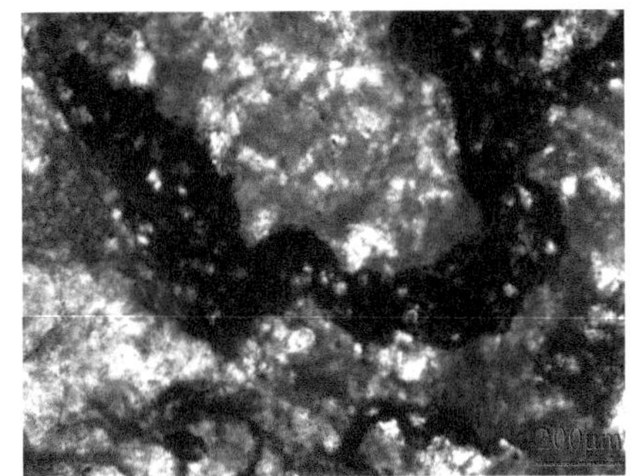

(d)顺北评51X，O_2yj，缝合线中充填的沥青

图 5.61　顺北地区储层沥青

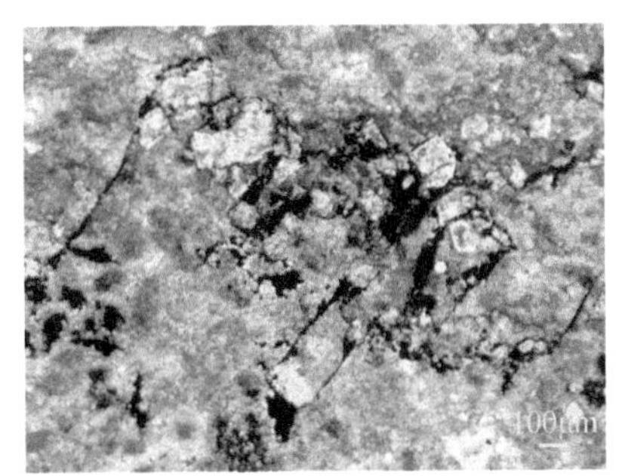

(a)顺南2-3，$O_{1-2}y$，6872m，缝合线中充填的沥青

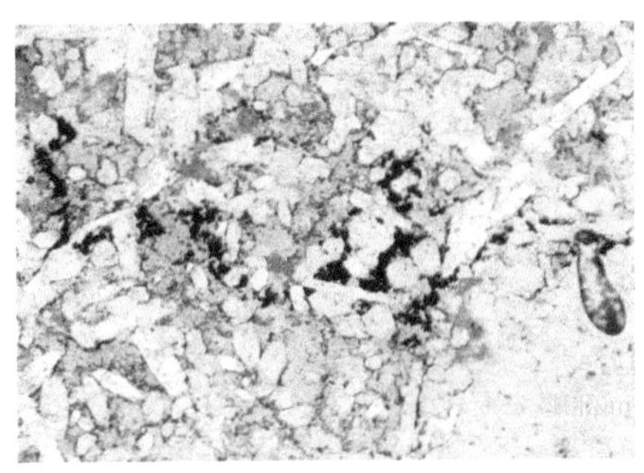

(b)顺南4-3，$O_{1-2}y$，6461m，基质中充填的沥青

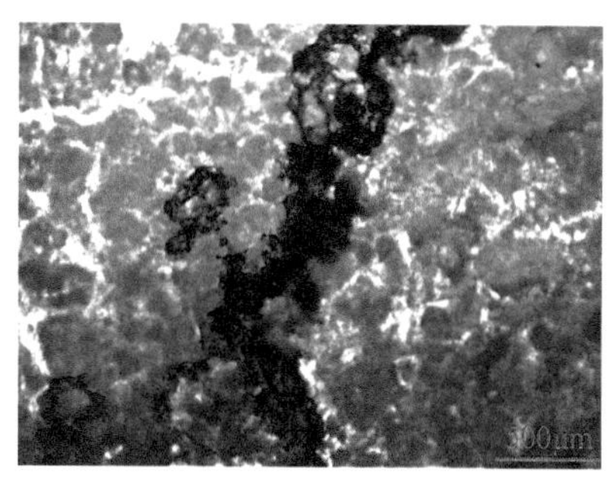

(c)顺南4，$O_{1-2}y$，6370m，溶蚀微裂缝中充填的沥青

(d)顺南5-2，$O_{1-2}y$，7072m，白云石晶间孔隙中充填的沥青

图 5.62　顺南地区储层沥青

对顺北地区顺北 1-3 井和顺北 5 两口井储层沥青反射率测定结果表明，在顺北地区存在热演化程度较高的储层沥青，尤其是顺北 1-3 井储层沥青反射率可分为二组，一组为 1.4% ~1.6%，另外一组为 2.1% ~2.3%，达到了高过成熟度阶段（图 5.63），高演化阶段的储层沥青很有可能是部分原油裂解后的剩余产物。

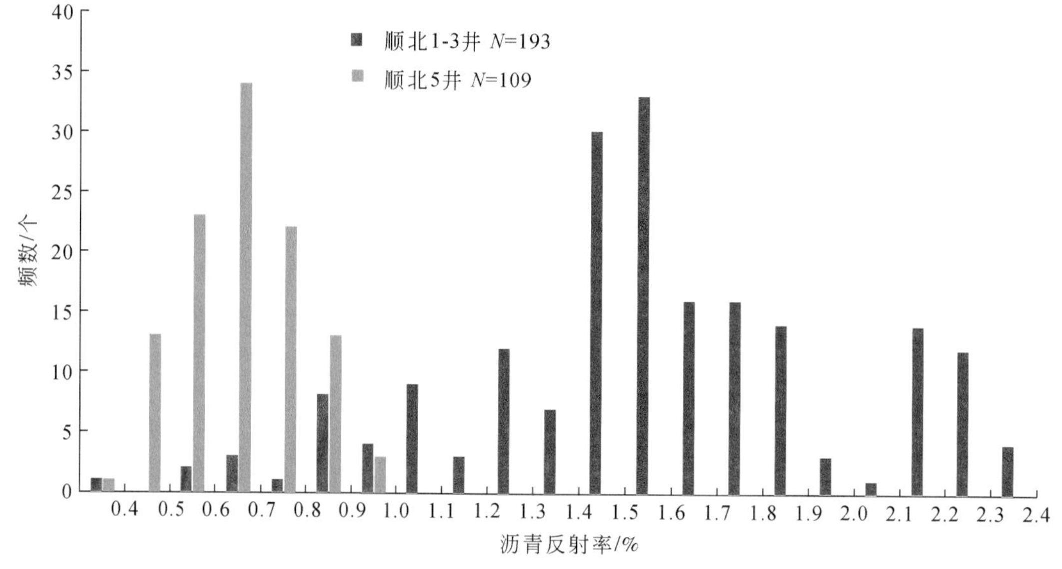

图 5.63　顺北地区储层沥青反射率分布

在顺南 1 井 6400 ~6960m 储层中分布着大量高反射率的沥青，R_b 为 2% ~3.1%，换算为等效镜质组反射率为 1.78% ~2.34%，表明顺南地区经历了较强的热历史（马安来等，2018）。顺南地区储层中见大量的含沥青油气包裹体，说明该区发生了较为强烈的油气裂解作用。

3. 天然气次生改造

顺南、顺北地区气藏中含有一定量的 H_2S，但普遍含量偏低，是否经历 TSR 改造尚不明确。此外，顺南地区顺南 4 井奥陶系发现了热液硅质岩，储层受到了明显热液流体的改造作用，热液流体对油气藏是否也发生过改造作用尚未确定。本次重点分析 TSR 和热液流体是否对天然气地球化学特征进行改造。

1）TSR 改造

顺北、顺南地区海相天然气主要赋存于奥陶系一间房组和鹰山组储层中。顺北地区储层温度主要为 150～160℃，如顺北 1-3 井储层温度为 152℃，顺北 1-1H 井储层温度为 158℃。虽然顺南地区储层埋藏深度较顺北地区浅，但是储层温度明显高于顺北地区，顺南地区现今鹰山组顶部温度普遍超过 180℃（马安来等，2018）。从储层温度分析，顺南和顺北地区储层温度基本已经达到 TSR 初始发生温度（120～140℃）。

在本次采集 11 个天然气样品中有 7 个气样分析出 H_2S，其含量为 0.01%～1.44%，其中顺北 1-5 井 H_2S 最高，达到 1.44%。中国石化西北局现场分析表明，顺北地区天然气中 H_2S 含量最高达 14515mg/m^3，其中 1 号断裂带上天然气中 H_2S 含量明显高于其他断裂带。顺南地区天然气 H_2S 含量相对较低，顺南 1 井储层酸化压裂后日产气 3.9×10^4m^3，天然气中 H_2S 最初含量为 2296.29mg/m^3，逐渐下降到 2186.17mg/m^3，半个月后再进行测试时 H_2S 含量为 51.24mg/m^3（马安来等，2018）。顺南 1 井奥陶系天然气 $\delta^{13}C_{CO_2}$ 值为 −28.2‰，顺南 5 井奥陶系天然气 $\delta^{13}C_{CO_2}$ 值为 −20.8‰（庄新兵等，2017）。顺北地区不同断裂带中 $\delta^{13}C_{CO_2}$ 值分布在 −6.7‰～−1.9‰，$\delta^{13}C_{CO_2}$ 值明显重于顺南地区。在海相气藏中异常轻的 $\delta^{13}C_{CO_2}$ 值可能与 TSR 改有关（Liu et al., 2016b）。马安来等（2018）在顺南地区顺南 1 井天然气中伴生的少量轻质油中检测到了多种硫代金刚烷系列化合物（总含量 81.26μg/g 油），包括硫代三金刚烷化合物（27.12μg/g 油），以及原油中高聚硫代四金刚烷和四金刚硫醇。相对高含量的硫代金刚烷系列化合物是在 TSR 过程中金刚烷结构中季碳位置或者仲碳位置受到攻击后，形成金刚硫醇，然后进一步环化形成此类化合物（Wei et al., 2011，2012；Cai et al., 2016）。因此，该系列化合物的检出表明顺南地区发生了一定强度的 TSR。

为了验证 TSR 作用过程中天然气地球化学特征变化，我们采集了塔里木盆地塔河油田鹰山组（$O_{1-2}y$）原油样品开展热模拟实验研究，设计原油热裂解和 TSR 对比实验。为了阐明 TSR 对不同烃类的影响，选择原油、C_9 和甲基萘分别加入硫酸镁、硫酸钙溶液模拟 TSR 过程中气体组分和同位素变化特征。根据前人 TSR 热模拟实验过程中 TSR 发生温度约在 360℃（Pan et al., 2006；Zhang et al., 2007）。TSR 模拟实验为研究区原油和硫酸镁溶液（硫酸钙）同时加上缓冲剂。缓冲剂为二氧化硅和滑石粉（1∶1）的混合物，缓冲剂的作用是为了降低反应强度。对比热模拟实验为原油直接加热热裂解而不加硫酸镁或硫酸钙溶液。热模拟加热时间分别为 4h、10h、24h、40h、72h 和 219h。为了对比不同温度条件下 TSR 作用强度的影响，实验设计的模拟温度主要有 350℃、360℃以及 370℃。将适量的原油（10～200mg），以及硫酸镁溶液（硫酸钙）和缓冲剂在氩气的保护下封入黄金管（60mm×6mm）中，对比实验黄金管中只加入原油和缓冲剂，不加硫酸镁或硫酸钙溶液。将封闭好的黄金管放入不同的高压釜中，各高压釜体相互连通，保证实验体系压力相同。实验体系压力为 50MPa。以 20℃/h 的升温速率将实验体系从 18℃升温至 200℃，然后恒温稳半小时，再以 20℃/h 的升温速率将实验体系升温至目标温度。炉温上下浮动误差为 0.5℃，压力误差为 1MPa。

从模拟实验产物结果可知，在 360℃不同受热时间，原油直接热裂解形成 CH_4、CO_2 和 H_2S 含量明显低于原油+硫酸钙和原油+硫酸镁。随着受热时间增加，原油直接热裂解实验中 H_2 含量呈现缓慢增加趋势，72h 后 H_2 含量超过原油+硫酸钙和原油+硫酸镁，而原油+硫酸钙在受热早期形成 H_2 含量较高，其后快速降低，在 72h 时基本与原油+硫酸镁相当，原油+硫酸镁整个过程形成 H_2 含量变化不大，含量小于 0.02mL/g。对于原油+硫酸钙和原油+硫酸镁模拟实验，在 72h 前，CH_4、H_2S 和 CO_2 快速增加，72h 后原油+硫酸钙形成的 CH_4、H_2S 和 CO_2 基本保持不变，甚至略有降低趋势，而原油+硫酸镁形成 CH_4、H_2S 含量呈现降低趋势（图 5.64）。在模拟实验中，从原油裂解到不同程度 TSR 改造过程中，CH_4/CO_2 与（CO_2+H_2S）/（$CO_2+H_2S+\sum C_{1\sim5}$）变化特征与原油裂解气和 TSR 改造的天然气具有类似的变化特征（Liu et al.，2016）。原油热裂解是增加 CH_4 的过程，而 TSR 过程是增加 CO_2 和 H_2S；随着原油热裂解程度增加，烷烃气中甲烷含量不断增加，而 TSR 过程中不同阶段 CO_2 和 H_2S 增加存在一定的差异（图 5.65）。

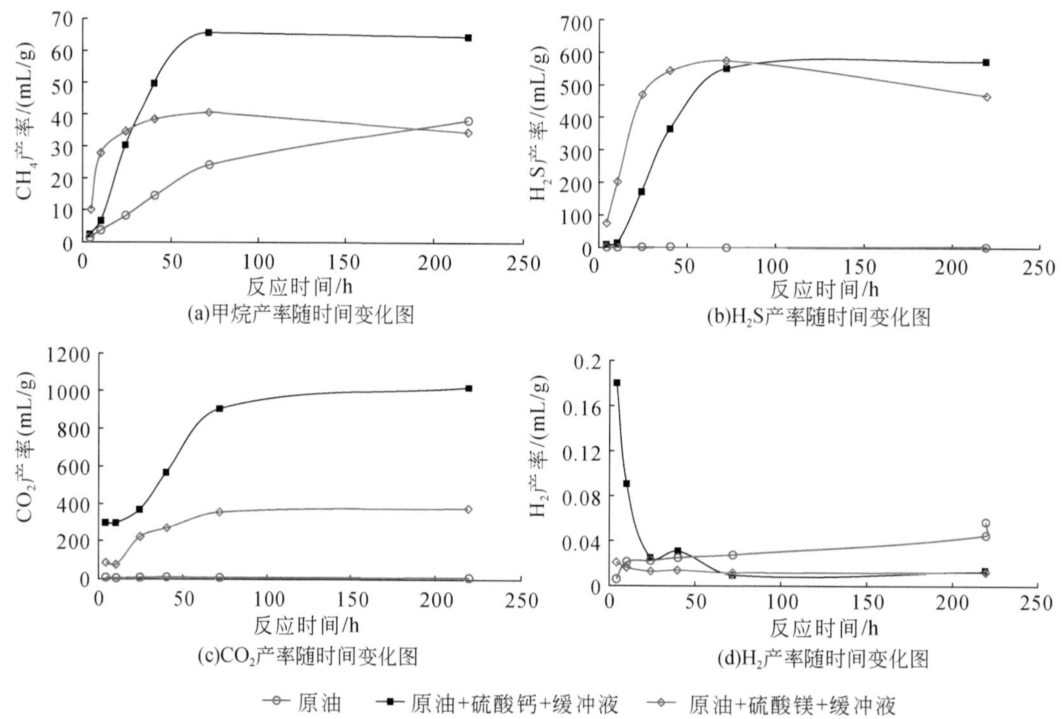

图 5.64 360℃不同受热时间条件的原油热裂解与 TSR 产物变化图

原油+硫酸镁分别在 350℃、360℃、370℃以及 C_9+硫酸镁在 360℃采取不同受热时间的实验中，烷烃气碳同位素变化如图 5.66 所示，不同温度和不同受热时间条件下，烷烃气碳同位素总体上具有规律性变化特征，随着碳数的增加，烷烃气系列碳同位素组成呈变重趋势，即 $\delta^{13}C_1<\delta^{13}C_2<\delta^{13}C_3$。但在 C_9 的模拟实验产物中出现了明显的碳同位素部分倒转现象（$\delta^{13}C_1>\delta^{13}C_2<\delta^{13}C_3$）（360℃加热 24h）。

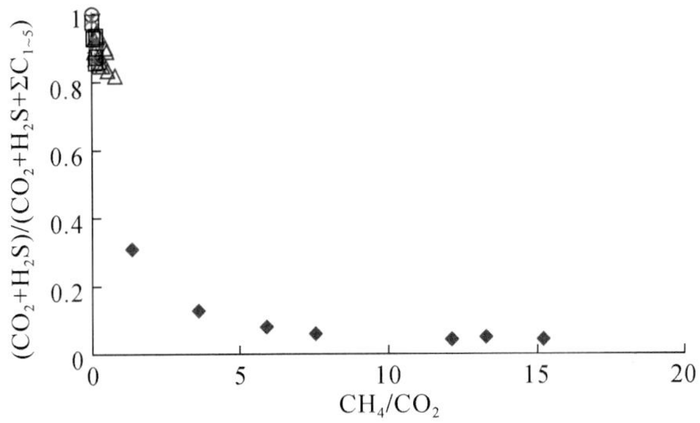

◆原油　□原油+硫酸钙+缓冲液　✳C_9+硫酸镁+缓冲液
△原油+硫酸镁+缓冲液　○甲基萘+硫酸镁+缓冲液

图 5.65　原油裂解和 TSR 中 CH_4/CO_2 与（CO_2+H_2S）/（$CO_2+H_2S+\sum C_{1\sim5}$）变化关系图

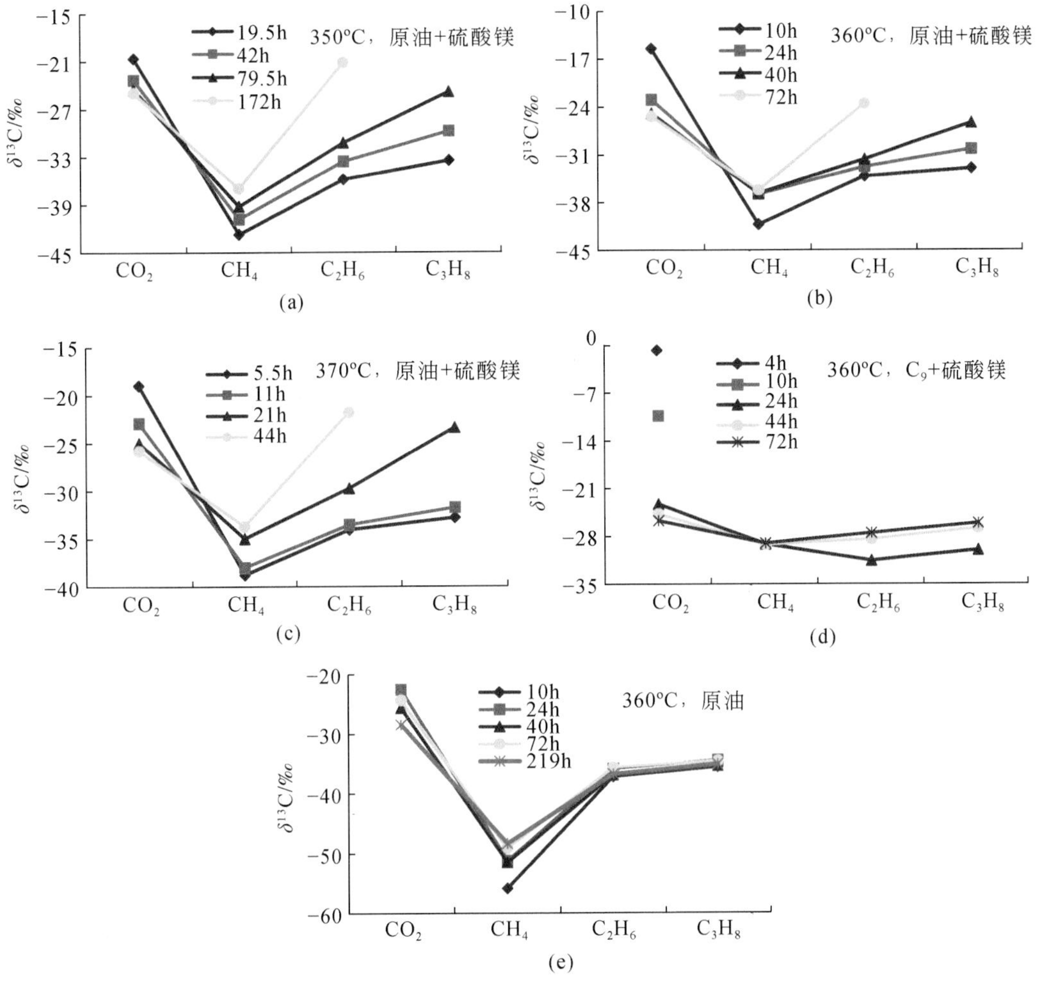

(a) 350°C，原油+硫酸镁

(b) 360°C，原油+硫酸镁

(c) 370°C，原油+硫酸镁

(d) 360°C，C_9+硫酸镁

(e) 360°C，原油

图 5.66　原油+硫酸镁（a）~（c），C_9+硫酸镁（d）和原油（e）不同温度和加热条件下 TSR 改造下碳同位素组成变化图

在相同加热温度条件下，随着受热时间增加，加入硫酸镁的实验中 CH_4 碳同位素组成逐渐呈变重趋势，但其变化范围相对较窄；随着受热时间增加，C_2H_6 和 C_3H_8 碳同位素也整体呈现变重趋势，但其变化范围明显大于甲烷碳同位素变化范围，特别对 360℃不同受热时间条件下 C_9 形成的甲烷碳同位素组成变化范围最小。随着受热时间变化，C_2H_8 碳同位素范围略大于 C_3H_8。加入硫酸镁的实验中甲烷碳同位素明显重于不加硫酸镁的。在单一热力作用下，原油热裂解中形成的烷烃气具有随着碳数增加碳同位素逐渐变重，且碳同位素与碳数倒数（$1/n$）呈线性关系（Chung et al., 1988），而 TSR 改造过程中导致 CH_4 碳同位素变化范围窄，说明 TSR 对烃类的快速氧化导致 CH_4 碳同位素组成更接近原始母质的碳同位素组成（Liu et al., 2013）。因此，在硫酸镁作用下原油发生 TSR 使得甲烷碳同位素组成变化明显收窄。不同温度和加热时间条件下，原油和 C_9 发生 TSR 过程中形成的 CO_2 碳同位素组成（$\delta^{13}C_{CO_2} < -15‰$）明显轻于天然气中 CO_2 碳同位素组成，只有 C_9 在 4h 和 10h 受热条件大量形成 CO_2，烷烃气体含量甚微，其 $\delta^{13}C_{CO_2}$ 值大于-10‰。是什么原因造成 C_9 在 TSR 改造条件下形成 CO_2 的碳同位素轻于其母质 C_9 呢？更多 ^{12}C 以什么样的形式存在有待进一步深入研究。由于在甲基萘的模拟实验中烷烃气产量较低，故并没有测得气态产物同位素。

因此，通过黄金管封闭实验对原油模拟实验证实了 TSR 改造可以改变烷烃气碳同位素组成，特别是 CH_4 的碳同位素组成相对重烃气体而言受影响更为明显，即 TSR 改造使得 CH_4 碳同位素组成变化范围小于重烃气体。这种变化特征与含 H_2S 天然气具有相似性。因此，TSR 对烃类的快速氧化蚀变可以使得 CH_4 碳同位素组成更接近母质。同时，TSR 对甲基萘更为敏感，使其快速全部氧化为 CO_2 和 H_2S。

由于 TSR 过程中伴生有 H_2S 形成，Worden 和 Smalley（1996）利用酸性指数即 $H_2S/(H_2S+\sum C_{1\sim5})$ 作为判识 TSR 发生的鉴别指标。根据对不同含 H_2S 天然气样品的统计，可以建立 TSR 不同阶段酸性指数的变化特征。为了再现 TSR 过程中含 H_2S 天然气组分和同位素的变化规律，利用不同温度和受热时间的模拟来分析酸性指数与烷烃气碳同位素分馏机理。由于顺南地区未见 H_2S 含量数据报道，因此无法分析 TSR 对其的改造程度。我们将模拟实验与顺北地区天然气进行对比分析，酸性指数与 H_2S 含量显示，顺北地区天然气与原油热裂解处于相同区域，未显示出明显的 TSR（图 5.67）。从酸性指数与 $\delta^{13}C_1$、$\delta^{13}C_2$ 以及 $\delta^{13}C_1-\delta^{13}C_2$ 关系也表明，顺北地区海相天然气与原油直接裂解形成的气体特征更为类似，尚未见到明显的 TSR 改造。因此，我们初步推论顺北地区海相天然气 TSR 作用不明显。顺北地区海相天然气中 H_2S 主要是含硫化合物的裂解所形成，或者说顺北地区即使发生了 TSR 作用，TSR 作用也很微弱。

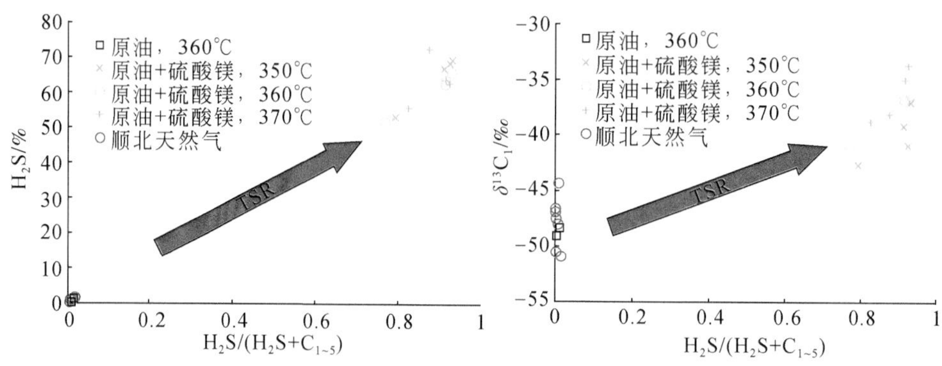

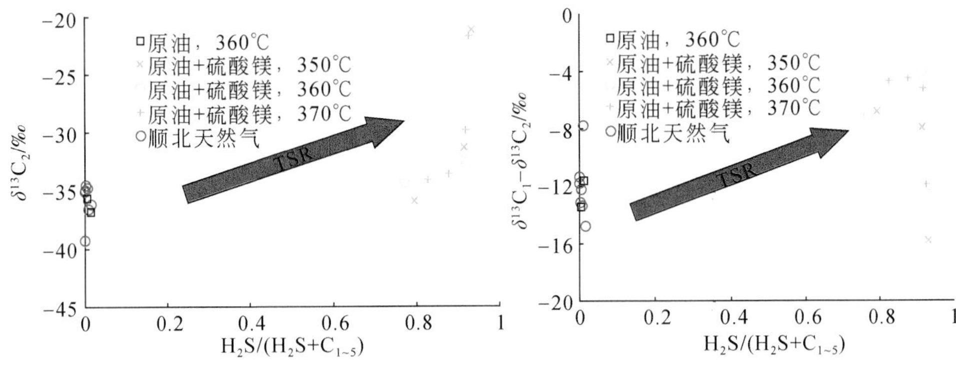

图 5.67　酸性指数与 H_2S、$\delta^{13}C_1$、$\delta^{13}C_2$以及 $\delta^{13}C_1$-$\delta^{13}C_2$关系图

2）热液流体改造

塔里木盆地经历多次构造抬升与多期不整合面，岩浆作用与火山活动影响广泛（陈汉林等，2009；杨树锋等，2014；余星等，2017），其中顺北地区二叠系火山岩主要发育玄武岩、凝灰岩和安山岩等；顺南 1 井区主要发育玄武岩和凝灰岩，再向东南方向古隆地区火山岩尖灭。顺南 2 井及古隆 1 井未钻遇火山岩（李坤白等，2017）。多期次的构造活动造就了满西地区特有的断裂体系特征；该区发育可识别的主干走滑断裂有 18 条，而且走滑断裂体系在剖面上近似直立发育（图 5.68）。同一断裂在不同时期可以表现出不同的应力性质（Deng et al., 2019），如顺北 5 号断裂带在加里东中期 III 幕与加里东晚期形成的深层构造与中浅层构造分别具有压扭应力背景和伸展应力背景（邓尚等，2019）。顺托果勒低隆起主要发育北北西向、北北东向和北东向的走滑断裂，前者多断穿鹰山组至一间房组顶面，后者多断至石炭系底面；顺南地区发育 4 排北北东向左行走滑断裂，即顺南地区主干走滑断裂全部断穿基底（李映涛等，2015）。断裂可以作为热液流体运移通道，从而向浅部沉积盖层输送物质与能量（刘全有等，2019）。

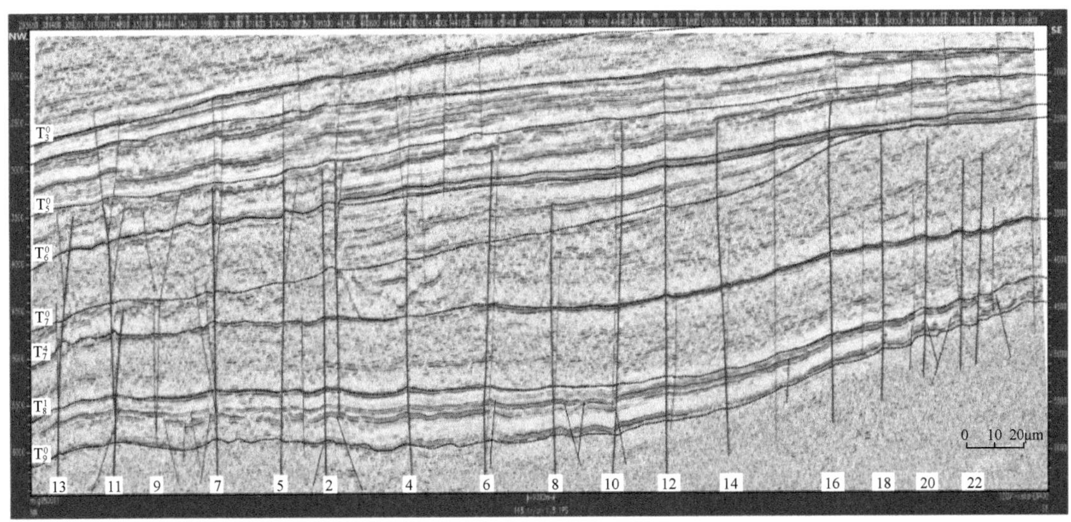

图 5.68　顺北西南-顺托-顺南-古隆地区二维地震断裂解释剖面（据西北油田分公司研究报告修改）

最为典型的热液作用地质现象就是顺南 4 井奥陶系发育的近 4m 厚的热液硅质岩，并且硅质岩中可见明显的溶蚀作用形成的溶蚀孔隙（马永生等，2019）。鹰山组内幕碳酸盐岩中硅质岩储层物性极好，孔隙度最高可达到 20%，渗透率最高达到近 74μm²（漆立新，2014）。顺南 2 井一间房组、鹰山组及顺南 4 井鹰山组还广泛发育交代作用形成的石英（鲁子野等，2015）。在顺南 4 井硅质岩镜下观察中发现大量的流体包裹体（图 5.69），并且硅质岩中流体包裹体最高均一温度超过 200℃（图 5.70）。在顺南地区鹰山组经历的最大埋深约为 6682m，按照现今的顺南地温梯度 2.3℃/100m 推算（李慧莉等，2005；朱东亚等，2013），顺南 4 井硅质岩中流体包裹体最高均一温度远超过地层所经历的最高埋藏古地温（下奥陶一间房组颗粒灰岩自身矿物包裹体均一温度为 170～180℃）（王铁冠等，2014），证明了顺南地区富硅质热液流体活动。

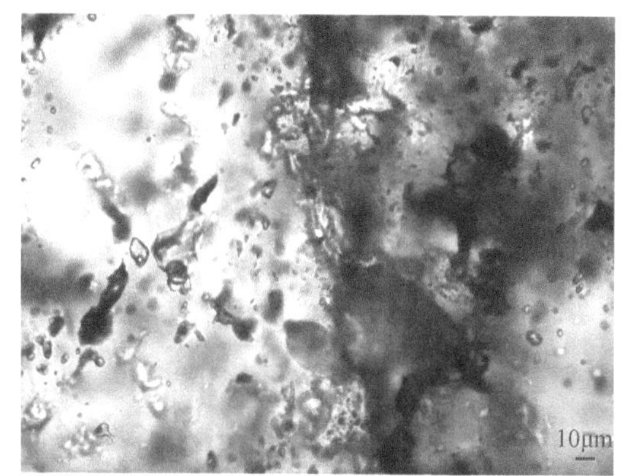

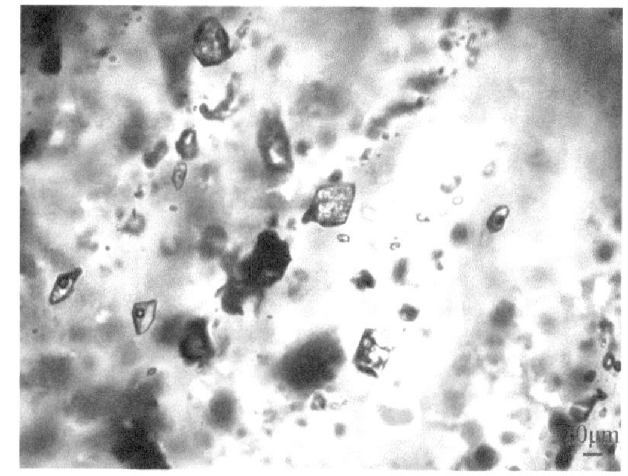

图 5.69　顺南 4 井石英中流体包裹体

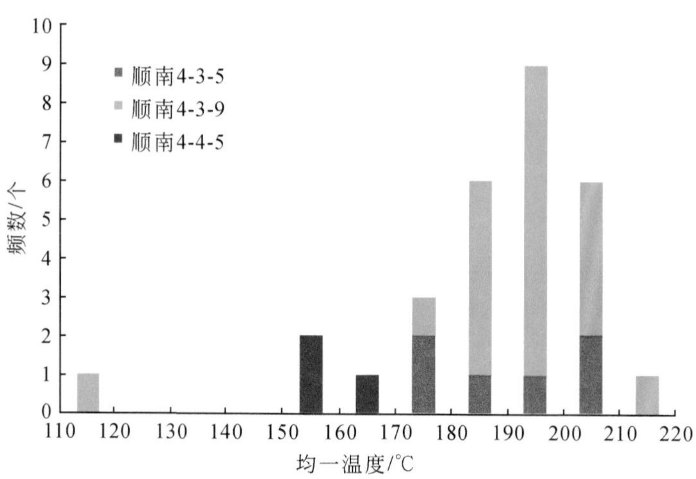

图 5.70　顺南 4 井硅质岩中流体包裹体均一温度分布

在顺北和顺南地区奥陶系方解石胶结物中发现了大量的包裹体，并对包裹体均一温度以及方解石氧同位素进行了分析（图 5.71）。从方解石碳氧同位素分布上可以识别顺南地区发育典型热液流体作用，并且从二者关系上可以识别出顺北地区也发育一定程度热液流体作用（顺北评 3 井），但顺北地区热液流体作用明显弱于顺南地区。在顺南 4 井鹰山组岩心镜下薄片中观察到硅质与焦沥青伴生的现象（图 5.72），证明顺南地区热液很可能直接作用于油气，热液提供的较高能量可能导致早期的原油部分裂解，一方面形成储层焦沥青，另一方面可能直接导致或者促进早期部分原油的裂解而形成原油裂解气。顺南地区发育极为典型的原油裂解气可能是热液作用的一个间接证据。

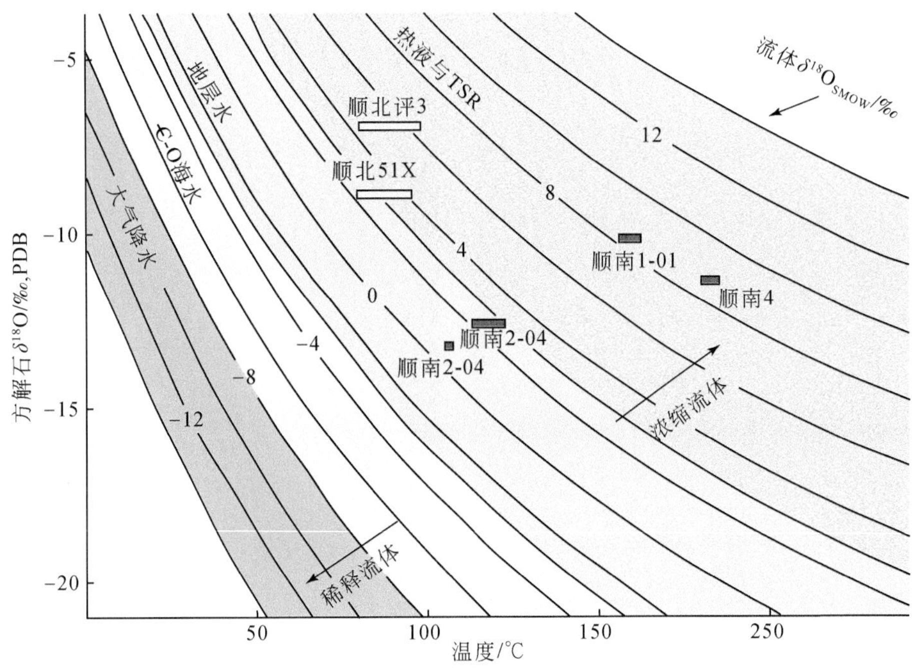

图 5.71　顺北-顺南地区流体包裹体均一温度与方解石氧同位素分布
（底图据 Friedman and O'Neil，1977）

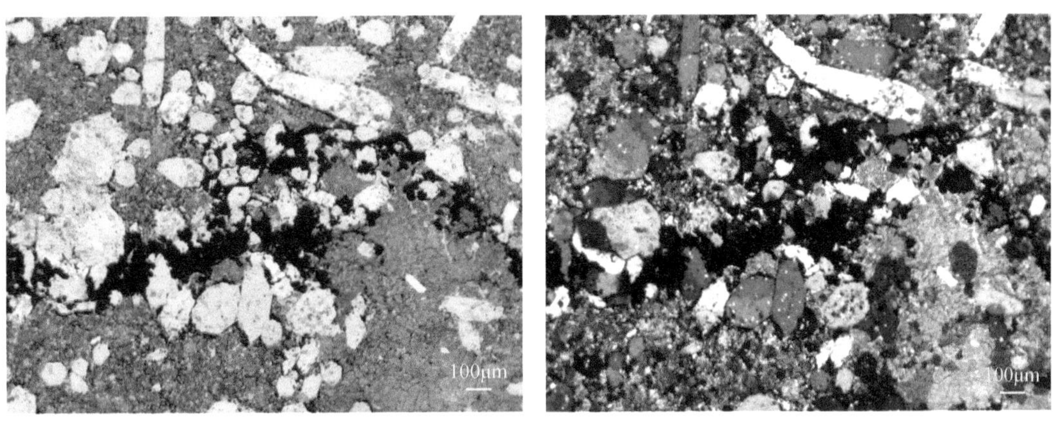

图 5.72　顺南 4 井鹰山组硅质岩中伴生沥青

在顺北地区顺北 1-3 井奥陶系发现了零星分布的储层焦沥青（图 5.73），但顺北地区储层焦沥青分布规模上明显弱于顺南地区，只有邻近顺北地区的 1 号断裂带发育较为丰富的储层沥青。这与顺北 1 号断裂带天然气碳同位素重于其他断裂带相一致，即顺北 1 号断裂带可能也遭受一定深部热液活动，而其他断裂带相对较弱。这种推测也得到了储层沥青抽提物的验证。在顺北 1-3 和顺南 1 井储层沥青色谱图中均检测出 UCM（图 5.74、图 5.75），而在顺北其他断裂带原油中并没有检测到这一特征。遭受热液改造烃类的色谱图中均出现 UCM 鼓包，且主峰碳与 UCM 峰相对应，为典型热液流体下原油热蚀变特征。结合顺北 1-3 储层沥青反射率呈现二组且其中一组 R_b 为 2.1% ~2.3%，也印证了该地区受异常热流体的影响。

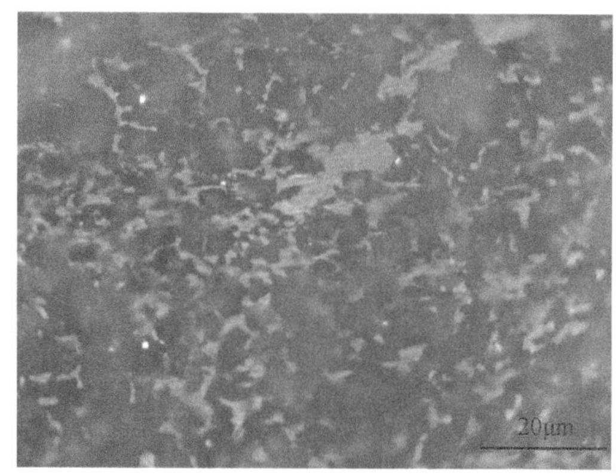

(a)顺北1-3井，7265.45m

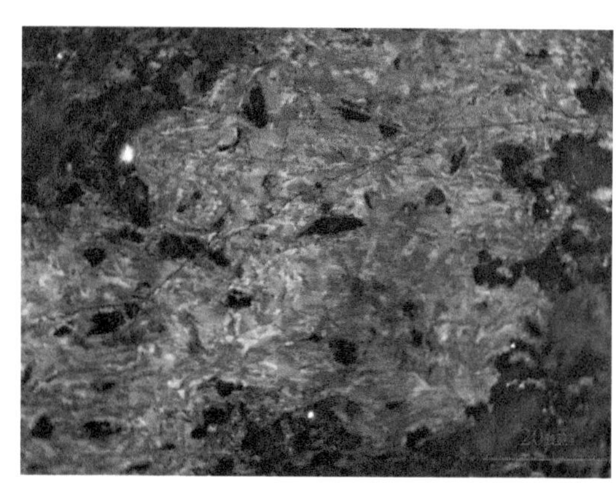
(b)顺北1-3井，7269.85m

图 5.73　顺北地区储层焦沥青

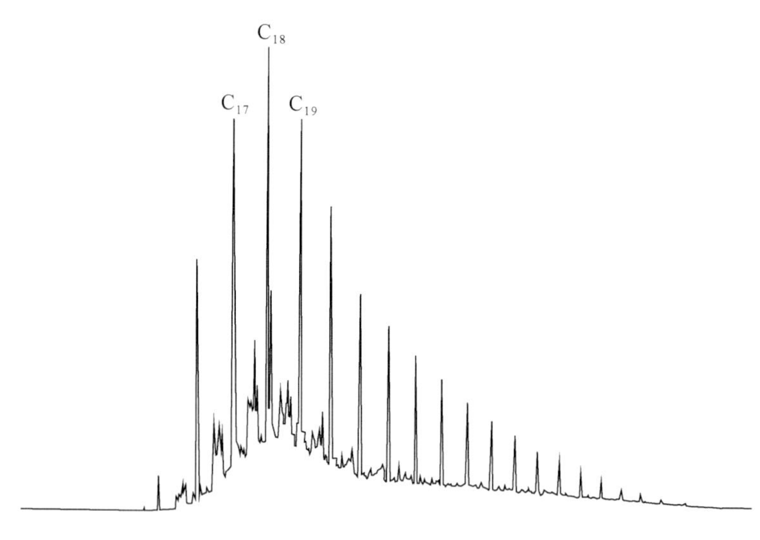

图 5.74　塔里木盆地顺北 1-3 井沥青抽提物饱和烃色谱图

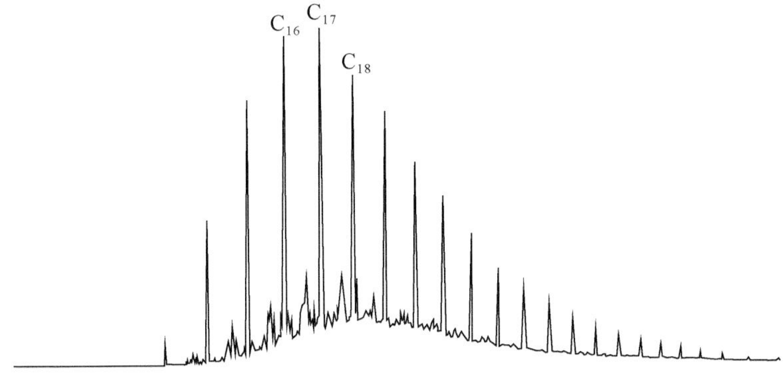

图5.75 塔里木盆地顺南1井天然气中伴生轻质油饱和烃色谱图

前文中饱和烃色谱表明热液对研究区原油特征具有影响。热液流体既然作用于原油，应该也有可能对天然气有一定影响。顺南地区热液作用最为明显，从该角度分析，顺南地区天然气有可能比顺北地区天然气表现出更为强烈的热液作用特征。从顺北1、3、5和7号断裂带，以及顺南和古城天然气的 $\delta^{13}C_1$ 与 $\delta^{13}C_2$ 关系图可知（图5.76），顺北地区烷烃气投点相对集中，顺南地区部分点落在顺北地区天然气热演化增强的趋势线上，但是顺南地区明显存在部分的异常点。尽管顺北、顺南和古城地区 $\delta^{13}C_2$ 值存在一定的重叠，但是顺北地区 $\delta^{13}C_1$ 值明显轻于-45‰，而顺南和古城地区 $\delta^{13}C_1$ 值明显重于-45‰。同时，随着 $\delta^{13}C_2$ 值的增加，$\delta^{13}C_1$ 值并没有明显增加，即 $\delta^{13}C_1$ 值与 $\delta^{13}C_2$ 值相关性较差，顺南地区部分天然气样品在 $\delta^{13}C_1$ 值与 $\delta^{13}C_2$ 值关系上表现为异常。对于海相油型气而言，$\delta^{13}C_2$ 值一般大于-29‰或者-28‰，而 $\delta^{13}C_3$ 值一般小于-25‰（戴金星等，1992；刘文汇和徐永昌，

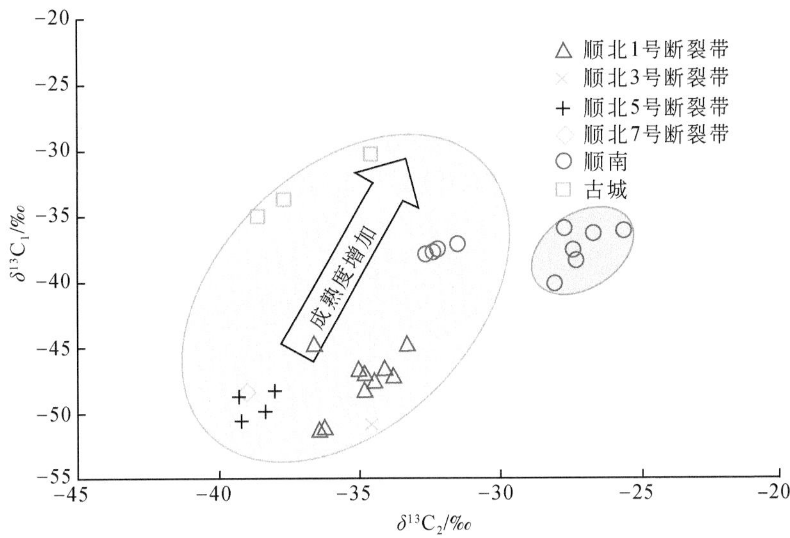

图5.76 满西地区海相天然气 $\delta^{13}C_1$ 和 $\delta^{13}C_2$ 分布

1996；刚文哲等，1997）。本书作出顺北、顺南和古城地区海相天然气 $\delta^{13}C_2$ 与 $\delta^{13}C_3$ 分布特征（图 5.77），满西地区海相天然气总体上表现为 $\delta^{13}C_2$ 与 $\delta^{13}C_3$ 值较轻，但是在顺南和古城地区烷烃气碳同位素明显偏重，尤其是顺南地区顺南 5 井 $\delta^{13}C_2$ 与 $\delta^{13}C_3$ 值分别为-26.7‰和-23.1‰顺南 1 井两个井次的分析 $\delta^{13}C_2$ 与 $\delta^{13}C_3$ 值均较重，其中一个井次 $\delta^{13}C_2$ 与 $\delta^{13}C_3$ 值分别为-27.3‰和-23.8‰，另一井次 $\delta^{13}C_2$ 与 $\delta^{13}C_3$ 值分别为-28.1‰和-28.2‰。顺南 1 井不仅 $\delta^{13}C_2$ 与 $\delta^{13}C_3$ 值均较重，而且一个井次样品出现了轻微碳同位素系列部分倒转（$\delta^{13}C_1 < \delta^{13}C_2 > \delta^{13}C_3$）。

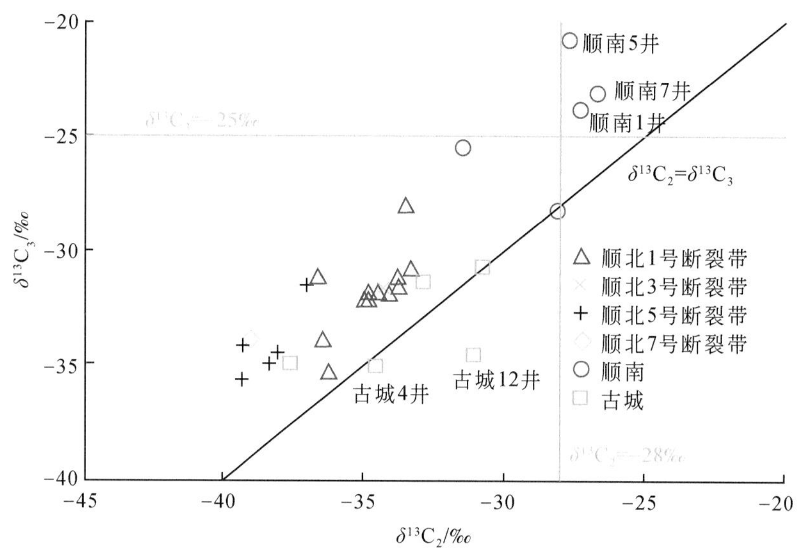

图 5.77　满西地区海相天然气 $\delta^{13}C_2$ 和 $\delta^{13}C_3$ 分布

虽然古城地区烷烃气碳同位素系列明显轻于顺南地区，但是在古城地区天然气中也出现了明显的烷烃气碳同位素系列异常，即碳同位素系列的部分倒转（古城 4 井和古城 12 井，$\delta^{13}C_1 < \delta^{13}C_2 > \delta^{13}C_3$）。烷烃气碳同位素异常在国内外含油气盆地中较多（Dai et al., 2004），前人提出多种观点进行了解释（戴金星等，1992；Liu et al., 2019；彭威龙等，2020）。但是结合满西地区的实际背景分析，导致重烃气如此异常的富集^{13}C 只有经历过异常的高温作用才能做出合理解释（Dai et al., 2016）。塔里木盆地整体上属于一个地温梯度较低的冷盆（邱楠生等，2000；邱楠生，2002）。前文分析表明顺南地区热液流体活动最为强烈，因此本书认为满西地区海相天然气中碳同位素系列异常偏重以及同位素系列的部分倒转是受到热液流体所携带的能量改造形成的。

从顺北 1、5 断裂带和顺南地区 $\delta^{13}C_2$ 和 $\delta^2H_{CH_4}$ 关系图（图 5.79）可知，二者具有一定的正相关，也就是随着乙烷碳同位素的增加，甲烷氢同位素逐渐呈变重趋势。但是，在顺北 1 号和 5 号断裂带中甲烷氢同位素组成均小于-160‰，甚至小于-180‰，表现出陆相淡水环境下形成的母质特征。这种变化特征与顺北地区来自海相烃源岩的甲烷氢同位素组成特征不相符。导致这种现象可能原因就是在顺北地区曾经发生水岩反应并形成氢同位素相对较轻的甲烷。尽管在顺南地区也曾经发生过水岩反应，但由于顺南地区热演化程度本身高于顺北地区，天然气干燥系数均在 0.95 以上（图 5.78），从而使得顺南地区甲烷氢同位素组成仍然落入咸水环境中（图 5.79）。从 $\delta^2H_{CH_4}$ 和 $\delta^2H_{C_2}$、$\delta^2H_{C_2}$ 和 $\delta^2H_{C_3}$ 关系图可知（图 5.80），顺北地区烷烃气氢同位素之间具有较好的正相关性，1 号断裂带烷烃气氢同位素组成重于 5 号断裂带。这种变化关系与 1 号断裂带天然气热成熟相对高于 5 号断裂带有关，但也不能排除水岩反应对其造成的影响。因此，推测在顺北和顺南地区均存在一定程度的水岩反应并生成无机甲烷，但顺南地区水岩反应应该强于顺北地区。为了证实顺北地区存在热液流体对烃类的影响，我们对顺北地区不同构造带原油进行有机地球化学分析，试图阐明不同构造带热液流体影响的大小。

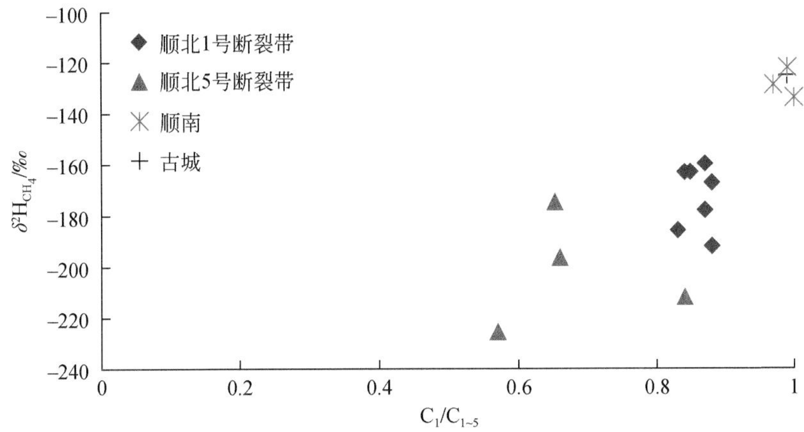

图 5.78　顺托果勒地区 $C_1/C_{1\sim5}$ 和 $\delta^2H_{CH_4}$ 关系图

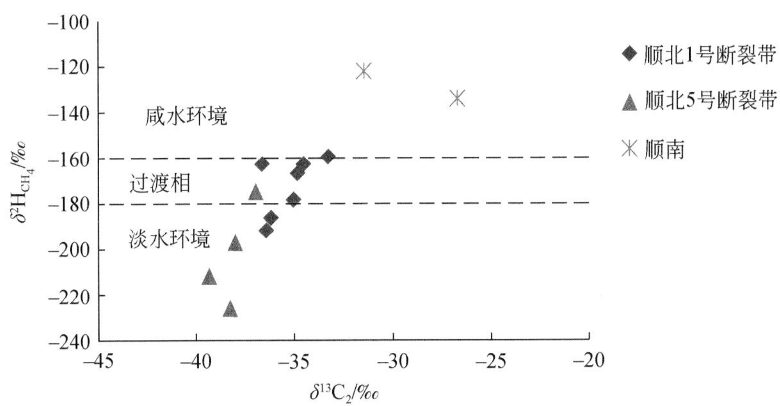

图 5.79　顺托果勒地区 $\delta^{13}C_2$ 和 $\delta^2H_{CH_4}$ 关系图

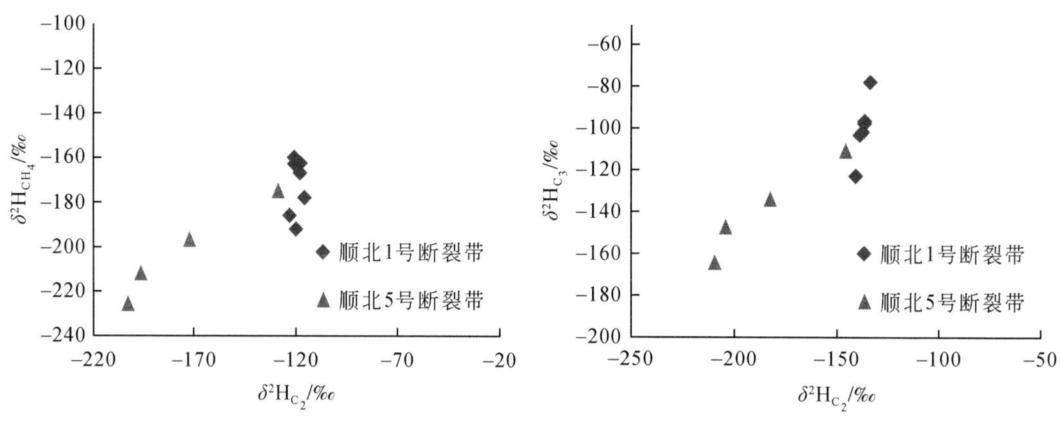

图 5.80　顺北地区 $\delta^2H_{CH_4}$ 和 $\delta^2H_{C_2}$ 及 $\delta^2H_{C_2}$ 和 $\delta^2H_{C_3}$ 关系图

5.3.3　原油地球化学特征与次生改造证据

本书中，从顺北 1、5、7 号断裂带取得原油样品 10 件（表 5.3），覆盖顺北地区由东向西 1、5、7 号断裂带。原油深度均超过 7200m，原油密度均低于 0.8308g/cm³，所有井的天然气中硫化氢含量均低于 1%。

表 5.3　顺北地区原油样品信息表

井名	深度/m	井口压力	H_2S 含量/ppm	备注
顺北 1-2H	7469～7569	管线 2.5MPa，瓶内 2.0MPa	低，约 100	1 号断裂带
顺北 1-6H	7288～7399	管线 3.2MPa，瓶内 2.0MPa	低，约 100	
顺北 1-9H	7373～7630	管线 2.6MPa，瓶内 2.2MPa	低，约 100	
顺北评 3H		管线 1.0MPa，瓶内 0.9MPa	低，约 100	
顺北 1-3	7255～7357	管线 2.0MPa，瓶内 1.8MPa	低，约 100	
顺北 1-1	7458～7557	瓶内 0.1MPa	高，约 1800	
顺北 51X	7555～7876	瓶内 2.0MPa	低，约 100	5 号断裂带
顺北 5-4H	7395～8064	管线 0.5MPa，瓶内 0.5MPa	低，约 100	
顺北 5-2	7460～7527	管线 0.3MPa	低，约 70	
顺北 7	7568～7863		低，约 100	7 号断裂带

注：图中 H 代表水平井；X 代表斜井。

顺北地区不同构造带原油密度、黏度、油质平面分布特征如图 5.81 所示，顺北地区 1 号断裂带的原油油质更轻，颜色更浅，黏度较低。5 号和 7 号断裂带的原油油质相对重，颜色深，黏度高。1 号断裂带的原油密度为 0.792～0.804g/cm³，5 号断裂带原油密度为 0.81～0.84g/cm³，而 7 号断裂带原油密度为 0.85g/cm³（图 5.81）。相比 5 号和 7 号断裂带原油（饱和烃/芳烃；S/A = 4.1～12.1），1 号断裂带原油的饱和烃含量较高（S/A =

12.3～18.7)，芳烃和极性化合物相对含量较低。三断裂带原油在饱和烃和芳香烃相对含量上的差别，可能是原油充注期次不同或原油成熟度不同的结果，亦或是 3 个断裂带上的原油遭受到了不同程度的热蚀变次生作用。考虑到顺北地区不同断裂带天然气地球化学特征的差异性，可能不同断裂带原油既受热成熟度影响，也受不同热液流体的次生改造作用。

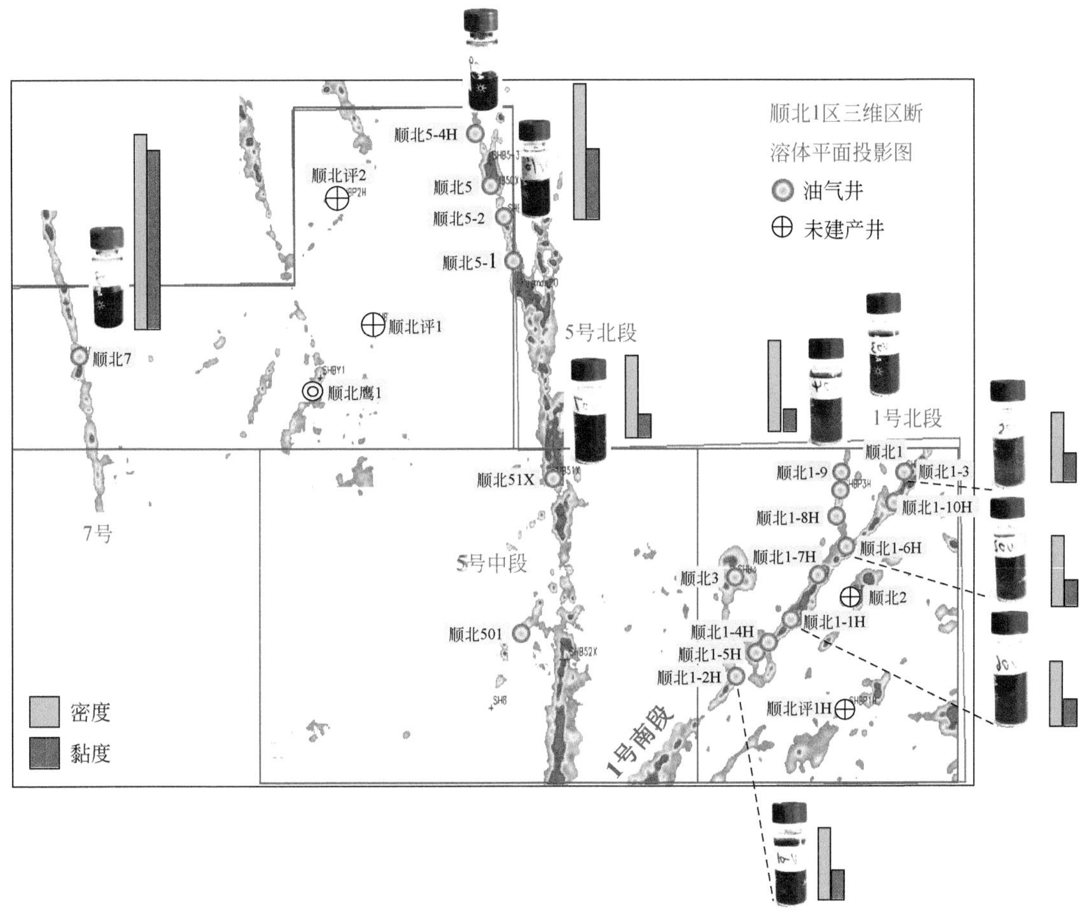

图 5.81　顺北地区 1、5、7 号断裂带原油分布特征图

轻烃馏分是原油中的重要组成部分，在轻质油和凝析油中甚至可占 90% 以上，故其所蕴含的地球化学信息极其重要。由于轻烃化合物具有不同结构和各种构型的单烃化合物，故在油气生成、运移和聚集的过程中也扮演着特殊的角色。顺北地区原油中 C_7 系列化合物三元图如图 5.82 所示，顺北原油 C_7 轻烃组成具有正庚烷优势分布，三元图显示顺北地区轻烃样品分布集中，均落入油型气区域，可能反映它们具有相似的油气母质来源。

早先形成的油藏，被晚期生成的天然气充注后带走石油中的轻质部分，并沿断裂、不整合等通道运移至浅层合适的储层，形成新的轻质油藏或凝析油藏，这种现象称为蒸发分馏，也称气洗（Thompson et al., 1987）。顺北地区油气藏在 1、5、7 号断裂带周围，走滑断层成为烃类运移的重要通道，具备发生蒸发分馏的地质背景。1 号断裂带井区气油比高

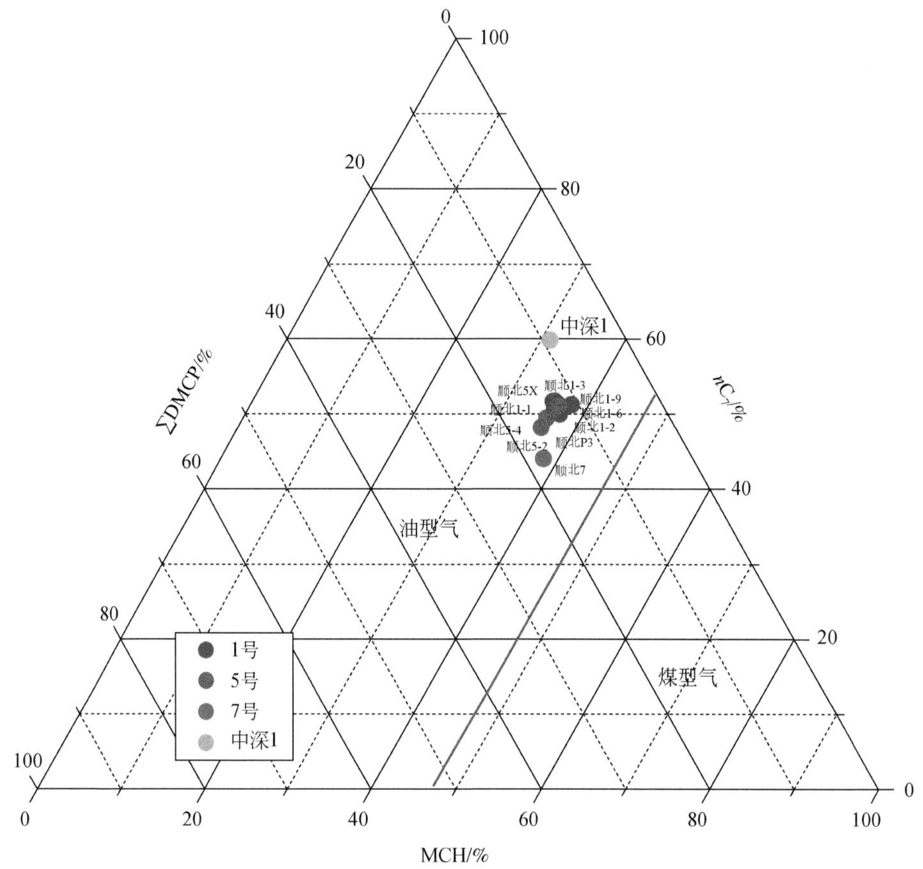

图 5.82　顺北原油全烃组分 C_7 系列化合物三元图

于 5 号、7 号断裂带井区，也为发生蒸发分馏作用提供了物质条件。尽管原油全烃色谱图显示顺北地区大部分低分子量轻烃有损失，但根据轻烃次生变化（蒸发分馏、成熟、水洗、生物降解）的鉴别模式图（图 5.83），顺北地区大部分原油样品蒸发分馏作用不明显，甲苯/nC_7 和 nC_7/甲基环己烷（methyl cyclohexane，MCH）值均有微弱增加，说明顺北地区各断裂带受蒸发分馏作用的影响有限。

顺北地区原油为轻质油而非凝析油（Ma et al.，2019），根据轻烃参数（甲苯/nC_7 和 nC_7/甲基环己烷）推测，虽然具有轻微残留油特征，但较少发现富轻质烷烃、贫甲苯等“子体”油藏。因此，顺北原油几乎没有发生明显的蒸发分馏作用（Cheng et al.，2020）。另外，由于所有取样井 H_2S 含量均低于 1%，原油中金刚烷（7.25 ~ 36.44μg/g）及硫代金刚烷（0.76 ~ 18.88μg/g）含量较低（马安来等，2019），顺北地区原油也没遭受明显的 TSR 改造作用。

顺北地区原油中正构烷烃分布特征以单峰型为主（图 5.84），部分样品具有轻微的 UCM 鼓包，主要出现在高碳数区域，也有样品为前峰型分布，如顺北 1-9 井原油中正构烷烃呈微弱的双峰型分布，前主峰碳数为 nC_{13}，后主峰碳数为 nC_{23} ~ nC_{25}。正构烷烃分布可指示原油具有不同来源的有机质或者不同来源的原油发生混合。顺北地区原油前峰型正构

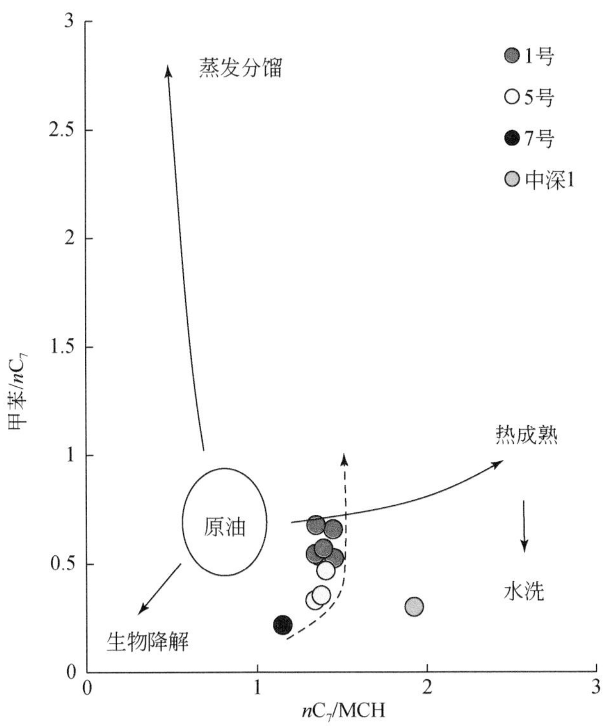

图 5.83　顺北地区原油次生变化图（底图据 Thompson et al., 1987）

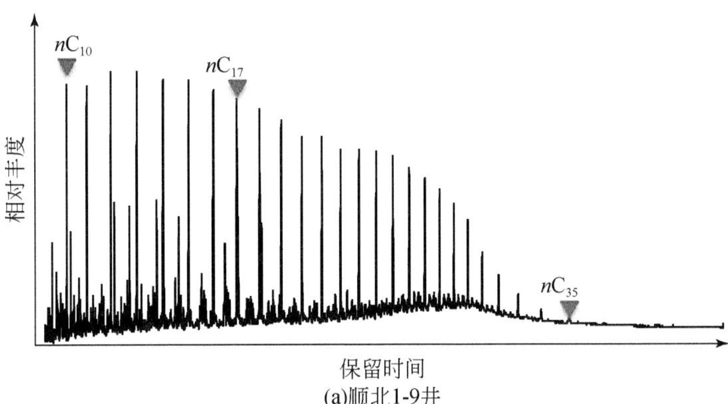

(a)顺北1-9井

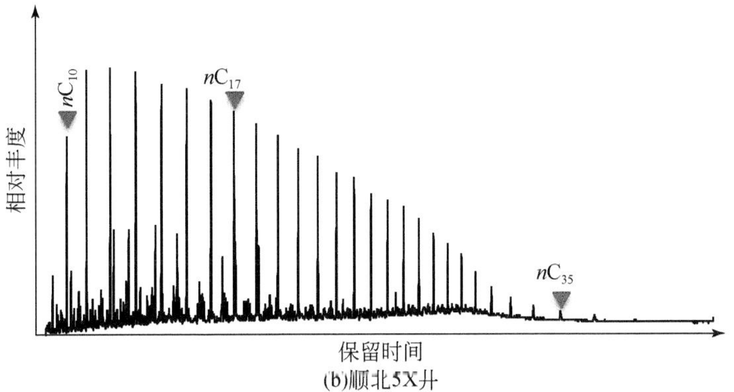

(b)顺北5X井

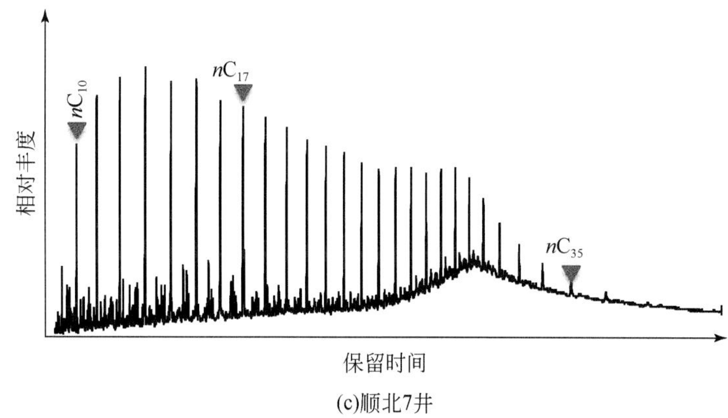

(c)顺北7井

图 5.84　顺北地区典型样品正构烷烃质量色谱图

烷烃分布可能主要受次生作用的影响，轻质油与凝析油一般以前峰型为主，未必直接说明其具有相一致的母质来源。顺北地区 1 号断裂带原油样品的 CPI 略小于 1.0（0.95 ~ 0.99），该特征常见于热液流体活跃区（Simoneit，2018），而 5 号与 7 号断裂带原油样品的 CPI 略大于 1.0（1.0 ~ 1.02），显示为高成熟原油特征。

根据类异戊二烯（姥鲛烷、植烷）与正构烷烃（nC_{17}、nC_{18}）二元关系图可以判断原油有机质类型、沉积环境、生物降解特征与成熟度（图 5.85）。顺北地区 1 号断裂带原油样品的 Pr/Ph 值为 0.97 ~ 1.06，而 5 号与 7 号断裂带原油样品的 Pr/Ph 值为 1.06 ~ 1.80，可能说明了二者有机质沉积环境不同，也可能说明二者受到的次生作用强度不同，如成熟度效应对 Pr/Ph 值有影响（Peters et al.，2005）。考虑到顺北地区属于同一沉积背景，1 号断裂带和 5 号再到 7 号断裂不应该存在明显的沉积环境差异性，可能更多是次生作用导致

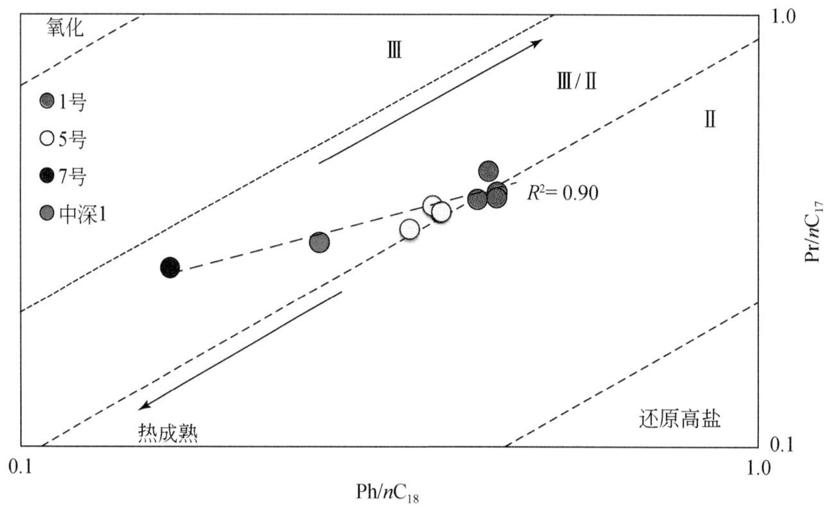

图 5.85　顺北地区类异戊二烯与正构烷烃关系图

Pr/Ph 值差异性。同时，顺北地区从 1 号到 5 号再到 7 号断裂带中类异戊二烯与正构烷烃具有较好相关性（R^2=0.85），数据点主要分布在Ⅱ/Ⅲ型有机质区域。尽管 1 号断裂带原油具有更高的成熟度（Cheng et al., 2020），但是在图 5.85 中并未呈现出成熟度效应，甚至表现为相反方向，即从 1 号到 5 号再到 7 号断裂带 Ph/nC_{18}与 Pr/nC_{17}值呈现逐渐降低趋势，反映了原油受到次生作用的影响，导致类异戊二烯（姥鲛烷、植烷）与正构烷烃可能已经失去其生源、环境与成熟度的指示意义。

顺北地区芳烃质量色谱图显示（图 5.86），5 号、7 号断裂带显示高分子量化合物含量较少，而 1 号断裂带的样品质量色谱图分布较宽，高中低分子量的芳烃化合物均较丰富，这可能与原油的成熟度、母质来源，以及所受到的次生改造有关。另外，1 号、5 号、7 号断裂带样品的芳烃质量色谱图只含有常见的芳香烃化合物，如萘、菲、䓛，而芳构化甾烷和更高分子量的多环芳烃化合物含量极低。通过检测分子离子 m/z 192 可检测到甲基菲（MPs）分布特征。从 7 号、5 号断裂带到 1 号断裂带原油样品中 3-MP 和 2-MP 的相对含量逐渐增加（相对于 9-MP 和 1-MP），指示原油成熟度逐渐增加（图 5.87）。

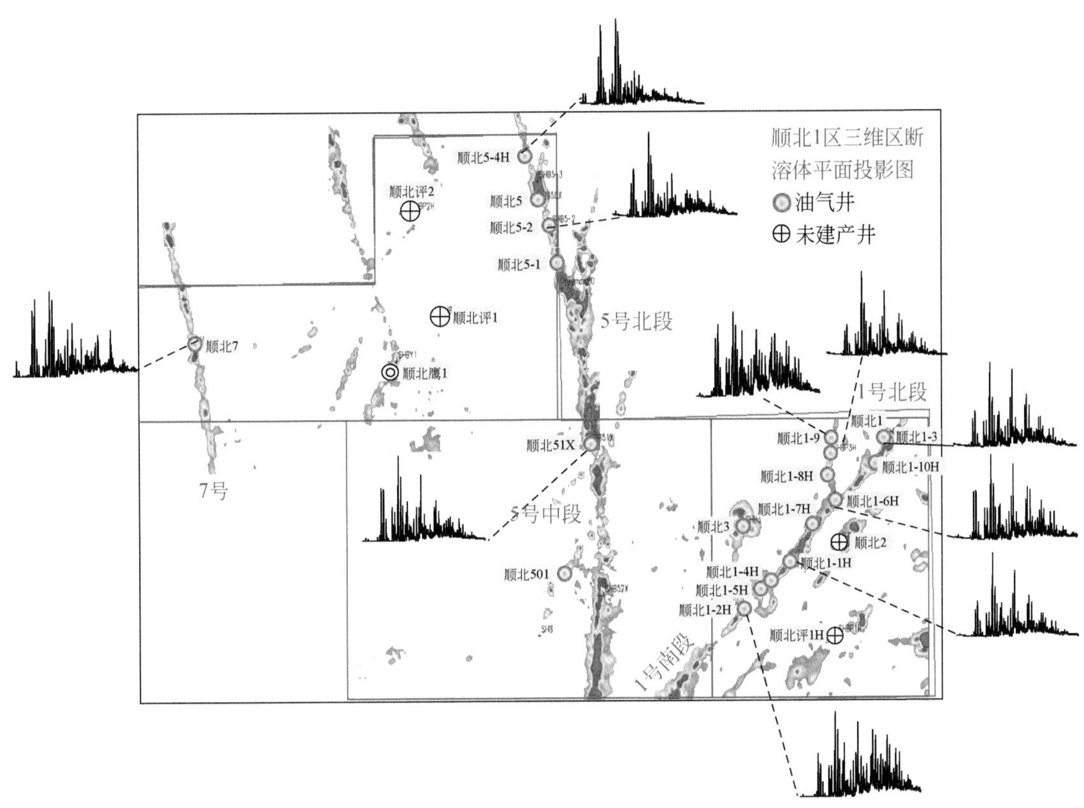

图 5.86　顺北地区芳烃组分质量色谱图

从甲基菲指数（MPI）、甲基菲比值（methyl phenanthrene ratio, MPR）等成熟度参数（图 5.88），以及对应的 R_c 可以得出，1 号断裂带原油（MPI=0.98～1.24；MPR=1.29～1.64）的成熟度高于 5 号、7 号断裂带的原油（MPI=0.61～1.13；MPR=0.70～1.47），其中顺北 51X 样品的成熟度与 1 号断裂带样品成熟度相近。

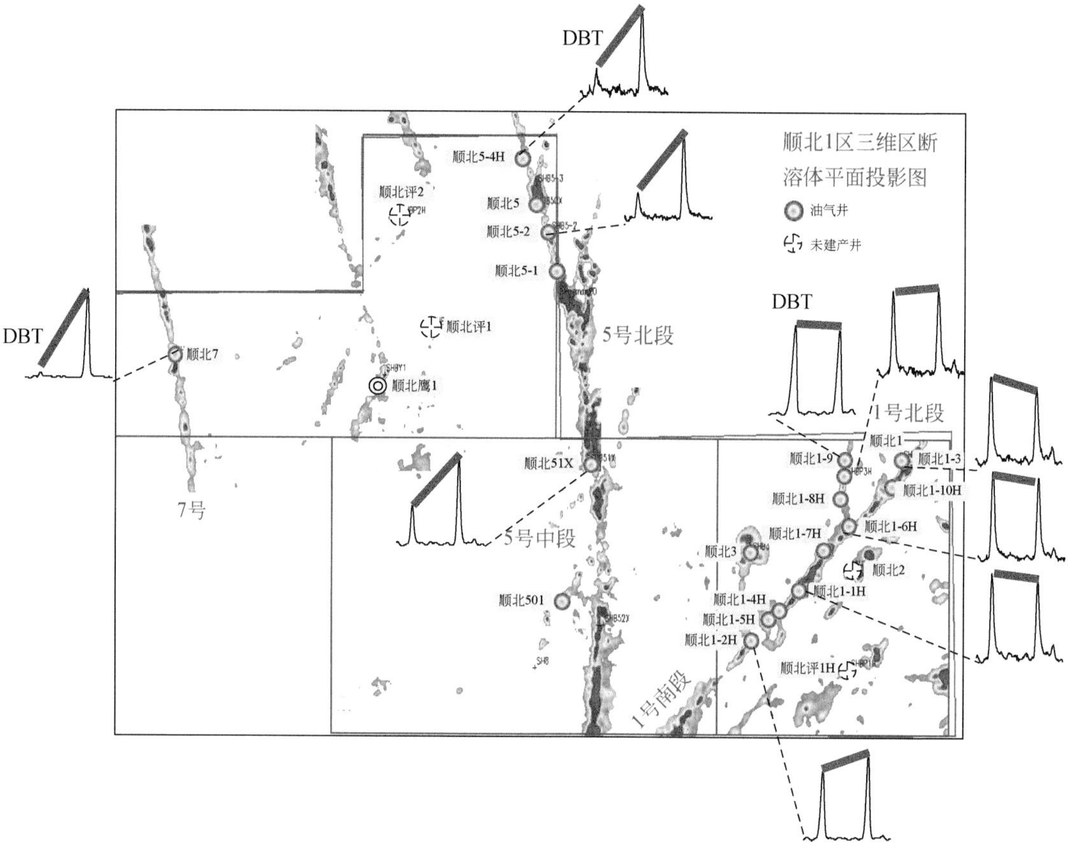

图 5.87　顺北地区甲基菲（*m/z* 192）质量色谱图

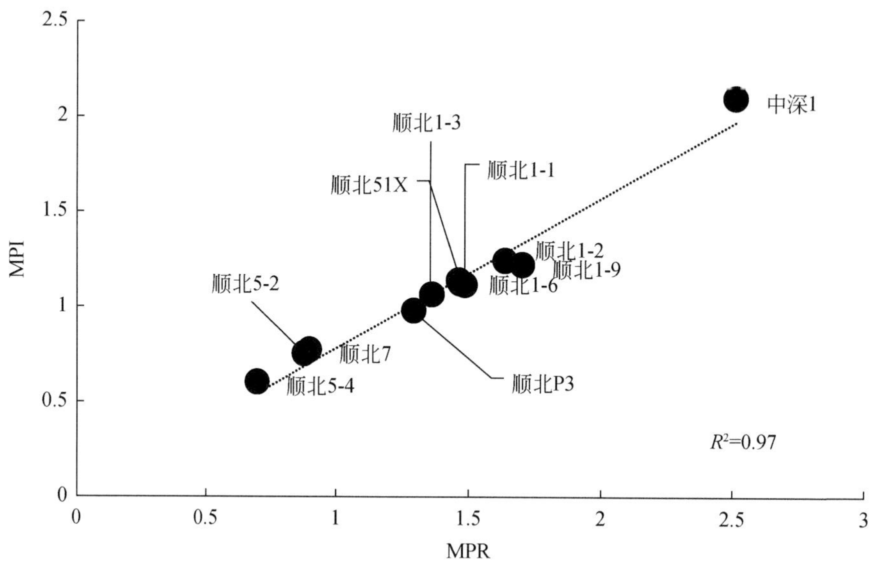

图 5.88　顺北地区原油样品 MPI 与 MPR 二元相关图

通过检测分子离子 m/z 178+192 可检测到含S化合物DBT与P在平面上的相对分布特征，从7号、5号断裂带到1号断裂带原油样品中DBT的相对含量逐渐增加（相对于P），DBT/P有规律性的增加（图5.89），7号、5号断裂带原油DBT/P=0.06~0.44，1号断裂带原油DBT/P=0.87~1.18，指示原油中含S化合物的含量逐渐增加。这一变化特征可能是由于成熟度作用导致的，MPI与DBT/P具有良好的相关性（图5.90），热作用或TSR作用与含S化合物的富集具有一定的正相关关系（Li et al., 2012）。

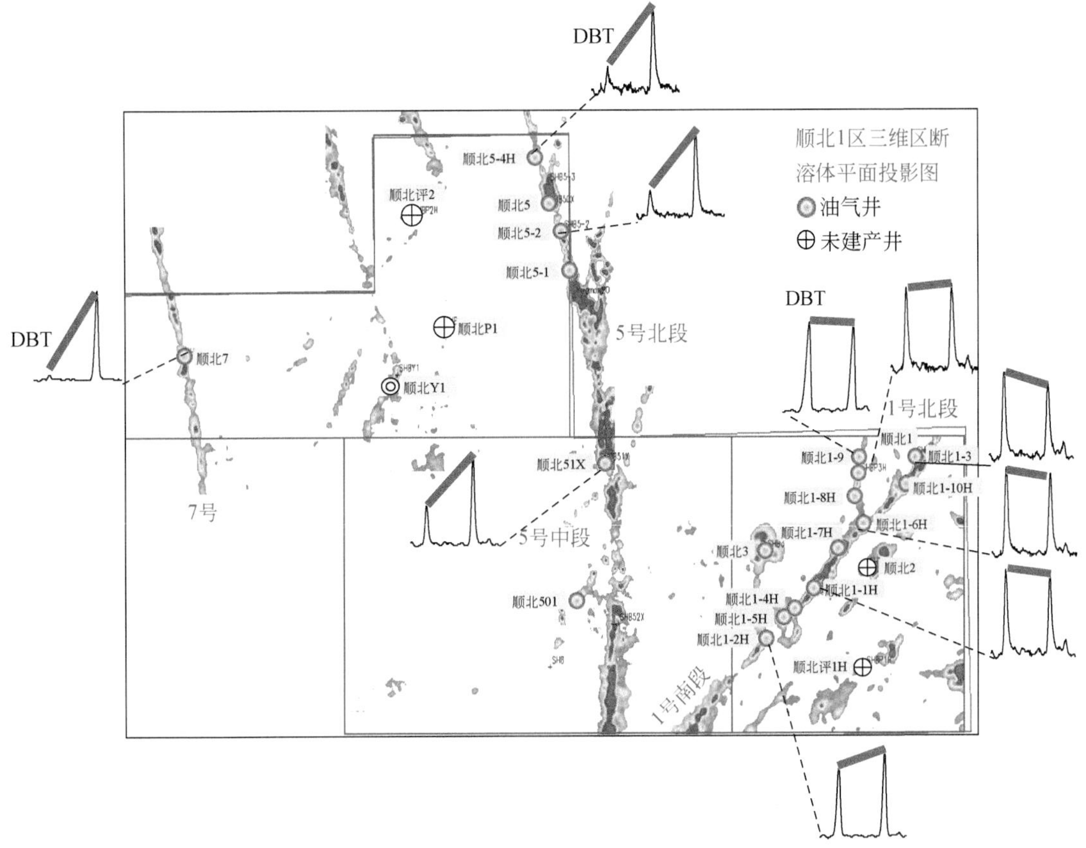

图5.89 顺北地区甲基菲（m/z 192）质量色谱图

DBT/P与Pr/Ph值通常用来判断有机相与沉积环境（Hughes et al., 1995），硫含量决定于有机质在成岩早期沉积环境中所同质化吸收的S元素，细菌硫还原作用对提高有机质中硫含量的作用甚微（Killops and Killops, 2005）。如图5.91所示，三个断裂带的样品分布存在显著差异性，但总体偏向于海相页岩沉积环境。DBT/P值随着Pr/Ph值的降低而增加，很可能反映了三个断裂带原油在成熟度上或者次生作用上差异性，而不是母质来源与沉积环境。高成熟度范围内Pr/Ph值是会发生不规律的变化（Peters et al., 2005），DBT/P也会随着成熟度的增加而增加（Li et al., 2012）。因此，通过含S化合物相对含量判断有机相与沉积环境需要谨慎。

苯基萘和苯并萘并噻吩可以通过检测分子离子 m/z 204 和 m/z 234 识别（图5.92），

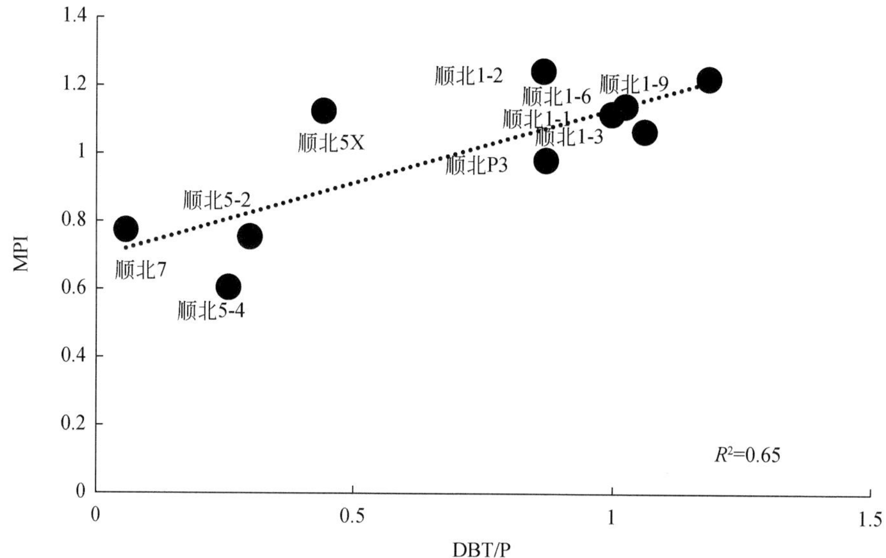

图 5.90　顺北地区原油样品 MPI 与 DBT/P 二元相关图

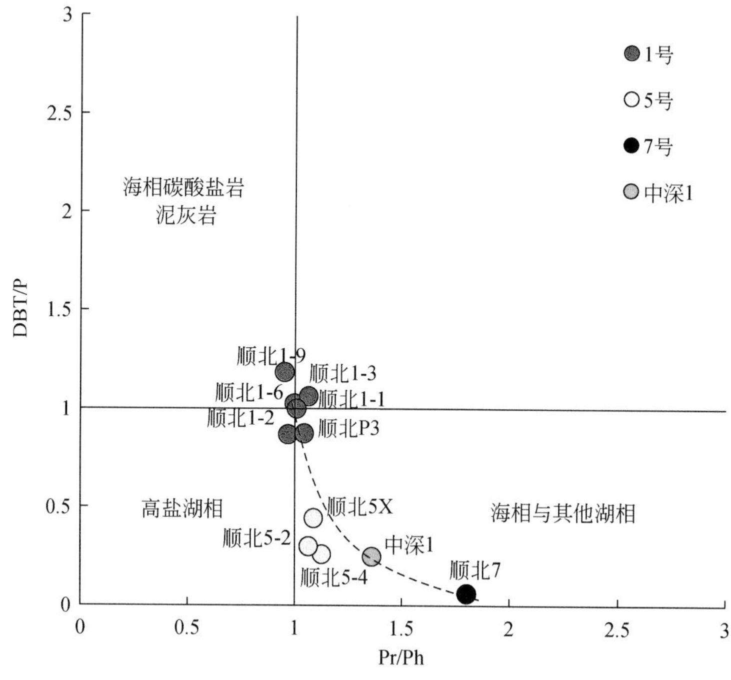

图 5.91　顺北地区原油样品 Pr/Ph 与 DBT/P 二元相关图

其中 BN［2，1］T 的相对分布特征与中深 1 井原油、兰坪铅锌矿原油、黄桥 CO_2 伴生油相似，BN［2，1］T 相对含量占绝对优势。BNT 的形成与异常热事件或者高温燃烧有关（Yunker et al., 2015）。单一热成熟作用能促进原油或沥青中化合物的聚合，多环芳烃化合物的相对含量应该增加，烷基同系物应减少，但顺北地区 $\sum$ MPs/P 值在 1 号（2.46 ~ 2.88）、5 号（2.53 ~ 2.86）、7 号（2.43）断裂带样品中没有明显的差异。这说明 DBT/P 值的增加不是由于 P 含量的减少导致的，而是 DBT 含量增加造成的。同理，BNT 与其他含 S 化合物的相对含量增加也是成熟度或者次生作用造成的。

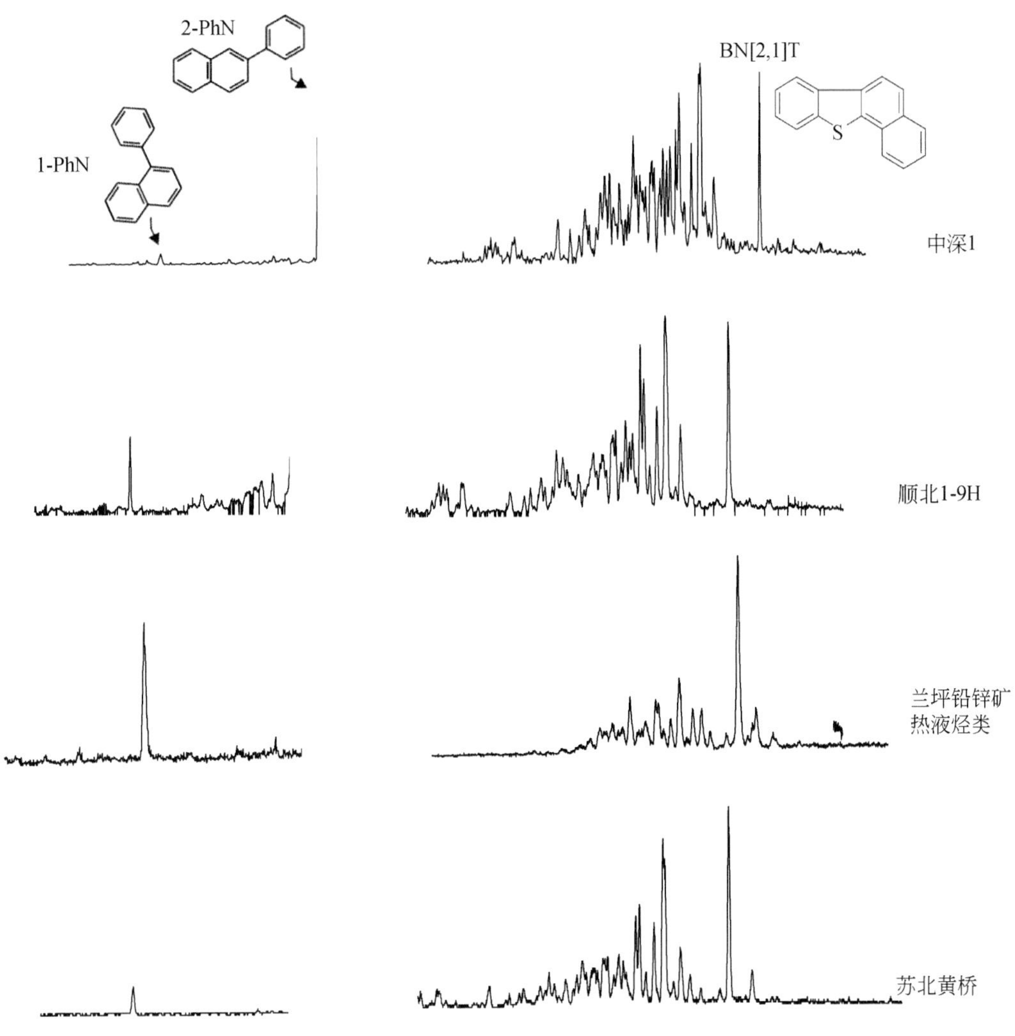

图 5.92 顺北与其他地区原油芳烃组分中苯基萘苯并及萘并噻吩质量色谱图对比

除了溶解在芳香烃中的含 S 化合物 DBT 与 BNT，在非烃和沥青质等极性化合物中含 S 化合物也较丰富。本书采用 FT-ICR-MS 测试方法分析顺北地区不同断裂带上典型原油中含等效双键杂原子化合物（NSO）的含量及变化特征。从分子组成层次上研究含 S 化合物的元素组成，综合对比 GC-MS 有机地化参数，分析含 S 化合物的成因及其与次生作用的关系。

图 5.93（a）为顺北样品的 FTICRMS 质谱图，图（b）为 S1 类型化合物 DBE 和碳数气泡图。从图（a）中可以看出，7 号断裂带的样品 $m/z<650$，而 5 号断裂带和 1 号断裂带

样品 m/z<550，样品的最高峰范围都在 m/z 200～250，7 号断裂带的样品 m/z 250～500 的化合物相对含量高。从图（b）中可以看出，7 号断裂带的样品中 S1 类化合物的 DBE 为 2～24，碳数为 11～52，其中较高相对含量的化合物出现在 DBE＝9～15，碳数为 14～30。此外，质量分布重心位于 DBE＝9、碳数＝16 处。DBE<9 的 S1 类化合物相对含量较低。在图中 DBE＝6 的 S1 类显示出较低的相对含量，DBE＝9 的 S1 类显示出较高的相对含量，这说明苯并噻吩（DBE＝6）含量不高，二苯并噻吩（DBE＝9）S1 类化合物含量最高，苯并萘并噻吩（DBE＝12）S1 类化合物相对含量较高。顺北 7 号断裂带原油样品 S1 类化合物气泡图分布范围大，属于受到次生改造程度较低的原油。7 号断裂带原油样品与 5 号断裂带及 1 号断裂带受次生改造相比，具有明显不同的 S1 类化合物分布特征，前者 S1 类化合物的分布范围略大，后者 S1 类化合物的分布相对集中有规律，指示其中 S1 类化合物的次生状态。单一热成熟作用下，S1 类化合物的碳数会随着热成熟作用的增加而减少。热

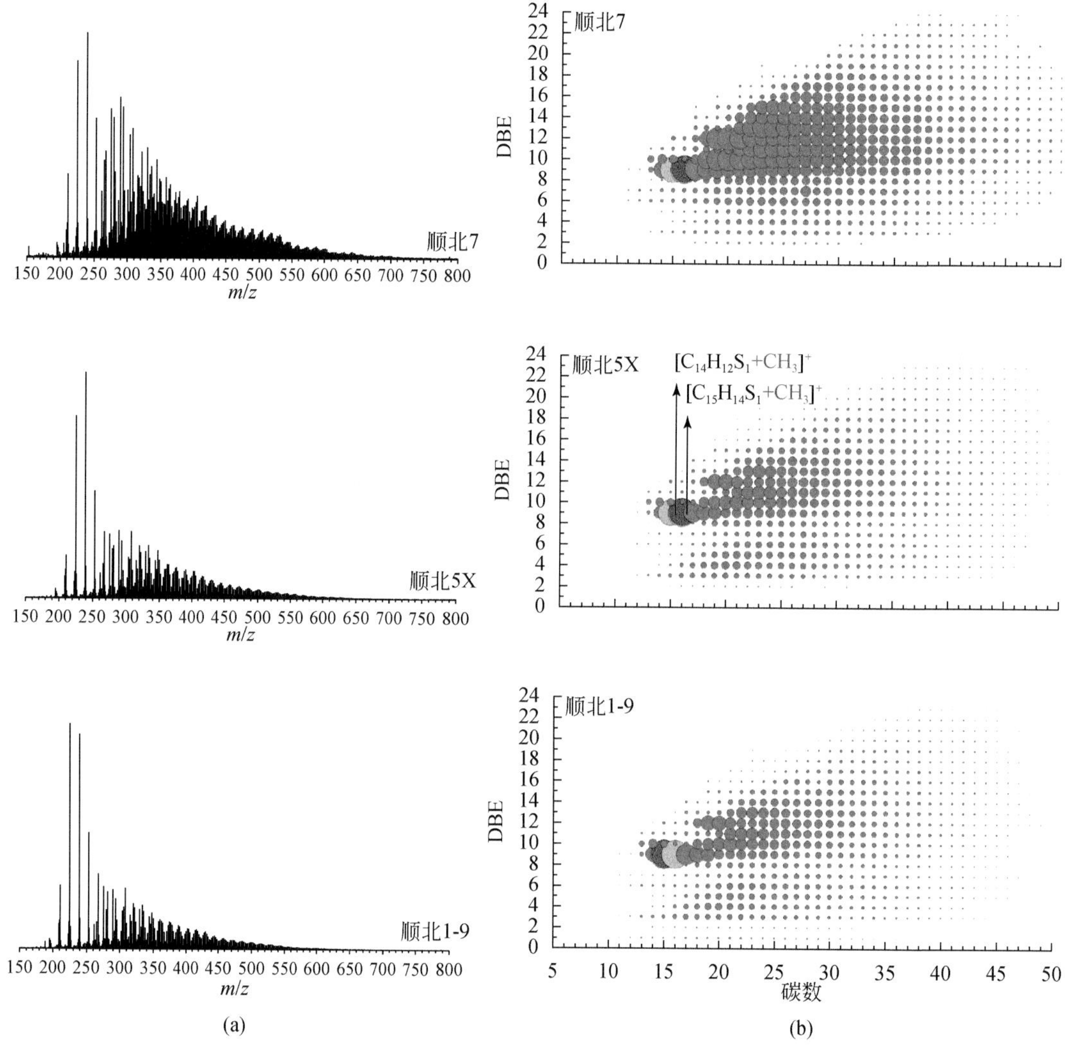

图 5.93　顺北地区 FTICRMS 质量色谱图（a）和 S1 类型化合物 DBE 及碳数气泡图（b）

作用造成化合物的脱烷基化作用增强，S1 类化合物的气泡图质量分布重心会左移，较高相对含量化合物的质量分布更集中（Li et al., 2012）。顺北地区样品中 S1 类化合物的气泡图质量分布重心未发生明显的移动（DBE=9，碳数=15～16），较高相对含量化合物的质量分布更集中，化合物的聚合度（DBE）集中于 DBE=9～13，但低聚合化合物相对含量增加（$DBE_{1\sim8}/DBE_9$），这个变化过程反映了除热成熟作用外，原油还遭受的次生改造的影响。

图 5.94 是顺北地区不同类型杂原子化合物组合堆叠图。正离子 ESI-FT-ICR-MS 主要用以检测样品中的含 S 化合物，但一般可检测到的杂原子类型包括但不限于 S1、S2、O1S1、N1S2、N1O2、N1O1、N1。顺北地区原油中可鉴定出的 9 种主要杂原子组合类型，分别为 N1、N1O1、N1S1、O1、O1S1、O2、O2S1、S1 和 S2 类。7 号断裂带原油样品中 N1、N1O1、O1S1、S1 类化合物普遍存在且相对含量较高，S1 类化合物含量占绝对优；其次是 N1 类化合物，其他化合物含量极低。而 5 号与 1 号断裂带的原油中，S1 类化合物占比约在 90% 以上，其次是 N1 与 O1S1 类化合物。从 7 号到 5 号再到 1 号断裂带，原油中

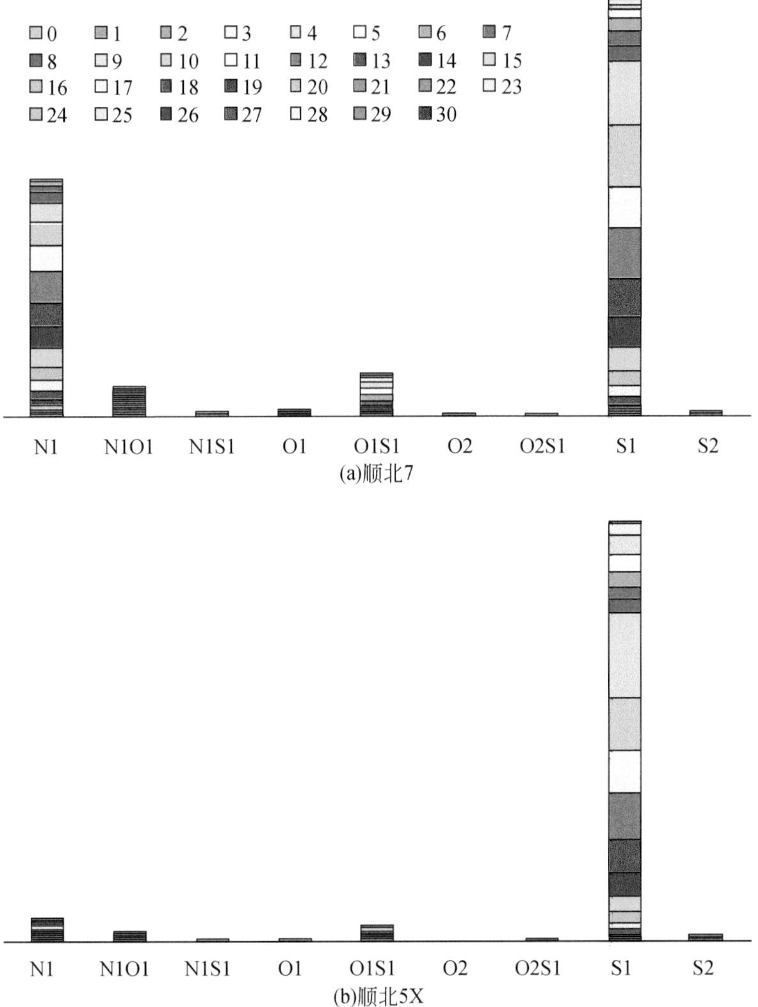

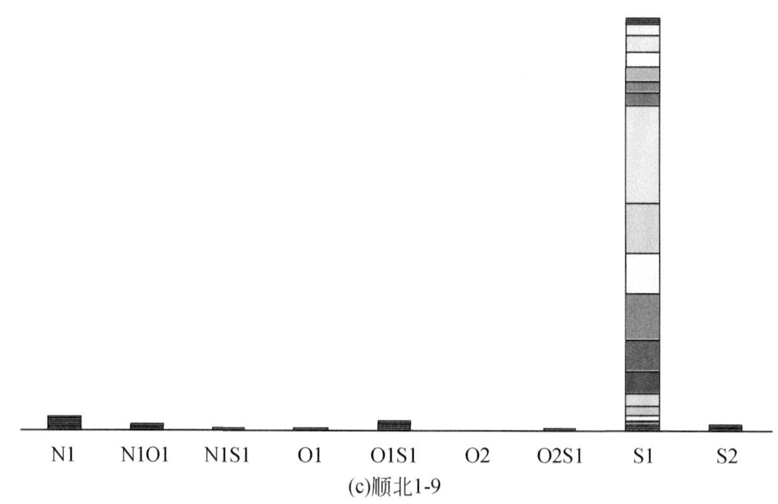

图 5.94　顺北地区不同类型杂原子化合物组合堆叠图

S1 类化合物类型的相对含量逐渐增加（56.9%→89.7%→94%），并且低 DBE 值的 S1 类化合物相对含量略有增加。使用不同的颜色表示不同的 DBE 值，以 S1 类化合物为例，可得出该类的 DBE 主要分布在 3～19，其中 DBE=9 的二苯并噻吩类化合物具有最高的相对含量。除了热稳定性较高的 DBT 相对含量增加，S 元素也被引入更广泛的热稳定性较低化合物中，如噻吩、苯并噻吩（BT）和环状硫化物。这一变化反映了不同断裂带的原油在热成熟的过程中遭受了不同程度的次生改造。

顺北地区原油正构烷烃的 $\delta^{13}C$ 与 DBT/P、甲苯/（nC_7+甲基环己烷）、$CPI_{22\text{-}32}$、MDR 等参数具有良好的相关性（$R^2<0.8$）（图 5.95），但在 1 号断裂带正构烷烃碳同位素相对较轻，而 5 号和 7 号断裂带反而表现为碳同位素相对较重。结合前文可知，1 号断裂带原油热成熟度高于 5 号和 7 号断裂带，也就是随着热成熟度的增加，正构烷烃碳同位素组成呈现变轻趋势，而不是变重。如果顺北 1 号断裂带的原油是后期生成的高成熟原油充注并与先生成的低成熟原油发生混合，其碳同位素组成应比顺北 5 号和 7 号断裂带原油更重，或者至少 $\delta^{13}C$ 值不低于 5 号和 7 号断裂带原油的 $\delta^{13}C$ 值。因此，成熟度效应不足以解释顺北地区不同断裂带原油地球化学特征上的差异。

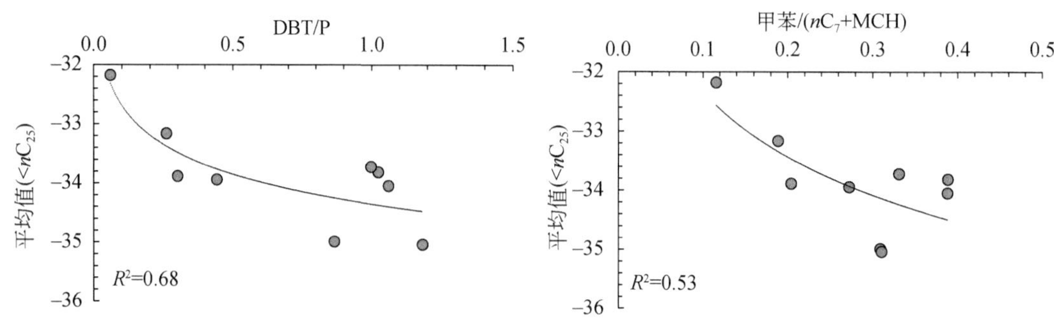

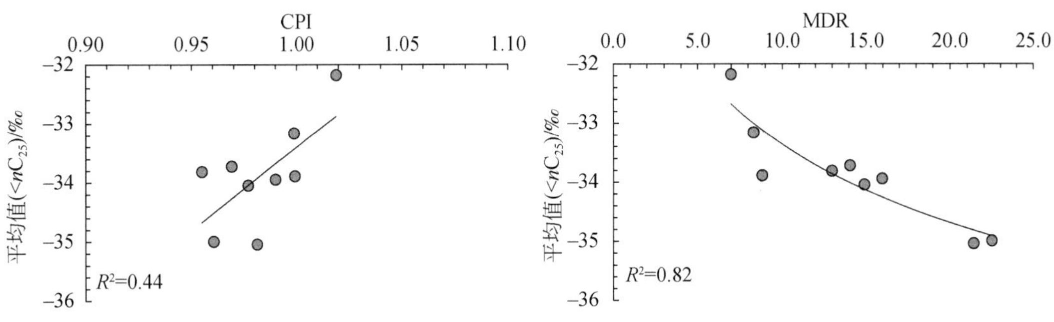

图 5.95　顺北原油正构烷烃 $\delta^{13}C$ 平均值

根据图 5.96，随着 Ph/nC_{18} 值增加，MPI、MDR、甲苯/(nC_7+甲基环己烷)、DBT/P 参数表现为增加趋势（$0<R^2<0.8$），反映了 Ph/nC_{18} 值的变化与成熟度相关性不高，而是随着含 S 化合物的增加而增加。一般来说，随着成熟度的增加 Ph/nC_{18} 值逐渐降低（Peters et al., 2005），DBT/P 值增加（Li et al., 2015b）。然而 Ph/nC_{18} 与 DBT/P 之间却呈正相关关系，并且三个断裂带的原油成群性好，再次说明成熟度不是影响原油地球化学特征的主要因素，而是某种次生作用对原油的物理化学性质进行了改造。

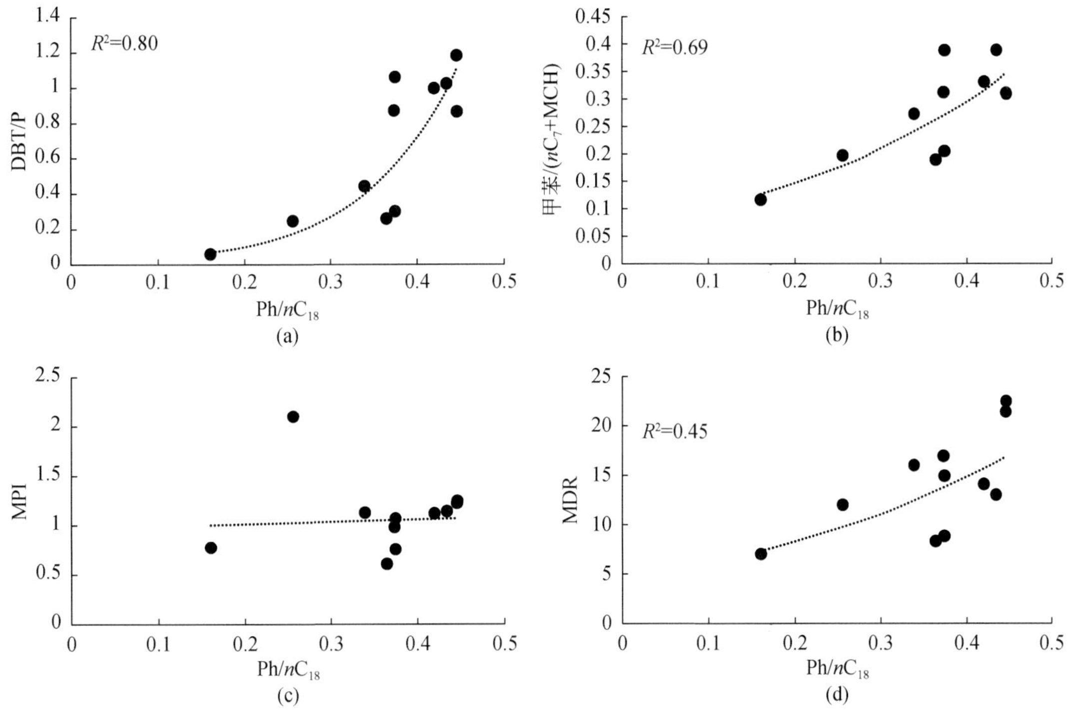

图 5.96　顺北地区 Ph/nC_{18} 与其他参数二元相关图

综合顺北地区地质背景，天然气地球化学、轻烃、正构烷烃碳同位素组成、各类生物标志物相对含量分布，以及它们之间相互矛盾的关系，我们认为热液流体对原油的热蚀变作用是重要的影响因素。与深部热液相关的证据包括正 Eu 异常、较高的包裹体均一温度、重晶石、萤石、硅质化作用等（Cai et al., 2015; Guo et al., 2016）。同时，顺北地区奥陶系储层中经常观察到广泛的硅质化作用和相关的溶蚀孔洞（图 5.97）。

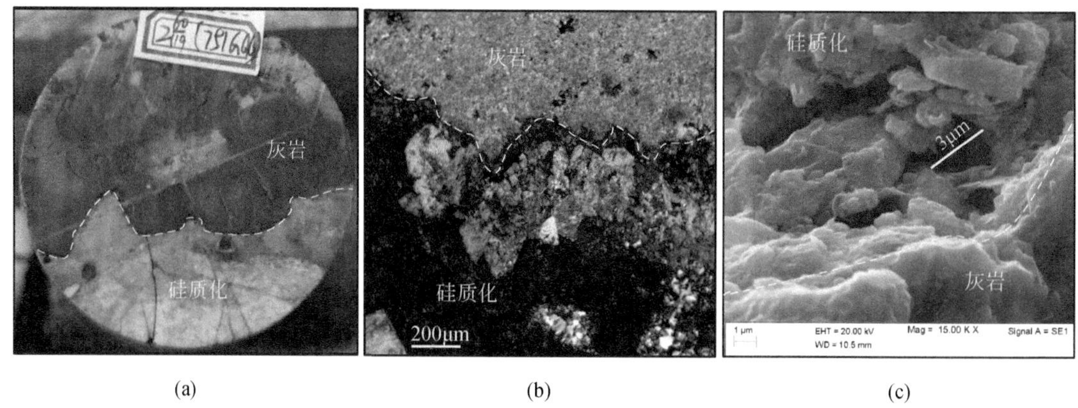

(a) (b) (c)

图 5.97 顺北地区储层硅质化特征图

在自然热液条件下和实验室模拟热液条件下，正构烷烃的 CPI 都略有下降，出现偶碳数优势（Elias et al., 1997; Rushdi and Simoneit, 2002; Rushdi and Simoneit, 2011）。从第 7 号油到第 5 号油再到第 1 号油，CPI 指数逐渐下降（1.02 ~ 0.95），正构烷烃的 $\delta^{13}C$ 平均值与 CPI 成正相关关系，并区分了 3 个不同断裂带原油，可能表明从 7 号到 5 号再到 1 号断裂带热液改造的强度逐渐增加。正构烷烃碳同位素组贫 ^{13}C 在一定程度上与热液流体作用下烷烃气碳同位素变化相一致（Sherwood Lollar et al., 2002）。$^{12}C—^{12}C$ 键能相对低，热液催化作用下优先裂解（Des Marais et al., 1981; Dai et al., 2008），促使受热液改造后的原油中正构烷烃的 $\delta^{13}C$ 值降低。从 7 号到 5 号再到 1 号断裂带，顺北原油中 DBT/P 的增加，可能是由于复杂的高分子组分（如干酪根、沥青质）和多环芳构化合物被“精炼”和“升级”成较轻的组分（Durante, 1994; Zhou et al., 2011），其中低能苯环结构的打开会引入 S 元素，产生相对更多的噻吩类化合物，如 DBT（Rashidi and Ghasemali, 2006; Asif et al., 2009; Wang et al., 2013）。

研究推测 DBT/P、甲苯/nC_7 和 Ph/nC_{18} 比值的增加是由于热液作用下 DBT、甲苯和植烷的相对丰度增加所致（Yamanaka et al., 2000）。在此过程中，原始油中的多环芳构化合物被转化为单芳构化合物，DBT、甲苯和植烷之间具有强正相关关系（图 5.98; R^2 = 0.85）。异常热成因（野火或火成岩入侵）形成的 PAHs 是不可逆的（Zhu et al., 2008），而热液条件下有机化合物存在一定动态平衡作用，后者通常深大断裂带侵入沉积盆地中的元素催化剂（如少量过渡金属）和热液流体携带能量的双重作用。这一观点与本书中兰坪铅锌矿中原油和黄桥 CO_2 伴生油中含 S 化合物的富集规律一致。另外，热液成因的库珀费尔切夫型 Cu-Ag 矿中有机质也常富含 O 和 S 原子的杂环化合物（Rospondek et al., 2007; Kluska et al., 2013）。

综合对比兰坪、黄桥、顺北地区分子地球化学特征，统计不同类型化合物相对含量，根据热液作用下有机化合物相互转化的机制，尝试建立热液作用强度区分三元图版

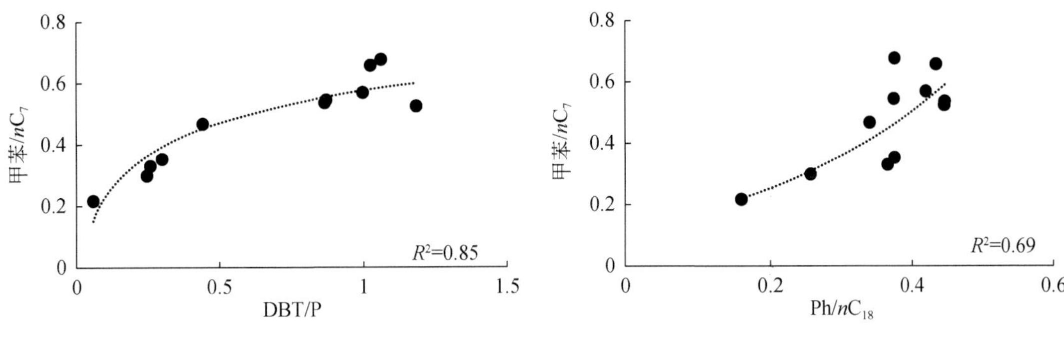

图 5.98　顺北地区甲苯/nC_7与 DBT/P、Ph/nC_{18}二元相关图

(图 5.99)，发现顺北地区原油与兰坪、黄桥地区原油中同类型化合物的变化规律类似。图 5.99 指示 1 号、5 号、7 号断裂带原油遭受到不同程度的热液改造作用，7 号断裂带原油较轻，1 号断裂带原油最强烈。随着热液作用增强，链状化合物的相对含量逐渐增加，然后降低，这可能是由于有限的链状化合物结合杂原子生成杂原子化合物的原因，杂原子化合物的相对含量逐渐增加。中深 1C 原油遭受强烈的 TSR 作用，因此，远远偏离顺北原油的区域。中深 1 原油成熟度与中深 1C 相近（Li et al., 2015b），但落入顺北 5 号断裂带原油的区域，说明成熟度不对图 5.99 造成影响。最后，在没有遭受明显 TSR 作用的条件下，顺北原油中含 S 化合物相对含量的增加是由于遭受到不同程度的深部热液作用导致的。根据三个典型地区解剖，并结合国内外典型深部流体活跃地区，我们提出热液作用与无热液作用下烃类地球化学鉴别参数（表 5.4）。

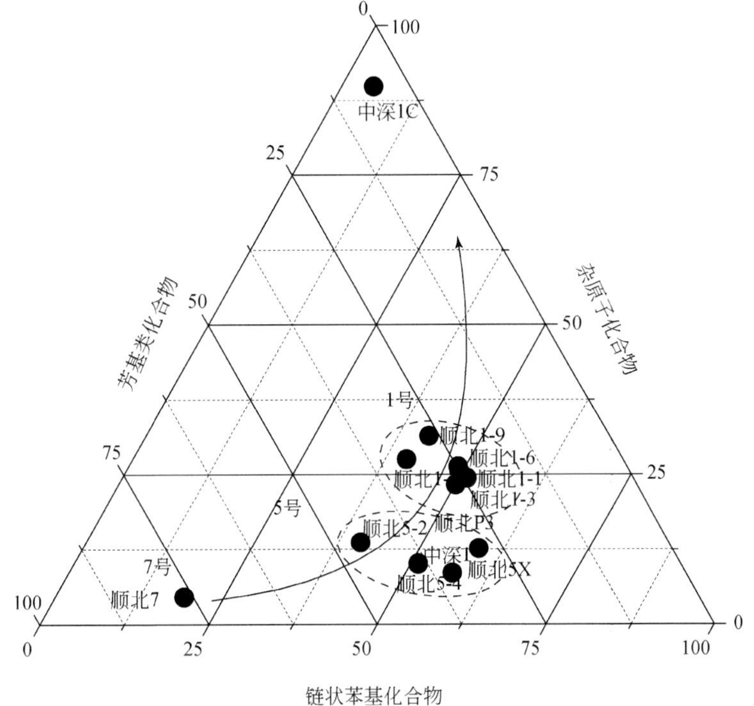

图 5.99　顺北地区热液作用强度区分三元图版示意图（单位:%）

表 5.4　受热液改造和未受热液改造的地球化学特征对比

地球化学特征	热液作用	无热液作用
饱和烃/芳烃-S/A	↑	○
CPI	≤ 1.0	≥ 1.0
高分子量生物标志物	↓	○
醛、酮类	↑	○
UCM	↑	×
UCM 与主峰碳保留时间	一致	×
类异戊二烯	变化	○
烷基化程度	○ 或 ↓	×
PAHs	↓	○
含 S/O 化合物	↑	○
苯基化合物	↑	○
FTICRMS-DBE	↑	○
FTICRMS-碳数	↑	○
热力学平衡	可能不服从	服从

注：↑ = 增加；↓ = 下降；○ = 不受影响；× = 不适用。

5.3.4　油气改造及成藏过程分析

为了再现顺北地区油气成藏过程，本书基于前人的研究基础上，结合区域构造演化、埋藏热演化史、流体包裹体等资料恢复顺北地区油气的成藏过程。

虽然塔里木盆地海相地层中发现了大规模的油气聚集，并且该盆地海相油气来源多年来一直受到业界的关注，但是对于海相油气来源一直存在多种观点的争论，当前还并没有形成统一的认识。多观点的长期争论也进一步表明塔里木盆地油气来源的复杂性。概括起来塔里木盆地海相油气来源主要存在三种观点：①中–上奥陶统是主力烃源岩（罗斌杰等，1996；梁狄刚和贾承造，1999；林壬子和张敏，1996；王培荣等，1998；彭平安，2002；王铁冠等，2010，2014；马安来等，2004；李景贵等，1997；李素梅等，2010）；②寒武系–下奥陶统是主力烃源岩（康玉柱等，1985；黄第藩等，1997；赵孟军等，1997；张宝民等，2000；贾承造和魏国齐，2003；王毅和马安来，2006；蔡春芳等，2009）；③南华–震旦系可能是主力烃源岩。第三种学术观点是近些年才被学者提出的，但由于钻遇井太少，仅仅依靠野外露头开展少量研究。因此，塔里木盆地海相油气源主要争议是前两种学术观点。前人均是以英买 2 和塔东 2 井原油分别作为中–上奥陶统和寒武系烃源岩来源的端元来分析塔里木盆地海相油气源，但最近学者提出对于高过成熟的油气仍然使用生标参数开展油气源对比是否合适存在争议。金之钧等（2017）通过以英买 2 和塔东 2 原油为端元，指示了塔河和塔中原油呈现出寒武系和中–上奥陶统烃源岩生成原油混合的特征，从塔北南坡向塔中北坡方向，寒武系烃源岩贡献逐渐增加，并在钻井地层、沉积相资料约束下，以地震反射特征为基础，重新编制了寒武系、中–下奥陶统和上奥陶统烃源岩空间展布，指出优质烃源岩空间上主要位于盆地斜坡带，纵向上主要发育于水进过程中最大海泛面。在盆地构造格局迁移演化过程中，不同区域烃源岩的叠置不同（图 5.100）。

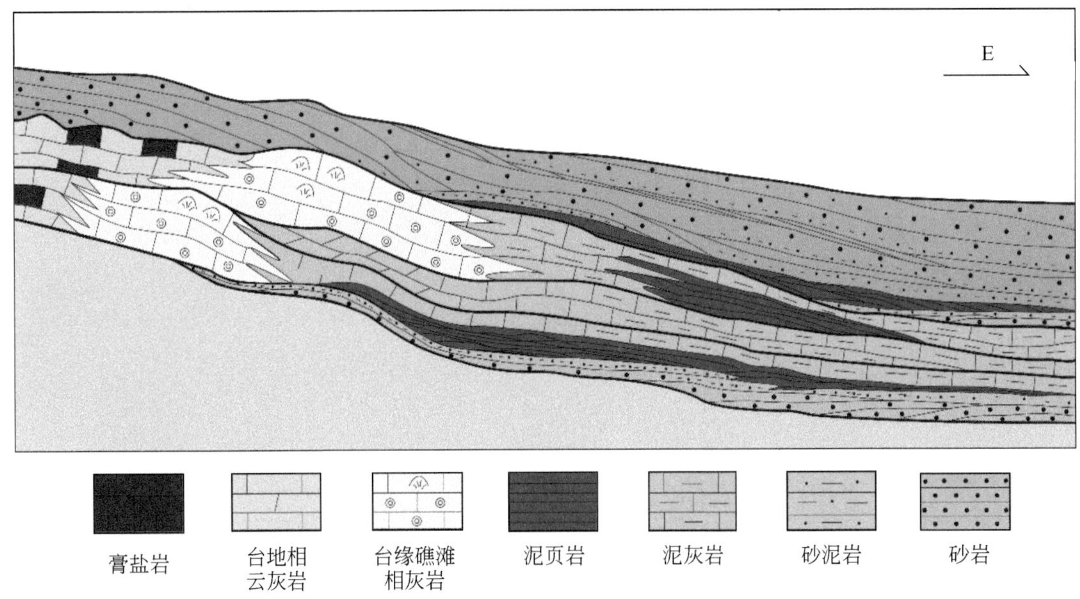

图 5.100　塔里木盆地满西地区斜坡-盆地相带烃源岩发育模式（据金之钧等，2017）

由于顺北、顺南油气成熟度差异明显，即使是同一套烃源岩也不可能形成于同一成熟度时期，而斜坡-盆地相烃源岩正好满足靠近拗陷烃源岩热演化成熟度较高，相对远拗陷的斜坡区烃源岩成熟度较低的特征。满西地区顺北、顺南地区规模性的油气聚集可能最重要的疏导体系是断裂系统，而并不是不整合面。尽管部分学者认为奥陶系油气藏下伏的寒武系烃源岩垂向近源供烃形成沿走滑断裂带分布的断溶体油气藏（漆立新，2020），油气藏靠近满加尔凹陷越近，其下伏烃源岩成熟度越高。但考虑到深部热液作用对油气影响，以及两组明显不同的储层沥青分布，显然用单一烃源岩解释是否合适值得商榷。但顺北、顺南地区走滑断裂体系是沟通烃源灶和油气藏主要通道。本次研究中，假定寒武系烃源岩是该地区埋藏最深的烃源岩，结合包裹体及区域构造演化特征，初步分析顺托果勒地区油气成藏过程。

虽然塔里木盆地经历了多期构造运动，但是顺托果勒低隆起处于构造鞍部，地层遭受剥蚀作用相对较弱，地层分布相对较齐全。顺北地区大体存在加里东运动中期（晚奥陶世）、海西晚期（二叠纪末期）、燕山运动中期（侏罗纪晚期）三阶段小规模抬升剥蚀作用，但整体上顺北地区处于持续沉降阶段，其中在加里东早期以及喜马拉雅晚期沉降速度最快（图 5.101）。

通过储层岩心薄片观察，顺北、顺南地区发现了大量烃类包裹体，包裹体主要存在于方解石胶结物中（图 5.102），顺南地区有一部分包裹体分布于硅质岩石英颗粒中。顺北地区既有串珠状分布的包裹体，也有杂乱分布的包裹体；由于薄片厚度以及包裹体内自生烃类成熟度差异等特点导致烃类包裹体散发出绿色荧光或者蓝绿色等不同颜色荧光。

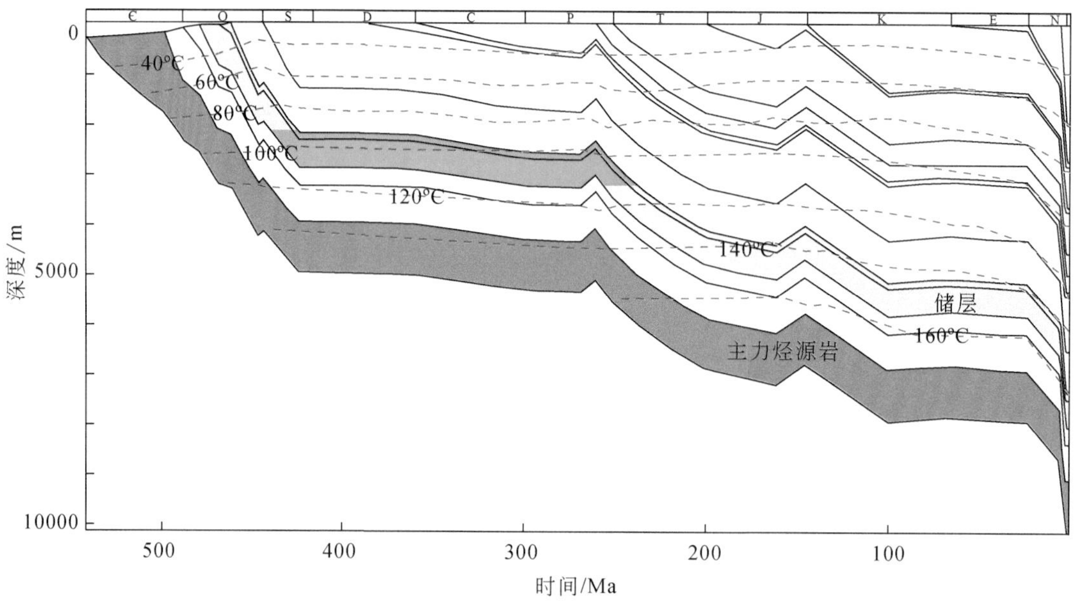

图 5.101　顺北地区顺北 1 井埋藏热演化史（据西北油田分公司研究报告修改）

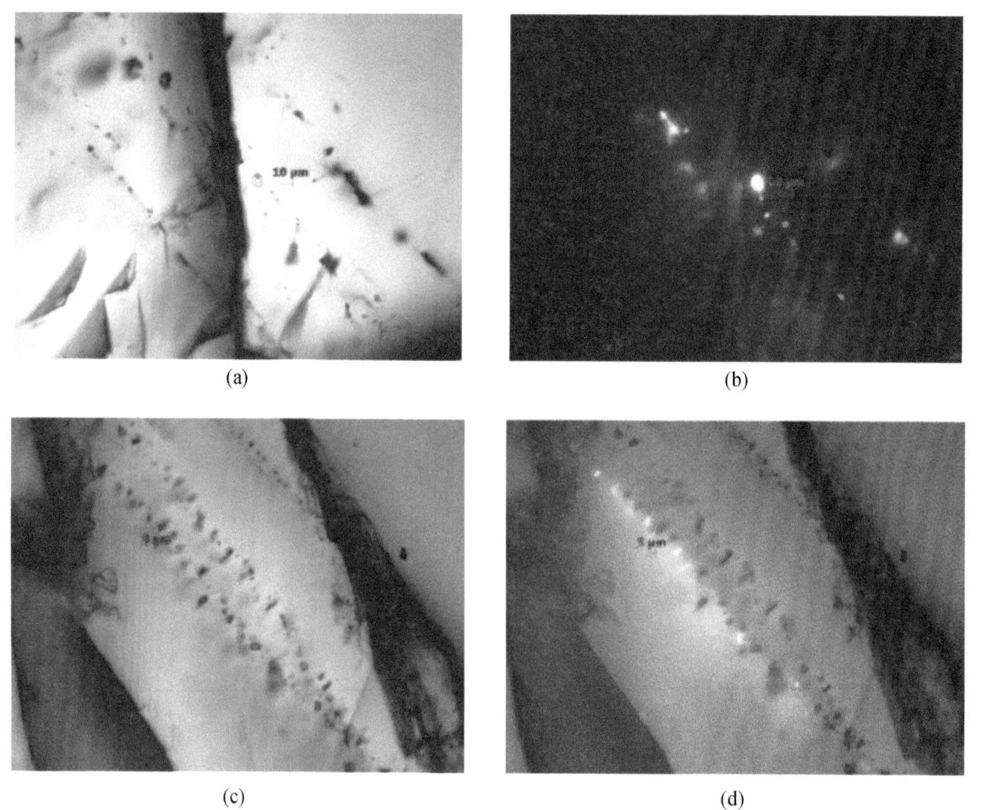

图 5.102　顺北 1 号断裂带顺北评 1 井烃类包裹体镜下特征

通过对烃类共生的盐水包裹体均一温度分析，顺北 1 号断裂带储层岩心包裹体均一温度为 90 ~ 135℃，包裹体均一温度期次不明显，表明顺北 1 号断裂带上油气是一期连续充注（图 5.103）。结合流体包裹体及区域构造埋藏热演化史认为，顺北 1 号断裂的上油气为一期连续充注，最重要的油气充注时期为海西期。

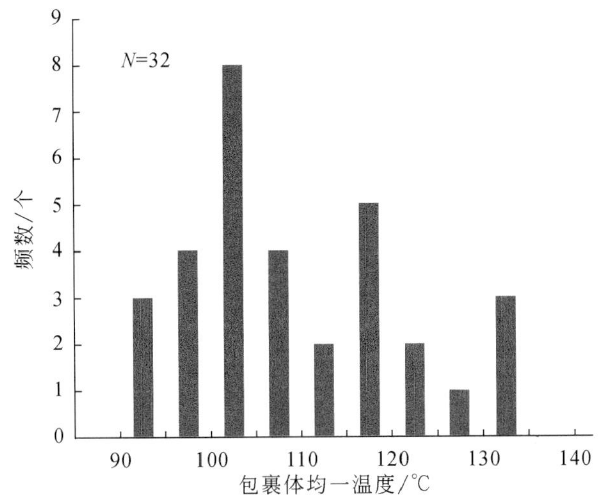

图 5.103　顺北 1 号断裂带储层中与烃类共生盐水包裹体均一温度

虽然同处于顺北地区，但是顺北 5 号断裂带受到加里东运动影响相对强于顺北 1 号断裂带，表现为志留纪中期受到加里东中期运动影响，地层抬升幅度明显大于顺北 1 号断裂带（图 5.104）。加里东早期的快速沉降使得寒武系烃源岩进入成熟阶段，加里东中期的构造抬升可能对寒武系烃源岩影响相对较小。后期的持续埋深使得在加里东晚期与海西运动早期烃类的持续充注。

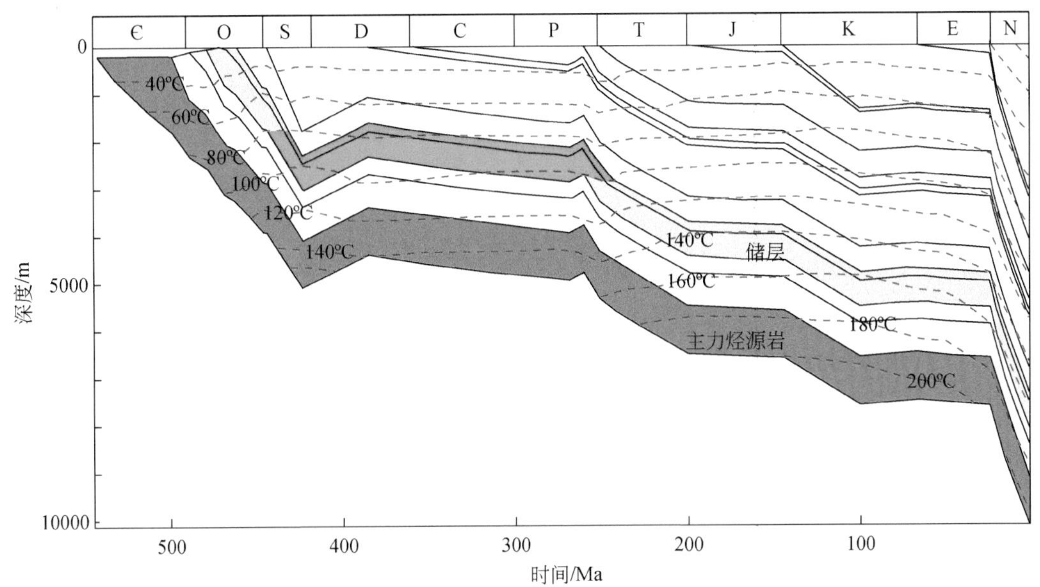

图 5.104　顺北地区 5 号断裂带顺北 5 井埋藏热演化史（据王斌等，2020 修改）

在顺北 5 号断裂带上顺北 5 井一间房组储层中发现了大量烃类充注的群体包裹体，主要表现为发荧光的群体包裹体（图 5.105），说明其存在大量烃类充注。对顺北 5 号断裂带储层岩心薄片与烃类共生的盐水包裹体测温分析，包裹体均一温度为 70 ~ 120℃，主峰为 80 ~ 100℃，表明主体上顺北 5 号断裂带上油气是一期连续充注。尽管顺北 5 号断裂带上流体包裹体均一温度与顺北 1 号断裂带类似，均表现为单一烃类充注，但是顺北 5 号断裂带上包裹体均一温度整体上要低于顺北 1 号断裂带，可能主要是 5 号断裂带下伏的斜坡相烃源岩成熟度低于 1 号断裂带所造成。结合流体包裹体及区域构造埋藏热演化史认为，顺北 5 号断裂的上油气为一期连续充注，最重要的油气充注时期为海西期（图 5.106）。

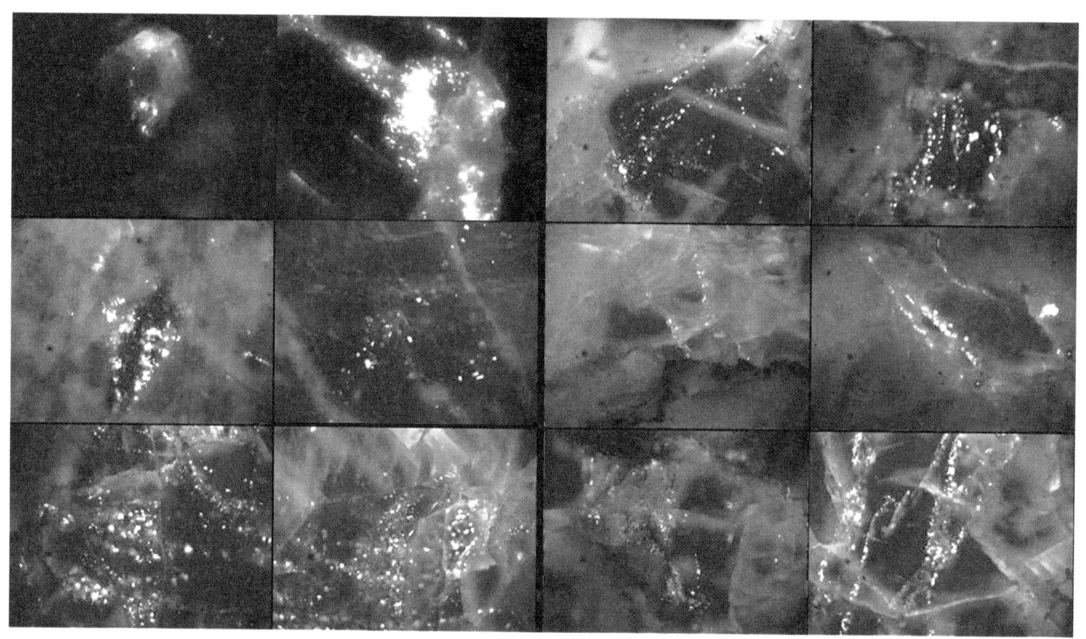

图 5.105　顺北 5 井一间房组镜下发现大量荧光包裹体沿裂缝分布（据中石化西北油田分公司研究报告修改）

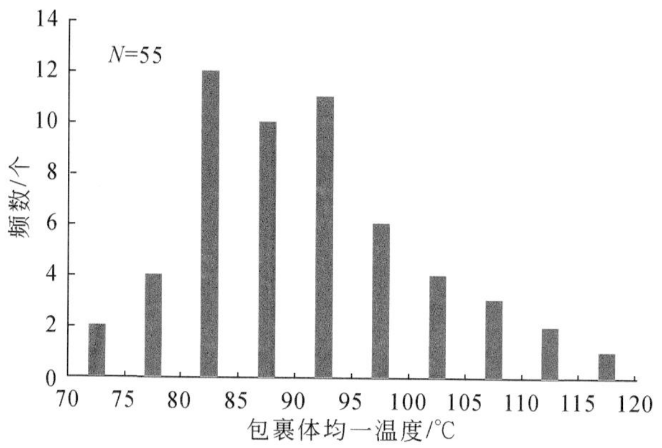

图 5.106　顺北 5 井储层中与烃类共生盐水包裹体均一温度

顺南地区靠近卡塔克隆起，但是处于塔中 1 号断裂的下盘，虽然遭受过多次构造运动的影响形成了多个不整合面，但是相较于卡塔克隆起，顺南地区遭受的构造运动相对较弱，地层发育也较为齐全。庄新兵等（2017）在顺南地区顺南 1 井奥陶系一间房组发现了大量的烃类包裹体，包裹体主要发育在充填于裂缝中的方解石胶结物中，并且有典型的含沥青包裹体（图 5.107）。含沥青包裹体表明有早期原油充注，受到高温后发生了裂解形成原油裂解气和储层沥青。

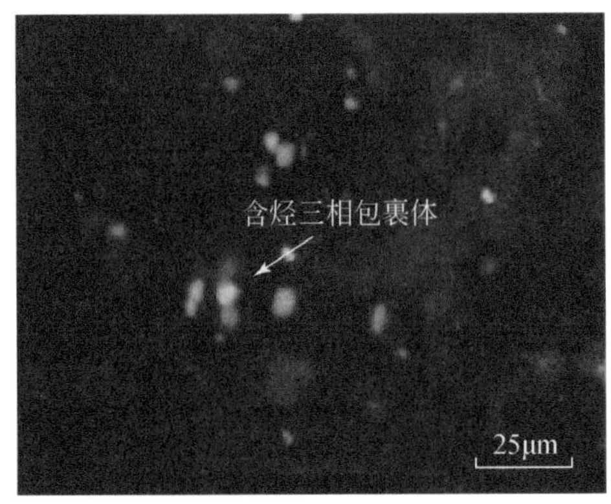

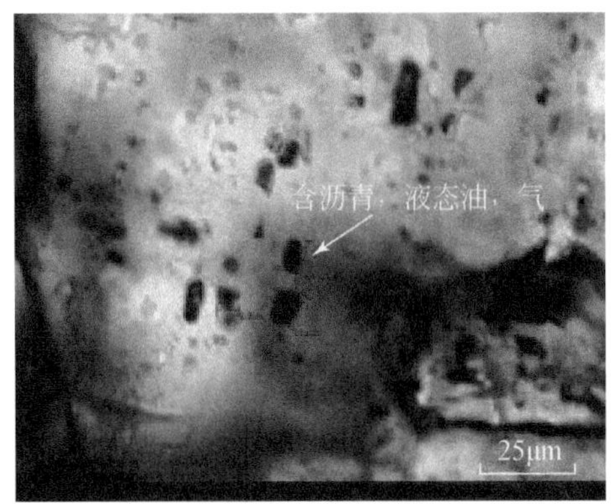

图 5.107　顺南 1 井奥陶系一间房组储层烃类包裹体（据庄新兵等，2017 修改）

顺南 1 井是一口低产油气井，产气过程中伴生少量轻质油。从顺南 1 井储层与烃类共生盐水包裹体均一温度分析，顺南 1 井持续充注时间较长。包裹体均一温度为 95 ~ 180℃，主峰对应 130 ~ 150℃（图 5.108），高于顺北 1 号断裂带。

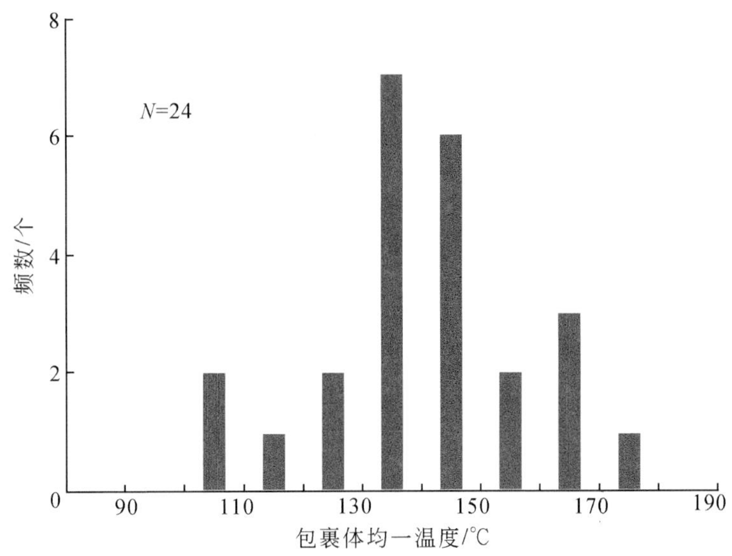

图 5.108　顺南 1 井流体包裹体均一温度（据庄新兵等，2017 修改）

结合顺南 1 井埋藏热演化史及包裹体均一温度，顺南 1 井区烃类主要充注时期为加里东晚期到海西期，海西期是烃类最主要的充注期（图 5.109）。

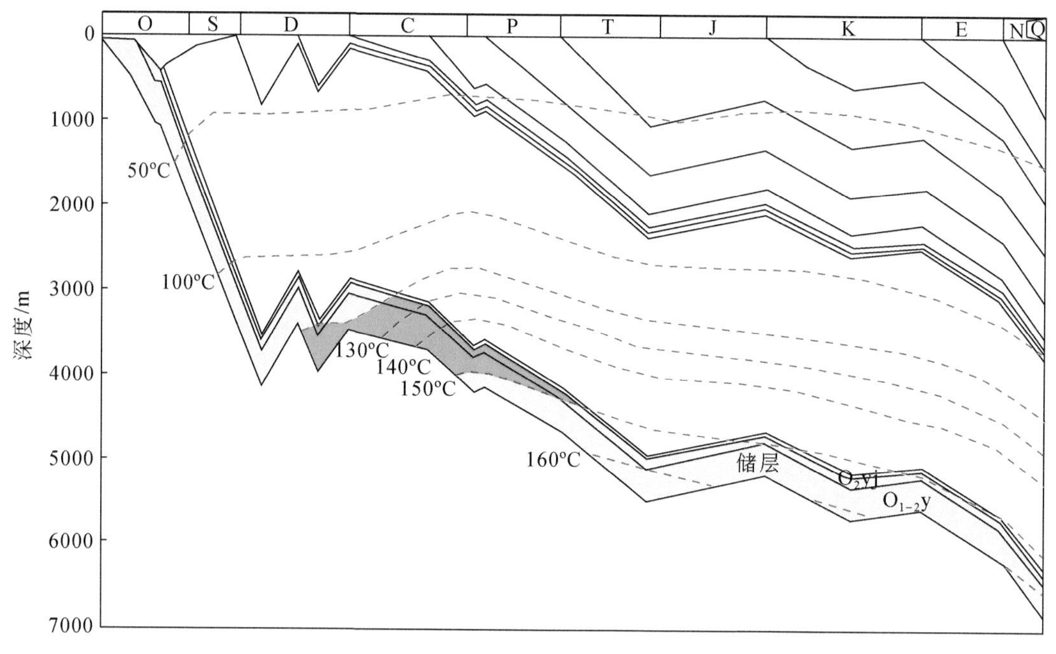

图 5.109　顺南地区顺南 1 井埋藏热演化史

顺南 4 井是一口高产天然气井，也是区内热液流体改造最为强烈的典型探井。王铁冠等（2014）研究表明顺南 4 井流体包裹体均一温度为 110 ~ 190℃，主峰对应 170 ~ 180℃，明显高于顺北 1 号断裂带。顺南 4 井单井埋藏热演化史表明，该地区为连续沉降，未见明显的抬升剥蚀。储层流体包裹体均一温度表明该地区也为一次连续充注。根据埋深史、流体包裹体温度和天然气组分，认为顺南 4 井天然气主要充注时间为喜马拉雅期，具体对应的时间为古近纪（图 5.110）。顺南 4 井早期充注的油藏可能受到了热液流体的改造。

顺北油气田分布在顺托果勒低隆起北部，而顺南气田分布在该构造单元的南部，由于油气田分布区域不同，二者在油气相态及成藏特征上也具有显著的区别。奥陶纪末期，由于塔中 1 号断裂带的强烈活动，卡塔克隆起整体抬升，地层遭受了强烈的剥蚀作用，但是顺托果勒地区位于塔中 1 号断裂的下降盘，研究区遭受剥蚀作用相对较弱，鹰山组及一间房组碳酸盐岩地层都得以保留。但是受到加里东运动的影响，一间房组与上下地层呈平行不整合接触。结合前文埋藏热演化史，下寒武统盆地-斜坡相烃源岩在晚奥陶世进入成熟演化阶段但是还没有大规模生排烃。由于塔里木盆地构造运动较为频繁，海西早期沉积盖层之下岩浆活跃，岩浆为典型高温热液流体，可以提供高温热源。深部地层水在岩浆高温烘烤下向上运移，运移过程中携带部分富硅质流体（可能还包含部分岩浆分异出来的硅质）一起进入下古生界（鲁子野等，2015；李映涛等，2019）。高温的热液流体对碳酸盐岩地层产生明显的溶蚀作用，对下古生界储层具有显著的建设主要，特别是顺南 4 井热液

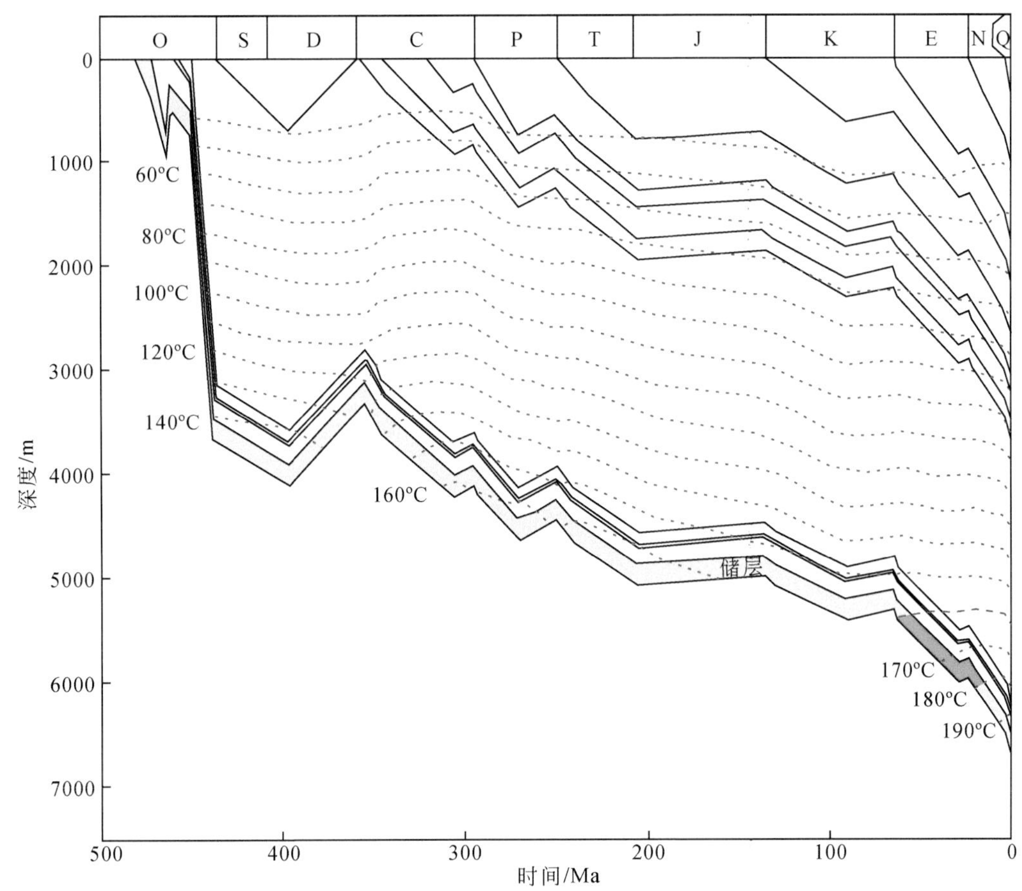

图 5.110　顺南地区顺南 4 井埋藏热演化史（据王铁冠等，2014 修改）

流体形成储层最高孔隙度高达 20%。泥盆纪晚期，热液流体对储层改造基本完成，此时油气已经开始在顺北、顺南地区充注。深部热液流体向上运移过程中对烃源岩产生一定催熟和烃类改造作用，烃类随着走滑断裂体系向上运移，此时顺北、顺南地区存在少量原油聚集。至二叠纪晚期（海西晚期），火山活动使得顺北地区烃源岩进入生烃高峰，顺南地区由于热液流体活动较为强烈（当前奥陶系中仅顺南 4 井发现典型热液硅质岩），可能早期充足的原油在热液流体作用下已经大量裂解，形成了大量原油裂解气。进入新生代以后（喜马拉雅期），阿尔金山强烈的构造挤压，导致顺南地区演化为北倾的缓坡，同时构造运动也促使了寒武系天然气向上运移并在顺南 4 井充注成藏。新生代构造运动对顺北地区影响较小，顺北地区持续埋深部分原油发生裂解，形成了一定量的原油裂解气。热液流体对烃源岩及储层的影响促使形成了现今顺北地区主要为油藏，而顺南地区发育气藏的烃类分布格局（图 5.111）。

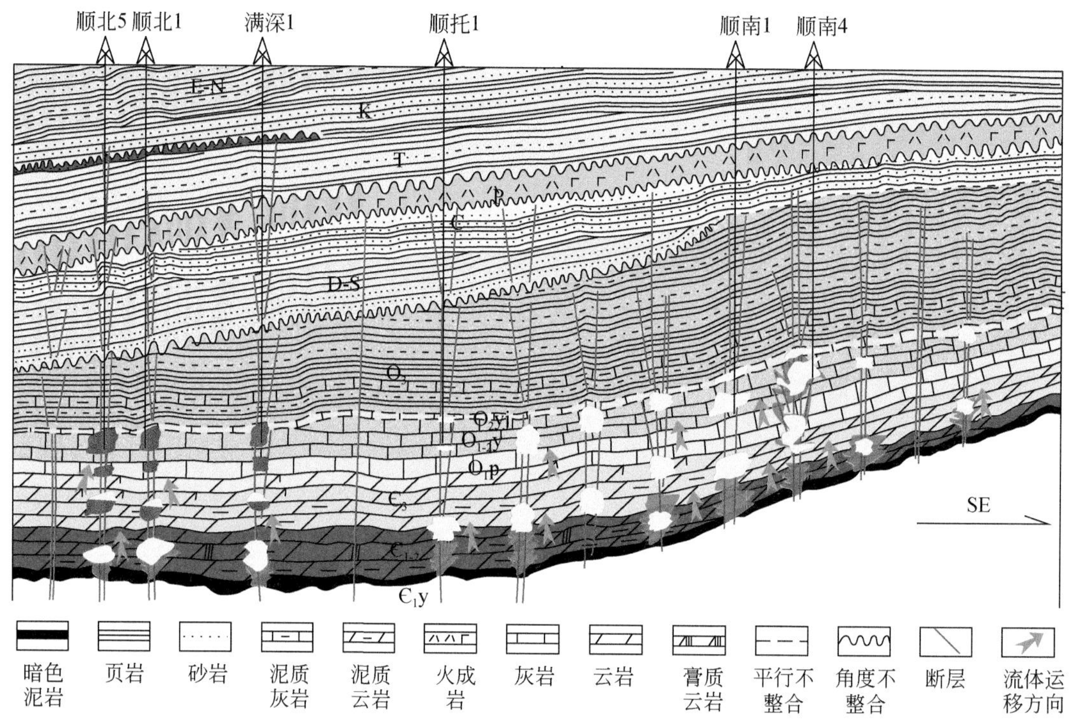

图 5.111　顺北-顺南油气藏剖面图

5.4　深部流体作用与油气成藏

关于深部流体的研究并不匮乏（Hawkes et al., 2016；McCollom et al., 2015；Simoneit, 2018），岩石圈中深部流体与古生物圈中有机物质相互作用产生一种特殊的“即时”产物——热液烃类，这一概念最早在瓜伊马斯盆地热液系统的研究中提出。热液烃类是深部流体能量（如异常高温）与元素物质（如过渡金属元素）参与下一系列复杂的催化“氧化还原”产物。因此，与常规原油相比，热液烃类的地球化学特征较特殊（Simoneit, 2018），它不仅是岩石圈与古生物圈在深部能量转化的一种记录，也是深部流体影响有机地球化学特征的直接证据。过去几十年，关于深部流体对原油地球化学特征影响的研究多集中于深海大洋中脊（Simoneit et al., 2004）或深海/陆地热泉附近（Clifton et al., 1990），少见于大陆裂谷沉积盆地系统。陆地深大断裂释放了地幔的能量与元素物质到沉积盆地中，与丰富的有机物质（从复杂的生物聚合物干酪根到原油，再到简单的有机分子甲烷、硫化氢等）发生了复杂的催化“氧化还原”反应，这种有机-无机相互作用对化合物的官能团产生了显著的影响，有机化合物之间相互转化，同时伴随着能量的吸收与释放，最终形成有机化合物的亚稳态平衡（McCollom et al., 2001；Seewald, 1994）。深部流体作用不仅仅是热作用的强化，更是沉积盆地内外与壳幔之间有机-无机相互作用的直接体现。

20 世纪 80 年代大洋中脊热液系统中硫化金属沉积物的发现，为烃类化合物的形成提供了新的研究角度。从深海喷口（Yamanaka et al., 2000）、后弧盆地（Venkatesan et al., 2003）、到陆相盆地（Simoneit et al., 2000；Sun and Püttmann, 2001；Zárate-del Valle and Simoneit, 2005），无论什么沉积环境、什么热液流体类型、什么有机质来源，深部流体作用对烃类有机化合物的影响是普遍存在的，它强烈改造其原有的地球化学特征，形成一系列特殊的热稳定性较高的化学结构。该系列化合物随着热液条件的改变表现出规律性的变化，通过这些变化可以将深部流体作用与其他次生作用区分开。深部流体作用对原油理化性质的改变，深刻影响着深层油气的成藏过程（生、运、聚），如塔里木盆地广泛发育的深部热液流体促进寒武系烃源岩的生烃，次生酸性产物显著改善碳酸盐岩储层条件；苏北盆地黄桥地区超临界 CO_2 热液流体促进油气的驱替与运移；云南兰坪地区古油藏遭深部流体改造破坏等。

5.4.1　深部流体与生烃

深部流体对沉积有机质的转化往往伴随着石油、煤炭等化石燃料以及金属矿床的形成。深部流体作用下烃类的形成是一个快速连续的过程，这一过程包括有机质的快速分解、烃类的生成、排出等。随着温度的增加，有机质中较弱的共价键首先断裂，官能团转化还原形成初级烃类产物，该还原过程会逐步过渡到氧化过程形成难熔的化学结构，较复杂的有机化合物则需要更苛刻的条件才能发生分熔，而深部流体所携带的无机催化元素能有效介导并降低各类化学键的活化能，延长还原过程的持续时间，促进加氢过程，加速有机化合物的转化、改造与重构，扩大“生油窗口”，并促进高氧化度的有机碳生成更多的烃类产物，干酪根、水、石油、CO_2 等物质之间的亚稳态平衡也会被延迟。美国俄克拉何马州的伯沙罗杰斯（Bertha Rogers）1 井（深 9590m）和得克萨斯州墨西哥湾的雅各布斯 1 井（深 7547m）的地化证据表明，只考虑温度与压力是不足以解释深层油气保存极限的。如果热液流体、矿物与金属元素等因素被考虑在内，油气在未知深层的生成与保存将持续直至碳源消耗殆尽（Seewald, 2003）。

由于深部流体多具有热催化还原的性质，较高分子量的脂类化合物也可通过热液催化反应（费-托合成）形成（McCollom et al., 1999；Rushdi and Simoneit, 2001），在合适的温度下，其主要产物正烷醇、正烷酸、正烷烃、正烷酮和正烷基甲酸酯的碳数可达 37。热液系统中较高浓度的非生物成因甲烷（蛇纹石化或铁-镍催化剂）甚至引起了地质学家对于生命起源与进化问题的关注。据此，我们得知热液催化作用对沉积有机质的催化改造是显著的，有利于形成醇、酸、酯、醛、酮等烃类的前体化合物或成熟形成的烃类化合物。影响热液催化作用的因素包括竞争性化学反应的类型、温度、压力、时间、矿物组合（催化和氢逸度）等。因此，要想更好地了解热液系统中有机化合物的催化转化过程，就必须加强对地质体中无机元素催化作用机理的研究。

通过深部流体中过渡金属的催化可以提高长链及液态烃类裂解的反应速率，有效降低 C_{2+} 烃类组分裂解的半衰期。水的参与提供充足的质子，弥补长链烃类裂解还原时所需大量的 H。热液模拟实验也证实，相同条件下加氢可在不明显影响成熟度的前提下，有效增加 UCM、生物标志物、沥青及石油的产率。墨西哥西部的塔拉裂谷，热液活动强烈；查帕拉湖底喷出两座由黑色固体黏稠沥青组成的浮岛，其富含支链烷烃、生物标志物及 UCM，但缺乏直链烷烃与多环芳烃，这是热液快速作用（< 250℃）的结果而非生物降解作用（图 5.112），经^{14}C估算其形成年龄约为 40ka。日本九州若神子海底火山喷口周围沉积有机质也具有相似的有机地球化学特征，在火山喷口周围还沉淀了多种硫化矿物如铁、锑、汞、砷等（Yamanaka et al., 2000）。大西洋中脊 36°N 的彩虹热液喷口周围硫化矿物萃取物中含有丰富的正构烷烃、支链烷烃、UCM、多环芳烃、萜类和脂肪酸等多种化合物，烷烃在含金属沉积物中的含量与碳数均较高（Simoneit et al., 2004）。其他反应热液催化改造的地化特征还包括高含量的杂环含硫化合物等，如瓜伊马斯盆地热液喷口的高温区杂环化合物（Kawka and Simoneit, 1990）。在深大断裂发育的塔里木盆地，碳酸盐岩储层（>7000m）中的轻质原油也具有与上述类似的地化特征。我国具有类似热液改造特征的典型例子还包括云南兰坪铅锌矿中的原油及沥青产物、苏北盆地黄桥地区的幔源 CO_2 伴生油等。不同沉积环境、有机质来源、不同热液流体类型的地区却具有相似的地化特征，说明生物标志物不同阶段产物共存的现象指示有机物发生过热液改造，改造过程包括去氢氧化（如芳构化），也包括加氢还原（如环化），这种氧化还原反应的平衡是动态的，生物标志物分布与丰度的变化在一定程度上记录了热液改造的过程与强度。

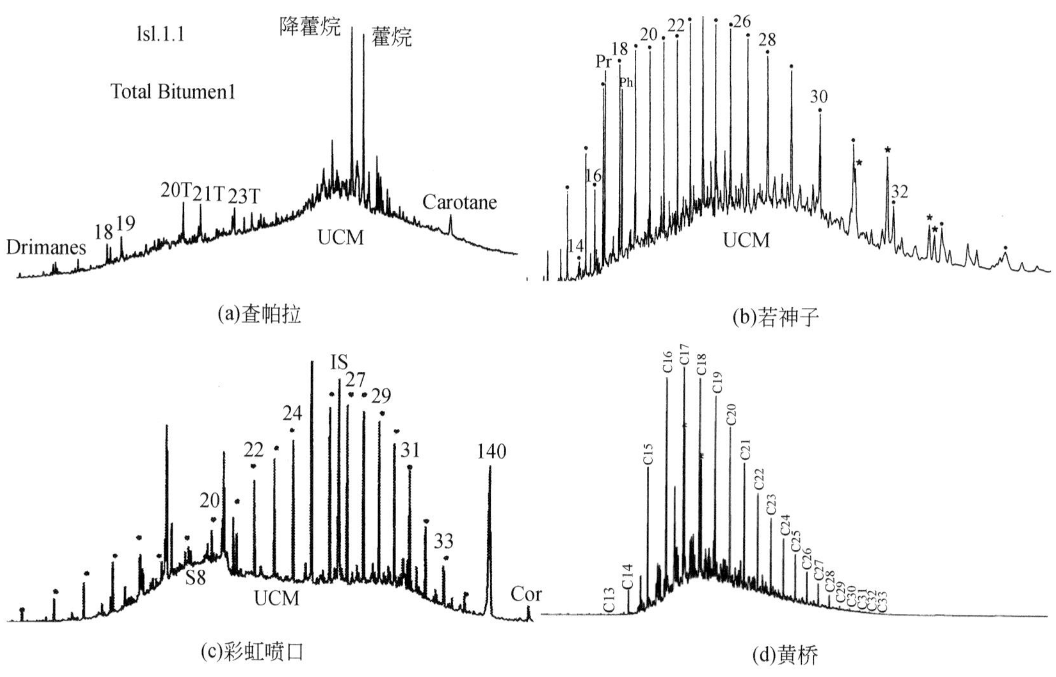

图 5.112　热液改造样品饱和烃总离子流（Zárate-del Valle and Simoneit, 2005; Simoneit et al., 2004）

5.4.2　深部流体与运移

近年来，地球化学家们逐渐认识到，水和矿物等无机化合物可能作为反应物或催化剂参与有机质的成熟过程，在油气的生成与演化过程中起到重要作用。然而，持续的深部流体活动不仅促进有机质的成熟与古油藏的改造，还能有效促进烃类的驱替与运移。热液系统形成的烃类与极性组分受多因素控制，而水参与生烃过程有利于形成不溶饱和相，促进烃类的萃取排出，其中溶解度较高和挥发性较强的烃类借助热液流体向上运移，随着远离热液作用区域，烃类与流体相分离，在上覆合适的沉积地层（规模性的多孔储层）中凝结、保留和聚集，溶解度高的挥发分运移距离大于溶解度较低的热液产物（Didyk and Simoneit, 1990）。水是热液系统中最重要的流体，处于高温或超临界状态的水对有机化合物具有很好的溶解性。当热催化反应将较高分子量的化合物降解为较小的分子（如蜡质油转化为凝析油），这类不稳定的低分子化合物很容易被热液流体溶解携带发生运移，而在典型的热液系统温压条件下（高压有助于维持流体状态），含 CO_2 的超临界热液流体具有比水更好的携烃能力（Zhu et al., 2018）。值得注意的是，深部流体不仅有利于有机物的运移，对无机金属矿物也有较好的携带能力。通过有机-无机相互作用形成的金属-有机复合物，借助于热液流体在地壳中发生运移，形成矿物资源效应。

5.4.3 深部流体与聚集

碱性深部热液流体（还原性）有利于烃源岩中有机质成熟，扩大干酪根“生油窗口”及油藏再活化，而酸性深部流体对油气的聚集也有间接的影响，酸性深部热液流体（氧化性）有利于原地油藏的改造进而改善疏导体系与储层条件。热液改造的有机产物，如 CO_2 与羧酸，能提升运载层和储层的孔隙度和渗透性。在水和矿物的参与下，热液流体改造原地油藏，发生广泛的有机-无机相互作用，提高 CO_2 与羧酸的生成量，弥补干酪根中氧含量的不足，为运载层与储层的改善提供一种腐蚀性的环境。

深部流体对油气成藏过程的初次或二次影响，多发生在构造活跃的热液系统中，如在大陆边缘盆地的早期断裂中（包括裂谷盆地、拉分盆地等），以及受岩浆活动影响的沉积盆地。因此，在深部油气勘探中应考虑该地质特征对成藏过程的影响程度，这不仅因为深部流体对生烃过程的加速与延伸，对油气运移的促进，还包括对已有油气藏的再活化作用，以及油气运聚条件的改善。

5.5 小　　结

我国陆上深部热液流体活跃区分布广泛，热液流体类型也各有不同，如苏北盆地黄桥地区幔源 CO_2 热液流体、云南兰坪金顶地区幔源铅锌（Zn/Pb）金属热液流体、塔里木盆地受深大断裂控制的顺北-顺南-古城地区的壳源和烃源热液流体等。这些深部流体活动影响了烃类的形成和原油的热蚀变，产生典型的分子地球化学指标，并能促使油的运聚和富集成藏。

本书选取我国典型的深部流体活跃区，以苏北盆地黄桥地区幔源 CO_2 流体共生原油、云南兰坪金顶热液铅锌矿（Zn/Pb）中伴生的原油和沥青，以及受深大断裂控制的顺北-顺南-古城地区原油为研究对象，以深部流体作用为纽带，通过地球化学手段，发现了深部流体作用下的烃类具有特殊的地球化学特征，包括：①饱和烃组分色谱图上显著的UCM鼓包（并与主峰碳对应）；②芳烃组分中高含量的多环芳烃、较丰富的苯基化合物，以及较丰富的杂原子化合物（包括含硫和含氧化合物）；③正构烷烃分布中轻微的偶碳数；④饱和烃/芳烃分馏指数增加；⑤生物标志化合物含量减少；⑥复杂含硫化合物的碳数和DBE值上升；⑦微量的醛酮酯类化合物；⑧传统生物标志物指标失效。研究认为生物标志物的变化、复杂烃类化合物及杂环化合物的形成与热液作用下催化转化密切相关。深部流体作用下原油中烃类及杂环化合物的催化转化过程使分子化合物参数指标受到不同程度的改造。通过改造其形成一系列热稳定性较高的化学结构，随着深部流体作用的强度发生变化，其分布与含量具有规律性的变化。根据其分子地球化学特征的变化，可将深部流体作用与其他热作用区分开。研究根据化合物的变化规律及分布特征，建立了相关的判识指标，如2-苯基萘/䓛、UCM/规则甾烷、联苯/三亚苯等。

不同类型深部热液流体可以调动或转化有机质形成新的化合物，这一转化伴随着石油、煤炭和其他化石燃料的生成。同样，某些类型的矿物沉积伴随着有机化合物的转化，金属–有机复合物可能参与金属在成矿和其他地壳流体中的运移。另外，依据超临界CO_2萃取实验和黄桥CO_2油气藏解剖，发现深部幔源大规模CO_2侵入能萃取深部烃源岩和致密储层中的分散原油，促使其向浅部运移并富集成藏，形成CO_2–油耦合油气藏。深部流体作用对深层沉积盆地中有机物质理化性质的影响，深刻改变了热液系统中有机化合物的类型及转化过程，影响深层油气的成藏过程及其有效性，为深部流体作用下的油气源对比提供新思路，并有效指导深层油气勘探实践。

第6章　结　　论

火山活动和深部流体活动向海盆/湖盆水体中输入丰度的生命营养元素（P、Si、Fe、Mn、Vi、Ni 等）促使成烃生物在表层氧化水体中勃发；火山活动或细菌硫酸盐还原（BSR）作用使得底层水体处于硫化还原环境，表层沉降下来的有机质处于良好的保存条件中，是多个地质时代富有机质页岩大量形成的重要因素。

地质体中有丰富的氢气，包括微生物成因、有机质裂解、地幔、水岩反应等多种来源；自主研发高演化烃源催化加氢定量模拟实验结果表明，地质体中外源氢的加入可以使干酪根生烃产率提高数倍；通过碳氢同位素可以较好地鉴别出干酪根裂解气、原油裂解气、地幔来源、水岩反应来源等多种类型的天然气。

深部富 CO_2流体对油气储层有着显著的影响；在深部流体溶蚀改造作用下，古老层系海相碳酸盐岩优质储层能持续向深层溶蚀拓展，并长期处于有利于保持的流体环境；深部富 CO_2流体不但使储层溶蚀发育提高储集能力，而且还能对上覆泥岩盖层中的裂缝进行胶结充填增强其封闭能力，储盖层协同演化促使油气藏储集能力得以增强。

深部热液促使原油热蚀变，导致物理和化学性质的改变；兰坪、黄桥、顺北三地区样品中饱和烃和芳烃组分的质量色谱图（图 5.3、图 5.7、图 5.31 ~ 图 5.35、图 5.84）中生物标志物相对丰度逐渐降低，UCM 鼓包出现，CPI<1.0，多环芳烃含量逐渐降低，而苯基类化合物与含 S 化合物含量逐渐增加；盆地岩浆火山活动异常热作用引起原油生标化合物的变异，进而会影响油源对比的可靠性。盆地岩浆火山活动异常热作用引起原油生标化合物的变异，进而会影响油源对比的可靠性。

深部大规模超临界 CO_2活动能萃取溶解深部烃源岩和致密储集层中的原油并促使其向浅部运移，在浅部圈闭中进一步增强储盖性能，从而形成 CO_2-油耦合油气藏；在钻井开发过程中，CO_2萃取携带原油至井口产出，形成天然 CO_2-EOR 驱替效应。

参考文献

蔡春芳, 李开开, 李斌, 等. 2009. 塔河地区奥陶系碳酸盐岩缝洞充填物的地球化学特征及其形成流体分析. 岩石学报, 25 (10): 2399-2404.

蔡郁文, 王华建, 王晓梅, 等. 2017a. 铀在海相烃源岩中富集的条件及主控因素. 地球科学进展, 32 (2): 199-208.

蔡郁文, 张水昌, 何坤, 等. 2017b. 磁铁矿对有机质生烃及同位素分馏的影响. 天然气地球科学, 28 (2): 331-340.

曹学伟, 胡文瑄, 金之钧, 等. 2005. 临盘油田夏38井区辉绿岩热效应对成烃作用的影响. 石油与天然气地质, 26 (3): 317-322.

常华进, 储雪蕾, 冯连君, 等. 2009. 氧化还原敏感微量元素对古海洋沉积环境的指示意义. 地质论评, 55 (1): 91-99.

车燕, 姜慧超, 穆星, 等. 2001. 花沟气田气藏类型及成藏规律. 油气地质及采收率, 8 (5): 32-34.

陈宝赟, 李荣西, 余金杰, 等. 2018. 扬子地台北缘震旦系灯影组地球化学特征及其对热水沉积暗示. 矿物岩石地球化学通报, 37 (4): 1-9.

陈丰. 1996. 氢——地球深部流体的重要源泉. 地学前缘, 3 (3-4): 72-79.

陈丰, 丁振华, 郭九皋, 等. 1994. 金刚石中的分子氢. 科学通报, 15: 1403-1404.

陈汉林, 杨树锋, 厉子龙, 等. 2009. 塔里木盆地二叠纪大火成岩省发育的时空特点. 新疆石油地质, 30 (2): 179-182.

陈沪生, 张永鸿, 徐师文. 1999. 下扬子及邻区岩石圈结构构造特征与油气资源评价. 北京: 地质出版社.

戴金星. 1988. 云南省腾冲县硫磺塘天然气碳同位素组成特征及成因. 科学通报, 33 (15): 1168-1170.

戴金星. 2006. 非生物天然气资源的特征与前景. 天然气地球科学, 17 (1): 1-6.

戴金星, 戴春森, 宋岩. 1994. 中国一些地区温泉中天然气的地球化学特征及碳、氦同位素组成. 中国科学 (B辑), 24 (4): 426-433.

戴金星, 宋岩, 戴春森, 等. 1995. 中国东部无机成因气及其气藏形成条件. 北京: 科学出版社.

戴金星, 石昕, 卫延召. 2001. 无机成因油气论和无机成因的气田 (藏) 概略. 石油学报, 22 (6): 5-10.

戴金星, 邹才能, 张水昌, 等. 2008. 无机成因和有机成因烷烃气的鉴别. 中国科学 D辑: 地球科学, 38 (11): 1329-1341.

邓尚, 李慧莉, 韩俊, 等. 2019. 塔里木盆地顺北5号走滑断裂中段活动特征及其地质意义. 石油与天然气地质, 40 (5): 990-998, 1073.

杜乐天, 刘若新, 邓晋福. 1996. 地幔流体与软流层 (体) 地球化学. 北京: 地质出版社.

冯子辉, 霍秋立, 王雪. 2001. 松辽盆地北部氦气成藏特征研究. 天然气工业, 21 (5): 29-30.

高波, 范明, 刘文汇, 等. 2005. 塔河油田天然气的碳同位素特征及其成因类型. 石油与天然气地质, 26 (5): 618-622.

高清武. 2004. 长白山天池火山水热活动及气体释放特征. 地球学报, 25 (3): 345-350.

高清武, 李霓. 1999. 腾冲和五大连池火山区流体地球化学特征及成岩探讨. 地质论评, 45 (4): 345-351.

高玉巧, 刘立. 2007. 海拉尔盆地乌尔逊凹陷无机 CO_2 与油气充注的时间记录. 沉积学报, 25 (4):

574-582.

高玉巧，刘立，杨会东．2007．松辽盆地孤店二氧化碳气田储集砂岩中自生片钠铝石的特征及成因．石油学报，28（4）：58-63.

郭彦如，刘化清，韩品龙．2006．鄂尔多斯盆地延长组凝灰岩沉积特征与构造活动关系研究．长庆油田分公司研究报告．

郭占谦．2001．从全球油气田分布看我国东南沿海火山岩覆盖区的含油气前景．石油实验地质，23（2）：122-132.

郭占谦，王先彬．1994．松辽盆地非生物成因气的探讨．中国科学B辑：化学，24（3）：303-309.

郭占谦，王先彬，刘文龙．1997．松辽盆地非生物成因气的成藏特征．中国科学D辑：地球科学，27（2）：143-148.

何治亮，张军涛，丁茜，等．2017．深层-超深层优质碳酸盐岩储层形成控制因素．石油与天然气地质，38（4）：633-644.

胡文瑄．2016．盆地深部流体主要来源及判识标志研究．矿物岩石地球化学通报，35：817-826.

胡文瑄，陈琪，王小林，等．2010．白云岩储层形成演化过程中不同流体作用的稀土元素判别模式．石油与天然气地质，31（6）：810-818.

黄第藩，赵孟军，张水昌．1997．塔里木盆地满加尔油气系统下古生界油源油中蜡质烃来源的成因分析．沉积学报，15（2）：6-13.

黄晓伟．2021．有机质催化加氢生烃作用研究．北京：中国地质大学（北京）．

黄俨然，张枝焕，王安龙，等．2012．黄桥地区深源CO_2对二叠系—三叠系油气成藏的影响．天然气地球科学，23（3）：520-525.

吉利明，吴涛，李林涛．2006．陇东三叠系延长组主要油源岩发育时期的古气候特征．沉积学报，24（3）：426-431.

吉利明，徐金鲤，宋之光．2012．鄂尔多斯盆地延长组湖相蓝藻及其油源意义．微体古生物学报，3：270-281.

贾承造，魏国齐．2003．"九五"期间塔里木盆地构造研究成果概述．石油勘探与开发，30（1）：11-14.

蒋裕强，陶艳忠，谷一凡，等．2016．四川盆地高石梯-磨溪地区灯影组热液白云石化作用．石油勘探与开发，43：1-10.

焦方正．2017．塔里木盆地顺托果勒地区北东向走滑断裂带的油气勘探意义．石油与天然气地质，38（5）：831-839.

金之钧，杨雷，曾溅辉．2002a．东营凹陷深部流体活动及其生烃效应初探．石油勘探与开发，29（2）：42-44.

金之钧，张刘平，曾溅辉，等．2002b．东营凹陷与幔源富CO_2流体有关的复合成因烷烃．科学通报，47（16）：1276-1280.

金之钧，朱东亚，胡文瑄，等．2006．塔里木盆地热液活动地质地球化学特征及其对储层影响．地质学报，80：245-253，314.

金之钧，胡文瑄，张留平，等．2007．深部流体活动及油气成藏效应．北京：科学出版社．

金之钧，朱东亚，孟庆强，等．2013．塔里木盆地热液流体活动及其对油气运移的影响．岩石学报，29（3）：1045-1058.

金之钧，刘全有，云金表，等．2017．塔里木盆地环满加尔凹陷油气来源与勘探方向．中国科学：地球科学，47（3）：310-320.

康玉柱，贾润胥，蒋炳南，等．1985．塔北沙雅隆起地质构造特征及找油前景．石油与天然气地质，6（1）：15-23.

李慧莉，邱楠生，金之钧，等．2005. 塔里木盆地的热史．石油与天然气地质，41（3）：613-617.

李剑，李志生，王晓波，等．2017. 多元天然气成因判识新指标及图版．石油勘探与开发，44（4）：503-512.

李景贵，范璞，崔明中，等．1997. 塔里木盆地和唐山地区寒武-奥陶系碳酸盐岩差热-色谱热解气态烃特征．沉积学报，15（S1）：76-81.

李坤白，吕海涛，蒲仁海，等．2017. 塔里木盆地顺南地区火山口地震勘探方法及其与油气关系．地质科技情报，36（5）：249-255.

李守军，郑德顺，耿福兰．2002. 定量再造湖泊古生产力的尝试．南京：南京大学．

李术元，林世静，郭绍辉，等．2002. 矿物质对干酪根热解生烃过程的影响．石油大学学报（自然科学版），26（1）：69-74.

李素梅，庞雄奇，杨海军，等．2010. 塔里木盆地英买力地区原油地球化学特征与族群划分．现代地质，24（4）：643-653.

李素梅，张宝收，邢蓝田，等．2015. 塔北哈拉哈塘-英买力地区深层油气运移与成藏地球化学特征．石油学报，36：92-101.

李映涛，叶宁，袁晓宇，等．2015. 塔里木盆地顺南4井中硅化热液的地质与地球化学特征．石油与天然气地质，36（6）：934-944.

李映涛，漆立新，张哨楠，等．2019. 塔里木盆地顺北地区中-下奥陶统断溶体储层特征及发育模式．石油学报，40（12）：1470-1484.

梁狄刚，贾承造．1999. 塔里木盆地天然气勘探成果与前景预测．天然气工业，19（2）：20-29.

林壬子，张敏．1996. 塔里木盆地原油轻烃组成特征和成因类型．地质论评，42（S1）：26-30.

刘宝明，何家雄，夏斌，等．2004. 国内外 CO_2 研究现状及发展趋势．天然气地球科学，15（4）：412-417.

刘春燕，吴茂炳，巩固．2006. 塔里木盆地北部塔河油田奥陶系加里东期岩溶作用及其油气地质意义．地质通报，25（Z2）：1128-1134.

刘光鼎，杨长春，王清晨．2011. 有利于海相烃源岩形成的物理作用木．地质科学，46（1）：1-4.

刘光祥，金之钧，罗开平，等．2014. 下扬子区黄桥、句容地区油-源对比研究．石油实验地质，36（3）：359-364.

刘国勇，张刘平，金之钧．2005. 深部流体活动对油气运移影响初探．深部流体活动对油气运移影响初探，27：269-275.

刘佳宜，刘全有，朱东亚，等．2018. 深部流体在富有机质烃源岩形成中的作用．天然气地球科学，29（2）：168-177.

刘立，高玉巧，曲希玉．2006. 海拉尔盆地乌尔逊凹陷无机 CO_2 气储层的岩石学与碳氧同位素特征．岩石学报，22：1861-1868.

刘全有，朱东亚，孟庆强，等．2019. 深部流体及有机-无机相互作用下油气形成的基本内涵．中国科学：地球科学，49（3）：499-520.

刘伟．2015. 四川盆地北缘 MVT 型铅锌矿床中热液流体的形成与演化．成都：成都理工大学．

卢双舫，薛海涛，李吉君．2010. 天然气碳氢同位素分馏动力学及其应用．北京：石油工业出版社．

鲁子野，陈红汉，丰勇，等．2015. 塔里木盆地古城墟隆起奥陶系多期古流体活动证据及意义．地球科学（中国地质大学学报），40（9）：1529-1537.

罗斌杰，郑国东，袁剑英，等．1996. 地块-海槽边缘带的油气形成．沉积学报，14（S1）：1-9.

罗平，王石，李朋威，等．2013. 微生物碳酸盐岩油气储层研究现状与展望．沉积学报，31：807-823.

罗渝然．2004. 化学键能数据手册．北京：科学出版社.

马安来，张水昌，张大江，等．2004. 塔里木盆地塔东2井稠油地球化学研究．地质科技情报，23（4）：

59-63.

马安来，黎玉战，张玺科，等．2015. 桑托斯盆地盐下J油气田CO_2成因、烷烃气地球化学特征及成藏模式．中国海上油气，27（5）：13-20.

马安来，金之钧，朱翠山．2018. 塔里木盆地顺南1井原油硫代金刚烷系列的检出及意义．石油学报，39（1）：42-53.

马安来，金之钧，李慧莉，等．2019. 塔里木盆地顺北地区奥陶系超深层油藏蚀变作用及保存．地球科学，45（5）：1737-1753.

马素萍，贺建桥，汤渭，等．2003. 高压釜对加水模拟实验中氢产物的影响．沉积学报，21（4）：713-716.

马文辛，刘树根，黄文明，等．2014. 渝东地区震旦系灯影组硅质岩结构特征与成因机理．地质学报，88（2）：239-253.

马向贤，郑建京，郑国东．2014. 含铁矿物对褐煤生烃演化的催化作用．天然气地球科学，25（7）：1065-1071.

马永生，郭旭升，郭彤楼，等．2005. 四川盆地普光大型气田的发现与勘探启示．地质论评，51（4）：477-480.

马永生，何登发，蔡勋育，等．2017. 中国海相碳酸盐岩的分布及油气地质基础问题．岩石学报，33（4）：1007-1020.

马永生，何治亮，赵培荣，等．2019. 深层–超深层碳酸盐岩储层形成机理新进展．石油学报，40（12）：1415-1425.

毛光周，刘池洋，刘宝泉．2012a. 铀对（Ⅰ型）低熟烃源岩生烃演化的影响．中国石油大学学报，36（2）：172-181.

毛光周，刘池洋，张东东．2012b. 铀对（Ⅱ型）低熟烃源岩生烃演化的影响．地质学报，86（11）：1834-1840.

毛光周，刘池洋，张东东．2014. 铀在Ⅲ型烃源岩生烃演化中作用的实验研究．中国科学：地球科学，44（8）：1740-1750.

孟庆强，陶成，朱东亚，等．2011. 微量氢气定量富集方法初探．石油实验地质，33（3）：314-316.

倪云燕，靳永斌．2011. 费托合成反应中的碳同位素分馏．石油勘探与开发，38（2）：249-256.

倪云燕，戴金星，周庆华，等．2009. 徐家围子断陷无机成因气证据及其份额估算．石油勘探与开发，36（1）：35-45.

彭平安．2002. 分子古生物学与高分辨分子地层学研究．广州：中国科学院广州地球化学研究所项目研究报告．

漆立新．2014. 塔里木盆地下古生界碳酸盐岩大油气田勘探实践与展望．石油与天然气地质，35（6）：771-779.

漆立新．2020. 塔里木盆地顺北超深断溶体油藏特征与启示．中国石油勘探，25（1）：102-111.

钱一雄，陈跃，陈强路，等．2006. 塔中西北部奥陶系碳酸盐岩埋藏溶蚀作用．石油学报，27（3）：47-52.

钱一雄，何治亮，李慧莉，等．2017. 塔里木盆地北部上震旦统葡萄状白云岩的发现及成因探讨．古地理学报，19（2）：197-210.

秦建中．2005. 中国烃源岩．北京：科学出版社．

邱楠生. 2002. 中国西部地区沉积盆热演化和成烃史分析. 石油勘探与开发，29（1）：6-8.

邱楠生，金之钧，李京昌．2002. 塔里木盆地热演化分析中史波动模型的初探．地球物理学报，45（3）：398-406.

邱欣卫，刘池洋，李元昊，等．2009. 鄂尔多斯盆地延长组凝灰岩夹层展布特征及其地质意义．沉积学报，27（6）：1138-1146.

邱振，卢斌，陈振宏，等．2019. 火山灰沉积与页岩有机质富集关系探讨——以五峰组-龙马溪组含气页岩为例．沉积学报，37（6）：1296-1308.

上官志冠，霍卫国．2001. 腾冲热海地热区逸出 H_2 的 δD 值及其成因．科学通报，46（15）：1316-1320.

上官志冠，武成智．2008. 中国休眠火山区岩浆来源气体地球化学特征．岩石学报，24（11）：2638-2646.

上官志冠，白春华，孙明良．2000. 腾冲热海地区现代幔源岩浆气体释放特征．中国科学：地球科学，30（4）：407-414.

上官志冠，赵慈平，高玲．2006. 中国活动火山区甲烷的碳同位素研究．岩石学报，22（6）：1458-1464.

舒晓辉，张军涛，李国蓉．2012. 四川盆地北部栖霞组-茅口组热液白云岩特征与成因．石油与天然气地质，33：442-448.

舒逸，陆永潮，刘占红，等．2017. 海相页岩中斑脱岩发育特征及对页岩储层品质的影响——以涪陵地区五峰组-龙马溪组一段为例．石油学报，38（12）：1371-1380.

帅燕华，张水昌，苏爱国．2009. 柴达木盆地三湖地区产甲烷作用仍在强烈进行的地球化学证据．中国科学（D 辑），39（6）：734-740.

陶明信，徐永昌，史宝光．2005. 中国不同类型断裂带的地幔脱气与深部地质构造特征．中国科学（D 辑），35（5）：441-451.

陶士振，刘德良，杨晓勇，等．2000. 无机成因天然气藏形成条件分析．天然气地球科学，11（1）：10-18.

王斌，赵永强，何生，等．2020. 塔里木盆地顺北 5 号断裂带北段奥陶系油气成藏期次及其控制因素．石油与天然气地质，41（5）：965-974.

王国芝，刘树根，陈翠华，等．2013. 四川盆地东南缘河坝 MVT 铅锌矿与古油气藏的成生关系．地学前缘，20（1）：111-120.

王培荣，朱俊章，方孝林，等．1998. 一种新的原油轻烃分类法——塔里木盆地原油分类及其地化特征．石油学报，19（1）：34-38+4.

王顺玉，李兴甫．1999. 威远和资阳震旦系天然气地球化学特征与含气系统研究．天然气地球科学，10（3-4）：63-69.

王铁冠，龚剑明．2018. 中国中-新元古界地质学与油气资源勘探前景．中国石油勘探，23（6）：1-9.

王铁冠，黄光辉，徐中一．1988. 辽西龙潭沟元古界下马岭组底砂岩古油藏探讨．石油与天然气地质，9（3）：71-80.

王铁冠，戴世峰，李美俊，等．2010. 塔里木盆地台盆区地层有机质热史及其对区域地质演化研究的启迪．中国科学：地球科学，40（10）：1331-1341.

王铁冠，宋到福，李美俊，等．2014. 塔里木盆地顺南-古城地区奥陶系鹰山组天然气气源与深层天然气勘探前景．石油与天然气地质，35（6）：753-762.

王先彬，徐胜，陈践发，等．1993. 腾冲火山区温泉气体组分和氦同位素组成特征．科学通报，38（9）：814-817.

王先彬，妥进才，周世新，等．2005. 地球深部有机质演化与油气资源．石油勘探与开发，32（4）：159-164.

王先彬，郭占谦，妥进才，等．2009. 中国松辽盆地商业天然气的非生物成因烷烃气体．中国科学：地球科学，39（5）：602-614.

王晓锋，刘文汇，徐永昌，等．2006. 水在有机质形成气态烃演化中作用的热模拟实验研究．自然科学进展，16（10）：1275-1281.

王毅，马安来．2006. 塔里木盆地台盆区有效烃源研究进展．当代石油石化，14（8）：16-20+49.

王招明，王清华，赵孟军，等．2007. 塔里木盆地和田河气田天然气地球化学特征及成藏过程．中国科学：地球科学，37（S2）：69-79.

魏国齐，杜金虎，徐春春，等. 2015. 四川盆地高石梯–磨溪地区震旦系–寒武系大型气藏特征与聚集模式. 石油学报，36（1）：1-12.

魏菊英，王玉关. 1988. 同位素地球化学. 北京：地质出版社.

吴蓝宇，陆永潮，蒋恕，等. 2018. 上扬子区奥陶系五峰组–志留系龙马溪组沉积期火山活动对页岩有机质富集程度的影响. 石油勘探与开发，45（5）：806-816.

吴小奇，刘德良，李振生. 2008. 壳源非生物成因烃类气研究进展. 石油学报，29（1）：41-46.

吴艳艳，秦勇. 2009. 煤中矿物/金属元素在生气过程中的催化作用. 地球科学进展，24（8）：882-890.

吴艳艳，秦勇，刘金钟. 2012. 矿物/金属元素在煤成烃过程中的作用——以黔西滇东上二叠统大河边煤矿为例. 天然气地球科学，23（1）：141-152.

吴振明，刘和甫，汤良杰，等. 1985. 中国东部中、新生代主要裂谷盆地的演化及评论. 石油实验地质，7（1）：60-69.

谢尚克，汪正江，王剑. 2011. 黔东北地区晚奥陶世岩相古地理. 古地理学报，13（5）：539-549.

邢凤存，侯明才，林良彪，等. 2015. 四川盆地晚震旦世–早寒武世构造运动记录及动力学成因讨论. 地学前缘，22（1）：115-125.

徐永昌. 1994. 天然气成因理论及应用. 北京：科学出版社.

徐永昌，沈平，李玉成. 1989. 中国最古老色气藏——四川威远震旦纪气藏. 沉积学报，7：3-14.

徐永昌，沈平，刘文汇，等. 1998. 天然气中稀有气体地球化学. 北京：科学出版社.

薛春纪，高永宝. 2009. 滇西北兰坪金顶可能的古油气藏及对铅锌大规模成矿的作用. 地球科学与环境学报，31（3）：221-229.

薛春纪，高永宝，曾荣，等. 2007. 滇西北兰坪盆地金顶超大型矿床有机岩相学和地球化学. 岩石学报，23（11）：2889-2900.

闫斌，朱祥坤，张飞飞，等. 2014. 峡东地区埃迪卡拉系黑色页岩的微量元素和 Fe 同位素特征及其古环境意义. 地质学报，88（8）：1603-1615.

闫相宾，韩振华，李永宏. 2002. 塔河油田奥陶系油藏的储层特征和成因机理探讨. 地质论评，48（6）：619-626.

杨爱华，朱茂炎，张俊明，等. 2015. 扬子板块埃迪卡拉系（震旦系）陡山沱组层序地层划分与对比. 古地理学报，17（1）：1-20.

杨长清，姚俊祥. 2004. 三水盆地二氧化碳气成藏模式. 天然气工业，24（2）：36-39.

杨雷，金之钧. 2001. 深部流体中氢的油气成藏效应初探. 地学前缘，8（4）：337-341.

杨树锋，陈汉林，厉子龙，等. 2014. 塔里木早二叠世大火成岩省. 中国科学：地球科学，44（2）：187-199.

杨晓勇，刘德良，陶士振. 1999. 中国东部典型地幔岩中包裹体成分研究及意义. 石油学报，20（1）：19-23.

杨晓勇，刘德良，张交东，等. 2002. 郯庐断裂带南段双山韧–脆性剪切带物质迁移与 CO_2 释放研究. 地质学报，76（3）：335-346.

杨雪英，龚一鸣. 2011. 莓状黄铁矿：环境与生命的示踪计. 地球科学，36（4）：643-658.

杨玉峰，张秋，黄海平，等. 2000. 松辽盆地徐家围子断陷无机成因天然气及其成藏模式. 地学前缘，7（4）：523-533.

余星，杨树锋，陈汉林，等. 2017. 塔里木早二叠世大火成岩省的成因模式. 中国科学：地球科学，47（10）：1179-1190.

苑京文，贾东，王毛毛，等. 2015. 下扬子句容断陷盆地负反转构造特征及对油气的控制. 地质论评，61（5）：1047-1060.

张宝民，赵孟军，肖中尧，等．2000．塔里木盆地优质气源岩特征．新疆石油地质，21（1）：33-37.

张厚福，方朝亮，高先志，等．1999．石油地质学．北京：石油工业出版社．

张金亮，常象春．2003．金顶铅锌矿床油气地球化学特征及其成矿作用探讨．青岛海洋大学学报（自然科学版），33（2）：264-274.

张铭杰，王先彬，李立武，等．2002．幔源矿物中 H_2 赋存状态的初步研究．地质学报，76（1）：39-44.

张水昌，王招明，王飞宇，等．2004．塔里木盆地塔东 2 油藏形成历史——原油稳定性与裂解作用实例研究．石油勘探与开发，31（6）：25-31.

张水昌，张宝民，边立曾，等．2007．8 亿多年前由红藻堆积而成的下马岭组油页岩．中国科学：地球科学，37（5）：66-73.

张文正，杨华，傅锁堂，等．2007．鄂尔多斯盆地长 9_1 湖相优质烃源岩的发育机制探讨．中国科学：地球科学，37（5）：33-38.

张文正，杨华，杨奕华，等．2008．鄂尔多斯盆地长 7 优质烃源岩的岩石学，元素地球化学特征及发育环境．地球化学，37（1）：59-64.

张文正，杨华，彭平安，等．2009．晚三叠世火山活动对鄂尔多斯盆地长 7 优质烃源岩发育的影响．地球化学，38（6）：573-582.

张文正，杨华，杨伟伟，等．2015．鄂尔多斯盆地延长组长 7 湖相页岩油地质特征评价．地球化学，44（5）：505-515.

张义纲．1991．天然气的生成聚集和保存．南京：河海大学出版社．

张月霞，胡文瑄，姚素平，等．2018．苏北盆地黄桥地区富 CO_2 流体对二叠系龙潭组砂岩储层的改造与意义．地质通报，37（10）：1944-1955.

张子枢．1987．我国氦资源及其开发与保护．资源开发与与市场，3（4）：28-31.

赵孟军，卢双舫．2003．库车拗陷两期成藏及其对油气分布的影响．石油学报，24（5）：16-20，25.

赵孟军，廖志勤，黄第藩，等．1997．从原油地球化学特征浅谈奥陶系原油生成的几个问题．沉积学报，15（4）：74-79+98.

赵文智，王新民，郭彦如，等．2006．鄂尔多斯盆地西部晚三叠世原型盆地恢复及其改造演化．石油勘探与开发，33（1）：6-13.

赵文智，沈安江，胡素云，等．2012．中国碳酸盐岩储集层大型化发育的地质条件与分布特征．石油勘探与开发，39（1）：1-12.

赵文智，沈安江，周进高．2014．礁滩储集层类型、特征、成因及勘探意义——以塔里木和四川盆地为例．石油勘探与开发，41（3）：257-267.

朱东亚，金之钧，胡文瑄，等．2008．塔里木盆地深部流体对碳酸盐岩储层影响．地质论评，54（3）：348-354.

朱东亚，金之钧，胡文瑄．2010．塔北地区下奥陶统白云岩热液重结晶作用及其油气储集意义．中国科学：地球科学，40（2）：156-170.

朱东亚，孟庆强，胡文瑄，等．2013．塔里木盆地塔北和塔中地区流体作用环境差异性分析．地球化学，42（1）：82-94.

庄新兵，顾忆，邵志兵，等．2017．塔里木盆地地温场对油气成藏过程的控制作用——以古城墟隆起为例．石油学报，38（05）：502-511.

祖小京，妥进才，张明峰，等．2007．矿物在油气生产过程中的作用．沉积学报，25（2）：298-306.

Abrajano T A, Sturchio N C, Bohlke J K, et al. 1998. Methane-hydrogen gas seeps, Zambales ophiolite, Philippines: Deep or shallow origin? Chemical Geology, 71 (1-3): 211-222.

Akinlua A, Torto N, Ajayi T R. 2008. Supercritical fluid extraction of aliphatic hydrocarbons from Niger Delta sedimentary rock. The Journal of Supercritical Fluids, 45 (1): 57-63.

Al-Aasm I. 2003. Origin and characterization of hydrothermal dolomite in the Western Canada Sedimentary Basin. Journal of Geochemical Exploration, 78: 9-15.

Albrecht P, Ourisson G. 1971. Biogenic substances in sediments and fossils. Angewandte Chemie International Edition, 10 (4): 209-225.

Alemu B L, Aagaard P, Munz I A, et al. 2011. Caprock interaction with CO_2: a laboratory study of reactivity of shale with supercritical CO_2 and brine. Applied Geochemistry, 26 (12): 1975-1989.

Algeo T J, Maynard J B. 2004. Trace-element behavior and redox facies in core shales of Upper Pennsylvanian Kansas-type cyclothems. Chemical Geology, 206 (3-4): 289-318.

Algeo T J, Tribovillard N. 2009. Environmental analysis of paleoceanographic systems based on molybdenum-uranium covariation. Chemical Geology, 268 (3-4): 211-225.

Algeo T J, Rowe H. 2012. Palaeoceanographic applications of trace-metal concentration data. Chemical Geology, 324-325: 6-18.

Algeo T J, Chen Z Q, Fraiser M L, et al. 2011. Terrestrial-marine teleconnections in the collapse and rebuilding of Early Triassic marine ecosystems. Palaeogeography, Palaeoclimatology, Palaeoecology, 308 (1-2): 1-11.

Allen D E, Seyfried J W E. 2004. Serpentinization and heat generation: constraints from Lost City and Rainbow hydrothermal systems. Geochimica et Cosmochimica Acta, 68 (6): 1347-1354.

Alt J C, Shanks III W C. 1998. Sulfur in serpentinized oceanic peridotites: serpentinization processes and microbial sulfate reduction. Journal of Geophysical Research Solid Earth, 103 (B5): 9917-9929.

Anderson R B. 1984. The Fischer-Tropsch Synthesis. Newyork: Acdemia Press: 1-30.

Andrew D H, Bradley D R, Moldowan J M. 2007. Organic geochemistry of oil and source rock strata of the Ordos Basin, North-Central China. AAPG Bulletin, 91: 1273-1293.

Angino E E, Coveney R M, Goebel E D, et al. 1984. Hydrogen and nitrogen- origin, distribution, and abundance, a followup. Oil and Gas Journal, 82 (49): 142-146.

Armitage P J, Faulkner D R, Worden R H, et al. 2011. Experimental measurement of, and controls on, permeability and permeability anisotropy of caprocks from the CO_2 storage project at the Krechba Field, Algeria. Journal of Geophysical Research: Solid Earth, 116: B12.

Asif M, Alexander R, Fazeelat T, et al. 2009. Geosynthesis of dibenzothiophene and alkyl dibenzothiophenes in crude oils and sediments by carbon catalysis. Organic Geochemistry, 40 (8): 895-901.

Asif M, Alexander R, Fazeelat T, et al. 2010. Sedimentary processes for the geosynthesis of heterocyclic aromatic hydrocarbons and fluorenes by surface reactions. Organic Geochemistry, 41 (5): 522-530.

Ballentine C J, O'Nions R K. 1992. The nature of mantle neon contributions to Vienna Basin hydrocarbon reservoirs. Earth and Planetary Science Letters, 113 (4): 553-567.

Ballentine C J, Schoell M, Coleman D, et al. 2000. Magmatic CO_2 in natural gases in the Permian Basin, West Texas: identifying the regional source and filling history. Journal of Geochemical Exploration, 69: 59-63.

Bau M. 1991. Rare-earth element mobility during hydrothermal and metamorphic fluid-rock interaction and the significance of the oxidation state of europium. Chemical Geology, 93 (3-4): 219-230.

Bau M, Möller P. 1993. Rare earth element systematics of the chemically precipitated component in Early Precambrian iron formations and the evolution of the terrestrial atmosphere- hydrosphere- lithosphere system. Geochimica et Cosmochimica Acta, 57 (10): 2239-2249.

Bauld J. 1984. Microbial mats in marginal marine environments: Shark Bay, Western Australia, and Spencer Gulf, South Australia. In: Cohen Y, Castenholz R W, Halvorson H O. Microbial Mats: Stromatolites. New

York: Alan Liss: 39-58.

Bechtel A, Jia J L, Strobl S A I, et al. 2012. Paleoenvironmental conditions during deposition of the Upper Cretaceous oil shale sequences in the Songliao Basin (NE China): implications from geochemical analyses. Organic Geochemistry, 46: 76-95.

Behar F, Kressmann S, Rudkiewicz J L, et al. 1992. Experimental simulation in a confined system and kinetic modelling of kerogen and oil cracking. Organic Geochemistry, 19 (1-3): 173-189.

Behar F, Vandenbroucke M, Teermann S C, et al. 1995. Experimental simulation of gas generation from coals and a marine kerogen. Chemical Geology, 126 (3-4): 247-260.

Beijerinck W M. 1895. Über Spirillum desulfuricans als Ursache von Sulfatreduction. Centralb Bakteriol Ⅱ. Abt 1: 49-59, 104-114.

Beltrame P L, Carniti P, Audisio G, et al. 1989. Catalytic degradation of polymers: Part Ⅱ—Degradation of polyethylene. Polymer Degradation and Stability, 26 (3): 209-220.

Bernard B B, Brooks J M, Sackett W M. 1978. Light hydrocarbons in recent Texas continental shelf and slope sediments. Journal of Geophysical Research: Oceans, 83 (C8): 4053-4061.

Berndt M E, Allen D E, Seyfried W E J. 1996. Reduction of CO_2 during serpentinization of olivine at 300 ℃ and 500 bar. Geology, 24 (4): 351-354.

Berner R. 1984. Sedimentary pyrite formation: An update. Geochimica et Cosmochimica Acta, 48: 605-615.

Berner R A, Raiswell R. 1983. Burial of organic carbon and pyrite sulfur in sediments over Phanerozoic time: A new theory. Geochmica et Comsochimica Acta, 47: 855-862.

Berner R A, Raiswell R. 1984. C/S method for distinguishing freshwater from marine sedimentary rocks. Geology, 12: 365-368.

Bertier P, Swennen R, Laenen B, et al. 2006. Experimental identification of CO_2-water-rock interactions caused by sequestration of CO_2 in Westphalian and Buntsandstein sandstones of the Campine Basin (NE-Belgium). Journal of Geochemical Exploration, 89: 10-14.

Bishop A N, Love G D, McAulay A D, et al. 1998. Release of kerogen-bound hopanoids by hydropyrolysis. Organic Geochemistry, 29: 989-1001.

Boesen C, Postma D. 1988. Pyrite formation in anoxic environments of the Baltic. American Journal of Science, 288: 575-603.

Boetius A, Ravenschlag K, Schubert C J, et al. 2000. A marine microbial consortium apparently mediating anaerobic oxidation of methane. Nature, 407 (6804): 623-626.

Boggs Jr S, Boggs S. 2009. Petrology of Sedimentary Rocks. Cambridge: Cambridge University Press.

Bohdanowic C. 1934. Natural gas occurrence in Russia (U. S. S. R). AAPG Bulletin, 18: 746-759.

Bondar E, Koel M. 1998. Application of supercritical fluid extraction to organic geochemical studies of oil shales. Fuel, 77: 211-213.

Boreham C J, Edwards D S. 2008. Abundance and carbon isotopic composition of neo-pentane in Australian natural gases. Organic Geochemistry, 39 (5): 550-566.

Boreham C J, Hope J M, Hartung-Kagi B. 2001. Understanding source, distribution and preservation of Australian natural gas: A geochemical perspective. The APPEA Journal, 41 (1): 523-547.

Bottinga Y. 1969. Calculated fractionation factors for carbon and hydrogen isotope exchange in the system calcite-carbon dioxide-graphite-methane-hydrogen-water vapor. Geochimica et Cosmochimica Acta, 33 (1): 49-64.

Brenchley P J, Marshall J D, Carden G A F, et al. 1994. Bathymetric and isotopic evidence for a short-lived late Ordovician glaciation in a greenhouse period. Geology, 22 (4): 295-298.

Broecker W S, Peng T H. 1982. Tracers in the Sea. Palisades, New York: Eldigia Press: 1-690.

Brooks J M, Bright T J, Bernard B B, et al. 1979. Chemical aspects of a brine pool at the East Flower Garden bank, northwestern Gulf of Mexico 1. Limnology and Oceanography, 24 (4): 735-745.

Browning T J, Bouman H A, Henderson G M, et al. 2014. Strong responses of Southern Ocean phytoplankton communities to volcanic ash. Geophysical Research Letters, 41: 2851-2857.

Burne R V, Moore L S. 1987. Microbialites: Organo- sedimentary deposits of benthic microbial communities. Palaios, 2: 241-254.

Burruss R C, Laughrey C D. 2010. Carbon and hydrogen isotopic reversals in deep basin gas: Evidence for limits to the stability of hydrocarbons. Organic Geochemistry, 41 (12): 1285-1296.

Cai C, Hu W, Worden R H. 2001. Thermochemical sulphate reduction in Cambro- Ordovician carbonates in Central Tarim. Marine and Petroleum Geology, 18: 729-741.

Cai C, Worden R H, Wang Q, et al. 2002. Chemical and isotopic evidence for secondary alteration of natural gases in the Hetianhe Field, Bachu Uplift of the Tarim Basin. Organic Geochemistry, 33: 1415-1427.

Cai C, Worden R H, Bottrell S H, et al. 2003. Thermochemical sulphate reduction and the generation of hydrogen sulphide and thiols (mercaptans) in Triassic carbonate reservoirs from the Sichuan Basin, China. Chemical Geology, 202 (1-2): 39-57.

Cai C, Li K, Li H, et al. 2008. Evidence for cross formational hot brine flow from integrated $^{87}Sr/^{86}Sr$, REE and fluid inclusions of the Ordovician veins in Central Tarim, China. Applied Geochemistry, 23: 2226-2235.

Cai C, Zhang C, Worden R H, et al. 2015. Application of sulfur and carbon isotopes to oil- source rock correlation: A case study from the Tazhong area, Tarim Basin, China. Organic Geochemistry, 83-84: 140-152.

Cai C, Amrani A, Worden R H, et al. 2016. Sulfur isotopic compositions of individual organosulfur compounds and their genetic links in the Lower Paleozoic petroleum pools of the Tarim Basin, NW China. Geochimica et Cosmochimica Acta, 182: 88-108.

Calvert S E, Pedersen T F. 2007. Elemental proxies for palaeoclimatic and palaeoceanographic variability in marine sediments: Interpretations and applications. In: Hillaire- Marcel C, De Vernal A. Proxies in Late Cenozoic Paleoceanography. Developments in Marine Geology, 1: 567-644.

Campbell K A. 2006. Hydrocarbon seep and hydrothermal vent paleoenvironments and paleontology: Past developments and future research directions. Palaeogeography, Palaeoclimatology, Palaeoecology, 232 (2): 362-407.

Canfield D E, Thamdrup B, Hansen J W. 1993. The anaerobic degradation of organic matter in Danish coastal sediments: Iron reduction, manganese reduction, and sulfate reduction. Geochimica et Cosmochimica Acta, 57 (16): 3867-3883.

Cao H, Kaufman A J, Shan X, et al. 2016. Sulfur isotope constraints on marine transgression in the lacustrine upper Cretaceous Songliao Basin, northeastern China. Palaeogeography, Palaeoclimatology, Palaeoecology, 451: 152-163.

Charlou J, Donval J. 1993. Hydrothermal methane venting between 12°N and 26°N along the Mid-Atlantic Ridge. Journal of Geophysical Research, 98 (B6): 9625-9642.

Charlou J, Fouquet Y, Bougault H, et al. 1998. Intense CH_4 plumes generated by serpentinization of ultramafic rocks at the intersection of the 15°20′N fracture zone and the Mid-Atlantic Ridge. Geochimica et Cosmochimica Acta, 62 (13): 2323-2333.

Charlou J L, Donval J P, Fouquet Y, et al. 2002. Geochemistry of high H_2 and CH_4 vent fluids issuing from ultramafic rocks at the Rainbow hydrothermal field (36°4′N, MAR) . Chemical Geology, 191 (4): 345-359.

Chen X. 1984. Influence of the Late Ordovician glaciation on basin configuration of the Yangtze Platform in China. Lethaia, 17 (1): 51-59.

Chen H, Yang S, Dong C, et al. 1997. Geological thermal events in Tarim Basin. Chinese Science Bulletin, 42 (7): 580-584.

Chen X, Rong J, Li Y, et al. 2004. Facies patterns and geography of the Yangtze region, South China, through the Ordovician and Silurian transition. Palaeogeography, Palaeoclimatology, Palaeoecology, 204 (3): 353-372.

Chen D Z, Wang J G, Qing H R. 2009. Hydrothermal venting activities in the early Cambrian, south China, petrological, Geochronological and stable isotopic constraints. Chemical Geology, 258 (3-4): 168-181.

Cheng B, Liu H, Cao Z, et al. 2020. Origin of deep oil accumulations in carbonate reservoirs within the north Tarim Basin: Insights from molecular and isotopic compositions. Organic Geochemistry, 139: 103931.

Christèle V, Eric D, Valérie B, et al. 2018. Reduced gas seepages in ophiolitic complexes: Evidences for multiple origins of the H_2-CH_4-N_2 gas mixtures. Geochimica et Cosmochimica Acta, 223: 437-461.

Chung H M, Gormly J R, Squires R M. 1988. Origin of gaseous hydrocarbons in subsurface environments: theoretical considerations of carbon isotope distribution. Chemical Geology, 71 (1-3): 97-104.

Clayton C. 1991. Carbon isotope fractionation during natural gas generation from kerogen. Marine and Petroleum Geology, 8 (2): 232-240.

Clifton C G, Walters C C, Simoneit B R T. 1990. Hydrothermal petroleums from Yellowstone National Park, Wyoming, U. S. A. Applied Geochemistry, 5 (1-2): 169-191.

Cohn F. 1867. Vereine, Gesellschaften, Anstalten. Österreichische Botanische Zeitschrift, 17 (3): 90-97.

Coleman D D, Risatti J B, Schoell M. 1981. Fractionation of carbon and hydrogen isotopes by methane-oxidizing bacteria. Geochimica et Cosmochimica Acta, 45 (7): 1033-1037.

Coveney Jr R M, Goebel E D, Zeller E J, et al. 1987. Serpentinization and the origin of Hydrogen Gas in Kansa. AAPG Bulletin, 71: 39-48.

Craig H, Lupton J E. 1976. Primordial neon, helium, and hydrogen in oceanic basalts. Earth and Planetary Science Letters, 31 (3): 369-385.

Craig J, Biffi U, Galimberti R F, et al. 2013. The palaeobiology and geochemistry of Precambrian hydrocarbon source rocks. Marine and Petroleum Geology, 40: 1-47.

Dai J X, Song Y, Dai C S, et al. 1996. Geochemistry and accumulation of carbon dioxide gases in China. AAPG Bulletin, 80 (10): 1615-1625.

Dai J, Li J, Luo X, et al. 2005a. Stable carbon isotope compositions and source rock geochemistry of the giant gas accumulations in the Ordos Basin, China. Organic Geochemistry, 36 (12): 1617-1635.

Dai J, Yang S, Chen H, et al. 2005b. Geochemistry and occurrence of inorganic gas accumulations in Chinese sedimentary basins. Organic geochemistry, 36 (12): 1664-1688.

Dai J, Zou C, Zhang S, et al. 2008. Discrimination of abiogenic and biogenic alkane gases. Science in China Series D: Earth Sciences, 51 (12): 1737-1749.

Dai J, Gong D, Ni Y, et al. 2014. Stable carbon isotopes of coal-derived gases sourced from the Mesozoic coal measures in China. Organic Geochemistry, 74: 123-142.

Dai J, Ni Y, Qin S, et al. 2017. Geochemical characteristics of He and CO_2 from the Ordos (cratonic) and Bohaibay (rift) basins in China. Chemical Geology, 469: 192-213.

Dai S, Ren D, Chou C L, et al. 2012. Geochemistry of trace elements in Chinese coals: A review of abundances, genetic types, impacts on human health, and industrial utilization. International Journal of Coal Geology, 94:

3-21.

Davies G R, Smith L B. 2006. Structurally controlled hydrothermal dolomite reservoir facies: an overview. AAPG Bulletin, 90: 1641-1690.

Dehghanpour H, Zubair H A, Chhabra A, et al. 2012. Liquid intake of organic shales. Energy and Fuels, 26 (9): 5750-5758.

Dekov V. 2006. Native nickel in the TAG hydrothermal field sediments (Mid-Atlantic Ridge, 26°N): Space trotter, guest from mantle, or a widespread mineral, connected with serpentinization. Journal of Geophysical Research, 111: B05103.

Delmelle P, Lambert M, Dufrêne Y, et al. 2007. Gas/aerosol-ash interaction in volcanic plumes: New insights from surface analyses of fine ash particles. Earth and Planetary Science Letters, 259 (1-2): 159-170.

Demaison G J, Moore G T. 1979. Environment and oil source bed genesis. Organic Geochemistry, 2: 9-31.

DeMaster D J. 1981. The supply and accumulation of silica in the marine environment. Geochimica et Cosmochimica Acta, 45 (10): 1715-1732.

Deng S, Li H, Zhang Z, et al. 2019. Structural characterization of intracratonic strike-slip faults in the central Tarim Basin. AAPG Bulletin, 103: 109-137.

Depowski S. 1966. Wodow w gazach ziemnych Nizu Polskiego w swietle ogolnych warunkow wystepowania wolnege wodoru: Kwartalnik. Geologiczny, 10: 194-202.

Des Marais D J, Donchin J H, Nehring N L, et al. 1981. Molecular carbon isotopic evidence for the origin of geothermal hydrocarbons. Nature, 292 (5826): 826-828.

Dick G J, Tebo B M. 2010. Microbial diversity and biogeochemistry of the Guaymas Basin deep-sea hydrothermal plume. Environmental Microbiology, 12: 1334-1347.

Dick G J, Anantharaman K, Baker B J, et al. 2013. The microbiology of deep-sea hydrothermal vent plumes: Ecological and biogeographic linkages to seafloor and water column habitats. Frontiers in Microbiology, 4: 1-16.

Didyk B M, Simoneit B R T. 1990. Petroleum characteristics of the oil in a Guaymas Basin hydrothermal chimney. Applied Geochemistry, 5: 29-40.

Dong S, Chen D, Qing H, et al. 2013. Hydrothermal alteration of dolostones in the Lower Ordovician, Tarim Basin, NW China: multiple constraints from petrology, isotope geochemistry and fluid inclusion microthermometry. Marine and Petroleum Geology, 46: 270-286.

Douville E, Charlou J L, Oelkers E H, et al. 2002. The rainbow vent fluids (36°14′N, MAR): the influence of ultramafic rocks and phase separation on trace metal content in Mid-Atlantic Ridge hydrothermal fluids. Chemical Geology, 184: 37-48.

Duan Z, Sun R. 2003. An improved model calculating CO_2 solubility in pure water and aqueous NaCl solutions from 273 to 533 K and from 0 to 2000 bar. Chemical Geology, 193: 257-271.

Duan Z, Li D. 2008. Coupled phase and aqueous species equilibrium of the H_2O-CO_2-NaCl-$CaCO_3$ system from 0 to 250℃, 1 to 1000bar with NaCl concentrations up to saturation of halite. Geochimica et Cosmochimica Acta, 72: 5128-5145.

Durante V A. 1994. Polycyclic aromatic ring cleavage (PARC) process. United States Patent, 5: 288, 390.

Dymond J, Suess E, Lyle M. 1992. Barium in deep-sea sediment: a geochemical proxy for paleoproductivity. Paleoceanography, 7 (2): 163-181.

Ehrenberg S N, Walderhaug O, Bjørlykke K. 2012. Carbonate porosity creation by mesogenetic dissolution: reality or illusion. AAPG Bulletin, 96 (2): 217-233.

Eisma E, Jurg J W. 1969. Fundamental asp ects of the generation of petroleum. In: Eglinton G, Murphy M T

J. Organic Geochemistry, Methods and Results. Berlin: Springer-Verlag: 675-698.

Elias V O, Simoneit B R, Cardoso J N. 1997. Even n-alkane predominances on the Amazon shelf and a Northeast Pacific hydrothermal system. Naturwissenschaften, 84: 415-420.

Enkin R J, Yang Z Y, Chen Y. 1992. Paleomagnetic constrains on the geodynamic history of the major blocks of China from the Permian to the Present. Journal of Geophysics Research, 97: 13953-13989.

Etiope G. 2017. Abiotic methane in continental serpentinization sites: an overview. Procedia Earth and Planetary Science, 17: 9-12.

Fan H, Wen H, Zhu X, et al. 2013. Hydrothermal activity during Ediacaran-Cambrian transition: silicon isotopic evidence. Precambrian Research, 224: 23-35.

Fiebig J, Woodland A B, Spangenberg J, et al. 2007. Natural evidence for rapid abiogenic hydrothermal generation of CH_4. Geochimica et Cosmochimica Acta, 71 (12): 3028-3039.

Fisher C R, Takai K, Le Bris N. 2007. Hydrothermal vent ecosystems. Oceanography, 20: 14-23.

Fitzsimmons J N, John S G, Marsay C M, et al. 2017. Iron persistence in a distal hydrothermal plume supported by dissolved-particulate exchange. Nature Geoscience, 10 (3): 195-201.

Foustoukos D I, Seyfried W E J. 2004. Hydrocarbons in hydrothermal vent fluids: the role of Chromium-Bearing Catalysts. Science, 304 (5673): 1002-1005.

Friedman I, O'Neil J R. 1977. Compilation of stable isotope fractionation factors of geochemical interest (Vol. 440) . In: Fleischer M. Washington: US Government Printing Office: KK1-KK12.

Frogner P, Gislason S R, Óskarsson N. 2001. Fertilizing potential of volcanic ash in ocean surface water. Geology, 29: 487-490.

Fu Q, Sherwood Lollar B, Horita J, et al. 2007. Abiotic formation of hydrocarbons under hydrothermal conditions: constraints from chemical and isotope data. Geochimica et Cosmochimica Acta, 71 (8): 1982-1998.

Galimov E M. 2006. Isotope organic geochemistry. Organic geochemistry, 37 (10): 1200-1262.

Gao R Q, Zhao C B, Zhen Y L, et al. 1994. Palynological assemblage in the deep strata of Cretaceous Songliao Basin. Acta Paleontologica Sinica, 33 (6): 659-675.

Gao Y, Liu L, Hu W. 2009. Petrology and isotopic geochemistry of dawsonite-bearing sandstones in Hailaer basin, northeastern China. Applied Geochemistry, 24: 1724-1738.

Garrels R M, Perry E A. 1974. Cycling of carbon, sulfur and oxygen through geologic time. The Sea, 5: 303-336.

Garrels R M, Lerman A. 1981. Phanerozoic cycles of sedimentary carbon and sulfur. Proceedings of the National Academy of Sciences, 78 (8): 4652-4656.

German C R, Campbell A C, Edmond J M. 1991. Hydrothermal scavenging at the Mid-Atlantic Ridge: modification of trace element dissolved fluxes. Earth and Planetary Science Letters, 107 (1): 101-114.

Giardini A A, Melton C E, Mitchell R S. 1982. The nature of the upper 400km of the Earth and its potential as the source for non - biogenic petroleum. Journal of Petroleum Geology, 5 (2): 173-189.

Giuseppe E, Schoell M, Hosgörmez H. 2011. Abiotic methane flux from the Chimaera seep and Tekirova ophiolites (Turkey): understanding gas exhalation from low temperature serpentinization and implications for Mars. Earth and Planetary Science Letters, 310: 96-104.

Glasby G P. 2006. Abiogenic origin of hydrocarbons: An historical overview. Resource Geology, 56 (1): 83-96.

Goebel E D, Coveney Jr R M, Angino E E, et al. 1983. Naturally occurring hydrogen gas from a borehole on the western flank of Nemaha anticline in Kansas. AAPG Bulletin, 67 (8): 1324.

Goebel E, Raymond C, Ernest A. 1984. Geology, composition, isotope of naturally occurring H_2/N_2 rich gas from well near Junction City, Kans. Oil and Gas Journal, 82 (19): 215-222.

Gold T, Soter S. 1980. Deep-earth-gas hypothesis. Scientific American, 242 (6): 130-137.

Goldhaber M B, Kaplan I R. 1974. The sulfur cycle. The Sea, 5: 569-655.

Goldhaber M B, Orr W L. 1995. Kinetic controls on thermochemical sulfate reduction as a source of sedimentary H_2S, ACS Symposium Series, Vol. 612. Washington DC: American Chemical Society: 412-425.

Guo C, Chen D, Qing H, et al. 2016. Multiple dolomitization and later hydrothermal alteration on the Upper Cambrian-Lower Ordovician carbonates in the northern Tarim Basin, China. Marine and Petroleum Geology, 72: 295-316.

Guélard J, Beaumont V, Rouchon V, et al. 2017. Natural H_2 in K ansas: Deep or shallow origin. Geochemistry, Geophysics, Geosystems, 18 (5): 1841-1865.

Hao F, Guo T, Zhu Y, et al. 2008. Evidence for multiple stages of oil cracking and thermochemical sulfate reduction in the Puguang gas field, Sichuan Basin, China. AAPG Bulletin, 92 (5): 611-637.

Hao F, Zhang X F, Wang C W, et al. 2015. The fata of CO_2 derived from thermochemical sulfate reduction (TSR) and effect of TSR on carbonate porosity and permeability, Sichuan Basin, China. Earth- Science Reviews, 141: 154-177.

Hawkes H E. 1972. Free hydrogen in genesis of petroleum. AAPG Bulletin, 56: 2268-2270.

Hawkes H E. 1980. Geothermal hydrogen. Mining Engineering, 32 (6): 671-675.

Hawkes J A, Hansen C T, Goldhammer T, et al. 2016. Molecular alteration of marine dissolved organic matter under experimental hydrothermal conditions. Geochimica et Cosmochimica Acta, 175: 68-85.

Haymon R M, Koski R A, Sinclair C. 1984. Fossils of hydrothermal vent worms from Cretaceous sulfide ores of the Samail Ophiolite, Oman. Science, 223 (4643): 1407-1409.

Hays P D, Grossman E L. 1991. Oxygen isotopes in meteoric calcite cements as indicators of continental paleoclimate. Geology, 19: 441-444.

He K, Zhang S, Mi J. 2011. Mechanism of catalytic hydropyrolysis of sedimentary organic matter with MoS_2. Petroleum Science, 8 (2): 134-142.

Head I M, Jones D M, Larter S R. 2003. Biological activity in the deep subsurface and the origin of heavy oil. Nature, 426 (6964): 344-352.

Hecht L, Freiberger R, Gilg H A, et al. 1999. Rare earth element and isotope (C, O, Sr) characteristics of hydrothermal carbonates: Genetic implications for dolomite-hosted talc mineralization at Göpfersgrün (Fichtelgebirge, Germany) . Chemical Geology, 155: 115-130.

Heller R, Zoback M. 2014. Adsorption of methane and carbon dioxide on gas shale and pure mineral samples. Journal of Unconventional Oil Gas Resources, 8: 14-24.

Herzig P M, Becker K P, Stoffers P, et al. 1988. Hydrothermal silica chimney fields in the Galapagos Spreading Center at 86 W. Earth and Planetary Science Letters, 89 (3-4): 261-272.

Hoffmann L J, Breitbarth E, Ardelan M V, et al. 2012. Influence of trace metal release from volcanic ash on growth of Thalassiosira pseudonana and Emiliania huxleyi. Marine Chemistry, 132: 28-33.

Holloway J R, O´day P A. 2000. Production of CO_2 and H_2 by diking- eruptive events at mid- ocean ridges: Implications for abiotic organic synthesis and global geochemical cycling. International Geology Review, 42 (8): 673-683.

Holm N G, Charlou J L. 2001. Initial indications of abiotic formation of hydrocarbons in the Rainbow ultramafic hydrothermal system, Mid-Atlantic Ridge. Earth and Planetary Science Letters, 191 (1-2): 1-8.

Holman A I, Grice K, Jaraula C M, et al. 2014. Bitumen II from the Paleoproterozoic Here's Your Chance Pb/

Zn/Ag deposit: implications for the analysis of depositional environment and thermal maturity of hydrothermally-altered sediments. Geochimica et Cosmochimica Acta, 139: 98-109.

Holmer M, Storkholm P. 2001. Sulphate reduction and sulphur cycling in lake sediments: a review. Freshwater Biology, 46: 431-451.

Hooper E C D. 1991. Fluid migration along growth faults in compacting sediments. Journal of Petroleum Geology, 14: 161-180.

Horita J, Berndt M E. 1999. Abiogenic methane formation and isotopic fractionation under hydrothermal conditions. Science, 285: 1055-1057.

Hosgörmez H, Etiope G, Yalçin M N. 2008. New evidence for a mixed inorganic and organic origin of the Olympic Chimaera fire (Turkey): a large onshore seepage of abiogenic gas. Geofluids, 8 (4): 263-273.

Hosgörmez H. 2007. Origin of the natural gas seep of Cirali (Chimera), Turkey: Site of the first Olympic fire. Journal of Asian Earth Sciences, 30: 131-141.

Hu G, Ouyang Z, Wang X, et al. 1998. Carbon isotopic fractionation in the process of Fischer-Tropsch reaction in primitive solar nebula. Science in China Series D: Earth Sciences, 41 (2): 202-207.

Huang B, Xiao X, Zhu W. 2004. Geochemistry, origin, and accumulation of CO_2 in natural gases of the Yinggehai Basin, offshore South China Sea. AAPG Bulletin, 88: 1277-1293.

Huang Y, Yang G, Gu J, et al. 2013. Marine incursion events in the late Cretaceous Songliao basin: constraints from sulfur geochemistry records. Palaeogeography Palaeoclimatology Palaeoecology, 385: 152-161.

Huang B, Tian H, Huang H, et al. 2015. Origin and accumulation of CO_2 and its natural displacement of oils in the continental margin basins, northern South China Sea. AAPG Bulletin, 99: 1349-1369.

Huang S, Feng Z, Gu T, et al. 2017. Multiple origins of the Paleogene natural gases and effects of secondary alteration in Liaohe Basin, northeast China: insights from the molecular and stable isotopic compositions. International Journal of Coal Geology, 172: 134-148.

Huang X, Jin Z, Liu Q, et al. 2021. Catalytic hydrogenation of post-mature hydrocarbon source rocks under deep-derived fluids: An example of early Cambrian Yurtus Formation, Tarim Basin, NW China. Frontiers in Earth Science, Volume 9: 626111.

Hughes W B, Holba A G, Dzou L I P. 1995. The ratios of dibenzothiophene to phenanthrene and pristane to phytane as indicators of depositional environment and lithology of petroleum source rocks. Geochimica et Cosmochimica Acta, 59: 3581-3598.

Humphris S, Thompson G. 1978. Hydrothermal alteration of oceanic basalts by seawater. Geochimica et Cosmochimica Acta, 42: 127-136.

Hurley N F, Budros R. 1990. Albion-Scipio and Stony Point Fields—USA Michigan Basin. In: Beaumont E A, Foster N H. Stratigraphic Traps 1, AAPG Treatise of Petroleum Geology, Atlas of Oil and Gas Fields. Tulsa: American Association of Petroleum Geologists: 1-38.

Hyatt J A. 1984. Liquid and supercritical carbon dioxide as organic solvents. The Journal of Organic Chemistry, 49 (26): 5097-5101.

Irwin W P, Barnes I. 1980. Tectonic relations of carbon dioxide discharges and earthquakes. Journal of Geophysical Research: Solid Earth, 85 (B6): 3115-3121.

Jacquemyn C, El Desouky H, Hunt D, et al. 2014. Dolomitization of the Latemar platform: fluid flow and dolomite evolution. Marine and Petroleum Geology, 55: 43-67.

James A T. 1983. Correlation of natural gas by use of carbon isotopic distribution between hydrocarbon components. AAPG Bulletin, 67 (7): 1176-1191.

Jeffrey A W A, Kaplan I R. 1988. Hydrocarbons and inorganic gases in the Gravberg-1 well, Siljan Ring, Sweden. Chemical Geology, 71 (1-3): 237-255.

Jenden P D, Hilton D R, Kaplan I R, et al. 1993. Abiogenic hydrocarbons and mantle helium in oil and gas fields. In: Howell D G. The Future of Energy Gases. U. S. Geological Survey Professional Paper 1570 (1), Reston: U. S. Geological Survey: 31-56.

Jia J L, Bechtel A, Liu Z J. 2013. Oil shale formation in the Upper Cretaceous Nenjiang Formation of the Songliao Basin (NE China): Implications from organic and inorganic geochemical analyses. International Journal of Coal Geology, 113: 11-26.

Jiang C, Alexander R, Kagi R I. 1998. Polycyclic aromatic hydrocarbons in ancient sediments and their relationships to palaeoclimate. Organic Geochemistry, 29 (5-7): 1721-1735.

Jiang G, Sohl L E, Christie- Blick N. 2003. Neoproterozoic stratigraphic comparison of the lesser Himalaya (India) and Yangtze block (South China): Paleogeographic implications. Geology, 31: 917-920.

Jiang L, Worden R H, Cai C F. 2014. Thermochemical sulfate reduction and fluid evolution of the Lower Triassic Feixianguan Formation sour gas reservoirs, northeast Sichuan Basin, China. AAPG Bulletin, 85: 947-973.

Jin Z J, Sun Y Z, Yang L. 2001. Influences of deep fluids on organic matter of source rocks from the Dongying Depression, East China. Energy Exploration & Exploitation, 19 (5): 479-486.

Jin Z J, Zhang L P, Yang L, et al. 2004. A preliminary study of mantle-derived fluids and their effects on oil/gas generation in sedimentary basins. Journal of Petroleum Science and Engineering, 41: 45-55.

Jin Z, Zhu D, Zhang X, et al. 2006. Hydrothermally fluoritized Ordovician carbonates as reservoir rocks in the Tazhong area, central Tarim Basin, NW China. Journal of Petroleum Geology, 29: 27-40.

Jin Z, Zhu D, Hu W, et al. 2009. Mesogenetic dissolution of the middle Ordovician limestone in the Tahe oilfield of Tarim basin, NW China. Marine and Petroleum Geology, 26: 753-763.

Jin Z, Yuan Y, Sun D. 2014. Models for dynamic evaluation of mudstone/shale cap rocks and their applications in the Lower Paleozoic sequences, Sichuan Basin, SW China. Marine and Petroleum Geology, 49: 121-128.

Johnson M E. 2006. Relationship of Silurian sea- level fluctuations to oceanic episodes and events. GFF, 128 (2): 115-121.

Jones B, Manning D A C. 1994. Comparison of geochemical indices used for the interpretation of palaeoredox conditions in ancient mudstones. Chemical Geology, 111: 111-129.

Jung J W, Espinoza D N, Santamarina J C. 2010. Properties and phenomena relevant to CH_4-CO_2 replacement in hydrate-bearing sediments. Journal of Geophysical Research-Solid Earth, 115: B10.

Jurisch S A, Heim S, Krooss B M, et al. 2012. Systematics of pyrolytic gas (N_2, CH_4) liberation from sedimentary rocks: Contribution of organic and inorganic rock constituents. International Journal of Coal Geology, 89: 95-107.

Jørgensen B B. 1982. Mineralization of organic matter in the sea bed—the role of sulphate reduction. Nature, 296 (5858): 643-645.

Kaszuba J P, Janecky D R, Snow M G. 2005. Experimental evaluation of mixed fluid reactions between supercritical carbon dioxide and NaCl brine: Relevance to the integrity of a geologic carbon repository. Chemical Geology, 217 (3-4): 277-293.

Katz B J, Mancini E A, Kitchka A A. 2008. A review and technical summary of the AAPG Hedberg Research Conference on "Origin of petroleum—Biogenic and/or abiogenic and its significance in hydrocarbon exploration and production". AAPG Bulletin, 92 (5): 549-556.

Kawka O E, Simoneit B R T. 1990. Polycyclic aromatic hydrocarbons in hydrothermal petroleums from the

Guaymas basin spreading center. Applied Geochemistry, 5: 17-27.

Kelley D S. 1996. Methane-rich fluids in the oceanic crust. Journal of Geophysical Research Solid Earth, 101 (B2): 2943-2962.

Kelley D S, Fruh-Green G L. 1999. Abiogenic methane in deep-seated mid-ocean ridge environments: Insights from stable isotope analyses. Journal of Geophysical Research, 104 (B5): 10439-10460.

Killops S D, Killops V J. 2005. Introduction to Organic Geochemistry, 2nd ed. Oxford: Blackwell Publishing.

Kinnaman F S, Valentine D L, Tyler S C. 2007. Carbon and hydrogen isotope fractionation associated with the aerobic microbial oxidation of methane, ethane, propane and butane. Geochimica et Cosmochimica Acta, 71 (2): 271-283.

Kita I, Matsuo S, Wakita H, et al. 1980. D/H ratios of H_2 in soil gases and an indicator of fault movements. Geochemical Journal, 14: 317-320.

Kluska B, Rospondek M J, Marynowski L, et al. 2013. The Werra cyclotheme (Upper Permian, Fore-Sudetic Monocline, Poland): insights into fluctuations of the sedimentary environment from organic geochemical studies. Applied Geochemistry, 29: 73-91.

Kniemeyer O, Musat F, Sievert S M, et al. 2007. Anaerobic oxidation of short-chain hydrocarbons by marine sulphate-reducing bacteria. Nature, 449 (7164): 898-901.

Knittel K, Boetius A. 2009. Anaerobic oxidation of methane: progress with an unknown process. Annual Review of Microbiology, 63: 311-334.

Köhler E, Parra T, Vidal O. 2009. Clayey cap-rock behavior in H_2O-CO_2 media at low pressure and temperature conditions: An experimental approach. Clays and Clay Minerals, 57 (5): 616-637.

Krooss B M, Leythaeuser D, Schaefer R G. 1988. Light hydrocarbon diffusion in a caprock. Chemical Geology, 71 (1-3): 65-76.

Krooss B M, Leythaeuser D T, Schaefer R G. 1992. The quantification of diffusive hydrocarbon losses through cap rocks of natural gas reservoirs—a reevaluation. AAPG Bulletin, 76 (3): 403-406.

Kump L R, Pavlov A, Arthur M A. 2005. Massive release of hydrogen sulfide to the surface ocean and atmosphere during intervals of oceanic anoxia. Geology, 33: 397-400.

Kuypers M M M, Blokker P, Hopmans E C, et al. 2002. Archaeal remains dominate marine organic matter from the early Albian oceanic anoxic event 1b. Palaeogeography, Palaeoclimatology, Palaeoecology, 185 (1-2): 211-234.

Kvenvolden K A, Simoneit B R. 1990. Hydrothermally derived petroleum: Examples from Guaymas Basin, Gulf of California, and Escanaba Trough, northeast Pacific Ocean. AAPG Bulletin, 74 (3): 223-237.

Köhler P, Abrams J F, Völker C, et al. 2013. Geoengineering impact of open ocean dissolution of olivine on atmospheric CO_2, surface ocean pH and marine biology. Environmental Research Letters, 8 (1): 014009.

Lallier-Verges E, Bertrand P, Desprairies A. 1993. Organic matter composition and sulfate reduction intensity in Oman Margin sediments. Marine Geology, 112: 57-69.

Lamber J M. 1982. Alternative interpretation of coal liquefaction catalysis by pyrite. Fuel, 61: 777.

Lancet M S, Anders E. 1970. Carbon isotope fractionation in the Fischer-Tropsch Synthesis and in Meteorites. Science, 170 (3961): 980-982.

Land L S. 1980. The isotopic and trace element geochemistry of dolomite: the state of the art. SEPM Special Publication, 28: 87-110.

Langmann B, Zakšek K, Hort M, et al. 2010. Volcanic ash as fertiliser for the surface ocean. Atmospheric Chemistry and Physics, 10 (8): 3891-3899.

Latimer J C, Filippelli G M. 2002. Eocene to Miocene terrigenous inputs and export production: Geochemical evidence from ODP Leg 177, Site 1090. Palaeogeography, Palaeoclimatology, Palaeoecology, 182 (3-4): 151-164.

Lavoie D, Chi G, Urbatsch M, et al. 2010. Massive dolomitization of a pinnacle reef in the Lower Devonian West Point Formation (Gaspé Peninsula, Quebec): an extreme case of hydrothermal dolomitization through fault-focused circulation of magmatic fluids. AAPG Bulletin, 94: 513-531.

Leach D L, Song Y C, Hou Z Q. 2017. The world-class Jinding Zn-Pb deposit: Ore formation in an evaporite dome, Lanping Basin, Yunnan, China. Mineralium Deposita, 52 (3): 281-296.

Lee C T A, Jiang H, Ronay E, et al. 2018. Volcanic ash as a driver of enhanced organic carbon burial in the Cretaceous. Scientific Reports, 8 (1): 1-9.

Lewan M. 1993. Laboratory simulation of petroleum formation: Hydrous pyrolysis. In: Engel M H, Macko S A. Organic Geochemistry-Principle and Applications. New York: Plenum Press: 419-422.

Lewan M D. 1997. Experiments on the role of water in petroleum formation. Geochimica et Cosmochimica Acta, 61: 3691-3723.

Lewan M D, Winters J C, McDonald J H. 1979. Generation of oil-like pyrolyzates from organic-rich shales. Science, 203: 897-899.

Li M W, Huang Y S, Oermajer M. 2001. Hydrogen isotopic compositions of individual alkanes as a new approach to petroleum correlation: Case studies from the Western Canada Sedimentary Basin. Organic Geochemistry, 32: 1387-1399.

Li Z X, Li X H, Kinny P D, et al. 2003. Geochronology of Neoproterozoic syn-rift magmatism in the Yangtze Craton, South China and correlations with other continents: evidence for a mantle superplume that broke up Rodinia. Precambrian Research, 122: 85-109.

Li S, Shi Q, Pang X, et al. 2012. Origin of the unusually high dibenzothiophene oils in Tazhong-4 Oilfield of Tarim Basin and its implication in deep petroleum exploration. Organic Geochemistry, 48: 56-80.

Li M, Wang T G, Shi S. 2014. Benzo [b] naphthothiophenes and alkyl dibenzothiophenes: Molecular tracers for oil migration distances. Marine and Petroleum Geology, 57: 403-417.

Li C, Wen L, Tao S. 2015a. Characteristics and enrichment factors of supergiant Lower Cambrian Longwangmiao gas reservoir in Anyue gas field: The oldest and largest single monoblock gas reservoir in China. Energy Exploration & Exploitation, 33 (6): 827-850.

Li S, Amrani A, Pang X. 2015b. Origin and quantitative source assessment of deep oils in the Tazhong Uplift, Tarim Basin. Organic Geochemistry, 78: 1-22.

Li J, Cui J, Yang Q, et al. 2017a. Oxidative weathering and microbial diversity of an inactive seafloor hydrothermal sulfide chimney. Frontiers in Microbiology, 8: 1378.

Li Y, Zhang T, Ellis G S, et al. 2017b. Depositional environment and organic matter accumulation of Upper Ordovician-Lower Silurian marine shale in the Upper Yangtze Platform, South China. Palaeogeography Palaeoclimatology Palaeoecology, 466: 252-264.

Liao Y, Fang Y, Wu L, et al. 2012. The characteristics of the biomarkers and $\delta^{13}C$ of n-alkanes released from thermally altered solid bitumens at various maturities by catalytic hydropyrolysis. Organic Geochemistry, 46: 56-65.

Lin S, Yoshizo S, Hiriyuki H. 2001. Hydrogen production from hydrocarbon by integration of water-carbon reaction and carbon dioxide removal (Hypr-RING method). Energy and Fuels, 15: 339-343.

Lin L, Slater G F, Sherwood Lollar B, et al. 2005. The yield and isotopic composition of radiolytic H_2, a potential energy source for the deep subsurface biosphere. Geochimica et Cosmochimica Acta, 69: 893-903.

Liu J, Tang Y. 1998. Kinetics of early methane generation from Green River shale. Chinese Science Bulletin, 43: 1908-1912.

Liu Q, Liu W, Dai J. 2007. Characterization of pyrolysates from maceral components of Tarim coals in closed system experiments and implications to natural gas generation. Organic Geochemistry, 38 (6): 921-934.

Liu Q, Dai J, Li J, et al. 2008. Hydrogen isotope composition of natural gas from Tarim basin and its suggestion to deposited environments for source rocks. Science in China (Series B), 51 (2): 300-311.

Liu Q, Chen M, Liu W, et al. 2009. Origin of natural gas from the Ordovician paleo-weathering crust and gas-filling model in Jingbian gas field, Ordos basin, China. Journal of Asian Earth Sciences, 35 (1): 74-88.

Liu Q, Zhang T, Jin Z, et al. 2011. Kinetic model of gaseous alkanes formed from coal in a confined system and its application to gas filling history in Kuqa depression, Tarim basin, Northwest China. Acta Geologica Sinica-English Edition, 85 (4): 911-922.

Liu Q, Worden R H, Jin Z, et al. 2013. TSR versus non-TSR processes and their impact on gas geochemistry and carbon stable isotopes in Carboniferous, Permian and Lower Triassic marine carbonate gas reservoirs in the Eastern Sichuan Basin, China. Geochimica et Cosmochimica Acta, 100: 96-115.

Liu Q, Worden R H, Jin Z, et al. 2014a. Thermochemical sulphate reduction (TSR) versus maturation and their effects on hydrogen stable isotopes of very dry alkane gases. Geochimica et Cosmochimica Acta, 137: 208-220.

Liu S, Huang W, Jansa L F, et al. 2014b. Hydrothermal Dolomite in the Upper Sinian (Upper Proterozoic) Dengying Formation, East Sichuan Basin, China. Acta Geologica Sinica-English Edition, 88 (5): 1466-1487.

Liu Q, Jin Z, Meng Q, et al. 2015. Genetic types of natural gas and filling patterns in Daniudi gas field, Ordos Basin, China. Journal of Asian Earth Sciences, 107: 1-11.

Liu Q, Dai J, Jin Z, et al. 2016a. Abnormal carbon and hydrogen isotopes of alkane gases from the Qingshen gas field, Songliao Basin, China, suggesting abiogenic alkanes. Journal of Asian Earth Sciences, 115: 285-297.

Liu Q, Zhu D, Jin Z, et al. 2016b. Coupled alteration of hydrothermal fluids and thermal sulfate reduction (TSR) in ancient dolomite reservoirs—an example from Sinian Dengying Formation in Sichuan Basin, southern China. Precambrian Research, 285: 39-57.

Liu Q, Zhu D, Jin Z, et al. 2017. Effects of deep CO_2 on petroleum and thermal alteration: The case of the Huangqiao oil and gas field. Chemical Geology, 469: 214-229.

Liu J, Liu Q, Zhu D, et al. 2018. The role of deep fluid in the formation of organic-rich source rocks. Journal of Natural Gas Geoscience, 3: 171-180.

Liu, Q, Zhu D, Jin Z, et al. 2019. Influence of volcanic activities on redox chemistry changes linked to the enhancement of the ancient Sinian source rocks in the Yangtze craton. Precambrian Research, 327: 1-13.

Liu Q, Li P, Jin Z, et al. 2021a. Preservation of organic matter in shale linked to bacterial sulfate reduction (BSR) and volcanic activity under marine and lacustrine depositional environments. Marine and Petroleum Geology, 127: 104950.

Liu Q, Li P, Jin Z, et al. 2021b. Organic-rich formation and hydrocarbon enrichment of lacustrine shale strata: a case study of Chang 7 Member. Science China Earth Sciences, 20: 1-21.

Lorant F, Prinzhofer A, Behar F, et al. 1998. Carbon isotopic and molecular constraints on the formation and the expulsion of thermogenic hydrocarbon gases. Chemical Geology, 147 (3-4): 249-264.

Loucks R G. 1999. Paleocave carbonate reservoir: Origins, burial-depth modifications, spatial complexity, and reservoir implications. AAPG Bulletin, 83: 1795-1834.

Love G D, Snape C E, Carr A D. 1995. Release of covalently-bound alkane biomarkers in high yields from kerogen via catalytic hydropyolysis. Organic Geochemistry, 23: 981-986.

Loydell D K. 1998. Early Silurian sea-level changes. Geological Magazine, 135 (4): 447-471.

Lu J, Wilkinson M, Haszeldine R S. 2009. Long-term performance of a mudrock seal in natural gas CO_2 storage. Geology, 37: 35-38.

Lu P, Fu Q, Seyfried W E, et al. 2011. Navajo Sandstone-brine-CO_2 interaction: implications for geological carbon sequestration. Environmental Earth Sciences, 62 (1): 101-118.

Lv Y, Liu S A, Wu H. 2018. Zn-Sr isotope records of the Ediacaran Doushantuo Formation in South China: diagenesis assessment and implications. Geochimica et Cosmochimica Acta, 239: 330-345.

Lyon G L, Hulston J R. 1984. Carbon and hydrogen isotopic compositions of New Zealand geothermal gases. Geochimica et Cosmochimica Acta, 48 (6): 1161-1171.

Ma X X, Zheng J J, Zheng G D, et al. 2016. Influence of pyrite on hydrocarbon generation during pyrolysis of type-III kerogen. Fuel, 167: 329-336.

Ma X, Zheng G, Sajjad W, et al. 2018. Influence of minerals and iron on natural gases generation during pyrolysis of type-III kerogen. Marine and Petroleum Geology, 89: 216-224.

Ma A, Jin Z, Li H. 2019. Secondary alteration and preservation of ultra-deep ordovician oil reservoirs of north Shuntuoguole area of Tarim Basin, NW China. Earth Science, 157: 1-23.

Machel H G. 1998. Gas souring by thermochemical sulfate reduction at 140° C: discussion. AAPG Bulletin, 82 (10): 1870-1873.

Machel H G. 2001. Bacterial and thermochemical sulfate reduction in diagenetic settings—old and new insights. Sedimentary Geology, 140 (1-2): 143-175.

Machel H G. 2004. Concepts and models of dolomitization: a critical reappraisal. Geological Society, London, Special Publications, 235 (1): 7-63.

Machel H G, Foght J. 2000. Products and Depth Limits of Microbial Activity in Petroliferous Subsurface Settings. Berlin/Heidelberg: Springer: 105-120.

Machel H G, Krouse H R, Sassen R. 1995. Products and distinguishing criteria of bacterial and thermochemical sulfate reduction. Applied Geochemistry, 10 (4): 373-389.

Makhanov K, Habibi A, Dehghanpour H, et al. 2014. Liquid uptake of gas shales: a workflow to estimate water loss during shut-in periods after fracturing operations. Journal of Unconventional Oil and Gas Resources, 7: 22-32.

Mango F D. 1994. Role of transition-metal catalysis in the formation of natural gas. Nature, 368: 536-538.

Mango F D. 1996. Transition metal catalysis in the generation of natural gas. Organic Geochemistry, 24: 977-984.

Mango F D, Hightower J. 1997. The catalytic decomposition of petroleum into natural gas. Geochimica et Cosmochimica Acta, 61: 534-535.

Martin J H, Fitzwater S. 1988. Iron Deficiency Limits Phytoplankton Growth in the Northeast Pacific Subarctic. Iron Deficiency Limits Phytoplankton Growth in the Northeast Pacific Subarctic, 331: 341-343.

Marty B, Gunnlaugsson E, Jambon A. 1991. Gas geochemistry of geothermal fluids, the Hengill area, southwest rift zone of Iceland. Chemical Geology, 91: 207-225.

Marynowski L, Czechowski F, Simoneit B R T. 2001. Phenylnaphthalenes and polyphenyls in Palaeozoic source rocks of the Holy Cross Mountains, Poland. Organic Geochemistry, 32 (1): 69-85.

Marynowski L, Rospondek M J, zu Reckendorf R M, et al. 2002. Phenyldibenzofurans and phenyldibenzothiophenes in marine sedimentary rocks and hydrothermal petroleum. Organic Geochemistry, 33 (7): 701-714.

Mastalerz M, Schimmelmann A. 2002. Isotopically exchangeable organic hydrogen in coal relates to thermal maturity and maceral composition. Organic Geochemistry, 33 (8): 921-931.

Mazzullo S J. 2004. Overview of porosity evolution in carbonate reservoirs. Kansas Geological Society Bulletin, 79: 20-28.

Mazzullo S J, Harris P M. 1992. Mesogenetic dissolution: Its role in porosity development in carbonate reservoirs. AAPG Bulletin, 76: 607-620.

McCollom T M, Seewald J S. 2001. A reassessment of the potential for reduction of dissolved CO_2 to hydrocarbons during serpentinization of olivine. Geochimica et Cosmochimica Acta, 65 (21): 3769-3778.

McCollom T M, Seewald J S. 2006. Carbon isotope composition of organic compounds produced by abiotic synthesis under hydrothermal conditions. Earth and Planetary Science Letters, 243 (1-2): 74-84.

McCollom T M, Donaldson C. 2016. Generation of hydrogen and methane during experimental low-temperature reaction of ultramafic rocks with water. Astrobiology, 16 (6): 389-406.

McCollom T M, Simoneit B R T, Shock E L. 1999. Hydrous pyrolysis of polycyclic aromatic hydrocarbons and implications for the origin of PAH in hydrothermal petroleum. Energy and Fuels, 13: 401-410.

McCollom T M, Seewald J S, Simoneit B R T. 2001. Reactivity of monocyclic aromatic compounds under hydrothermal conditions. Geochimica et Cosmochimica Acta, 65: 455-468.

McCollom T M, Seewald J S, German C R. 2015. Investigation of extractable organic compounds in deep-sea hydrothermal vent fluids along the Mid-Atlantic Ridge. Geochimica et Cosmochimica Acta, 156: 122-144.

McFadden K A, Xiao S, Zhou C, et al. 2009. Quantitative evaluation of the biostratigraphic distribution of acanthomorphic acritarchs in the Ediacaran Doushantuo Formation in the Yangtze Gorges area, South China. Precambrian Research, 173: 170-190.

Medina J C, Butala S J, Bartholomew C H, et al. 2000. Low temperature iron- and nickel-catalyzed reactions leading to coalbed gas formation. Geochimica et Cosmochimica Acta, 64 (4): 643-649.

Meincke W. 1967. Zur Herkunft des Wasserstoffs in Tiefenproben. Zeitschrift fur Angewandte. Geologie, 13: 346-348.

Meng Q, Zhu D, Hu W, et al. 2013. Dissolution-filling mechanism of atmospheric precipitation controlled by both thermodynamics and kinetics. Science China Earth Sciences, 56: 2150-2159.

Middag R, De Baar H J W, Laan P, et al. 2011. Dissolved manganese in the Atlantic sector of the Southern Ocean. Deep Sea Research, Part II, 58 (25): 2661-2677.

Middelburg J J. 1991. Organic carbon, sulphur, and iron in recent semi-euxinic sediments of Kau Bay, Indonesia. Geochimica et Cosmochinica Acta, 55: 815-828.

Middleton R S, Carey J W, Currier R P, et al. 2015. Shale gas and non-aqueous fracturing fluids: opportunities and challenges for supercritical CO_2. Applied Energy, 147: 500-509.

Milesi V, Prinzhofer A, Guyot F, et al. 2016. Contribution of siderite-water interaction for the unconventional generation of hydrocarbon gases in the Solimões basin, north-west Brazil. Marine and Petroleum Geology, 71: 168-182.

Monin J C, Barth D, Perrut M, et al. 1988. Extraction of hydrocarbons from sedimentary rocks by supercritical carbon dioxide. Organic Geochemistry, 13: 1079-1086.

Moore C H. 2013. Carbonate reservoirs: porosity and diagenesis in a sequence stratigraphic framework. Amsterdam: Elsevier.

Moore J, Adams M, Allis R, et al. 2005. Mineralogical and geochemical consequences of the long-term presence of CO_2 in natural reservoirs: an example from the Springerville-St. Johns Field, Arizona, and New Mexico,

USA. Chemical Geology, 217 (3-4): 365-385.

Moore C M, Mills M M, Arrigo K R, et al. 2013. Processes and patterns of oceanic nutrient limitation. Nature Geoscience, 6 (9): 701-710.

Morel F M M, Milligan A J, Saito M A. 2003. Marine bioinorganic chemistry: the role of trace metals in the ocean cycles of major nutrients. in Treatise on Geochemistry, 6: 113-143.

Mort H P, Adatte T, Föllmi K B, et al. 2007. Phosphorus and the roles of productivity and nutrient recycling during oceanic anoxic event 2. Geology, 35 (6): 483-486.

Munnecke A, Calner M, Harper D A T, et al. 2010. Ordovician and Silurian sea-water chemistry, sea level, and climate: A synopsis. Palaeogeography Palaeoclimatology Palaeoecology, 296 (3-4): 386-413.

Müller P J, Suess E. 1979. Productivity, sedimentation rate, and sedimentary organic matter in the oceans—I. Organic carbon preservation. Deep Sea Research Part A. Oceanographic Research Papers, 26 (12): 1347-1362.

Neal C, Stanger G. 1983. Hydrogen generation from mantle source rocks in Oman. Earth and Planetary Science Letters, 66: 315-320.

Newcombe R B. 1935. Natural gas fields of Michigan. AAPG Special Volume, 7: 787-812.

Newell K D, Doveton J H, Merriam D F, et al. 2007. H_2- rich and hydrocarbon gas recovered in a deep Precambrian well northeastern Kansas. Natural Resources Research, 16: 277-292.

Ni Y, Dai J, Zou C, et al. 2013. Geochemical characteristics of biogenic gases in China. International Journal of Coal Geology, 113: 76-87.

Nothdurft L D, Webb G E, Kamber B S. 2004. Rare earth element geochemistry of Late Devonian reefal carbonates, Canning Basin, Western Australia: confirmation of a seawater REE proxy in ancient limestones. Geochimica et Cosmochimica Acta, 68 (2): 263-283.

Nygård R, Gutierrez M, Bratli R K. 2006. Brittle- ductile transition, shear failure and leakage in shales and mudrocks. Marine and Petroleum Geology, 23: 201-212.

O'Neil J R, Clayton R N, Mayeda T K. 1969. Oxygen isotope fractionation in divalent metal carbonates. Journal of Chemical Physics, 51: 5547-5558.

Oelkers E H, Cole D R. 2008. Carbon dioxide sequestration a solution to a global problem. Elements, 4: 305-310.

Olgun N, Duggen S, Andronico D, et al. 2013. Possible impacts of volcanic ash emissions of Mount Etna on the primary productivity in the oligotrophic Mediterranean Sea: results from nutrient-release experiments in seawater. Marine Chemistry, 152: 32-42.

Orr W L. 1974. Changes in sulfur content and isotopic ratios of sulfur during petroleum maturation—Study of Big Horn Basin Paleozoic oils. AAPG Bulletin, 58 (11): 2295-2318.

Orr W L. 1977. Geologic and geochemical controls on the distribution of hydrogen sulfide in natural gas. Advances in Organic Geochemistry. Enadisma, Madrid: 571-597.

Oxburgh E R, O´nions R K, Hill R I. 1986. Helium isotopes in sedimentary basins. Nature, 324 (6098): 632-635.

Oze C, Sharma M. 2005. Have olivine, will gas: serpentinization and the abiogenic production of methane on Mars. Geophysical Research Letters, 32: L10203.

Packard J J, Al-Aasm I, Samson I, et al. 2001. A Devonian hydrothermal chert reservoir: the 225 bcf Parkland field, British Columbia, Canada. AAPG Bulletin, 85 (1): 51-84.

Pages A, Welsh D T, Teasdale P R, et al. 2014. Diel fluctuations in solute distributions and biogeochemical cycling in a hypersaline microbial mat from Shark Bay, WA. Marine Chemistry, 167: 102-112.

Pan C, Yu L, Liu J, et al. 2006. Chemical and carbon isotopic fractionations of gaseous hydrocarbons during abiogenic oxidation. Earth Planet Science Letters, 246: 70-89.

Paytan A, Griffith E M. 2007. Marine barite: recorder of variations in ocean export productivity. Deep Sea Research Part II: Topical Studies in Oceanography, 54 (5-7): 687-705.

Pedersen R B, Rapp H T, Thorseth I H, et al. 2010. Discovery of a black smoker vent field and vent fauna at the Arctic Mid-Ocean Ridge. Nature Communications, 1: 126.

Pedro F, Zarate-del Valle, Ahmed I, et al. 2006. Hydrothermal petroleum of Lake Chapala, Citala Rift, western Mexico: Bitumen compositions from source sediments and application of hydrous pyrolysis. Applied Geochemistry, 21: 701-712.

Peters K E, Peters K E, Walters C C, et al. 2005. The Biomarker Guide (Vol. 1). Cambridge: Cambridge University Press.

Pinto F, Gulyurtlu I, Lobo L S, et al. 1999. The effect of catalysts blending on coal hydropyrolysis. Fuel, 78: 761-768.

Poreda R, Craig H. 1989. Helium isotope ratios in circum-Pacific volcanic arcs. Nature, 338 (6215): 473-478.

Poreda R J, Jeffrey A W A, Kaplan I R, et al. 1988. Magmatic helium in subduction-zone natural gases. Chemical Geology, 71 (1-3): 199-210.

Potter J, Konnerup-Madsen J. 2003. A review of the occurrence and origin of abiogenic hydrocarbons in igneous rocks. Geological Society, London, Special Publications, 214 (1): 151-173.

Potter J, Rankin A H, Treloar P J. 2004. Abiogenic Fischer-Tropsch synthesis of hydrocarbons in alkaline igneous rocks; fluid inclusion, textural and isotopic evidence from the Lovozero complex, N. W. Russia. Lithos, 75 (3-4): 311-330.

Price L C, Wenger L M. 1992. The influence of pressure on petroleum generaion and maturation as suggested by aqueous pyrolysis. Organic Geochemistry, 19: 141-159.

Prinzhofer A, Pernaton E. 1997. Isotopically light methane in natural gas: bacterial imprint or diffusive fractionation? Chemical Geology, 142 (3-4): 193-200.

Prinzhofer A, Battani A. 2003. Gas isotopes tracing: An important tool for hydrocarbons exploration. Oil & Gas Science and Technology, 58 (2): 299-311.

Prinzhofer A, Rocha Mello M, Takaki T. 2000. Geochemical characterization of natural gas: a physical multivariable approach and its applications in maturity and migration estimates. AAPG Bulletin, 84 (8): 1152-1172.

Püttmann W, Merz C, Speczik S. 1989. The secondary oxidation of organic material and its influence on Kupferschiefer mineralization of southwest Poland. Applied Geochemistry, 4 (2): 151-161.

Qing H, Mountjoy E W. 1994. Formation of coarsely crystalline, hydrothermal dolomite reservoirs in the Presqu'ile barrier, Western Canada sedimentary basin. AAPG Bulletin, 71: 55-77.

Qiu X W, Liu C Y, Mao G Z, et al. 2014. Major, trace and platinum-group element geochemistry of the Upper Triassic nonmarine hot shales in the Ordos Basin, Central China. Applied Geochemistry, 53: 42-53.

Rashidi L, Ghasemali M. 2006. Biodesulfurization of dibenzothiophene and its alkylated derivatives through the sulfur-specific pathway by the bacterium RIPI-S81. African Journal of Biotechnology, 5: 351-356.

Redfield A C. 1958. The biological control of chemical factors in the environment. American Scientist, 46: 205-266.

Reeves E P, Seewald J S, Sylva S P. 2012. Hydrogen isotope exchange between n-alkanes and water under hydrothermal conditions. Geochimica et Cosmochimica Acta, 77: 582-599.

Rice D D, Claypool G E. 1981. Generation, accumulation, and resource potential of biogenic gas. AAPG Bulletin, 65 (1): 5-25.

Robinson R. 1966. The origins of petroleum. Nature, 212 (5068): 1291-1295.

Rona P A, Klinkhammer G, Nelsen T A, et al. 1986. Black smokers, massive sulphides and vent biota at the Mid-Atlantic Ridge. Nature, 321: 33.

Rona P A, Bougault H, Charlou J L, et al. 1992. Hydrothermal circulation, serpentinization, and degassing at a rift valley-fracture zone intersection: Mid-Atlantic Ridge near 15°N, 45°W. Geology, 20 (9): 783-786.

Rospondek M J, Marynowski L, Góra M. 2007. Novel arylated polyaromatic thiophenes: Phenylnaphtho [b] thiophenes and naphthylbenzo [b] thiophenes as markers of organic matter diagenesis buffered by oxidising solutions. Organic Geochemistry, 38 (10): 1729-1756.

Rospondek M J, Szczerba M, Malek K, et al. 2008. Comparison of phenyldibenzothiophene distributions predicted from molecular modelling with relevant experimental and geological data. Organic Geochemistry, 39 (12): 1800-1815.

Rushdi A I, Simoneit B R T. 2001. Lipid formation by aqueous fischer-tropsch-types synthesis over a temperature range of 100 to 400 ℃. Origins of Life and Evolution of the Biosphere, 31 (1): 103-118.

Rushdi A I, Simoneit B R T. 2002. Hydrothermal alteration of organic matter in sediments of the Northeastern Pacific Ocean: Part 2. Escanaba Trough, Gorda Ridge. Applied Geochemistry, 17: 1467-1494.

Rushdi A I, Simoneit B R T. 2011. Hydrothermal alteration of sedimentary organic matter in the presence and absence of hydrogen to tar then oil. Fuel, 90 (5): 1703-1716.

Sackett W M. 1978. Carbon and hydrogen isotope effects during the thermocatalytic production of hydrocarbons in laboratory simulation experiments. Geochimica et Cosmochimica Acta, 42 (6): 571-580.

Saltzman M R, Young S A. 2005. Long- lived glaciation in the Late Ordovician? Isotopic and sequence-stratigraphic evidence from western Laurentia. Geology, 32 (2): 109-112.

Salvi S, Williams-Jone A E, 1997. Fischer-Tropsch synthesis of hydrocarbons during sub-solidus alteration of the Strange Lake peralkaline granite, Quebec/Labrador, Canada. Geochimica et Cosmochimica Acta, 61 (1): 83-99.

Sano Y, Urabe A, Wakita H, et al. 1993. Origin of hydrogen-nitrogen gas seeps, Oman. Applied Geochemistry, 8 (1): 1-8.

Schimmelmann A, Lewan M D, Wintsch R P. 1999. D/H isotope ratios of kerogen, bitumen, oil, and water in hydrous pyrolysis of source rocks comtaing kerogen types I, II, IIS, III. D/H isotope ratios of kerogen, bitumen, oil, and water in hydrous pyrolysis of source rocks comtaing kerogen types I, II, IIS, III, 63: 3751-3766.

Schimmelmann A, Boudou J P, Lewan M D, et al. 2001. Experimental controls on D/H and $^{13}C/^{12}C$ ratios of kerogen, bitumen and oil during hydrous pyrolysis. Organic Geochemistry, 32 (8): 1009-1018.

Schimmelmann A, Sessions A L, Boreham C J, et al. 2004. D/H ratios in terrestrially sourced petroleum systems. Organic Geochemistry, 35 (10): 1169-1195.

Schimmelmann A, Mastalerz M, Gao L, et al. 2009. Dike intrusions into bituminous coal, Illinois Basin: H, C, N, O isotopic responses to rapid and brief heating. Geochimica et Cosmochimica Acta, 73 (20): 6264-6281.

Schoell M. 1980. The hydrogen and carbon isotopic composition of methane from natural gases of various origins. Geochimica et Cosmochimica Acta, 44 (5): 649-661.

Schoell M. 1983. Genetic characterization of natural gases. AAPG Bulletin, 67 (12): 2225-2238.

Schoell M. 1984. Recent advances in petroleum isotope geochemistry. Organic Geochemistry, 6: 645-663.

Schoell M. 1988. Multiple origins of methane in the Earth. Chemical Geology, 71 (1/4): 1-10.

Schoell M. 2011. Carbon and hydrogen isotope systematics in thermogenic natural gases from the USA and China: West meets east. In: AAPG Hedberg Research Conference—Natural Gas Geochemistry: Recent Developments, Applications and Technologies.

Schoene B, Eddy M P, Samperton K M, et al. 2019. U-Pb constraints on pulsed eruption of the Deccan Traps across the end-Cretaceous mass extinction. Science, 363 (6429): 862-866.

Schrenk M O, Brazelton W J, Lang S Q. 2013. Serpentinization, carbon, and deep life. Reviews in Mineralogy and Geochemistry, 75: 575-606.

Scott C, Lyons T. 2012. Contrasting molybdenum cycling and isotopic properties in euxinic versus non-euxinic sediments and sedimentary rocks: refining the paleoproxies. Chemical Geology, 324-325: 19-27.

Scott C T, Bekker A, Reinhard C T, et al. 2011. Late Archean euxinic conditions before the rise of atmospheric oxygen. Geology, 39 (2): 119-122.

Seewald J S. 1994. Evidence for metastable equilibrium between hydrocarbons under hydrothermal conditions. Nature, 370: 285-287.

Seewald J S. 2001. Aqueous geochemistry of low molecular weight hydrocarbons at elevated temperatures and pressures: constraints from mineral buffered laboratory experiments . Geochimica et Cosmochimica Acta, 65 (10): 1641-1664.

Seewald J S. 2003. Organic-inorganic interactions in petroleum-producing sedimentary basins. Nature, 426 (6964): 327-333.

Seewald J S, Benitez-Nelson B C, Whelan J K. 1998. Laboratory and theoretical constraints on the generation and composition of natural gas. Geochimica et Cosmochimica Acta, 62 (9): 1599-1617.

Sha J, Hirano H, Yao X, et al. 2008. Late Mesozoic transgressions of eastern Heilongjiang and their significance in tectonics, and coal and oil accumulation in northeast China. Palaeogeography, Palaeoclimatology, Palaeoecology, 263 (3-4): 119-130.

Shah N, Panjala D, Huffman G. 2001. Hydrogen production by catalytic decomposition of methane. Energy and Fuels, 15: 1528-1534.

Shan X L, Li J Y, Chen S M, et al. 2013. Subaquatic volcanic eruptions in continental facies and their influence on high quality source rocks shown by the volcanic rocks of a faulted depression in northeast China. Science China Earth Sciences (Science in China Series D), 56 (11): 1926-1933.

Shen Y, Farquhar J F, Zhang H, et al. 2011. Multiple S-isotopic evidence for episodic shoaling of anoxic water during Late Permian mass extinction. Natural Communications, 2 (1): 1-5.

Shen A, Zhao W, Hu A, et al. 2015. Major factors controlling the development of marine carbonate reservoirs. Petroleum Exploration and Development, 42: 597-608.

Sherwood Lollar B, Frape S K, Weise S M, et al. 1993. Abiogenic methanogenesis in crystalline rocks. Geochimica et Cosmochimica Acta, 57 (23-24): 5087-5097.

Sherwood Lollar B, Westgate T D, Ward J A. 2002. Abiogenic formation of alkanes in the Earth's crust as a minor source for global hydrocarbon reservoirs. Nature, 416 (6880): 522-524.

Sherwood Lollar B, Lacrampe-Couloume G, Slater G F. 2006. Unravelling abiogenic and biogenic sources of methane in the Earth's deep subsurface. Chemical Geology, 226: 328-339.

Sherwood Lollar B, Voglesonger K, Lin L H. 2007. Hydrogeologic controls on episodic H_2 release from precambrian fractured rocks—Energy for deep subsurface life on Earth and Mars. Astrobiology, 7 (6):

971-977.

Sherwood Lollar B, Lacrampe-Couloume G, Voglesonger K, et al. 2008. Isotopic signatures of CH_4 and higher hydrocarbon gases from Precambrian Shield sites: a model for abiogenic polymerization of hydrocarbons. Geochimica et Cosmochimica Acta, 72 (19): 4778-4795.

Sherwood Lollar B, Onstott T C, Lacrampe- Couloume G, et al. 2014. The contribution of the Precambrian continental lithosphere to global H_2 production. Nature, 516: 379-382.

Shi G U, Tropper P, Cui W, et al. 2005. Methane (CH_4) -bearing fluid inclusions in the Myanmar jadeitite. Geochemical Journal, 39 (6): 503-516.

Shipp J A, Gould I R, Shock E L, et al. 2014. Sphalerite is a geochemical catalyst for carbon-hydrogen bond activation. Proceedings of the National Academy of Sciences, 111 (32): 11642-11645.

Shiraki R, Dunn T L. 2000. Experimental study on water- rock interactions during CO_2 flooding in the Tensleep Formation, Wyoming, USA. Applied Geochemistry, 15: 455-476.

Shuai Y, Zhang S, Su A, et al. 2010. Geochemical evidence for strong ongoing methanogenesis in Sanhu region of Qaidam Basin. Science China Earth Sciences, 53 (1): 84-90.

Simoneit B R T. 1990. Petroleum generation, at easy and widespread process in hydrothermal system: an overview. Applied Geochemistry, 5: 1-15.

Simoneit B R T. 2018. Hydrothermal Petroleum. In: Wilkes H. Hydrocarbons, Oils and Lipids: Diversity, Origin, Chemistry and Fate. Berlin: Springer: 1-35.

Simoneit B R T, Aboul- Kassim T A, Tiercelin J J. 2000. Hydrothermal petroleum from lacustrine sedimentary organic matter in the East African Rift. Applied Geochemistry, 15: 355-368.

Simoneit B R T, Lein A Y, Peresypkin V I, et al. 2004. Composition and origin of hydrothermal petroleum and associated lipids in the sulfide deposits of the Rainbow field (Mid- Atlantic Ridge at 36°N). Geochimica et Cosmochimica Acta, 68: 2275-2294.

Smith J W, Pallasser R J. 1996. Microbial origin of Australian coalbed methane. AAPG Bulletin, 80 (6): 891-897.

Smith L B J, Davies G R. 2006. Structurally controlled hydrothermal alteration of carbonate reservoirs. Introduction AAPG Bulletin, 90: 1635-1640.

Song T G. 1997. Inversion styles in Songliao Basin (northeast china) and estimation of the degree of inversion. Tectonophysics, 283: 173-188.

Stahl W J, Carey Jr B D. 1975. Source- rock identification by isotope analyses of natural gases from fields in the Val Verde and Delaware basins, west Texas. Chemical Geology, 16 (4): 257-267.

Stefano S, Williams- Jones Anthony E. 1997. Fischer- Tropsch synthesis of hydrocarbons during sub- solidus alteration of the Strange Lake peralkaline granite, Quebec/Labrador, Canada. Geochimica et Cosmochimica Acta, 61 (1): 83-99.

Sternbach C A, Friedman G M. 1986. Dolomites formed under conditions of deep burial: Hunton Group carbonate rocks (Upper Ordovician to Lower Devonian) in the deep Anadarko Basin of Oklahoma and Texas. Carbonates and Evaporites, 1: 69-73.

Su W, Huff W, Ettensohn F, et al. 2009. K- bentonite, black- shale and flysch successions at the Ordovician-Silurian transition, South China: Possible sedimentary responses to the accretion of Cathaysia to the Yangtze Block and its implications for the evolution of Gondwana. Gondwana Research, 15: 111-130.

Suda K, Ueno Y, Yoshizaki M, et al. 2014. Origin of methane in serpentinite- hosted hydrothermal systems: the CH_4-H_2-H_2O hydrogen isotope systematics of the Hakuba Happo hot spring. Earth and Planetary Science

Letters, 386: 112-125.

Sugisaki R, Ido M, Takeda H, et al. 1983. Origin of hydrogen and carbon dioxide in fault gases and its relation to fault activity. Journal of Geology, 91 (3): 239-258.

Sugisaki R, Mimura K, Kato M. 1994. Shock synthesis of light hydrocarbon gases from H_2 and CO: its role in astrophysical processes. Geophysical Research Letters, 21 (11): 1031-1034.

Sun Y Z, Püttmann W. 2001. Oxidation of organic matter in the transition zone of the Zechstein Kupferschiefer from the Sangerhausen Basin, Germany. Energy and Fuels, 15 (4): 817-829.

Szatmari P. 1989. Petroleum formation by Fischer-Tropsch synthesis in plate tectonics. AAPG Bulletin, 73 (8): 989-998.

Takahashi H, Liu L, Yashiro Y, et al. 2006. CO_2 reduction using hydrothermal method for the selective formation of organic compounds. Journal of Materials Science, 41 (5): 1585-1589.

Tan X, Zhao L, Luo B, et al. 2012. Comparison of basic features and origins of oolitic shoal reservoirs between carbonate platform interior and platform margin locations in the Lower Triassic Feixianguan Formation of the Sichuan Basin, Southwest China. Petroleum Science, 9 (4): 417-428.

Tang Y, Perry J K, Jenden P D, et al. 2000. Mathematical modeling of stable carbon isotope ratios in natural gases. Geochimica et Cosmochimica Acta, 64 (15): 2673-2687.

Tang Y, Huang Y, Ellis G S, et al. 2005. A kinetic model for thermally induced hydrogen and carbon isotope fractionation of individual n-alkanes in crude oil. Geochimica et Cosmochimica Acta, 69 (18): 4505-4520.

Tang F, Yin C, Bengtson S, et al. 2006. A new discovery of macroscopic fossils from the Ediacaran Doushantuo Formation in the Yangtze Gorges area. Chinese Science Bulletin, 51 (12): 1487-1493.

Thayer T P. 1966. Serpentinization considered as a constant-volume metasomatic process. Mineralogical Society of America, 51: 685-710.

Thompson K F M. 1987. Fractionated aromatic petroleums and the generation of gas-condensates. Organic Geochemistry, 11 (6): 573-590.

Thompson R R, Creath W B. 1966. Low molecular weight hydrocarbons in recent and fossil shells. Geochimica et Cosmochimica Acta, 30 (11): 1137-1152.

Tissot B P, Welte D H. 1984. From kerogen to petroleum. In: Welte D H, Tissot P B. Petroleum Formation and Occurrence. Berlin, Heidelberg: Springer: 160-198.

Tivey M K. 2007. Generation of seafloor hydrothermal vent fluids and associated mineral deposits. Oceanography, 20 (1): 50-65.

Toland W G. 1960. Oxidation of organic compounds with aqueous sulfate. Journal of the American Chemical Society, 82 (8): 1911-1916.

Tribovillard N, Algeo T J, Lyons T, et al. 2006. Trace metals as paleoredox and paleoproductivity proxies: an update. Chemical Geology, 232 (1-2): 12-32.

Tyrrell T. 1999. The relative influences of nitrogen and phosphorus on oceanic primary production. Nature, 400 (6744): 525-531.

van Cappellen P, Ingall E D. 1994. Benthic phosphorus regeneration, net primary production and ocean anoxia: a model of coupled marine biogeochemical cycles of carbon and phosphorus. Paleoceanography and Paleoclimatology, 9 (5): 677-692.

Vandré C, Cramer B, Gerling P, et al. 2007. Natural gas formation in the western Nile delta (Eastern Mediterranean): Thermogenic versus microbial. Organic Geochemistry, 38 (4): 523-539.

Vasconcelos C, McKenzie J A. 1997. Microbial mediation of modern dolomite precipitation and diagenesis under anoxic conditions (Lagoa Vermelha, Rio de Janeiro, Brazil) . Journal of Sedimentary Research, 67: 378-390.

Veizer J, Bruckschen P, Pawellek F, et al. 1997. Oxygen isotope evolution of Phanerozoic seawater. Palaeogeography, Palaeoclimatology, Palaeoecology, 132 (1-4): 159-172.

Veizer J, Ala D, Azmy K, et al. 1999. $^{87}Sr/^{86}Sr$, $\delta^{13}C$ and $\delta^{18}O$ evolution of Phanerozoic seawater. Chemical Geology, 61: 59-88.

Venkatesan M I, Ruth E, Rao P S, et al. 2003. Hydrothermal petroleum in the sediments of the Andaman Backarc Basin, Indian Ocean. Applied Geochemistry, 18 (6): 845-861.

Ventura G T, Simoneit B R T, Nelson R K, et al. 2012. The composition, origin and fate of complex mixtures in the maltene fractions of hydrothermal petroleum assessed by comprehensive two-dimensional gas chromatography. Organic Geochemistry, 45: 48-65.

Von Damm K L. 1990. Seafloor hydrothermal activity: Black smoker chemistry and chimneys. Annual Review of Earth and Planetary Sciences, 18 (1): 173-204.

Wakita H, Sano Y. 1983. $^{3}He/^{4}He$ ratios in CH_4-rich natural gases suggest magmatic origin. Nature, 305 (5937): 792-794.

Walters C C, Wang F C, Qian K, et al. 2015. Petroleum alteration by thermochemical sulfate reduction—a comprehensive molecular study of aromatic hydrocarbons and polar compounds. Geochimica et Cosmochimica Acta, 153: 37-71.

Wan X Q, He H Y, Deng C L, et al. 2013. Late Cretaceous stratigraphy, Songliao Basin, NE China: SK1 cores. Palaeogeography Palaeoclimatology Palaeoecology, 385: 31-43.

Wang B, Al-Aasm I S. 2002. Karst-controlled diagenesis and reservoir development: example from the Ordovician main-reservoir carbonate rocks on the eastern margin of the Ordos basin, China. AAPG Bulletin, 86: 1639-1658.

Wang X, Li C, Chen J, et al. 1997. On abiogenic natural gas. Chinese Science Bulletin, 42 (16): 1327-1337.

Wang X F, Liu W H, Xu Y C, et al. 2011. Influences of water media on the hydrogen isotopic composition of natural gas/methane in the processes of gaseous hydrocarbon generation and evolution. Science China Earth Sciences, 54 (9): 1318-1325.

Wang J, Chen D, Wang D, et al. 2012. Petrology and geochemistry of chert on the marginal zone of Yangtze Platform, western Hunan, South China, during the Ediacaran- Cambrian transition. Sedimentology, 59: 809-829.

Wang G, Li N, Gao B, et al. 2013. Thermochemical sulfate reduction in fossil Ordovician deposits of the Majiang area: Evidence from a molecular-marker investigation. Chinese Science Bulletin, 58 (28-29): 3588-3594.

Wang Y, Dong D, Li X, et al. 2015. Stratigraphic sequence and sedimentary characteristics of Lower Silurian Longmaxi Formation in Sichuan Basin and its peripheral areas. Natural Gas Industry B, 2 (2-3): 222-232.

Warren J. 2000. Dolomite: Occurrence, evolution and economically important associations. Earth- Science Reviews, 52: 1-81.

Wei Z, Mankiewicz P, Walters C, et al. 2011. Natural occurrence of higher thiadiamondoids and diamondoidthiols in a deep petroleum reservoir in the Mobile Bay gas field. Organic Geochemistry, 42: 121-133.

Wei Z, Walters C C, Michael Moldowan J, et al. 2012. Thiadiamondoids as proxies for the extent of thermochemical sulfate reduction. Organic Geochemistry, 44: 53-70.

Wei G Q, Xie Z Y, Song J R, et al. 2015. Features and origin of natural gas in the Sinian-Cambrian of central Sichuan paleo-uplift, Sichuan Basin, SW China. Petroleum Exploration and Development, 42 (6): 768-777.

Welhan J A. 1988. Origins of methane in hydrothermal systems. Chemical Geology, 71 (1): 183-198.

Welhan J A, Craig H. 1979. Methane and hydrogen in East Pacific rise hydrothermal fluids. Geophysical Research Letters, 6 (11): 829-831.

Westrich J T, Berner R A. 1984. The role of sedimentary organic matter in bacterial sulfate reduction: the G model tested. Limnology and Oceanography, 29 (2): 236-249.

Whiticar M J. 1999. Carbon and hydrogen isotope systematics of bacterial formation and oxidation of methane. Chemical Geology, 161 (1-3): 291-314.

Wierzbicki R, Dravis J J, Al-Aasm I, et al. 2006. Burial dolomitization and dissolution of upper Jurassic Abenaki platform carbonates, deep Panuke reservoir, Nova Scotia, Canada. AAPG Bulletin, 90 (11): 1843-1861.

Wignall P B. 2001. Large igneous provinces and mass extinctions. Earth-Science Reviews, 53 (1-2): 1-33.

Wilkin R T, Barnes H L. 1996. Pyrite formation by reactions of iron monosulfides with dissolved inorganic and organic sulfur species. Geochimica et Cosmochimica Acta, 60 (21): 4167-4179.

Wilkin R T, Barnes H L, Brantley S L. 1996. The size distribution of framboidal pyrite in modern sediments: an indicator of redox conditions. Geochimica et Cosmochimica Acta, 60 (20): 3897-3912.

Wilkinson M, Haszeldine R S, Fallick A E, et al. 2009. CO_2-mineral reaction in a natural analogue for CO_2 storage—implications for modeling. Journal of Sedimentary Research, 79 (7): 486-494.

Winter B L, Johnson C M, Clark D L. 1997. Strontium, neodymium, and lead isotope variations of authigenic and silicate sediment components from the Late Cenozoic Arctic Ocean: implications for sediment provenance and the source of trace metals in seawater. Geochimica et Cosmochimica Acta, 61: 4180-4200.

Woolnough W G. 1934. Natural gas in Australia and New Guinea. AAPG Bulletin, 18 (2): 226-242.

Worden R H. 2006. Dawsonite cement in the Triassic Lam Formation, Shabwa Basin, Yemen: a natural analogue for a potential mineral product of subsurface CO_2 storage for greenhouse gas reduction. Marine and Petroleum Geology, 23 (1): 61-77.

Worden R H, Smalley P C. 1996. H_2S-producing reactions in deep carbonate gas reservoirs: Khuff Formation, Abu Dhabi. Chemical Geology, 133 (1-4): 157-171.

Worden R H, Smalley P C, Oxtoby N H. 1995. Gas souring by thermochemical sulfate reduction at 140℃. AAPG Bulletin, 79 (6): 854-863.

Worden R H, Smalley P C, Oxtoby N H. 1996. The effects of thermochemical sulfate reduction upon formation water salinity and oxygen isotopes in carbonate gas reservoirs. Geochimica et Cosmochimica Acta, 60 (20): 3925-3931.

Worden R H, Benshatwan M S, Potts G J, et al. 2016. Basin-scale fluid movement patterns revealed by veins: Wessex Basin, UK. Geofluids, 16 (1): 149-174.

Wu L, Zhou C, Keeling J, et al. 2012. Towards an under-standing of the role of clay minerals in crude oil formation, migration and accumulation. Earth-Science Reviews, 115 (4): 373-386.

Wu L, Lu Y, Jiang S, et al. 2018. Effects of volcanic activities in Ordovician Wufeng-Silurian Longmaxi period on organic-rich shale in the Upper Yangtze area, South China. Petroleum Exploration and Development, 45 (5): 862-872.

Wycherley H, Fleet A, Shaw H. 1999. Some observations on the origins of large volumes of carbon dioxide accumulations in sedimentary basins. Marine and Petroleum Geology, 16 (6): 489-494.

Xia X, Chen J, Braun R, et al. 2013. Isotopic reversals with respect to maturity trends due to mixing of primary and secondary products in source rocks. Chemical Geology, 339: 205-212.

Xiao W S, Chai P X, Wang B S, et al. 1999. Hydrocarbon formation by reactions of graphite with water-containing minerals under high pressure and high temperature. Progress in Natural Science, 9 (5): 395-398.

Xiao S, Yuan X, Steiner M, et al. 2002. Macroscopic carbonaceous compressions in a terminal Proterozoic shale: a systematic reassessment of the Miaohe biota, South China. Journal of Paleontology, 76, 347-376.

Xu S, Nakai S I, Wakita H, et al. 1995. Mantle-derived noble gases in natural gases from Songliao Basin, China. Geochimica et Cosmochimica Acta, 59 (22): 4675-4683.

Xu Y, Liu W, Shen P, et al. 2006. Carbon and hydrogen isotopic characteristics of natural gases from the Luliang and Baoshan basins in Yunnan Province, China. Science in China Series D: Earth Sciences, 49 (9): 938-946.

Xu H, George S C, Hou D. 2019. Algal- derived polycyclic aromatic hydrocarbons in Paleogene lacustrine sediments from the Dongying Depression, Bohai Bay Basin, China. Marine and Petroleum Geology, 102: 402-425.

Xu H, George S C, Hou D, et al. 2020. Petroleum sources in the Xihu Depression, East China Sea: evidence from stable carbon isotopic compositions of individual n-alkanes and isoprenoids. Journal of Petroleum Science and Engineering, 190: 107073.

Xu H, Liu Q, Zhu D, et al. 2021. Hydrothermal catalytic conversion and metastable equilibrium of organic compounds in the Jinding Zn/Pb ore deposit. Geochimica et Cosmochimica Acta, 307, 133-150.

Xue C, Zeng R, Liu S, et al. 2007. Geologic, fluid inclusion and isotopic characteristics of the Jinding Zn-Pb deposit, western Yunnan, South China: A review. Ore Geology Reviews, 31 (1-4): 337-359.

Yamanaka T, Ishibashi J, Hashimoto J. 2000. Organic geochemistry of hydrothermal petroleum generated in the submarine Wakamiko caldera, southern Kyushu, Japan. Organic Geochemistry, 31 (11): 1117-1132.

Yang S, Hu W, Wang X, et al. 2019. Duration, evolution, and implications of volcanic activity across the Ordovician-Silurian transition in the Lower Yangtze region, South China. Earth and Planetary Science Letters, 518: 13-25.

Yin C Y, Tang F, Liu Y Q, et al. 2005. New U-Pb zircon agesfrom the Ediacaran (Sinian) System in the Yangtze Gorges: constraint on the age of Miaohebiota and Marinoan glaciation. Geological Bulletin of China, 24 (5): 393-400.

Yin L, Zhu M, Knoll A H, et al. 2007. Doushantuo embryos preserved inside diapause egg cysts. Nature, 446 (7136): 661-663.

Yoshinaga J, Morita M, Okamoto K. 1997. New human hair certified reference material for methylmercury and trace elements. Fresenius' Journal of Analytical Chemistry, 357 (3): 279-283.

Yoneyama Y, Okamura M, Morinaga K, et al. 2002. Role of water in hydrogenation of coal without catalyst addition. Energy and Fuels, 16 (1): 48-53.

You C F, Castillo P R, Gieskes J M, et al. 1996. Trace element behavior in hydrothermal experiments: implications for fluid processes at shallow depths in subduction zones. Earth and Planetary Science Letters, 140 (1-4): 41-52.

You D, Han J, Hu W, et al. 2018. Characteristics and formation mechanisms of silicified carbonate reservoirs in well SN4 of the Tarim Basin. Energy Exploration and Exploitation, 36 (4): 820-849.

Yuen G, Blair N, Des Marais D J, et al. 1984. Carbon isotope composition of low molecular weight hydrocarbons and monocarboxylic acids from Murchison meteorite. Nature, 307 (5948): 252-254.

Yunker M B, Macdonald R W, Ross P S, et al. 2015. Alkane and PAH provenance and potential bioavailability in coastal marine sediments subject to a gradient of anthropogenic sources in British Columbia, Canada. Organic Geochemistry, 89: 80-116.

Zhang T, Krooss B M. 2001. Experimental investigation on the carbon isotope fractionation of methane during gas migration by diffusion through sedimentary rocks at elevated temperature and pressure. Geochimica et Cosmochimica Acta, 65 (16): 2723-2742.

Zhang C, Duan Z H. 2009. A model for C-O-H fluid in the Earth's mantle. Geochimica et Cosmochimica Acta, 73: 2089-2102.

Zhang Y, Yin L, Xiao S, et al. 1998. Permineralized fossils from the terminal proterozoic Doushantuo formation, South China. Paleontological Society Memoir, 50: 1-52.

Zhang M J, Hu P Q, Wang X B, et al. 2005. The fluid compositions of lherzolite xenoliths in Eastern China and Western American. Geochimica et Cosmochimica Acta, 69: 146.

Zhang S, Liang D, Zhu G, et al. 2007. Fundamental geological elements for the occurrence of Chinese marine oil and gas accumulations. Chinese Science Bulletin, 52 (1): 28-43.

Zhang S H, Jiang G Q, Han Y G. 2008a. The age of Nantuo formation and Nantuo glaciation in South China. Terra Nova, 20: 289-294.

Zhang T, Zhang M, Bai B, et al. 2008b. Origin and accumulation of carbon dioxide in the Huanghua depression, Bohai Bay Basin, China. AAPG Bulletin, 92 (3): 341-358.

Zhang S C, Mi J K, He K. 2013. Synthesis of hydrocarbon gases from four different carbon sources and hydrogen gas using a gold-tube system by Fischer-Tropsch method. Chemical Geology, 349: 27-35.

Zhang W, Yang H, Xia X, et al. 2016. Triassic chrysophyte cyst fossils discovered in the Ordos Basin, China. Geology, 44 (12): 1031-1034.

Zhang G, Zhang X, Hu D, et al. 2017. Redox chemistry changes in the Panthalassic Ocean linked to the end-Permian mass extinction and delayed Early Triassic biotic recovery. Proceedings of the National Academy of Sciences, 114 (8): 1806-1810.

Zhang L, Wang C, Wignall P B, et al. 2018. Deccan volcanism caused coupled pCO_2 and terrestrial temperature rises, and pre-impact extinctions in northern China. Geology, 46 (3): 271-274.

Zhang K, Liu R, Liu Z, et al. 2019. Influence of volcanic and hydrothermal activity on organic matter enrichment in the Upper Triassic Yanchang Formation, southern Ordos Basin, Central China. Marine and Petroleum Geology, 112: 104059.

Zhao J, Jin Z, Jin Z, et al. 2015. Characteristics of biogenic silica and its effect on reservoir in Wufeng-Longmaxi shales, Sichuan Basin. Acta Geologica Sinica, 89: 139.

Zhao M W, Behr H J, Ahrendt H, et al. 1996. Thermal and tectonic history of the Ordos basin, China: evidence from apatite fssion track analysis, vitrinite reflectance, and K-Ar dating. AAPG Bulletin, 80 (7): 1110-1133.

Zhong L, Cantrell K, Mitroshkov A, et al. 2014. Mobilization and transport of organic compounds from reservoir rock and caprock in geological carbon sequestration sites. Environmental Earth Sciences, 71: 4261-4272.

Zhou C, Jiang S Y. 2009. Palaeoceanographic redox environments for the lower Cambrian Hetang Formation in South China: Evidence from pyrite framboids, redox sensitive trace elements, and sponge biota occurrence. Palaeogeography, Palaeoclimatology, Palaeoecology, 271 (3-4): 279-286.

Zhou M F, Yan D P, Kennedy A K, et al. 2002. SHRIMP U-Pb zircon geochronological and geochemical evidence for Neoproterozoic arc-magmatism along the western margin of the Yangtze Block, South China. Earth and Planetary Science Letters, 196: 51-67.

Zhou B, Zhou Z, Wu Z. 2011. Catalyst for hydrocracking hydrocarbons containing polynuclear aromatic compounds. United States Patent, 7, 951, 745 B2.

Zhu G, Zhang S, Liang Y, et al. 2005. Isotopic evidence of TSR origin for natural gas bearing high H_2S contents within the Feixianguan Formation of the northeastern Sichuan Basin, southwestern China. Science in China

Series D: Earth Sciences, 48 (11): 1960-1971.

Zhu M, Strauss H, Shields G A. 2007. From Snowball Earth to Cambrian bioradiation: calibration of Ediacaran-Cambrian Earth history in South China. Palaeogeography, Palaeoclimatology, Palaeoecology, 254: 1-6.

Zhu D, Jin Z, Hu W, et al. 2008. Effects of abnormally high heat stress on petroleum in reservoir. Science in China Series D: Earth Sciences, 51 (4): 515-527.

Zhu D, Jin Z, Hu W. 2010. Hydrothermal recrystallization of the Lower Ordovician dolomite and its significance to reservoir in northern Tarim Basin. Science China Earth Sciences, 53: 368-381.

Zhu G, Zhang S, Huang H P, et al. 2011. Gas genetic type and origin of hydrogen sulfide in the Zhongba gas field of the western Sichuan Basin, China. Applied Geochemistry, 26: 1261-1273.

Zhu D, Meng Q, Jin Z, et al. 2015a. Formation mechanism of deep Cambrian dolomite reservoirs in the Tarim basin, northwestern China. Marine and Petroleum Geology, 59: 232-244.

Zhu D, Meng Q, Jin Z, et al. 2015b. Fluid environment for preservation of pore spaces in a deep dolomite reservoir. Geofluids, 15 (4): 527-545.

Zhu G, Wang H, Weng N. 2016. TSR- altered oil with high- abundance thiaadamantanes of a deep- buried Cambrian gas condensate reservoir in Tarim Basin. Marine and Petroleum Geology, 69: 1-12.

Zhu D, Liu Q, Jin J, et al. 2017. Effects of deep fluids on hydrocarbon generation and accumulation in Chinese Petroliferous Basins. Acta Geologica Sinica, 91 (1): 301-319.

Zhu D, Liu Q, Meng Q, et al. 2018a. Enhanced effects of large-scale CO_2 transportation on oil accumulation in oil-gas-bearing basins — Implications from supercritical CO_2 extraction of source rocks and a typical case study. Marine and Petroleum Geology, 92: 493-504.

Zhu D, Meng Q, Liu Q, et al. 2018b. Natural enhancement and mobility of oil reservoirs by supercritical CO_2 and implication for vertical multi-trap CO_2 geological storage. Journal of Petroleum Science and Engineering, 161: 77-95.

Zhu D, Liu Q, Zhou B, et al. 2018c. Sulfur isotope of pyrite response to redox chemistry in organic matter-enriched shales and implications for components of shale gas. Interpretation, 6: SN71-SN83.

Zhu D, Liu Q, Zhang J, et al. 2019. Types of fluid alteration and developing mechanism of deep marine carbonate reservoirs. Geofluids, 3630915, 1-18.

Zou Y R, Cai Y, Zhang C, et al. 2007. Variations of natural gas carbon isotope- type curves and their interpretation—A case study. Organic Geochemistry, 38 (8): 1398-1415.

Zou C N, Du J H, Xu C C, et al. 2014. Formation, distribution, resource potential and discovery of the Sinian-Cambrian giant gas field, Sichuan Basin, SW China. Petroleum Exploration and Development, 41: 306-325.

Zou C, Zhu R, Chen Z Q, et al. 2019. Organic- matter- rich shales of China. Earth- Science Reviews, 189: 51-78.

Zumberge J, Ferworn K, Brown S. 2012. Isotopic reversal ('rollover') in shale gases produced from the Mississippian Barnett and Fayetteville formations. Marine and Petroleum Geology, 31 (1): 43-52.

Zárate-del Valle P F, Simoneit B R T. 2005. Hydrothermal bitumen generated from sedimentary organic matter of rift lakes-Lake Chapala, Citala Rift, western Mexico. Applied Geochemistry, 20: 2343-2350.